防腐蚀工程

Anti - Corrosion Engineering

王兆华　张　鹏　林修州　等编

U0217303

 化学工业出版社

·北京·

本书介绍了防腐蚀工程的相关知识，全书共分为 10 章，具体内容包括耐蚀高分子材料、耐蚀无机材料、非金属材料腐蚀机理、耐蚀复合材料基础、涂料覆盖层、颗粒增强耐蚀复合材料、片状增强耐蚀复合材料、耐蚀玻璃钢、耐蚀塑料设备和衬里、耐蚀橡胶和砖板衬里。

　　本书可供高等学校腐蚀与防护专业及其他材料专业师生参考，也可供相关行业的科技人员使用。

图书在版编目（CIP）数据

　　防腐蚀工程/王兆华，张鹏，林修州等编．—北京：化学工业出版社，2015.3（2025.1重印）
　　ISBN 978-7-122-23103-1

　　Ⅰ．①防⋯　Ⅱ．①王⋯②张⋯③林⋯　Ⅲ．①防腐工程
Ⅳ．①TB4

　　中国版本图书馆 CIP 数据核字（2015）第 038330 号

责任编辑：杨　菁　王　婧　　　　　　　　　　文字编辑：颜克俭
责任校对：宋　玮　　　　　　　　　　　　　　装帧设计：张　辉

出版发行：化学工业出版社（北京市东城区青年湖南街 13 号　邮政编码 100011）
印　　装：北京科印技术咨询服务有限公司数码印刷分部
787mm×1092mm　1/16　印张 28　字数 746 千字　2025 年 1 月北京第 1 版第 2 次印刷

购书咨询：010-64518888　　　　　　　　售后服务：010-64518899
网　　址：http://www.cip.com.cn
凡购买本书，如有缺损质量问题，本社销售中心负责调换。

定　　价：58.00 元
版权所有　违者必究

前　言

　　防腐蚀工程是一门多学科交叉的边缘学科，也是一门富有创新性的实用工程学科。它需要材料学、化学、工艺学、机电工程等多门科学的知识。防腐蚀工程作为材料的耐久性工程应用更是将上述科学知识技术化，使这些材料制作的设备和构件应用于各种实际的的工艺环境和自然环境中。以期在设计的使用寿命中保证工艺设备的安全稳定运行，获得合理的运行成本和经济效益。

　　笔者根据自身和腐蚀界前辈的成果、经验，编写了此书。由于新材料、新工艺、新技术品种和其标准的不断出现，要涵盖所有材料技术和工艺实非易事，作为高校教材，笔者只能在求全面的基础上求稳，对技术成熟、工艺装备成套的技术进行详细叙述。对探索中的技术与工艺也尽力作一些介绍，以求给学习者和同行以提示，共同促进行业的创新、进步和发展。

　　本书重点讲述基本的技术原理和相应基础知识的应用。力求将理论联系到工程实践中，并根据这些基本原理和基础知识来理解、设计、改性防腐蚀材料和其应用工艺技术。

　　防腐蚀工程的先导课程重点是无机化学、有机化学、物理化学、高分子化学及物理、硅酸盐物理化学等化学类和材料类的课程。课程实践中，前4章作为耐蚀非金属材料课程开设；防腐蚀工程课程为后6章的内容。由于篇幅有限，我们将选材、工业行业腐蚀与防护的概述，耐蚀设备设计和防腐蚀施工组织设计放到另外的教材讲述。

　　本书由王兆华、张鹏、林修州、张天文、贺理君共同编写完成。张鹏统稿。在成书之时，要感谢四川理工学院同事们的支持，特别感谢我们的老师——张远声、王复兴、王克武30多年教导打下的基础。

　　编写过程中，由于笔者的学识所限，不免有错漏和不当之处，敬请读者不吝批评指正。

编者

2015 年 10 月

目 录

1
耐蚀高分子材料

3
非金属材料腐蚀机理
113

4

耐蚀复合材料基础

159

5

涂料覆盖层 　　　　　　　　　　　　　　　　　　　　　**190**

7

片状增强耐蚀复合材料 ——283

8

耐蚀玻璃钢 ——314

9

耐蚀塑料设备和衬里

354

1 耐蚀高分子材料

原则上讲，每种高分子材料都具有对某几种特定介质的耐蚀性，所以耐蚀高分子材料就几乎包括了所有的聚合物。但是，在防腐蚀工程中大量使用的耐蚀高分子材料还要求有良好的经济性，因为防腐蚀问题其实就是个经济问题；也要求技术操作易行、生产设备通用、原料来源方便、施工环境广泛。因为防腐蚀工作对象通常是单件、非标准设备或工程。不能像工业化大生产那样依靠大投入的设备和工艺装备来保证产品质量，只能靠加工操作技术来保证质量。如热固性树脂就具有溶剂选择范围宽，用量少就能使树脂成为液体，液体胶料很容易地做出各种需要的形状，湿成型容易；对加入的增强剂能良好地浸润，只需要常压接触就能有效地湿润固体的表面，从而很容易地制出复合材料和与基材复合的耐蚀覆盖层；常温固化，然后定型，固化交联度高，能提高耐蚀性。这些优点使得防腐蚀工程中大量使用热固性树脂，本章也对此作为重点介绍。

热塑性树脂由于分子量大，通常作为塑料板材制作设备和整体成型零件使用。而能采用通用塑料成型方法的塑料目前在防腐蚀工程上得到了大量的使用。所以本书所选择的耐蚀高分子材料以目前大量采用的为主。同时，展望一些在耐蚀聚合物材料上有前途的树脂。耐蚀高分子材料在防腐蚀工程中还用作涂料的成膜物质、胶黏剂和树脂胶泥的黏结剂、树脂基复合材料的基料。橡胶和涂料用聚合物在后面的相关章节讨论。

1.1 酚醛树脂

酚醛树脂是酚类和醛类在催化剂存在下缩合聚合而成的热固性树脂的统称。酚醛树脂采用不同的原料、催化剂种类以及反应条件，可以得到性能各异的树脂。常用的酚类单体是苯酚、邻（间或对）甲酚、2,4-二甲酚、2,5-二甲酚、双酚 A、对（邻）苯基酚、对叔丁基酚等。醛类有甲醛和糠醛等，主要是甲醛。由酚类和醛类单体合成所得的树脂根据合成所用催化剂的不同，又可分为热塑性酚醛树脂和热固性酚醛树脂。

热塑性酚醛树脂是在酸的催化作用下，酚与醛的物质的量之比在 1∶（0.5～0.7）之间缩合而成的线型聚合物。它在固化时，可以在加热条件下以碱性物质和在甲醛的存在下（加六亚甲基四胺）使之固化。主要作为铸造型砂、砂轮、层压板、胶合板的胶黏剂和提高橡胶耐磨性的添加剂。

热固性的酚醛树脂是苯酚和甲醛在碱的催化下，酚和醛的物质的量之比控制在1:(1.2～1.4)之间缩合而成的高支链、低分子量树脂。常用的碱性催化剂有碳酸钠、氢氧化钠、氢氧化钡、氨水、氧化锌等。这种热固性的酚醛树脂交联固化后，可以得到坚硬的固结体，并保持湿态时的形状。主要用于防腐蚀胶结料，也可制层压板、胶合板胶黏剂等。

各种酚醛树脂制品在使用状态下都是固化后的体型网状分子结构，可以表示为：

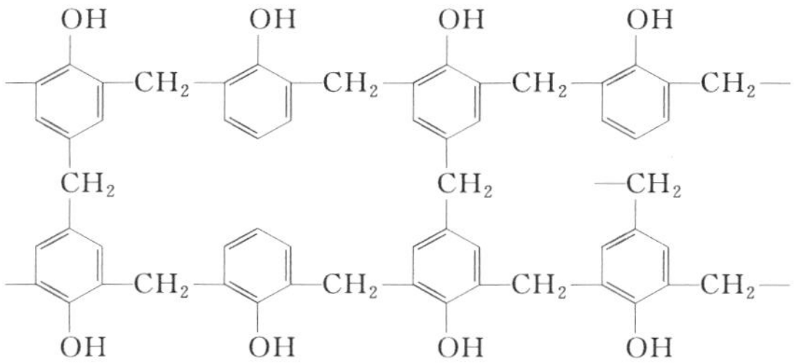

$$(1-1)$$

从酚醛树脂的网络结构可以看出，理论上酚醛树脂的交联度可以很高，而在实际应用中由于两个苯酚的第三个活性点距离太远，亚甲基不足以将它们联系起来，且固化的后期是固相反应，活性基团的运动也受到较大的阻力。

1.1.1　酚醛树脂合成原理

（1）酚醛树脂的缩聚

苯酚和甲醛的缩合反应步骤可以分为两步。第一步是苯酚与甲醛反应生成羟甲基苯酚，这些羟甲基苯酚具有较强的自聚和与活泼氢反应的活性。

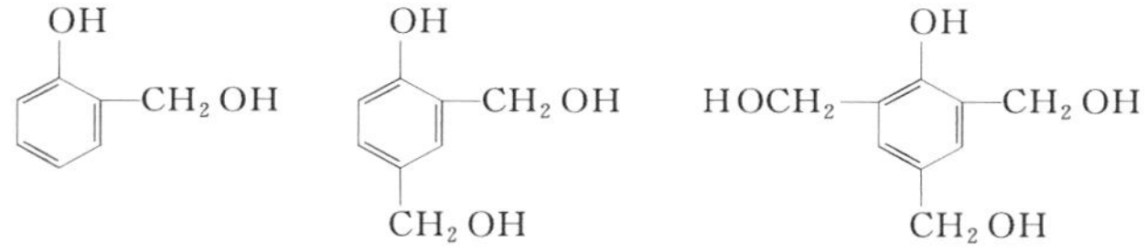

$$(1-2)$$

一羟甲基苯酚　　　二羟甲基苯酚　　　三羟甲基苯酚

根据反应介质的 pH 值，酚、醛摩尔比、温度，一羟甲基苯酚可继续与甲醛反应，生成二羟甲基苯酚、三羟甲基苯酚。反应在酸性条件下，2、6 位活性较 4 位高，碱性条件下的2、4、6 位的活性差不多。

第二步是缩合聚合成低聚物。在酸性催化条件下所生成的羟甲基与其他 2、6 位的活泼氢的反应速度大于羟甲基的自聚和酚与醛生成羟甲基苯酚的速度，所以一旦生成羟甲基便会与大量的苯酚的活性点缩合聚合并放出小分子水，很难有二羟甲基苯酚生成。在酚与醛的摩尔比大于 1 时，最后得到苯酚封端的线型分子的热塑性酚醛树脂。反应可表示为：

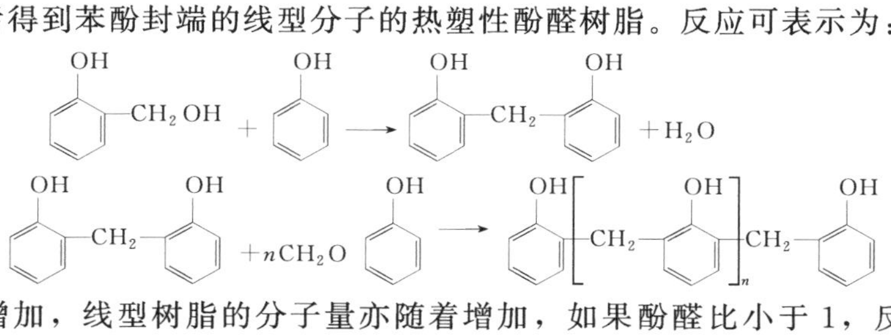

$$(1-3)$$

随着醛用量的增加，线型树脂的分子量亦随着增加，如果酚醛比小于 1，反应完全就会发生交联，生成不溶不熔的网状分子结构。因此在酸性介质中，为了获得有实用价值的酚醛树脂，酚与醛的摩尔比应大于 1，然后在固化时再加入甲醛作为交联剂使树脂胶凝固化。

在碱性介质中，酚与醛的加成产物羟甲基苯酚生成的速度大于缩合反应速度，因此在任何酚醛摩尔比下都有一羟甲基苯酚、二羟甲基苯酚和三羟甲基苯酚生成。缩合反应很复杂，可以是苯酚和羟甲基苯酚的缩合，也可以是各种羟甲基苯酚之间的缩合。化学反应表示如下：

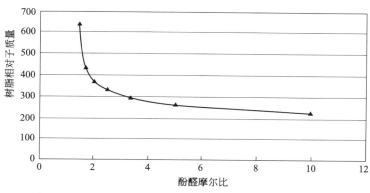

这样的缩合将形成大量的支链，由于羟甲基苯酚的生成速度大于缩合速度，缩聚的低聚物的酚与醛摩尔比小于 1 很多时，低聚物的端基就是羟甲基。因此，在碱性催化剂下可以依靠控制反应时间来有效地控制聚合度。这样合成出的树脂由于活性羟甲基的存在，加入提高羟甲基缩聚反应的催化剂酸就能使树脂交联，同时，树脂在存放过程中活性羟甲基也会缓慢自缩聚或同甲基酚上的活性点缩聚而凝胶，这就是热固性甲阶酚醛树脂贮存稳定性极差的原因。

此外合成中由于两个羟甲基酚间的缩聚反应还可能存在醚键结构，这种醚键结构多消耗了一个甲醛，所以对热固树脂的配比设计有影响，醚键结构在加热固化时会转为亚甲基键连接结构，并放出一个甲醛。这就是酚醛树脂热固化时要放出甲醛的原因。

那么合成时要设计多大分子量的树脂才最容易控制和使用呢？这与合成温度、催化剂用量和酚醛的摩尔比有关。图 1-1 是在酸的催化条件下，苯酚与甲醛摩尔比与树脂平均相对分子质量的关系。图中摩尔比不可能到 1，那时分子量非常大，树脂凝胶从图中分子量上升的趋势可以推断在苯酚与甲醛摩尔比为 1.25 时分子量已经非常大了，有可能形成凝胶。

图 1-1　苯酚与甲醛摩尔比与树脂平均相对分子质量的关系

反应介质的 pH 值与缩聚反应速度有直接关系，图 1-2 给出两种甲阶树脂的凝胶时间与 pH 值的关系。并可以通过苯酚与甲醛摩尔比的对比理解聚合、固化的各个条件的关系。

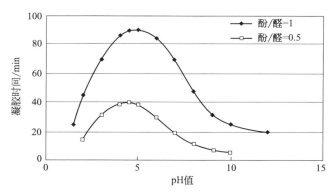

图 1-2　反应介质的 pH 值对酚醛树脂缩聚反应速度的影响

（2）合成工艺设备

防腐工程中多使用热固性树脂。这些树脂保质期约为 10～30 天，通常需要从业者自己合成，合成的关键是酚与醛摩尔比控制和催化剂加入量的控制以及反应时间、温度。特别要注意的是原料甲醛中所含甲酸与生产厂、批次的不同而不同，所以催化剂加入量只能通过 pH 值进行控制，不能简单地用计量控制。

酚醛树脂的生产过程简单地说包括缩聚和脱水两步。即按配方将原料投入反应器并混合均匀，加入催化剂，搅拌，加热至 55～65℃，反应放热使物料自动升温或加热至沸腾。此后，继续加热保持微沸腾（96～98℃）至终点，经减压脱水后即可出料。

对于热固性酚醛树脂，适当地控制反应温度、时间和脱水程度会直接影响产品缩聚反应程度。一般反应时间加长、反应温度增高或脱水时间加长都会使树脂聚合度加大、交联度加大，以致在釜内生成体型结构的固体树脂而报废。另外升温速度亦应适当控制。即使采用较弱的催化剂（碱性），也往往由于升温过快、前期反应过于激烈，造成树脂暴沸而冲料，影响产品质量。

热固性酚醛树脂生产多使用间歇式反应釜，间歇式生产由于是单釜生产灵活性大，适用于多品种的生产，但生产效率低。工艺设备示意如图 1-3 所示。主要的有反应釜、原料储罐、冷却设施等，现针对目前的制造设备做一概述。

反应釜是缩聚反应设备，根据生产量选择反应釜容积，大多使用 K 形耐酸搪瓷夹套反应釜。夹套通蒸汽加热或冷却水冷却。搅拌浆结构形式是锚式，搅拌转速 60～100r/min。同反应釜连接的管路、阀门也要求用不锈钢或耐酸搪瓷制造以保证聚合物质量。

立冷器是回流冷凝器，是列管换热器，顺流。它使反应过程产生的各种蒸汽冷凝回流回反应釜中，以保证原料配比保持不变。另外的作用是控制反应釜内的温度。通常采用的控制加热蒸汽压力来控制温度很难操作，利用回流量来控制就方便得多。温度高，回流量就大，釜内温度很快就会降低。卧冷器是脱水时的冷却器，也是列管换热器，逆流冷却。它与反应釜的连接用大口径阀门，脱水时打开并关闭立冷器的放空阀。在反应过程中打开是为了调节回流量以控制反应温度。

甲醛高位槽是加入甲醛的计量槽，甲醛溶液含有 37% 左右的甲醛和 12% 左右的甲醇阻聚剂，溶液中还存在甲酸，所以高位槽用不锈钢材料。最好采用泵打到高位计量槽中，不要采用真空抽吸，除非是寒冷地区不易气化。

苯酚储槽是一个有加热保温的不锈钢槽，由于苯酚的熔点是 40℃，所以要加热到 45℃

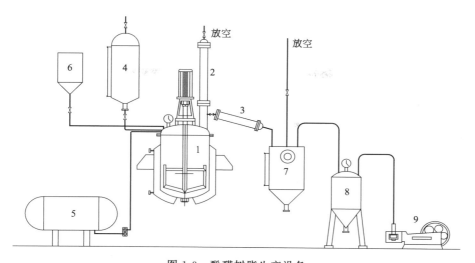

图 1-3　酚醛树脂生产设备

1—反应釜；2—立冷器；3—卧冷器；4—甲醛高位槽；5—苯酚储槽；6—加料高位槽；
7—废水罐；8—缓冲罐；9—真空泵

以上用齿轮泵打到反应釜中，但是整个管路系统要保温，定期清洗，计量很麻烦，用流量计计量冷却后堵塞，液位计量准确度又低。或者使用前将铁桶装苯酚放在蒸煮池内先进行熔化，称量包装桶计量，然后由水环式真空泵通过蒸汽保温管道抽入反应釜内，这个方法很简单，但是单釜产量大的设备也麻烦。

加料槽是反应过程中需要加入催化剂调 pH 值或低沸点溶剂调控温度等的加料器，换液体时需要清洗，所以有旁通的排污阀。废水罐的作用较多，主要是脱水的储罐，也是聚合前期调节温度的回流液的储罐，所以要时刻注意里边的液体性质以免混料。

真空泵是使反应系统形成负压的设备。由于水环真空泵结构简单、使用方便、耐久性强，可以抽腐蚀性气体，在生产上采用较多。

（3）环保要求

树脂生产所用的苯酚、甲醛会挥发出有毒、有害气体，所以操作环境的通风要求较高。设备在长期的使用中，也会发生泄漏、喷料等异常现象。除对厂房设计和设备安装的密封有所要求外，较好的解决空气污染问题的办法，是在反应釜上方安装抽风装置。

废水处理也是酚醛树脂生产中的一大难题。由于苯酚和甲醛含量超标，在目前重视环保和提倡清洁生产的条件下，如何处理富含甲醛和其他有害成分的馏出水和生产废水，成为需要迫切解决的问题。现在，国内有些生产厂家采用活性炭吸附技术处理含醛、酚和含苯废水，但效果并不理想。主要的问题是要经常更换作为吸附床层的活性炭和再生处理已经失效的活性炭，增加成本。苯酚具强烈的腐蚀性，皮肤接触会引起溃疡，使用上也要特别注意。

1.1.2　酚醛树脂的种类

酚醛树脂的种类很多，选择不同的原料单体以及其配比，在不同的催化体系条件下，可以得到性质各异的酚醛树脂。只能根据防腐蚀工程的需求简述示意。

（1）醇溶性酚醛胶黏剂

例 1：酚醛胶泥用树脂

这是一个热固性的酚醛树脂，用于防腐蚀涂层、酚醛胶泥，是防腐蚀工程用量最大的酚醛树脂。由苯酚、甲醛在碳酸钠作催化剂的条件下缩聚而得。苯酚、甲醛的摩尔比为

1：1.39，用酒精作稀释剂。其基本配方见表 1-1。

表 1-1　酚醛胶泥树脂的配方

原料名称	相对分子质量	摩尔比	质量/kg	投料量/kg
苯酚	94.11	1.0	94.11	312.4
甲醛	30.3	1.39	112.81(37%)	374.5
纯碱	105.99	8.81×10^{-3}	9.3	31(10%)
乙醇				100

配方用纯碱作催化剂主要是简单易得，但是钠离子将留在树脂中，可以考虑用碳酸钡，在最后中和时用稀硫酸沉淀稳定；也可以用氨水。

合成工艺如下。

① 根据表 1-1 先将甲醛投入反应釜内，然后再加入苯酚，用 10% 纯碱液调 pH＝7.5～8。调 pH 值是苯酚甲醛混合均匀后，在没有升温前进行。

② 升温到 60～70℃保持 0.5h，然后用 0.5h 升温到 94～98℃并保持 0.5～1h，此时溶液外观浑浊，显示有少量树脂析出。

③ 立即加 50kg 水冷却降温，然后以盐酸水溶液中和至 pH＝7。

④ 进行真空脱水，树脂转成透明时出水约 320kg，温度 100℃左右，立即用乙醇回流冷却。降温到 40℃以下，出料装桶。

整个反应过程的②主要是生成羟甲基苯酚的反应，也有部分缩聚发生，而真空脱水才是增加分子量的缩聚反应，且随着脱水程度加深、分子量的增加，凝胶的危险很大。其中容易忽略的是③的中和步骤，溶液的 pH 值与脱水缩聚速率关系很大。

（2）油溶性的酚醛树脂

用芳基或 3 个碳原子以上的邻、对位烷基取代酚为原料合成的酚醛树脂。例如对叔丁基酚、对异戊酚、对苯基酚等。树脂具有良好的油溶性。随着取代烃分子量的增加，油溶性增大。树脂比未取代酚制造的树脂有更好的保色性，不论反应介质的 pH 值大小，均生成线型树脂。对叔丁基甲醛树脂呈透明的硬而脆的固体。常用于涂料，也可与橡胶配合做胶黏剂使用。

（3）改性酚醛树脂

聚乙烯醇缩醛改性酚醛是聚乙烯醇缩醛分子中的羟基与酚醛树脂中的羟甲基反应生成的接枝共聚物，这种树脂具有良好的流动性，可以提高树脂对玻璃纤维的黏结力、改善酚醛的脆性，提高机械强度，降低固化速度，从而降低成型压力，广泛用于层压、模压增强塑料。改性后的树脂耐热性有所降低，为改善耐热性可引入一定比例的低分子有机硅化合物，其典型配方如下：酚醛 135 份，聚乙烯醇缩丁醛 100 份，正硅酸乙酯 30 份。用 40：60 无水乙醇与甲苯的混合液配成 20%～25% 的溶液。

环氧改性酚醛树脂是用 40% 的热固性酚醛与 60% 的双酚 A 型环氧混合物制成的增强塑料用树脂，兼有两种树脂的优点，改善它们各自的缺点，主要用于涂层、结构胶黏剂、浇注及层压模压等方面。两种树脂热固化时，酚醛中羟甲基与环氧中羟基及环氧基反应，酚醛中的酚羟基与环氧基发生醚化反应，交联成复杂的体型结构。固化温度一般在 175℃，成型压力比纯酚醛树脂低。

例 2：丁醇改性酚醛树脂

丁醇改性酚醛树脂是用对甲酚与甲醛在碱性条件下缩聚而成的热塑性树脂，丁醇与酚羟基醚化而封闭酚羟基，使树脂具耐碱性，溶于苯类溶剂中作漆类的主要成膜物质。常与干性油或其他树脂合用。丁醇改性酚醛树脂配方见表 1-2。

表 1-2 丁醇改性酚醛树脂配方

原料名称	相对分子质量	摩尔比	质量/kg	投料量/kg
甲酚	108.13	1.0	108.13	131.4
甲醛	30.3	1.75	141.89(37%)	172.2(37%)
氢氧化钠	40		2.345	28.5(10%)
丁醇	74.12	2.0	148.15	180
二甲苯	106.17			

合成工艺：按表 1-2 配方量先将氢氧化钠溶液及间甲酚、对甲酚投入反应釜内，充分溶解后再加入甲醛。在 60～65℃反应，到测定试样在 20～40℃出现浊点时，即为终点。到达终点后，用 5%盐酸调整到 pH＝5.5～6.8，水洗 4 次，每次用水约 150kg，加入丁醇 180kg，用 10%磷酸调整到 pH＝5.5～6，加热回流，蒸出水分并回流入丁醇，脱水温度到达 120℃以上的温度作为终点。脱去丁醇约 60kg，测定甲苯容忍度，要求 1:4 甲苯呈清澈透明，否则继续脱丁醇。到达终点后，用二甲苯调整固体含量到 50%。产品干性试验 150℃≤45min，甲苯容忍度 1:4 透明。

例 3：二甲苯甲醛树脂

二甲苯甲醛树脂是由甲醛和混合二甲苯在酸性条件下的缩合产物，可作为各种合成树脂的改性剂，如二甲苯不饱和聚酯树脂、二甲苯树脂改性酚醛树脂、水溶性电泳漆等。反应中只有间二甲苯由于弱定位基的加和作用才能与甲醛反应。实际上是间二甲苯甲醛树脂，如果能从石化业得到规模化的间二甲苯，则这种树脂具有极大的发展潜力。二甲苯甲醛树脂的化学结构式见右图。

由于该树脂只有羟甲基，其他部分是烃类，所以耐酸碱性都很好，交联度适中，耐热和强度都好，它的羟甲基活性低于酚醛树脂，储存稳定性也好于酚醛树脂。二甲苯甲醛树脂的合成原理同酚醛树脂，只是要在强酸性条件下才能聚合。表 1-3 是二甲苯甲醛树脂的合成配方，配方中所用二甲苯是石化的混合二甲苯溶剂，主要由邻位和间位二甲苯组成，反应时，间二甲苯聚合成树脂，邻二甲苯作为溶剂保留了下来。

表 1-3 二甲苯甲醛树脂的合成配方

原料名称	相对分子质量	摩尔比	质量/kg	投料量/kg
二甲苯	106.17	1.0	106	238.5＋150
甲醛	30.3	1.0	30(100%)	184.5(37%)
硫酸 98%	98.07	0.35	34	78.75

合成工艺如下。

按表 1-3 配方量先将甲醛投入反应釜，开动搅拌，逐步滴入浓硫酸，温度保持于不超过 50℃，加入二甲苯，升温到沸腾（约 96℃），在回流状态下保温 8h，静置分层，放去废酸，水洗一次，水蒸气蒸馏蒸去全部未反应二甲苯。冷却到 100℃以下，加入二甲苯 150kg，水洗到 pH＝7，用水量每次约 500kg，洗涤温度 50～60℃，进行压滤，然后进行脱水，先常压，后减压，最高脱水温度为 140℃，直到无液体蒸出时为止。冷却到 110℃以下，出料包装。

1.1.3 酚醛树脂的固化

酚醛树脂的固化过程的基本理论同合成理论一样，在酸性条件下羟甲基与苯酚上的 2、4、6 位的活泼氢反应很快。需要特别注意的是，一是反应产生的水需要释放出产品之外，这使固化产生收缩，控制产品尺寸变化和收缩应力就很重要，树脂在固化过程中由于低分子物析出多，体积收缩率达到 8%～10%，对成型加工造成一定的困难；二是反应中要产生甲醛，如何使产生的甲醛继续同苯酚上的活性点反应增加交联度而不是释放出来污染环境也需要重视；三是由于分子的网状结构初步形成，树脂的活性点分子链段运动受限，提高交联度变得困难，如何设计固化热处理制度消除部分固化应力，减少分子链中的醚键，增加固化度就很重要。

热塑性酚醛树脂由于不含进一步缩聚的基团，固化时需要加甲醛并加热才能交联。如以六亚甲基四胺为固化剂，它加热释放出氨和甲醛，氨作为碱性催化剂，甲醛为交联剂，固化温度 150℃。这是酚醛树脂制造零部件的方法。

热固性酚醛树脂的固化形式分为常温固化和热固化两种。热固化通常将温度升到 130℃，树脂很快就可以固化。常温固化要使用酸类固化剂，属于酸催化下的缩聚反应，其实只要是足够的酸度就可以催化酚醛树脂自缩聚，酸不结合到树脂分子上，但残留在树脂中。磷酸、盐酸、硫酸是无机酸，需要与有机化合物反应后才能与酚醛树脂混溶。磷酸通常溶于丁醇或乙醇中，可以部分酯化，成磷酸单酯，这时需要的有机基团就要大一点，如用环己醇、戊醇、己醇、庚醇、脂肪醇等。磷酸类的优点是磷酸会和很多的金属离子形成沉淀盐，在酚醛树脂中比较稳定，但是酸性较弱。

盐酸通常溶于甘油或乙醇中使用，酸性强，但有挥发性，较少使用。硫酸酸度较高，没有挥发性，所以被较多地使用。硫酸溶于乙醇中，有时候温度控制不好要生成硫酸乙酯，游离硫酸少则固化效果要差些，可根据两组分的配比调整酸性大小。硫酸的使用通常通过形成磺酸的方式最好，如对甲苯磺酸、苯磺酰氯、石油磺酸等都在采用。其中苯磺酰氯水解还要放出氯化氢，酸性强，但是挥发性也强，使用略微困难。现在较多地使用商品名为 NL 固化剂的酚醛树脂固化剂。这些固化催化剂残留在树脂中，对树脂的性能有所影响。

酚醛树脂 NL 固化剂是一种以有机磺酸为主要成分的酸性固化剂，适用于热固性酚醛树脂和呋喃树脂的常温固化，其毒性、刺激性较苯磺酰氯、硫酸乙酯、石油磺酸小，建议使用。NL 固化剂的用量范围一般为 5%～12%。环境温度 20℃时，NL 固化剂用量准确后 1h 左右初凝，适用期 30min 左右。

酚醛树脂的固化反应速度决定于固化剂的用量、酸度的大小、环境温度。气温高时可适当减少固化剂的用量，气温低时适当增加。固化剂的酸性越强，固化温度就可以低一点。环境温度在 20℃时固化剂的加入量约为树脂量的 8%～10%（根据固化剂品种不同，以技术说明书为准）。

在酚醛树脂的固化过程中，酸催化剂对填料、基材、工具有腐蚀作用。所以不能用常温固化热固性酚醛树脂作底漆；不能用对酚醛树脂有缓凝作用的铸石粉；不能用呈碱性的填料，也不能用与酸能起化学反应的如碳酸钙类填料；不能有能与酸反应的杂质，填料耐酸率要高，如果用酸洗过的填料效果更好。

热固性酚醛树脂常温固化使用的固化剂选择比较重要，对耐蚀性有较大的影响，腐蚀介质环境同固化剂类别存在一些固定关系，使用时如果不了解，必须要做试验。表 1-4 是 2130 号酚醛树脂胶泥采用不同固化剂和不同腐蚀介质浸泡 1 年的腐蚀试验结果，仔细分析体会数据可以得到介质同固化剂关系的相关认识。

表 1-4　2130 号酚醛树脂胶泥采用不同固化剂和不同腐蚀介质浸泡 1 年腐蚀试验结果

腐蚀介质	固化剂	浸泡前强度 /(kg/cm²)	浸泡一年后的变化				
			强度/(kg/cm²)	强度变化率/%	重量变化率/%	试件外观	介质外观
10%HF	NL 固化剂	701	779	+11.1	+1.83	暗红色,光洁	无变化
30%HF	NL 固化剂	701	825	+17.8	+1.91	暗红色,光洁	无变化
30%HF	硫酸乙酯	500	719	+43.7	-3.96	紫红色	无变化

腐蚀介质	固化剂	浸泡前强度/(kg/cm²)	浸泡一年后的变化				
			强度/(kg/cm²)	强度变化率/%	重量变化率/%	试件外观	介质外观
20%HF	硫酸乙酯	500	722	+44.4	−1.25	粉红色	稍浑浊
70%H₂SO₄	NL固化剂	729	897	+23.1	+7.96	紫红色光洁	淡茶色
80%H₂SO₄	苯磺酰氯	769	1178	+53.3	+7.36	紫红色光洁	茶水色
10%HNO₃	NL固化剂	729	587	−19.5	+4.82	红棕色,起粉	无变化
10%HNO₃	苯磺酰氯	769	开裂	—	—	红橙色	柠黄色
31%HCl	NL固化剂	729	921	+26.3	+7.53	紫红色光洁	无变化
36%HCl	苯磺酰氯	769	933	+21.5	+7.60	紫红色光洁	浅黄
Na₂SO₄	NL固化剂	729	771	+5.76	+4.64	淡紫红,光洁	无变化
Na₂SO₄	苯磺酰氯	769	781	+1.50	+3.40	深橘红	无变化
NH₄Cl	NL固化剂	729	825	+13.2	+4.79	淡紫红,光洁	无变化
NH₄Cl	苯磺酰氯	769	783	+1.80	+3.50	深橘红	浅黄
苯	NL固化剂	729	849	+16.5	+2.69	淡紫红,光洁	无变化
苯	苯磺酰氯	769	848	+10.4	+3.90	未变	未变

1.1.4　酚醛树脂的结构和性能

酚醛树脂的网状结构中,分子链主要是由C-C键构成。因而,在非氧化性酸中很稳定,但不耐氧化性酸的腐蚀,网状结构使其能耐有机溶剂。由于分子结构中含有的酚羟基,带有弱酸性,所以酚醛树脂不耐碱性介质。树脂中含有的大量刚性的苯环网状结构和极性羟基,使得其刚性很大,树脂硬而脆。但使其耐热性较好,热变形温度为120℃,可以用于耐温材料。

酚醛树脂在120℃以下,适用于任何浓度的盐酸、醋酸、磷酸(至60℃)、磺酸(80℃)、柠檬酸(60℃),20%~50%硫酸;氯水、蚁酸、亚硫酸、10%溴化氢、脂肪酸、草酸、苯甲酸、硼酸等酸液;适用于汽油、苯、甲醇、乙醇、丁醇、丙酮、甲醛、二氯乙烷、四氯化碳、甲苯、二甲苯等溶剂;适用于氯化钠、氯化钙、氯化铵、硫酸铵、镁盐、钡盐、铁盐、铝盐等。不耐氧化性硝酸、铬酸、浓硫酸,强碱如氢氧化钠、氢氧化钾的腐蚀。

1.1.5　酚醛树脂的应用

热固性酚醛树脂在防腐蚀领域中常以酚醛树脂涂料;酚醛树脂玻璃钢、酚醛-环氧树脂复合玻璃钢;酚醛树脂胶泥、砂浆;酚醛树脂浸渍、压型石墨制品几种形式应用。

酚醛压塑粉是热塑性酚醛树脂用于生产模压制品的原料。采用辊压法、螺旋挤出法和乳液法使热塑性树脂浸渍填料并与其他助剂混合均匀,再经粉碎过筛即可制得压塑粉。可用木粉作填料,为制造某些高电绝缘性和耐热性制件,也用云母粉、石棉粉、石英粉等无机填料。压塑粉可用模压、传递模塑和注射成型法制成各种塑料制品。热固性酚醛树脂压塑粉主要用于制造高电绝缘制件,如电气开关、插座、插头。

增强酚醛塑料是以酚醛树脂(主要是热固性酚醛树脂)溶液或乳液浸渍各种纤维及其织物,经干燥、压制成型的各种增强塑料是重要的工业材料。它不仅机械强度高、综合性能好,而且可进行机械加工。以玻璃纤维、合成纤维及其织物增强的酚醛塑料主要用于制造各种制动器摩擦片和化工防腐蚀设备和内衬材料。高硅氧玻璃纤维和碳纤维增强的酚醛塑料是航天工业的重要耐烧蚀材料。将酚醛树脂与石棉复合(以石棉为增强材料)可制成石棉酚醛塑料,与热塑性塑料相比,它耐热性好,使用温度可达130℃,能耐多种酸(除氧化性酸)、盐和溶剂的侵蚀。可用挤压、模压黏结等方法加工成管道、泵、阀门等设备和容器内衬。

以松香改性的酚醛树脂、丁醇醚化的酚醛树脂以及对叔丁基酚醛树脂、对苯基酚醛树脂均与桐油、亚麻子油有良好的混溶性，是涂料工业的重要原料。前两者用于配制低、中级油漆，后两者用于配制高级油漆。

酚醛树脂作为浸渍剂常用于浸渍石墨，从而使芯里中的微孔堵塞，具有不透性，这种不透性石墨可制作各种热交换设备，其优异的耐蚀件广泛应用于化工、冶金、医药、轻工等生产行业。

酚醛树脂与一些粉料（如石英粉、瓷粉、辉绿岩粉、硫酸钡等）混合制备胶泥用于耐蚀砖板衬里的胶黏剂。酚醛胶泥的性能特征是黏结力较高，耐热性好（可用于 150℃ 条件下），机械强度高，耐蚀性与酚醛树脂相似。

1.2 环氧树脂

环氧树脂是分子结构中含有两个或两个以上的环氧基团的高分子聚合物的统称。环氧树脂的特点是可以在适当的化学试剂（固化剂）存在下形成三维交联网状结构的化合物，即固化。环氧树脂在固化之前，通常以低分子的预聚物液体形式存在，具有黏度低、便于施工、固体含量高、可不用或少用稀释剂。经过固化剂的交联固化才具有符合防腐蚀工程应用要求的使用性能。特别是固化反应是加成反应，过程中由于无低分子的物质释放，收缩率低；环氧树脂具有优良的黏结性能、耐化学药品性及良好的力学性能、耐热性能和电气性能，耐候性能及柔韧性较差。固化剂参与到了成品的分子链节中，因此可以通过固化剂来改进环氧树脂的一些缺点。

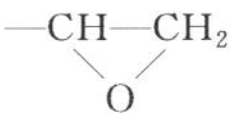

1.2.1 环氧树脂的合成

通常所用环氧树脂由环氧氯丙烷与双酚 A 缩聚而成，称为双酚 A 型环氧树脂。用含有活泼 H 原子的化合物多元酚、多元醇、多元胺、多元酸等替代双酚 A 可得到其他类型的环氧树脂。这些都被称为缩水甘油基型环氧树脂。另一类烯烃型环氧树脂是不饱和烯烃类化合物，如含双烯烃或脂环烃的化合物经过过醋酸氧化或者空气氧化将烯烃基氧化成环氧基的树脂。

在防腐蚀工作中，环氧树脂通常是直接使用商品，防腐蚀从业者了解即可，因此我们只是作一个简介。

（1）双酚 A 型环氧树脂

它是由双酚 A（二酚基丙烷）和环氧氯丙烷在 NaOH 的催化作用下聚合而成的。其化学反应式为：

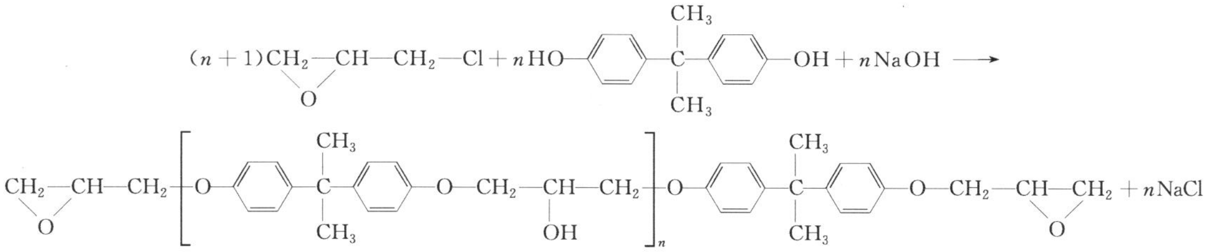

环氧树脂的合成是逐步加成聚合反应，环氧基是一有张力的三元环，所以很活泼，环氧氯丙烷开环同含活泼氢的双酚 A 聚合，氢原子在分子间转移生成氯羟基，然后氯羟基在氢氧化钠的作用下闭环形成环氧基。产物的分子量每经一步逐渐增长，氢氧化钠也催化开环反应，使双酚 A 与环氧氯丙烷反应的活化能降低。制备低分子量环氧树脂环氧氯丙烷要大大过量，这时过量的环氧氯丙烷起了控制分子量的作用。

低分子量环氧树脂的制备如下。

配比：双酚 A   1mol

环氧氯丙烷 4～10mol

NaOH   4～5mol，以 30%浓度加入。

操作步骤：将双酚 A 和环氧氯丙烷在搅拌下混合，使双酚 A 溶解，然后将所需投入的碱量控制在一定的温度滴加到混合物中，滴完第一次碱以后维持反应，此时基本上已完成链的增长。然后回收环氧氯丙烷，回收毕，将其余的碱滴加到反应液中，再维持一段时间，完成氯羟基的闭环形成环氧基，然后吸入适量的苯，使树脂液溶解，搅拌后静止分层。将上层的树脂苯溶液放入分水锅，搅拌，加热，维持，静止，放去盐脚，然后再搅拌，加热使树脂苯溶液沸腾回流，不时地将带出的水除去，至无水泡出现，再维持回流，然后冷却，静止，压滤。将压滤液放至脱苯锅中，先常压脱苯，再减压脱苯，至无苯液出来为止，制得淡黄色的液体树脂。

中等分子量双酚 A 环氧树脂的制备是在双酚 A 和环氧氯丙烷 1∶（1.5～2），并同时降低 NaOH 量，采用一次加碱法合成而得的。高分子量的双酚 A 环氧树脂是用中、低等分子量的环氧树脂同双酚 A 在一定的温度反应制得的。

通常双酚 A 型环氧树脂的应用最为广泛。但是改变双酚 A 用其他二酚也可合成同类树脂。如双酚 F 型环氧树脂是用双酚 F（二酚基甲烷）代替双酚 A 而得的。其特点是黏度不到双酚 A 型的 1/3，对纤维的浸渍性好，因而用于高固体分涂料。固化物的性能与双酚 A 型环氧树脂几乎相同，但耐热性稍低而耐腐蚀性稍优。

氢化双酚 A 环氧树脂是由六氢双酚 A 代替双酚 A 而得的。特点是黏度小，与双酚 F 型环氧树脂相当。但凝胶时间长，约为双酚 A 型环氧树脂的 2 倍左右。其最大特点是耐候性好，耐电晕、耐漏电痕迹性均好。

双酚 S 型环氧树脂是由双酚 S（4,4-二羟基二苯砜）代替双酚 A 而得的。由于用强极性的砜基取代了双酚 A 型环氧树脂的异丙基，提高了树脂的耐热性和热稳定性。砜基还提高了黏结力，增加了环氧基的开环活性。因此高温强度高，热稳定性、化学稳定性及尺寸稳定性好，与醇酸树脂、酚醛树脂等有很高的反应能力，对玻璃纤维及碳纤维有较好的润湿性和黏结力。

间苯二酚型环氧树脂：由间苯二酚与环氧氯丙烷缩合而成的一种低黏度环氧树脂，其特点是活性大，黏度小，加工工艺性好，耐热性好，可用作耐高温浇注料、纤维复合材料、无溶剂胶黏剂等，还可作为环氧树脂的活性稀释剂。

酚醛环氧树脂是由相对分子质量低的热塑性线型酚醛树脂和环氧氯丙烷在碱作用下缩聚而成，它兼有酚醛树脂和双酚 A 型环氧树脂的优点。

（2）脂肪族醚型环氧树脂

脂肪族缩水甘油醚环氧树脂是由二元或多元醇与环氧氯丙烷在催化剂作用下开环醚化，生成氯醇中间产物，再与碱反应，脱 HCl 闭环，形成缩水甘油醚。由于使用的醇类不同，制得的树脂的性能也不同，如甘油环氧树脂、乙二醇环氧树脂、聚乙二醇环氧树脂等。例如，甘油环氧树脂的合成工艺配方如下。

配比：甘油   0.33mol

环氧氯丙烷 2～3mol

BF3-乙醚   1.32ml/mol 醇

乙醇   适量

NaOH（45%） 1～1.5mol

操作步骤：将甘油和溶剂苯、BF3-乙醚投入锅内，搅拌混合，升温，滴加环氧氯丙烷使之醚化。将醚化物中加入适量溶剂搅拌，加 NaOH，同时不断测 pH 值，维持，然后静止分层，压滤上层清液，将其返到锅内真空回收溶剂，回收毕即得所需树脂。

脂肪族缩水甘油醚环氧树脂在分子结构里没有苯环、环烷和杂环等环状结构，大多数是长链型分子，因此富有柔性。这类树脂绝大多数黏度很小，大多数品种具有水溶性，作为水性环氧树脂用于水性涂料、水性胶黏剂以及环氧树脂砂浆和混凝土中。但其耐热性较差，品种有丙三醇环氧、季戊四醇环氧、多缩二元醇环氧等，也作为环氧树脂的活性稀释剂，降低树脂的黏度，增加固化物的柔韧性。用于浸渍、浇注、封装等领域；或者作为纤维整理剂，用于棉、麻、毛、丝和化纤织物的整理。加强纤维的柔韧性、牢度、耐碱性和染色性等。也作玻璃纤维及其织物的浸润剂，能改善玻璃纤维的纺织性浸润性和界面粘接强度。

（3）烯烃型环氧树脂

若是将脂环族双环烯烃的双键经环氧化，则得到脂环族烯烃类环氧树脂，如由双环戊二烯经过醋酸的环氧化而成的二氧化双环戊烯基醚环氧。这类树脂的化学结构特点是环氧基直接连在环脂上，使其具有紧密的刚性分子结构。固化后交联更紧密，因此热稳定性较好。另外，这种环脂结构，不易被紫外线破坏，使其具有很好的耐紫外线性能。这类树脂的低黏度还有利于制备无溶剂涂料。但这类树脂使用的固化剂多为酸酐类，胺类固化迟缓，所以固化后的树脂韧性较差。

例如，双键液相氧化制环氧树脂配比如下：

双烯化合物	0.5mol
过醋酸	1～3mol
碳酸钠	0.5mol
溶剂（苯）	适量

操作步骤：双烯化合物、适量溶剂（苯）及纯碱混合，滴过醋酸，然后逐步将其余纯碱加入，加毕维持，当水呈中性时，放去水，再将其余的过醋酸加入，维持，加适量溶剂、水，搅拌。当水呈中性时，放去水，然后真空脱溶剂，再维持，趁热过滤得树脂。

又如相对分子质量在 800～2000 的液体聚丁二烯用过醋酸把分子中的双键环氧化。由于其分子结构中既含有环氧基、羟基，又含有双键，因此可以使用酸酐或胺类做固化剂，也可采用过氧化合物作引发剂，以苯乙烯做交联剂，形成网状体型结构。这类脂肪族环氧树脂具有良好的热稳定性、黏结性、耐气候性、电性能和突出的抗冲击性，但是收缩性较大。

1.2.2　环氧树脂的基团反应

环氧树脂分子结构中含有的活性反应基团环氧基和羟基是环氧树脂交联固化反应的理论基础。固化反应主要是环氧基同含两个以上的活泼氢的化合物反应，以一个环氧基对应一个活泼氢的量完成固化。以下是与环氧树脂固化反应有关的化学反应。

（1）环氧基与伯胺的反应

$$\text{R—CH—CH}_2 + \text{NH}_2\text{—CH}_2\text{—R}_1 \longrightarrow \text{R—CH—CH}_2\text{—NH—CH}_2\text{—R}_1 \tag{1-6}$$

这是胺固化环氧树脂的主要反应，伯胺的反应速度也快，理论上一个这样的胺基就可以固化环氧树脂了，但是伯胺反应后剩下的是仲胺。

（2）环氧基与仲胺的反应

仲胺也可以和环氧基反应，伯胺反应后剩下的仲胺受羟基的影响和两边的分子链相对柔顺，所以固化顺利，环氧基与伯胺反应后再与仲胺反应，大大提高了树脂的交联度。相对来说酰胺基上的仲胺的反应性就要差些。理论上一个胺基上的活泼氢就可以同一个环氧基反应，官能团的当量数是一样的。实际在环氧-胺固化体系中，由于是胺过量，最后留下的胺基都是仲胺，其碱性略小，这也是胺过量的理由之一。

$$R-\underset{\underset{OH}{|}}{CH}-CH_2-NH-CH_2-R_1+R-\underset{\diagdown O\diagup}{CH}-CH_2 \longrightarrow R-\underset{\underset{OH}{|}}{CH}-CH_2-\underset{\underset{CH_2-\underset{\underset{R}{|}}{CH}}{\overset{CH_2-\overset{OH}{|}}{|}}}{N}-CH_2-R_1 \qquad (1-7)$$

以上两个反应在室温下都可以进行，但是，胺的分子量大后，反应速度有所降低。

（3）环氧基受叔胺催化的反应

$$R-\underset{\diagdown O\diagup}{CH}-CH_2+HO-CH_2-R_2 \xrightarrow{N\xcancel{}(CH_2-R_1)_3} R-\underset{\underset{OH}{|}}{CH}-CH_2-O-CH_2-R_2 \qquad (1-8)$$

叔胺没有活泼氢，但是叔胺可以催化环氧基开环，同含有活泼氢的基团反应，所以少量的叔胺是环氧树脂固化体系的催化剂。如果是同环氧树脂本身的羟基聚合，则用叔胺可以使含有足够羟基的环氧树脂（分子量较高的双酚 A）自聚合。叔胺催化剂典型的产品是 DMP-30 环氧树脂固化促进剂，化学名 2，4，6-三（二甲胺基甲基）苯酚，它可作为聚酰胺、酰胺基胺、胺加成物、液体聚硫醇等环氧固化剂的促进剂，使用量为固化剂量的 3％～15％，用量增大，固化速度加快。它使环氧树脂的固化剂扩大了很多。这就是叔胺催化环氧基开环与羟基的活泼氢的交联反应。如果体系中的羟基数量少，分子量也小，则固化后树脂很脆。

（4）环氧基与酚类的反应

$$R-\underset{\diagdown O\diagup}{CH}-CH_2+HO-\underset{\underset{R_1}{|}}{\bigcirc}-R \longrightarrow R-\underset{\underset{OH}{|}}{CH}-CH_2-O-\underset{\underset{R_1}{|}}{\bigcirc}-R \qquad (1-9)$$

这个反应的温度需要较高。在环氧-酚醛共混树脂固化时，这个反应是主要的交联反应之一，它使酚羟基封闭，反应产物耐碱、耐高温。

（5）环氧基与羧基反应

$$R-\underset{\diagdown O\diagup}{CH}-CH_2+HO-\underset{\underset{O}{\|}}{C}-R \longrightarrow R-\underset{\underset{OH}{|}}{CH}-CH_2-O-\underset{\underset{O}{\|}}{C}-R \qquad (1-10)$$

反应温度较高，常温下不反应，在双酚 A 环氧树脂时，这个体系中当羧基过量，在高温下环氧树脂的羟基会同羧基酯化，提高交联度。所以用羧酸固化环氧树脂时酸的用量没有官能团的等当量计算，只是根据交联度的要求加入。

（6）环氧树脂的羟基与羟甲基反应

$$R-\underset{\underset{OH}{|}}{CH}-CH_2-R_1+HOCH_2-\underset{R}{\bigcirc}-OH \longrightarrow R-\underset{\underset{O-CH_2-\underset{R}{\bigcirc}-OH}{|}}{\overset{R_1}{\underset{|}{CH}}}-CH_2-\bigcirc+H_2O \qquad (1-11)$$

当热固酚醛与环氧共混时的热固化就是这个反应，所以再结合环氧基与酚类的反应（1-8），酚醛-环氧共混树脂的固化后性能很好，只是这两个反应的温度都很高，一般在 120～160℃。

（7）环氧树脂的羟基与烷氧基的反应

$$R-\underset{\underset{OH}{|}}{CH}-CH_2-R_1+CH_3CH_2-O-CH_2-NH-R_3 \longrightarrow R-\underset{\underset{O-CH_2-NH-R_3}{|}}{CH}-CH_2-R_1+CH_3CH_2OH$$

这个反应在粉末型环氧的固化中用得到，属于烘烤固化成膜。是氨基树脂与环氧树脂共混的固化反应之一。在溶液中，含烷氧基的树脂中的仲胺上的活泼氢会优先反应。

(8) 环氧树脂的羟基与异氰酸酯的反应

$$R\text{—}CH\text{—}CH_2\text{—}R_1 + O\text{=}C\text{=}N\text{—}CH_2\text{—}R_3 \longrightarrow R\text{—}CH\text{—}CH_2\text{—}R_1 \qquad (1\text{-}12)$$
$$\underset{OH}{\phantom{R\text{—}}} \qquad\qquad\qquad\qquad\qquad\qquad\qquad \underset{\underset{O\text{=}C\text{—}NH\text{—}CH_2\text{—}R_3}{O}}{}$$

这是环氧-聚氨酯树脂的双组分涂料的固化反应之一，5.5节再详述。

固化剂加入后室温下不反应的称为潜伏型固化剂，它在热、光、湿气等条件下，才开始固化反应。

1.2.3 环氧树脂固化剂

(1) 环氧树脂性能指标

以双酚A性环氧树脂为例，由于环氧树脂上含有环氧基、羟基及体系杂质等，通常以环氧值、黏度、无机氯、有机氯、羟值、色度、软化点、挥发分等来表达环氧树脂性能。对于双酚A性环氧树脂黏度与环氧值的关系大，环氧值大的黏度就低，环氧值0.5的树脂在常温下是液体；0.44的树脂在夏天是液体、冬天是极度黏稠的几乎不流动的液体；0.12的常温下是固体。下面对环氧基的含量、羟基含量、氯含量进行简单介绍。

环氧当量：定义为含1mol环氧基的环氧树脂的质量（g），单位g/mol。

环氧值：定义为100g环氧树脂中所含环氧基的物质的量，单位mol/100g。环氧值越低，树脂的分子量就越高。环氧值一般在0.15～0.52之间。

环氧基的质量分数：定义为100g环氧树脂中所含环氧基的质量（g），单位%。

三者的换算关系为［环氧当量］＝100/［环氧值］＝43/［环氧基的质量分数］。环氧值是过去人们经常使用的指标，可以粗略判断树脂的分子量、黏度。但是用环氧树脂作原料合成新树脂时用环氧当量进行配方设计较为方便，这是因为现在的固化剂很多开始用胺基当量来表示固化能力，这就比较好确定用量。而很多的复合固化剂通常也是用胺值（mgKOH/g）来表示，这时用环氧基的质量分数时比较容易确定配比。

羟基当量：定义为含1mol羟基的树脂的质量（g），单位为g/mol。所以羟值定义为100g环氧树脂中羟基的物质的量，单位为mol/100g。

羟基对环氧树脂的固化影响很大。它能促进伯胺与环氧树脂的固化反应，能使酸酐开环与环氧基反应，所以羟基含量越高，凝胶时间越短，固化温度可以低一些。环氧树脂的仲羟基与金属等的粘接中起着重要的作用。仲羟基也是环氧树脂的活性反应点，在聚合物的改性、扩链及交联等应用上也起着重要的作用。对于双酚A性环氧树脂羟基值高则环氧当量也高。

氯含量：双酚A型环氧树脂中的氯通常以3种形式存在，即活性氯、非活性氯和无机氯。无机氯对室温电性能的影响非常明显，必须加以限制。通常用无机氯含量来衡量后处理工艺；用有机氯含量来衡量树脂合成反应情况。对于防腐蚀而言，氯含量不像电器行业要求高，选择树脂时要注意区别。

目前双酚A型环氧树脂使用的技术标准是《双酚A型环氧树脂》（GB 13657—2011），其牌号规定数据多而复杂，如EP01441 310。本教材所用牌号是老牌号如E44，其实是环氧值0.44的双酚A型环氧树脂，主要是填在配方中的字数少，称呼也简单，大家在学习时要注意工程应用和理论学习中的差异。环氧树脂的这些技术指标对确定固化配方很重要。

(2) 环氧树脂固化剂

环氧树脂的固化是按前面的化学反应原理来进行，固化剂含有可以与环氧树脂反应的两个以上的基团，反应最后形成三维网状聚合物。目前用得较多的是胺类、羧酸类和咪唑类固化基团。简单的含多元胺的化合物有乙二胺、二乙烯三胺、多乙烯多胺、间苯二胺、间苯二甲胺等；羧酸类有邻二甲苯酸酐、偏苯三甲酸酐、顺丁烯二酸酐等；咪唑类固化剂如 2-甲基咪唑。咪唑环上存在着 1 位仲胺氮原子和 3 位叔胺氮原子，固化反应是在催化下环氧树脂的开环聚合。羧酸类和咪唑类在防腐蚀工程中使用较少，多元胺占全部固化剂的 71%，酸酐类占 23%。环氧树脂的固化促进剂有三乙醇胺、2,4,6-三（二甲胺基）苯酚、三氟化硼等。

目前用得最多的是胺上的活泼氢作为固化剂的反应基团。由于是加成反应，体积变化小，网络中只有叔胺基和少量的仲胺基（胺过量所造成），还有就是环氧所带入的羟基，所以耐碱性很好，耐酸性也好（由胺过量数确定）。由于直接使用有机胺化合物的分子量低、易挥发，树脂固化物表面易发生皱皮脱落现象，而且具有较强的吸湿性和吸收 CO_2 性能，使其表皮出现发白（胺闪蒸）现象。现在普遍通过合成树脂上的羧基、羟甲基，在只消耗一个活泼氢的条件下将有机胺化合物引入树脂中。这类树脂中用得很成功的是酚醛胺和脂肪酸的聚酰胺两类。

通过胺的活泼氢与环氧基的反应使乙二胺与环氧树脂加成，是解决低分子胺固化剂缺点的方法之一。将低分子量环氧树脂滴加到过量的低分子胺固化剂中反应，蒸出多余胺，可得到端胺基的环氧加成物固化剂。这种预聚合的固化剂与环氧树脂能形成很好的固化体系，在其他更好的固化剂现场出现缺口后临时采用，这在施工现场临时配制也方便，当然能蒸出游离胺最好。也可用环氧乙烷、环氧丙烷、丁基缩水甘油醚加成得到可提供一定亲水性、韧性的固化剂。

（3）酚醛胺固化剂

酚醛胺固化剂是采用多元伯胺与苯酚、甲醛等经曼尼期（Mannich）缩合反应而成的低分子聚合物，不同的酚、醛、胺可合成出性能各异的固化剂。分子结构中含有酚羟基、伯胺基及仲胺基，酚羟基能催化促进环氧树脂开环，所以能在 0℃ 左右、湿度大于 80% 和水下环境中固化各种型号的环氧树脂。酚醛胺固化剂分子量不大、黏度低、与环氧树脂的混溶性好、浸润性强、施工方便、固化速度快、固化后漆膜封闭性好，耐油、耐化学品性能较好。但其最大的缺点是韧性较差。酚醛胺类环氧固化剂的典型代表是 T31 固化剂，是用苯酚、甲醛、乙二胺经曼尼期反应而得的目前用量最大的环氧固化剂。酚醛胺的两种结构示意如下：

$$H_2N-CH_2CH_2-NH-CH_2 \; \langle 苯酚环\; OH \rangle \; CH_2-HN-CH_2CH_2-NH_2$$
$$H_2N-CH_2CH_2-NH-CH_2$$

（左结构：酚环上带 OH、三个 —CH₂—NH—CH₂CH₂—NH₂ 取代基）

（右结构：双酚环以 CH₂ 桥联，带 OH，含多个 —CH₂—HN—CH₂CH₂—NH₂ 取代基；HO—〈苯环〉—CH₂—HN—CH₂CH₂—NH₂）

从结构可以推断，反应体体系的甲醛和胺的比例很关键，胺要足够多，羟甲基生成后要能很快地与胺反应才可以避免羟甲基和苯酚反应，多余的胺在合成结束后蒸出，所以胺用乙二胺最好。

（4）聚酰胺固化剂

聚酰胺类固化剂是用植物油脂肪酸的二聚体如桐油酸二聚酸、亚麻油酸二聚酸与多元伯胺在高温下反应即得到聚酰胺树脂，一个脂肪酸与一个胺基的活泼氢反应生成酰胺，把多元胺引入聚合物中，称为聚酰胺固化剂。这类聚酰胺固化剂能常温下固化，耐候性好、不易失光粉化、施工性好、毒性低、柔韧性好、弹性好。但干燥时间长，其最大的缺点是低温固化性能较差，一般情况下，温度低于 10℃ 时就无法进行正常施工，这就限制了其在冬季的使用。究其主要原因是胺值低、树脂中仲胺的活性差，没有能催化环氧基开环的基团。如果加入 DMP-30 或与酚醛胺固化剂复配效果很好。聚酰胺固化剂结构示意如下：

$$CH_3CH_2CH_2CH_2CH_2CH \underset{\underset{\displaystyle CHC_7H_{14}CH_2CO-NH-CH_2CH_2-NH_2}{}}{\overset{\overset{\displaystyle CH=CH}{|}}{|}}$$

$$NH_2-CH_2CH_2-NH-OCCH_2C_8H_{16}-CH\underset{|}{\overset{|}{-}}CH-CH_2CH_2CH_2CH_2CH_2CH_3$$

它用于环氧当量高的树脂中效果相对较好。也可以用己二酸来制造聚酰胺固化剂，相对胺值要高些，也能内增塑。

（5）合成树脂固化

合成树脂固化环氧树脂是环氧树脂与酚醛树脂、氨基树脂、多异氰酸酯等并用，经高温烘烤、交联而成。变动树脂种类、配比可以得到不同的性能。如酚醛树脂固化的环氧树脂是耐腐蚀性最好的一种配合树脂。具有优良的耐酸性、耐碱性、耐溶剂性、耐热性，主要用于涂装贮罐管道内壁、化工设备等。

氨基固化的环氧树脂涂料的耐化学腐蚀性比环氧酚醛稍差，但柔韧性好，颜色浅，光泽强，特别适用于涂装医疗器械、仪器设备、金属或塑料的表面罩光等。

多异氰酸酯固化的环氧树脂涂料可以在室温下交联固化，干燥的漆膜具有优越的耐水性、耐溶剂性、耐化学品性和柔韧性，可用于耐水设备以及化工设备。

固化剂的用量可以严格按照化学反应的等官能团数确定，在胺类作交联剂时环氧基的当量数与胺的当量数相等即是固化比例，考虑到固化后期的分子运动困难，根据环境温度、湿度在理论值基础上增减，改变的范围为 5％～15％，若用过量的胺固化时，会使树脂变脆，若用量过少则固化不完善。

（6）固化剂的选择

固化剂的选择是针对使用对象的需求、环境许可度、施工现场条件等要求而定的，最终以固化体系表达出来。当环氧树脂固化可以加温时高温固化一般性能优良，固化温度越高，固化物的耐热性越好。选择固化剂的重点为酸酐，由于酸酐固化物具有优良的电性能，所以广泛用于电子、电器方面。但是在防腐蚀工程中使用的涂料和粘接剂等由于加热困难，需要常温固化。这时大都使用脂肪胺、脂环胺以及聚酰胺等。酚醛胺是一种酚醛树脂改性的脂肪胺，带入了部分酚醛树脂的性能。

脂肪族多胺固化物粘接性以及耐碱、耐水性均优良。芳香族多胺在耐药品性方面优良。酸酐固化剂和环氧树脂形成酯键，对有机酸和无机酸显示高的抵抗力，电性能一般也超过了多胺。

对胺类固化剂，不管它接上的改性树脂会带来哪些性能，首先低分子胺的性能就很重要，它所带入的基团对性能的影响也很大。其色相是：（优）脂环族→脂肪族→酰胺→芳香胺（劣），由于苯环不稳定，它对树脂的染色能力就大。黏度是：（低）脂环族→脂肪族→芳香族→酰胺（高）。适用期：（长）芳香族→酰胺→脂环族→脂肪族（短）。固化性：（快）脂肪族→脂环族→酰胺→芳香族（慢）。刺激性：（强）脂肪族→芳香族→脂环族→酰胺（弱）。固化物光泽：（优）芳香族→脂环族→聚酰胺—脂肪胺（劣）。柔软性：（软）聚酰胺→脂肪族→脂环族→芳香族（刚）。附着力：（优）聚酰胺→脂环族→脂肪胺→芳香族（良）。耐酸性：（优）芳香族→脂环族→脂肪族→聚酰胺（劣）。耐水性：（优）聚酰胺→脂肪胺→脂环胺→芳香胺（良）。

多胺类固化剂的化学结构与双酚 A 树脂固化物的性质对光泽来说，芳香族最好，脂肪族最差。此性质受固化温度的影响，随温度升高，光泽变好。至于柔软性，官能基间距离长的聚酰胺更优良一些，而交联密度高的芳香胺则差。耐热性与柔软性正好相反，而粘接性则与柔软性一致，且有酰胺残余氢键的影响。耐药品性（耐酸性）受化学结构影响，芳香族比较优良，脂肪胺和聚酰胺则易受化学药品腐蚀。耐水性受官能基质量浓度的支配，官能基质量浓度低、疏水度高的聚酰胺类更耐水，而官能基质量浓度高的芳香族则差一些。

实际工作中，固化剂的选择也很复杂，很多时候需要几种固化剂复配、试验后才能勉强选择一个基本达到要求的固化体系。一般是先列出需要的性能和条件，然后将能拥有的固化剂列出。原则上第一是从性能要求上选择，有的要求耐高温，有的要求柔性好、附着力强，有的要求耐腐蚀性好，还有的要求颜色浅；第二是从固化条件上选择，有的制品不能加热或没有条件加热，则不能选用热固化的固化剂；第三是从适用期上选择，适用期就是指环氧树脂加入固化剂时起至凝胶时止的时间，它对施工质量影响很大；第四是从安全卫生上选择毒性小的为好，特别是通风不良的环境；第五是从成本上选择，计算成本时要仔细，固化剂的固体含量才是固化剂的有效成分。

1.2.4 环氧树脂的性能及应用

环氧树脂分子结构中含有的醚键与大量的羟基极性基团使其对金属、陶瓷、玻璃、混凝土、木材等极性基材有优良的附着力，而且环氧树脂固化时体积收缩率低（仅 2％左右），因而不易产生内应力，影响附着力。另外，环氧树脂优良的工艺性能，如环氧可与多种树脂互溶，使改性环氧树脂的综合性更为突出，以满足各种用途的需要。

很多环氧树脂体系及其改性树脂均可在常温常压下成型，且在室温下固化。在许多场合下。树脂的固化时间、黏度、适用期等都可按需要进行调节，而又不会影响树脂固化后的性能。环氧树脂的耐热温度在 103～130℃，一般可在 100℃下使用。环氧树脂还具备优良的力学性能。固化后的双酚 A 环氧树脂的弹性模量可达 2270～3410MPa，抗拉强度为 82.4～103MPa，抗压强度可达 103MPa。用于制备纤维增强塑料可达到更高的机械强度。

耐化学腐蚀性：环氧树脂的分子链是由碳-碳键和醚键构成的，化学性质很稳定，能耐稀酸、碱和某些溶剂。因其分子结构中含有的脂肪族羟基与碱不起作用，故其耐碱性比酚醛树脂、聚酯树脂强。以胺固化的环氧树脂能耐中等强度的酸，在强酸中略差。环氧树脂不耐氧化性酸的侵蚀。

环氧树脂是防腐蚀工程的主要使用树脂，用玻璃纤维增强的环氧树脂复合材料是耐蚀环氧衬里和环氧玻璃钢整体设备的基体材料；作为耐蚀砖板衬里的胶黏剂也经常使用环氧胶泥，同样环氧砂浆及地坪等也常见。

环氧树脂涂料是以环氧树脂为主要成膜物质，加入固化剂、填料、颜料及溶剂配制而成。环氧树脂具有优异的附着力和良好的耐化学药品性，并且与多种树脂有良好的混溶性，容易制备多种性能的环氧树脂涂料。世界上约有 40％以上的环氧树脂用于制造环氧涂料，其应用上主要应用于防腐、电气和土木建筑等领域。

采用植物油酸与环氧树脂经酯化反应制成的树脂常称为环氧酯，用环氧酯为原料制的环氧酯涂料是单组分涂料，贮存稳定性好，施工方便，对铁、铝等金属有很好的附着力，漆膜坚韧、耐蚀性好（除碱外），可通过调整油的品种、数量调整漆膜性能，有烘干型和常温干型。用于设备打底、电器绝缘涂料等防腐涂料。

无溶剂环氧树脂涂料、粉末环氧树脂涂料、水性环氧树脂涂料由于不含有溶剂、不污染大气也不易引起火灾，具有很高的安全性。粉末环氧涂料通常不需要底漆，一次施工即可获得较厚的耐蚀漆膜。水性环氧树脂则主要以阴极电沉积涂料，阳极电沉积涂料用在汽车底漆上较多。另外水性环氧涂料还可用于其他如水上混凝土建筑的修补、地下建筑的防渗、地坪等领域。

环氧树脂胶黏剂具有收缩率低、胶黏强度高、尺寸稳定、电性能优良、耐化学品、与多种材料胶黏能力强的特点，此外还有密封、绝缘、堵漏、紧固、防腐、装饰等多种功能，是胶黏剂中的一个重要种类。环氧树脂常被称为"万能胶"，广泛地应用于飞机、汽车、建筑、电子电器和木材加工等领域。

1.2.5 环氧树脂的改性

由于环氧树脂的性能并不是十分完备的，同时应用环氧树脂的使用对象也是复杂多变的，根据使用的对象不同，对环氧树脂的性能也有所要求，例如有的要求低温快干，有的要求绝缘性能优良，以及耐高温、耐冲击、低收缩、长施工期等。因而要有的放矢地对环氧树脂加以改性，改性的方法大致有通过固化剂引入改性结构；添加反应性稀释剂；添加填充剂；添加别种热固性或热塑性树脂；改良环氧树脂本身性能。

（1）添加树脂改性

添加树脂改性的作用是为了改善环氧树脂的韧性、抗剪、抗弯、抗冲等。常用改性剂有聚硫橡胶，它可提高冲击强度和抗剥性能，用量可以在 $50\% \sim 300\%$ 之间，需加固化剂。聚酰胺树脂可改善脆性，提高粘接能力，用量一般为 $50\% \sim 100\%$。聚乙烯醇叔丁醛可提高抗冲击韧性。丁腈橡胶类可提高抗冲击韧性。酚醛树脂类可改善耐温及耐腐蚀性能，用量一般为 $50\% \sim 100\%$。聚酯树脂可提高抗冲击韧性，用量一般在 $20\% \sim 30\%$，可以不再另外加固化剂，也可以少量加些固化剂促使反应快些。三聚氰胺树脂增加抗化学性能和强度。糠醛树脂改进静弯曲性能和耐酸性能。乙烯树脂提高抗剥性和抗冲强度。异氰酸酯降低潮气渗透性和增加抗水性。硅树脂可提高耐热性。为改善树脂的柔性，也常用增塑剂邻苯二甲酸二丁酯或邻苯二甲酸二辛酯。

（2）采用固化剂改性

采用加成或缩聚固化剂来改性环氧树脂是最好的方法。它是从固化剂结构着手，在固化剂分子中通过有机化学反应在结构上引入所需要的交联官能团和环氧树脂产品性能所需要的性能的分子结构，通过固化反应将所需结构引入成品中，从而达到环氧树脂改性的目的。因为合成新型环氧树脂从技术上是有难度的，从经济上也是不合算的，而使用工业化的环氧树脂，在固化剂中引入设计的新型环氧树脂所需结构从技术和市场上要容易得多。

如为了改善环氧树脂的浸润性，氰乙基化胺类固化剂是利用胺的活泼氢可以在丙烯腈的双键上进行加成反应得到的化合物，固化剂有较好的浸润性，适用期长，放热少，适宜于真空浇注及制作较大件铸品。

氨基聚醚类固化剂分子主链中含有大量的醚键结构，醚键使其制品具有较好的柔韧性，如果伯胺基连接在第二个碳原子上，由于受侧甲基空间位阻的影响，其反应活性受到影响，表现出中等反应速度。氨基聚醚作为环氧树脂的固化剂具有许多优良特性，与其他胺类固化剂相比，氨基聚醚黏度低，颜色浅，与许多有机物相容性好，反应活性适中。

酰亚胺树脂固化剂将酰亚胺的耐热结构引入到环氧树脂结构中，提高了环氧树脂的耐热性。用芳香族二胺与 1,2,4-苯三酸酐反应，合成出双羧基邻苯二甲酰亚胺，然后再与双酚 A 环氧反应，得到环氧酰亚胺树脂，从而提高了环氧树脂的耐热性。这种固化物经 DSC 测定的玻璃化转变温度（T_g）可达 118℃，热失重分析表明体系在 $370 \sim 380℃$ 仍很稳定。

酮亚胺类属于常温潜伏型固化剂，一遇到水分即离解为多元伯胺和相应的酮，消耗掉水，释放出的多元伯胺与环氧树脂固化，酮像溶剂一样挥发，因此可以作为潮湿性固化剂。酮亚胺的合成是利用胺与酮能进行缩合反应，生成酮亚胺与水，此反应为可逆反应，必须在反应过程中用吸水剂（如无水 $AlCl_3$）移走生成的水，使反应向生成酮亚胺方向进行，结束反应得到红棕色黏稠液。因此，产品必须密闭保存。这类固化剂有较长的适用期，挥发性较低，刺激作用小，适用于涂料、密封胶等。但是酚醛胺固化剂出现后酮亚胺固化剂较少使用了。

(3) 活性稀释剂改性

稀释剂的作用是降低黏度，改善树脂的渗透性。稀释剂可分为惰性及活性二大类。环氧树脂惰性稀释剂主要用丙酮、甲乙酮、甲苯、二甲苯等，用量根据所用环氧树脂的环氧当量来确定，E44的用量最多为15%，丙酮是环氧树脂最好的惰性溶剂，它在树脂固化凝胶前可以完全挥发，二甲苯就有一定的残留，其他醋酸乙酯等酯类溶剂也能很好地溶解环氧树脂，但是挥发性略慢，价格又比二甲苯贵。

活性稀释剂是含有环氧基团的溶剂，在固化时环氧基参与反应连接到网络结构中，由于大部分活性稀释剂不含刚性基团，可提高韧性。活性稀释剂的价格现在也只比环氧树脂略贵一点，算上惰性稀释剂使用的成本，活性稀释剂很有优势，所以推荐在选择环氧树脂稀释剂时首先考虑活性稀释剂。活性稀释剂用量一般不超过30%。环氧树脂常用活性稀释剂技术指标见表1-5。

表1-5　环氧树脂常用活性稀释剂技术指标参考数据

名称	相对分子质量	沸点/℃	密度/(g/cm³)	黏度/mPa·s	环氧值
环氧丙烷丁基醚	130	164	0.915	2～5	0.35
环氧丙烷苯基醚	150	245	1.108	5～10	0.33
乙二醇二缩水甘油醚	174	112(4.5mmHg)	1.118	15～25	0.72
1,4-丁二醇二缩水甘油醚	202	266	1.1	10～20	0.51

注：表中的数据比理论值差距较大是因为在多元醇同环氧氯丙烷合成时有部分多聚，提高了黏度，降低了环氧值，实际使用时要根据供应商提供的沸点、环氧值选择。

在表1-5中单环氧基的环氧丙烷丁基醚和环氧丙烷苯基醚连接到网络中后是一个支链，而环氧丙烷苯基醚的增韧效果并不好，环氧丙烷丁基醚的沸点又略低了一点，但是黏度低，稀释效果略好，在耐蚀树脂中使用较少，可与其他活性稀释剂复配使用；二环氧基缩水甘油醚能形成网络，沸点也更高，价格比较低，一般选择较多。其中的二甘醇、三甘醇等的缩水甘油醚使用时要注意引入醚键导致亲水性增加，但是增韧效果很好，其他如二环氧丙烷乙基醚较贵。三环氧丙烷丙基醚由于提高了交联度，没有了增韧效果，防腐蚀中也用得较少。

1.3　不饱和聚酯树脂

不饱和聚酯树脂是分子链节上同时具有酯键和不饱和双键的高分子化合物溶解在含双键的活性单体中的黏稠高分子溶液。它通过游离基聚合反应交联活性单体和高分子链上的双键，形成网络结构，达到所需性能。

不饱和聚酯树脂有很多种类和名称。按成型方法有手糊成型用树脂、喷射成型用树脂、模压成型用树脂、拉挤成型用树脂、片状或团状模塑料用树脂、浇注成型用树脂、连续制板用树脂等。按使用性能有通用树脂、耐腐蚀树脂、阻燃树脂、柔韧性树脂、透明树脂、人造大理石树脂、玛瑙树脂、胶衣树脂等。

1.3.1　不饱和聚酯树脂的合成原理

(1) 加成聚合反应

不饱和聚酯可通过含1个以上环氧基的化合物，如低分子量环氧树脂、环氧丙烷等，与不饱和酸酐和部分饱和酸酐加成化合而得，加成反应可用水来引发。

$$\text{(1-13)}$$

这是乙烯基树脂合成的主要反应。通过加成聚合反应制备聚酯树脂具有聚合反应过程中无水生成；加成反应的温度低于酯化反应；开环反应是放热反应，可减少聚酯合成的热量；聚酯的合成配方随环氧化合物和酸酐的官能度和结构可设计品种多，环氧基打开产生大量的羟基，可提高树脂的黏结强度，用这种方法合成的不饱和树脂颜色比较浅。缺点主要是原料成本高。

为使加成反应为主要反应，可加入催化剂，如镁、锌、铅氧化物或盐；反应温度控制在120～130℃，避免酯化反应发生，反应时间大于 5h。当用顺丁烯二酸酐引入不饱和键时，树脂的固化性能要低于缩合聚合的聚酯。因在 120～130℃下不易发生顺酸（马来酸）向反酸（富马酸）的异构化反应，在 200℃进行异构化才可提高聚酯的反应活性。对这类反应可加入更好的催化剂，如碱金属氢氧化物或盐，像氯化钾或季铵盐、锆、钛、铯有机酸盐进行反应。

（2）缩合聚合反应

缩合聚合反应是通过醇、酸的酯化反应使分子链逐步增长的过程，只要醇和酸的官能团数都大于 2 就可以逐步缩聚形成高聚物。缩聚生成的聚合物的分子量是大小不一的同系物。以通用型不饱和聚酯的酯化反应为例：当一个二元醇分子和一个二元酐分子进行酯化反应时，生成一端为羟基、一端为羧基的酯，随着新生成的分子间的继续酯化，分子链增加，新生成的分子间的酯化具有随机性，且分子链间的酯交换反应使反应变得更复杂。

$$\text{(1-14)}$$

这是目前的不饱和聚酯树脂的主要生产方法，它的原料来源价廉且广，合成的树脂有很好的性能，通过原料的变动可合成出不同性能的树脂。

（3）缩聚反应平衡常数和凝胶化

在缩聚反应中生成的高分子量的、大小不等的混合物，可用分子量及其分布分别表示分子大小和分散性。不饱和聚酯聚合物的分子量及其分布非常重要，聚合物的物理力学性能与分子量和分子量分布有密切关系。聚合物的分子量及其分布用实验测定或用统计方法估测，可通过适当的方法加以控制。聚酯分子量及其控制在生产上有重要的意义。改变原料物质的量之比；加单官能团封端剂；对于平衡缩聚反应，可控制生成物浓度来使平衡破坏，使反应向聚合方向进行。

$$K = \frac{k_1}{k_{-1}} = \frac{[-COO-][H_2O]}{[-COOH][-OH]} \tag{1-15}$$

平衡常数越大，反应越易进行。酯化反应的平衡常数 k 约为 4～10，缩合反应的速度较其逆反应速度只大数倍。欲获得更多的反应产物，需要不断地打破平衡，促使向产物生成方向进行，因此聚酯合成过程中要不断地带出生成物水以提高分子的平均聚合度，并且随着聚合度的增大，活性官能团减少，聚合变得越来越慢，再通过提高反应温度来提高聚合速度。但是逆反应的存在有利于调节分子量的分布，因此合成过程总是很缓慢地移出水，即缓慢地升高反应温度，这样聚酯合成成为了一个相对漫长的过程。随着反应温度的升高，分子链的端基活性官能团越来越少，通过提高温度使链增长变得困难，如果此时的分子量已经能满足需要，则聚合反应可以停止。但是残余的活性端基的耐蚀性进入我们的视线，端羟基要比端羧基耐腐蚀，因此聚酯配方设计的醇酸比是醇过量，使端羧基控制在可以接受的范围，通常靠控制酸值在 50mgKOH/g 以下，并根据醇过量的量调整，同时控制酸值也直观地控制了聚合度。

为了得到低黏度、高分子量的不饱和聚酯，需要合成具有星型或支链结构的聚酯，这种树脂的羟基含量高，有利于黏合，这时就要加入三或四官能度的醇单体，按缩聚理论必须要考虑凝胶化。因此支链聚酯的合成必须要计算凝胶点。理论上凝胶点 P_c 大于 1 就会产生凝胶，凝胶点计算如式(1-17)。单体混合物的平均官能度定义为每一种分子 i 所具有的官能团数目 f 的分子数 N_i 的加和平均 [式(1-16)]。

$$\overline{f} = \frac{\sum N_i \times f_i}{\sum N_i} \tag{1-16}$$

$$P_c = \frac{2}{\overline{f}} \tag{1-17}$$

但是这种理论计算在实际生产中只能起一个指导作用，它没有考虑单官能度分子的作用，也总是比生产数据偏小，这也更不容易凝胶，生产中可以在此基础上逐渐熟练后再慢慢增加不过量组分的量或降低过量组分数以提高聚合分子量。

1.3.2　不饱和聚酯树脂的原料

各种醇、酸的分子结构会赋予树脂具有各种所需性能，是设计配方的基础。

（1）不饱和多元酸

从可供原料来源的角度，引入不饱和键的是酸，不饱和二元酸的量决定树脂的交联度。不饱和二元酸及其酸酐见表 1-6，通过其内容我们可以比较方便地进行不饱和酸及其酸酐单体的选择。

表 1-6　不饱和二元酸及其酸酐

名称	相对分子质量	熔点(沸点)/℃	赋予聚酯性能
顺丁烯二酐(MA)	98.06	52.6(199.7)	通用性能
反丁烯二酸(FA)	116.07	287(290)	共聚和固化活性
衣康酸	130.10	161(分解)	均聚活性、耐水性、高强、鲜映性
氯代顺丁烯二酸	150.5		阻燃性

目前用得最多的是顺丁烯二酸酐，因顺酐是煤化工产品，价廉易得；同时顺酐也是能与苯乙烯这种价廉的活性稀释剂交替共聚的稀缺的不饱和二元酸，所以顺酐的用量由苯乙烯的量所决定，而苯乙烯的量又由稀释黏度确定；最后是聚合反应过程中顺酐会异构化成反丁烯二酸。衣康酸是生物化工产品，由于其特殊的光学性能，很有发展前途。

（2）饱和二元酸

因所有的二元酸不可能都参与固化，因为目前所用的醇酸的分子量都不小，交联度不需要这么多，所以要加入饱和二元酸及其酸酐来调节交联度，通过控制总二元酸量不变的条件下，调整不饱和二元酸和饱和二元酸的量来设计交联度。常用饱和二元酸赋予聚酯的性能见表 1-7，通过对其内容的理解我们可以比较方便地进行饱和酸及其酸酐单体的选择。

表 1-7　常用饱和二元酸赋予聚酯的性能

名称	相对分子质量	熔点/℃	赋予聚酯性能
邻苯二甲酸酐(PA)	148.11	131	一般用
间苯二甲酸(IPA)	166.13	330	耐药品性、气干性
对苯二甲酸	166.13		结晶性,耐药品性
己二酸(AA)	146.14	152	柔顺性
葵二酸(SE)	202.24	133	柔性,耐药品性,耐水性
四溴苯酐(TBPA)	463.7	273~280	溴含量68.93%耐热、阻燃性
四氯苯酐(TCPA)	303.96	255~257	氯含量49.60%耐热性

目前用得最多的是邻苯二甲酸酐,因其是煤化工产品,价廉易得。

（3）多元醇

二元醇的过量程度决定聚合物的分子量,从而影响稀释剂的加入量,醇过量少,分子量大,聚酯酸值高,稀释剂用量多。常用二元醇和多元醇见表 1-8。

表 1-8　常用二元醇和多元醇

名称	相对分子质量	熔点(沸点)/℃	赋予聚酯性能
乙二醇	62.07	−13.3(197.2)	一般用、机械强度好
二乙二醇(二甘醇)	106.12	−8.3(244.5)	一般用、柔顺性好
丙二醇	76.09	(188.2)	一般用、溶解性
二丙二醇	134.17	(232)	一般用、耐水性
丙三醇	92.09	17.2(290)	耐热性
双酚 A	228.28	150	耐热、耐腐蚀性
新戊二醇	104.65	130	耐热、耐候性
季戊四醇	136.15	189(260)	黏结性
三羟甲基丙烷	134.12	57~59	耐热性、耐水性

常用二元醇及其对玻璃钢制品性能的影响见表 1-9,通过这些内容我们可以比较方便地进行二元醇单体的选择。

表 1-9　常用二元醇及其对玻璃钢制品性能的影响

性能	乙二醇	丙二醇	1,4-丁二醇	二甘醇	二丙二醇	新戊二醇
黏度	中	中	低	低	低	中
热变形温度	中	良	差	差	中	中
硬度	良	良	中	差	中	中
冲击强度	中	中	良	良	中	中
光稳定性	中	中	中	劣	劣	优
收缩率	中	中	低	低	低	中
弯曲强度	良	中	良	良	中	良
拉伸强度	良	中	良	优	良	良
伸长率	中	差	良	良	良	中
耐水性	中	中	中	差	中	良
耐溶剂性	中	中	中	差	差	中

性能	乙二醇	丙二醇	1,4-丁二醇	二甘醇	二丙二醇	新戊二醇
耐碱性	中	中	差	差	中	良
耐酸性	中	中	中	差	中	良
黏结性	中	中	良	良	中	中
电性能	中	中	中	差	中	良
色泽	良	中	差	差	中	中
价格	低	较低	较高	低	较低	中

乙二醇首选的理由就是价格最低，但是在苯乙烯中的溶解性能差。所以拼合一部分丙二醇改善溶解性，丙二醇合成的树脂的透光性好。二元醇和二元酸的分子量决定了酯键的当量，从而影响耐蚀性，由大分子量的醇和酸单体合成的聚酯酯键含量少，因此耐蚀性高。所以耐蚀不饱和聚酯树脂的二元醇都使用双酚A。

（4）活性稀释剂

苯乙烯、甲基丙烯酸酯等是不饱和聚酯树脂的交联剂和溶剂，通用线型不饱和聚酯是通过加入交联剂（乙烯基单体），在引发剂和促进剂产生自由基的引发下，发生链锁的自由基共聚合反应进行交联固化，其反应遵循自由基共聚规律。可聚合的活性基名称及代表化合物见表1-10，通过这些内容我们可以比较方便地进行稀释剂单体的选择。

表 1-10　可聚合的活性基名称及代表化合物

活性基的名称	基团	代表性化合物
丙烯酸基	$CH_2=CH-COOH$	丙烯酸
甲基丙烯酸基	$CH_2=C(CH_3)-COOH$	甲基丙烯酸
丙烯酰胺基	$CH_2=CH-COHN-$	丙烯酰胺
乙烯基	$CH_2=CH-$	苯乙烯
烯丙基	$CH_2=CH-CH_2-$	氯丙烯
乙烯醚氧基	$CH_2=CH-O$	乙酸乙烯酯

目前活性稀释剂用得最多的是苯乙烯，光学树脂用甲基丙烯酸甲酯。交联固化反应是在苯乙烯与线型不饱和聚酯中的双键（顺酐提供）的自由基共聚反应，根据自由基共聚反应的竞聚率计算，苯乙烯与线型不饱和聚酯中的双键的摩尔比为1.33，可以共聚成恒分共聚物。这种共聚物的性能较好且稳定。考虑到使用过程中的挥发、固化过程中初凝后链段扩散的困难，摩尔比一般略为扩大到1.45，两个聚酯链之间交联的聚苯乙烯链节数一般在1～3。

（5）稳定剂

稳定剂是一种自由基的钝化剂，防止在高温下活性稀释剂稀释聚酯树脂时，高温产生的自由基引发聚合，也防止树脂在存放过程中产生的自由基引发聚合。常用对苯二酚、对叔丁基邻苯二酚、环烷酸锌等，实际上是自由基阻聚剂。但是稳定剂的量也影响使用时的引发剂、促进剂的加入量。因此稳定剂的量由聚酯-稀释剂的稀释能力和稀释温度以及存放温度和时间决定。稳定剂一般在树脂稀释的时候分别加入一部分在树脂中和苯乙烯中。但是对叔丁基邻苯二酚可以在高温缩聚的时候加入，它具有防止醇和酸氧化、防止树脂变黄的特点。其实合成时加入抗氧剂都有防止树脂黄变的作用。

（6）脱水剂

在制造聚酯过程中，脱水剂是有机溶剂和惰性气体。使用溶剂的目的是利用溶剂与水的共沸降低水的沸点，将水除去。另外，当合成马来酸酐聚酯时，可以减缓酸蒸气的腐蚀作用，在混合反应中亦减弱了痕量水的腐蚀活性。最常用的溶剂一般是苯、甲苯或二甲苯。

使用惰性气体是为了防止树脂的氧化变色与脱水，最常用的气体是二氧化碳、氮气，只要不含氧的任何其他气体都可以用。通入惰性气体可排除氧气，降低了高温下氧化裂解的变色作用；可帮助带走水分加速反应完成；气体通入树脂中，流动起到搅拌的功用。其缺点是气体带走热量降低了反应温度以及流速过高也会造成二元醇的逸失。

（7）端基封闭剂

当用二元醇与二元酸酯化后生成聚酯，一般两端都带有羟基或羧基，为了降低树脂产品对介质的敏感性或是为了改进电绝缘性以及与交联剂单体——苯乙烯的混溶性，有必要改变那些极性端基。在制造聚酯的后期，常用一元酸或一元醇与端羟基或端羧基反应，使聚酯的端基失去活性，达到封端的目的。如醋酸酐与端羟基聚酯反应，数小时后，将过量的醋酸蒸出。直到酸值回复到乙酰化反应前的数值。这样可以有效地减少端羟基，提高其耐水性，并且也阻止了进一步缩聚。若用异丁醇或环己醇与聚酯反应，则聚醋端羧基被封闭后不再进一步发生缩聚反应，改善了电气性能。

当用对称性良好的乙二醇与顺酐和苯酐反应生产聚酯时，为了改进聚酯与单体苯乙烯的混溶性，端基封闭是常用的方法，乙酰化的结果常使最后的树脂成品胶凝时间变短。用松香酸封端的不饱和聚酯可以任意比例与苯乙烯混溶，而且抗水性和耐化学腐蚀性都有所提高。

（8）添加剂

加入石蜡可防空气中氧对自由基的钝化而影响表面层固化，使制品表面发黏。一般采用熔点50℃左右石蜡作树脂气干性添加剂，其溶解度低。通过石蜡的熔点调节在树脂中的溶解度，在聚合时由于苯乙烯的减少，浮于树脂表面，隔绝空气对自由基的阻聚。此外很多塑料添加剂也是可以配合使用的，如加入紫外光吸收剂可提高树脂的耐光老化性，但应在使用时加入，这里就不赘述。

1.3.3　通用不饱和聚酯树脂的合成

不饱和聚酯的品种、牌号很多，已在百种以上。操作工艺也不完全一样，但基本上包括缩聚与溶解两步。通用不饱和聚酯树脂是由乙二醇、顺酐和苯酐进行酯化反应而得的聚酯在苯乙烯中的溶液，下面是一个链节结构式：

（1）通用不饱和聚酯树脂配方

通用不饱和聚酯树脂配方见表1-11。

表 1-11　通用不饱和聚酯树脂配方

原料名称	相对分子质量	摩尔比	质量/kg	投料量/kg
乙二醇	62.07	2.2	136.55	276
苯酐	148.11	1.0	148.11	299
顺酐	98.06	1.0	98.06	198
对苯二酚（1）	110.11	0.05		100g
对苯二酚（2）	110.11	0.1		200g
H_2O（理论出水量）	18.02	2.0	−36.04	−72.73
苯乙烯	104.14	1.43	148.58	300.00

配方中醇过量 10％，该聚合度的树脂正好能溶解到 1.43mol 的苯乙烯中达到施工所需要的黏度，且酸值也能容易地降低到 40 以下，这个苯乙烯的量也与顺酐的摩尔数相配合；同时也使聚酯链的交联度满足要求。当需要浸润好一点可以用丙二醇等摩尔替换部分的乙二醇。如果分子量设计得更高，丙二醇的使用就是必须的了，不过一般不建议再降低二元醇的量，主要是溶解性变差，酸值也难于降下来，推荐用少量三元醇来提高分子量。如果用双酚 A 来代替二元醇，则可得到优异耐蚀性的不饱和聚酯树脂，不过要略微增加一点醇用量。

（2）合成设备

不饱和聚酯树脂反应釜和釜内物料接触处的釜体和零部件，均采用 1Cr18Ni9Ti 或 0Cr18Ni9 制成，法兰碳钢衬不锈钢，工作温度最高可达 350℃。图 1-4 是合成树脂工艺设备简图，表述了树脂合成的核心设备，设备名称见表 1-12。方便从工程上理解不饱和聚酯树脂合成工艺设备。

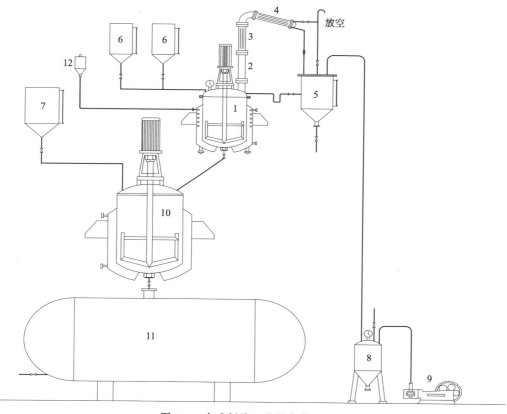

图 1-4　合成树脂工艺设备简图

图注对应于表 1-12 所列。

表 1-12　不饱和聚酯树脂全套设备表　　　　　　　　　　单位：mm

序号	部件名称	1000L 规格	序号	部件名称	1000L 规格
1	缩聚反应釜	DN1100×1610	7	苯乙烯高位槽	500L，DN700×1200
2	空气冷却柱	25L，DN200×790	8	真空缓冲器	DN500×1000
3	竖式冷凝器	1m²，DN200×790	9	水环真空泵	W3
4	卧式冷凝器	3.17m²，DN300×1500	10	聚酯溶解釜	1500L，DN1200×1890
5	油水分离罐	100L，DN450×620	11	批混料罐	10m³，DN2000×3000
6	多元醇高位槽	350L，DN600×1200	12	热油膨胀槽	135L，DN450×850

空冷器的功用是使高沸点的二元醇冷凝回流，低沸点的水蒸气分离出去。它在半酯化反应阶段非常重要。半酯化反应本身是个放热反应，反应激烈，产生大量的水蒸气，醇很容易被夹带蒸出。立式冷凝器是进一步严格控制柱温的措施，柱顶温度勿超过103℃，以免二元醇逸失。卧式冷凝器使水蒸气冷却，进入分水器后计量，是移除生成物水的装置。

油水分离罐用在溶剂共沸脱水法中让溶剂回流入反应釜，分出聚合反应水，故名油水分离器，在惰性气体带水的熔融缩聚法中作为蒸馏流出液的接受器。真空泵是用在缩聚反应后期，聚酯黏度增大，少量水分子不易气化逸出，这时要抽真空减压，使水分蒸出，加深反应进行的深度。

溶解釜又名稀释釜、掺合釜，其容量应为反应釜容量的1.5倍。溶解釜应带夹套，可以用水很快冷却或用蒸汽加热。批混料罐可以装10批次的产品，每批次的产品在其中混合后以保持质量的波动在一个微小的范围。

（3）不饱和聚酯树脂合成工艺操作

在缩聚中，反应温度、反应时间和原料的摩尔比是影响聚酯分子量的3个主要因素。对于影响分子量大小的3个因素中，一般投料的摩尔比起着决定作用。因参加反应的单体，无论何种单体量发生变化，都会直接影响分子量的大小。而实际生产中也不可能绝对等当量反应，总存在某种单体过量一点。聚酯的分子量大、固化后强度、硬度就增大；分子链中不饱和键增多，固化后交联点多，刚性大、耐磨性高，聚酯链极性增大，固化后弯曲强度提高，聚酯链排列得有序，可提高抗拉强度。

为了提高聚酯的交联反应能力，可以在缩聚反应后期将反应温度升高到180℃以上，保温1h，这样可使聚酯内的顺丁烯双键转变为反丁烯双键。但是温度的升高并不是越高越好，在温度超过250℃时，会发生二元羧酸的脱羧作用、高分子化合物的热裂解等副反应；反应初期温度过高也会促使沸点较低的原料如二元醇的挥发损失；其次，反应过于猛烈，易造成喷料。因此，酯化反应必须控制在一定的温度范围内，通常为150～195℃。根据生产实践，酯化反应的升温方式以逐步升温法为好。即反应开始后，升温至150℃，停止升温，预聚0.5h，当缩水量达理论总量的2/3时，再升温到195℃保温，直到酸值降到合格为止。

投料方法分为一步法和二步法两种。一步法就是先将所有酸酐和二元醇投入缩合反应釜中进行反应，二步投料法就是先将苯酐和二元醇投入缩合反应釜中进行反应，待反应进行到一定程度后，再投入顺酐。两步法所生产的树脂由于结构排列上比较均匀，因此性能较一步法生产的优越。弯曲强度提高约20％～30％，热变形温度提高10％～15％，硬度提高10％～15％。

不饱和聚酯树脂合成工艺操作步骤如下。

① 按配方投入计量的乙二醇、顺酐、苯酐及2kg二甲苯。开始加热，待固体料熔化后开搅拌。在此过程中从视镜中观察到原料部分融解后可以点动一下搅拌使溶解更快而均匀。

② 温度升至145～150℃可以暂停加热，此时半酯化反应产生的热可以维持反应进行。检查空气冷却器，发热后开启立式冷却器和卧式冷却器的冷却水。通过立式冷却器的冷却水流量控制柱顶温度不超过102℃。

③ 半酯化反应开始后，观察十字视镜，待出现第一滴液体后。在150～160℃保温反应1～2h，期间每15min放一次水并计量，待出水量为50％即可认为半酯化反应完成。

④ 打开二甲苯回流管的阀门，观察柱顶温度并决定阀门开启大小，然后以10℃/h的升温速度逐步升温至190～200℃，期间每小时放一次分水器中的水，计量并累计，观察出水

速度，基本上逐渐减少为正常。整个过程出水量为总出水量的 30％～40％。

⑤ 在 200～205℃下保温约 1h，统计出水量达到整个理论出水量的 90％后，保温结束。

⑥ 启动真空泵，调节放空阀使釜内不致暴沸，关闭立冷器、二甲苯回流阀，真空脱水直至酸值降至 50mgKOH/g 以下，作为终点。

⑦ 酸值合格后开始降温，降温至 180℃，加入对苯二酚（1）和石蜡，搅拌 30min 后，再降温至 140～170℃，准备同苯乙烯溶解混合。

⑧ 在稀释釜中打入已计量好的苯乙烯，开搅拌，加入对苯二酚（2），放入已反应好的聚酯。搅拌控制稀释釜温度在 70～95℃搅拌 2～3h，降温至 50℃以下即可出料。

1.3.4　基本乙烯基酯树脂的合成

乙烯基酯树脂通常是环氧树脂和含不饱和键的一元羧酸的加成聚合物，合成中环氧基同一元羧酸加成聚合，而羧基不能与环氧树脂中的羟基酯化，同时不饱和键也不能自聚。这类树脂既具有环氧树脂优良的黏结性和机械强度，又具有不饱和聚酯树脂的工艺性能。因而可称为结合不饱和聚酯树脂和环氧树脂两种树脂的优点而产生的一种新型树脂。

乙烯基酯树脂的主要特点是：①可以通过自由基引发剂的激发实现迅速固化，其固化工艺和聚酯树脂相同；②对玻璃纤维具有优良的渗透和黏结能力，这种性能和环氧树脂相同；③通过控制交联结构，可以获得中等或较高的热变形温度同时具有较大延伸性的树脂；④具有优良的耐化学腐蚀性能；⑤通过改变引入环氧基的化合物和引入不饱和键的化合物的结构可以得到多种乙烯基酯树脂。

（1）基本乙烯基酯树脂合成原理

基本乙烯基酯树脂是以双酚 A 型环氧树脂和丙烯酸反应生成的化合物溶解在苯乙烯中的溶液。乙烯基酯树脂将环氧树脂突出的化学物理性能与不饱和聚酯树脂优异的成型操作性能良好地结合在一起。是高级的耐化学腐蚀性树脂，广泛使用于玻璃钢中。化学反应原理如下：

$$(1\text{-}18)$$

（2）合成配方

表 1-13 是双酚 A 型环氧树脂基乙烯基酯树脂配方，配方中的丙烯酸用量不足以将环氧基反应完全，这样可以保证获得小分子量的乙烯基树脂。如果丙烯酸与环氧基的当量比是 1 或以上，则反应后期要升高温度使环氧树脂的羟基与丙烯酸反应，这样会发生乙烯基树脂的自聚，使分子量增大，不利于施工操作。

表 1-13　双酚 A 型环氧树脂基乙烯基酯树脂配方

原料名称	相对分子质量	摩尔比	质量/kg	投料量/kg
E-51 环氧树脂	392	1.0	392.0	117.6
丙烯酸	72.06	1.8	129.6	38.9
氯化三乙基苄基铵	227.75	（总量 1%）	5.2	1.56
对苯二酚	110.11	（总量 0.1%）	0.5	0.15
苯乙烯	104.14	（30%）	226.0	67.8

（3）合成操作步骤

按表 1-13 的配方在不锈钢反应釜中，依次投入 E51 环氧树脂 117.6kg、对苯二酚 0.15kg、氯化苄基三乙基铵 1.56kg。搅拌升温至 80℃时，滴加丙烯酸 38.9kg，2h 内滴加完。

升温至 110℃，保温反应至酸值降到 10 以下，此过程约需 2～3h。停止反应。降温至 80℃左右，加入约占总产量 30％的苯乙烯，搅拌 1h。降温至 40℃以下，即可出料。

产品规格：外观为黄色透明黏性液体；酸值（mg KOH/g）≤5；固体含量 70％±2％；凝胶时间 15～30min，凝胶时间是取试样 100g，加入过氧化苯甲酰糊 4g 和 10％二甲基苯胺的苯乙烯溶液 2g，充分搅匀，25℃条件下测得。

1.3.5　不饱和聚酯树脂的固化

不饱和聚酯的交联反应是烯类单体（活性稀释剂）和线型不饱和聚酯树脂的双键发生自由基共聚合反应，不饱和聚酯链上的双键大都具有反式结构，可以认为所有双键的反应活性是相同的。

不饱和聚酯树脂的固化是一种自由基型共聚反应，具有链引发、链增长及链终止的 3 个阶段。原则上自由基聚合的引发剂都可以作为不饱和聚酯的固化剂，高温固化具有常温施工成型周期任意长的优点，只能用于模塑料的加工。低温固化可以满足一般工艺要求，在防腐蚀施工中都采用低温引发体系，低温引发体系的施工适用短，必须在 30min 内用完。经常使用的常温引发体系是过氧化环己酮-环烷酸钴和过氧化二苯甲酰-二甲基苯胺。

在过氧化环己酮-环烷酸钴体系中过氧化环己酮是引发剂，使用的是一种含量为 50％的邻苯二甲酸二丁酯分散的糊状液。环烷酸钴是促进剂，使用的是苯乙烯溶解的 6％左右的溶液。该体系的特点是水分、游离二元醇或其他金属盐类对固化影响大，它们可与钴盐形成配合物，降低促进效果，以至于不固化。此时加少量二甲基苯胺，就有明显的促进作用，加少量的酮如丙酮，也有促进效果。加入固化剂后的施工适用短于 30min，这就要求施工速度要快或单次配料量少，如加少量环烷酸锰，降低固化速度，可使树脂有较长的适用期。

过氧化二苯甲酰-二甲基苯胺中过氧化二苯甲酰是引发剂。商品的过氧化二苯甲酰是含水 30％的白色固体粉末，使用时用邻苯二甲酸二丁酯等分散排水，水浮于糊状液上排出。二甲基苯胺是促进剂，使用的是苯乙烯溶解的 6％左右的溶液。该体系的特点是水分影响小，可潮湿固化，也能在＜15℃固化；但是树脂耐光性差，变色性大，有时固化后就成为了黄色；树脂充分固化困难；固化放热量大，浇铸体易龟裂。

特别注意的是不饱和聚酯树脂的固化体系是一个氧化-还原体系，引发剂和促进剂单独接触会发生强烈的氧化-还原反应——爆炸，所以不管是储存、运输、使用时都需要单独的存放、单独的工具管理及相应的安全措施。可以在待用的不饱和聚酯树脂中预先加入促进剂，而引发剂在现场加入，这样可以避免现场工具混乱引起的燃烧、爆炸，也可避免工地库房管理的可能的混乱引起的燃烧、爆炸。

引发剂用量对固化速度影响很大。用多了，反应速度太快，放热效应也比较显著，不易控制。此外，过多的引发剂影响链的长度，使高聚物的平均分子量降低，力学性能变坏。实践证明，通常按纯引发剂计，加入量为树脂重量的 1％左右为宜。在氧化-还原引发体系中，过氧化物的分解只有其中一半形成了自由基，而另一半则被还原剂还原成负离子，故引发剂的用量为树脂重量的 2％，若用 50％的过氧化环己酮的二丁酯糊，则引发剂用量为树脂重量的 4％，温度高时引发剂可低到 2％。促进剂用量通常为 0.5％～2.0％。温度高时促进剂用量可低到 0.5％。

此外，还有很多可供选择的固化体系，列于表 1-14 以供参考。

表 1-14　不饱和聚酯树脂的各种固化体系特点示例

引发剂	促进剂	使用特点
过氧化甲乙酮 过氧化环己酮 过氧化乙酰丙酮	环烷酸钴 异辛酸钴	室温可以固化，过氧化甲乙酮-异辛酸钴固化颜色较浅，促进剂用量为 0.5%～2.0%
	环烷酸锰 异辛酸锰	一般不单独用，与钴盐并用，可延长适用期。温度达 60℃ 以上时促进作用比钴离子大 10 倍多，作中温促进剂使用
	异辛酸钾	一般不单独用，与钴盐并用，有明显的促进效果；与钴、钙并用，可使固化产品无色，称无色促进剂
	异辛酸钙	不单独用，与钴、钾并用，可使固化产品无色
异丙苯过氧化氢 酮过氧化物	磷酸钒	与过氧化物配合使用，可得浅色制品。与抗坏血酸并用，制无色促进剂
二酰基过氧化物 如过氧化二苯甲酰（BPO）	二甲基苯胺	与 BPO 配伍，用量 0.05%～0.2%，可在低温固化，不怕水。如加入到酮过氧化物-钴系促进剂中，固化时间明显变短
	二乙基苯胺	若用量与二甲基苯胺相同，则凝胶时间长一倍，但固化时间短
	二甲基对甲苯胺	胶凝快，但固化慢
	对甲苯磺酸	高温固化促进剂，用量 0.03%～0.13%，但成品颜色变棕色
酮过氧化物 氢过氧化物	十二烷基磺酸钠	与钴系促进剂并用，可以促进固化，用于层压制品改进外观
	季铵盐	单独在树脂中起稳定的作用，在固化体系做中温固化用
	酮类	与钴系促进剂并用，有强的促进作用，减少钴盐用量，树脂颜色得以改善
过氧化甲乙酮 过氧化环己酮	硫代醇类	如十二烷基硫醇与过氧化甲乙酮配伍，使用量在 0.03%～0.1%，固化制品无色，放热峰底，用于浇注工艺品

1.3.6　不饱和聚酯树脂的性能与应用

（1）不饱和聚酯树脂组成、用途

不饱和聚酯树脂的性能主要是由不同醇、酸单体赋予树脂独特的性能，活性稀释剂也具有相应的作用。商品化的不饱和聚酯树脂组成、用途见表 1-15。仔细研究其组成单体的性能、成本与用途的关系能得到较深的体会。

表 1-15　商品化的不饱和聚酯树脂组成及用途

型号	组成	用途特点
189	苯酐、顺酐、醋酐、乙二醇、丙二醇、苯乙烯	耐水、耐化学、刚性强、延伸性好，用于造船等
191	苯酐、顺酐、乙二醇、苯乙烯	防水、刚性好，用于生产透明波形瓦和木材保护
195	苯酐、顺酐、丙二醇、苯乙烯	用其制作的玻璃钢制品透光率高、耐候性好。树脂黏度小，对玻璃纤维浸渣性能好，与无碱布配合可制作透光采光罩、波开瓦、太阳能热水器等
196	苯酐、顺酐、二甘醇、乙二醇、丙二醇、苯乙烯	半刚性，弹性好，用于车身、船表面
199	乙二醇、丙二醇、间苯二甲酸、反丁烯二酸、苯乙烯	刚性、中等耐热、电性能好，板材在 120℃ 长期使用耐腐
3301	双酚 A、乙二醇、丙二醇、反丁烯二酸、苯酐、苯乙烯	耐腐蚀、耐化学、性能好，用于玻璃钢纤维增强的塑料制品，耐酸碱、光热老化的玻璃钢制品

商品化的不饱和树脂性能指标见表 1-16。

表 1-16　商品化的不饱和树脂性能指标

型号	外观	酸值/(mgKOH/g)	黏度 25℃/Pa·s	凝胶时间(25℃)/min	吸水率/%	热变形温度/℃	密度/(g/cm³)
189	淡黄、透明	8～20	0.25～0.45	8～25	0.11	60	1.72
191	淡黄、透明	28～36	0.25～0.45	12～15	0.17	66	1.23
195	淡黄、透明	27～34	0.13～0.22	30～54			
196	淡黄、透明	17～35	0.65～1.15	8～20	0.15	72	1.23
199	黄色、透明	21～29	0.4～0.8	11～21	0.25	120	1.2
3301	黄色、透明	12.20	0.4～0.9	10～25	0.14	110	1.13

（2）耐化学腐蚀树脂

不饱和聚酯的耐化学性与其聚酯分子结构有关，结构中应尽量降低易水解的基团浓度。因此，常采用大分子的二元醇或二元酸改性，因为，分子量大的二元醇或二元酸，延长酯键距离、降低酯键浓度。例如，新戊二醇取代丙二醇更耐水解。另外，耐蚀聚酯中采用的醇或酸的组分大多是芳香族的，其疏水特性使其合成的树脂不易被极性物质侵蚀。常用作耐蚀聚酯的不饱和聚酯主要有间苯型和双酚 A 型两种。间苯型聚酯易于制造、成本低，是一种应用的具中等耐化学水平的树脂。它耐弱酸和多种溶剂的侵蚀，但不耐碱。双酚 A 型不饱和聚酯的耐化学性能优于间苯型，特别是碱性环境。

1.4　呋喃树脂

高分子结构中主要含有呋喃环的树脂称为呋喃树脂。呋喃树脂是由糠醛或糠醇单体进行均缩聚或与其他单体共缩聚而得的产物。呋喃树脂分子中呋喃环含有双键和羰基及 α 碳原子上的活泼氢，因此在酸或碱的催化作用下，可以发生交联反应，形成不溶不熔的网状结构。呋喃树脂根据使用的原料可分为两大类型，即糠醛系呋喃树脂和糠醇系呋喃树脂。由于原料糠醛的羰基、糠醇的羟甲基、α 位的活泼 H 可以自聚和，也可以同酮类、苯酚、甲醛或氨基树脂等含烷甲氧基的聚合物共聚，也可同羟基聚合，所以可以和很多单体、树脂共聚改性。作为防腐蚀用呋喃树脂最好不要引入过多的极性基团，以免影响耐蚀性。

呋喃树脂的基本原料糠醛是一种生物化工产品，它有别于石化或煤化产品，是一种可再生的资源。呋喃树脂固化后不易着火，具有突出的耐酸（除氧化性酸）、耐碱、耐有机溶剂性。呋喃树脂的化学稳定性比很多树脂都要好，仅次于聚四氟乙烯塑料，同时耐热性能也很好，最高使用温度高达 200℃，这是目前使用较多的热固性树脂都难达到的。因此不管从资源的角度还是从防腐蚀性能应用的角度，呋喃树脂的未来都应有可观的前景。

1.4.1　糠醛单体的制备

糠醛又名 2-呋喃甲醛，分子式：$C_5H_4O_2$，相对分子质量 96.08，密度 1.16g/cm³。熔点 −36.5℃。沸点 161.7℃。稍溶于水，溶于乙醇、乙醚、苯。是以种植业生产原料通过水解制得。为浅黄至琥珀色透明液体，储存中由于氧化，色泽逐渐加深，直至变为棕褐色，具有苦杏仁气味。

（1）糠醛的生产原理

糠醛主要是利用植物纤维原料中的多缩戊糖生产的。所以，除了多缩戊糖含量过少的或收集较困难的植物纤维外，凡富含多缩戊糖的植物纤维原料都适用于糠醛生产，典型的如玉米芯、棉籽壳、油茶壳、向日葵壳、甘蔗渣和稻壳等。

植物纤维原料在酸性催化剂的作用下，经升温加压，其中的多缩戊糖进行水解生成戊糖，然后脱水制得糠醛，在生成糠醛的同时，还有许多副产物生成。其反应表述如下：

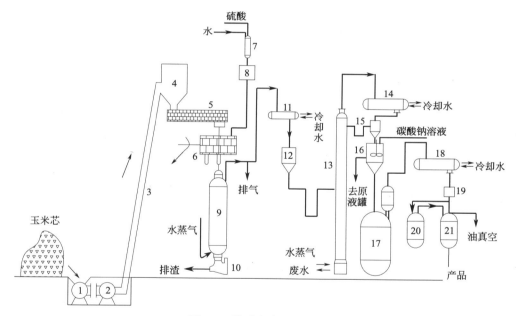

这一步是聚戊糖的醚键在酸性条件下水解，缩聚糖水解成为单戊糖。然后单戊糖脱水成为糠醛。

（2）糠醛单体生产的工艺示例

糠醛单体的生产有一步法和二步法。二步法是戊聚糖先在100℃左右水解生成戊糖，之后戊糖再在较高温度条件下脱水环化生成糠醛。二步法工艺较为复杂，设备投资高，第二步脱水的工艺条件不是十分成熟，在工业生产中未能得到广泛的实际应用。一步法是戊聚糖水解和戊糖脱水生成糠醛两步反应，在同一个水解锅内一次完成的。一步法因其设备投资少、操作简单，在糠醛工业中得到了广泛的应用。下面以图1-5的一步法为示例说明。

图1-5　糠醛生产工艺流程

1—粉碎机；2—风机；3—风送管；4—料仓；5—螺旋输送器；6—拌酸机；7—硫酸计量罐；8—配酸槽；

9—水解锅；10—排渣阀；11，14—冷凝器；12—原液贮罐；13—蒸馏塔；15—分醛器；

16—中和罐；17—精制锅；18—冷凝器；19—冷却器；20—脱水贮罐；21—精醛贮罐

① 配料　首先将玉米芯送入粉碎机中，破碎成10～20mm，然后经风机和风送管吹送到料仓内。硫酸经计量罐计量后，送入配酸槽与水均匀混合，配成浓度5％～6％的稀硫酸溶液，玉米芯颗粒由料仓经螺旋输送器送入拌酸机中，螺旋送料器的端部要保持一定的压力以防止蒸汽溢出。植物纤维与硫酸稀溶液搅拌混合后直接进入水解锅。

② 水解　水解是间隙操作，在水解锅中水解按表1-17工艺条件进行操作。水蒸气不停地通入水解锅内再由水蒸气蒸馏出水解物。

表 1-17　玉米芯水解工艺条件

项目	生产方法		
	硫酸法	盐酸法	重钙法
催化剂	硫酸	盐酸	重过磷酸钙
催化剂浓度/%	5～6	7.5	15
水解压力/MPa	0.49～0.69	0.29～0.34	0.79
水解周期/h	6～8	4～5	4～5
固液比	1：0.45	1：0.5	1：0.45
操作方法	间歇	间歇	间歇
产率/%	7～9	12	12

由水解锅出来的醛汽经冷凝冷却器冷却到 70～75℃ 后，送入原液贮罐。原液含糠醛 5%、水 93.23%、甲醇 0.229%、丙酮 0.096%、甲基糠醛 0.02%、醋酸 1.43%（以上均为平均数值）。水解结束后，其残渣在 $9.81×10^4 Pa$ 的压力作用下，从排渣阀放出。工艺中要注意回收醛汽的热量，因为蒸汽量很大。

③ 蒸馏　糠醛原液由蒸馏塔的中部送入，在常压下操作，原液近塔温度为 70～75℃，塔釜温度控制在 102～104℃，塔顶温度为 97.9℃ 左右。由塔顶点出的醛汽恒沸物进入冷凝冷却器冷却到 40℃ 左右后，送入分醛器，在分醛器中将塔顶冷凝液分成醛层和水层，水层中一般含糠醛 9% 左右，将其由塔顶回流入塔。醛层中一般含糠醛 92% 左右，醛层就是粗糠醛。

④ 中和　粗糠醛中通常含有 0.3%～0.5% 的醋酸，搅拌下用浓度 10% 的碳酸钠溶液中和到 pH=7.0。静置分层 20～30min，分去水和溶解其中的醋酸钠，得到脱出醋酸的粗糠醛。

⑤ 脱水精馏　脱水主要是蒸出粗糠醛中的水及各种低沸物（如甲醇、丙酮等），是在真空条件下的蒸馏。脱水后的糠醛再精馏就得糠醛产品。

1.4.2　糠醛丙酮树脂的合成

（1）合成机理

在碱性条件下糠醛与丙酮反应先形成醛酮缩合物，即当醛酮比为 1 时，是 1 分子醛和 1 分子酮的缩合物。当醛酮比小于 1 时，有部分 2 分子醛和 1 分子酮的缩合物，若反应体系中糠醛过量太多，将不会有 1 分子醛和 1 分子酮的缩合物，反应为：

(1-19)

这个反应是放热反应，反应在常温下即可启动。反应产物除了取决于醛酮比外，还取决于混合物的反应速度，产物实际是单醛酮缩合物和双醛酮缩合物的混合物。醛酮比只是决定了混合物的比例。醛酮缩合脱水后在酮基的 α 位留下了大量的双键，它比较活泼，加热固化时会打开自交联。

上述两种糠酮单体可与甲醛在酸性条件下进行缩聚反应使糠酮单体分子间以亚甲基键连接起来，糠醛的 α 位的活泼氢参与反应。简略的反应式如式(1-20)。

(1-20)

如果是双醛酮缩合物则可以生成线型高分子树脂，如果是单缩聚物则生成低聚物。所以在醛酮比1左右，得到低黏度的呋喃树脂。

醛酮的缩合单体也可在酸性催化剂存在下，进行加成聚合反应，简明表示如式(1-21)。醛酮单体的加成聚合不用甲醛，且是在同样的反应条件下完成。

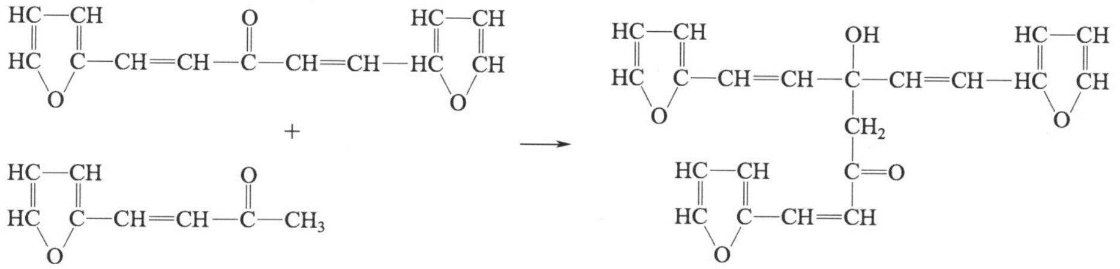

$$\text{(1-21)}$$

反应生成一个羟基，当醛酮的双缩聚物多时（单：双＝1：1），制得棕黑色黏稠液状树脂，这时的呋喃树脂分子量高在有甲醛参与反应的时候很容易凝胶。所以，醛酮树脂的糠醛用量不应比丙酮用量高太多。

（2）配方

表1-18是一个低黏度的防腐蚀用呋喃树脂的基础配方（醛酮树脂配方示例）。

表 1-18　醛酮树脂配方示例

原料名称	相对分子质量	摩尔比	质量比	投料量/kg
糠醛	96.08	1	96.08	40
丙酮	58.08	0.9	52.27	22
甲醛	30	0.44	36.68(37%)	15(37%)
氢氧化钠 16%		2.8(1)、5.8(2)＋适量		
硫酸　25%		9L＋适量		

配方中醛酮比为0.9，它既保证了加入的丙酮能完全参与反应，也使双醛酮单体尽量少，甲醛的摩尔比也是按一个甲醛（2官能度）能缩聚不超过2个糠醛的比例，使甲醛缩聚后主要是单醛酮单体的缩聚物和少量双醛酮的高聚物。

（3）合成工艺

醛酮单体的合成如下。

① 将40kg糠醛和22kg丙酮加入反应釜内，一般是将糠醛在搅拌下加入丙酮中更好溶解均匀，然后搅拌冷却至室温。

② 在1h内滴加氢氧化钠2.8L入混合溶液中，控制滴加速度使温度自动上升并保持在40℃左右，不要超过45℃。

③ 滴加完碱液后在此温度下搅拌，到温度不再能保持住，然后用1h升温到65℃反应30min，如果此时升温速度快则应该减少加热强度。

④ 在0.5h内滴加5.8L氢氧化钠溶液，滴加完后保持反应1h。

⑤ 反应液用稀硫酸中和至pH＝7静置分水，然后水洗并浸出盐，直到洗水的电导率变化幅度减小到规定值。

⑥ 开始真空脱水，并缓慢升高温度不致暴沸，升温至115℃作为脱水终点，冷却得醛酮单体。

醛酮树脂合成如下。

① 将60kg糠醛单体和15kg甲醛（浓度37%）投入反应釜后搅拌均匀，然后加入稀硫酸（浓度为29%）9L，开始升温。

② 缓慢升温，略 1～2h 至 98～100℃，反应 1.5h，降温至 80℃。

③ 加入氢氧化钠（浓度为 16%）略 2.4L 中和至 pH＝7 静置分水，然后加入 10kg 水搅拌 5～10min 后冷却至 40℃，然后水洗并浸出盐，直到洗水电导率不再变化。

④ 真空脱水，当温度达 120℃时即为终点，得到红棕色黏稠液体。

1.4.3 糠醇树脂的合成

糠醛经催化氢化可制成糠醇。为无色至浅黄色透明液体，沸点 171℃，如暴露于日光和空气中会变成棕色或深红色。可燃、有苦味，能与水混溶，不溶于石蜡烃，可混溶于乙醇、乙醚、苯、氯仿。

(1) 合成机理

糠醇在酸性催化剂存在下很易缩聚成树脂，在缩聚反应中，糠醇分子的羟甲基可与另一糠醇分子的 α 氢原子缩合，形成亚甲基键，随着缩聚反应继续进行，最终形成线型的糠醇树脂。

$$(1-22)$$

呋喃环上的羟甲基也与酚环上的羟甲基一样可相互缩合，形成甲醚键，甲醚键在受热下可进一步裂解出甲醛，形成亚甲基键。此外，糠醇也可以与糠醛或甲醛等进行共缩聚反应，以改进树脂的反应性和其他性能。

合成糠醇树脂的催化剂可用无机酸（盐酸、硫酸、磷酸等），也可用强酸弱碱所生成的盐如三氯化铁、三氯化铝、氯化锌等，活性氧化铝、五氧化二磷、铬酸等也可用作催化剂。工业上常用硫酸作催化剂。酸性催化的缩聚反应是强烈的放热反应，所以必须谨慎地控制反应温度。

(2) 糠醇树脂合成工艺

在反应釜中投入 70% 的糠醇水溶液，搅拌下加入硫酸调节 pH 值在 1.7～2.3 之间，加热升温到 70～75℃下进行反应，直至反应物黏度达 $1.10×10^2 Pa·s$（50℃时测定），反应时间大略为 4h，降温至 60℃，用氢氧化钠中和至 pH 为 5～7，洗去盐。然后真空脱水至树脂呈透明状态即为产品。

合成糠醇树脂的温度控制很重要，催化剂加入较多、pH 值低可以得到较高分子量的聚合物，但是反应温度控制困难，容易爆聚；催化剂加入少、聚合物黏度低，固化后的性能较差，建议分两次加入催化剂，反应前期加入一定酸，使 pH 高一点，反应到产生一定聚合度后，再第二次加酸可以低到 pH<1.6，继续反应以提高聚合度。另外树脂聚合度提高后可以加入二甲苯稀释后再进一步提高分子量，也有利于洗盐。

1.4.4 糠醇-糠醛树脂

(1) 原理

糠醇树脂很容易地就会做出比较高分子量的热固性树脂，但是热固性树脂都喜欢在低分子量下使用，所以要控制糠醇树脂的分子量。采用糠醇与糠醛在酸的催化下活化，一个糠醇缩聚到一个糠醛分子上，多余的糠醇像糠醇自缩聚一样聚合到缩聚物的糠醇的活泼氢的位置。最后糠醇消耗完后树脂中残留糠醛基和呋喃环上的 α-活泼氢，树脂在聚合条件下就稳定了。

$$(1-23)$$

（2）配方

表 1-19 是糠醇-糠醛呋喃树脂的配方，它以能溶解于单体的有机酸甲酸作为聚合催化剂、氢氧化钠作为中和剂，价廉易得。但是草酸有一定的氧化性，氢氧化钠中和后树脂中带盐，若用醋酸作为聚合催化剂、氨水或醇胺作中和剂更好。

表 1-19　糠醇-糠醛呋喃树脂配方示例

原料名称	相对分子质量	摩尔比	质量比	投料量/kg
糠醛	96.08	1	96	200
糠醇	98.08	1	98	200
草酸				1
氢氧化钠 5%	适量			

配方的糠醇与糠醛等当量，本来按配方希望的是一个糠醛和一个糠醇缩合，但聚合时糠醇很容易自聚，糠醇自聚后多出的糠醛单体就以溶剂状态保存下来，待树脂固化时才结合到树脂中。理论上糠醛大略是糠醇的 0.7～0.5mol 比较好，但是糠醛便宜得多，所以表 1-21 的配方也可以接受。

（3）生产工艺

① 生产前准备　检查设备完好情况，各阀门有无漏料发生，搅拌是否正常，原材料是否合格。

② 投料　先将 200kg 糠醇投入反应釜，再投入 200kg 糠醛，开动搅拌，然后投入 1kg 草酸，搅拌 15min 检查草酸是否溶解。

③ 升温　待草酸溶解后开始升温，0.5～1h 升至 100℃，物料沸腾，开回流冷却水阀门，使糠醛蒸汽冷凝回流，通过糠醛的蒸发冷凝回流以带走部分反应产生的热，控制反应温度。当糠醛逐渐参与了反应而减少了回流量后，反应温度开始升高，升温到 110℃ 左右，控制蒸汽加入量，使溶液保持沸腾即可，每 10min 记录温度一次。

④ 聚合控制　反应开始时每小时测黏度一次，反应 2h 后，每 30min 测一次，当取样所测黏度达到 15s（70℃）时，每 10min 测一次，当 70℃ 黏度达到 16～17s 时立即降温，整个反应约需 3～4h。当温度降至 70℃ 以下时，加入 3%～5% 氢氧化钠调整 pH＝7。

⑤ 继续降温至 50℃ 出料，出料前应停止搅拌 20min，使水与树脂分层，出料至终点前，弃去分层水。

成品质量要求：20℃ 时，黏度 17～24s 为合格。固化度性能是 100 份呋喃液加入 10 份氨基磺酸，温度 80℃ 时，8h 内固化，24h 后固化度达到 95% 以上。与铸石板的黏结强度大于 2MPa。

1.4.5　呋喃树脂的固化

一般认为，呋喃型树脂的固化原理是由于呋喃环上的双键在强酸性催化剂作用下发生双键间的加成聚合作用，从而形成如图 1-6 的三维网络结构的聚合物。当然醛酮树脂中的直链

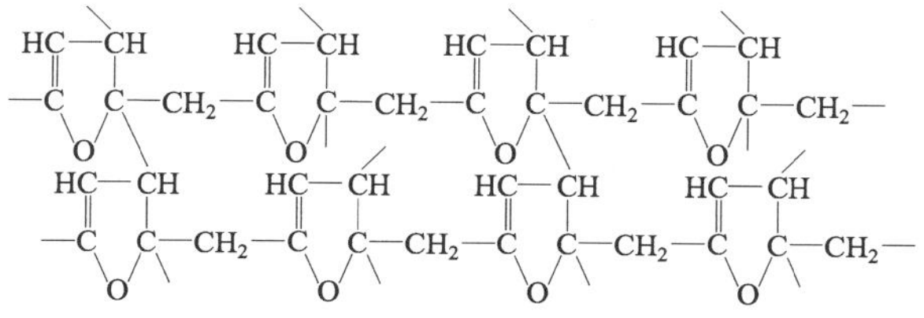

图 1-6　固化后的呋喃树脂结构示意

的双键、残余的羟甲基、羰基等活性基团也会参与固化。呋喃树脂的醛基热固化时可以打开，与分子链端呋喃环的 α-H 反应，两个分子链联结，打开的醛基获得氢后形成羟基，这提高了黏合能力；或者这个羟基继续同呋喃环的 α-H 反应，形成一个交联点；而丙酮的 α-H 与双键反应接到双键的一端，另一端接上丙酮的碳链。

由呋喃树脂的固化结构推断，醛酮树脂较糠醇柔韧性好一些，但是耐温性也低一些；呋喃树脂的交联度与合成出的树脂的聚合度无关，只与树脂的呋喃环数量有关，所以呋喃树脂使用时的黏度都很低，这样浸润性很好，很多时候可以不用稀释剂。糠醇树脂黏度较大，能控制分子量的糠醇-糠醛树脂最好；呋喃树脂固化后比较多的双键都被打开，呋喃环上的氧也很稳定，所以耐蚀性很高；固化后的呋喃树脂还是能残留部分双键，这些双键由于距离、自由体积空隙、收缩等原因不能互相加成，如果通过扩散渗透将糠醛单体浸入到空隙中后再加热固化，就可以使单体接入三维网络结构中，使树脂更加致密耐蚀。

糠酮和糠醇这类呋喃型树脂固化速度取决于温度以及酸的活度和用量。所用的固化剂与酚醛树脂相同。固化剂的酸性强弱、用量以及环境温度决定了固化速度。酸性强、酸用量多、环境温度高、固化速度越快；反之固化速度慢。硫酸或对甲苯磺酸可使树脂室温固化。弱酸如苯酐、顺酐以及磷酸在室温时不会引起固化，甚至也不会使树脂黏度增加，但当在 95～200℃ 时几个小时后可固化。

即使酸催化常温固化，呋喃树脂的固化速度也较酚醛树脂慢，但固化时无小分子物质释出，固化时由于大量的双键打开，所以收缩率较酚醛树脂高。在防腐蚀工程中呋喃树脂的最佳固化方式是酸催化常温凝胶，然后加热固化，这样可以使大量的双键打开交联。

1.4.6　呋喃树脂的性能与应用

防腐蚀工程所使用的呋喃型树脂主要是指糠酮和糠醇类呋喃树脂。未固化的呋喃树脂的最大特点是与许多热塑性和热固性树脂、天然橡胶和合成橡胶有很好的混溶性能，这类树脂与一般有机溶剂也有很好的相溶性能，因此多与环氧树脂或酚醛树脂混合改性。在可以热固化的条件下，呋喃树脂可以很大地提高交联度。

固化后的呋喃树脂的最大特点是耐强酸（除强氧化性的浓硝酸和浓硫酸以外）、强碱和有机溶剂的侵蚀，在高温（200℃）下仍很稳定。因此，呋喃树脂主要用作各种腐蚀和耐高温的防腐材料。

（1）耐化学腐蚀性

呋喃树脂分子结构基本上由 C—C、C—O—C 组成，分子中不含与酸或碱反应的基团，因而表现出良好的耐酸、耐碱性，可在酸、碱交替的介质中使用。但分子中残留的双键使其不耐氧化性酸，耐溶剂性很好。

（2）机械强度

呋喃树脂交联点多，交联密度高，因而缺乏柔韧性，脆性大。呋喃树脂在固化过程中，体积收缩率较大（10％～15％）。固化后的分子结构中不含极性—OH、C=O 等。因而对金属的黏结力较差，但对于多孔材料如石墨、木材有很好的渗透性、湿润性而有良好的黏结力，常用作浸渍剂。呋喃树脂的耐热性良好，可以在 120～140℃ 下长期使用，糠醇树脂可在 180～200℃ 下使用。

（3）应用

一般来说，呋喃树脂的耐化学腐蚀性能仅次于聚四氟乙烯树脂，主要用于制备防腐蚀的胶泥；用作化工设备的衬里；或用作防腐复合材料管道的内壁等。胶泥是用液态树脂和粉状惰性填料及固化剂（例如对甲苯磺酸）混合而成。呋喃树脂常用作防腐蚀地面瓷砖等的黏结剂，也可用来修补搪瓷、搪玻璃反应釜等。还可用来制备防腐蚀的清漆、胶黏剂等。呋喃树脂可制备模压产品和层压产品，呋喃树脂玻璃钢的耐热性比一般酚醛树脂玻璃钢的为高，可在180～200℃下长期使用。用环氧树脂和酚醛树脂改性呋喃树脂，以改善其脆性，并能大幅度提高弯曲强度，呋喃树脂改性的环氧或酚醛树脂玻璃钢可制备化工反应釜、贮槽、管道等化工防腐设备。

1.5 通用合成塑料

聚乙烯、聚丙烯和聚氯乙烯被称为三大通用合成塑料，是目前用途多、用量大的热塑性合成树脂。在防腐蚀衬里中它们也是一个大类，硬质聚氯乙烯和等规聚丙烯还是制作防腐蚀整体设备的结构材料。此外，聚苯乙烯、聚甲基丙烯酸甲酯（有机玻璃）等也是通用合成塑料，但是防腐蚀工程中用得较少，限于篇幅有限，略过不述。目前也将ABS划入通用合成塑料中，但是从价格和性能的角度它接近于工程塑料，所以将其列入工程塑料中。

1.5.1 聚乙烯

聚乙烯是乙烯经游离基聚合聚合制得的一种热塑性树脂，简称PE，也包括乙烯与少量α-烯烃的共聚物。

$$n CH_2 = CH_2 \longrightarrow \{CH_2 - CH_2\}_n$$

PE树脂为无色无味、无毒的白色粉末或颗粒，外观呈乳白色，有似蜡的手感。聚乙烯的力学性能不高、电绝缘性好、熔点低、耐水性较好，但其制品表面无极性，难以黏合和印刷，经表面处理后才可改善。由于石化工业的发展，其产量一直高居合成树脂的第一位。聚乙烯的性质因品种而异，主要取决于分子结构和密度。密度取决于生产方法的不同。聚乙烯的改性品种主要有氯化聚乙烯、氯磺化聚乙烯、交联聚乙烯等，其中氯化聚乙烯、氯磺化聚乙烯主要用于防腐蚀工程。

（1）合成

聚乙烯的主要品种有低密度聚乙烯（LDPE）和高密度聚乙烯（HDPE）。LDPE是用高压法来生产，采用高活性引发剂在约200～330℃、150～300MPa条件下进行聚合。单程转化率20%～34%，未反应的乙烯回收后循环使用，反应器为管式或釜式。LDPE于1951年首次实现万吨级工业规模生产。用此法生产的聚乙烯至今约占聚乙烯总产量的2/3，随着技术的发展，其增长速度已大大落后于低压法。聚乙烯还可通过加共聚单体，生产中、低密度聚乙烯，称为线性低密度聚乙烯（LLDPE）。

高密度聚乙烯（HDPE）是采用低压淤浆法生产，淤浆法实际生产中是将纯度99%以上的乙烯在催化剂四氯化钛和一氯二乙基铝存在下，在压力0.1～0.5MPa和温度65～75℃的汽油中聚合得到HDPE的淤浆。经醇解破坏残余的催化剂、中和、水洗、汽油和乙烯单体回收、干燥、造粒得到产品。这也是防腐蚀工程中主要使用的聚乙烯。

（2）结构

PE为线性聚合物，分子对称无极性，分子间作用力小，结构规整，因而易结晶，晶型属斜方晶系。但PE分子链上还含有短的甲基和长的烷基支链，并含有少量的双键和醚基，所以不同类型聚乙烯的结晶度和支链数目不同。LDPE为65%左右，HDPE为80%～90%，LLDPE为65%～75%。结晶度低、支链越多其耐光降解和抗氧化能力越差。随结晶度的提高，制品的密度、刚性、硬度和强度等性能提高，但其冲击性能下降。而分子量越高，树脂的力学性能如拉伸强度、低温脆化性能、耐环境应力开裂性能等都变好，但加工性能变差。

（3）氯化聚乙烯

氯化聚乙烯（CPE）是由HDPE经氯化取代反应制得的材料，它以氯无规取代聚乙烯中的氢原子，所以可视为乙烯、氯乙烯、1,2-二氯乙烯的三元共聚物。氯化聚乙烯的分子链是饱和结构，使其具有优良的耐候性、耐臭氧、耐化学药品、低温特性；分子结构中有极性链段和非极性链段，因而相容性好，可与 PVC、PE、PS 及橡胶掺混，改进它们的物性，也具有良好的耐油性、阻燃性及着色性能；CPE 无毒、加工性好，耐磨耗性、耐应力龟裂性优良；韧性良好（在 −30℃ 仍有柔韧性），分解温度较高。

氯化聚乙烯的生产方法主要有 3 种，即溶剂法、悬浮氯化法和固相法。工业上主要采用盐酸相悬浮法来生产。反应过程为：

$$\substack{+CH_2-CH_2-CH_2-CH_2+_{\overline{n}} + nCl \longrightarrow +CH_2-CH-CH_2-CH_2+_{\overline{n}} + nHC \\ \qquad\qquad\qquad\qquad\qquad\qquad\qquad\quad Cl}$$

溶剂法是工业上生产氯化聚乙烯的最早、最成熟的方法。溶剂法都是在卤代烷烃（四氯化碳、三氯乙烯、四氯乙烯等）溶剂中进行氯化反应。该法所得氯化产品中的氯分布较均匀，但溶剂对大气臭氧层破坏严重，目前被限制使用。

盐酸相悬浮氯化法是目前氯化聚乙烯生产最先进的工艺。是用 20％ 左右的盐酸配制成盐酸相聚乙烯悬浮液，氯化温度约为 PE 的结晶熔点，反应在原来的结晶区域进行，加入液氯在光或过氧化物的引发下进行氯化反应。氯化反应结束后，经脱酸和洗涤处理，脱出的 25％ 的盐酸一部分循环，另一部分出售。脱酸后的物料经离心分离、洗涤、干燥处理后制得成品。

由于原料聚乙烯的分子量及其分布、支化度及氯化后的氯化度、氯原子分布和残存结晶度的不同，可得到从橡胶状到硬质塑料状的氯化聚乙烯。高分子量的 CPE 有较高的黏度和拉伸强度，但附着力低。用高密度聚乙烯所得的 CPE 有良好的耐热变形性。

原料聚乙烯粒子的大小也影响其性能。粒度太小时形成冻胶状或团块状氯化聚乙烯，粒度过大时氯分布不均匀，难溶于溶剂，最佳粒度范围为 0.1～200μm。

氯化程度的高低也影响其性能。如表 1-20 所示，随着氯含量增加，CPE 由韧性的热塑性塑料转变为橡胶状材料，再变得像皮革，最后成为硬而脆的材料。氯含量过高或过低都影响 CPE 的溶解性、黏度及与其他材料的相容性。

表 1-20　不同氯含量氯化聚乙烯的性质和应用

Cl/％	T_g/℃	性质	应用
30	−20	橡胶状	塑料增塑剂
40	10	软、黏滞状	CPE 合成橡胶
50	20	皮革状	橡胶增强剂
55	35	刚性	CPE 树脂
60	75	硬、脆、溶解性好	高氯化聚乙烯涂料
70	150	硬、脆、溶解性好	高氯化聚乙烯涂料

当氯含量低于 15％ 时，基本上保持 PE 树脂的性质，CPE 氯含量一般大于 20％，当氯含量为 16％～24％ 时，具有热塑性弹性体的性质。理论上氯含量在 25％～42％ 范围内都可作氯化聚乙烯合成橡胶。氯化聚乙烯橡胶采用有机过氧化物进行硫化，有机过氧化物分解生成自由基，夺取分子链中的氢，生成自由基，大分子链交联形成 C-C 键。炭黑、白炭黑都是有效的补强剂，CPE 具有高填充性，填充体系主要有碳酸钙、滑石粉、陶土等。为了降低 CPE 胶料的黏度和改善加工性能，通常还需加入适量的增塑剂。

CPE 橡胶的性能优于普通橡胶，不仅有较好的拉伸模量、伸长率，还有良好的热稳定性、耐老化性、耐臭氧性、耐化学药品、耐油、耐龟裂及电气特性，还具有耐磨、抗机械损伤，可广泛用于涂料、电线护套、耐酸油管、车用密封条、化工设备橡胶衬里、各类防水卷材等。

氯含量在 25％～30％范围作塑料增塑剂和塑料冲击强度改性剂。CPE 与 PVC、ABS、PP、PE、PS 等共混后可提高它们的成型性、抗冲击强度、阻燃性、耐候性等，增塑后的塑料薄膜、人造革、鞋底、软管等还可提高着色性、阻燃性、柔软性及寿命。

氯含量在 40％～55％范围是一种类似于皮革状弹性的硬性聚合物，可与橡胶掺混提高强度。CPE 与天然橡胶、丁苯橡胶、三元乙丙橡胶、丁腈橡胶、氯丁橡胶等有良好的相容性，掺混后可提高加工性能及改善物理力学性能。改性的橡胶可制成电线、软管、密封材料、垫圈、机器配件及阻燃运输带等。

氯含量大于 55％时，将呈现出类似于 PVC 的性质。氯含量在 60％～70％范围的 CPE 称为高氯化聚乙烯（HCPE），它主要用来制造阻燃、耐磨的防腐涂料。

（4）聚乙烯的性能

耐腐蚀性能：PE 属烷烃类聚合物，化学稳定性好，使用温度下可耐酸、碱、盐类的腐蚀，但烷烃不耐氧化，如发烟硫酸、浓硝酸和铬酸等氧化介质会腐蚀它；烷烃的非极性强，PE 不会受到极性溶剂的溶胀溶解，也不会受有机酸的腐蚀；但在脂肪烃、芳香烃、氯代烃中长期接触会溶胀或龟裂。温度超过 60℃ 以后，可少量溶于甲苯、乙酸戊酯、三氯乙烯、松节油、矿物油及石蜡中；温度超过 100℃ 可溶于四氢化萘。

力学性能：PE 属非极性聚合体，内聚能低；而 PE 的玻璃化温度很低，只有 -78℃ 左右，HDPE 的结晶度为 80％～90％，整体不处于黏流态。所以力学性能差而不能作为结构材料使用，拉伸强度低，抗蠕变性不好，只有耐冲击性能较好。PE 的力学性能受密度、结晶度和分子量的影响大，并随几种指标的提高而力学性能增大。另外，PE 的耐刺穿性好，以 LLDPE 最好。

热性能：PE 的耐热性不高，熔点约为 130℃，随分子量和结晶度的提高而改善，所以 HDPE 的最高短时使用温度也只有 100℃。PE 的耐低温脆化性较好，脆化温度一般可达 -50℃ 以下；随分子量的增大，最低可达 -140℃。PE 的线性膨胀系数大，最高可达 24×10^{-5}/K，在塑料中属较大者。PE 的热导率属塑料中较高者，不同 PE 的大小顺序为 HDPE＜LLDPE＜LDPE。由于这些热性能使其很容易热成型，加工性能很好。

电性能：PE 无极性，因此电性能十分优异。介电损耗低，且随温度和频率变化极小，可用于高频绝缘。PE 是少数耐电晕性能好的塑料品种，介电强度又高，因而可用于高压绝缘材料。

聚乙烯现在大量应用到薄膜中，占 65.5％；中空容器如瓶、罐、桶等占 8.2％；管材占 7.9％；单丝及编织袋占 7.1％；其余如电缆等制品占 9.9％。

在防腐蚀领域，PE 只能用作室温下的耐蚀衬里材料，由于其容易发生蠕变，又与基材的结合很难，所以在小型设备衬里中作松套衬里使用方便。

1.5.2 聚丙烯

（1）合成

聚丙烯是由丙烯单体经自由基聚合而制得的一种热塑性树脂，简称 PP。有等规物、无规物和间规物三种构型，工业产品以等规物为主。聚丙烯也包括丙烯与少量乙烯的共聚物在内。

$$n\mathrm{CH_2}{=\!=}\mathrm{CH}{-\!}\mathrm{CH_3} \longrightarrow \underset{\underset{\mathrm{CH_3}}{|}}{+\!\mathrm{CH_2}{-\!}\mathrm{CH}\!+_n}$$

生产工艺主要有淤浆法、液相本体法和气相法工艺。淤浆法是在稀释剂（如己烷）中以 Z-N 催化剂在 70～75℃ 和 0.5～1MPa 的条件下沉淀聚合，产物呈 40％ 固含量的淤浆状。这是最早工业化的方法，目前淤浆法已逐步被淘汰。液相本体法是在 70℃ 和 3MPa 的条件下，在液体丙烯中进行本体聚合，属于间隙单釜操作工艺，此法适用于中小型炼油厂使用。气相本体法是丙烯在气态条件下悬浮合成的聚丙烯干粉，以干粉中的非茂金属作催化剂在固气相界面聚合，反应温度<88℃，压力<3MPa。

PP 树脂为白色蜡状固体，外观似 PE，但比 PE 更轻、更透明。PP 易燃，离火继续燃烧，火焰上端黄，下端蓝，有少量黑烟，熔融落滴，有石油气味，PP 的吸水性低，气体透过率低。PP 的成纤性好，用于丙纶的生产。

（2）结构

PP 分子结构式为线型结构，根据催化剂和合成工艺而不同，其大分子链上甲基的空间位置有等规、间规和无规三种不同的排列方式。甲基的排列方式不同，其性能不同，等规 PP 的甲基在分子链的一面规整排列，等规指数>90%，结构性好，具有高度的结晶性，熔点高，硬度和刚性大，力学性能好，是目前应用的主要品种，用量可占 90% 以上，防腐蚀工程中也使用等规聚丙烯；无规 PP 为无定性，强度低，难以用作塑料，常用作改性载体；间规 PP 的性能介于两者之间，具有透明、柔韧性，硬度和刚性小，但冲击性能好，有橡胶的性能，硫化得到弹性体的力学性能超过普通橡胶，属于高弹性热塑材料。

（3）性能与应用

PP 的优点为电绝缘性和耐化学腐蚀性优良、力学性能和耐热性能，可在 100℃ 使用，在通用热塑性塑料中最高。具有良好的电性能和高频绝缘性，且不受湿度的影响，耐疲劳性好，由于工艺简单而原料价廉，价格在所有树脂中最低；经玻璃纤维增强的 PP，具有很高的强度，较高的耐冲击性，机械性质强韧，抗多种有机溶剂和酸碱腐蚀，属于准工程塑料，实际中也常作工程塑料使用。所以，它的应用领域十分广泛。PP 中由于甲基的存在，使分子链上交替出现叔碳原子，而叔碳原子极易发生氧化反应，这使得 PP 的耐老化性和耐辐射性较差。

① 耐腐蚀性能　PP 属烷烃类高结晶度聚合物，具有很高的耐化学腐蚀性能和很低的吸水率。PP 可耐除强氧化剂、浓硫酸和浓硝酸等以外的酸、碱、盐及大多数有机溶剂（如醇、酚、醛、酮及大多数羧酸类），但低分子量的脂肪烃、卤代烃和芳烃等可使其溶胀，在高温下可溶于芳烃和卤代烃中。

② 力学性能　PP 具有良好的力学性能，其拉伸强度甚至还超过 PS、ABS，而且经增强和拉伸处理后还可大幅度提高；PP 具有突出的抗弯曲疲劳性能，另外 PP 的抗蠕变性也好；由于高结晶，PP 不存在环境应力开裂；PP 的力学性能受温度的影响小，在温度为 100℃ 时，拉伸强度还能保持一半。因此经过适当增强改性处理后可用作工程塑料。PP 的力学性能与结晶度有关，结晶度高、球晶尺寸大时，制品的刚性大而韧性小。PP 的干摩擦系数与 PA 接近，在润滑状态下下降不明显，适于齿轮和轴承使用。

③ 热性能　由于结晶，熔点可高达 164℃，玻璃化温度为最高可达 5℃。耐热性良好，制品可耐 100℃ 沸水煮沸，可在 100～120℃ 下长期使用；不受外力作用时，可在 150℃ 下使用不变形。但 PP 的耐低温性不好，聚丙烯耐低温的使用温度为 −15℃，在低于 −35℃ 时会脆化。因此不能用于低温。由于结晶，PP 的热成型收缩率相当高，为 1.6%～2.0%。

④ 电性能　PP 为非极性类聚合物，电绝缘性优良，电性能受温度、湿度和频率的影响较小，耐电弧性好，但不耐电晕。因低温脆性影响，PP 在绝缘领域应用远不如 PE 和 PVC 广泛。

PP 主要应用在打包带、编织带及撕裂膜（占 42%），家电、汽车注塑制品（占 18%），薄膜（占 11%），丙纶纤维（占 12%），板材等几个方面。在防腐蚀领域纤维增强聚丙烯是一个很有前途的耐蚀材料，其强度高，可以作为耐蚀结构材料的热成型工件。PP 具有衬里所需要的耐蚀性、强度和柔韧性，关键是它价廉，可以进行热变型、焊接等热塑性树脂的加工。因此在耐蚀要求高、力学性能要求不很高的工程材料领域如耐蚀衬里中也很有前途，但此时要用结晶度略低一点的聚丙烯。等规聚丙烯的板材是做防腐蚀整体设备的很好材料，除了价格因素，其他的因素都优于聚氯乙烯的整体设备。

1.5.3 聚氯乙烯

（1）合成

聚氯乙烯为氯乙烯单体经自由基聚合而成的聚合物，简称 PVC。

$$n\text{CH}_2=\text{CH}-\text{Cl} \longrightarrow \left[\text{CH}_2-\text{CH}\right]_n$$
$$| \atop \text{Cl}$$

PVC 树脂为一种白色或乳白色的粉末，相对密度为 $1.35\sim1.45$；其制品的软硬度可通过加入增塑剂的份数多少来调整，制成软硬相差悬殊的制品。

氯乙烯单体可通过电石或石化方法获得，电石法 PVC 是煤化工聚合物产品，相对石化聚合物具有中国特色的优势，是产量第二位的树脂品种。PVC 有 3 种主要合成方法，即悬浮聚合法、乳液聚合法和本体聚合法，数量不大的特殊用途用溶液聚合法制造。

电石法聚氯乙烯大致由盐水工段、电解工段、氯气净化、氢气净化、氯化氢合成、乙炔造气、气体混合净化、氯乙烯合成、聚氯乙烯聚合等几大工段构成。

工业盐 ⟶ 盐水工段 ⟶ 电解工段 ⟶ 氯气净化

氢气净化　　氯化氢合成

电石 ⟶ 乙炔造气 ⟶ 乙炔气体混合净化

产品 ⟵ 聚氯乙烯聚合 ⟵ 氯乙烯单体合成

按分子量的大小可将 PVC 分成通用型和高聚合度型两类。通用型 PVC 的平均聚合度为 $500\sim1500$，常用的 PVC 树脂大多为通用型。高聚合度型的平均聚合度大于 1700。

（2）结构

PVC 分子链中含有强极性的氯原子，分子间力大，这使 PVC 制品的刚性、硬度、力学性能提高，并赋予优异的难燃性能，但也因此其介电常数和介电损耗角正切值比 PE 大。另外，PVC 树脂含有聚合物中残留的少量双键、支链及引发剂残基，加上两相邻碳原子之间含有氯原子和氢原子，易脱氯化氢。另外由于 PVC 分子链上的氯、氢原子在空间排列无序，使制品的结晶度低。

纯 PVC 的吸水率可透气性都小、结晶度也较低，一般只有 $5\%\sim25\%$，另外 PVC 阻燃性能好，其氧指数高达 45 以上。

（3）性能应用

① 耐腐蚀性能　PVC 耐化学腐蚀性好，可耐大多数无机酸（发烟硫酸和浓硝酸除外）、碱、多数有机溶剂（乙醇、汽油和矿物油）和无机盐，适合作化工防腐材料。PVC 在酯、酮、芳烃及氯代烃中要溶胀或溶解。其中最好的溶剂为四氢呋喃和环己酮。但是耐老化性差。

② 力学性能　PVC 的突出性能为力学强度高、硬度大，耐冲击性不好。PVC 的玻璃化温度 80℃，主要是非晶态结构，但也包含一些结晶区域（约 5%），主链接上的氯原子的极性大，内聚能较高。所以，硬度和力学性能较高。PVC 中加入增塑剂后力学性能下降；硬质 PVC 的力学性能好，弹性模量可达 $1500\sim3000$MPa；而软质 PVC 的弹性模量仅为 $1.5\sim15$MPa。但断裂伸长率高达 $200\%\sim450\%$。由于印刷和焊接性好、价格低而用于低要求的结构材料。

③ 热性能　PVC 的热稳定性能和耐寒性十分差。长时间加热会导致分解，放出氯化氢气体，纯 PVC 树脂在 140℃ 即开始分解，熔融温度为 160℃，热加工是塑料中最困难的品种；长期使用温度在 -14~55℃。PVC 的线膨胀系数较小，具有难燃、阻燃性，但是燃烧分解出氯化氢气体和含有双键的二烯烃，毒害作用很大。正由于其防火耐热作用，聚氯乙烯被广泛用于电线包覆料和光纤包覆料。聚氯乙烯塑料制品在 50℃ 左右就会慢慢地分解出少量氯化氢气体，因此不能作为食品的包装物。

④ 电性能　PVC 极性极大，电绝缘性不如 PP 和 PE。介电常数、介电损耗角正切值和体积电阻率较大；PVC 的电性能受温度和频率影响较大，本身的耐电晕性又不好，因此，一般只适用于中低压和低频绝缘材料。PVC 的电性能与聚合方法有关，还受添加剂的种类影响较大。

PVC 塑料主要包括硬制品、软制品、糊制品及低发泡泡沫塑料制品等。硬质 PVC 主要用于制成管材、型材、板材注塑制品等，软质 PVC 主要用于制成薄膜、电缆、革类等，而 PVC 糊制品则主要用于各种革类和乳胶制品。硬质聚氯乙烯（未加增塑剂）具有良好的机械强度、耐候性和耐燃性，可以单独用作结构材料，应用于化工上制造管道、板材及注塑制品。

1.5.4　塑料用添加剂

纯的树脂在加工使用中总会出现各种缺陷，只有添加、配合了各种助剂进行改进后才能真正在实践中应用。这里就相应的添加剂内容作一些简述，便于进一步的助剂选择和应用设计。

（1）增塑剂

为了使塑料在混料加工过程中，降低塑化温度改善加工工艺条件，或为了改进塑料的物理力学性能，常在加工过程中加入增塑剂。非晶态热塑性塑料如 PVC，大多在混料时直接用增塑剂来改性；晶态热塑性塑料如 PP，一般多采用与其他树脂共聚改性方法来增加塑性。增塑剂大都是低分子化合物，在热和光的作用下，容易分解成更小的分子，从塑料中逸出，因而会降低塑料的性能。因此常使用分子量较高的如环氧酯增塑剂，则抗抽出性较好。增塑剂应有的主要功能：与高聚物相溶性要好；增塑效果显著，抗介质抽出性好；耐热耐光性好；耐寒冷性好；无毒、价廉。

（2）热稳定剂

主要用来防止塑料在加工或应用时受热发生降解或交联，提高了热性能。以 PVC 为例，PVC 在温度到达 160℃ 以上时才可以塑化成型，但在 120~130℃ 就要分解逸出氯化氢，但加稳定剂之后，则可抑制 PVC 过早分解。热稳定剂以碱性铅盐类为主，其他有脂肪酸金属皂类和有机锡稳定剂等。PVC 塑料常以三碱式硫酸铅为主要热稳定剂。

（3）光稳定剂

塑料制品在露天应用时，经常受到光辐射与氧的作用而发生光氧老化，而其中又以紫外光线作用为主。在大气中对塑料有较大破坏作用的紫外光是波长在 290~400μm 的波段，屏蔽或吸收以上波段的紫外光，可减弱或延续塑料的光致老化过程，即延长了塑料的使用寿命。按光稳定剂在塑料中所起的作用划分有屏蔽性光稳定剂、吸收性光稳定剂和能量转移性光稳定剂、自由基捕获剂等。炭黑是屏蔽性光稳定剂中具有代表性的材料，其他对塑料具有着色作用的体质颜料或有机染料都可作光屏蔽剂使用。其他如金红石型钛白、氧化锌等。

吸收性光稳定剂是光稳定剂中主要的一类。此类光稳定剂能选择性地吸收紫外光线，并把吸收的能量转变成热能或次级辐射消散出去，而本身不会因紫外光线的作用而发生化学变化，从而对塑料起到保护作用。如邻羟基二苯甲酮类紫外光吸收剂，常用品种有 UV-9、

UV-24、UV-531 等，它们对 290～400nm 波段的紫外光线具有强烈的吸收作用，且热稳定和毒性较低。其他吸收性光稳定剂还有水杨酸酯类和邻羟基苯并三唑类，牌号较多，应用时要有所选择。

能量转移性光稳定剂（紫外光猝灭剂）。它对于紫外光线主要不是吸收，而是通过分子间的作用把能量转移掉，使分子再回到稳定的状态，因而使塑料避免了光氧老化。这类能量转移性光稳定剂主要是一些二价镍的有机络合物。自由基捕获剂是一类呱啶衍生物，也可看作是受阻胺化合物，能捕获聚合物中生成的活性自由基，从而抑制光氧化反应，达到光稳定的目的。根据光稳定剂的化学结构可分为如下几类：受阻胺类、二苯甲酮类、水杨酸酯类、苯并三唑类、三嗪类、取代丙烯腈类、有机镍络合物类、草酰胺类等。

（4）抗氧剂

塑料在加工、贮存和使用过程中，会受到氧的氧化作用。塑料外观变黄，脆性增加和力学性能下降是氧化后的特征。强加抗氧剂可以阻止氧对塑料的氧化作用。塑料加工主要选用酚类抗氧剂。酚类抗氧剂具有不污染与不变色的性能。抗氧剂的作用机理分三种：一是链终止剂抗氧剂，即是工业生产中的主抗氧剂；二是过氧化物分解剂；三是金属离子钝化剂。后两种是工业生产中的辅助抗氧剂。从抗氧剂的化学结构看可分为酚类抗氧剂，其中包括单酚、双酚、多酚、对苯二酚、硫代双酚；胺类抗氧剂，包括萘胺、二苯胺、对苯二胺、喹啉衍生物；还有亚磷酸酯抗氧剂和硫酯类抗氧剂，这两种占的比例很少，10％以下。

（5）填充剂

塑料加工过程，常加入一些填充剂，以期提高塑料的某些性能和降低成本。例如提高塑料的耐热性、提高硬度与刚性等；某些性能也将因加入填充剂而有所下降，例如抗拉强度及伸长率等。填充剂应适量，过多时将明显影响塑料的耐蚀与抗渗性。填充剂品种较多，应根据塑料的使用环境有选择地应用。例如酸、碱性较强的腐蚀环境，以选择石墨粉、二氧化钛等为主，要求有一定导热性能的塑料，以选用石墨粉、铝粉为主。加入碳酸钙、陶土的塑料，一般不能用于强腐蚀性环境。制作化工耐腐蚀设备的塑料，要求不加入填充剂。

（6）润滑剂

润滑剂在塑料加工中的作用有二：一是防止塑料熔体黏附在机具的外润滑剂，这类润滑剂用量不能过多。否则将影响塑料的二次加工应用；二是增加塑料在加工时的流动性，减少因内摩擦引起的热分解，这类润滑剂因是在塑料内部起作用故称内润滑剂，常用的是金属皂类如硬脂酸铅、硬脂酸钙等。

（7）偶联剂

偶联剂是一种增加无机物与有机聚合物之间亲和力，而且具有两性结构的物质。偶联剂在无机物和聚合物之间，通过物理的缠绕，或进行化学反应，形成牢固的化学键，从而使两种性质大不相同的材料紧密结合起来。

偶联剂按化学结构一般可分为：硅烷偶联剂、钛酸酯偶联剂及其他类偶联剂。硅烷偶联剂中硅连接着两种不同的基团，一头连接着能够水解的烷氧基，如甲氧基、乙氧基或氯。这些基团能水解生成硅醇，容易与无机物表面上的羟基反应。另一头连接着能够与聚合物分子有亲和力或反应能力的活性官能团，如环氧基、氨基、氰基、乙烯基、巯基、甲基丙烯酰氧基等。

硅烷偶联剂中的有机活性官能团，对聚合物的反应有选择性，如氨基可与环氧树脂、尼龙、酚醛树脂易进行反应；而乙烯基等易与聚酯等反应。钛酸酯偶联剂可与硅烷类偶联剂并用，协同效果好。

此外还有由不饱和有机酸与三价铬原子形成的配价型金属络合物的有机铬偶联剂；锆类偶联剂是含有铝酸锆的低分子量无机聚合物，也存在着两种有机配位基，一头与无机物反应，另一头与有机聚合物反应。铝酸酯偶联剂是新近出现的蜡状固体偶联剂。还有锡酸酯、磷酸酯、硼酸酯等偶联剂。

（8）增强剂

增强剂即增强材料，是加入塑料中能够显著提高制品力学性能的材料。往往增强剂与填充剂很难区别开，有些填充剂，如云母、高纵横比的滑石粉也能起增强作用，也可把它们划入增强剂中，而增强剂又可看成是一种填料，因此两者并没有严格的界限。

目前大部分增强剂是高强度纤维状惰性物质，个别为片状填料起增强作用。如玻璃纤维，碳纤维，石棉纤维，合成有机纤维、云母、滑石粉、玻璃薄片、二硼化铝结晶、氧化铝薄片等。

（9）阻燃剂

塑料制品的缺点是易燃，而且燃烧时还会产生烟或有害气体，为此采用氧指数作为评估塑料制品的燃烧性能。氧指数越高，即维持平衡燃烧时，所需要的氧气越多，材料则越难燃烧。

阻燃剂可分为两种，一种是添加型阻燃剂；另一种是反应型阻燃剂。

① 添加型阻燃剂是在塑料制品配料时添加一些无机类阻燃剂，如氢氧化铝、氢氧化镁、滑石粉、三氧化二锑等；或添加一些有机类阻燃剂，如卤素类化合物的十溴联苯醚、四溴双酚 A，磷类阻燃剂的磷酸酯类、三氯乙基磷酸酯；或是添加一些高分子阻燃树脂，如聚氯乙烯、氯化聚乙烯等。

② 反应型阻燃剂是把反应型阻燃剂添加于聚合物或预聚物中，进行化学结合，成为树脂成分的一部分，同时赋予聚合物自身阻燃性能。如四溴双酚 A 可作为环氧树脂、聚酯、聚碳酸酯中的反应型阻燃剂；二溴甲基缩水甘油醚可作为环氧树脂、不饱和聚酯的反应型阻燃剂，二溴正丙醇、二溴丁二醇可作为硬质聚氨酯泡沫塑料的反应型阻燃剂。其他如溴苯乙烯、四溴酞酸酐、含磷多元醇等。

1.6 工程塑料

工程塑料是指一类可以作为结构材料的高分子塑料，它是强度、耐热性、硬度及抗老化性均优的塑料。它的热性能好，玻璃化转变温度（T_g）及熔点（T_m）高；热变形温度（HDT）也高，超过 100℃；长期使用温度高；使用温度范围大，在高、低温下仍能保持其优良性能，热膨胀系数小。机械强度高、高弹性模量、低应变性、强耐磨损及耐疲劳性。通常要求拉伸强度均超过 50MPa，弯曲强度超过 50MPa，耐冲击性超过 50J/m，弹性模量大于 1GPa。具有良好的耐化学药品性、抗老化性、独特的电性能、耐燃性、耐候性、尺寸安定性佳。

通用性工程塑料包括聚碳酸酯（PC）、聚酰胺（尼龙）、聚缩醛（POM）、聚酯（PETP，PBTP）、ABS 塑料等，等规聚丙烯也可列入工程塑料的范围。工程塑料除了聚碳酸酯等耐冲击性大外，通常具有硬、脆、延伸率小的性质，特别是热固化型工程塑料。但如果添加 20%～30% 的玻璃纤维，则它的耐冲击性将得到改善，因此常添加玻璃纤维增韧。

各工程塑料的化学构造不同，所以它们的耐药品性、耐磨性、电性能等有所差异。由于各工程塑料的成型性不同，因此有的适用于任何成型方式，有的只能以某种成型方式进行加工，这样就造成了应用上的局限。

1.6.1 ABS 塑料

ABS 是丙烯氰 A（23%～41%），丁二烯 B（10%～30%）和苯乙烯 S（29%～60%）3

种单体的分子链均聚、接枝、共聚、合金而成的聚合物，化学名称为丙烯腈-丁二烯-苯乙烯共聚物，简称 ABS。

聚苯乙烯为头尾结构的非晶态无规聚合物，PS 主链为饱和碳链，侧基为共轭苯环，使分子结构不规整，增大了分子的刚性，易引起应力开裂。玻璃化转变温度 $80 \sim 100 ℃$，熔融温度 $240 ℃$，熔融时的热稳定性和流动性非常好，易于热成型加工。PS 的透明性好，透射率达 $88\% \sim 92\%$，折射率为 $1.59 \sim 1.60$，故可用作光学零件，但苯环在阳光作用下易发黄和混浊。聚丙烯腈均聚物大分子链中的丙烯腈单元是按头-尾方式相连的，玻璃化温度约 $90 ℃$，熔点 $317 ℃$，但在熔融前即开始分解。聚丁二烯橡胶玻璃化温度为 $-105 ℃$，主链上的双键很容易与自由基结合，将 A、S 分子链接枝上。

（1）ABS 结构

但是，ABS 并不是三种单体的自由基共聚合的产物，而是在一个组分的均聚物的主链上接枝上另两个组分的均聚物的链；或者是接枝上二元共聚物链；或者是在二元共聚物主链上接枝等。所以 ABS 塑料实际上是一种介于高分子合金和高分子共聚物的杂合体系。ABS 的大分子链中 3 种不同的结构单元赋予其不同的性能，丙烯腈赋予耐油和耐化学腐蚀性、高硬度、高强度；丁二烯赋予韧性和弹性；苯乙烯赋予透明性、着色性、电绝缘性及加工性。它们不但以链结构赋予树脂的性能，这是微观方面的；还以均聚或二元共聚物的微粒方式分散在体系中以宏观的方式形成高分子合金。所以就形成了坚韧、硬质、刚性的 ABS 树脂。且根据接枝方式的不同，ABS 有中冲击型、超高冲击型及耐热型等类型。

（2）ABS 的制造

ABS 的制造有混炼法和接枝法两种，混炼法是将 3 种均聚物或一种二元共聚物和另一种均聚物（也可以是共聚物）在炼胶机中炼制，炼胶时不同的分子链被拉断形成自由基链，然后它们接枝到另一个分子链上，这样就形成 ABS 的独特结构。接枝法是将聚丁二烯橡胶溶解在苯乙烯和丙烯腈的混合单体中，采用连续本体聚合法将苯乙烯和丙烯腈接枝到橡胶分子链上；或采用种子乳液聚合技术在聚丁二烯橡胶粒子上接枝共聚苯乙烯和丙烯腈制备 ABS 接枝粉料，再按一定比例与用本体法或悬浮法生产的 SAN 树脂（苯乙烯和丙烯腈共聚物）共混制备。这种 ABS 的制造可以写成：丁二烯聚合→ABS 接枝粉料＋本体法 SAN 树脂→双螺杆挤出机熔融共混→造粒包装。

ABS 的制造设备有高压乳液聚合装置、常压乳液聚合装置、凝聚脱水设备、干燥设备、双螺杆挤出机等。

（3）ABS 的性能应用

ABS 的外观一般是不透明的，外观呈浅象牙色、无毒、无味，其制品可作成五颜六色，并具有 90% 的高光照度。ABS 的相对密度为 1.05。

① 耐蚀性　ABS 耐水、吸水率低，耐低浓度的酸、碱、盐的腐蚀；不溶于大部分醇类和烃类溶剂，而容易溶于醛、酮、酯和某些氯代烃中，环己酮可软化，芳香溶剂无作用。

聚丙烯腈对碱不稳定，遇碱易着色，腈基碱催化水解成酰胺和羧基，在 $80 ℃$ 以上的浓碱中能水解为聚丙烯酸钠；腈基通过还原可以生成胺。它除溶于极性有机溶剂外，还能溶于硫氰酸盐、过氯酸盐、氯化锌、溴化锂等无机盐的水溶液中，所以耐蚀性有限，即使丁二烯和苯乙烯对丙烯腈有包覆也要慎重。

② 力学性能　ABS 软硬微粒的合金和软硬单体共聚的特性注定其具极好的冲击强度，可以在极低的温度下使用，即使 ABS 制品被破坏也只能是拉伸破坏而不会是冲击破坏。ABS 的耐磨性也优良，尺寸稳定性好，又具有耐油性，机械加工性能较好，可用于中等载荷和转速下的轴承。ABS 的耐蠕变性比 PSF 及 PC 大，但比 PA 和 POM 小。由于软性微粒的存在，ABS 的弯曲强度和压缩强度属于塑料中较差的，且力学性能受温度的影响也较大。

③ 热性能　因软微粒的影响，ABS 的耐热性不高，其热变形温度为 $93\sim118℃$，制品经退火处理后只可提高 10℃ 左右。ABS 在 $-40℃$ 时仍能表现出一定的韧性，可在 $-40\sim100℃$ 的温度范围内使用。ABS 的氧指数为 18.2，易燃烧。

④ 电性能　ABS 的电绝缘性较好，并且几乎不受温度、湿度和频率的影响，可在大多数环境下使用。

ABS 的成型性好，通常的成型温度在 $200\sim240℃$ 之间；注射压力在 $500\sim1000bar$，注射速度中高速度，成型收缩率 $0.4\%\sim0.7\%$。受氰基的影响，ABS 同其他材料的结合性好，表面易于印刷、涂覆和镀层处理。

ABS 是重要的工程塑料，其产品应用广泛，用 ABS 制成的产品有安全帽，旅行箱，汽车仪表板、工具舱门、车轮盖、反光镜盒等，齿轮、风机叶片，仪表壳盘，家电壳体等，大强度工具如吸尘器、头发烘干机、搅拌器、割草机等的外壳；娱乐用车辆如高尔夫球手推车以及喷气式雪橇车等。

1.6.2　聚酰胺

（1）简介

$$H_2N-\left[CH_2CH_2CH_2CH_2CH_2-\overset{H}{N}-\overset{O}{C}-CH_2CH_2CH_2-\overset{O}{C}\right]_n-OH$$

聚酰胺为大分子链上含有酰胺基团重复结构单元的聚合物，主要由二元胺和二元酸缩聚或由氨基酸内酰胺自聚而成，俗称尼龙，简称 PA，PA 的种类很多，具体可命名 PA_{xy}，其中 x 代表二元胺的碳原子数目，y 代表二元酸的碳原子数目。按 PA 主链结构不同，可分为脂肪族聚酰胺、全芳香族聚酰胺、半芳香族聚酰胺、含杂环芳香族聚酰胺和脂环族聚酰胺等。目前聚酰胺品种多达几十种，主要品种有 PA6、PA66、PA10 等应用最广泛。

（2）聚酰胺结构

PA 的结构中由于酰胺基的存在，可以在大分子中间形成氢键，使分子间作用力增大，这就赋予 PA 以高熔点和好的力学性能，同时也使其吸水率增大。PA 中酰胺基之间的亚甲基链，则赋予 PA 以好的柔性和冲击性能。PA 中的亚甲基/酰胺基的比例越大，分子中氢键数越少，分子间力越小，则分子柔性增加，吸水性越小。酰胺基使尼龙与玻璃纤维亲和性十分良好。

PA 中的酰胺基排列规整，因此它在适当条件下可以结晶，结晶度可达 $50\%\sim60\%$。亚甲基数目的奇偶性可影响 PA 的性能，当亚甲基的数目为偶数时的熔点比为奇数时的熔点高，这是键角和键长的变化使结晶结构不同而造成的。

（3）聚酰胺的性能

PA 的外观为透明或不透明乳白色或淡黄色的粒料，表观角质坚硬，制品表面有光泽。酰胺基使 PA 的耐油性优异。

① 力学性能　PA 的室温拉伸强度和弯曲强度都较高，但冲击强度不如 PC 和 POM 高；随温度和湿度的升高，拉伸强度急剧下降，而冲击强度则明显提高，玻璃纤维增强 PA 的强度受温度和湿度的影响小。PA 的耐疲劳性好，仅次于 POM，进行玻璃增强纤维后还可提高 50% 左右。PA 的抗蠕变性较差，不适合于制造精密的受力制品，但玻璃纤维增强后有所改善。PA 的耐摩擦性和耐磨损性、自润滑性优良，是一种常用的耐磨性塑料品种。其中，无油润滑摩擦系数仅为 $0.1\sim0.3$；耐磨性以 PA1010 最佳。PA 中加入二硫化钼、石墨、F_4 等可进一步改进摩擦性和耐磨性，因此主要用于制机械强度高且耐磨的轴承、齿轮、滑轮等零件，是一种很好的耐磨蚀材料。

② 热性能　PA 的热变形温度不高，一般为 50～70℃，用玻璃纤维增强后可提高 4 倍以上，高达 200℃，PA 的线性膨胀系数较大，并随结晶度增大而下降。另外 PA 的热导率很小，仅为 0.16～0.4W/(m·K)。所以 PA 不作为耐热材料使用，有自熄性，能防止延燃。

③ 电性能　PA 在低温和低湿条件下为极好的绝缘材料，但绝缘性能随温度和湿度的升高而急剧恶化；并以分子中酰胺基比例大者最为敏感。所以 PA 不用作电工材料。

（4）品种与应用

PA66 是由己二酸和己二胺缩聚而成的线性聚酰胺高聚物，是第一个聚酰胺品种。尼龙-6 塑料可采用金属钠、氢氧化钠等为主催化剂，N-乙酰基己内酰胺为助催化剂，使 δ-己内酰胺直接在模型中通过负离子开环聚合而制得，称为浇注尼龙，用这种方法便于制造大型塑料制件。

聚酰胺用作塑料时称尼龙，用作合成纤维时称为锦纶。聚酰胺 6 和聚酰胺 66 主要用于纺制合成纤维，称为锦纶 6 和锦纶 66。其最突出的优点是耐磨性高于其他所有纤维，比棉花耐磨性高 10 倍，比羊毛高 20 倍，在混纺织物中稍加入一些聚酰胺纤维，可大大提高其耐磨性；当拉伸至 3%～6% 时，弹性回复率可达 100%；能经受上万次折挠而不断裂。聚酰胺纤维的强度比棉花高 1～2 倍、比羊毛高 4～5 倍，是黏胶纤维的 3 倍。但聚酰胺纤维的耐热性和耐光性较差，保持性也不佳，做成的衣服不如涤纶挺括。另外吸湿性大和染色性也差。在国防上主要用作降落伞及其他军用织物。在工业上锦纶大量用来制造帘子线、工业用布、缆绳、传送带、帐篷、渔网等。

尼龙 610 则是一种力学性能优良的热塑性工程塑料。相对分子质量一般为 1.5 万～3 万，气体阻隔性好，吸震性和消音性、耐油性优异，耐弱酸，耐强酸性差，耐碱和一般溶剂，耐候性好，无毒，无臭，染色性差。缺点是吸水性大，在潮湿的环境尺寸变化率大，对力学及电性能影响大，纤维增强可降低树脂吸水率，使其能在高温、高湿下工作。

1.6.3　聚酯

（1）聚酯简介

聚酯是由二元醇或多元醇和二元酸或多元酸缩聚而成的高分子化合物的总称。工程塑料聚酯 PET 是由对苯二甲酸和乙二醇直接酯化缩聚或对苯二甲酸二甲酯与乙二醇进行酯交换制成的聚合物。聚酯切片用于制造纤维及塑料产品的原料，俗称涤纶或聚酯，简称 PET 或 PETP。

PET 树脂为乳白色半透明或无色透明体，相对密度为 1.38，折射率为 1.655，透光率为 90%；PET 吸水率为 0.6%，属于中等阻隔性材料。PET 的分子结构为高度对称芳环的线型聚合物，易于取向和结晶，结晶度较大，一般为 40%～60%，但结晶速度慢。具有较高的强度和良好的成纤性及成膜性。PET 开始主要用于纤维和薄膜类制品，玻璃纤维增强后可用作工程塑料。

（2）聚酯的性能

① 机械性能　PET 膜的拉伸强度和韧性很高。可与铝箔媲美，是 HDPE 膜的 9 倍，是 PC 膜和 PA 膜的 3 倍。增强 PET 的冲击性也高、耐蠕变性好、刚性大、硬度高及尺寸稳定性好，耐疲劳极好（好于增强 PC 和 PA），且 PET 的力学性能受温度影响较小。

② 热性能　纯 PET 的耐热性不高，玻璃化温度 80℃，熔点 250～255℃，长期使用温度可达 120℃，脆化温度为 −70℃，在 −30℃ 时仍具有一定韧性。但增强后大幅度提高，是增强的热塑性工程塑料中耐热性较高的品种；PET 的耐热老化性好，PET 不易燃烧，燃烧

火焰呈黄色，有滴落。

③ 电性能　PET为极性聚合物，但电绝缘性能优良，在高频下仍能很好保持。但 PET 的耐电晕性较差，不能用于高压绝缘。此外，电绝缘性易受温度和湿度影响，并以湿度的影响较大。

PET 可用于制造接插件、连接器、线圈骨架、齿轮、开关壳、电子仪器耐焊部件等。同时聚酯还有瓶类、薄膜等用途，广泛应用于包装业、电子电器、医疗卫生、建筑、汽车等领域，其中包装是聚酯最大的非纤应用市场，同时也是 PET 增长最快的领域。可以说聚酯切片是连接石化产品和多个行业产品的一个重要中间产品。

1.6.4　聚甲醛

（1）聚甲醛简介

聚甲醛是由甲醛聚合所得的聚合物，英文缩写为 POM。结构为 $-C-O-C-O-C-O-C-O-C-O-$，

是热塑性的结晶聚合物。聚合度不高，且易受热解聚。聚甲醛的相对密度 1.43；熔点 175℃；拉伸强度 70MPa；屈服伸长率 15%；无缺口冲击强度 108kJ/m²；缺口冲击强度 7.6kJ/m²。聚甲醛是表面光滑、有光泽、硬而致密、淡黄或白色的材料，被誉为"超钢"，具有类似金属的硬度、强度和钢性。

（2）合成

聚甲醛的合成首先是纯化单体，通常利用部分预聚合的方法精制单体。甲醛的水溶液在酸或碱的存在下缩聚，也用叔胺进行负离子加成聚合。在水的存在下得到分子量低、聚合度为 100 以上的 α-聚甲醛。然后将其加热分解成甲醛气体，经精制和脱水后，得到均聚甲醛需要的精制三聚甲醛原料。树脂的合成是以三氟化硼乙醚络合物为催化剂，在干燥石油醚溶剂中进行聚合，聚甲醛的端基为半缩醛（—CH₂OH）的形式，当温度高于 100℃时，端基易断裂，需要经端基处理使之稳定化。稳定化处理后可耐热到 230℃。多聚甲醛可在 170～200℃的温度下后加工，如注射、挤出、吹塑等。

（3）结构和性能

聚甲醛是一种没有侧链、高密度、高结晶性的线型聚合物，结晶度 70% 以上，在热塑性树脂中是最坚韧的，也有弹性。POM 即使在低温下仍有很好的抗蠕变特性、几何稳定性和抗冲击特性，表面光滑，有光泽、硬而致密，淡黄或白色的材料，可在 -40～100℃ 温度范围内长期使用，吸水性小。它的耐磨性和自润滑性、电性能也比绝大多数工程塑料优越，又有良好的耐油、耐过氧化物性能。POM 的高结晶程度导致它有相当高的收缩率，可高达 2%～3.5%。聚甲醛不耐酸、不耐强碱和不耐紫外线的辐射。

POM 在很宽的温度和湿度范围内都具有很好的自润滑性、良好的耐疲劳性，并富于弹性。POM 用在那些对润滑性、耐磨损性、刚性和尺寸稳定性要求比较严格的滑动和滚动的机械部件上性能尤为优越。POM 以低于其他许多工程塑料的成本，正在替代一些传统上被金属所占领的市场，自问世以来，POM 已经广泛应用于电子电气、机械、仪表、日用轻工、汽车、建材、农业等领域。在很多新领域的应用，如医疗技术、运动器械等方面，POM 也表现出较好的增长态势。

1.6.5　聚碳酸酯

聚碳酸酯是分子主链中含碳酸基团和双酚 A 链节的热塑性树脂，其名称来源于其内部的＝CO₃ 基团，简称 PC。是一种无色透明的无定性热塑性材料。双酚 A 可以由其他的脂肪

族、脂环族、芳香族的二元醇替代，但是最有价值的还是双酚 A 型聚碳酸酯。所以，通常所说的聚碳酸酯都是双酚 A 型聚碳酸酯，相对分子质量通常为 3 万～10 万。

（1）合成

聚碳酸酯于 1958 年实现工业化生产，其生产方法主要有溶液光气法、酯交换熔融缩聚法、界面缩聚光气法等。界面缩聚光气化路线是先由双酚 A 和 50%氢氧化钠溶液反应生成双酚 A 钠盐，送入光气化反应釜，以二氯甲烷为溶剂，通入光气，使其在两相界面上与双酚 A 钠盐反应生成低分子聚碳酸酯，然后再缩聚为高分子聚碳酸酯。反应在常压下进行，一般采用三乙胺作催化剂。缩聚反应后分离的物料、离心母液、二氯甲烷及盐酸、氯化钠等均需回收利用，环境压力很大。该法工艺成熟，产品质量较高。易于规模化和连续化生产、经济性好等，长期占据着聚碳酸酯生产的主导地位。但现较多使用双酚 A 和碳酸二苯酯通过熔融酯交换和缩聚反应合成。

（2）结构和性能

聚碳酸酯的分子结构主链上具有苯环，使其分子链的柔顺性降低而显出刚性，而两个苯环间的异丙基又能提供一些柔韧性和与非极性溶剂的亲和性；分子主链中的酯键提供较大的极性，所以溶解性好；但是碳酸基团也提供了化学不稳定性，酯键在高温下发生水解；碳酸基团的两个酯键的结合使键转动角变化大，所以 PC 是玻璃态的无定形聚合物，也有很高的韧性。这使得 PC 的悬臂梁缺口冲击强度为 600～900J/m，耐冲击性优异。弯曲模量可达2400MPa 以上，拉伸强度、压缩强度都高，低于 100℃时，在负载下的蠕变率很低。碳酸基团使其易应力开裂。

PC 是一种无臭、无毒、高度透明的无色或微黄色热塑性工程塑料，玻璃化温度为149℃，热变形温度大约为 130℃，低温脆化温度−100℃，可在−60～120℃下长期使用。无明显熔点，在 220～230℃呈熔融状态，由于分子链刚性大，树脂熔体黏度大，所以热加工性能很一般；但收缩率小，尺寸精度和尺寸稳定性好。有自熄性，对光稳定，但不耐紫外光，耐候性好；耐油、耐酸，不耐强碱、氧化性酸及胺、酮类，溶于氯化烃类和芳香族溶剂，长期在水中易引起水解和开裂。

（3）应用

PC 可注塑、挤出、模压、吹塑、热成型、印刷、粘接、涂覆和机加工，最重要的加工方法是注塑。PC 在室温下具有相当大的强迫高弹形变能力。冲击韧性高，因此可进行冷压、冷拉、冷辊压等冷成型加工。

PC 与不同聚合物形成合金或共混物，改进 PC 熔体黏度大（加工性）和制品易应力开裂等缺陷，利有两种材料性能优点，并降低成本。如 PC/ABS 合金中，PC 主要贡献高耐热性，较好的韧性和冲击强度，高强度、阻燃性；ABS 则能改进可成型性，表观质量，降低密度。

PC 的三大应用领域是玻璃装配业、汽车工业和电子、电器工业，其次还有工业机械零件、光盘、包装、计算机等办公室设备、医疗及保健、薄膜、休闲和防护器材等。

1.7 特种工程塑料

特种工程塑料也叫高性能工程塑料，是指综合性能高，且该塑料具有某一项或二项以上特别突出的高性能，该性能是其他树脂很难替代的，长期使用温度在 150℃以上的工程塑料。如强度弱、耐热耐蚀性优异的氟塑料；耐热性优异的有机硅，以及耐高温高热强的聚酰亚胺；耐急剧温度变化的 PES（聚醚砜树脂）；有独特生物友好性的聚醚醚酮；高抗应力腐蚀、易加工、自增强的液晶塑料等。

1.7.1 聚四氟乙烯

聚四氟乙烯是由四氟乙烯单体在自由基引发剂存在下游离基聚合而成的聚合物，简称PTFE或F4，是当今世界上耐腐蚀性能最好的聚合物材料，因此得"塑料王"之美称。F4由美国的杜邦公司于1948年投入工业化生产，商品名为"特氟隆"。因其具有优异的耐腐蚀性、低摩擦系数、良好的自润滑性、耐热性和电绝缘性而得到不可替代的应用。

聚四氟乙烯分子链没有支链，氟原子紧密排布在C-C主链周围，聚四氟乙烯的相对分子质量很高，大多在200万~500万。由此造成极高的熔融黏度，加热到415℃亦不会从高弹态变为黏流态；而加热到400℃聚四氟乙烯就开始分解，放出如全氟异丁烯、四氟乙烯及全氟丙烯等有毒气体。所以热塑性的聚四氟乙烯塑料不能用一般热塑性塑料通常的热成型方法成型，只能是在常温预成型、高温烧结后机械加工成型。

（1）合成原理

工业上的聚合反应是水基乳液聚合或悬浮聚合，属于自由基聚合原理。

TTFE聚合的引发阶段是由溶解在水相的四氟乙烯单体与水相中的自由基反应，生成单体自由基，完成引发过程。四氟乙烯气体的水中溶解度在0.805MPa、20℃时是0.1g/100g水，在0.5%全氟辛酸铵溶液中是0.25g/100g水，虽然这个溶解度还是很低，但是相对低浓度引发剂分解产生的游离基还是很高的，只是引发效率相对较低，约为50%。

单体自由基与溶液中的单体聚合进行链增长，随着链增长形成聚合物链，即使是低分子量的聚四氟乙烯都不溶于水，所以聚合物沉淀分散在溶液中，沉淀颗粒的表面的活性自由基继续与溶解在水中的四氟乙烯单体进行链增长反应而增大分子量。这是由于PTFE非常规整，一旦形成颗粒后其结晶度高达90%以上，因此分散的PTFE粒子有很强的刚性，硬度很大，使得以后的单体不能扩散到颗粒内部进行反应，只能在粒子表面进行。而低浓度的溶解单体能与颗粒表面的增长自由基反应还取决于自由基的寿命，四氟乙烯自由基的寿命很长，在50℃的自由基寿命为17min；40℃的自由基寿命为37min，比常见几秒的碳氢化合物游离基寿命要大上千倍。所以单个的分子链以相对缓慢的速度进行超长时间的链增长，最后形成500万左右相对分子质量的聚合物。

链终止是双基偶合终止，TFE结构的C-F键键能大（485.3kJ/mol），氟原子难以被自由基所夺取，因此在聚合过程中，没有歧化终止和转移反应，所以，也没有支链产生，聚合物就是一极长的直链。由于水溶液中的引发自由基浓度低，颗粒表面的自由基本身并不运动，是随新接上的单体而移动，但是由于强的结晶性，所以其位置只是以结晶方向缓慢增长，即使一个新的增长自由基与此颗粒凝聚，只要它的结晶方向不配合，也不能偶合终止。所以，自由基的寿命很长。

从动力学的角度，PTFE的聚合过程分为单体TFE溶于水的传质过程和TFE稀水溶液聚合反应过程两个串联步骤，当TFE溶解速度较慢，低于聚合速率时，成为传质控制，传质符合亨利定律，也受水溶液的温度、表面活性剂等因素的影响；当TFE溶解速度足够快时，则成为动力学控制。

整个反应过程的溶液聚合和沉淀聚合都是不断地同时进行的，溶液中沉淀出的小颗粒互相碰撞的概率远小于与聚合出的大颗粒的碰撞概率，如果这个大颗粒正在链增长，则它要么同增长的自由基双基偶合终止，这个在柱状晶颗粒的碰撞上概率较小，要么从晶体的其他碰撞的方向进行链增长，这个的相对概率大得多。这样颗粒逐渐长大，如果此时溶液中有覆盖在颗粒固体上的表面活性剂，则新沉淀的颗粒要碰撞形成新颗粒的概率由于水化层的作用减小，那么沉淀出的颗粒就会自行长大到表面活性剂不能有效覆盖其表面后才同其他颗粒碰撞凝聚。

如果这个过程的表面活性剂足够多，即开始反应就有足够的表面活性剂使它们在胶束中进行链增长并沉淀聚合，然后在溶液中形成的新的沉淀颗粒又有新加入的表面活性剂去覆盖，这样就可以使合成的离子很小，成为乳化剂所分散在水中的乳胶粒子，有的称为这种方法为乳液聚合，有的称为分散聚合；如果这个过程没有起碰撞隔离作用的水化层，颗粒碰撞就会凝聚，最后凝聚成大块的聚合物。所以这时要么是水溶液中的固体含量低的时候就终止反应，要么就是增加搅拌速度到接近 1000s/min，在强力搅拌下形成刚性碰撞，这个就称为悬浮聚合。

悬浮聚合法比较成熟，是工业上合成 PTFE 的主要方法。悬浮聚合得到的聚四氟乙烯树脂可成型加工，而分散四氟树脂不能成型加工，但可用分散涂料的方法加工或转为粉状用于糊状挤出。

（2）合成助剂

引发剂：引发剂采用水溶性自由基引发剂或水溶性氧化还原体系引发剂，例如，过硫酸铵（APS）、过硫酸钾（KPS）等过硫酸盐，过氧化二丁二酸（DSP）、过氧化二戊二酸、叔丁基过氧化氢等有机过氧化物。氧化还原体系引发剂，如过硫酸钾-亚硫酸钠、过硫酸钾-硫酸氢钠-硫酸亚铁、过硫酸钾-亚硫酸钠-硝酸银、过硫酸钾-硫代硫酸钠等。引发剂可以一种单独使用或两种以上组合使用。引发剂过硫酸盐合适的用量为 0.02%～0.4%。使用氧化还原体系引发的目的是降低聚合反应温度，使四氟乙烯单体在水中的溶解度增大，同时也增加自由基的寿命，增大聚合物的分子量。

乳化剂：PTFE 的表面能低，乳液聚合形成的 PTFE 颗粒的表面具有很强的拒油、拒水特性，传统乳化剂的碳氢亲油基不能吸附在 PTFE 粒子表面而不能使用。一般采用全氟烷酸或其盐作为乳化剂来实施含氟烯烃的乳液聚合，例如全氟辛酸铵。这些乳化剂能提高单体在水中的溶解度而加快聚合速度；也可以使氟烯烃与共聚单体具有良好的共聚性能；还可以使分散体中的颗粒达到较小的粒度和良好的分散稳定性。全氟辛酸铵用量为 0.65% 时，可确保 PTFE 分散聚合体系的稳定，得到没有凝聚粒子的乳液。

链转移剂：主要是为合成低分子量的聚合物准备，也用于调整分子量分布。作为 PTFE 聚合的链转移剂可以使用如环己烷、甲烷、乙烷、丙烷、丁烷、异戊烷、正己烷等饱和烃类；一氯甲烷、二氯甲烷、氯仿、四氯化碳等卤代烃类；甲醇、乙醇、异丙醇、叔丁醇等醇类，以及氟代碳碘化物等。根据聚合原理优选使用的是常温常压下为气体状态的物质。

稳定剂：反应体系的分散稳定剂实质上无反应活性，在反应条件下成液体状态，稳定剂能减少聚合颗粒的凝聚，减少搅拌桨和釜壁的黏附。一般使用碳原子数大于等于 12 的饱和烃类，或石蜡、硅油等。可以一种单独使用或两种以上复合使用，使用量以水的质量基准计算为 5%～12%。因引发体系分解要产生酸，可以添加碳酸铵、磷酸铵、磷酸氢二钠等作为调节反应中 pH 值的缓冲剂。

（3）聚合工艺

通过对聚合机理的理解，合成用水和助剂都必须是很洁净的，不能有对游离基产生阻聚效果的杂质，因为游离基寿命实在太长了。聚合工艺过程主要由聚合、除蜡、凝聚或浓缩等工序组成。TFE 分散聚合体系通常由单体、水、乳化剂、稳定剂及其他添加剂组成。

聚合反应前，先往聚合釜中加入无离子水、引发剂等助剂后，关闭聚合釜，进行保压试验，合格后用高纯氮气置换以清除釜内氧气，经多次重复抽真空，直至聚合釜内氧含量低于 20mg/L 为止。

四氟乙烯沸点 $-76.3℃$，合成温度下是气体，反应时慢慢通入 TFE 单体直至 0.5～

2.5MPa 的压力，聚合釜开始慢慢升温，升温至石蜡的熔点以上，也要使聚合釜内保持引发剂所需的温度。温度可在 50～80℃范围选择。

聚合开始后，随着气相四氟乙烯的不断溶解和溶液中的不断消耗，气相压力下降，需要补充四氟乙烯单体使釜内压力回升至初始压力，同时追加单体、引发剂、还原剂、链转移剂以及乳化剂等助剂。其中缓冲溶剂、链转移剂可以在最先全部加入或开始反应后才加入，引发剂和还原剂必须在任何时候都要分开加入。

如此往复补充单体至达到所需要的分散液浓度时为止。一般通入四氟乙烯气体的总质量是水的 30%，反应时间 2～4h。停止后将釜中剩余的 TFE 经碱洗和干燥回收后返回单体储罐。降温使石蜡与分散液完全分离，树脂转化率可达 90%。

乳液聚合时搅拌转速 100r/min，聚合完成后放出分散液，得到 25%～30% 浓度的分散液。分散液可送至凝聚桶搅拌凝聚成粉，然后洗涤、烘干得粉状成品。或者分散液用普通的非离子和阴离子型表面活性剂稳定，随后减压蒸发浓缩到 60%～65%（质量）的固体分，作为涂料使用。

四氟乙烯悬浮聚合不加分散剂，在 100～900r/min 剧烈搅拌条件下得到沉淀的树脂，通常称作粒状树脂；悬浮聚合时氮气以 30%～70% 的比例与四氟乙烯混合后进行聚合，得到的聚四氟乙烯树脂粒径分布比较窄。

在聚合工艺中，可以采用的操作压力区间是比较大的。在高压下反应比在低压下能提高聚合反应速率，提高设备利用率；另外，由于 TFE 聚合是剧烈的放热反应，过高的反应速率会增加放热量，给控温带来较大的困难。

（4）性能

聚四氟乙烯的基本结构为—CF_2—CF_2—，侧基全部为氟原子，分子链的规整性和对称性都好，大分子没有支链，故极易结晶。一般制品的结晶度可达 57%～75%，最高可达 93%～97%。PTFE 大分子两侧全部为 C—F 键，它是很稳定的化学键，F_4 大分子的偶极距接近于零，基本不带极性，电绝缘性好。聚四氟乙烯分子中 CF_2 单元按锯齿形状排列，由于氟原子半径较氢稍大，所以相邻的 CF_2 单元不能完全按反式交叉取向，而是形成一个螺旋状的扭曲链，氟原子把主链上的碳原子屏蔽保护起来，使分子链难以破坏，这种分子结构解释了聚四氟乙烯的各种优异性能。

PTFE 外表似蜡状白色粉末，无毒、无味、无嗅，不燃烧，限氧指数在 90 以下；聚四氟乙烯相对分子质量较大，低的为数十万，高的达一千万以上，一般为数百万。F_4 具有良好的生理相溶性和抗血栓性。树脂本身对人没有毒性，但是在生产过程中使用的原料之一全氟辛酸铵（PFOA）被认为可能具有致癌作用。由于高温裂解时还产生剧毒的副产物氟光气和全氟异丁烯等，所以要特别注意安全防护并防止聚四氟乙烯接触明火。

四氟乙烯除具有优良的化学稳定性、耐腐蚀性、除熔融的碱金属和液氟外，能耐其他一切化学药品，能耐强氧化剂的腐蚀，较低的渗透性，气体阻隔性好。例如在浓硫酸、硝酸、盐酸，甚至在王水中煮沸，其重量及性能均无变化，也几乎不溶于所有的溶剂，只在 300℃以上稍溶于全烷烃（约 0.1g/100g）。聚四氟乙烯不吸潮，不燃，对氧、紫外线均极稳定，所以具有塑料中最佳的老化寿命。

PTFE 熔融温度为 327～342℃。聚四氟乙烯在 260℃、370℃和 420℃时的失重速率（%）每小时分别为 $1×10^{-4}$、$4×10^{-3}$ 和 $9×10^{-2}$。这样聚四氟乙烯可在 260℃长期使用。它在 250℃的温度下不熔化，在 -260℃的超低温中不发脆。可长期在 -195～250℃范围内使用。即使温度下降到 -196℃，也可保持 5% 的伸长率，因为全氟碳高分子的特点之一是在低温不变脆。膨胀系数在 25～250℃时为 $(10～12)×10^{-5}$/℃，比金属和大多数塑料大。热导率比大多数塑料低，为 0.25W/(m·K)，PTFE 制品冷至 -180℃时收缩达 2%，而从室温加热到 260℃时，可膨胀 4%。

聚四氟乙烯的突出力学性能为低摩擦性和自润滑性，其摩擦系数是塑料中最低的，对钢的动、静摩擦系数都为 0.04；但 F_4 的其他磨损性能不好，需加入硫化钼、石墨等耐磨材料进行改性，加入这些物质后，材料除保持它原有的优良性能外，在负荷下的尺寸稳定性可提高 10 倍，硬度提高 10%，耐磨性可提高 500～1000 倍，导热性可提高 3～10 倍。在常温下 F_4 的其他力学性能一般，良好的韧性，机械性质较软，与其他塑料相比无突出之处，其拉伸强度、弯曲强度、冲击强度、刚性、硬度、耐蠕变、耐疲劳等性能都差。而在高温或低温下，聚四氟乙烯的力学性能比一般塑料好得多。

电绝缘性好，聚四氟乙烯在较宽频率范围内的介电常数和介电损耗都很低，而且击穿电压、体积电阻率和耐电弧性都较高。是理想的 C 级绝缘材料。聚四氟乙烯的耐辐射性能较差，受高能辐射后引起降解，高分子的电性能和力学性能均明显下降。

(5) 热成型

PTFE 零件的制作是采用冷压烧结成型，是由制坯、烧结、冷却三个步骤组成。冷压制坯时严格控制装料量、所施压力和施压与卸压的方式，以保证坯件的密度和密度均一性。粉料在模内压实的程度越大，烧结后的收缩率就越小；如果坯件各处的密度不等，烧结后会翘曲变形或开裂。合模速度 30～50mm/min，临近终点时速慢至 10mm/min 以下，过程中泄压 2～4 次或分段保压以使物料中的空气充分逸出。成型压力 17～35MPa，保压时间按厚度在 5～60min 范围。

烧结是使聚四氟乙烯微粒熔结成整体的过程，烧结一般在自由状态下于空气中进行加热，也采用在氮气保护下烧结或热压烧结，热压烧结是坯件在烧结模中烧结，F_4 膨胀产生压力。烧结升温时型坯体积膨胀，而 F_4 的热导率很低，为防止内外膨胀不均匀使制品变形开裂，要控制升温速度。25kg 以上大型制件升温速度 30～40℃/h 至 300℃，再以 10～20℃/h 的速度升温到烧结温度；中型制件以 60～70℃/h 速度升温到烧结温度；2kg 以下的小型制品以 100～120℃/h 的速度升温或自由升温。

聚四氟乙烯的烧结温度取 360～380℃，烧结使树脂由压缩的颗粒通过熔融变形、分子扩散而黏结成密集、连续、透明整体。提高烧结温度可使制品的结晶度、相对密度、成型收缩率增大。烧结时晶区的熔化与分子的扩散需要一定的时间，因此坯件要保温，大型制品保温 5～10h，小型仅 1h。厚度每增加 1mm，烧结时间应延长 6min。

冷却过程是大分子由无定形态转变为结晶态的过程，冷却速度决定着结晶度，大型制品一般以 12～24℃/h 降温，在结晶转化点 327℃注意减缓降温速度，PTFE 在 315℃左右结晶速度最大，此时保温提高结晶度；再以 20～50℃/h 速度冷却到 215℃，215℃以下则结晶速度极小，可从烧结炉中取出制品，放入保温箱中自然冷却至室温。中型制品冷却速度为 30～40℃/h，温度降至 250℃时取出，取出后是否淬火根据使用要求而定。小型制品冷却速度为 60～70℃/h。如果要求制品透明，韧性好，则应采取快速冷却成非晶态，对小型制品可采用淬火的办法。这些制品结晶度约为 50%～65%。

烧结制品最后用冲、车、刨、铣、钻、螺纹加工等切屑方法加工成精度要求严格的零部件。为了减少切屑量，烧结可以采用热压烧结，用定型模对制品整形，可提高其精度。

聚四氟乙烯板材根据其成型工艺不同可分模压板及旋切板两种。旋切板是由模压烧结成圆柱形坯料，经旋切机床切削而成；PTFE 薄膜是旋切薄板再压延而成。模压法比旋切成型设备简单，生产周期短，但对大型板材，压机模具体积大，生产场地空间要求大，预成型板材极易破碎，在进入烧结炉前不好转运。

模压成型大多采用 PTFE 悬浮树脂，当制造厚度小于 1.5mm 薄板时，则要用分散树脂。其工艺过程为原料捣碎过 10～20 目筛，并在 (24±1)℃温度中调整 24～48h；模压压力 15～35MPa，保压时间 1～10min。烧结温度 360～380℃，升温速度 30℃/h，330℃保温 2h，370℃保温 3h。降温速度 20℃/h，在 PTFE 熔点附近 330℃左右缓慢冷却等。

PTFE 管材的成型工艺有推压法、挤压法、液压法、焊接法、缠绕法等，其中以推压法为主。推压又称糊状挤出成型，把乳液树脂与有机助剂（甲苯、石油醚、200 号与 260 号溶剂油等，配树脂重量的 20%）混合制成糊状物，预压制坯成厚壁圆筒状坯料，放进推压机料筒内用柱塞推压成型。经 210℃以下干燥，在 360～380℃温度下烧结，冷却后得到强韧的推压管、棒等制品。

挤压成型可分螺杆挤压和柱塞挤压两种，是把粉碎过筛后的预烧结树脂加到料筒中，通过螺杆的转动或柱塞的往复推动，把原料边压实边输送到挤出机中，在 360～400℃机头温度下连续挤出、烧结、冷却而成各种管、棒制品。聚四氟乙烯也可制成水分散液，用于涂层、浸渍或制成纤维。

（6）应用

在原子能、航天、电子、电气、化工、机械、仪器、仪表、建筑、纺织、食品等工业中，可用作机械工业的摩擦材料、化学工业的防腐材料、电器工业的绝缘材料以及防粘接材料、分离材料和医用材料。具体如化工衬内层、密封填料、电器绝缘制品、人造血管、心脏、肺等器官等。

在作化工防腐蚀衬里时，随着目前的工业化进程，它已经具有了可以接受的成本，但是黏合性能使其施工技术还没有革命性的突破，专用的黏合膜和焊接材料的价格较高，与衬里基材的黏合工艺还较复杂，高的蠕变性能使其采用机械紧固方式也容易出问题，但是不管从需求的角度还是从工程的角度，它还是人们在高腐蚀环境中需要首选的材料。

聚四氟乙烯编织盘根是一种良好的动密封材料。它是由膨体聚四氯乙烯带条编织而成。它具有低摩擦系数、耐磨、耐化学腐蚀、密封性良好、不水解、不变硬等优良性能。用于各种介质中工作的衬垫密封件和润滑材料。

聚四氟乙烯密封性好、高润滑，不黏附任何物质、它的摩擦系数极小（0.04），又由于 C-F 链分子间作用力极低，所以聚四氟乙烯具有不黏性。F4 大分子的表面自由能很低，仅为聚乙烯的 1/5，这是全氟碳表面的重要特征，是固体材料中摩擦系数和表面张力最低者。

1.7.2 聚砜

（1）简介

聚砜类塑料是指大分子链上含有砜基和芳核的一类聚合物。一般为双酚 A 型聚砜的简

称，是分子主链中含有砜基链节的热塑性树脂，英文名 polysalfone，简称 PSF，它是聚砜塑料的一种。

聚砜是由双酚 A 与 4,4′-二氯二苯基砜缩聚而成的产物，PSF 最早是由美国的 UCC 公司于 1965 年开发的，PSF 最突出的性能为耐热性能，其他如力学性能、耐蠕变性能和电性能也优异。

（2）结构

PSF 为线型杂链大分子，分子链由砜基、亚苯基、二苯基砜、醚基以及异丙基组成，不同的基团赋予其不同的性能，其结构与性能密切相关。亚苯基和二苯基砜提供大分子的刚性和耐热性；醚基提供给大分子以柔顺性、加工性及溶解性，且是苯环间的醚键，所以耐水性的影响小；而异丙基则提供韧性和加工流动性，综合结果便使得 PSF 呈刚性、不易结晶、耐水性好、低温性能良好，尺寸稳定性好，成型收缩率小，加工性能良好。

（3）性能

PSF 是略带琥珀色非晶型透明或半透明聚合物，无毒，耐辐射，耐燃，有优异的自熄性。聚砜的力学性能优异，刚性大，耐磨、高强度，其拉伸强度和弯曲强度都高于通用工程塑料如 PC、POM、ABS、PA 等，而且在广泛的温度下（-100~150℃）力学性能保持率高，抗蠕变性能突出，但耐疲劳强度差。短期使用温度为 190℃，耐热氧老化性突出；PSF 的冲击强度在 -60~120℃ 的范围内变化不大。化学稳定性好，除浓硝酸、浓硫酸、卤代烃外，能耐一般酸、碱、盐、在酮，酯中溶胀。耐紫外线和耐候性较差。另外 PSF 的在宽广的温度和电磁频率范围内有优良的电性能。

PSF 可进行注塑、模压、挤出、热成型、吹塑等成型加工，熔体黏度高，控制黏度是加工关键，加工后宜进行热处理，消除内应力。可做成精密尺寸制品。聚砜被广泛用于电子/电器、汽车配件、医疗器械以及机械零件等领域，PSF 可用于制作要求高强度、耐高温和尺寸稳定的机械零件、耐酸喷嘴、管阀、过滤膜、反渗膜及各类医疗器件等。

1.7.3 聚苯硫醚

聚苯硫醚的分子主链仅由苯环和硫原子交替排列。简称 PPS。大量的苯环赋 PPS 以刚性，大量的硫醚键又提供柔顺性和阻燃性。分子结构对称，易于结晶，无极性。抗化学性仅次于聚四氟乙烯和呋喃树脂，热成型流动性介于 ABS 和 PC 之间，凝固快，收缩小（约 0.8%），易分解，要求选用较高的注射压力和注射速度。

$$Cl\text{—}\underset{}{\underset{}{\boxed{}}}\text{—}\left[\boxed{}\text{—}S\right]_n\text{—}H$$

（1）合成

聚苯硫醚主要是由对二氯苯和硫化钠在 N-甲基吡咯烷酮溶剂中在 200℃ 温度，约 2MPa 压力下，密闭反应沉淀聚合而得。反应可写为：

$$Cl\text{—}\boxed{}\text{—}Cl + Na_2S \longrightarrow Cl\text{—}\left[\boxed{}\text{—}S\right]_n\text{—}H + 2NaCl$$

该反应是逐步缩聚反应，反应中产生大量的生成物氯化钠，按逐步缩聚原理，生成物移走有利于平衡的移动生成高分子量的树脂。

配方为：

表 1-21　聚苯硫醚合成配方

原料	分子量	摩尔比	计算量/kg	投料量/kg
对二氯苯	147	1	147	161.7
硫化钠	78.03	1	78.03	132(65%)
N-甲基吡咯烷酮		570g	570	627
氯化锂		40g	40	44
氯化钠	58.44	-2	-116.88	-128.57

表 1-21 配方中对二氯苯和硫化钠摩尔比为 1，没有考虑端基的过量，是考虑尽量合成高分子量的聚苯硫醚；硫化钠由于含结晶水，按含量 65% 计算，氯化锂是合成线型树脂的催化剂。N-甲基吡咯烷酮是强极性溶剂，可以理解对二氯苯和硫化钠，形成溶液反应体系。

（2）合成工艺

合成工艺是首先硫化钠的精制和脱水，由于硫化钠中含有多硫化钠和贮存氧化产生的硫代硫酸钠，导致配方计量不够准确，需要重结晶精制。精制后的水合硫化钠同 N-甲基吡咯烷酮溶解后共沸脱水。得到硫化钠的 N-甲基吡咯烷酮溶液。

然后将二氯苯和硫化钠溶液及 N-甲基吡咯烷酮投入反应釜中升温，前期由于对二氯苯的沸点是 173℃，控制温度在 195～220℃，以保证反应釜压力不超过 2MPa，随着对二氯苯参与反应，气相中的对二氯苯减少，可以升温到 260℃，以保证尽量多的对二氯苯溶解到反应液中以保证配方配比，过程中可以充入不影响反应的惰性气体以提高气相对二氯苯的分压。大约反应 6～8h 即完成。然后回收溶剂、催化剂、氯化钠及树脂后处理。

从 PPS 的合成工艺和聚合原理可见合成聚苯硫醚树脂要求很高。首先合成体系是一个非均相体系，早期是均相的溶液反应，然后随着分子量的增加，聚苯硫醚会从溶液体系中沉淀出来，因为低分子量的聚苯硫醚树脂就不溶于溶剂中，然后的分子量增长就是沉淀颗粒的表面反应和颗粒内部的固相反应。固相反应产生的氯化钠包覆于树脂中，在后处理的树脂脱盐很困难，脱盐次数增加，成本提高；颗粒表面的液-固界面反应速度远低于均相体系，特别是后期的反应物浓度下降后更是如此，所以合成时间较长。二是反应气相中总是要残留少量的对二氯苯蒸气，硫化钠中也不可避免地有少量硫代硫酸钠，所以保证配方的摩尔比几乎是个难以完成的任务，特别是反应釜设计不合理，气相空间的部件温度低造成对二氯苯结晶的情况就更加恶劣。三是合成过程中的生成物氯化钠在整个反应过程并没有被移走，这导致反应平衡的移动很困难，虽然氯化钠可以在溶剂中结晶出来，但是原料中的微量水和溶剂特性总要溶解一些在溶剂中，使提高分子量困难；且氯化钠的产量太大，按配方合成约 100kg PPS 要产生 120kg 以上的固体盐，使反应体系的固体含量增大很多，搅拌均化困难，液-固界面反应速度大为降低，同时也对于绝缘材料的制备特别不利。四是聚合的辅助工艺太复杂，沸点高，脱水消耗量大，且用精馏的方法不能彻底去掉微量水，反应液中加入脱水剂也难于满足反应体系的要求，所以花费了很大的成本收效并不理想；聚合结束后有机溶剂的蒸馏、无机废盐的处理，氯化锂的回收使后处理非常复杂，操作成本增加很多；目前的溶剂回收达到了 90%，就这样溶剂和催化剂损耗导致的成本增加也大于聚合物的合成原料对二氯苯和硫化钠的成本。

（3）性能及应用

PPS 为一种外观白色、高结晶度、硬而脆的热塑性聚合物，纯 PPS 的相对密度为 1.36。PPS 的吸水率极小，一般只有 0.03% 左右。PPS 的阻燃性好，其氧指数高达 44 以上，与其他塑料相比，它属于高阻燃材料（PSF 为 30、PA66 为 29）、耐辐射、着色性良好，优良的电性能，特别是高频绝缘性优异，PPS 还具有一定的自润性。

PPS 被广泛用作高分子结构材料，结晶度高，机械强度高，均衡的物理力学性能和极好的尺寸稳定性，纯 PPS 的冲击强度比较低，硬而脆，常用玻璃纤维增强来提高其冲击强度，其玻璃钢跌落于地上有金属响声。此外 PPS 在负荷下的耐蠕变性好，耐磨性好，并且 PPS 的力学性能对温度的敏感性小。

PPS 是工程塑料中耐热性最好的品种之一，热变形温度大于 260℃，短期内可耐 260℃，并可在 200～240℃ 下长期使用；PPS 在空气中于 700℃ 降解，在 1000℃ 惰性气体中仍能保持 40% 的重量。其耐热性与 PI 相当，仅次于 F_4 塑料，这在热固性塑料中也不多见。

PPS 具有优良的耐腐蚀性好。除了在浓盐酸中耐蚀性差点外，能耐其他酸碱盐的腐蚀。耐各种溶剂，至今为止还未发现在 200℃ 以下能溶解 PPS 树脂的有机溶剂。其耐候性也十分优异，在大气中不易老化。

PPS 适于制作耐热件、绝缘件及化学仪器、光学仪器等零件。同时，还可制成各种功能性的薄膜、涂层和复合材料，在电子电器、航空航天、汽车运输等领域获得成功应用。但是由于 PPS 的各项性能虽然都很优秀，且综合性能好。其性能却没有独占性，当想使用它的独特性能时，它的各相性能都能找到比它更优异的树脂替代，因此把它作为通用工程塑料才会有更大前途。

1.7.4 其他特种工程塑料

（1）聚酰亚胺

聚酰亚胺是指大分子主链含有酰亚胺链节的一类芳杂环聚合物，英文名称为 polyimide，简称 PI。PI 分子主链中含有大量含氮的五元杂环及芳环，为一种半梯形环链聚合物，同时主链中又含有一定数量的醚键，总体结果是大分子呈较大刚性；又由于芳杂环的共轭效应，使其具有优良的稳定性及耐热性；视不同品种的分子的对称性不同，有结晶型和无定型两种。

聚酰亚胺在合成上具有多种途径，因此可以根据各种应用目的进行选择，这种合成上的易变通性是其他高分子所难以具备的。聚酰亚胺主要由二元酐和二元胺合成，二酐、二胺品种繁多，不同的组合就可以获得不同性能的聚酰亚胺。合成在极性溶剂如 DMF、DMAC、NMP 或 THE/甲醇混合溶剂中先进行低温缩聚，获得可溶的聚酰胺酸，成膜或纺丝后加热至 300℃ 左右脱水成环转变为聚酰亚胺；也可以向聚酰胺酸中加入乙酐和叔胺类催化剂，进行化学脱水环化，得到聚酰亚胺溶液和粉末；二胺和二酐还可以在高沸点溶剂，如酚类溶剂中加热缩聚，一步获得聚酰亚胺。此外，还可以由四元酸的二元酯和二元胺反应获得聚酰亚胺；也可以由聚酰胺酸先转变为聚异酰亚胺，然后再转化为聚酰亚胺。

由于聚酰亚胺的这些结构导致它是目前工程塑料中耐热性最好的品种之一，分解温度一般都在 500～600℃。在 -269℃ 的液态氦中不会脆裂。热膨胀系数低，在 $(2～3)×10^{-5}℃$，个别品种可达 $10^{-7}℃$。聚酰亚胺是自熄性难燃品种，发烟率低。其氧指数可达 36。

聚酰亚胺具有优良的力学性能，未填充的塑料的抗张强度都在 100MPa 以上，均苯型聚酰亚胺的薄膜为 170MPa 以上，而联苯型聚酰亚胺达到 400MPa，弹性模量通常为 3～4GPa，纤维可达到 200GPa。聚酰亚胺有优良的耐摩擦性能和耐疲劳性能。

聚酰亚胺常以模塑品和膜类用于机械、汽车、电子、电器、微电子、航空、航天、纳米、液晶、分离膜、激光等领域。聚酰亚胺，因其在性能和合成方面的突出特点，不论是作为结构材料或是作为功能性材料，其巨大的应用前景已经得到充分的认识，被称为是"解决问题的能手"（protion solver），并认为"没有聚酰亚胺就不会有今天的微电子技术"。

（2）聚醚醚酮

聚醚醚酮简称 PEEK，一般采用与芳香族二元酚缩合而得的一类聚芳醚类高聚物，是一种半晶态芳香族热塑性工程塑料，结晶度为 20%～30%。PEEK 的分子结构为线型结构，一方面，其大分子主链上含有大量芳环及极性酮基，分子链呈现较大的刚性和较强的分子间力，因而 PEEK 具有优良的耐热性和力学强度；另一方面大分子中含有大量醚键，这便赋予聚合物以韧性。

PEEK 具有耐高温的特性，软化点 168℃，熔点 334℃，其负载热变型温度高达 316℃，连续使用温度为 260℃，瞬时使用温度可达 300℃，在 400℃ 下短时间内几乎不分解。PEEK 具有好的阻燃性，在火焰条件下释放烟和有毒气体少。

聚醚醚酮的力学性能突出，具有高强度、高模量、高断裂韧性及优良的尺寸稳定性，是韧性和刚性兼备并取得平衡的塑料。它对交变应力的优良耐疲劳是所有塑料中最出众的，可与合金材料媲美，拉伸强度 132～148MPa，在 200℃ 时弯曲强度达 24MPa 左右；自润滑性好，耐摩擦特性突出，耐滑动磨损和微动磨损性能优异，能在 250℃ 下保持高的耐磨性和低的摩擦系数。

耐化学药品腐蚀、耐水解。在通常的化学药品中，能溶解或者破坏它的只有浓硫酸，它的耐腐蚀性与镍钢相近。PEEK及其复合材料不受水和高压水蒸气的化学影响，用这种材料作成的制品在高温高压水中连续使用仍可保持优异特性。

PEEK的耐剥离性很好，绝缘性稳定，因此可制成包覆很薄的电线或电磁线，并可在苛刻条件下使用。耐γ辐照的能力很强，超过了通用树脂中耐辐照性最好的聚苯乙烯。可以作成γ辐照剂量达1100Mrad时仍能保持良好的绝缘能力的高性能电线。

PEEK广泛用于航空/航天、汽车制造、电子/电器、医疗等领域。具体制品有飞机零部件、火箭用的电池槽、螺栓、螺母晶圆承载器、连接器、印刷电路板、压缩机阀片、活塞环等，另外由于PEEK具有质轻、无毒、耐腐蚀性强、与人体骨骼材料相适等特点，因此常用来代替金属制造人体骨骼。

（3）液晶聚合物

液晶聚合物（LCP）是一种由刚性分子链构成的，在一定物理条件下能出现既有液体的流动性又有晶体的物理性能的各向异性状态（此状态称为液晶态）的高分子物质。

液晶的组成是以碳为中心由长棒状的分子以分子间力组合成结晶体。在自然状态下，这些棒状分子的长轴大致平行，分子链的有效截面积要尽可能的小，并且没有庞大的周期结构、侧基和支链。这样，高聚物在溶解或熔融后，分子间的作用力仍然有维持分子有序排列的能力。LCP除了必须选用一些液晶基元外，还必须混入一些柔性链段。大多数缩聚类主链液晶高聚物都是由液晶元单体与半刚性单体之间的反应来获得。

液晶聚合物分子的分子主链刚硬，分子之间堆砌紧密，且在成型过程中能高度取向，成型产品具有液晶聚合物特有的皮芯结构。树脂本身在外界力下的高度的取向，可起到纤维增强的效果。由于LCP具有自增强特性，未经增强即可达到甚至超过普通工程塑料用玻璃纤维增强后的机械强度和弹性模量水平，而玻璃纤维或碳纤维增强LCP后更超过后者，达到异常高的水平，故力学性能都比较好。LCP还有优良的抗摩擦、磨耗、蠕变性能。

LCP材料的热加工是利用在液晶态时分子链高度取向下进行成型再冷却固定取向态，从而获得高力学性能，所以除分子结构和组成因素外，材料性能与受热和机械加工的历程史、加工设备及工艺过程密切相关。加工LCP时也不需脱模剂和后处理，且由于LCP材料的分子在与金属模具相接触的表面形成了坚固的定向层，因此加工工件的表面非常平整光滑。

LCP还具有耐化学药品和气密性优良，耐气候老化性和耐辐射性好，对微波透明等优点。LCP在很宽的温度范围内不受所有工业溶剂、燃料油、洗涤剂、漂白剂、热水和浓度90％的酸、50％的碱液腐蚀或影响，在溶剂作用下也不发生应力开裂。LCP有较高的电性能指标，介电强度比一般工程塑料高得多。

但LCP材料也存在一些不足之处，由于TLCP材料取向在流向上强而在垂直方向上弱，因此工件的表面强烈地表现出各向异性；薄型成型品存在脆性；材料本身不透明，所以对其进行着色加工的可能性有限；售价较昂贵。

2 耐蚀无机材料

通常的耐蚀无机材料是指能耐介质腐蚀的无机硅酸盐材料、碳素材料、硫黄材料。无机硅酸盐材料的耐氧化性好是原生的，且耐热性也高。耐酸性就依赖于化学组成和分子结构了。由于无机材料结构晶型和结晶度的不同，耐蚀性差距很大是无机材料的一大特点。耐蚀无机材料中的水玻璃和硫黄一般作为胶结材料配制成为胶泥使用；而耐蚀的玻璃、陶瓷、铸石、石墨作为结构耐蚀材料使用；天然石材是很有用的一大类耐蚀无机材料，由于地壳的地质作用，产生了很多成分不同、结晶不同的天然岩石，它们有些的耐蚀性很好，数量也很大，一个石矿对于防腐蚀材料来说就能有很大的供给，目前仅花岗石被大量开发了。理论上石矿中的石头能通过耐蚀试验，则该石头就可以作耐蚀材料，但是腐蚀介质众多，石材由于产地和矿体芯部和外围的不同成分和结构的变化大，导致耐蚀性差异很大。过去在这方面的工作较少，现在已经开始有所报道。

无机耐蚀材料也是防腐蚀工程中不可缺少的、用量很大的耐蚀非金属材料。由于无机材料的高脆性和高抗压强度、低抗拉强度，大多数时候它们都是加工成块材用于衬砌地面、墙面和设备的内表面。整体无机材料作为设备的结构材料也有少量的使用；使用得最多的是作为胶结材料的分散相增强剂，如粉末颗粒、纤维、片状填料等。

2.1 水玻璃凝胶材料

2.1.1 水玻璃概述

（1）水玻璃简述

水玻璃又名泡花碱，是由不同比例的碱金属和硅胶所组成的可溶性硅酸盐，一般均含有水分或是形成水溶液。化学式可表述为 $Na_2O \cdot nSiO_2$、$K_2O \cdot nSiO_2$。n 称为水玻璃的模数，一般 $n=1.5 \sim 3.5$，是 SiO_2 与 Na_2O 分子数比，模数指示固体中的硅胶体含量。模数越大，越难溶于水，模数为 1 时是硅酸钠化合物，能在常温水中溶解，模数增大后就只能在热水中溶解，当模数大于 3 时，要在 0.4MPa 以上压力的水中才能溶解，但是溶解后相对稳定。水玻璃在水溶液中的固含量常用密度表示。

水玻璃主要分为钠水玻璃和钾水玻璃两类。防腐蚀工程中主要使用钠水玻璃，当工程质量要求较高时才采用钾水玻璃。除了最常用的钠、钾水玻璃外，还有硅酸锂及硅酸季铵水玻璃。硅酸锂可用硅胶或硅溶胶溶解于氢氧化锂溶液中制得，由于水合锂离子比水合钠或钾离子具有更高的稳定性来稳定二氧化硅胶束，所以稳定性好、黏度低。即使 $Li_2O：8SiO_2$ 浓度为 20%，在室温下还相当稳定，因此被采用于高温陶瓷和搪瓷配料中，也作为富锌防腐蚀底漆的成膜物。硅酸季铵是将硅胶溶于氢氧化季铵制成，分子比幅度可以在 $n = 0.25 \sim 12.5$ 变化，具有水溶性很好、高浓度、低黏度和良好的稳定性，能与某些和水相混的有机溶剂如醇、酮等相溶。硅酸季铵可用作高级耐火材料的胶合剂、玻璃纤维的处理剂、塑料的增强剂、涂料中的成膜剂。

水玻璃通常采用石英粉（SiO_2）加上纯碱在 $1300 \sim 1400℃$ 的高温下煅烧生成固体，再在高温或高温高压水中溶解，制得溶液状产品。除了溶液状态的产品外，尚有未经溶解的块状、粒状或粉状的水玻璃。当硅酸钠溶液含水量减少到一定时，它的外形就像固体，即使冷到冰点，除性质较脆外并无其他影响。含水量较多的溶液如冷到冰点，有时会使溶液内冰晶体析出，形成乳白色，冰晶体浮于上层，使整个溶液的浓度上下不均匀。

（2）水玻璃的结构

水玻璃的组成可视为聚硅酸钠，但各个聚硅酸的聚合度和分子结构不但随模数、浓度和电解质含量而改变，并且也随贮放时间而不断变化（水玻璃的老化现象）。因此，可以看作是聚硅酸在以硅酸钠为分散稳定剂的水分散液。

聚硅酸胶粒呈圆球形，由一个无定形的 $mSiO_2$ 为核心，表面上吸附了硅酸负离子 H_4SiO_4、$H_3SiO_4^-$，反离子的一部分 zNa^+ 吸附在紧密层内，另一部分 $(y-z)Na^+$ 分布在扩散层内，扩散层的厚度也就是胶粒溶剂化层的厚度。

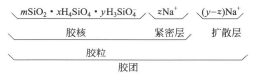

刚生产出来的模数大于 2 的水玻璃在放置 $15min$ 后，溶液黏度将不断下降，表面张力持续增高，凝胶化速度加快，并且黏结强度也不断下降。这可以导致最终黏结强度下降 30%～35%。这就是水玻璃的老化。可以解释为，聚硅酸分子链外仅包围着很薄的溶剂化水膜，并不能完全阻止链间碰撞而发生缩聚反应。在缩聚过程中，多余的 Na^+ 被排斥出来，进攻另一聚硅酸的分子链，促使后者解聚。因此缩聚与解聚同时进行着，但是当 Na^+ 较少时，缩聚速度大于解聚速度而生成胶束，老化过程进行到最终成为聚硅酸胶粒和正硅酸钠的平衡体系。

硅酸聚合时，是先聚合成二硅酸、三硅酸和四硅酸等低聚物，再环化成环四硅酸等环状低聚物，然后缩聚成立方八硅酸，并借立方八硅酸分子的缩聚反应而生成胶粒。硅酸聚合时不生成长直链的聚合物，却倾向于生成环状和双环笼状聚合物，其原因与阳离子的离子半径有关，当硅酸聚合成环状和双笼状聚合物时，恰巧可以将阳离子包络在环内或笼内，形成能量较低、稳定性较高的配位化合物。老化后的胶粒的粒径大多仅 1～2nm，硅酸聚合度 15～150，折合成 2～20 个立方八硅酸单元。

模数≤2 的水玻璃不会生成胶粒，不呈现丁铎尔效应。随着模数的增大，硅酸的聚合度也相应增高，低聚硅酸（一级和二级硅原子）的相对含量减小，高聚硅酸（三级和四级原子）的相对含量增大。同样随着水玻璃浓度的升高，高聚硅酸的含量也相应增加。模数 2.5 和 3.3 水玻璃的三级和四级硅原子吸收峰相对积分面积之和分别为 42% 和 52%。模数 4.0

的水玻璃，立方八硅酸及其缩聚物的含量已达到 70％。所以模数 4.0 是钠水玻璃的上限，大于 4.0 时已基本硅溶胶化，所有硅酸均以胶粒形态存在于体系中。

因此，在防腐蚀工程中，最好在使用前将水玻璃加热和搅拌，尽量打碎聚硅酸胶粒，使其解聚，以提高黏结强度。

（3）液体水玻璃的特性

优质纯净的水玻璃为无色透明的黏稠液体，其 pH＝10～13，溶于水。当含有杂质时呈青灰色、黄绿色或微红色。工业硅酸钠溶液的透明度常受少量悬浮体的影响而显浑浊。

① 水玻璃的密度和模数　硅酸钠溶液的浓度可用比重表、波美表测定，在水玻璃的生产或应用上，可先测定未知硅酸钠的密度，再直接测定氧化钠和硅胶重量，就可推算出这种硅酸钠溶液的模数。现在很多商家都可以生产出各种模数和密度的水玻璃，使用时只需要提出模数和浓度即可，表 2-1 是一个水玻璃产品的主要技术指标。

表 2-1　水玻璃产品的主要技术指标

项目		指标				
模数		2.2～2.4	2.5～2.6	2.5～2.6	2.68～2.76	3.1～3.4
二氧化硅/%	≥	23.4	26.6	31.2	32	26
氧化钠/%	≥	10.5	10.8	12.8	11.8	8.2
固含量/%		34	38	45	45	35
水不溶物/%	≤	0.04	0.04	0.04	0.02	0.04
波美度		40.8	45	50	48	39～41
氯化钠/%	≤	1	1	1.3～1.5	0.5	1.3～1.5
用途		洗衣粉	肥皂	铸造	防腐蚀	纸板

由表 2-1 显示，防腐蚀用水玻璃中含有大量的水溶性钠盐，如果残存对耐蚀性影响很大，而硅胶的含量也只有 32％。原则上作为防腐蚀工程的水玻璃模数越大越好，但是模数大，水分散体的浓度就要低才能较好地分散，且溶液黏度很大，不利于施工。现在的生产技术越来越高，选择时应根据生产商的水平来确定。

② 水玻璃的黏度　硅酸钠溶液的黏度随浓度而变化，各种不同比例溶液的浓度-黏度如图 2-1。

由图 2-1 可见，浓度和黏度的变化有一个拐点，模数低时，拐点的区间大。防腐蚀工程

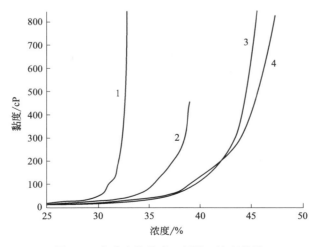

图 2-1　水玻璃的黏度（厘泊）-浓度曲线

1—n＝3.9；2—n＝3.36；3—n＝2.44；4—n＝2.06

中使用的胶黏剂总是希望引入的有效胶结物质尽量多，无效的水溶物（如 Na^+、K^+）等尽量少，即模数尽量高；但同时，希望施工时胶黏剂有合适的黏度，使其同固化剂的混合容易、同黏合面的浸润容易、施工过程操作容易。这样又要求黏度低一点，即要么密度低一点，要么模数低一点。因此尽量提高使用的模数和密度成为一对矛盾。综合考虑通常防腐蚀工程中常用水玻璃的相对密度一般为 1.36～1.50，同时要求模数 n 为 2.6～2.8。既满足能溶于水，又有较高水合 SiO_2 的含量、合适的黏度、可以接受的固化物强度。

水玻璃水溶液的黏度随着温度的升高而降低，温度-黏度曲线示例见图 2-2。

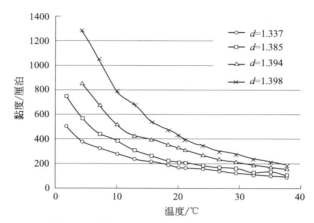

图 2-2　模数 3.25 水玻璃的温度-黏度曲线

根据图 2-2，显然水玻璃使用时的温度大于 20℃ 较好，此时黏度更低，浸润性更好。

2.1.2　水玻璃的固化

（1）水玻璃固化的原理

水玻璃中的硅酸在不同 pH 值存在的不同的状态如下所示。

$$
\underset{\text{碱性}}{HO-\underset{O^-}{\overset{O^-}{Si}}-O^-} \rightleftharpoons HO-\underset{O^-}{\overset{O^-}{Si}}-OH \rightleftharpoons HO-\underset{OH}{\overset{OH}{Si}}-O^- \rightleftharpoons HO-\underset{OH}{\overset{OH}{Si}}-OH \rightleftharpoons \underset{\text{碱性}}{HO-\underset{OH}{\overset{OH}{Si}}-OH_2^+}
$$

碱性越大，则由离子对分散的能力就越大，当酸性条件时才形成比较完整的硅酸，强酸条件由正离子分散。整个分散过程都要形成水合离子，正是由于这些水合离子在水溶液中的浓度适当，才可以使硅酸分子有效水合。

防腐蚀工程所用水玻璃是碱性条件下的硅酸溶液，它在聚合度很低的时候就达到了平衡，随着碱性的降低，聚合度也逐渐提高，直到溶液变成酸性。使水玻璃溶液的 pH 值发生变化的方法就是加入酸性物质，这种酸性物质就称为水玻璃的固化剂。因正硅酸在 pH 为 2～3 的范围内是稳定的，所以水玻璃固化即硅烷化反应必须在 pH＝2 下才能进行，反应生成聚硅酸，然后达到缩聚解聚的速度相等的新平衡。此时如果水的浓度下降，则聚硅酸的聚合度提高，因为硅酸的聚合要放出水，硅酸的平衡是水合离子的平衡，分散的水少了，水合物就少了，缩聚反应就会更加容易。因此，水玻璃和固化剂的固化被认为要经过水解-缩合-干燥三个阶段。

（2）水解阶段

水解包括水玻璃和固化剂的水解，这里以氟硅酸钠固化剂为例。

水玻璃的水解是随时存在于水玻璃溶液中的，硅酸总是存在着聚合和解聚的平衡，简化的水玻璃水解化学反应可以写为：

$$2Na_2O \cdot nSiO_2 + 2(n+1)H_2O \longrightarrow 4NaOH + nSi(OH)_4 \qquad (2\text{-}1)$$

简化的硅酸聚合化学反应可以写为：

$$kSiO_2 \cdot (n-k)Si(OH)_4 \Longrightarrow mSiO_2 \cdot (n-m)Si(OH)_4 + (k-m)H_2O \qquad (2\text{-}2)$$

过程中部分硅酸聚合放出水，胶体粒子颗粒数下降，粒径增加，这就是老化后黏度降低的原因，硅酸的羟基可以同黏合面产生化学键或化学吸附。

加入的固化剂氟硅酸钠系微溶于水的白色结晶或结晶性粉末，25℃在水中的溶解度为7.62g/L。而氟硅酸钾难溶于水，25℃在水中的溶解度为1.77g/L，它们在酸中的溶解度高于在水中的溶解度，随温度升高也略有增大。简化的氟硅酸钠水解化学反应可以写为：

$$Na_2SiF_6 + 4H_2O \longrightarrow 2NaF + 4HF + Si(OH)_4 \qquad (2\text{-}3)$$

氟硅酸钠的水溶液呈酸性，其pH＝3，是由于其水解产物中含有氢氟酸的缘故。降低溶液的酸性有利于氟硅酸钠的水解。当pH<3.5时，水解趋于稳定平衡，氟硅酸钠达到其溶解度；当pH＝4时，水解显著，大量的氟硅酸钠水解；pH＝8～8.5时，氟硅酸钠可完全水解呈二氧化硅凝胶而析出。因此，当氟硅酸钠加入到水玻璃中时，由于水玻璃的碱性，氟硅酸钠能完全水解。除了氟硅酸钠中和水玻璃的碱外（固化剂的作用），氟硅酸钠本身也是二氧化硅凝胶的来源。

由于氟硅酸钠的溶解度低，因此不能降低水玻璃的浓度，也不能用水分散后加入，所以氟硅酸钠以干的细粉颗粒状加入。在前期加入碱性（pH＝10～13）的水玻璃中时，固体氟硅酸钠溶解较快，pH下降而形成大量的硅酸和部分聚硅酸，体系仍然是黏稠的液体。而氟硅酸钠颗粒表面已经被聚硅酸包覆，只有溶解了的氟硅酸钠才能水化，这就导致了氟硅酸钠的水解速度下降，固化需要一定的时间来完成，由此提供了施工所需要的时间。相当于氟硅酸钠所提供的总的酸度有一个释放时间，这就是氟硅酸钠能固化水玻璃的基本原理。氟硅酸钠的水解从化学动力学的角度是一个液固表面反应的缩核模型，固体粒度并不随反应的进行而急剧减小。反应速度取决于固体表面积，即是粒子细度；生成物聚硅酸向溶液中的扩散速度快，固体表面的聚硅酸浓度由水玻璃和氟硅酸钠提供，浓度最高；生成物氟化氢向溶液中扩散很快，生成氟化钠溶解于溶液中。

（3）缩合反应形成网络

氟硅酸钠加入水玻璃中，水玻璃水解出的氢氧化钠与氟硅酸钠水解出的氟化氢反应，其化学反应方程为：

$$NaOH + HF \longrightarrow NaF + H_2O \qquad (2\text{-}4)$$

综合上述3个反应，其固化反应可写为：

$$2Na_2O \cdot nSiO_2 + Na_2SiF_6 + 2(n+1)H_2O \longrightarrow 6NaF + (n+1)Si(OH)_4 \qquad (2\text{-}5)$$

事实上化合反应和水解反应是同时进行的，化合反应使水解反应能加快速率，水解后才能进行化合反应。随着被硅凝胶包裹的氟硅酸钠缓慢水解，这个颗粒逐渐长大，氟化氢缓慢地扩散到溶液中，溶液的酸度逐渐增加。开始形成硅胶的微凝胶，随着一部分胶束解聚、一部分胶束长大的反应，部分凝胶长大成硅胶颗粒。这部分硅凝胶和固化剂颗粒的硅凝胶长大后，由这些似球状粒子形成不完整的立体网状骨架，液相充填在骨架的空隙内。液相包括水玻璃缩聚形成的硅胶粒子与未反应的水玻璃溶液和溶解在水中的氟化钠盐组成。随着液相中的氟化钠盐浓度逐渐提高，由于盐效应将使水玻璃中的聚硅酸粒子凝聚；随着粒子的堆砌，高盐低硅酸钠浓度的液体被挤出到表面，形成完全的立体网状骨架，即水玻璃胶凝。

这个过程中水玻璃中的聚硅酸粒子凝聚、立体网状骨架的形成、氟硅酸钠的水解三个反应的速度取决于氟硅酸钠颗粒的大小、水玻璃中聚硅酸的聚合度、体系中的含水量。

（4）网络干燥固结

胶凝后的体系中硅胶脱水形成硅氧四面体网络结构，水玻璃才彻底固化。

$$Si(OH)_4 \longrightarrow SiO_2 + 2H_2O \tag{2-6}$$

脱水过程实际是一个体积收缩过程。其中包括硅胶粒子内部的硅酸脱水交联，使硅氧四面体形成，交联度提高，体积收缩。由于这种体积收缩使得硅胶粒子的网络结构收缩，充填其中的液相被挤出体系中。挤出时液相中的聚硅酸将和硅胶网络结合以提高其稳定性，所以被挤出的液体主要是盐溶液和少量硅酸盐水溶液。挤出过程的后期，在毛细管的作用下，硅胶粒子变形，逐渐形成紧密堆砌。

最后紧密堆砌的硅胶粒子互相间脱水形成硅氧共价键，将粒子牢固地结合了起来，如果此时的硅胶粒子能进一步变形，则紧密堆砌的似球形颗粒间的空隙将进一步缩小，固结面积增大，材料强度提高。同时由于空隙的下降，空隙中的盐溶液也减少，包覆到固结物中的盐减少后，使水玻璃的耐蚀性提高。但是，这个过程总是要残留部分空隙的，这是由于固结到后期，由于四周结合力的提高，粒子的变形受到限制。还有就是粒子内部的硅醇基互相反应，到最后部分硅醇基由于空间效应残留了下来。所以固化后的水玻璃是凝胶态无机硅酸盐材料，而不是结晶态或玻璃态的无机硅酸盐材料，也由此使得水玻璃的固化度也只能达到80%，抗水性差，耐浓酸而不耐稀酸。

（5）提高固化度的措施

通过上面的描述可以认为采用以下几种工艺方法可以提高固化度。

一是氟硅酸钠固化剂的干粉粒径要尽量小，由于固化剂颗粒数多，能形成大量的硅胶粒子，这些粒子的粒径也较小，它使硅胶粒子形成网络结构的时间延迟，初始网络的完成度更高，网络的交联度更大。这使得网络间的液相更少，网络脱水收缩能力大，空隙少。氟硅酸钠颗粒的大小和数量很重要，如果立体网状骨架完全形成，而氟硅酸钠还没有水解完，则形成包裹，继续水解困难。如果刚开始凝胶，氟硅酸钠就水解完全，网状骨架中就会残存较多的未完全水解的聚硅酸及钠盐，导致固化度低。

二是水玻璃溶液在加固化剂前要通过加热、搅拌等方法使大的聚硅酸分子解聚，使体系中的硅酸聚合物的聚合度相近并减小。在固化时水玻璃就可以生成很多的硅溶胶，胶核然后形成很多的胶粒，延长形成网络结构的时间，且能使水玻璃对各种表面进行有效的浸润。水玻璃中聚硅酸的聚合度低一点，固化时胶粒细小、堆积密，残存的盐会少一点。

三是酸化处理，当硅胶的凝胶网络大量形成后，水玻璃表现为初凝，此时大量的盐水和硅酸钠被挤出到表面，由于水分的挥发而凝结成硅凝胶和盐的混合体。如果用盐酸或硫酸涂刷到表面对表面进行酸化，则强酸通过毛细孔渗透到硅凝胶中，形成强酸条件下的硅酸水合离子，减缓了硅酸的缩合，能保持硅胶粒子在较长的时间内有变形性；在氢离子朝内部扩散时，钠离子也能朝外部扩散，有利于减少水玻璃的含盐量；最重要的是酸液对表面的作用，由于酸液挥发慢，在酸与水玻璃作用的同时，盐溶解于酸液中，相当于被酸萃取出来了，最后随着水的挥发，表面形成酸的阴粒子和钠离子的盐的结晶和氟化钠结晶的混合颗粒，酸中的氢离子大部分扩散到了硅胶中。如果扫去结晶，在没有形成完全的硅氧四面体前再一次酸化，能进一步提高质量。

四是脱水速度，理想条件下是当硅凝胶堆砌紧密后，才开始大量脱水形成硅氧四面体，随着水的扩散出来氢氟酸也被带出（假如进行了完善的酸化处理），与氟化钠形成多氟化钠络合物，使体系中的盐含量进一步减小。脱水越多，形成的硅氧四面体就越多，材料强度也越高。所以脱水时空气湿度越低、气温越高，就越有利于提高脱水的程度，这取决于施工时的气候。大多数时候都是延长保养的时间来提高脱水程度，一般水玻璃的保养时间是7天以上。如果有条件控制施工环境的话（如密闭空间的罐内），调节环境在凝胶前湿度高一点、温度也高一点，在脱水时温度高一点、湿度低一点有利于提高质量。

2.1.3　水玻璃的固化剂

理论上凡是在碱性水体系中能缓慢水解放出质子酸的化合物都可以作为水玻璃的固化剂，且在后期水解速度快的还更好。但是要满足前期、中期慢，后期反应完全，而尽量不带入酸、碱、水的可溶性盐的化合物则难于制造，可以考虑几种固化剂的复合。能使碱金属硅酸盐固化的固化剂有含硅化合物（Na_2SiF_6、$KSiF_6$、$CaSiO_3$）；金属氧化物（ZnO、MgO、CaO、PbO）；金属氢氧化物 [$Ca(OH)_2$、$Mg(OH)_2$、$Zn(OH)_2$]；磷酸盐（$AlPO_3$、$ZnO \cdot P_2O_5$）及多聚磷酸盐，硼酸盐（KBO_2、CaB_4O_7）。目前，最常用的还是氟硅酸钠、聚合磷酸铝、磷酸硅。

（1）氟硅酸钠

氟硅酸钠是目前使用得最多的水玻璃固化剂，其原因在于价廉易得，固化后的性能也能够接受。氟硅酸钠的用量除对固化速率有影响外，对于固化后水玻璃的抗酸和抗水稳定性也有很大的影响。原则上水玻璃的 Na_2O 含量直接决定氟硅酸钠的用量，按反应式(2-6)，2分子的 Na_2O 需要 1 分子的氟硅酸钠。但是，根据实验，一般加量为水玻璃用量的 12%～15%。加量少，凝结固化慢，强度低；加量太多，则凝结硬化过快，施工操作时间不够，而且硬化后的早期强度虽高，但后期强度明显降低。因此，使用时应严格控制固化剂掺量，并根据气温、湿度、水玻璃的模数、密度在上述范围内适当调整。即气温高、模数大、密度小时选下限；反之亦然。

水玻璃耐酸胶结料在低温下的硬化十分缓慢，当温度升高时，它的硬化过程就大大加快。这是由于氟硅酸钠的溶解速度随温度的升高而加大，同时脱水速度也加大的原因，一般情况下，要在温暖（10℃以上）和干燥的环境中硬化。

（2）聚合磷酸铝

作为固化剂的聚合磷酸盐可以是铝、锌、钙、镁、铵等，由这些元素的氧化物、氢氧化物和磷酸水溶液反应得到磷酸盐水溶液或悬浊液，再经干燥、脱水缩合成、粉碎即为缩合磷酸盐聚合磷酸盐。聚合磷酸铝属于弱酸型固体酸，酸度高而酸强度弱，因而与碱性硅酸盐反应缓和。这也是其逐渐替代氟硅酸钠的原因。

固化机理依照酸碱质子理论可以解释如下。①缩合磷酸盐在水中溶解度较小，但它是一种质子酸，当与水玻璃混合后，加速硅酸阴离子集聚和缩合。②释放出质子的缩合磷酸盐阴离子与水玻璃中的 Na^+（或 K^+）以配价键形式生成难溶水的复盐，使水易溶离子被固定。③由于 Na^+（或 K^+）被固定，又促使硅酸阴离子集聚和进一步缩合成难溶于水的胶体。反应式简化为：

$$Al_2O_3 \cdot nP_2O_5 + H_2O \longrightarrow Al(OH)_3 + H^+ + PO_4^{3-}$$

决定固化效果的因素首先是缩合磷酸盐在水中的溶解度和质子酸度。其次是缩合磷酸盐阴离子与 Na^+（或 K^+）形成复盐的络合能力，理论上缩合磷酸盐的缩合度以控制在 3 左右配合能力较强。也与锻烧脱水的工艺条件关系大，煅烧温度越高，缩合度就越高，相应的固化速度则越慢。

采用聚合磷酸铝、锌等固化剂不像氟硅酸盐要带入新的可溶离子，铝在固化物中同硅胶复合凝胶，固化物性能更好，但固化养护时间长。固化剂的加量为 10%。KPI 防腐黏结胶泥就是采用硅酸钾为黏结剂、聚合磷酸铝为固化剂与耐酸粉料，改进剂经调制而成。

（3）磷酸硅

磷酸硅是一系列以 SiO_2/P_2O_5 不同摩尔比和不同晶型组成的物质，将硅胶和磷酸按一定比例混合加热，随着温度的变化以及时间长短将生成一系列磷酸硅产物。磷酸硅 $3SiO_2 \cdot 2P_2O_5$ 的合成是取一定量的磷酸（85%）和硅胶按 SiO_2/P_2O_5 摩尔比在 1.5～2.0 之间，充分混合放入马弗炉中，低温加热反应 $30\sim60min$，然后升温在 $600\sim700℃$ 之间，反应 $30\sim40min$ 即可。

磷酸硅的水解反应为：

$$3SiO_2 \cdot 2P_2O_5 + H_2O \longrightarrow H_3PO_4 + H_2SiO_3$$

缩合磷酸盐阴离子与 Na^+（或 K^+）仍然有形成复盐的络合能力。用磷酸硅固化的水玻璃有较好的耐水性和韧性，高的耐温、阻燃性能，将黏结的陶瓷板、耐火砖经 $600℃$ 以上烘烤 $2h$，其黏结强度不发生变化。一般磷酸硅的用量是水玻璃的 $5\%\sim10\%$。

（4）有机类胶凝剂

有机酸、酯、醛（乙二醛）聚乙烯醇等均可用作水玻璃的胶凝剂。它们与无机胶凝剂不同的是胶凝速度比较缓慢，胶凝时间可在较大范围内调整，有利于不同施工的需要。如醋酸乙酯首先与水玻璃反应生成酸或盐，然后才能使水玻璃胶凝，水玻璃用有机酯硬化时，一般加入 10% 的有机酯。反应时在水玻璃的碱性作用下有机酯水解，析出醇和酸的钠盐；同时水玻璃析出游离硅酸；析出的游离硅酸又重新溶解在未反应的水玻璃中，引起水玻璃模数升高；有机酯水解后，析出的醇有很强的亲水性，它夺取水玻璃的水分，构成它的溶剂化水；析出的乙酸钠也有一定的亲水性，它夺取水玻璃的水分，构成它的结晶化水，引起体系的浓度升高；当体系的模数-浓度超过临界值时，便趋向固化。

当水玻璃的碱性下降到一定值后有机酯停止水解，因此有机酯固化水玻璃不可能达到 100%。有机酯促使水玻璃硬化时，酸化与脱水兼具，水玻璃的模数和含固量同时升高。两种作用协同下，水玻璃并不全部转变成硅凝胶，有机酯促硬的水玻璃实际上是失水的高模数水玻璃，因此在防腐蚀上用途不大。

2.1.4 水玻璃的改性

水玻璃的改性是往水玻璃中添加一种或数种其他物质，借以阻缓水玻璃的腐蚀，提高胶结物的各项强度。水玻璃改性的原理、方法各异。或是通过加入具有与硅羟基形成氢键的能力或能同硅羟基发生化学反应的有机材料；或是能有效地分散在水玻璃中，即具有一定的表面活性；或是改性剂分子的聚合度较高，能有效填充到空隙中，还有一定的变形能力。

（1）呋喃改性

呋喃树脂主要提高水玻璃的耐蚀性能，但是降低了耐热性。水玻璃固化时，酸固化剂可以使呋喃树脂分子量增加。在硅胶颗粒紧密堆砌时，更疏水的树脂充填于空隙中能加速脱水，加快堆砌速度，排出更多的盐，填充可能出现的空隙，由此提高水玻璃的密实度，使抗渗透能力提高。

糠醇单体或糠酮单体用量 5%，其酸性催化剂盐酸苯胺用量 0.2%。配制时在强烈搅拌下，先将过筛好的盐酸苯胺缓缓地加入按配合比称量的糠醇单体中，边加边搅拌，直到盐酸苯胺完全溶解，即成糠醇液，配液时应防止暴聚，并不得有结块现象，搅拌时间视施工温度而定，在 $20\sim30℃$ 时，$15\sim20min$，在 $20℃$ 以下时可适当延长到 $40min$。然后在不断搅拌下缓慢地将糠醇液加入按配比称量的水玻璃中，搅拌直至均匀。改性水玻璃的存储期不应超过 3 个月。

如果是直接采用呋喃树脂，其用量 $15\%\sim30\%$，在强烈搅拌条件下将糠醇树脂或糠酮树脂缓慢加入按配合比称量的水玻璃中，搅拌直至均匀。呋喃树脂改配的水玻璃溶液应随配随用。

（2）水溶性聚合物改性

通过水溶性聚合物的亲水基羧基、羟基、烷氧基等与凝胶态水玻璃中残存的硅醇基反应，提高抗水性，水性聚合物可以做得很软，能有效填充水玻璃中的空隙。水分散性高分子聚合物很多，只是要注意在碱性水玻璃中要保持稳定，如聚乙烯醇的羟基太多，反应太快就凝胶而不能使用，纤维素类的亲水性太好也不能用，大部分有机乳液在水玻璃中乳胶粒子要絮凝也不可用。

如多羟醚化三聚氰胺甲醛树脂的用量为 8%，水溶性环氧树脂用量为 3%。配制时在不断搅拌下缓慢地将外加剂加入水玻璃中，搅拌直至均匀。改性水玻璃的存储期不应超过 3 个月。也可采用外加水溶性环氧树脂 3%，再加入木质素磺酸钙 2% 的方式来改性。

（3）表面活性剂

这类改性剂主要是为降低水玻璃及固化前期的粒径，由于其使硅胶颗粒变得更稳定，所以硅胶粒子长大速度变慢，硅胶粒子数量增加，使堆砌密度增加。表面活性剂分子折叠后可将每平方纳米内 8～10 个硅基覆盖住。如聚丙烯酰胺，只要添加 0.2%（质量分数）就效果显著。这类改性剂的用量都很少，它们残留在胶结物中会增加亲水性。

如木质素磺酸钙，用量为 3%，在不断搅拌下先将一份重量的木钙加入 9 份重量的水中，直到木钙完全溶解，放置 1 天，7 天内用完。使用时在不断搅拌下缓慢地将木钙水溶液加入水玻璃中，搅拌直至均匀。木质素磺酸钙是很早用于水玻璃改性的添加剂，它的钙离子很容易和硅酸结合，释放出的磺酸有催化固化作用，但是硅酸钙耐蚀性差，纤维素也易霉变。

（4）复合固化剂

另外也有对固化剂进行改性，如氟硅酸钠中加入一氧化铅后，反应生成坚硬的 $PbSiO_3$·H_2O·PbO 一方面起固化剂的作用，使水玻璃反应较为完全；另一方面吸收了水玻璃中的水分，使胶泥的孔隙率降低，强度增高。表 2-2 就是水玻璃复合固化剂配方。

表 2-2　水玻璃复合固化剂配方

组分	数量			组分	数量		
	1	2	3		1	2	3
水玻璃	40	38	38	氧化铅	2	4	2
氟硅酸纳	6	5	5	呋喃树脂	4		
铸石粉	100	100	100	陶土		6	

固化剂复合现在越来越受重视，它可以发挥综合优势。如酯类固化剂与聚合磷酸铝复合，既可以提高前期固化速度，又可消除磷酸铝钠的配合物降低钠离子的影响；氧化锌在水玻璃碱性中生成锌酸钠，能提高前期固化速度，在磷酸硅的后期作用下又能与硅胶结合参与网络。

2.1.5　水玻璃的性能及应用

（1）水玻璃的性能

水玻璃的硬化是硅胶凝固脱水，形成凝胶态硅氧固体，由大量的 Si-O 四面体共价键和少量的 Si-OH 键构成，也残留有 Si-ONa 离子键。由于凝胶前的水玻璃是胶体分散液，渗透性好，因而具有较高的黏结力。但水玻璃自身质量、配合料性能及施工养护对强度有显著影响。

水玻璃的耐酸性好，除过热磷酸、氢氟酸、高级脂肪酸外，对大多数无机酸、有机酸、酸性气体均有优良的耐腐蚀性，尤其是对强氧化性酸，如高浓度硫酸、硝酸、铬酸有足够的耐腐蚀能力。耐碱性和耐水性差，因二氧化硅和硅酸均溶于碱，故水玻璃不能在碱性环境中使用。同样由于 NaF、Na_2CO_3 均溶于水而不耐水，但可采用中等浓度的酸对已硬化水玻璃进行酸洗处理以提高耐水性。

水玻璃的耐热性好，硬化后形成的二氧化硅网状骨架在高温下强度下降很小，当采用耐热耐火骨料配制水玻璃砂浆和混凝土时，耐热度可达 1000℃。因此水玻璃混凝土的耐热度也可以理解为主要取决于骨料的耐热度。水玻璃价廉，比高分子胶黏剂的使用成本低很多，施工安全性也好些。

（2）水玻璃的防腐蚀应用

在防腐蚀工程中水玻璃作为胶泥、砂浆、混凝土的黏结剂。配制成胶泥衬砌耐高温砖板，填补腐蚀孔洞；作耐酸砂浆地面；浇注耐酸混凝土槽、池等设备。但是，水玻璃固化体系是酸性，在水泥、金属表面施工时要注意涂刷耐酸层。

用钾水玻璃配制的耐酸材料具有抗渗性强、黏度高、耐水性强、抗冲击性强的优点，是钠水玻璃无法比拟的换代产品。钾水玻璃材料的液相介质使用温度可达350℃，气相腐蚀介质作用下，采用钾水玻璃类材料铺砌高温块衬里时，使用温度可达1000℃。可作砂浆和混凝土整体防腐蚀地面层，提供较好的抗压强度。

（3）其他用途

我国生产的水玻璃大多是用于纸箱、纸板、管板、壁板等纸制品及纤维桶、黏结磨料、绝热玻璃纤维，一般用3.1～3.4的高模数。而在铸造工业中主要用于作型砂式芯砂的胶黏剂时主要用2.2～2.5的低模数。

水玻璃还用于制皂工业作为增加碱度、提高洗涤能力、降低成本的填充剂；在板纸工业中，它被用作纸品胶合剂，以制成纸版箱；水玻璃又可再加工成硅胶、硅铝胶、沸石及分子筛，作为吸潮剂、催化剂载体、海水脱盐剂及吸附剂等。

2.1.6 水玻璃的生产方法

水玻璃的生产方法可分为湿法和干法，或称一步法和两步法。湿法是将石英砂和氢氧化钠溶液在加压釜内用蒸汽加热，并加搅拌，使它在2～3atm下进行直接反应而成水玻璃液体，故称一步法。干法则需经过熔融和溶解，如碳酸钠法，是将石英砂和碳酸钠拌匀后，在1400℃左右的炉温下进行熔融反应，反应物冷却后呈玻璃状，即为固体水玻璃，再将固体水玻璃放于加压滚筒或开口锅内，加温溶解成液体水玻璃，因此称两步法。生产高模数水玻璃，以碳酸钠法较易控制，低模数水玻璃以湿法较简便。

生产水玻璃的原料：干法为纯碱和石英砂。生产过程主要包括配料、煅烧、浸溶、浓缩等四道工序。生产流程如图2-3所示；湿法为液碱和石英砂。不论哪种方法，原料都有充分

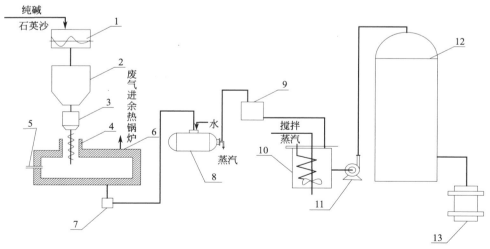

图 2-3　水玻璃干法生产流程图

1—拌料机；2—贮料槽；3—加料斗；4—螺旋输送机；5—燃料油喷头；6—反射炉；7—贮料桶；
8—滚筒；9—沉清槽；10—浓缩槽；11—离心泵；12—成品贮槽；13—成品贮桶

的来源。

干法生产水玻璃的工艺如下。

（1）配料与煅烧

纯碱与石英砂按一定比例经拌料机 1 搅拌混合后，经过贮料槽 2、加料斗 3，由螺旋输送机 4 加入反射炉 6 内进行煅烧反应。按模数 3.3 规格生产时，每 80kg 纯碱（含碱量 98％）加干砂（含硅量 97％）150kg；按模数 4 规格生产时，每 80kg 纯碱（含碱量 98％），加干砂（含硅量 97％）183kg。石英砂含水控制在 5％～10％。每班加料一次，每次加料时间为 4～5h。炉内用煤或重油喷雾燃烧加热，使料熔融，熔融温度为 1460～1500℃，不得低于 1350℃。

熔融反应如下：

$$Na_2CO_3 + nSiO_2 \longrightarrow 2Na_2O \cdot nSiO_2 + CO_2 \tag{2-7}$$

（2）浸溶

熔窑加入生料时，已熔融的水玻璃即可从下料口流入冷却槽中，经小型履带式输送机送入贮料捅内。计量后，由行车将桶内的玻璃块吊起倒入滚筒内，根据块子重量及不同产品规格加入水量，通蒸汽溶解。蒸汽压力 4～5kg/cm²，滚筒转速 2～4r/min，模数在 3.3 以下的块子，在此条件下经 2h 左右就能全部溶解。模数的块子，溶解较困难，须在该筒内加入一定数量的液体烧碱，以加速块子溶解并降低模数，溶解到一定浓度后，放入沉清槽内，靠自然沉淀除杂质。

（3）浓缩

除去杂质后的溶液送入浓缩槽内，进行浓缩。液层温度不超过 100℃槽内用蒸汽盘管加热，槽底利用熔窑烟道废气加热。溶液浓缩至要求浓度时即为成品，放入成品贮槽内。

2.2 耐蚀天然石材

耐蚀天然石材是指耐酸碱盐腐蚀的石头。由于岩石结构繁杂多样，化学组成复杂多变，介质性质不同，使有些岩石耐酸、有些岩石耐碱、大多数岩石耐蚀性有限。一般的判断是用腐蚀介质浸泡岩石，如果失重率小于 98％，则是耐蚀的。这也成为耐蚀天然石材的唯一的最简单的标准。所以，耐蚀天然石材不能用矿相结构、化学组成、产地来判断耐蚀性。这里以目前防腐蚀上用得最多，也最难加工的花岗石为例进行讨论。其他石材只能是产地自己检验后推广。

2.2.1 天然石矿概念

众所周知，组成地球岩石圈的主要岩石是沉积岩和岩浆岩、变质岩。沉积岩是在地表不太深的地方，将其他岩石的风化产物和一些火山喷发物，经过水流或冰川的搬运、沉积成岩作用形成的岩石，占地表岩石的 70％。主要有石灰岩、砂岩、页岩等。变质岩是固态的岩石在地球内部力量（温度、压力、应力的变化、化学成分等）的作用下发生物质成分的迁移和重结晶，改造成的新型岩石，如普通石灰石由于重结晶变成大理石。

火成岩是由地壳深处的熔融岩浆，在地壳发生变动，使岩浆上升、冷凝而成的岩石。由于岩浆的冷却条件不同，所形成的岩石具有不同的结构和性质。根据岩浆的冷却条件，火成岩可分为深成岩和喷出岩二类。

深成岩是岩浆在地壳深处冷凝而成的岩石。由于冷却过程缓慢且较均匀，同时覆盖层又有相当大的压力，使组成岩石的矿物结晶形成明显的晶粒，不通过其他胶结物质而结成坚密的大块，深成岩的抗压强度高，吸水率小，容重及导热性大、孔隙率小，坚硬而难于加工。如花岗岩、花岗闪长岩、花岗斑岩等。

喷出岩是岩浆在地壳表面冷却而成的岩石。喷出岩由于冷却较快且不均匀，故结晶不完全，呈细小的隐晶质结晶；有时岩浆中含有气体，当喷出地面后，压力骤减、气体膨胀，再加以骤冷，即形成多孔的构造；当喷出的岩浆凝固成较厚的岩层时，则其结构与深成岩相似；所以根据冷却条件不同，喷出岩在主要性质方面，可能接近深成岩，也可能具有多孔构造，成为强度较低的轻质岩石。如玄武岩、安山岩、流纹岩等。

2.2.2　花岗石概述

花岗石是火成岩，也叫酸性结晶深成岩，酸度是岩石学中岩浆岩分类表中通常采用的一个尺度。所谓酸度，即岩浆岩中 SiO_2 的含量。通常将 SiO_2 含量<45％的岩浆岩定义为超基性岩，45％～53％的为基性岩，53％～66％的为中性岩，>66％的为酸性岩。

花岗石属于硬石材。花岗石构造致密，呈整体的均粒状结构。常按其结晶颗粒大小分为"伟晶"、"粗晶"、"细晶"三种。矿相由长石、石英及少量云母组成。其颜色主要是由长石的颜色和少量云母及深色矿物的分布情况而定，通常为灰色、红色、蔷薇色或灰、红相间的颜色，以灰白、肉红色者常见。在加工磨光后，便形成色泽深浅不同的美丽斑点状花纹，花纹的特点是晶粒细小均匀，并分布着繁星般的云母亮点与闪闪发光的石英结晶。

（1）花岗石的矿相组成

花岗石是一种火山熔岩在受到压力隆起至地壳表层同时又在地面下就慢慢冷却凝固后形成的构造岩。花岗石的矿相由长石、石英及少量云母组成，是全结晶结构的岩石。石英含量为20％～40％，碱性长石约占长石总量的 2/3 以上。碱性长石为各种钾长石和钠长石，斜长石主要为钠更长石或更长石。暗色矿物以黑云母为主，含少量角闪石，具典型的花岗结构或似斑状结构。合计二氧化硅含量多在 70％以上。各品种花岗石的物理化学性质随岩性不同而异，同岩性而产于不同矿床的矿石也有所变化。所以，还可能含有辉石和角闪石或铁橄榄石。熔岩中的矿物，通常可以毫无拘束地生长，并有发育完好的晶形。

花岗石的结构被称为以此命名的花岗结构。花岗结构的特点是全晶质，岩石中的主要矿物呈半自形粒状，其中斜长石自形程度比钾长石要高，而钾长石又比石英自形程度要高，深色矿物角闪石和黑云母与斜长石相比晶形发育较好；长石和石英形成互嵌组织。黑云母矿物首先结晶，其结晶空间是自由的；白云母和长石矿物在其后结晶，其结晶空间受到已结晶矿物的局部限制；石英矿物最后结晶，只能在已结晶矿物的孔隙内析出。长石数量多和粒度大，石英和微斜长石长成填隙晶或他形嵌晶。矿物颗粒大小在 0.3～2mm 之间，长石的粒径是其他矿物的 4 倍多。花岗岩内绝大多数矿物粒子成扁平状，或者可以视为长轴与短轴之比为 3∶1 的椭球形状，其中石英的圆度最好，长石的次之。

石英是一种物理性质和化学性质均十分稳定的矿产资源，主要成分是二氧化硅，常含有少量杂质成分如 Al_2O_3、CaO、MgO 等。花岗石的石英晶体属三方晶系的低温石英（α-石英）矿物，当温度在 573℃以上时，则成为六方晶系的高温石英（β-石英）。低温石英晶体常呈带尖顶的六方柱状。柱面上有横纹，有左形晶与右形晶的区别，双晶很普遍。通常呈晶族或粒状、块状集合体。石英是一种受热和压力下就容易变成液体状的矿物。因为它在火成岩中结晶最晚，所以通常缺少完整晶面，多半填充在其他先结晶的造岩矿物中间。石英外观常呈无色、白色、乳白色、灰白半透明状态，莫氏硬度为 7，相对密度为 2.65。玻璃光泽，贝壳断口，断口常呈油脂光泽。

黑云母是云母类矿物中的一种硅酸盐矿物。黑云母主要产于变质岩中，在花岗岩等其他一些岩石中也有。黑云母的颜色从黑到褐、红色或绿色都有，具有玻璃光泽。形状为板状、柱状。黑云母化学组成：$K(Mg, Fe^{2+})_3(Al, Fe^{3+})Si_3O_{10}(OH, F)_2$ 一般花岗岩中的黑云母 FeO 高，MgO 低。透明至不透明。玻璃光泽，黑色则呈半金属光泽。硬度2～3，相对密度

$3.02\sim3.12$。云母多为单斜晶系，其次为三方晶系，呈叠板状或书册状晶形，发育完整的为具有六个晶体面的菱形或六边形，有时形成假六方柱状晶体。云母具有完善的解理，可以剥分。黑云母受热水溶液的作用可以蚀变为绿泥石、白云母和绢云母等其他矿物。强酸可以使黑云母等腐蚀，并呈脱色现象。

长石是由硅氧四面体组成架状构造的钾、钠、钙铝硅酸盐矿物，晶体结构属架状结构。长石族矿物在地壳中分布最广，约占地壳总重量的50%。长石晶形有单斜晶系和三斜晶系两种。碱性长石呈褐红、肉红、白、灰白等色，斜长石为灰白色、深灰色。长石的硬度为$6\sim6.5$，密度$2.55\sim2.67g/cm^3$，玻璃光泽，两组解理完全。长石双晶比较常见，它已成为鉴定长石的重要特征。长石的主要组分有4种：钾长石、钠长石、钙长石、钡长石。

钾长石：化学式$K_2O\cdot Al_2O_3\cdot 6SiO_2$，单斜晶系，主要化学成分$K_2O$ 16.9%、Al_2O_3 18.4%、SiO_2 64.8%。相对密度2.56，熔点1290℃，莫氏硬度为6，颜色为白、红、乳白色。

钠长石：化学式$Na_2O\cdot Al_2O_3\cdot 6SiO_2$，三斜晶系，主要化学成分$Na_2O$ 11.8%、Al_2O_3 19.5%、SiO_2 68.8%。相对密度2.605，熔点1215℃，莫氏硬度为6，颜色为白、蓝、灰色。

钙长石：化学式$CaO\cdot Al_2O_3\cdot 6SiO_2$，三斜晶系，主要化学成分$CaO$ 20.1%、Al_2O_3 36.7%、SiO_2 43.2%。相对密度2.77，熔点1552℃，莫氏硬度为6，颜色为白、灰、红色。

钡长石：化学式$BaO\cdot Al_2O_3\cdot 6SiO_2$，三斜晶系，主要化学成分$BaO$ 40.9%、Al_2O_3 27.1%、SiO_2 32.0%，相对密度2.77，熔点1715℃，莫氏硬度为6，颜色为白、灰、红色。

矿物长石的熔点在$1100\sim1300$℃之间，化学稳定性好，在与石英及铝硅酸盐共熔时有助熔作用，常被用于制造玻璃及陶瓷坯釉的助熔剂，并可降低烧成温度，在搪瓷原料工业上用长石和其他矿物原料可配制珐琅。此外，长石是生产白水泥的原料之一。化学工业上，磨碎的长石适于作涂料的填充料。粉状长石可用于磨料工业。长石作为填料在造纸、耐火材料、机械制造、电焊条等工业生产中都有广泛的应用。蓝绿色的微斜长石，即天河石含Rb、Cs，可作为工艺品矿石及综合回收Rb、Cs的原料。

（2）花岗石的化学组成

花岗石的化学成分对其利用有一定影响，特别是用于耐酸或耐碱更应注意，此外对花岗石的可加工性、抗风化耐腐蚀性的评价有一定意义。常见花岗石的主要化学成分见表2-3。

表2-3　常见花岗石的主要化学成分　　　　单位：%

| 项目 | | 化学成分 | | | | | | | | | |
产地	名称	SiO₂	Al₂O₃	CaO	MgO	Fe₂O₃	FeO	MnO	TiO₂	K₂O	Na₂O	烧失
福建惠安	田中石	72.6	14.05	0.20	1.20	0.37	1.43	0.07	0.21	4.12	4.1	0.45
福建惠安	古山红	68.76	13.23	1.05	0.58	1.34	0.71	0.05	0.24	4.33	4.2	0.19
福建惠安	薯石	75.6	12.43	0.10	0.96	0.06	1.24	0.07	0.14	4.25	3.5	0.16
福建厦门	厦门白	61.48	12.75	0	1.49	0.34	1.27	0.13	0.14	4.34	4.1	0.42
广东汕头	花岗石	70.54	12.92	0.50	0.53	0.30	0.86	0.02	0.12	4.84	4.1	0.09
山东日照	花岗石	71.88	14.34	1.53	1.14	0.88	1.55	0.05	0.31	4.13	4.1	0.22
山东崂山	花岗石	64.67	13.46	0.58	0.87	1.53	1.40	0.05	0.24	5.02	4.4	0.06
山东泰安	柳阜红	67.46	12.52	0.25	0.65	1.13	0.45	0.04	0.08	4.39	4.0	0.50

因此，从成分的角度对耐酸花岗石的质量要求是$SiO_2>70\%$，含量越高耐酸性能越好；Al_2O_3为13%～15%；$Fe_2O_3<0.5\%$；$CaO<0.8\%$；$MgO<0.4\%$；耐酸度大于97.5%。而耐碱花岗石则要求CaO、MgO含量高，含量越高耐碱性越好，有些耐酸石材SiO_2含量高，但孔隙率小，全结晶体，亦可作为耐碱石材使用。

（3）花岗石的物理性能

花岗石的物理性能是判断其可加工性的重要指标，也是其使用性能、使用范围的重要参考数据。花岗石结构精密，质地均匀，稳定性好，强度大，硬度高，能在重负荷下保持高精度。密度 $2970\sim3070kg/m^3$；抗压强度 $245\sim254MPa$；弹性模量 $1.27\sim1.47MPa$；线膨胀系数 $4.6\times10^{-6}/℃$；吸水率 0.13%；肖氏硬度 HS70 以上；热阻率（经过 $10\sim40$ 次热变化后的抗压强度）大于 $16.2MPa$；熔点 $1610℃$；膨胀系数小于 8×10^{-3}；吸水率小于 1.5%。常见花岗石的物理性能见表 2-4。

表 2-4　常见花岗石的物理性能

产地	工艺名称	密度/(g/cm³)	抗压强度/MPa	抗折强度/Pa	肖氏硬度（HS）	磨耗量/cm³
福建惠安	田中石	2.62	171.3	17.15	97.8	4.88
福建惠安	古山红	3.68	167	19.26	101.5	6.57
福建惠安	薯石	2.61	214.2	21.54	94.1	2.93
福建厦门	厦门白	2.61	169.8	17.12	91.2	0.31
广东汕头	花岗石	2.58	119.2	8.9	89.5	6.38
山东日照	花岗石	2.67	202.1	15.71	90.0	8.02
山东崂山	花岗石	2.61	212.4	18.4	99.7	2.36
山东泰安	柳阜红	2.61	208.2	21.27	86.3	4.21

（4）花岗石料的放射性

国家强制性标准 GB 6566—2001《建筑材料放射性核素限量》自 2002 年 7 月 1 日起开始实施，标准中将石材放射性分为 A、B、C、D 四类，详见表 2-5。

表 2-5　建筑材料放射性核素限量

放射性类别	IRa 内照射指数	Ir 外照射指数	使用范围
A	≤1.0	≤1.3	其产销与使用范围不受限制
B	≤1.3	≤1.9	不可用于住宅、医院、学校、幼儿园等Ⅰ类民用建筑的内饰面，可用于Ⅰ类民用建筑的外饰面和一些建筑的内外饰面
C		≤2.8	只可用于建筑物的外饰面和室外其他用途
D		≥2.8	只可用于碑石、海堤、桥墩等人类很少涉及的地方

消费者可以在选择时根据自己的需要选择适合自己的石材品种，如果是工程上使用则应该按其使用地点和放射性分类适当选择。如果是普通的家庭装修应该选择放射性为 A 类的石材品种。

2.2.3　花岗石的用途

在石材中，花岗石的强度、硬度、耐磨性、耐腐蚀性明显的高于大理石，因此其应用更广泛。此外，花岗石花色一般较均匀，适于大面积装饰建筑物，适用于工业生产和实验室的测量工作。

花岗石用于防腐耐酸化工装备，如：酸碱贮槽，电解槽，电镀槽，拉丝槽，颜料漂洗池，反应池，发酵池，污水池，中和池，酸碱泵基础，防腐管架，酸碱车间地坪、楼面、下水管道，酸碱沟，尾气吸收塔，硝化锅，氨液罐，浓缩锅。

花岗石精密平台与构件缺口加工简便，易获得高精度。通过研磨、抛光很容易得到很高的精度和表面粗糙度，不像金属件需要复杂的翻砂、锻造或热处理工艺，也不像陶瓷件需要压制成型、烧结等工艺。因而加工设备简单，加工周期短，成品率高，加工成本低。

目前花岗石更多的使用到市政园林工程设施，如荒料石、石板材、石狮子、墓碑石、水石碾，应用于石花盆、踏步、栏杆、厂区大门石墩、路面石、路沿石、石桥、石桌椅、护坡石。

2.2.4　花岗石加工

花岗石属高硬度石材，较难加工。近十几年来由于人造金刚石工具的普遍应用，因此花岗石加工业才蓬勃发展起来，形成了专用的技术设备。

（1）加工方法及常用设备

花岗石加工的基本方法有：锯割加工、研磨抛光、切断加工、凿切加工、烧毛加工、辅助加工及检验修补。

① 锯割加工是用锯石机将花岗石荒料锯割成毛板（一般厚度小于20mm）或条状、块状等形状的半成品。该工序属于粗加工工序，该工序对荒料的板材率、板材质量、企业的经济效益有重大影响。锯割加工常用花岗石专用的框架式大型自动加砂砂锯；多刀片双向切机；多刀片电脑控制花岗石切机和花岗石圆盘锯石机等。

② 研磨抛光的目的是将锯好的毛板进一步加工，使其厚度、平整度、光泽度达到要求。该工序需要通过几个步骤完成，首先要粗磨校平，然后逐步经过半细磨、细磨、精磨及抛光，使花岗石原有的颜色、花纹和光泽充分显示出来，取得最佳效果。常用自动多头连续研磨机、金刚石校平机、桥式磨机、圆盘磨机、逆转式粗磨机、手扶磨机。

③ 切断加工是用切机将毛板或抛光板按所需规格尺寸进行定形切断加工。切断加工常用纵向多锯片切机、横向切机、桥式切机、悬臂式切机、手摇切机等。

④ 凿切加工是传统的加工方法，通过楔裂、凿打、劈剁、整修、打磨等办法将毛坯加工成所需产品，其表面可以是岩礁面、网纹面、锤纹面或光面。常用手工工具加工，如锤、剁斧、錾子、凿子。有些加工过程可采用劈石机、刨石机、自动锤凿机、自动喷砂机等。

⑤ 烧毛加工又称喷烧加工，是利用组成花岗石的不同矿物颗粒热胀系数的差异，用火焰喷烧使其表面部分颗粒热胀松动脱落，形成起伏有序的粗饰花纹。这种粗面花岗石板材适用于防滑地面和室外墙面装饰。使用设备是花岗石自动烧毛机。

⑥ 辅助加工是将已切齐、磨光的石材按需要磨边、倒角、开孔洞、钻眼、铣槽、铣边等。常用自动磨边倒角机、仿形铣机、薄壁钻孔机、手持金刚石圆锯、手持磨光抛光机等。

⑦ 检验修补，天然花岗石难免有裂隙、孔眼，加工过程也可能产生小的缺陷，通过清洗检验吹干，正品入库，缺陷不严重的可以粘接、修补减少废品率。这一工序通常是手工作业，在先进的加工线上采用自动连续吹洗修补风干机。

⑧ 金刚石串珠绳锯切割是采用金刚石串珠绳锯切割花岗石断面工作原理是利用由电机驱动的金刚石串珠绳的循环转动直接锯切花岗石（物理方法），在锯切的同时，向锯缝注以充足的水，起到冷却金刚石串珠和排除锯切岩粉的作用。切割速度每小时2～4m²。切割深度可达10～20m甚至更深，切割断面可成直角。切割方式在垂直方向水平方向，转90°方向均可。金刚石串珠绳锯切只有一个1.1cm的锯缝，减少了资源浪费。具有无噪声，无粉尘，作业安全可靠，产量高，荒料规整无内伤出材率高等特点，适用于所有花岗石矿山。

⑨ 火焰切割是采用火焰切割机切割花岗石断面工作原理是利用高温高速火焰流（温度1500℃，速度1340m/s）冲击熔化花岗石中的石英。切割方式一般仅为垂直方向，用于切割堑沟（沟槽）创造自由面。资源浪费较大，约浪费25～30cm宽的石料。具有噪声巨大（120～130dB），粉尘大，作业危险性大，产量低，荒料不整，有内伤，出材率低等特点。仅适用于石英含量较高，裂隙较少的花岗石矿山，故有一定的局限性。

（2）荒料

花岗石的矿山开采出的完整块石称为荒料。建材行业标准（JC-204-92）对天然花岗石荒料的主要要求是荒料必须具有直角平行六面体的形状。荒料的大面应与岩石的节理面或花纹走向平行。荒料的规格尺寸要求长度大于或等于140cm，宽度大于或等于60cm，高度大于或等于60cm。其余指标见表2-6。

表2-6 对花岗石荒料的质量要求

要求内容	I、II类体积		III类体积	
	一等品	合格品	一等品	合格品
缺角、缺棱：长5～15m，宽与深3～5cm，允许个数	2	3	1	2
裂纹：长5～10cm内，允许条数 — 大面	0	0	0	0
裂纹：长5～10cm内，允许条数 — 其他面	1	2	1	1
色线：长大于或等于6cm的色线应小于顺延方向总长度的1/10，每面允许条数	0	1	0	1
色斑：面积在2.5～6.0cm² 内每面允许个数	1	2	1	2

注：I类体积大于或等于4m³；II类体积大于或等于1；小于4m³；III类体积大于或等于0.5到小于1m³。

外观质量要求同一批荒料的色调、花纹、颗粒结构应基本一致。荒料的缺角、缺棱、裂纹、色线、色斑的质量要求应符合表2-6的规定。

物理性能要求：密度不小于2.50g/cm³；吸水率不大于1.0%；干燥压缩强度不小于60.0MPa；弯曲强度不小于8.0MPa。

（3）花岗石精细加工工艺

花岗石加工主要有4类生产线：标准板生产线、薄板生产线、粗面装饰板生产线、异型板生产线。

① 花岗石标准板加工工艺流程 使用起重机将荒料装上荒料车，由摆渡车送至框架式砂锯工作位置锯割成毛板，再送往研磨、抛光、切断等工序加工成光板，最后经检验包装入库。具体流程如下：荒料吊装→锯割→冲洗检验→粗磨→细磨→精磨→抛光→切断修补→检验包装。

② 花岗石薄板加工工艺流程 花岗石薄板加工是自动加工流水线，各工序之间由滚道、卸料机、翻板机相连。其流程如下：荒料吊装→锯割成薄板→截头→研磨抛光→切断→磨边、倒角、铣槽修补、清洗、干燥→检验包装。

③ 花岗石粗面装饰板加工工艺流程 将花岗石半成品毛板通过滚道送自动凿毛机（按所需花纹粗细选定刀头），刀头按预定的轨迹凿出各种所需要的粗饰花纹。若需烧毛板，则将毛板送自动烧毛机加工。流程如下：半成品毛板→凿毛或烧毛→切断→检验包装。

④ 花岗石异形板加工工艺流程 按用户对花岗石板材形状、规格的特殊要求，设计制出模板，如圆形、椭圆形桌面，椭圆孔卫生间台板、花窗棂等，再用仿型铣机按模板形状（或微机预置程序）在半成品板材上加工出所需形状。流程如下：半成品板材→切边→异形铣切→钻孔→磨边倒角→检验包装。

2.3 化工玻璃

2.3.1 玻璃概述

玻璃是一种透明的硬而脆的非晶态的无机氧化物材料。凡融体通过一定方式冷却，因黏度逐渐增加而具有固体的机械性质与一定结构特征的非晶体物质，都称为玻璃。玻璃一般是用多种无机矿物为原料，经粉碎、过筛、混合、熔融、澄清、匀化以后加工成型、热处理制成产品。

（1）玻璃的特点

玻璃具有许多材料所不具备的特性，从玻璃的本质结构和性质来看，其中最显著的 4 个特性为：①各向同性；②无固定熔点；③亚稳性；④物理性质变化的连续性与可逆性。此外，玻璃材料还具有良好的光学性能，较高的抗压强度（许用受压强度高于它的许用抗拉强度约 17 倍）、硬度、耐蚀性及耐热性等。

从工艺的角度来看，玻璃可以通过化学组成的调整，并结合各种工艺方法（例如表面处理和热处理等）来大幅度、连续调整玻璃的物理和化学性能，以适应范围很广的实用要求；也可用吹、压、拉、浇铸等多种多样的成形方法，制成各种空心和实心形状。

（2）玻璃的种类

玻璃按成分分类有：钠钙玻璃，它易熔制和加工，是玻璃产品中的最大量使用产品；铅玻璃。它有优越的电性能、高的折射率，可制造光学玻璃、电真空玻璃等；硼硅酸盐玻璃，也称硬质玻璃，化学稳定性好、热膨胀系数小、耐热度高，可制造各种理化仪器、玻璃管等；高硅氧玻璃，含 96％石英的玻璃，在 1000℃ 以下不软化，抗热冲击极好，化学稳定性好；具有各种特殊用途的特种玻璃。此外，还有有色玻璃、无碱玻璃、石英玻璃、铝硅酸盐玻璃、微晶玻璃等。

普通玻璃中除了二氧化硅外还含较多量的碱金属氧化物（K_2O、Na_2O），因此化学稳定性和热稳定性都较低，不适合化工使用。化工中使用的是石英玻璃、高硅氧玻璃和硼硅酸盐玻璃。这些玻璃材料的化学稳定性高、透明、耐磨且能抵抗热效应，所制造的设备具有除氢氟酸、高浓磷酸、高温强碱外，能耐大多数无机酸、有机酸及有机溶剂等介质的腐蚀，对设备中反应情况有较高的直观性，并且壁表面光滑洁净和不易污染介质的优点。

（3）玻璃的各氧化物组分

玻璃的组成主要是各种氧化物，如 SiO_2、B_2O_3、P_2O_5、BaO、CaO、K_2O、MgO 等。它们由制玻璃原料石英砂、长石、硼酸、硼砂、重晶石、碳酸钡、石灰石、纯碱、芒硝、碳酸钾等物质带入玻璃。另外，还加入用量较少的辅助原料，如澄清剂、着色剂、脱色剂、乳浊剂、助溶剂氧化剂与还原剂等。

形成玻璃的组分有各种不同的用途。玻璃中常用氧化物按作用分类见表 2-7。

表 2-7　玻璃中常用氧化物按作用分类

玻璃形成体		玻璃中间体		玻璃调整体	
SiO_2	P_2O_5	Al_2O_3	TiO_2	MgO	CaO
B_2O_3	V_2O_5	Sb_2O_3	PbO	Li_2O	K_2O
GeO_2	As_2O_3	ZrO_2	ZnO	BaO	Na_2O

玻璃形成体主要是形成网络结构的氧化物；玻璃中间体是协助网络的生成，提供网络一些特性的氧化物，它本身不能单独形成玻璃；玻璃调整体属于网外氧化物，不参与网络结构，但是对断链有封闭作用。各种氧化物对玻璃的作用也不简单地像表 2-7 那样功能简单，表 2-8 是几种氧化物在玻璃中的作用示例。

表 2-8　几种氧化物对玻璃的作用示例

氧化物	加入目的	
	降低	增加
SiO_2	相对密度	熔融温度、退火温度、耐蚀性、热稳定性、机械强度
B_2O_3	熔融温度、韧性、析晶性	化学稳定性、耐热稳定性、折射率、光泽

氧化物	加入目的	
	降低	增加
PbO	熔融温度、化学稳定性	相对密度、光泽、折射率
Al_2O_3	析晶性	熔融温度、韧性、化学稳定性、机械强度
MgO	析晶性、韧性	耐热性、化学稳定性、退火温度、机械强度
BaO	熔融温度、化学稳定性	相对密度、光泽、折射率、析晶性
ZnO	热膨胀系数	热稳定性、化学稳定性、熔融温度
Na_2O	化学稳定性、热稳定性熔融温度、析晶倾向、退火温度、韧性	表面导电度、热膨胀系数、分电常数
K_2O		增加光泽，其他同 Na_2O
CaO	热稳定性	硬度、化学稳定性、机械强度、析晶性、退火温度

2.3.2 玻璃的加工工艺

玻璃的成型加工都是通过熔炼后，利用玻璃的高黏度进行施加应力成型。

（1）平板玻璃

钠钙平板玻璃，也就是具有大型平板状的玻璃，它广泛地应用于工业和民用房屋的建筑、交通运输及其他许多国民经济部门中。熔融玻璃从池炉成带状，经过液态金属的表面而成型。液态金属所需之温度由外面加热，并严格控制。

浮起法制造平板玻璃流程示意如图 2-4。玻璃上面分几个区，最左为加热区，与此处相邻的是抛光区，这时玻璃两面的不规则层熔掉，得到平坦而光滑的表面。然后进入冷却区，在此处玻期表面硬化。这时应控制气氛防止金属氧化。最后冷却在保温炉内进行，温度逐渐下降。出保温炉进入剪刀台切成适当的大小。

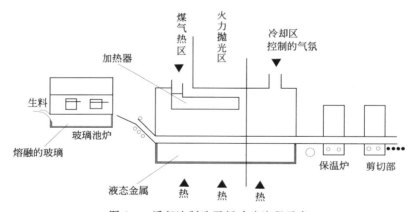

图 2-4 浮起法制造平板玻璃流程示意

浮法玻璃的成形是在熔融锡的表面上完成的，锡在 $1000℃$ 时密度约为 $6.44g/cm^3$，远大于玻璃液的密度。在锡槽中锡始终是液态，表面非常平整光洁。所以称锡液是浮抛介质。

高温玻璃液流到锡液上，会在重力的和表面张力的共同作用下自然摊成薄板。玻璃液的摊平需要一定时间，自然摊平后的厚度称为平衡厚度或自由厚度。浮法玻璃成形时通常以玻璃的黏度为标准把锡槽划分为 4 个区。

① 摊平（抛光）区 黏度约为 $10^{3.7} \sim 10^{4.2} dPa \cdot s$，温度 $1065 \sim 996℃$，在此黏度范围内，玻璃液得到摊平、抛光，同时经过一段时间达到自然平衡厚度。

② 徐冷区　黏度约为 $10^{4.2}\sim10^{5.2}$ dPa·s，温度 996～883℃，受退火窑辊道拉引力作用玻璃开始纵向（沿锡槽长度方向）伸展，同时在该区开始设置拉边机。该区的拉边机主要作用是保持玻璃宽度不变。

③ 成形区（拉薄区）　黏度约为 $10^{5.2}\sim10^{6.8}$ dPa·s，温度 883～769℃，根据生产需要设置若干对拉边机，给玻璃带以横向和纵向拉力，使玻璃带拉薄，达到最终产品厚度。

④ 硬化（冷却）区　黏度约为 $10^{6.8}\sim10^{11}$ dPa·s，温度769～600℃，玻璃不再展薄，而是逐步冷却，当玻璃带温度降至 600℃左右时，玻璃带基本完全硬化，此时玻璃带上过渡辊台，然后进入退火窑进行退火。

（2）玻璃纤维的成型过程

如图 2-5 所示，盛于玻璃熔化坩埚内的玻璃液由于液体静压力的作用不断从坩埚漏孔流出。因为玻璃液在成型温度时具有较高的黏度，且漏孔直径又小，所以在表面张力作用下，玻璃液不是呈连续的流股，而是呈液滴从漏孔流出。玻璃液通过漏孔的流出速度，除了液体静压力外，还取决于对纤维所施加的拉力。

将直径 18mm 的玻璃球加入坩埚中。玻璃球用专用机器制成，制球机安装在玻璃池窑上。采用玻璃球是便于往坩埚中自动加球，便于挑选无缺陷的优质玻璃，这对进行正常成型作业是极为重要的。玻璃球从料斗的两根下料管自动进入坩埚中。用针状或浮标式计量器控制所需数量的玻璃球，使坩埚内的玻璃液保持恒定的液面。

坩埚是拉丝装置最重要的组成部分。坩埚采用铂铑合金制成。该合金能抵抗被加热到 1150～1350℃的熔融玻璃液的侵蚀作用。坩埚形状如小舟，底部有若干漏孔，漏孔的数量和直径根据所制产品的品种而定。普遍采用的坩埚漏孔为 50～204 孔，孔径为 1～2.5mm。孔数也可达 408 孔。

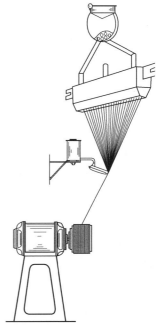

图 2-5　拉丝连续玻璃
纤维的装置

坩埚同时又是加热体，一定功率的电流涌过它将玻璃施加热到所需温度。由于坩埚的电阻小，所以加热时采用低电压和强电流。

用玻璃棒把从漏孔流出的玻璃液滴引下，液滴被拉成较粗的纤维，纤维被缠绕在拉丝机头上可卸下的绕丝筒上，然后启动拉丝机的电动机。绕丝筒按规定的速度旋转，拉丝线速度一般达 3000～3500m/min。

通过坩埚漏孔的玻璃液的流量应当与拉丝量相适应。当玻璃液的流量减少而拉丝速度不变时，纤维直径就会减小到一定限度，以致最后断头。如果增加玻璃液的流量，则纤维直径变粗。调整工艺参数（坩埚内玻璃液温度、液面高度、漏孔直径等）都能在很大范围内改变拉丝机组的生产能力以及创造生产所需直径玻璃纤维的必要条件。

从坩埚漏孔流出的玻璃液在外部拉力的作用下被拉伸成极细的纤维。玻璃纤维成型时，拉伸程度达到很大的数值。例如，从 1.5mm 孔径拉制 $6\mu m$ 纤维时，拉伸程度等于 63000。

由玻璃液拉制纤维的过程是在一段不长的被称为成型区或丝根的区域内进行的。玻璃液在成型区保持塑性状态，黏度为 $10^3\sim10^{13}$ 泊。丝根的长度取决于很多因素。论形状，它很像等边抛物体。丝根的上部直径与漏孔直径相等；其上部温度应保持在使黏度为 $10^3\sim10^4$ 泊的范围内。丝根直径随着离开漏孔的距离不断减小，温度也不断降低。当丝根下部温度降低到玻璃化温度时，玻璃液不再显著变形，已成型的纤维直径也就不再变化了。此时，玻璃表面残存高应力，需要涂上表面整理剂以防止出现微裂纹等缺陷。

2.3.3 耐蚀玻璃

（1）石英玻璃

石英玻璃的主要成分是纯 SiO_2，不含其他的玻璃形成体和改性物，软化温度高，耐热性极高，通常使用温度达 1100～1200℃，短时能加热到 1400℃。线膨胀系数极小（$\alpha = 5.8 \times 10^{-7}$），因此热稳定性高；在光波长 0.25～4.7$\mu m$ 范围内透明度高，在紫外线应用方面制造水银石英灯和光学仪器；在高温下，介电损耗和电导率都很小，可用于电气工程的高频高压绝缘子、阴极管；具有良好的耐酸性，除了氢氟酸和热磷酸外，在任何温度下可以耐受任何浓度的无机酸和有机酸的腐蚀，是优良的耐蚀材料。但是，石英玻璃在碱性介质会生成可溶性硅酸盐，耐蚀性能不好。且由于熔制困难，主要用于制作实验仪器及从高纯物料提纯设备。

由于熔融物的黏度大，甚至在温度 2500℃时还不能澄清，即不能放出夹杂的许多气泡，还由于石英玻璃在温度 1600℃左右开始蒸发，致使石英玻璃的生产比较复杂。超过 2000℃蒸发非常剧烈，可能失掉全部熔融物。更为困难的是选择熔化器的材料，这种材料不仅要耐高温，还要不使熔融物污染。

在制造透明石英玻璃的多次试验中，常常得到一种不像玻璃的白色半透明物质，这种外观是由于玻璃中含有大量的气泡（直径 0.003～0.3mm）所致，但是除了透明度以外，这几乎并不影响石英玻璃的宝贵的性质。这种不透明石英玻璃的制造比较简单，它在许多情况下可以代替透明的石英玻璃。

不透明石英玻璃二氧化硅的含量不少于 99.5%、基本氧化物（RO、R_2O）的含量不多于 0.15%，富选纯石英砂是生产不透明石英玻璃的原料。石英砂的污染程度较大时，石英玻璃的性质就会显得很差。

熔制不透明石英玻璃最普遍而且最简单的方法是用电流将埋入砂子中的碳棒或石墨棒加热到高温（约 1900℃）。贴近碳棒的砂层是逐渐熔化的，加热的持续时间越长，棒心周围形成的熔融石英层就越厚。

几乎没有气泡的透明石英玻璃可用装备复杂的真空压缩式电炉制造。在这种炉中，盛有石英块的石墨坩埚放在坚固的用水冷却的双壁金属罩内。熔化在真空下进行，有利于脱出气泡。熔化将要结束时，使炉内压力达到 20～30atm 或者更高一些，以使气泡被压缩变小。在这样的压力下，将电炉冷却，制得的全透明玻璃块送去进一步成型加工。

（2）高硅氧玻璃

高硅氧玻璃是含有 95% 以上 SiO_2 的玻璃，就组成和性质而言，高硅氧玻璃接近石英玻璃，所以也被称为类石英玻璃，它具有石英玻璃的许多特性。线膨胀系数小，耐热性高、常使用温度达 800℃，具有与石英玻璃相似的耐蚀性。但是它们的生产方法是彼此不同的。高硅氧玻璃的制作工艺和成本高于普通玻璃、低于石英玻璃，是石英玻璃优良的替代品。

高硅氧玻璃的原玻璃组成如下（摩尔百分比）：SiO_2 60～80，B_2O_3 18～30，Na_2O 4～12。这种玻璃采用普通玻璃加工方法进行熔制与成型。熔制玻璃的温度不超过 1480～1500℃。退火制品要经过二次热处理，处理时间为 3 昼夜，温度为 525～650℃，在此过程中玻璃产生分相。分相热处理是使玻璃中的硼形成硼酸钠相，以利于后续除去。大制件一般低温热处理（525～600℃）。经高温处理（625～650℃）的制品会失去透明度，而变为乳白色。分相热处理的温度高，会导致两相互溶性增加，于是富硅相骨架强度被削弱；更重要的是两相互溶性增知会使富钠硼相中溶进更多 SiO_2，结果使溶出富钠硼相时 SiO_2 沉积在扩散通道中，增加了可溶相扩散阻力。

热处理分相后，将制品放在氢氧化钠的浓溶液或 10% 的 HF 溶液中处理，以除去表面上的火力抛光层。之后，在 20～50℃下用 3mol 的 HCl 处理，或在 98℃下用 3mol 的 HCl 加 2.5mol 的 H_2SO_4 的混合酸处理，也可用其他酸处理。经过这种处理之后，可溶相硼酸钠就被浸析出来。若在原玻璃中加入少量 P_2O_5，可极大地促进分相和溶出两个关键过程，加入少量 P_2O_5 的钠硼硅玻璃可使富硅相骨架连续性增强，分相尺寸扩大。其原因是 P_2O_5 既增加了分相驱动力，使分相易于进行，又使分相后两相相溶性减少，增强了富硅相结构。正是两相互溶度减小的结果，即富钠硼相中溶进 SiO_2 量减少，富硅相中溶进的钠硼可溶成分也减少，导致沉淀硅胶量减少，从而可溶相扩散阻力减小；且可溶相溶解性也增加，随 P_2O_5 加入量的增加，分相尺寸扩大，富硅相连接程度增强。加入 4%（质量）的 P_2O_5，使沥滤速率增加约 5 倍。

溶出后的玻璃用水冲洗制品，干燥，然后在 800～900℃下烧结。经烧结后，酸处理所形成的孔隙就会闭合，制品尺寸减小而变为透明，这种制品就可以用于成型了。

根据原玻璃组成的不同，成品的组成为（质量）：SiO_2 92%～96%，B_2O_3 3.5%～7%，Na_2O 0.5%～1%。线膨胀系数等于 $(7.5～10)×10^{-7}$；软化温度约 1500℃；相对密度 2.18，化学稳定性接近于石英玻璃的化学稳定性。主要用于制造薄壁的化学容器、管子以及其他制品。

（3）硼硅酸盐玻璃

硼硅酸盐玻璃是目前主要使用的化学玻璃，用以制作化工容器、设备和实验仪器，由于实验容器要经受不同试剂的作用，既有酸又有碱，故对实验室玻璃有 3 个基本要求：①在不同的化学试剂作用下有高度的化学稳定性；②高度的热稳定性，耐温急变高；③不易析晶，耐火性好，这样才能用火焰进行吹制。由于这些性能要求，硼硅玻璃也广泛应用于化工设备蒸馏塔、吸收塔、泵、换热器和管道、法兰、阀门等的制作。重点在盐酸、氯气和某些有机介质（例如苯酚、氯化苯、冰醋酸、农药）生产中使用。

硼硅酸盐玻璃由于高的 SiO_2 与 B_2O_3 含量，使得其网络完整性和致密度较普通钠钙硅玻璃好，具有优良的热学性能。其热膨胀系数一般小于 $60×10^{-7}/℃$，而普通钠钙硅玻璃约为 $(90～100)×10^{-7}/℃$；耐热冲击性 $\Delta t ≥ 150℃$，普通钠钙硅玻璃则小于 100℃。硼硅酸盐玻璃具有较高的透光率、较好的透光性能、较高的表面平整度和较低的荧光性能，使得其可被应用在电泳、光学和光电学等领域。

硼硅酸盐玻璃不仅具有较高的抗热冲击强度，还具有较高的表面硬度，可以防止刮痕，被称为硬质玻璃或特硬玻璃；同时，其密度比普通钠钙硅玻璃低 12% 左右（硼硅酸盐玻璃一般为 2.3g/cm³，钠钙硅玻璃一般为 2.5g/cm³）。

硼硅酸盐玻璃除了具有良好的抗酸抗碱性，还具有相当好的抗水解性，比钠钙硅玻璃高两个等级。它可以抵抗空气中的水蒸气，甚至含液态酸或碱的水的侵蚀。而钠钙硅玻璃则会明显地受到侵蚀。特别是对于玻璃表面的微裂纹，硼硅酸盐玻璃不会由于潮湿空气中的水分子作用而引起裂纹扩张，因而表现出较好的水稳定性，而钠钙硅玻璃则不稳定。

硼硅酸盐玻璃的基本成分为 SiO_2-B_2O_3-Na_2O，成分组成及范围大体是：SiO_2 70%～80%、B_2O_3 6%～15%、Na_2O 4%～10%、Al_2O_3 0～5%、BaO 0～2%、CaO 0～2%。由于化学实验室玻璃较其他的玻璃含有的碱性氧化物为少，所以它有较大的化学稳定性。其中 Na_2O 提供游离氧，使硼氧三角体转变为硼氧四面体，硼的结构由层状转变为架状。成为 B_2O_3 与 SiO_2 共同组成结构网络，使网络完整性和紧密程度增加，从而形成均匀一致的玻璃；氧化硼提高了玻璃的制作工艺性和使用中的化学稳定性，具有与石英玻璃相似的良好耐蚀性。如组成为：SiO_2 81%；Al_2O_3 2%；B_2O_3 13%；Na_2O+K_2O 4% 的玻璃，它的膨胀系数仅是普通玻璃和钢的 1/3，使用温度为 160℃，是使用于化工装置的一个玻璃牌号。表

2-9 所示为几种常用硼硅酸盐玻璃组成。

表 2-9　几种常用硼硅酸盐玻璃组成

玻璃名称	SiO_2	B_2O_3	$Al_2O_3+Fe_2O_3$	BaO	CuO	MgO	K_2O	Na_2O
No.23 玻璃	68.6	2.5	3.8	—	8.4	0.8	6.1	9.7
No.24 玻璃	72.2	3.3	5.5	—	5.5	0.7	4.6	8.2
No.846 玻璃	74.0	8.0	3.0	—	6.0	4.0	—	10.0
德国耶拿"20"	74.7	7.4	5.3	3.4	1.2	—	—	8.0
高硅氧硼硅酸盐玻璃	81.0	12.0	2.0	—	0.5	—	—	4.5
实验室玻璃 XI、X	74.9	—	0.9	—	9.2	—	4.3	10.5

硼硅酸盐玻璃虽然有许多优异的性能，但是其熔制温度较高，在相同温度下其黏度较钠钙硅玻璃黏度大，其熔化温度为 1620℃，钠钙硅玻璃的熔化温度为 1520℃。玻璃在坩埚窑或池窑中熔制，通常应用圆形或椭圆形的多坩埚窑，窑中坩埚数量为 8～12 个。进行熔制时，要在温度靠近 1350℃ 才投入熟料和配合料，熔制（澄清）的最高温度为 1450～1470℃，玻璃液沸腾 1～2 遍。这种玻璃即使在高温 1500℃ 时黏度还是很大，所以必须加强它的澄清和粉料的均匀度。也可添加氧化砷和硝酸钾，还可使用食盐（0～1%）和硅酸钠或硫酸铵（0.3%～0.5%）以加强熔融。在熔化好了以后还必须搅拌 3～4 次以脱气。由于熔体有较大的结晶倾向，并且黏度很高，所以成型温度要在 1400～1450℃。通常熔制的时间视窑温和坩埚容量而定，一般需时 25～35h。将熔化好的玻璃液浇铸在预热过的石墨模具上成形，随后根据玻璃种类迅速将成形后的玻璃试样放入 560℃ 的退火炉中保温 30min，然后随炉退火到室温。

硼硅酸盐玻璃以其优异的性能得到了广泛应用和发展，其应用领域从实验室用仪器玻璃到建筑用防火玻璃；从日常生活用器皿炊具玻璃到特种显示器玻璃；从精细化工领域到精密光电学领域，领域之广、范围之深是其他品种玻璃所不可比拟的。伴随着玻璃熔化技术的提高、玻璃成形加工技术的进步，硼硅酸盐玻璃将会得到更大的发展和应用。

2.3.4　微晶玻璃

（1）微晶玻璃概述

微晶玻璃是由含有晶核剂的基础玻璃在一定温度下晶化热处理而制得的细微晶粒均匀分布于玻璃中的多晶复合材料。晶核剂即是一些能促进玻璃态氧化物转变为结晶态氧化物的添加剂，如 BaO、CaO、TiO_2 和 ZrO_2 等。促进生成 β-石英、β-硅灰石、β-锂灰石、β-锂霞石、氟金云母、尖晶石等结晶。

微晶体由玻璃相与结晶相组成，晶体与基体的玻璃相互交织为一体，构成成分相同相结构不同的复合材料，使其产生很高的硬度和强度。它既保存了玻璃固有的易于加工成型、耐化学腐蚀优良等基本性能，又有陶瓷的多晶特征，克服了玻璃机械强度低和耐热冲击性能差的弱点，故又称为玻璃陶瓷或微晶陶瓷，它比陶瓷的亮度高，比玻璃韧性强，是一种较好的制造化工抗腐蚀设备的材料。微晶玻璃不同于玻璃全部是非晶态结构，它含有部分微小的晶粒；也不同于陶瓷，陶瓷中大部分结晶物质是制备陶瓷的原料中原有的，而微晶玻璃的结晶相全部是在高温下从玻璃中析出晶体而成。

微晶玻璃的性能主要决定于微晶体的种类、尺寸和数量、残余玻璃相的性质和数量。这些取决于原始玻璃的组成及热处理制度。微晶玻璃的原始组成不同，其主晶相的种类也不同，目前按基础玻璃的组成来分，微晶玻璃可分为硅酸盐系统、铝硅酸盐系统、氟硅酸盐系统、硼硅酸盐和磷酸盐系统。热处理制度不但决定微晶体的尺寸和数量，而且在某些系统中导致主晶相的变化，从而使材料性能发生显著变化。另外，晶核剂的使用是否适当，对玻璃的微晶化起着关键作用。

微晶玻璃具有耐高温性好，热稳定性好及低膨胀系数，使其耐急冷急热性能良好，当产生 130℃温差的急剧变化时，仍能保持良好的各项物化性能不变，不会遭致炸裂损坏。且膨胀系数可以通过配方调节、高的机械强度、耐磨、高化学稳定性、耐腐蚀性、抗氧化性及电绝缘性能优良、介电损耗小、介电常数稳定等优良的理化性能。广泛应用于机械、电子和电工、航天、化工防腐、矿山、道路、建筑、医学等方面，是具有广阔发展前景的新材料。

微晶玻璃板材耐酸碱性能优越，尤其是在大气污染严重、酸雨频繁的今天，即使暴露于风雨被污染的空气中，也不会变质损坏。而天然石材中的碳酸钙物质则易与酸雨中的二氧化碳发生化学反应生成可溶盐或微溶盐，引起腐蚀。由于碳酸钙是石材内部黏结的主要成分，一旦被溶蚀冲掉，则降低了石材强度。表面失去光泽，耐污性更差。而在被遮蔽的地方，形成又脏又硬的皮层，直至呈泡沫状剥落。表 2-10 是微晶玻璃同其他无机耐酸材料的性能比较。

表 2-10 微晶玻璃同其他无机耐酸材料的性能比较

材料 性能	花岗岩	钠钙玻璃	微晶玻璃	石英玻璃 （不透明）	铸石	化工陶瓷
密度/(g/cm³)	2.6～2.8	2.5～2.6	2.65～2.7	2.07～2.12	3.0	2.2～2.3
弯曲强度/MPa	15.0	15～30	40～60	67	60～67	40～60
抗冲击强度/(kJ/m²)	0.84	0.84～1.25	1.01～2.45	0.83	1.0～2.5	1.0～1.5
抗压强度/MPa	60～300	200～300	500～586	500	470～550	80～120
莫氏硬度	5.5	5.0～6.0	6.0～6.5	5.5～6.5	7～8	7
吸水率/%	0.35	0.05～0.22	0.00～0.06	0.03～0.05	0.03	1～3
耐碱性能 1%NaOH	0.1	9～10	0.03～0.05	5.5	0.1	4～9
耐酸性能 1%H_2SO_4	1.0	1～3	0.05～0.08	0.13	0.1	0.2
热膨胀系数/($\times 10^{-7}$/℃)	50～150	124～175	65～80	5.5	50～70	45～60
热导率/[W/(m·K)]	2.6～3.35	6.2	0.9	1.46	1.63	0.92～1.04

（2）微晶玻璃的制备

微晶玻璃生产工艺因原料不同采用压延法、模压法、浇注法和烧结法 4 种。压延法工艺过程包括：原料制备、熔化、压延、晶化、切割、研磨、抛光和检验包装等。烧结法工艺过程包括：配合料制备→玻璃熔制→水淬→过筛→成型→晶化烧结→冷加工→检验包装→入库。其他两种方法也只是增加晶化工艺。

微晶玻璃熔块料的生产是将石英砂、石灰石、长石及碳酸钠、硝酸钠、碳酸钾、氧化锌、碳酸钡、纯碱等按配方混合均匀，然后将混合料投入到玻璃炉内，在 1500～1550℃温度下熔制成玻璃液。经过若干小时的充分熔化、均化和澄清。玻璃液经玻璃熔炉的流料口流出，玻璃液流入水池后，水淬成晶化所要求的细度的玻璃料捞出，经过干燥、筛分处理，获得粒度在 1～5mm 之间的玻璃料。

玻璃料晶化成型是将玻璃料按比例均匀装入由耐火材料拼成的模具内。装好玻璃料的模具进入烧成窑中进行晶化烧成。经过一段时间，在一定的温度控制下，部分玻璃料由非晶质向晶质转变。由于晶化温度范围比较窄，因此选择的窑炉温差一定要小。对耐火模具的要求是平整度好、变形小、热稳定性好、使用寿命长。

（3）化工微晶玻璃

铝硅酸盐和硼硅酸盐玻璃有较好的化学稳定性，用于制造玻璃化工设备。采用 Li_2O-MgO-Al_2O_3-SiO_2 铝硅酸盐玻璃基体，加入 TiO_2 和 ZrO_2 作为晶核剂，形成低膨胀系数的化工微晶玻璃。用这种微晶玻璃制成化工用泵，其耐压性能、抗热冲击性能、耐腐蚀性能均好。

原料的化学组成是：SiO_2 65%、Al_2O_3 17.8%、Li_2O 3%、MgO 2.8%、ZnO 3%、CaO 0.5%、B_2O_3 1.5%、K_2O 0.25%、Na_2O 0.4%、TiO_2 4.75%、ZrO_2 0.25%。该玻璃的晶体结构是 β-锂霞石或 β-锂辉石微晶。Mg^{2+} 的离子半径和 Li^+ 相近，因而 Mg^{2+} 可以部分取代 Li^+ 进入 β-锂霞石或 β-锂辉石微晶。但 Mg^{2+} 的电价是 Li^+ 的两倍，由于电荷不平衡，这种取代将降低晶格稳定性并引起膨胀系数增加。另外，引入适量的 Zn^{2+}，可降低膨胀系数和提高抗折强度。

玻璃原料是在煤气焰池窑中熔制。熔化温度 1650～1600℃，保持氧化气氛，由于 TiO_2 容易还原，熔制过程中必须始终保持氧化气氛。产品的成型制作温度 1310～1420℃。产品的成型方法采用通常玻璃加工的方法。玻璃的软化温度 1140℃。玻璃的制作性能好，可以拉管、吹制或压制成型。制造大型异构件时模具温度必须低于 600℃，否则制品表会产生晶膜，在退火时脱落。

晶化处理宜采用回转式晶化炉，以保证温度均匀。制品的冷加工尽可能放在晶化处理前进行。晶化后的退火温度上限为 579℃，下限为 449℃。同一种原始玻璃在不同的温度区域晶化处理时，将得到不同的晶相。即使在同一温度区域，采用不同的晶化制度，也会影响微晶玻璃的理化性能和微晶数量。晶化制度列于表 2-11。

表 2-11　晶化制度

晶化区	晶化温度/℃	保温时间/h	特性
低温	600	1	促进晶核形成,增加强度防止随后升温时变型
	670	2	β-锂霞石晶体生成较多
	735	2	
	795	5	以生成足够的晶体
高温	1000	2.5	β-锂霞石转变为 β-锂辉石

低温晶化区得到的微晶玻璃呈青灰色，有油玉感。膨胀系数 3.2×10^{-7}，温度急变 $\Delta t \leqslant 775℃$ 不炸裂，抗折强度 150MPa，收缩率 0.44%。920℃ 以下热处理的样品主晶相是 β-石英和 β-锂霞石，而 1000～1080℃ 热处理的样品主晶相为 β-锂辉石。这为制造不同要求的化工设备材料带来了充分的灵活性。高温晶化区得到的微晶玻璃白色带黄，膨胀系数 23.2×10^{-7}，抗折强度 278MPa，收缩率 0.45%。介质稳定性是在 0.5mol 的 H_2SO_4 煮沸 4h 后失重 15.72mg/100cm²；H_2O 煮沸 5h 后失重 2.81mg/100cm²。

2.3.5　泡沫玻璃

（1）泡沫玻璃概述

泡沫玻璃是采用玻璃原料经烧制发泡生成的容重轻、独立闭孔的发泡材料。发泡机理是升高温度，首先基础玻璃原料熔融软化，软化的玻璃液包裹发泡剂，继续升高温度，发泡剂开始反应，产生大量的气体，控制温度使发泡反应在玻璃基体的熔融软化区的最合适黏度下进行，经过合适保温时间后，快速冷却，从而形成稳定的直径为 1～2mm 的均匀气泡结构组成的泡沫玻璃结构。

发泡剂主要有氧化还原型发泡剂（炭黑、石墨、活性炭等）和高温分解型发泡剂（白云石、石灰石等碳酸盐）。氧化还原型发泡剂是利用碳夺取玻璃原料中供氧成分中的氧，生成 CO_2、CO 等气体进行发泡，但是，碳在 500℃ 左右容易被窑炉内空气氧化，所以玻璃原料要尽量与炉气隔离，或使炉气成中性或弱还原性气氛。并且窑炉的升温速率尽可能快，以减少碳的低温损耗。高温分解型进行发泡是利用分解产生气体的反应，发生在玻璃基体的熔融温度范围，碳酸盐与硝酸盐较适合作为高温发泡剂。发泡剂较合适的用量为 $0.5\% \sim 10\%$。

为使发泡工艺容易操作，可加入添加剂以改善泡沫玻璃的性能，增大发泡温度范围，降低发泡温度，减少连通孔，提高机械强度，提高成品率。常用的有：六偏磷酸钠、焦磷酸钠、硼酸、氧化铁、磷酸钠、硼砂、硫酸钠、硫酸钙、硫酸钡、三氧化二铝、三氧化二硼、三氧化二锑、五氧化二磷、二氧化锰、三氧化二锰等，用量一般为 $0.3\% \sim 0.5\%$。

（2）发泡工艺

发泡工艺按预热、烧结、发泡、稳泡与退火等几个阶段进行。最终材料的性能与焙烧工艺的关系最大。

① 预热 预热过程主要是脱掉配合料中的化学结合水、吸附水和游离水；又由于坯体导热性较差，直接高温加热烧结会造成表面碳的氧化，使发泡不均匀。预热至 400℃，升温速度为 $5 \sim 8$℃/min，并在 400℃ 保温 $20 \sim 30$min。

② 烧结 将预热后的坯体迅速加热到烧结温度（650~750℃）。快速升温的目的是防止发泡剂过多的分解，并使随着坯体的升温而急剧增加的气相包裹在坯体内而不逸出，从而能够得到较多气相。在烧结升温速度一般为 $8 \sim 10$℃/min。

③ 发泡 烧结后的坯体在以 $10 \sim 15$℃/min 的速度加热到发泡温度进行发泡（750~1000℃），在发泡温度下保温 $15 \sim 50$min，以利于发泡均匀。

④ 稳泡与退火 当发泡结束时，迅速将试样冷却至 600℃ 左右，冷却速度要快，一般在 $15 \sim 20$℃/min。其目的是将产生的气孔结构迅速固定下来。由于试样迅速冷却，将产生应力，为消除应力，在 600℃ 左右时进行保温 $20 \sim 35$min，然后退火冷却。由于泡沫玻璃的热导率小，它的退火冷却速度要比普通玻璃的退火冷却速度慢得多，总的退火冷却时间一般在 24h 以上。

（3）硼硅酸盐泡沫玻璃

含 SiO_2 78% 质量比的硼硅酸盐玻璃，当以 0.9% 的炭黑作为发泡剂、8.1% 的 Sb_2O_3 作为供氧剂，所制泡沫玻璃气孔数量多、气孔大小分布较均匀、多数为圆形，且闭气孔居多。泡沫玻璃体积密度为 $0.5g/cm^3$，吸水率为 0.4%，平均热膨胀系数为 9.22×10^{-6}/℃；在 0.1mol/L 的稀硫酸中腐蚀，试样的质量先有微量增加而后保持不变。当以炭黑和 $CaCO_3$ 共同作为发泡剂时，试样中的气孔随发泡剂的含量变化不大，圆形孔与闭气孔较多；但气孔率不高，孔壁较厚。此种泡沫玻璃的平均热膨胀系数为 8.79×10^{-6}/℃，体积密度为 $0.8g/cm^3$，吸水率为 0.5%，试样的耐酸腐蚀性也较好。

硼硅泡沫玻璃耐腐蚀，容重低，有着绝热性能较好的闭孔结构，且可进行锯割、钻孔或漩孔等加工，易于黏结，对于需要采用耐蚀砖板衬里化工防腐设备，总是伴随着高温条件，有时为使设备的结构部分达到要求，需要使其处于结构材料的许用温度范围，使砖板衬里的绝热设计同耐蚀设计都能方便地达到要求。而采用硼硅泡沫玻璃取代耐酸砖可以使衬里材料层数及总厚度大大减小。由此衬里自身占用体积也大大减小，从而提高了设备的有效容积；同样设备安装时间也缩短，人工费及总成本均降低。设备总重量下降，设备安装要求简化。表 2-12 是耐酸砖板和硼硅泡沫玻璃的效果对比，显示出硼硅泡沫玻璃的绝对优势。

表 2-12　耐酸砖板和硼硅泡沫玻璃的效果对比

对比项目	衬里材料 耐酸砖板	硼硅泡沫玻璃
层数	4(砖)	1(砖)＋1(玻)
衬里厚度/mm	452	113＋50＝163

对比项目 衬里材料	耐酸砖板	硼硅泡沫玻璃
衬里材料占容积/m³	89.2	22.4＋9.9＝32.3
衬里材料容重/(kg/m³)	220	190
衬里材料总重/kg	19668	4928＋1881＝6809
材料支撑件	需	无需
设备有效容积/m³	70.3	127.8

泡沫玻璃的基质为玻璃，机械强度较高，强度变化与表观密度成正比。不吸水，水蒸气渗透率小，闭孔结构中的空气又起着绝好的隔热作用，热导率小，热导率长期稳定，不因环境影响发生变化，绝热功能稳定。泡沫玻璃的工作温度范围为－200～430℃、膨胀系数较小（8×10℃）而且可逆，优良的耐高低温性能和耐久性；强度高，重量轻，变形小；不燃烧，添加硼氧化物后，又进一步改善了泡沫玻璃的抗化学腐蚀性能；可切割成型，便于施工；在重载荷下，硼硅泡沫玻璃比普通泡沫玻璃的破碎率低，是目前最理想的保冷绝热材料。

2.4 化工陶瓷

2.4.1 陶瓷简述

陶瓷是陶器和瓷器的总称，是用铝硅酸盐的矿物或氧化物为主要原料，通过配料、成型、烧结制成的材料。烧结是利用固相反应制备无机固体材料的方法，在低于熔点的高温下，固态中分子（或原子）获得足够的能量进行迁移，密集接触的固体颗粒相互键联，使粉末体产生颗粒黏结，键联反应的速率由扩散过程控制。另外固体化合物的表面的高能量处（如尖角）将熔融，形成液相部分包覆固相的状态，这部分液相要熔融变形降低表面能后重新凝固或结晶，固体颗粒或晶粒长大，与另一个粒子由液相黏结起来。随着粒子的似球化的变化，在粉末压制时的残余内应力和毛细管力的作用下总体积收缩，密度增加，材料渐趋为一个整体，冷却后形成强度。这种通过加热使质点产生强度并导致致密化和再结晶的过程称为烧结。

陶瓷材料的结构由原始晶体、玻璃体与气孔构成，根据原料和烧结温度有时还含有无定形胶结物或熟料包裹体等微观结构。陶瓷原材料有矿物质的黏土、石英、长石和化工原料等。通常结构中的原始晶体由石英带入，在烧结时石英只是表面熔融，它构成陶瓷烧结时的骨架，减少烧结变形。陶瓷中的玻璃体是烧结时的黏土和长石及化学原料熔融后的烧结体，它把石英颗粒融结了起来。气孔是由于烧结过程中构成玻璃体的矿物的收缩和成型时原始残留的空隙的扩大而产生的，主要还是整个结构的玻璃化不完全的原因，即烧结温度和时间及质量要求的综合控制-成本控制。

陶瓷按所用铝硅酸盐矿物及坯体的成型压力和熔剂量，可以使坯体由粗松多孔，逐步到达致密，烧成温度也是逐渐从低趋高。因此陶瓷根据原料和烧结温度的不同有土器、陶器、瓷器之分。

（1）陶瓷烧结等级

黏土在600℃以下烧成为红烧土。土器又称瓦器，是用含铁量较高的易熔黏土作为原料，成型后在600℃以上烧成的砖、瓦等最低级的烧结器。气孔率高，吸水率5％～15％。烧成后坯体的颜色，取决于黏土中着色氧化物的含量和烧成气氛，在氧化焰中烧成多呈黄色或红色，在还原焰中烧成则多呈青色或黑色。

陶器是用黏土成型、干燥后放在窑内大约于 $800\sim1165℃$ 下烧制而成的多孔、不透明的非玻璃质烧结器。吸水率 $4\%\sim12\%$，坯体有渗透性、有色、没有半透明性，需要施釉，多采用含铅和硼的易熔釉，表面无釉的陶瓷制品称为素陶。陶器的烧成温度变动很大，要依据黏土的化学组成及熔剂量多少而定。与瓷器比较，对原料的要求较低，坯料的可塑性较大，烧成温度较低。提高温度和加大熔剂量可完全烧结成坯体致密的石胎瓷，但还没有玻化，仍有 2% 的吸水率，坯体不透明，有色，机械强度和冲击强度比瓷器小。陶器按坯体组成的不同分为黏土质、石灰质，长石质、熟料质等 4 种。

炻器、石胎瓷、半瓷器是一种坯体致密、已完全烧结、但还没有玻化的陶瓷，坯体不透明，有白色的，而多数允许在烧后呈现颜色，所以对原料纯度的要求不及瓷器那样高，原料取给容易。炻器具有很高的强度和良好的热稳定性，很适应于现代机械化洗涤，并能顺利地通过从冰箱到烤炉的温度急变。坯料接近于瓷器坯料，但烧后仍有 $3\%\sim5\%$ 的吸水率，所以它的使用性能不及瓷器，优于精陶。

瓷器是用高岭土在 $1300\sim1400℃$ 的温度下烧制而成。瓷器的特征是坯体已完全烧结，完全玻化，因此很致密，对液体和气体都无渗透性，胎薄处呈半透明，断面呈贝壳状，以舌头去舔，感到光滑而不被粘住。

（2）原料

黏土是有黏性的土壤，一般由高岭石、蒙脱石、伊利石、蛭石等在地球表面风化、水合后形成的颗粒细小的铝硅酸盐矿物。

黏土颗粒尺寸在胶体范围内，呈晶体或非晶体的片状、管状、棒状形态，比表面积大，颗粒上带有负电性，因此有很好的物理吸附性和表面化学活性，具有与其他阳离子交换的能力。黏土具有韧性，水湿润后具有可塑性，在较小压力下可以变形并能长久保持原状，微干可雕，全干可磨。所以黏土在陶瓷的湿成型中起黏结定型作用。

只由黏土制成的材料，其单位气孔率达 $13\%\sim15\%$；欲制得气孔率小于 1% 的制品，就必须往混合料中添加大约 $10\%\sim12\%$ 的长石、石英、伟晶花岗岩、熟料等。长石是助熔剂，它的熔点较低，可降低烧结温度。熟料是粉碎的废陶瓷制品或锻烧过的黏土。陶瓷器中它起骨架作用，可以防止制品在焙烧过程中收缩和开裂；石英在焙烧过程中体积会增大，可以部分地抵偿制品的收缩，同时也可提高耐酸度。随着制品要求的不同，它们间的配比可在很大范围内变化，大致的配比范围如下：黏土 $35\%\sim50\%$、熟料 $10\%\sim45\%$、石英 $25\%\sim40\%$、长石 $25\%\sim40\%$。

2.4.2　化工陶瓷的特点及应用

化工陶瓷是通过预处理矿物原料、控制配方的化学计量比以及确定合理的烧成制度而制备出来的无机非金属材料，是具有优异的化学稳定性、抗氧化性、热稳定性、耐磨性和机械性能的材料。它能耐 $1700\sim2000℃$ 的高温，且原料来源广泛、价格相对低廉。除了氢氟酸能腐蚀它和强碱液及磷酸对它有一定的腐蚀作用外，它对各种有机酸、无机酸、氧化剂、有机溶剂等均是耐蚀的，所以常用于化工生产过程设备中。但由于它是脆性材，硬度大，不易加工，冲击韧性较差，抗拉强度较小等缺点，因此它的应用范围也受到很大的限制。

在化工设备中利用陶瓷不仅可以制造管件、耐酸砖、耐酸板等简单制品，而且还可以制造塔器、搅拌器、热交换器、泵、过滤器、鼓风机、离心机等复杂的制品。但是受陶瓷本身性能和制造工艺条件等的限制，目前还不能制造大型、高压设备。

耐酸陶瓷是硬脆性的，与碳钢比较抗拉强度、抗弯强度、冲击强度都较低，但是随着化学成分的不同，它的硬脆程度是有不同的。与普通碳钢比较，抗拉强度方面一般陶瓷只有普通碳钢的 2.5%，中铝陶瓷为 16%，而高铝陶瓷则达到 65%；冲击强度一般陶瓷比普通碳钢低 3～4 倍，特种陶瓷则达到 78%；弹性模量方面一般陶瓷只有普通钢的 0.07%，而 85% Al_2O_3 陶瓷则达到钢材的数值。

多孔陶瓷是以刚玉砂、石英砂、矾土等高温耐火原料为骨料，配合结合剂、改性剂，经 1000～1400℃ 高温烧结而成。通过控制多孔陶瓷骨料颗粒的大小，其孔径可达纳米级。其耐高温、耐化学腐蚀、机械强度高、气孔分布均匀、孔径大小易控制及再生容易、使用寿命长等优点，是优异的气、液、固体分离的材料。多孔陶瓷的过滤是集吸附、表面过滤和深层过滤相结合的过滤方式。对于液-固、气-固系统的过滤与分离来说，过滤机理主要为惯性冲撞、扩散和截留 3 种。

多孔陶瓷根据烧结骨料的不同，材质可分为刚玉质、石英质和硅藻土 3 种。其主要性能见表 2-13。

表 2-13　多孔陶瓷主要性能

性能	孔径 /μm	气孔率 /%	透气性	抗压强度 /MPa	耐酸性 /%	耐碱性 /%	许用压差 /MPa	许用温度 /℃
刚玉质	1～300	28～50	0.02～20	20～100	≥98	≥98	≤0.8	≤800
石英质	1～200	30～60	0.05～20	10～40	≥99	≥95	≤0.6	≤200
硅藻土	1～10	55～65	0.1～1	5～15	90	90	≤0.3	≤200

碳化硅陶瓷具有很好的导热性能和耐腐蚀性能，碳化硅是制造用于强腐蚀介质中的换热器的理想材料，其热导率达 2.008J/(S·cm·℃)，高于不锈钢，与碳钢接近，但耐腐蚀性远远超过碳钢。碳化硅陶瓷抗氧化性强，耐磨性能好，硬度高，热稳定性好，高温强度大，热膨胀系数小，热导率大以及抗热震和耐化学腐蚀等优良特性。可用作各类轴承、滚珠、喷嘴、密封件、切削工具、燃气涡轮机叶片、涡轮增压器转子、反射屏和火箭燃烧室内衬等。

2.4.3　化工陶瓷的组成

陶瓷的组成成分同原料的组成关系很大。一方面陶瓷是由石英、长石、黏土这些天然原料配制而成；另一方面陶瓷的硅、铝铁、钠钾的含量又由于化工陶瓷的性能有要求。由于长石、黏土、高岭土等矿物原料构成复杂，其硅、铝、铁、钠钾的含量随产地和品种的不同而差异很大，有时需要外加铝矾土、碱等化学原料来满足要求，但是成本又有所提高。原则上陶瓷配方的设计是在化学成分的要求固定后，按所能获得的矿石的成分来决定加入后的各种矿物原料的比例。且黏土和高岭土的加入量要能满足可塑性的要求，石英的量要满足骨架结构的需求。

（1）通用耐酸瓷

普通硅酸盐耐酸陶瓷是靠提高 SiO_2 的含量来提高耐蚀性的，若耐酸陶瓷的配方组成和制备工艺不同，耐腐蚀性能也会有很大差异。耐酸陶瓷种类繁多，按材质的不同，可分为长石瓷、硅质瓷、铝质瓷等。根据铝含量的高低，可分为高铝瓷、中铝瓷以及低铝瓷等。按元素有氧化铝、氧化锆；氮化硅、氮化硼；碳化硅、碳化硼；按结构有莫来石、堇青石瓷等。表 2-14 是普通化工陶瓷的化学成分组成。

表 2-14　普通化工陶瓷的化学成分组成

项目	SiO_2	Al_2O_3	Fe_2O_3	CaO	MgO	Na_2O	K_2O
配比/%（质量）	60～70	20～30	0.5～3	0.3～1	0.1～0.8	0.5～3	1.5～2

由于耐酸陶瓷的成分大部分为瘠性原料，一般要用高可塑性的黏土提高坯体的可塑性

能。影响黏土可塑性的因素有矿物组成、固相颗粒大小和形状、液相数量和性质、吸附阳离子的种类等。用来生产耐酸陶瓷的黏土是高铝含量的耐火黏土，其耐火度为 $1600\sim1720℃$，烧结温度为 $1150\sim1350℃$。也可以使用 $1\%\sim4\%$ 的膨润土代替部分黏土。此外，在坯料中加入 $2\%ZnO$ 不仅可以扩大陶瓷的烧成范围，而且可提高坯体的致密化程度。往黏土中加入高岭土和矾土，可提高其耐急冷急热性；加入长石、伟晶花岗岩、锂辉石或滑石、矾土，以提高其化学稳定性。

在耐酸陶瓷配方设计过程中，熔剂矿物也是比较重要的考虑要素。在配方中加入长石原料，可以完善坯体的烧结性能，提高瓷体的物理化学性能。坯料中的长石引入 Mg^{2+}、Ca^{2+}、Na^+ 和 K^+ 等碱土金属离子，使坯体在较低温度下开始熔化，产生液相，形成多相共熔，从而大大降低了烧结温度。添加毒重石（$BaCO_3$）是一种促进液相烧结的方法。这是由于 Ba^{2+} 与 Al_2O_3、SiO_2 等生成低熔点的钡玻璃，有利于烧结。但是也不可引入过多，过多的引入会导致钡长石的生成，不利于瓷体的稳定性能。锂辉石也是一种良好的熔剂矿物，可以引入 Li_2O，晶体结构是六方晶系，可以改善固溶体的网络结构，使陶瓷更趋于致密化。因此，在设计的耐酸陶瓷配方中，主要引入熔剂有长石、白云石、毒重石、锂辉石等矿物。

（2）高铝瓷

陶瓷试样的热稳定性主要受热膨胀系数和 $Al_2O_3/(Fe_2O_3+R_2O)$ 比例的制约。热膨胀系数越低和 $Al_2O_3/(Fe_2O_3+R_2O)$ 比例越高，试样经受的热变次数越多。为了制备高抗弯强度的耐酸陶瓷，需要提高原料配方中氧化铝的含量到 $30\%\sim50\%$ 以上。加入的高铝类原料是 $\alpha\text{-}Al_2O_3$，如煅烧铝矾土、煅烧工业氧化铝。当具有完整晶形的 $\alpha\text{-}Al_2O_3$ 加入瓷坯中后，瓷坯的体密度增加，瓷质的显微结构不断地改善，提高了耐酸陶瓷的弯曲强度。中铝耐酸陶瓷的氧化铝含量为 $50\%\sim75\%$，它不仅具有较高的机械强度，而且耐酸腐蚀能力也比较强。氧化铝陶瓷的纯度对其耐腐蚀性能有很大的影响，骨料颗粒的边界最易被腐蚀，SiO_2 的存在导致颗粒边界的腐蚀速率增大。用冷等静压成型的 99.8% 氧化铝陶瓷在 HCl 和 H_2SO_4 溶液中的腐蚀主要发生在晶界杂质 MgO、SiO_2、CaO、Na_2O、Fe_2O_3 的溶解。除了 $\alpha\text{-}Al_2O_3$ 能提高陶瓷断裂韧性外，还有其他化合物，按其韧性依次排列为 $ZrO_2>SiN_4>Al_2O_3>SiC$。

（3）莫来石瓷

机械强度较低的陶瓷以石英、莫来石为主晶相，而高强度的陶瓷是以刚玉、莫来石为主晶相。高强瓷晶粒为尺寸细小、均匀程度高、气孔和玻璃相含量均较普通瓷低的瓷体。莫来石化学式为 $3Al_2O_3\cdot2SiO_2$，晶体为细长的针状且呈放射簇状。具有膨胀均匀、热震稳定性极好、荷重软化点高、高温蠕变值小、硬度大、抗化学腐蚀性好等特点。堇青石是斜方晶系含铝量较高的镁铝硅酸盐，堇青石最大的特性是热膨胀系数小，因此可提高无机硅酸盐材料的抗急冷急热能力。这些结构都可以在瓷器烧结时形成。

通过莫来石的强烈晶化可以提高陶瓷的在酸碱溶液中的化学稳定性以及陶瓷的机械强度，长石精矿的引入有助于莫来石的晶化过程，陶瓷材料的玻璃相和 Fe_2O_3 含量越少，Al_2O_3 含量越多，且陶瓷内莫来石结构越完善，其化学稳定性能越优异。MgO 能增加二次莫来石化，抑制刚玉晶体的二次再结晶，使陶瓷晶体细小，提高瓷体的机械强度，Cr_2O_3 有助于 MgO 的这种阻止再结晶作用，提高坯体的致密度。

2.4.4 陶瓷生产流程

一般来说，陶瓷生产过程包括坯料制造、坯体成型、瓷器烧结等 3 个基本阶段。图 2-6 是 3 种耐酸陶瓷制品的生产流程，陶瓷工艺步骤大体如下。

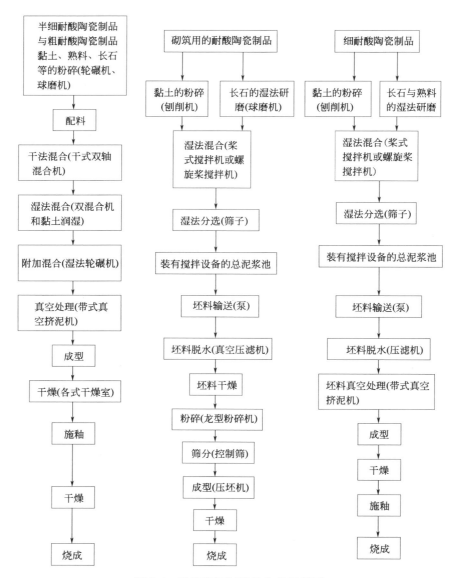

图 2-6　耐酸陶瓷制品的生产流程图

（1）坯料制造

坯料制造包括淘泥、粉碎、拼料、练泥等步骤。淘泥就是把高岭土淘成可用的瓷泥。生产时黏土原料首先经过破碎，然后输入淘泥池，淘过的泥浆放浆时，出口处用筛网过筛，泥浆含水量应控制在 65％～70％。长石、石英、花岗石、熟料使用时应先除干净上面的污泥杂质，经颚式破碎机粗碎再经轮碾机粉碎，进行吸铁处理后分别过筛至拼料要求。

拼料池内泥浆含水量控制在 55％～60％范围内。各种原料应符合配比规定，粉料与泥浆应充分搅拌均匀，这样出来的成品泥不会使产品因局部砂粉含量过高而导致渗漏。拼好的泥浆通过隔膜泵进行压滤时，压力为 0.8～1.0MPa，最高压力不得超过 1.2MPa，经压滤后的泥饼含水率为 17％～19％。

为了克服泥料中各组分的分布不均匀和含有气泡等缺陷，在陶瓷工业中通常采用练泥机和陈腐对泥料进行加工。陈腐和机械练泥都能改善原生黏土泥料的工艺性能，提高可塑性和干燥强度。陈腐是将拼好的泥饼分割开来，摞成柱状，存放入密闭的温度和湿度处于控制状态的陈腐室中一定时间，生泥陈腐不少于 6 个月，使用时做到用陈存新。练泥是通过机械使泥料被挤压、搓揉、破碎、拌混、脱气，使黏土胶体完全形成且分散均匀。一次真空练泥，泥料的可塑性指标可增加约 6%，干燥抗折强度可增加约 9%。陈腐的泥料每天平均可塑性指标提高 1.4% 左右，干燥抗折强度提高 0.6% 左右，因此陈腐期通常很长，不得少于 7 天。而两次真空练泥能达到陈腐 25 天的泥料工艺性能。

通过以上几道工序就能免除成品因铁质、杂质或砂粉不均匀等引起的熔洞和局部渗漏等现象。

（2）制坯与干燥

坯料成型采用干压法、半干压法、塑性成型（包括旋坯、挤出、轧膜等）、注浆、流延及热压浇注等工艺进行。坯料成型技术主要是不断增加半成品的致密度并要求各部位均匀；解决复杂形状的填充难题；克服或减少烧成时收缩与变形，以减少瓷件后加工的费用和难度；不断提高生产效率等。等静压成型是用液体均匀传递高压而使坯料在各个方向上获得均匀的压应力作用而成型，其压力可达 100MPa 以上，中小型成型设备的压力可达 500MPa。是目前先进的成型方法。

成型时泥料的含水量应掌握在 16%～17%。含水量过高则成型后的坯体容易变形，而且烧制出来的产品收缩率会过大，从而达不到标准公差尺寸要求。水分过低，则可塑性就差，不利于产品成型。泥料的含水量可根据成型压力、形状进行调整。

陶瓷干燥一般采用先自然干燥再热风烘干技术。完工后的坯体自然干燥时，不应放在风口，此外一定要注意让坯体均匀干燥，不然在烘干时就会因局部收缩不同而引起变形或者开裂。当坯体水分达到 10% 左右时才可进入余热烘房干燥，控制温度不大于 60℃，当含水率为 0.2% 左右就可以入窑烧制。

对于大型厚壁内部含有水凝胶的生坯，由于水分只能从生坯表面蒸发，干燥时在生坯厚度方向产生水分梯度，破坏粒子体积率的均一性，结果在生坯厚度方向发生由干燥收缩率差引起的应力，容易产生裂纹和翘曲等缺陷。有报道高湿度室温干燥法和溶剂替代法能避免缺陷的生成，但是要延长干燥时间和增加溶剂成本。微波干燥技术处理大型厚壁生坯时由于微波是对物体整体加热，干燥均匀性好，陶瓷品质提高，不易出现开裂现象。微波干燥时间一般只需 20～120min 的时间，干燥效率高，微波设备占地面积小，大幅度减少了厂房面积。

（3）成型加工

化工陶瓷的成型加工包括修坯、镶接、预烧、机械加工、瓷体连接等。

修坯是对成型的坯体进行修整以达到设计尺寸。修坯分干修和湿修。湿修时坯体脱模后略微干燥即可，坯体的含水量约在 16%～18%。操作时采用锋利的专用刀具按模印对坯体的主件、附件进行切削，使主件与附件的接口形状相吻合。切削时应注意进刀量不宜过大，动作应准确迅速，用力均匀，防止坯体局部变形，确保接口部位平整光滑。

干修时坯体的含水量在 4% 以下。操作用具主要是砂纸、钢丝网及刮刀。修圆形小件制品时，可将其平衡地置于旋转的机轮上，手执砂纸随坯体的曲面从上至下（或由内向外）均匀打磨。修异型大件制品时，要左手托坯，右手执砂纸或刮刀擦修。对制品的棱角处要用片笔着重刷修。

经过干修后的坯体表面存有不规则的圈痕（砂纸上的砂粒所致）或刀痕，须对坯体进行水修。水修操作时，先用细纱布蘸清水粗修一遍，洗去圈痕及刀迹，再用海绵蘸清水细修一遍，除去坯体表面的浮砂及水缕，并检查孔眼是否畅通。

镶接是将压制成型的坯体连接起来形成形状复杂的设备，如连接在筒体上的接管，拼合的大型筒（槽）体等。镶接坯体的胶黏剂（偎泥）是本坯泥浆，粘接操作根据粘接时坯体的含水量分为干接和湿接两种。镶接成型时要求两镶接部件预干燥湿度尽量一致。干接是坯体含水量在 3% 以下进行的粘接；湿接时坯体含水量大件为 14%～17%，小件为 15%～19%。部件干燥到适宜镶接时，两者黏结面处拉 45° 的凹凸黏结面，黏合面应视具体部位而采用不同的连接面形式。略敷水浸润，然后涂上黏结泥（本坯泥浆用水浸泡成糊状，水分尽量小一些，以增加泥浆的黏性）增强黏结力，并严格掌握偎泥的水分含量。镶接处偎泥必须严密无缺浆空穴，用竹杆把接缝处的泥料压紧去掉余泥，接口处表面光滑。镶接后用木拍子在接头处内、外轻轻拍一遍，以打紧黏结泥，防止接头处开裂，接头处外加补泥后要及时紧固（目的是互相黏合牢固），不然会因此而产生横裂。

干接因坯体和粘接用泥浆的水分相差甚大，易在坯体接缝处因干燥收缩不一而产生开裂，故多采用湿接法。湿接时坯体端面不须划毛，直接将切削好的部件用泥浆粘在一起即可。

预烧是为了使坯件在切削加工时有足够的强度而预烧成低温素烧瓷胎，通常素烧温度为 800～900℃，预烧温度太高，会使坯件硬度增大而难于加工，温度过低，又会使坯件强度不够高，加工中容易损坏。因此预烧温度由坯料的烧结性能和后机加工需要的强度来决定，属于二次烧结陶瓷技术。

机械加工主要是指对陶瓷材料进行车削、切削、磨削、钻孔等，是工程陶瓷生产的关键技术之一。由于陶瓷是由共价键、离子键或两者混合的化学键结合的物质，化学键具有方向性，原子堆积密度低，原子间距离大，使陶瓷显示出很大的脆性，在常温下对剪切应力的变形阻力很大，且硬度很高，机械加工难以加工形状复杂、尺寸精度高、表面粗糙度低、高可靠性的工程陶瓷部件。

对于陶瓷的未烧体或焙烧体，都可使用机械加工方法，未烧体切削使用的刀具为烧结金刚石或立方氮化硼刀具进行粗加工，由于烧结时不能保持收缩均匀，在粗加工时就要使尺寸不要太靠近最终尺寸，这使精加工的余量过大。切削加工是为了保障坯件尺寸精确，减少烧结后瓷坯的研磨量而采取的工艺措施。

（4）烧成

化工陶瓷一般采用常压烧结方法在倒焰窑中烧制成型，表 2-14 的化工陶瓷烧成温度为 1200～1250℃，保温时间为 1h，氧化焰烧结。发火温度为 40℃，坯料在 150～200℃ 的时候水发挥发，当 80～120℃ 时根据坯体干湿程度保温 2～4h。由于化工陶瓷产品多数是厚壁制品，如果低温阶段升温过快，火力较猛，则坯体表面水分迅速蒸发，在里面的水分来不及向外扩散而造成收缩不一致产生应力致使坯体表面爆裂。因此烧成温度在 200℃ 以下每小时升温 10℃，温度升至 250℃ 时，机械水分基本上排除完毕，在 250～350℃ 范围，结晶水还来不及向外排除或排除得很少，因此，在此阶段可稍提高升温速度（每小时 10～15℃），在 350～450℃ 之间原料开始玻璃化转变吸热，在 500℃ 以上的煅烧温度下，氧化铁部分替代黏土矿物中的氧化铝，氧化铝析出，使陶瓷着成淡灰色。但高岭土在 650～700℃ 化学水大量蒸发，升温须缓慢。当在 850～900℃ 范围更值得注意，在 850℃ 的时候陶瓷坯料开始烧结，在 950℃ 的时候有吸热峰时发生固相反应。各种含铁的矿物质在分解，在高温下铁与燃料中的硫迅速排出。坯体应得到充分的氧化。到 1000℃ 后每小时升温度数又开始逐渐下降，当烧成温度从 1200℃ 升至 1260℃ 范围内，升温速度又为 10℃/h。

到止火温度时，把食盐投入燃烧室中，用盐每炉每次 3～5kg，共加二次，间隔 0.5h，加盐的目的是使坯体表面形成一层盐釉，即铝硅酸钠的透明玻璃质，使产品表面光滑，不透气，不透水。

在烧结初期，当液相产生后，晶体颗粒在毛细管力的作用下重排，由于颗粒之间只有点接触，表面能比较大，在表面能减少的驱动力下，颗粒间颈部和气孔部位不断被晶界填充，或者是孤立的气孔扩散到晶界上消除，晶体的颈部渐渐长大，陶瓷坯体不断收缩，与此同时，由于晶体颗粒相互挤压而产生的压应力使矿物向液相溶解，某些莫来石晶体可在压应力较小处析出，在 $1060\sim1100℃$ 范围，莫来石开始结晶，晶体不断生长，由于晶体在不同的晶面指数的定向生长，会产生鳞片状、针状以及柱状等形状的晶体，莫来石的含量随温度的上升而增长。经 $1230℃$ 烧成后陶瓷的总收缩率为 $13\%\sim15\%$。煅烧坯体的组成有氧化硅长石玻璃、不溶于玻璃的熔融石英粒子、主要分布于玻璃熔体中的莫来石晶体（约 30%）和气孔（约 2%）。玻璃相和结晶相（特别是莫来石）的良好结合保障了化工陶瓷的较高技术指标。在注浆料中引入约 2% 的氧化锌，在 $1230℃$ 下烧结 $1h$，可制得零吸水率的陶瓷。

陶瓷烧结体精加工是利用金刚石砂轮进行磨削加工、研磨加工。陶瓷烧结体之间根据需要还可连接，连接方法有玻璃封接法、黏结剂黏合法、金属钎焊法等。玻璃封接法是利用熔融玻璃热黏合瓷体的方法；黏结剂黏合法是冷连接方法。如耐蚀砖板衬里即是用胶黏剂常温固化连接成需要设备，进一步的化工陶瓷铠装塔则是内衬采用化工陶瓷塔节、外壳采用钢板、中间采用胶黏剂使之胶结成一体的设备。克服了陶瓷塔强度不足和钢塔不耐蚀的缺点，保留了它们的优点。另外，以玻璃纤维增强树脂增强耐酸陶瓷材料，称为增强陶瓷。增强陶瓷复合了玻璃钢与陶瓷的性能，发挥了两者的优点，克服了两者的缺点，玻璃钢良好的韧性补偿了陶瓷的脆性。可用于化工生产中压力较高、腐蚀性较强的设备。

2.4.5　提高陶瓷耐蚀性的方法

提高陶瓷耐蚀性主要是从陶瓷本身化学成分、制作工艺、微观组织结构进行彻底的改进。首先从化学组成上提高坯料中耐蚀组分如 SiO_2 含量是提高陶瓷耐酸性的一条有效途径。

其次，坯体的微观组织也是直接影响抗渗透性的重要因素，要得到无气孔的烧结体。原料粉末要尽可能细（$0.5\sim1\mu m$），并尽可能接近球形。如果形状不规则，粉末混合成型后，便会形成较大空隙。这种空隙是不能通过烧结而消除的。成型压力也应尽量提高，以使坯体压紧、压密，尽量减少组织空隙。坯料混合不均使瘠性材料不能融结、烧结温度低、烧结时间短都会降低耐蚀性。

耐酸陶瓷的物理化学性能与晶相结构和微观晶体结构密切相关，任何微小缺陷或是晶界处的残留杂质都可能会成为发生化学腐蚀的源点。另外，在陶瓷的制备过程中会产生内部残余应力，由于应力集中也会加速陶瓷的腐蚀。当耐酸陶瓷在酸性溶液腐蚀时，陶瓷的腐蚀反应主要发生在晶界或气孔、缺陷处。

对于多晶多相的传统陶瓷，其玻璃相是使用中受蚀的薄弱环节，若玻璃相抗化学侵蚀性差，瓷胎晶相（如莫来石、刚玉等）也会因玻璃相受蚀破坏而使整个瓷体破坏。因此，提高玻璃相的抗酸性很关键。

玻璃相是瓷胎的主要组分，占胎体积的 60% 以上。玻璃相各部分不均匀，可分出 3 种玻璃区域。①高硅玻璃，出现在残留石英颗粒周围和石英颗粒刚刚溶解的区域，其中无莫来石晶体。②长石玻璃，由长石颗粒融化形成。部分长石玻璃区还保持着原来坯体中长石颗粒的外形，常称为长石残骸，其中莫来石较少，呈针状，这种区域是长石颗粒未熔融扩展开而留下来的。随着温度的升高，黏度减小，长石玻璃向四周扩散，同时其中的莫来石晶体也逐渐长大。这种区域不再保持原长石颗粒的外形，形成长石玻璃区。③充填在一次莫来石晶体之间的玻璃。一次莫来石是在烧成过程中由高岭石转变而来，常成团成片出现。在烧成过程中，金属离子特别是层间的钾离子从云母中扩散出来，导致铝离子的过饱和，因而易沿层理形成针状莫来石。

使用含 MgO 的黏土，烧成时 MgO 可与 K_2O 一起构成复合熔剂，有效地熔解石英和黏土分解产物，使熔体中熔入较多 SiO_2，而高含量 K_2O 的存在，多液相烧结和快速冷却操作等使高硅熔体中析出不多的方石英，导致玻璃相 SiO_2 组分提高，玻璃耐酸性增强；一定温度下高硅熔体数量增多，促进了瓷料的烧结和瓷体气孔率的降低；瓷胎玻璃相中 Mg^{2+}、Fe^{2+}、Ca^{2+} 等高价离子可产生"积聚作用"抑制 K^+ 在酸性介质中由瓷体向外界扩散（尽管 R_2O 含量＞4％），如此使制品抗酸侵蚀性能有效提高。由于烧成后瓷胎中生成有较多数量的高硅玻璃和莫来石细晶（MgO 对高岭土、云母等的矿化作用所致），而方石英、残余石英量相对减少，故而产品虽属于高硅配方（SiO_2＞75％），也有较好的机械强度和热稳定性。

胎中晶体相除了莫来石以外还有残留石英。石英颗粒形状不规则，棱角圆化后常被高硅玻璃包裹着，边缘常见到高温蚀象。和釉中一样，石英颗粒及颗粒与玻璃接触处常见到微应力裂纹。石英颗粒的粒度分布在 $3\sim5\mu m$ 之间。但是，这一粒度分布与坯体中石英颗粒的粒度分布无直接关系。因为在烧成过程中大小不同的石英颗粒被溶解的程度不同，颗粒越小、表面积越大，溶解越多，颗粒越大，溶解越少。胎中的气泡呈无规则形状，气泡的大小在 $3\sim37\mu m$ 之间，几乎所有气泡的壁上都有多少不等的莫来石晶体甚至残留石英。

耐酸陶瓷抗渗透的性能主要取决于材料的微裂纹和空隙。这些缺陷可能由于成型和干燥时的工艺条件不当。也可能由于瓷料的组成、黏土粒子的形态及收缩的各向异性的异常。另外还有在 $500\sim800℃$ 煅烧范围所产生的收缩应力。在 $500\sim800℃$ 范围，黏土矿物（高岭石、蒙脱石和水云母）脱水，晶体结构损坏，黏土矿物收缩。高岭石从 $500℃$ 起，蒙脱石和水云母从 $800℃$ 起。但是在 $900℃$ 之前，黏土材料的收缩变化不大，收缩是在没有液相的参与下产生的，因此排除了依靠材料的黏流弛缓应力的可能性。另外，材料于该温度范围的强度很低，即便很小的收缩应力也能促使裂纹结构产生，在 $500\sim800℃$ 产生的收缩应力影响了耐酸陶瓷不透水结构的形成。为了改善其不透水性，必须在该温度范围降低收缩率，其中可通过放慢加热速度的方式解决。

$900\sim1000℃$ 是第二个收缩变化范围。该温度范围的特点是依靠液相的张力而产生强烈收缩。在 $900\sim1000℃$ 范围黏土材料处于半塑性状态，在 $1000\sim1200℃$ 范围，收缩速度最快。该温度范围的特点是因液相增加而产生最强烈收缩。利用可替代低温煅烧黏土熟料的叶蜡石可在强收缩范围降低收缩应力。长石在 $900℃$ 之前不会影响陶瓷的收缩率，进一步提高煅烧温度会促使收缩率上升。

陶瓷成分中 Al_2O_3 含量越高，机械强度、耐磨性和耐腐蚀性能越好，但烧结温度也提高。在高铝耐酸陶瓷烧结过程中，通过引入 MgO、CaO、TiO_2 等作为烧结助剂，促进 Al_2O_3 烧结，形成部分低共熔点的固溶体、玻璃相和其他液相，促进颗粒的黏性流动，获得致密的产品，同时可以降低烧结温度。通过加入 MnO_2-TiO_2-MgO 复相添加剂，在 $1350℃$ 空气气氛中常压烧结氧化铝含量达 95％以上的陶瓷，不仅大大降低了烧成温度，降低生产成本，而且保持了产品性能，烧结体密度达 $3.809/cm^3$，陶瓷抗弯强度达 243MPa。通过加入适量的 ZnO-CaO-MgO-SiO_2 烧结助剂降低了烧成温度，不仅使氧化铝陶瓷材料致密化，而且扩大氧化铝陶瓷的烧结范围。MnO_2-TiO_2-MgO-SiO_2 复相烧结助剂对氧化铝陶瓷烧结性能的影响，发现虽然 SiO_2 的添加对氧化铝陶瓷的烧结是有利的，但随着 SiO_2 加入量的继续加大，氧化铝陶瓷力学性能也下降。在烧结 α-Al_2O_3 粉体的过程中，通过添加 CaO-MgO-SiO_2 玻璃和 TiO_2 作为氧化铝陶瓷的烧结助剂可以极大促进氧化铝陶瓷的烧结，烧结 α-Al_2O_3 粉体氧化铝陶瓷的致密化机理是扩散控制。

2.5 化工搪瓷

2.5.1 搪瓷概述

（1）定义

搪瓷俗称珐琅，是在金属材料制的坯胎表面涂上无机玻璃质的材料，经过高温熔烧，使搪瓷层与金属基材发生交互作用，形成致密且与基材结合牢固的涂层的工艺。搪瓷涂层与一般涂层不同点是具有玻璃特性。

搪瓷涂层主要有以下特点。①金属与搪瓷涂层之间既有机械结合，也有化学结合，因而金属基体与搪瓷涂层具有很好的结合强度。②搪瓷涂层不燃、耐油、抗有机溶剂和酸碱腐蚀，而且绝缘。③金属表面涂覆搪瓷涂层后，其耐热和抗高温氧化性能大为提高。在 950℃大气中受热 1000h 后，氧化增量极微。④金属表面的搪瓷涂层不仅硬度高、耐磨性好，而且摩擦系数低，对纤维、塑料和橡胶等质地较软的材料更显示出优异的滑动性。⑤金属表面涂搪瓷的工艺简单、无需特殊设备。如等离子喷涂、电子束和物理气相沉积需要昂贵的设备，扩散渗铝需要在保护气氛中加热到 950℃ 的高温。

搪瓷制品种类繁多。就其金属而言，以薄钢板为金属坯胎的，一般都属于普通搪瓷，即一般日常生活用的搪瓷；用钢、金、银、铝等金属及其合金为金属坯胎的，统称为特种搪瓷，其中有装饰搪瓷、艺术搪瓷、建筑搪瓷。按所用金属材料可分为黑色金属搪瓷和有色金属搪瓷两大类；按制造工艺有一次搪瓷和两次或多次搪瓷；若以瓷釉特点命名，则有耐酸搪瓷、低熔搪瓷、自洁搪瓷和微晶搪瓷等；按制品用途划分，常分为日用搪瓷和非日用搪瓷两大类。

（2）搪瓷结构

瓷釉的结构与玻璃结构相似，基本上属于各向同性的无定形体。其内在结构为远程无序和近程有序。形成瓷釉基体的主要氧化物如 SiO_2、氧化硼 B_2O_3 等在瓷釉中以多面体形式相互组合为连续网架。而引入瓷釉中的 Na^+、K^+、Li^+、Ca^{2+}、Ti^{4+} 等阳离子则按一定的配位关系进入瓷釉网络的外体空隙中，强烈地影响瓷釉的性质。瓷釉的连续网架中，还有由 P、Sb、Zr 等氧化物所形成的锑氧四配位、磷氧四配位、锆氧六配位方式与硅氧、硼氧一起形成混合多面体的不规则连续网架。除此之外，瓷釉中的氟及氟化合物所分离出的 F^- 将取代部分氧而进入结构网。

由于瓷釉要保证乳浊度而引入大量乳浊剂即晶核剂化合物，因此瓷釉含大量的晶体，构成比玻璃多得多的有序区域。由于析晶使瓷釉失透，这些微晶使搪瓷的相结构不完全是玻璃体相，是玻璃体和结晶体的复合相，所以搪瓷的性能略高于同种成分的玻璃。但是，其复合相取决于玻璃中的有利于析晶的化合物的加入量，也取决于烧结时的工艺条件是否有利于结晶。所以瓷釉性能通常都低于微晶玻璃。

此外，瓷釉中还有在釉料熔制时来不及熔融并参与反应的原始石英晶体微粒，它们机械地镶嵌于玻璃相中，没有与瓷釉中的硅氧四面体形成任何结合。这种原始石英晶体除容易因石英的多晶转变造成不稳定外，还可能在其镶嵌的介面间（由于瓷釉与石英的膨胀系数和表面张力等物理化学性能不一致）形成裂缝，成为瓷面吸附污物的一个原因。

（3）搪瓷的性能及应用

搪瓷制品兼有钢铁制品和玻璃制品的优点。搪瓷涂层不仅表面光滑美观、易于清洗、结实牢固，而且具有非常优良的耐蚀性、耐磨性、耐高温、导热、不导电等特殊性能。这些性能是其他材料很难同时具备的，比陶瓷制品、玻璃制品、铝制品和塑料制品经久耐用。在金属基板表面烧制一层搪瓷层能够有效地提高其使用寿命，并且可以解决高温合金不能同时具备优异的高温力学性能和抗高温腐蚀性能的矛盾。搪瓷涂层不足的是釉层的原料复杂、工序多、小批量生产成本高。

　　化工搪瓷除了氢氟酸、含氟化物溶液、浓热磷酸以及强碱外，对于无机酸、有机酸、有机溶剂和弱碱等都具有良好的耐蚀性。由于化工搪瓷设备密着于金属表面的瓷釉层比较薄，瓷层的总厚度通常约为 0.8～1.5mm。其导热性优于不锈钢衬里设备和大多数非金属材料，所以用于需要加热或冷却的场合；陶瓷表面很光滑，不容易挂料，适合于要求物料洁净的反应器和储罐。化工搪瓷耐温差剧变性不好。当瓷釉的热膨胀系数大于碳钢时，如果设备受急冷，瓷釉层将产生拉应力、这个应力若超过瓷釉的抗拉强度就会发生瓷釉层的破裂，设备急热时瓷釉层受压应力，情况稍好些，因为瓷釉的抗压强度约比抗拉强度大 10～15 倍。相反，当瓷釉的热膨胀系数小于碳钢时，则急热比急冷危险。由于钢材和瓷釉的成分不可能控制得十分准确、同时受设备结构的影响，很难保证两者的热胀系数完全一致，所以实际使用最高温度不高于 300℃，而温度急变的温差要求不超过 120℃。

　　由于瓷釉烧成时，整体设备全部置于加热炉中，在高温下法兰以及密封箱等有一定尺寸精度要求的部位往往会发生变形，压力较高时不易保证密封性。所以搪瓷设备目前只适用于内压<0.25MPa，真空度 700mmHg，外压<0.6MPa 的场合。虽然国内现在也能制造能承受 5MPa 的搪瓷高压釜，但还只限于容积较小的设备。目前国内的化工搪瓷制品有搪瓷反应釜、搪瓷贮槽、套环式和套管式搪瓷热交换器、塔器、管子、管件、阀门等。

2.5.2　瓷釉组成

　　搪瓷釉是用于搪烧在金属基材上的玻璃态硅酸盐涂层材料。搪瓷釉的化学组成以 SiO_2、B_2O_3 和 Al_2O_3、CaO、BaO 和 MgO、Na_2O、K_2O 为主。在此基础上分别加入密着剂、乳浊剂、着色剂等特种成分。化工常用的瓷釉大体上属于硼硅酸盐系统，具有玻璃的一般物理、化学性质，同时又具有搪瓷所必需的工艺性质。各种瓷釉组分的用途见表 2-15。

表 2-15　瓷釉料的组成、原料和作用

组分	作用	组成	所用原料及要求
基体剂	形成瓷釉的主体并决定主要性能的成分	氧化硅、氧化硼、氧化铅	石英砂（$SiO_2>99\%$，$Fe_2O_3<0.1\%$）、硼酸（$H_3BO_3>98.5\%$，$Na_2SO_4<0.4\%$，$Fe_2O_3<0.01\%$）
助溶剂	促使瓷釉熔融并调整其性能	氧化钠（钾）、氧化硼、氧化锶	碳酸钠（钾、锶）、硝酸钠（钾）、硼砂
乳浊剂	保证瓷釉遮盖金属坯件，制成不透明瓷釉	氧化钴、氧化锑、氧化钛等	化工原料
密着剂	促进底釉与金属坯体牢固结合	氧化钴、氧化镍和氧化铜等	化工原料
氧化剂	为防止瓷釉中某些氧化物在熔融时被还原并促进溶化	含氧酸盐	硝酸钠（钾）
辅助剂	熔加辅助剂，直接加入料目的在于降低瓷釉和制品烧成温度，改善瓷釉性能	氧化锌、氧化钙、氧化镁及某些稀土金属化合物	化工原料和化学试剂
	后加辅助剂，在釉块研磨时加入或直接加入釉浆，目的在于改善釉浆的涂覆性	铝硅酸盐、铝酸盐和其他含氧酸盐	黏土、铝酸钠、氧化钾等
着色剂	为彩色搪瓷中所用或使釉着色，或在制品上做成颜色图案及花纹	各种有彩色离子的金属氧化物	相应的化工原料和化学试剂

按工艺性能，搪瓷釉可分为底釉和面釉两大类。底釉直接搪烧在金属坯胎上，与金属起密着作用；面釉搪烧在底釉上，起着覆盖和完成表面质量要求的作用。此外还有边釉、彩色釉（用于装饰）和配色基釉等类。按使用性能来看，搪瓷釉有耐酸釉、耐高湿釉、发光釉等几种。按特征成分来命名搪瓷釉，有钴镍底釉、锑镍底釉、锑白釉、钛白釉、含铅釉、无硼釉等。

底釉是一种直接涂搪在金属表面上的瓷釉，它形成金属与面釉之间的中间连接层，既能与金属基材产生密着，又能与面釉熔合。较好的底釉应具备下列特性：①与金属牢固地密着，化学组成一般均含有一定量的密着剂；②瓷釉的熔融物应该有较小的表面张力，使得能很好地浸润钢铁表面，并以致密的薄层均匀地覆盖在坯胎上，以提高黏结强度；③在原料配比上要求尽可能与坯胎金属相适应的膨胀系数；④有很大的软化范围，以便制品烧成时从金属中逸出的气体能够在底釉完全熔融前都被除去，没有孔洞、气饱和碎裂，能与罩在它上面的面釉结合得良好；⑤符合适宜的烧成条件（氧化气氛、烧成温度与时间等）。

用于钢板的搪瓷底釉中的密着剂，通常是用 CoO 或 NiO 等氧化物，这些氧化物烧成后把底釉着成深蓝、紫褐、近黑色。密着剂 MoO_3、V_2O_5 均有一定的耐酸性能，而且 MoO_3、V_2O_5 都是良好的助熔剂。此外不用 CoO 和 NiO 的白色底釉（MoO 与 Sb_2O_3 混合料）也得到广泛的应用。

一般来说，底釉中石英、长石、硼砂的总量在 78%～86% 范围内效果较好。二氧化硅、氧化铝的含量高，则底釉的烧成温度高，机械强度增大。硼砂能在烧成过程中提高熔釉对铁坯表面（已适度氧化）的湿润能力，有利于密着的形成。因为硼砂在制品烧成时能溶解金属上生成的氧化铁。氧化硼又能剧烈地降低搪瓷釉的表面张力，这就大大地改善底釉浸润金属表面的作用。氧化硼含量增高，有利于提高底釉的弹性，并能降低烧成温度。氧化钾含量增高，也对底釉的弹性有好处。氟化钙可增加瓷釉在高温时的流动性，但用量过多时瓷面会产生细孔和气泡，过少时易产生焦斑。根据长时期的实践和研究，用于钢板的传统含钴底釉的一般原料配比和化学组成可归纳在下面范围内（表2-16）。

表 2-16　常用底釉的原料配比和化学组成范围

原料	石英 长石 硼砂		纯碱	硝酸钠	氧化钴	萤石	锰粉
配比/%	82		7	4	5	0.5	1.5
化学式	SiO_2、Al_2O_3		K_2O+Na_2O		B_2O_3	CaF_2	密着原料
组成范围/%	45～57	5～7	17～20		5～15	3～5	0.5～3

面釉是形成搪瓷成品表层的具有乳浊性能的瓷釉，一般涂覆 2～3 次，无论是底釉或面釉，每涂覆一次都必须烧结一次。面釉包括以掩盖底釉为目的的单搪面釉（强乳浊）和双搪面釉（乳浊较弱）。它们可以是白色的，也可以是彩色的。此外还有以增强表面光泽和装饰效果为目的的无色或有色透光釉。作为制品最外层的面釉应具有足够的化学稳定性、硬度和光洁度，以满足搪瓷表面的使用性能。日用搪瓷常采用装饰性良好的乳白面釉和彩色面釉。化工搪瓷用耐酸面釉。标牌搪瓷用耐大气侵蚀的白色和彩色面釉。

通常面釉应满足下列基本要求：①乳浊性能优良，能遮盖住深色的底釉；②软化温度应略低于底釉；③膨胀系数应略小于金属；④瓷釉层对水、酸液、碱液和盐类溶液的作用稳定；⑤瓷釉层的热稳定性好，能经受一定的温度变化；⑥有优良的光泽。

面釉常根据所用乳浊剂分为锑面釉、钛面釉等。锑面釉也称锑白釉，是以氧化锑作主要乳浊剂的乳白釉。由于 Sb_2O_3 有毒，不宜用作食用搪瓷器皿，因而常加入足量的硝石之类氧化剂，使锑在熔制过程中充分氧化，成为无毒的 Sb_2O_5。一般锑白釉含有 6%～9% 氧化锑，高乳浊锑白釉中的含量约在 10% 以上，氧化锑的引入可采用熔入法，也可采用磨加法。

钛面釉也称钛白釉，是用氧化钛作乳浊剂的白色釉。含有 $10\%\sim20\%$ 左右的 TiO_2 熔块透明，烧成时由于 TiO_2 析晶而呈强乳浊，因此又称超乳白釉。若析出的 TiO_2 结晶为锐钛矿则呈青白色。若工艺控制不当，则易析出金红石型结晶，使釉色呈现带黄相的白色。钛白釉不仅乳浊优良，而且光泽、耐酸、耐磨等性能也胜过一般瓷釉。

锑面釉和钛面釉的一般原料配比和化学组成可归纳在表 2-17 范围内。

表 2-17　锑面釉和钛面釉的一般原料配比和化学组成

	原料	长石	石英	硼砂	硅氟化钠	萤石	氧化锑	纯碱	硝酸钠	氧化钛
配料	锑面釉/%	3.0	22.5	22.5		17.0		5.0	3.0	
	钛面釉/%		34.2	39.1	6.3	—			6.0	14.4
成分	化学式	SiO_2	B_2O_2	Al_2O_3	K_2O+Na_2O	CaF_2	Na_2SiF_4	Sb_2O_3	TiO_2	
	锑面釉/%	$37\sim45$	$5\sim8$	$6\sim8$	$12\sim18$	$4\sim7$	$7\sim10$	$10\sim15$	—	
	钛面釉/%	$38\sim50$	$15\sim20$	$0\sim3$	$10\sim15$	—	$6\sim10$	—	$15\sim20$	

面釉的化学组成不同对瓷釉性能有较大影响。对锑面釉，氧化硅能提高化学稳定件、热稳定性和光泽，但用量过高，则烧成温度升高。氧化硼能提高热稳定性和光泽，但用量过高，则降低烧成温度和乳浊度。氧化钾和氧化钠用量过高，会降低化学稳定性，也影响光泽。氟化钙用量过高，易产生气泡，影响光泽。

对钛面釉，氧化硅能提高光泽和白度，但用量过高则瓷釉的表面张力增大，容易产生纹路。B_2O_3 能提高光泽，但用量过高则不利于乳浊。P_2O_5 能促进钛釉在烧成时生成锐铁矿晶型，少量的 Al_2O_2 和 MgO 能提高乳浊度，有利于色相的稳定。K_2O 和 Na_2O 用量过高，则使色相呈黄色。Na_2SiF_6 能提高乳浊度，并能改善釉浆的操作性能。

2.5.3　耐酸釉

耐酸釉是对酸（氢氟酸除外）具有较高稳定性的搪瓷釉。为使瓷釉有较高的耐酸性，SiO_2 的含量通常不低于 65%，Si—O 键力较强，硅含量高，骨架的解体越不容易，网架越完整，热稳定性、耐化学腐蚀性能越好。SiO_2 含量高时一般搪瓷的烧成温度亦比较高。

B_2O_3 具有较小的表面张力和低的弹性模数，因而有利于促进熔体的流动性，提高搪瓷的光泽度、细腻度和弹性。而且 B_2O_3 可以降低瓷釉对金属的表面张力，并使基板表面的 FeO 溶解于熔体中，加强基板与搪瓷层的密着强度，然而，过量的 B_2O_3 会导致搪瓷层的热稳定性变差，导致搪瓷层表面出现针孔，使得耐蚀性能降低。一般最大加入量为 17% 左右。搪瓷组成中 $SiO_2+B_2O_3$ 是良好的耐酸成分，$SiO_2+B_2O_3$ 的含量越高，其耐酸性越好；通常含量高达 72% 以上，因而其耐酸性能尚好，但其耐碱性能较差。

适量 Al_2O_3 能调节熔融状态时的黏度，增加釉料的硬度和机械强度，提高搪瓷的化学稳定性、热稳定性。高含量的 Al_2O_3 使搪瓷层在烧成温度下黏度增大，晶核形成顺利，晶体长大受阻，形成大量的微晶结构。但过量的 Al_2O_3 会使搪瓷层表面无光。因此，为了使玻璃料的光泽度、透明度达到最佳效果，Al_2O_3 最大不超过 30%。

耐酸釉一般不是乳浊的，但为了改善瓷层的外观，可在粉料中加入 1% 左右的着色剂 MnO_2、CoO，它们亦起一定助熔作用，而且其耐酸和耐碱性能均很好。但氧化钴价格较贵，在工业搪瓷中用量受限制。也可在磨机中加入少量耐酸的乳浊剂（SnO_2 1%、CeO_2 $1\%\sim1.5\%$）或着色氧化物（Cr_2O_3 $0.3\%\sim0.4\%$）。

碱性氧化物 Na_2O、K_2O、Li_2O 及氟是主要助熔剂，但其耐酸和耐碱性能都很差，优质工业搪瓷中要尽可能减少其含量。Na_2O、K_2O、Li_2O 三者同时引用，其化学稳定性比只用一种或二种碱金属氧化物的场合好些。在含硅量很高的条件下，碱性氧化物不会使瓷釉的耐酸性剧烈降低，因此碱性氧化物可用至 $18\% \sim 21\%$。CaF_2 有利于降低高温黏度，克服工艺上的困难，在烧成冷却过程中又使搪瓷层熔体黏度迅速增大。P_2O_5 能够降低搪瓷原料的熔融温度，有利于玻璃料在融制的过程中的熔融和澄清。以 CaO、SrO 代替部分碱金属氧化物，会使原来的熔制温度和烧成温度略有升高，但耐碱性也得到提高。表 2-18 是一个普通耐酸瓷的组成和性能示意，从耐酸残留物分析，损失主要发生在 $Na_2O + K_2O$ 上。

表 2-18　B_9 搪瓷组成范围及主要性能

项目	$SiO_2 + B_2O_3$	$Na_2O + K_2O$	$MnO_2 + CoO$	Al_2O_3	F
原始组成	72.9	20.75	1.33	3.24	1.65
耐酸残留物	84.16	11.27	1.41	2.15	1.01
耐碱残留物	72.39	17.05	2.87	5.47	0.75
失重/[mg/(cm² · h)]		热冲击 ΔT/℃	抗冲击/g · cm	烧成温度/℃	
0.0125(酸)	0.1(碱)	210	2100	900～950	

在搪瓷中引进 ZrO_2、TiO_2 对耐碱和耐酸性能均有好处；其中 ZrO_2 的耐碱性能特别好，在煮沸碱液中搪瓷内 ZrO_2 几乎完全不受腐蚀，ZrO_2 的耐酸性能亦很好。ZrO_2 是使搪瓷烧成温度提高的组分，因此，在工业搪瓷中的含量有一定限制。含 TiO_2 和 ZrO_2 的工业瓷釉的腐蚀机理与其在玻璃中的腐蚀机理是相同的，腐蚀液中残留的钛化物具有轻微的促进碱腐蚀作用，而 ZrO_2 在搪瓷中的耐碱作用，是由于在碱液中玻璃或搪瓷能形成 Na_2ZrSiO_5 耐碱保护膜。

玻璃中氧化物对盐酸的安定性依次是 $ZrO_2 > PbO > ZnO > CaO > TiO_2 > Al_2O_3 > MgO > BaO$；对碳酸钠的安定性依次是 $ZrO_2 > Al_2O_3 > TiO_2 > ZnO > BaO > PbO > MgO$；对氢氧化钠的安定性依次是 $ZrO_2 > CaO > ZnO > PbO > TiO_2$。少量的 ZrO_2 能显示出最明显的影响，ZrO_2 在提高化学稳定性方面的作用随着含量的增多而减弱。

既耐酸又耐碱的优质工业搪瓷，含有较高量 ZrO_2 和 TiO_2，这类搪瓷的化学成分（重量界）范围为：$SiO_2 + B_2O_3$ 50～75；$ZrO_2 + TiO_2$ 10～20，$MoO_3 + V_2O_5$ 0～5；$MnO_2 + CoO$ 0～4；$Al_2O_3 + CaO$ 0～5。表 2-19、表 2-20 的耐酸瓷的组成和性能示意显示了析晶剂对耐蚀性的影响。

表 2-19　D-80-7 搪瓷组成范围及主要性能

项目	$SiO_2 + B_2O_3$	$ZrO_2 + TiO_2 + Al_2O_3$	$MoO_3 + V_2O_5$	R_2O	CoO
原始组成	66.5	14.5	5	13.75	1
耐碱残留物	58.5	20.7	7.5	11.5	1.5
失重/[mg/(cm² · h)]		热冲击 ΔT/℃	抗冲击/g · cm	烧成温度/℃	
0.004(酸)	0.0125(碱)	260	3000	880～920	

表 2-20　DM-82-10 搪瓷组成范围及主要性能

项目	$SiO_2 + B_2O_3$	$ZrO_2 + TiO_2$	$MnO_2 + CoO + CaO$	R_2O	$MoO_3 + V_2O_5$
原始组成	60～70	10～20	2～4	15～20	3～5
耐酸残留物	+4.9	+0.6	+0.4	-6	+0.1
耐碱残留物	-2.9	+4.9	+1.3	-1.6	-1.2
失重/[mg/(cm² · h)]		热冲击 ΔT/℃	抗冲击/g · cm	烧成温度/℃	
0.0075(酸)	0.0125(碱)	200	2700	810～850	

2.5.4 搪瓷的制备

通常的搪瓷厂包括搪瓷釉的制备和搪瓷生产两个部分，化工搪瓷的瓷釉原料是由石英砂、长石等天然岩石加助熔剂（如硼砂、纯碱、碳酸钾、氟化物等）以及少量密着剂（镍、钴、铜、锑、锡等金属的氧化物）。经粉碎后按一定比例混合，在 $1130\sim1150℃$ 温度下熔融成为玻璃态，均化后出料粉碎。然后再加水、黏土、乳化剂等在研磨机内充分磨细，制成瓷釉浆。利用喷枪将瓷釉浆均匀地喷涂在已喷砂的钢铁设备表面，烘干，再进入加热炉于 $800\sim900℃$ 温度下进行烧成，即得到紧密黏附在钢铁表面的玻璃质搪瓷。烧成搪瓷坯体的设备是具有较大容积的烧成窑炉。若将若干个在现有搪瓷窑炉中进行搪烧的搪瓷部件，先进行钢板焊接，再进行瓷层"焊接"，就成为巨型搪瓷工件，就不必花费巨资修造大型工业窑炉。

等离子喷涂技术是将搪瓷配方，按常规生产方式进行粉料配制，熔制、研磨、烘干、过筛。取 $80\sim120$ 目间的釉粉，充分干燥后分别装在等离子喷炬漏斗中。将 3mm 厚的钢板，进行喷砂处理，使其表面粗糙化。随后先用等离子喷炬预热钢板至 $200\sim300℃$，再开启喷炬漏斗阀门进行喷涂。喷炬喷嘴距钢板 $12\sim15cm$。喷炬热区温度为 $2000\sim3000℃$，搪瓷釉在等离子喷炬热区作用下，瞬间熔化为熔滴，熔滴在气体压力作用下，以很高的速度运动，撞击基材金属。搪瓷釉和基材金属瞬间熔化、黏附、冷却，物理化学反应较为迅速，析晶和形成化学键，从而形成搪瓷涂层。

（1）搪瓷釉的制备

搪瓷釉制备的工艺流程如图 2-7 所示。

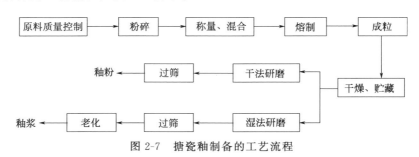

图 2-7　搪瓷釉制备的工艺流程

熔制：混合好的配料送入熔炉中进行熔制，熔制过程通常分为 4 个阶段。即原料脱水、部分原料分解和固相反应，开始出现液相和固-液相反应；原料大部分熔化并形成玻璃相硅酸盐等；进一步混熔均匀；最后形成黏度较低的熔体。在配料的所有反应都结束后，制得的熔体已不再含有生原料，也无可见的气泡，这时熔体可认为已经制备完成。常用的搪瓷釉熔炉有坩锅炉、池炉和回转炉 3 种。

玻璃料要熔透，所谓熔透就是要使熔融的瓷釉完全澄清，拉丝时无节点。因为硅酸盐瓷釉中有残存的石英晶体。因此，在瓷釉的熔化抽丝检查中，能发现釉丝上有"节点"。但是细小的原始石英颗粒不是用宏观方法所能看到的，只有用显微仪器才能判断。熔融温度过低或时间过短将造成熔制不透，此时搪瓷层内部组织不均匀，搪瓷层中 K^+、Na^+ 等不耐酸的成分局部浓度过高，导致搪瓷层容易被侵蚀，另外在烧制过程中搪瓷层表面也易出现毛孔、针孔等缺陷。但是熔制过度会使 K^+、Na^+ 等组成挥发过量。

研磨：搪瓷釉的研磨工艺必须严格控制，研磨不好会影响搪瓷釉的操作性能和产品的质量，为了保持搪瓷层的耐腐蚀性，在熔块球磨的过程中必须保证不破坏原始熔块的组成，要尽量减少磨入熔块中的杂质，要做到这一点必须控制球磨时间。研磨有干法和湿法两种，干法制成釉粉，湿法制成釉浆。一般日用搪瓷制品都采用釉浆涂搪，而铸铁搪瓷器械和卫生工程制品也可以用釉粉。研磨粒度一般小于0.09mm；在瓷粉用于静电涂搪时，其粒度甚至应小于0.04mm。底釉的搪瓷熔块其粒度可稍粗一些，而用作面釉的搪瓷熔块其粒度要细一些。湿法用黏土与水一起组成悬浮液，使瓷釉粒子能在该液体中始终保持悬浮状态。

（2）搪烧

搪烧工艺的控制不当会给搪瓷层的耐腐蚀性能带来不利影响。烧成不足时瓷面无光，极易被腐蚀；过烧时会使搪瓷层表面起皱，气孔增多，甚至搪瓷层中的小气泡上浮形成大气孔，气孔破损后形成针孔，降低搪瓷层的耐蚀性和硬度。

涂了湿瓷釉的工件（瓷釉中含水30%）送入搪烧炉内烧成前，必须先进行干燥处理。烘干时应当注意不使溶解于釉浆中的盐类重新在瓷层表面沉积、凝结，从而在瓷层表面形成一层壳状物，这样会妨碍瓷釉中水分的进一步挥发。

当对底釉进行烧成时，基体与搪瓷层密着基本依靠以下作用。①底釉层与钢板的界面区发生了电化学反应，局部电池以Fe和Co作为电极产生腐蚀作用，最终导致金属表面变得略微粗糙，熔融的瓷釉作为一种电解质，在经过腐蚀变得粗糙的金属表面小孔内依靠机械力牢牢嵌住，冷却后便产生极强的密着力。②瓷釉中的CoO和NiO等密着氧化物在密着过程中起着重要的作用，最好界面上的搪瓷被金属氧化物饱和，好的密着必须是一个"完全反应"界面。③氧在密着过程中发挥着重要的作用。在金属表面形成氧化铁，在界面上FeO与搪瓷层中的硅酸盐发生反应生成硅酸铁化合物。烧成过程必须持续到氧化层真正被溶解为止，产生"氧桥"形式的转换，通过化学键与搪瓷层结合，然后通过金属键与钢铁基板结合。氧的来源一是溶解了的金属氧化物，二是搪烧气氛中扩散进入瓷釉熔体中的氧。

用于钢板的底釉其烧成温度一般在800～850℃之间；在有些特殊情况下，它们可高于880℃，也可低于800℃。烧成时间一般为4～6min。面釉的烧成则根据采用的瓷釉种类的不同而各有差异，但一般总低于底釉的烧成温度，烧成时间也略短一些。

鱼鳞爆是搪瓷制品中最严重、最常见和最难克服的缺陷。鱼鳞爆是指搪瓷层自身产生的大小不一、深度不等的半月形剥落现象。鱼鳞爆的形成主要是钢板中氢的吸收、扩散、聚集和逸出引起的。金属在烧成过程中，残余的水在高温下同铁反应：$Fe + H_2O \longrightarrow FeO + H_2 \uparrow$ 这一类的反应使得金属基板的含氢量增加，是钢板增氢最严重的因素，因此，在产品烧结时，一定要尽可能地减少粉层中的水分和铁坯表面吸附的水分，从而减少氢的产生。

搪瓷层烧制时只有很短的几分钟时间，产品从炉内烧成温度直接进入室温，中间没有任何缓慢降温阶段，这样就会使搪瓷层很快冷却凝固，从钢板中析出的气体来不及释放出来，聚集在钢板与搪瓷层之间，导致鱼鳞爆。如果增大烧成的温度范围、延长烧成时间，使烧成时生成的气体有足够的时间从搪瓷层中释放出来，可以大大减少鱼鳞爆的产生。在搪瓷层烧成时，氧气与钢板中的碳反应生成二氧化碳，有的气泡大，在搪瓷层冷却前已冲出搪瓷层，有的气泡小，在搪瓷层冷却之前未能冲出搪瓷层而在搪瓷层中形成气泡，随着产品的冷却贮存在搪瓷层中，也一定程度地影响产品质量。

（3）搪瓷的制备示例

① 将称量好的原料在混合研磨均匀后，放入刚玉坩埚中，然后将坩埚放入炉中加热到700℃保温30min，以去除生料中的水分和Na_2CO_3分解释放出CO_2气体。然后将预处理过的生料加热到1150～1350℃，保温1.5h，拉丝无泡无节，获得均匀的熔融瓷釉料。然后立即将熔融的瓷釉料倒入冷水中淬碎。最后把瓷釉料从水中取出，放入100℃干燥箱中干燥1h。

② 将干燥后的瓷釉料放入球磨罐中，添加黏土3%，按照球料质量比为25:1的比例向球磨罐中填加刚玉磨球，研磨24h，将研磨后的粉料倒出过325目的筛，要求剩余率不超过1%。若超过1%则需再次球磨，直到剩余率合格为止。

③ 向过筛的粉料中添加适量无水酒精后，密闭静置 24h 使瓷浆老化，以使瓷釉粉末在瓷浆中更稳定，提高瓷浆的涂搪性能，增强光泽，消除气泡，便于涂搪。

④ 向老化后的瓷浆添加无水酒精，使玻璃料的含量为 60%。将 Q235 试样浸入瓷浆中 30s 后取出，抖动和旋转以除去多余的瓷浆。如果试样表面的瓷浆厚度均匀地分布在整个钢板上，并且厚度达到 0.8mm 说明瓷浆的浓度正好。如果瓷浆厚度不均匀且厚度大于 0.8mm，说明瓷浆浓度大，需要减小瓷浆的浓度。直到瓷浆均匀分布在整个试样表面。将涂搪完毕的试样放入 100℃ 干燥箱中干燥 2h。

将干燥后的涂搪试样放入保温在温度约 880～900℃ 的空气炉中烧制约 2～10min，然后取出放在石棉板上自然冷却至室温即可。

2.6　耐蚀铸石

2.6.1　铸石概述

所谓铸石就是以特定的天然岩石或工业废料为主要原料，经粉碎、配料、熔化、浇铸、成型、结晶、退火而成的工业制品。铸石生产同微晶玻璃的生产有些相似，但是各项原料的准备和工艺操作步骤更严格。即使如此，成品率也较低，通常只能达到 60%～80%。通俗地说，铸石就是由熔铸方法制造的人造岩石。原料天然岩石主要为玄武岩、辉绿岩，其次为角闪岩及某些矿山围岩等；工业废渣主要为铁、铬、锰等炉渣、电厂煤渣、真空冶金渣等。铸石突出的优点是具有优良的耐磨性和良好的耐化学腐蚀性能。要比金属、天然石材、陶瓷、玻璃等材料的耐磨性好，是少量的能耐碱的无机硅酸盐材料。铸石成品一般都是致密块状构造，瓷状断口，土状光泽。

铸石是一种低硅含量的无机硅酸盐制品，其矿相结构是由普通辉石结晶和残余玻璃相构成，辉石约占 80%～90%，玻璃占 10%～20%，以及少量在熔化、成型过程中产生的少许气泡。铸石的性能由铸石中的矿相和结构构造决定，是典型的依靠材料的相结构提高耐蚀性能而不是依靠材料的化学组分提高耐蚀性能的例子。铸石所以具有良好的耐磨性和耐腐蚀性，所以存在抗冲击和耐热稳定性差的缺陷，其原因就在于主要矿相——辉石的性质及细粒、等粒结构，属于共价键形成的原子晶体类物质，晶体的延展性小，有耐磨性，脆性。优质的铸石，其辉石应为矿相单一化、结晶微晶化、矿物之间结构交错化的结构。

辉石晶体是一种硅酸盐矿物存在的重要岩石形态，主要存在于火成岩和变质岩中，普通辉石是最常见的辉石矿物，出现在很多岩石中，甚至在月球的一些岩石和陨石中，它也是常见的成分。普通辉石 $[(Ca，Mg，Fe，Al)_2(Si，Al)_2O_6]$ 是一种含钙、镁、铁和铝的硅酸盐，普通辉石次要成分有 Ti、Na、Cr、Ni、Mn 等，偶尔还有微量钠。辉石晶体属单斜晶系的单链状结构硅酸盐矿物。短柱状，横断面近八边体，集合体常为粒状、放射状或块状。莫氏硬度 5～6，相对密度 3.23～3.52。它的晶体粗大，黑色，或带绿及带褐的黑色，少数为暗绿色和褐色。

2.6.2　铸石的组成

（1）铸石的化学成分

铸石的化学成分主要为 SiO_2、Al_2O_3，其次为 CaO、MgO、Fe_2O_3，含少量 TiO_2、KO、Na_2O、MnO、Cr_2O_3，不同厂家的产品的化学成分略有变化，但大体相近。铸石制品的化学成分变化范围见表 2-21。它是矿物原料配方的主要依据。

表 2-21　铸石制品的化学成分变化范围

化学成分	SiO_2	$Al_2O_3 + TiO_2$	$Fe_2O_3 + FeO$	CaO	MgO	$K_2O + Na_2O$
质量比/%	47～49	16～21	14～17	8～11	6～8	2～4

（2）化学成分对矿相组成的影响

铸石中的普通辉石以富铝、贫钙为特征，残余玻璃的化学成分接近于斜长石。因此，在设计铸石的化学组成时，铸石的化学成分应与普通辉石化学成分相近，其中应使 SiO_2 还有一定余量。但当化学成分配方中 SiO_2 超过 50％时，由于熔融温度显著地提高，澄清脱气困难，铸石中气泡增加，且生产成本也显著地提高。如果 SiO_2 低于 30％时，虽然在熔融温度方面不存在问题，但由于熔融物的黏度大，致使成型变得困难。

在铸石生产中，Al_2O_3 对辉石结晶长大起着抑制作用，是铸石细粒的重要保证。铝进入辉石生成 $MgAlSiAlO_6$ 分子，该分子一半的铝是六次配位，一半的铝是四次配位。在透辉石中可以溶解 $MgAlSiAlO_6$ 分子的最大限度是 40％（分子），因此，Al_2O_3 的上限原则上不应超过 19％。Al_2O_3 在 20％时，辉石区已经缩得很小、而斜长石区则相应扩大。当 Al_2O_3 达到 25％时，辉石区已消失。从辉石的晶体化学上来看，并没有对 Al_2O_3 的下限有所限制，但是 Al_2O_3 含量过低，辉石的晶体生长速度过大，难以保证得到结构细密的铸件，所以 Al_2O_3 少于 13％是很难保证成品率的。

辉石晶体化学式允许 CaO 的含量高达 25％，但 CaO 超过 15％时，易生成硬度低的硅灰石 $Ca_3Si_3O_9$，耐磨性差。而 CaO 低于 5％时，由于熔融温度上升，并且因熔融物的黏度高，成型困难。铸石中 CaO 的含量低于理论值的原因是：熔体中，中等大小的阳离子特别多，如 Fe^{2+}、Mg^{2+}、Al^{3+}、Fe^{3+}，它们占据了钙离子的位置。所以当 Fe^{2+}、Mg^{2+}、Al^{3+}、Fe^{3+} 较少时，CaO 的量可以适当增加。铸石中氧化钙的下限和铸石中的含铝量有关，钙是铝进入辉石的载体。我们希望铸石中的铝尽可能多地进入辉石晶格，就要保证足够多的钙做载体。所以辉石中氧化钙的分子数必须大于或等于 Al_2O_3 的。

钠在辉石中不能过多，过多进不了辉石晶格，造成玻璃相多。钾因其离子半径太大不能进入辉石晶格，所以钾不是铸石的理想组分，钾只能残留在玻璃相中，因此含钾高的玄武岩不宜用来生产铸石。

铸石中镁和铁的关系是比较简单的，是完全类质同象关系。如 Fe_2O_3 超过 20％时，则 Fe_2O_3 的大部分都形成了赤铁矿，耐磨性很低。而 Fe_2O_3 低于 10％时，熔融温度上升。铸石化学成分中少量的磁铁矿或铬铁矿非常重要，它们是普通辉石的结晶中心。因此，化学组分中的铁不但要考虑其数量，还要考虑构成磁铁矿的 Fe^{2+} 和 Fe^{3+} 的比例。浇铸后，磁铁矿结晶温度略高于辉石，这种细小的大量的磁铁矿独自形成粒状结晶中心，使普通辉石大量产生，并控制了晶粒大小。

铬铁矿结晶的形成过程分为外加结晶中心和自生结晶中心。外加结晶中心是从炉外加入的粉末状的铬铁矿，铬铁矿呈固体分散于岩浆中，因此铬铁矿的细度和加入方式非常重要。自生结晶中心是岩浆中自生的，氧化铬同岩浆中的铁先结晶出铬铁矿微粒作为辉石的结晶中心。所以，自生结晶中心的辉铸石，其辉石颗粒细而均匀，结构紧密，一般性能要优于外加结晶中心的辉铸石。晶核剂颗粒越细，越容易分散均匀和充分有效成核。细的晶核剂不但可减少用量，而且铸石制品性能也好。

金、银、铂等微量扩散元素，铬、钛等金属氧化物，铁、锌、锰等硫化物及氟化物等，都是铸石的结晶剂。

2.6.3　铸石的矿物原料

铸石生产用的矿物原料主要是成分近似于辉石的天然岩石和工业原料，玄武岩和辉绿岩都是基性岩浆岩，化学成分相对稳定，变化范围为（%）：SiO_2 45～52、TiO_2 0～3、Al_2O_3 12～19、Fe_2O_3＋FeO 2～19、MgO 3～14、CaO 7～13、Na_2O＋K_2O 2～4。尤其是玄武岩，具有分布广而主要成分相对稳定的特点。这样就可以进行单一原料的生产，避免复杂的原料准备和难于控制的配料过程。但是由于地球成矿条件的复杂多样，也随着人们对硅酸盐物理化学理论的深入了解，现在单一原料生产铸石不管从原料上还是产品的性能上都难以满足现代需要。

玄武岩是目前理想的铸石原料，它结构致密，含有玻璃，因此熔点较低，在1200℃左右就可熔化，1350～1400℃时就可得到合乎浇铸质量的熔浆。与辉绿岩相比，玄武岩一般Si/Al比低，岩浆黏度小，适合浇铸，并有较强的结晶能力，可节省燃料，降低生产成本。

辉绿岩和玄武岩同为基性岩浆岩，化学成分相近，但由于生成条件不同，导致矿物相结构不同，以细粒结晶的辉绿岩为佳。辉绿岩中矿物粒度比玄武岩粗，不含残存玻璃相，所以比玄武岩难熔化，岩浆的均化也不如玄武岩。辉绿岩机械强度比玄武岩大很多，破碎难度也相应增加。此外辉绿岩虽分布广泛，但各呈岩片，片体产出，露头面积要小得多。

工业原料主要是各种冶金及有色金属冶炼炉渣、化工渣、烟道灰等。用它们生产的铸石的性能一般优于天然岩石生产的铸石。其原因是人工石料中所含的硫化物、氟化物和微量金属元素要多于辉绿岩、玄武岩等天然岩石，而这些硫化物、氟化物和微量金属氧化物对改善生产工艺条件、促进铸石结晶、提高铸石的结晶程度都有极好的促进作用。

目前用于生产铸石的原料除天然岩石和工业废渣外，还常根据工艺条件需要加入其他辅助原料，如石灰岩、白云岩、菱铁矿、石英砂、蛇纹岩等。一般在炉料中还要加入助熔剂（萤石）和结晶剂（铬铁矿或铬渣）等。

2.6.4　铸石的矿相结构

铸石生产过程中的结晶中心的引入及有序结晶使铸石中结晶体的含量高于火山岩，一般可达80%～90%，其余为玻璃相及气相，但颗粒细小，一般粒径为0.01～0.5mm，这是各种铸石的共同特征。

（1）辉石

普通辉石是玄武岩、辉绿岩铸石以及炉渣铸石中的主晶相。在浅色铸石和铬渣铸石中则常见透辉石晶体。含钛量高的辉绿岩铸石中可出现钛普通辉石。铸石中的普通辉石，在化学成分上与玄武岩、辉绿岩中的辉石是大不相同的，因为它吸收了大量由斜长石转化过来的硬玉分子和内橄榄石转化过来的斜紫苏辉石分子，形成了富铝、富碱、贫钙的特点，可称为铸普通辉石。

铸石的生产过程类似于基性火山岩的形成过程，但铸石熔体的冷却速度要快得多，所以一般均呈发育不良的晶形，以微晶集合体或晶体的骨架——骸晶出现。骸晶是在铸石熔体黏度急剧增大、结晶物质构造单体运输困难的情况下形成普通辉石羽毛状雏晶相互紊乱地交织在一起的结构；普通辉石微晶环绕铬铁矿晶体放射状生长的星状结构；或是中心是铬铁矿或磁铁矿，由针状普通辉石组成的球粒结构。这3种结构是铸石的理想结构。这种结构的铸件呈瓷状断口。因此，铸石的矿相结构主要有辉石类矿物（普通辉石，有时有透辉石），少量黄长石、铬铁矿、磁铁矿、玻璃相，偶有钙铁矿、硅灰石、橄榄石。

铸石中出现的橄榄石有镁铁橄榄石和钙镁橄榄石两种，当钙镁含量高和镁铁含量过高时出现，橄榄石类晶体对铸石的性能有损害，要避免产生。铸石中的斜长石是在浇铸温度较低或在1100～1200℃区间停留时间较长而出现，易导致产品报废。黄长石主要出现在各种工业废渣铸石中，易形成晶洞构造和分层构造。钙钛矿只出现在含钛量高的铸石中，呈紫红色十字架状骸晶。硅灰石常出现在白色铸石中，有时也出现在以煤矸石做原料的铸石中，结晶呈针状。

（2）玻璃相

铸石中少量玻璃相存在于结晶相的间隙中，起着固结作用，对铸石的力学性能是有好处的。结晶的各阶段中玻璃相的成分不是一成不变的，随着结晶相的增加，大量的钙镁铁转入结晶体中，因而残留的玻璃相即富含了碱金属以及形成玻璃不可缺少的硅铝成分，它们的成分往往相当于斜长石。

铸石正常的构造应为物相分布均匀的块状，但当配方和工艺条件不正确时则会由于岩浆冷凝结晶、体积收缩而在铸石外表出现皱纹构造。

（3）矿相结构和性能

铸石的力学性质、热稳定性与其化学成分相矿物组成及其结构的关系极为密切。目前普遍认为，铸石要具有良好的热稳定性，应尽可能地使铸石由单矿物相组成，结晶矿物相之间的残留玻璃相量要少于5％左右。铸石中橄榄石、磁铁矿、透辉石的形成将大大降低铸石的热稳定性。因为这些矿物的膨胀系数都大大超过普通辉石。在温度变化时，矿物相之间膨胀系数的差别产生内应力，以致容易发生炸裂现象。同样，残余玻璃与矿物相之间的膨胀系数也有差异。要使矿相单一化，必须是岩浆的成分接近辉石的成分，温度要严格控制好，特别是掌握适度过冷却，要有足够的细而分布均匀的结晶中心。

铸石的抗压、抗拉、抗剪、抗冲击等性能都密切地与铸石结构有关。结构细密均匀的铸件一般比粗粒结构的强度大得多。铸石的耐磨性在很大程度上也取决于结构。细粒结构的铸石制品比粗粒结构的耐磨性高。这说明耐磨性好的铸石制品，必须是由单一矿物相普通辉石组成，并具有细球粒结构、星状结构或者羽状雏晶交织结构，若其中出现橄榄石、黄长石、钙铁矿等矿物时，结构变粗，其耐磨性就明显降低。矿物之间结构交错化可以提高冲击强度。普通辉石是呈矮柱状的，在一般辉铸石中呈球粒状结构。锥辉石是细长柱状的，为了增强辉铸石的抗冲击性能，如果锥辉石在铸石中形成交错结构，则其抗冲击性能会有很大提高。

微晶铸石是铸石发展的一个突破，其晶体尺寸一般控制在 $0.1\sim0.3\mu m$，致密均匀，析晶率在65％左右。在微晶铸石成型过程中，其内部的微晶体周围填充玻璃相，在很强的共价键力作用下起到粘接剂作用。这些微小的近乎于纳米级材料的晶体，具有很高的耐磨性和机械强度。由于铸石都是由键力较强的共价键相互结合，其表面的共价键因加工、研磨等而发生断裂，将有较大的残留共价键力，表现出较强的亲水性。当这种材料表面接触水时，会形成一层附着力很强的"水膜"，而且由于微晶铸石没有微气孔，吸水率为0，因此，这层"水膜"仅仅吸附在微晶铸石的表面（厚度约 $100\sim300\mu m$），这层薄薄的"水膜"起到了润滑剂作用，进而减小了摩擦系数。

2.6.5　铸石的生产工艺

铸石生产过程的目的是把原料中的复杂矿物相（斜长石、辉石、橄榄石、角闪石等）转变为单一矿物相——辉石。生产中的熔化和结晶工序就是实现这个转化的手段。铸石生产的一般工艺过程，与熔铸耐火材料相似，为原料研磨、精制→配料→搅拌→成球→干燥→熔融澄清→浇铸成型→结晶→退火处理→后加工。冲天炉熔料的工艺参数：冲天炉熔化温度1560～1600℃；浇铸温度1330～1360℃；结晶温度950～950℃；退火温度650～700℃。它比普通玻璃的生产多了一个结晶过程，比普通陶瓷的生产多了一个熔化过程。

（1）原料研磨、精制

铸石所含的气孔可分两类：一是 $100\sim300\mu m$ 的比较大的气孔；二是 $1\sim10\mu m$ 的细小的气孔。这两种气孔是在熔融和成型时所含有的，而其含量是受原料中所含的分解成分、熔融物的流动性和成型方法等的影响所致。原料中的含发泡性成分如结晶水、可分解碳酸盐等在熔化以前彻底分解挥发是很重要的。如使用矿渣作为原料时发泡就显著。采用配合原料时原则上原料粉碎得越细，熔体化学成分越均匀，有粉碎至 $88\mu m$、筛余量为 4% 的报道。

（2）配料、搅拌、成球

硅酸盐材料配料比化工生产配料要复杂，因为原料矿不是由单一化学成分构成，原料矿中总是带入 2 种以上的化学成分，所以要将化学组分配比转换为矿物配比，对矿物中的有害成分要特别重视，如果有害成分几种原料矿均有，其累积效果惊人。配成的炉料熔点要低，熔炼成的熔液黏度要小，流动性能良好，易于浇注，并能够完全填充模具；搅拌混合是保证粉碎效果的必要条件；若有粉状原料，使用冲天炉熔炼时，应用水（掺少量水玻璃）将粉体团聚成球或小块，以免熔融时吹失，矿粉成球后同焦炭一起进入高炉才能保证熔料的堆积密度，这同高炉炼铁相似。

（3）熔融

高炉熔化设备所用燃料是焦炭，它是与已制备好的炉料分层投入的，焦料比一般为 1∶2。熔化机理与炼铁工艺有相似之处。由于这种熔化机理，冲天炉内的熔化气氛是强还原性的，使炉料中 Fe_2O_3 部分还原成 FeO，使熔化岩浆中 FeO 含量增多，部分 FeO 又进一步可还原成金属铁（Fe），结果在前炉底部沉淀着铁水。还原作用使得岩浆中 Fe_2O_3 与 FeO 比例明显降低，严重偏离了磁铁矿中两种氧化物的比例。磁铁矿很难结晶出来，起不到岩浆中辉石结晶时的异核结晶中心作用。因此，在用冲天炉熔化生产铸石的工艺中，一般是不能采用单一原料生产的，往往要采用添加附加料的混合料。在混合料中尤其要适当加入铬铁矿作为晶核剂。同时要尽量选用含有较高 Fe_2O_3 的原料，或适当补充些赤铁矿。这样才能得到较大浇铸间隔的岩浆，并会使岩浆结晶能力提高，形成致密而均匀结构的铸石制品。

池窑熔化设备燃料用重油、煤气、天然气等，具有熔化温度高、生产效率高、炉子使用寿命长、操作简便等优点。生产铸石用的池窑与玻璃池窑有相似之处。由于池窑采用燃烧油气的方式，窑内的氧化还原气氛可以适度控制调节，以弱还原→中性→弱氧化状态变化。这种熔化条件，对岩浆中的 Fe_2O_3 和 FeO 含量不会引起较大的改变。它们在岩浆中的比例较为接近磁铁矿中的值，能使磁铁矿较早地成核结晶出来，成为辉石的异核结晶中心。因此，这种生产工艺，可以不必引入晶核剂，实现了单一原料生产铸石的目标。但在熔化阶段，要加强岩浆对流混合，前炉的澄清均化要求一般会更高些。用池窑熔化生产铸石，只要选料与工艺匹配恰当，则产量大，成本低，劳动强度小，是现在发展的方向。

熔化温度从成型需要在 1350℃ 最适宜。从节能的角度最好是更低，添加芒硝、氟硅酸钠和 $BaCO_3$ 等助熔剂可降低熔化温度，但会降低铸石耐磨性能。

熔融时原料矿根据产地大略在 1150～1190℃ 开始出现液相，即开始熔化，1220℃ 仍保持原料的颗粒形态；1245℃ 明显熔化，液相较多，消失了原料的颗粒外形；1275℃ 原料中晶相基本熔化，残余的磁铁矿一直保持到 1290℃ 时尚有少量存在。磁铁矿多以自形粒状和积集体形式出现，随着浇铸温度提高，大于 1250℃ 出现松树枝形和十字架状的骸晶，至1260℃ 自形磁铁矿数量显著减少，1270℃ 自形磁铁矿基本消失，随浇铸时间增长磁铁矿粒度变大，数量渐稀少。

1295℃ 所有晶相基本消失成玻璃相，熔体基本熔化。但此时熔体中残存较多的气泡。熔体在 1200℃ 以下黏度非常高，呈几乎不能流动的胶态。随着温度增加黏度降低甚快，在1200～1250℃ 范围内的温度相应黏度为 6.3～10.7Pa·s，在 1300℃ 为 4.2Pa·s 左右。熔体在高温下黏度很小，有利于澄清脱气。

此外，熔化温度还与后续结晶关系很大，随熔化温度提高和保温时间的延长，结晶的辉石相球粒结构渐变粗大。以 1300℃ 熔化温度时，结晶后以自形磁铁矿及其聚集体为结晶中心的辉石相球粒结构最为理想，晶粒大小约 $20\mu m$。在 $1320℃$ 熔化温度以下，球粒结构细小致密均匀，玻璃相约占 20%。在 $1350℃$ 以下熔化，熔体中均有残留磁铁矿晶体，并以无定形尘埃状和积集体形式分布于整个熔体中，因而岩浆有较强的结晶能力。在 $1350℃$ 熔化，磁铁矿细小晶体消失，结晶后结构粗大、不均匀，晶粒大小约 $30\sim60\mu m$。$1400℃$ 熔化后磁铁矿基本消失，辉石雏晶只隐约可见，玻璃相增到 80% 以上，外观表征几乎全为玻璃体。$1400℃$ 以上磁铁矿晶体基本全部熔融、岩浆结晶能力显著减弱成玻璃态。

这样熔化对结晶的影响可以理解为在一定温度下，熔融后冷却的熔体中含有细小晶体粒子，它们可能是残余或重新生成的自形磁铁矿，结晶时，在这些粒子周围析出辉石相。随着熔化温度的升高，这些粒子数量明显减少，原来熔体玻璃一定的有序性也遭到破坏，破坏了岩石重熔冷却过程的结晶继承性（即岩石重熔冷却整个过程能重演岩石的结晶顺序，如果熔体元素非常均匀，则非极慢冷却就成为了玻璃体），结晶中心大量减少，将使结晶尺寸变大，玻璃相大量形成。因此，熔化制度直接关系到原矿物残余物的存留，对结晶能力有较大影响。必须控制在一定的范围内，只有低温熔化才能保证有足够的残留磁铁矿，才有一定的结晶中心，达到快速结晶。熔化时间过长，也将会导致与温度过高同样的后果。如果铸石生产采用高温熔化工艺，原矿物结构完全被破坏后，再补加晶核剂作结晶中心再结晶而成。

在物料全熔化以后要进行一个阶段的澄清和均化。在熔液中含有较多的气态物质，澄清的目的即是要排出熔体中的气相组织。均化的目的是通过熔液中各组分间的相互扩散以达到熔液中各组分的均匀性。澄清和均化过程均需在高温状态下进行。此时，熔液的黏度迅速降低，流动性加大，熔液的扩散作用加强并迅速逸出气泡。

因此从脱气和结晶的平衡角度考虑，熔化温度在 $1290\sim1350℃$，以 $1300\sim1320℃$ 为佳，如略低，保温时间可略长，若熔化温度提高则保温时间可缩短，如：$1290℃$ 熔化以保温 $40\sim60min$ 为宜，$1320℃$ 时以保温 $20\sim40min$ 为宜，这样能得到结构程度理想的制品。

（4）结晶

岩石熔液熔炼好了之后，通过澄清池的浇注口流入模型或砂型中进行浇铸。浇铸之后铸件连同模型装入结晶窑进行结晶热处理。浇铸后，铸件并不立刻进入结晶炉，待十几秒至几十秒钟，铸件发暗红色时，方将铸件送入结晶炉内，铸石熔浆的液相线温度大约是 $1200\sim1250℃$，固相线的温度大约是 $1100\sim1050℃$。在铸石熔浆的冷却过程中将可能析出各种晶相，其析出的次序以及析出的温度范围列于表 2-22。

表 2-22　铸石熔浆的结晶条件

低温析出顺序	高温析出顺序	矿相	析出温度范围/℃	析出时的原始状态
1	1	磁铁矿	$1300\sim650$	液-固
2	3	辉石	$1200\sim800$	液-固
3	1	橄榄石	$1300\sim900$	液-固
4	2	黄长石	$1250\sim920$	液-固
5	4	斜长石	$1160\sim1000$	液-固
6	5	角闪石	$1150\sim1050$	液-固

我们知道，磁铁矿是铸石的晶骸，辉石是铸石的主要结晶，要使橄榄石、角闪石、长石等不结晶或少结晶，磁铁矿先大量结晶，然后完全是辉石从玻璃相中结晶，选取的浇注温度 $1300℃$，辉石结晶温度 $800\sim900℃$，如果熔化制度使磁铁矿消失，则浇注温度要低于 $1300℃$，以使自形磁铁矿形成，但是这就使得橄榄石、角闪石、长石等结晶了出来。铸石结晶温度应从浇注温度较快地下降到 $800\sim900℃$，以使辉石尽量多的结晶出来。这个结晶温度和固相线的温度之间的温差，称为过冷却程度。因为不同的矿物其析出的温度是不同的。

适度过冷却是保证辉石从岩浆中最大限度地析出，防止其他矿物析出的必要条件。另外，适度过冷却能使岩浆中的主要成分三氧化二铝在结晶过程中以六次配位进入辉石晶格，阻止以四次配位进入长石晶格。从而达到以辉石为矿相的优质铸石的目的。

过冷却是通过模具温度和浇注体的空气冷却来达成的，因此可以控制浇铸温度、工件厚度、模具温度、凉板时间来控制冷却速度。冷却速度是由开始浇注到进入结晶窑的全部操作时间来决定。目前的工艺装备是正常冷却速度 30～60℃/min。在浇注前必须将金属模具加以预热，预热温度不仅影响铸件的冷却速度，而且是控制铸件质量的重要因素之一，同时对金属模具本身的使用寿命也有很大的影响。通常将模具温度提高到 200～400℃，使铸件温度在进入结晶窑时正好在结晶温度范围。浇注温度越高，熔体流动性越好，但浇注温度过高时，晶核少。浇注温度太低时，熔液流动性恶化，会出现浇不满及结晶不良的现象。浇注温度应随铸件大小、厚度的不同相应地改变。

铸石生产中使用铝镁合金或耐火材料铸型进行浇铸，通过辊道输送到结晶窑炉结晶，简单的小件制品（如 180mm×110mm×20mm 板），结晶时间 10～120min，一般的铸件结晶时间 15～200min；复杂的大件，结晶时间为 30～400min。铸件出结晶窑的温度 600℃，完成结晶工艺后脱模，铸型返回前炉，铸件进入退火窑中进行码垛退火。

通常结晶不够的原因有结晶时间太短；结晶窑温度低；配方成分中钙镁铁量太低；浇铸时模具太凉。

微晶铸石与一般铸石所不同的是在工艺上选择了一条理想的温度曲线，即从浇铸温度急剧下降到 800～700℃恒温，等作为结晶中心的雏晶大量形成后，回升到 900～950℃温度中结晶，最后进入退火。这样，既保证辉石微粒结晶，提高了辉铸石的结晶程度，同时避免了其他矿物的析出。因而各种性能远远超过一般的辉铸石。

（5）退火

因铸件的结构强度及导热性很低，铸件降温太快，辉石与残余玻璃相或其他矿物的热膨胀系数差别较大，会造成相间内应力而导致炸裂；同时，铸件内外温差太大，在冷却过程中也有内应力产生。为了消除在结晶过程中和冷却过程中所产生的内应力，铸件结晶后必须经行退火处理。

退火是铸石生产中重要的环节，由于原料、燃料与生产方法不同，结晶退火工艺也不相同，但均需掌握其结晶特性和退火危险区，控制降温速率，制定退火曲线，并考虑相适应的窑炉结构和装备。

铸石生产均采用隧道窑退火，传动方式有窑车、推板、辊道等形式，燃料以煤气和燃气为多，退火时间一般在 24h 以内，退火成品率很高，均达 90%以上，能耗低，退火占总能耗 1/3。板材的退火窑最高温度（即装窑门温度）应在 650～750℃之间，使其缓慢降温至 50℃以下方可出窑。退火周期较长，退火时间需 70h，冷窑加热到最高退火温度还要 6～8h。

（6）示例

下面是一个铸石中试研究示例。

① 配料　按原料的化学成分配料，将页岩粉碎到 1.0cm 以下，按配比均匀混合后，装入坩埚。

② 熔化　采用 ϕ48cm×80cm 直筒型坩埚窑，用焦粉作燃料，一次装入 50kg，用 700W 吹风机吹风。熔化周期，从装入坩埚到出炉一般需 2.5～3h，开始熔化温度在 1350～1400℃，完全熔化温度为 1450～1500℃，熔化时间 1～1.5h，在熔化过程中加强搅动，以保证 3 种原料互相扩散，达到均化和脱气。

③ 浇铸　熔化好的岩浆出窑后，稍停片刻，除去面上的渣，即可浇铸。浇铸的速度不要太快，以免底部铁水冲出、混入制品。浇铸的温度一般为 1300～1350℃，此时，岩浆流

动性较好。低于 1300℃，则岩浆黏度大，成型困难，制品表面不平整，有时还产生玻璃线，影响浇铸数量和制品质量；如浇铸温度太高，浇铸后又马上放入结晶炉，则因岩浆散热慢，入炉后仍处于软化状态，导致结晶缓慢，甚至出现不结晶的产品，因此当烧铸温度过高时，浇铸后就不忙立即送入结晶炉，待开始凝固后再放入炉内结晶。

④ 结晶　在 12 千瓦箱型电阻炉进行，加热室尺寸 200mm×300mm×500mm，结晶温度控制在 860～900℃，结晶时间为 20～40min，结晶制度控制是否合理，将影响制品的质量，根据试验，制品厚度每增加 1～2cm，结晶温度可降低 10～20℃，结晶时间可增长 5～10min。至于结晶过程是否已经完成或结晶制度是否合理，可间隔一定时间后，从结晶炉内取出一块制品，打断后，观察断面来判断，如断口为瓷状，则表示结晶良好；如断口很粗或呈暗亮色，略具玻璃光泽，则需分析原理，调整结晶制度。

⑤ 退火　退火在马弗炉内进行，开始退火温度为 660～700℃，冷却速度为 10～20℃/h，250℃以下在炉内自然降温，至 50～60℃出炉，全部退火时间为 40～50h，按这样的退火制度，一般都能防止产品发生炸裂。

（7）烧结铸石

烧结铸石制品是把铸石炉料熔液水淬、粉碎成玻璃粉料，通过压制成型或注浆成型，干燥后进行烧结所制得的制品。它相似于陶瓷通过固相反应而实现所要求的矿相的烧结。它的主要优点是能够制造出用熔铸法不能铸造的，或不易铸造的制品，以弥补熔铸方法的不足。例如，外形复杂的制品、薄壁的制品、化工用的细的管子或异形的管子，用熔铸法时，成型比较困难。而用烧结方法，则成型较易。

成型黏结材料可以用黏土，最好不用。烧结制品和陶瓷制品一样，制品不宜直接和火焰接触。这样就需要把坯体装在匣钵里，或在窑中用耐火砖及耐火板摆成格架把坯体装在里面。烧结工艺包括预烧阶段、升温阶段、烧成阶段 3 个部分。

2.6.6　铸石材料的应用

（1）铸石的性能特点

铸石除氢氟酸和过热磷酸外，在所有酸碱中几乎不溶解。铸石在和酸碱作用后，表面能逐渐生成一层铝硅酸盐保护膜，它能防止介质的化学腐蚀。因此铸石在耐化学腐蚀方面相当优秀。像环氧树脂不耐强酸、橡胶不耐有机溶剂、聚氯乙烯不耐高温、不锈钢不耐盐酸、花岗岩材料易层层剥落等，唯独铸石性能比较全面，能在各种条件下使用。

铸石的化学稳定性取决于其晶粒大小及结晶程度和矿物相。当主晶相为普通辉石时，化学稳定性最好。随着其他矿物晶相及玻璃相增加，化学稳定性相应降低。未结晶的玻璃体其化学稳定性较结晶的产品差几十倍，因此生产铸石耐酸粉必须要用结晶的铸石废品，而不能用玻璃体铸石。

在大多数情况下，铸石制品结构致密、气孔率低、高温机械强度大，但铸石的最大特点是它具有一般金属材料所不具备的耐磨性能，其耐磨性比合金、普通钢材、铸铁高数倍甚至十几倍，比相同材质的烧结铸石也要高出数倍。此外铸心还有良好的介电性和绝缘性。铸石的机械强度与显微结构密切相关，单一矿物相晶体多，粒径小，分布均匀及细球状结构、星球状结构、羽状交织结构的铸石机械强度最好。

铸石制品的抗冲击性能和热稳定性很差，铸石制品用作设备的衬里是一种比较理想的耐化学腐蚀材料，可根据设备的情况选用不同类型的铸石板，再用铸石粉配制的胶泥粘牢并勾缝密实，使侵蚀介质与底层隔离。其次是涂层，用铸石粉配制的耐腐蚀胶泥涂抹成保护层，对金属起保护作用。再有是配制耐腐蚀混凝土，其中最常用的是水玻璃铸石粉耐酸混凝土。

（2）铸石的应用

铸石制品种类很多，根据产品形状有板材、管材、异形材、铸石粉（主要是耐酸粉）等。根据其材质及原料又可分为辉绿岩铸石、玄武岩铸石、角闪岩铸石、炉渣铸石、矿渣铸石、浅色铸石（由白云岩和石英砂合成），此外，还有耐火铸石（熔铸耐火制品，如电熔刚玉砖，电熔莫来石砖等）。一般所称铸石主要指辉绿岩铸石、玄武岩铸石两种，其中玄武岩铸石质量最好，成本低，产量最大。

由于铸石具有独特的耐磨性和抗腐蚀性，并有良好的绝缘性和较高的抗压强度，是钢铁、有色金属、橡胶、耐酸搪瓷等材料的理想代用品，所以广泛应用于冶金、电力、化工、采矿、机械、建筑、轻工等工业中并取得了显著效果。铸石制品的应用，使很多工业部门在耐磨、耐化学腐蚀方面长期未能解决的一些关键问题得到了解决。如利用铸石的抗腐蚀性，在化学工业中代替钢材做贮酸槽、电解槽及输送腐蚀性溶液的槽、管的衬板、衬管等。

在给排水工程中，用铸石管代替钢管，耐磨蚀性强，抗土壤荷重能力强，使用寿命延长。利用铸石的耐磨性，采用铸石做炼焦厂、水泥厂、煤气厂、发电厂、矿山的风力和水力输送管、运料槽、料仓、矿浆输送设备的衬里及球磨机衬板、磨球等，寿命可比橡胶、钢铁衬料提高数十倍。在建筑业中，应用铸石代替花岗石和大理石做房屋柱脚、桥墩、隧道及地铁衬板等。含钡的辉绿岩铸石可隔绝射线的透射，用做核反应堆外层保护层。熔铸耐火材料则是玻璃窑炉内衬的首选耐火材料。

2.7 碳素材料

2.7.1 碳素材料概述

人们从矿物体中开采得到的碳有 3 种形态：金刚石、石墨和各种煤炭。金刚石和石墨是结晶形碳，各种煤炭为无定形碳。它们都是碳的同素异构体。无定形碳和石墨的成品通称碳素制品。这 3 种碳的同素异构体和它们形成时所经受的压力与温度密切有关，而且在一定的条件下又可以转化。如无定形碳加热到 2000℃ 以上的高温，可以转化为石墨，而石墨在极高的压力和高温下又可以生成金刚石。人们利用这种碳的存在形式及其转化规律，生产人造石墨和人造金刚石。

金刚石是等轴晶系，常成八面体，晶体外形十分规整，晶体构的每个碳原子之间的距离都相等、且为共价键结合，因此它的强度很高，其硬度在所有矿物中最大。它几乎不导电，导热性能也很差。透明的金刚石经琢磨可制成钻石，不透明或杂色的金刚石用作钻头和抽丝模板供钻探或金属抽丝用，小粒的金刚石可加工成高级轴承或研磨材料。

石墨碳原子之间是六角环形片状体的多层叠合晶体。从矿物体开采的天然石墨有两种：一种是鳞片状石墨，其颗粒外形为鳞片状，外观呈银灰色，有金属光泽，手摸有滑腻感并留有深灰色痕迹；另一种是土状石墨，颗粒外形为土粒状，呈深灰色，手摸之较少滑腻感。

天然石墨一般含有较多的杂质，较好的天然石墨含碳量可达 90%，但大多数低于此值。由无定形碳在高温下制得的人造石墨纯度可达 99% 以上。石墨具有良好的导电性，虽然石墨的导电性不能与铜、铝等金属相比，但与许多非金属材料相比，石墨的导电性是相当高的。石墨的导热性甚至超过了铁、钢、铅等金属材料。石墨又有很好的耐腐蚀性，而有机溶剂或无机溶剂都不能溶化它。在常温下，各种酸和碱对石墨都不发生化学反应，只是在500℃ 以上的温度才与硝酸、强氧化介质或氟气等起反应。

因为石墨在强氧化剂中会发生膨胀、软化而破坏，例如在浓硝酸中、出于酸的阴离子会渗到石墨晶体晶格平行层之间，使平行层的晶格断裂而形成由酸的阴离子与石墨碎片所组成的石墨酸。在 400℃ 以下在空气中不受氧化作用。在高温的空气中（＞450℃）、空气中的氧会渗入石墨的平行层之间，使分子层距离扩张，破坏晶格，形成近似的组成为 C_3O 的化合物。所以石墨在空气中的最高允许使用温度为 400℃，但在还原性或中性气氛里，即使达到 3000℃ 也是稳定的。

石墨又是一种能耐高温的材料。一般材料在 2000℃ 以上早已化为气体或呈熔融状态，就是一些难熔金属在 2500℃ 左右也会软化而失去强度。钨是所有已知材料中熔点最高的金属，熔点达到 3410℃，但石墨在此温度下，如果是在还原性气氛中，是不会熔化的，只是在 3700℃（常压）时升华为气体。一般材料在高温下强度逐渐降低，而石墨制品在加热到 2000℃ 时其强度反而较常温时提高一倍。石墨的弱点是耐氧化性能差，随着温度的提高，氧化速度逐渐加剧。另外石墨还是一种具有优良自润滑特性的减摩材料。

煤炭是泥煤、褐煤、烟煤及无烟煤等的通称。煤炭没有明显的结晶形态，它们通称为无定形碳。煤炭是几百万年以前的古代植物在地壳变动时埋入地下又受到一定的温度与压力炭化而成的。各种不同品种的煤炭的炭化程度相差很大，泥煤的炭化程度最差，因此泥煤中含有大量的有机挥发物，结构疏松；无烟煤的炭化程度要高得多。因此，无烟煤的挥发物含量较少，密度与强度也比较高。

焦炭是另一种类型的无定形碳。焦炭不是开采得来的，而是用烟煤（炼焦煤）或某些含碳量高的物质（如石油沥青或渣油、煤沥青）在高温下隔绝空气加热使之焦化的产物。例如，用烟煤焦化后得到的冶金焦；用石油沥青或渣油焦化而得到的石油焦；用煤沥青焦化而得到的沥青焦。焦炭具有一些和一般煤炭不同的物理化学性质，如强度大、耐磨、抗压、含碳量高。多数焦炭在经过 2000℃ 以上的高温处理后都能转化成石墨。

无烟煤、石油焦、沥青焦和冶金焦是生产各种炭制品的主要原料，特别是石油焦和沥青焦是生产人造石墨的重要原料。用石油焦和沥青焦为原料生产的人造石墨产品，其质量比用天然石墨生产的还要好。

由于碳-石墨制品具有一系列优良的物理、化学性能而被广泛应用于冶金、机电、化工、原子能和航空等工业部门。随着原料和制造工艺的不同，可获得各种不同性能的碳素制品，用作化工设备的不透性石墨，主要利用了石墨的导热性和耐腐蚀的特性；化工机械零件所用的碳制品，则是利用了碳素材料的耐磨和耐蚀的特点。为了满足航空、宇航的需要，开发出许多新型碳素材料、碳纤维复合材料。因此，碳素材料已成为重要的工程材料之一。

2.7.2 炭和石墨制品的生产工艺

炭和石墨制品的生产工艺过程，大部分为物理过程，少部分为热化学过程。炭-石墨制品生产流程见图 2-8。可以制造石墨块、糊类制品及不透性石墨块，然后用于进一步的加工。

（1）煅烧

煅烧是炭和石墨制品生产的第一道热加工工序。煅烧就是将各种焦炭、无烟煤在基本上隔绝空气的条件进行高温干馏。各种炭素原料在煅烧过程中其有机质分解成碳和挥发性有机物，最后得到只含碳的焦炭，为了保证石墨化制品或炭块成品品质及提高成品率，必须对原料的煅烧质量予以重视。煅烧温度一般应达到 1300℃ 左右，这一温度是各种焦炭及无烟煤体积收缩相对稳定的温度。

（2）成型碳化

各种炭和石墨制品都是用不同品种的焦炭或煤颗粒作为骨料，并用煤沥青作为黏结剂而制成的。经过加压成型后的生制品孔隙度很低。压型后的生制品是由焦炭颗粒及 20%～30% 沥青黏结剂两部分组成。由于大量黏结剂的存在，生制品还不具有使用所须的一系列理化性能，必须将生制品按一定的工艺条件进行焙烧，使黏结剂碳化。在骨料颗粒间形成焦炭

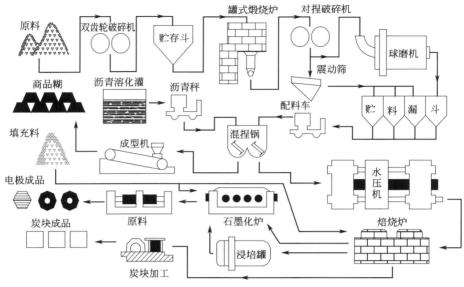

图 2-8　炭-石墨制品生产流程图

网格，把所有不同尺寸的骨料颗粒牢固地连接在一起，才能使产品具有一定机械强度、耐热、耐腐蚀、导电且导热良好的成品或半成品（半成品指尚需进一步石墨化的产品）。生制品的焙烧温度一般是在 1000～1250℃ 之间。

生制品的焙烧过程也即是黏结剂分解、排出挥发物和焦化的过程。随着焙烧温度的变化，黏结剂的高分子碳氢化合物分解与缩合。低分子碳氢化合物蒸馏、分解与挥发排出。由黏结剂经过不断分解与缩合成焦，生制品体积收缩，在产品内部形成许多不规则的并且孔径大小不等的微小气孔。导电性与导热性不断改善，耐热与耐氧化等性能也会有显著提高。在此阶段黏结剂焦化后留下焦炭的数量是一个很重要的指标，即所谓结焦残炭率，焙烧的升温速度对结焦残炭率有一定影响。一般中沥青的结焦残炭率为 50％ 左右。

（3）浸渍

由于生制品在焙烧过程中一部分分解成气体逸出，生成沥青焦的体积远远小于生制品原来占有的体积。虽然产品在烧焙中稍有收缩，但仍在材料内部形成许多不规则的并且孔径大小不等的微小气孔。通常炭素制品的总孔度有 16％～25％，石墨化制品的总孔度一般达 25％～32％。由于大量气孔的存在必然会对产品的物理化学性能产生一定的影响。一般来说，产品的孔度增高，其假比重（密度）下降、比电阻上升、机械强度减小、在一定温度下的氧化速度加快、耐腐蚀性也变坏、气体或液体更容易渗透。

浸渍（或称浸涪）就是一种减少产品孔隙度、改善产品质量的工艺过程。浸渍在炭素厂中常称为"浸涪"。它是将产品置于高压釜中在一定的温度和压力下使液体树脂如呋喃、酚醛、沥青等浸渍剂渗透、填充到产品的气孔中去，从而达到改善产品理化性能的目的。

（4）石墨化

高温加热是无定形碳转化为石墨的主要条件。一般情况下，石油焦加热到 1700℃ 以后便进入所谓"石墨化时期"，而沥青焦要到 2000℃ 左右才进入石墨化时期，一直到 2300℃ 左右才能达到或接近天然石墨的晶格尺寸，比较完善的石墨化要加热到 2500℃ 以上。所以，工业上生产石墨化制品的实际温度一般为 2200～2300℃。某些产品（如高纯石墨）则要求温度达到 2500℃ 以上。当石墨化上升到石墨化温度不再上升时，产品在几十分钟或数小时内即达到相应的石墨化程度。此后，如果再延长时间对提高石墨化程度虽然也有一些作用，但提高程度有限。石油焦、沥青焦、冶金焦、无烟煤等经过 2000℃ 以上的高温热处理都能不同程度地转化为石墨，但是也有一些碳素材料虽经过长时期热处理也很难变成石墨（如炭黑）。

石墨化后的制品根据需要可以进一步浸渍、碳化、石墨化以提高致密性。

2.7.3　不透性石墨

人造石墨在烘烧过程中，由于有机物质分解生成很多气体逸出，使石墨材料形成多孔性。一般孔隙率在 25%～32%，个别可达 50%，多数不是闭孔而是通孔。为了克服这个缺点，必须将石墨的孔隙填塞。不透性石墨是用树脂和石墨制成的介质不能渗透的石墨材料。

不透性石墨是一种很好的耐腐蚀导热材料。由于炭-石墨的晶粒很细，同时又存在大量气孔，因此它们热膨胀系数很小。炭-石墨的这种高导热性和低热膨胀系数的特性，赋予它们的制品以优良的耐热冲击性能，操作时即使有很大的温差波动都不会引起炸裂。其物理力学性能较石墨高，有优越的耐腐蚀性能和化学稳定性、不污染介质等特点。

不透性石墨主要用于化工防腐及热交换过程，常用来制造热交换器、吸收塔、盐酸合成炉、离心泵、管子、管件和旋塞等其中以热交换器的应用最广，石墨热交换器有列管式、喷淋式、块孔式、板室式等多种，有效地代替了贵金属、有色金属和黑色金属。在盐酸、氯碱生产中应用最多，也用于次氯酸钠、磷酸、醋酸以及农药生产中。

按制造方法不透性石墨可分为浸渍石墨、压型石墨、浇注石墨 3 类。

（1）浸渍石墨

浸渍石墨就是将多孔石墨用合成树脂封孔而成。经过浸渍处理的不透性石墨，浸渍剂仅起填孔的作用，不改变石墨材料的导热性。但经浸渍后，石墨的机械强度却有显著的提高。浸渍石墨的化学稳定性与耐热性则是炭-石墨和浸渍材料两者的综合反映。一般浸渍剂的性能都不如炭-石墨，故浸渍石墨的耐蚀和耐热性实际上取决于浸渍剂。例如酚醛树脂浸渍的石墨不能用于碱溶液，最高使用温度不能超过 170℃。浸渍石墨的导热性和热膨胀系数与浸渍前比较变化不大，因为炭-石墨基本骨架中的碳微粒仍然保持紧密接触。工业上常用的浸渍剂有酚醛树脂、改性酚醛树脂、糠酮树脂、糠醇树脂、有机硅树脂、水玻璃、熔融硫黄、石蜡、二乙烯苯、沥青等。

石墨的空隙在空气中极易吸收空气中的水分，所以浸渍前要先于烘房中热处理，在 90～100℃ 下处理时间不应小于 8h，否则会影响树脂充分填塞孔隙。

浸渍时将石墨件置于槽内，放置木条或石墨板将工件相隔开，以使树脂充分同石墨表面接触。然后将整个槽送入浸渍釜中，并将盖盖紧。在常温下，开始抽真空，在大于 600mmHg 抽真空 1h，将釜内空气和石墨孔隙中的空气抽出，真空度越高，效果越好。在继续抽真空的条件下，开启高位槽阀门吸入树脂，由视镜观察至树脂将石墨件浸没 100mm 左右，在大于 600mmHg 真空度下保持 1h，使浸渍剂吸入石墨中。然后送入压缩空气，在 0.4～0.5MPa 压力下加压 2～3h，使树脂充分充满石墨孔隙。加压完毕后，开启与高位槽连接的阀门，将料压回，打开排空阀将余压全部排空后，打开釜盖。为了提高浸渍质量，也可采取反复抽真空和加压循环。

将浸后的石墨件取出，用水或用碱水（2%～3% 氢氧化钠）迅速清洗表面多余树脂。然后于室温下放置 4～8h。清洗的目的是防止石墨表面形成树脂膜，影响第二次浸渍或传热效率。也可只擦净表面树脂不清洗，以减少清洗水分的影响。浸渍后的石墨需经升温固化处理，使浸渍剂树脂固化，固化须在一定压力下逐步缓慢升温以防树脂由石墨孔中溢出，固化制度按树脂的技术要求进行。

通过浸渍-固化循环操作两次就可满足一般换热器的技术要求。更高要求时，浸渍石墨可经高温炭化、石墨化以制得耐高温、高密度、高强度石墨。

（2）压型石墨

压型石墨由25％的树脂和75％的人造石墨粉混合成为压铸料，经过压力成型、固化而得。压型石墨的石墨微粒被胶黏剂包裹，彼此并不直接接触。所以导热性有明显下降，而热膨胀系数增高。加工方法是把预热的酚醛树脂定量加入捏合机中，加热保持温度在40～60℃，搅拌10min均匀后加入比例的石墨粉，搅拌时间30～35min以混捏均匀，取出物料，在温度90～100℃，压力7～16MPa下成型，170～190℃下固化。

压型石墨只能作温差不大的冷却器使用，作为加热器和温度大于100℃以上的条件时，出于它的线膨胀系数随温度变化不是一个常数。常在胶结部位发生脱粘。为此将压型石墨经300℃高温热处理，使材质中的树脂分解焦化，降低线膨胀系数以满足作加热器需要。

（3）浇注石墨

浇注石墨几乎不能算到石墨材料中，由于树脂含量高，石墨含量少，一般难于作为石墨材料直接使用，但是浇注石墨对模具要求不高，很容易制造形状复杂的浇注件，然后将浇注件碳化、石墨化-浸渍-碳化-石墨化反复进行可制备小量的高密度的复杂制品。

几种不透性石墨材料主要物理力学性能见表2-23。

表2-23　几种不透性石墨材料主要物理力学性能

性　　　能	浸渍酚醛石墨	压型酚醛石墨	酚醛热处理石墨
密度/(g/cm³)	1.8～1.9	1.8～1.93	1.79
硬度(布氏)	25～35		
吸水率/%	0	0.07/0.2～0.3*	
增重率/%	15～18		
热导率/[kcal/(m·h·℃)]	90～110	27～35	80～120
抗压强度/MPa	60～70	86.2～120	69
抗拉强度/MPa	8～10/14*	24.5～28.2	14.1
抗弯强度/MPa	24～28	60	39
冲击韧性/(kg·cm/cm²)	2.8～3.2	2.7～3.4	3.4
热冲击性(150→20℃急冷)	20 次		39 次
热稳定性(150→20℃自然冷)	＞35 次	＞35 次	＞35 次
抗渗透性(水压,厚度10mm)	0.6MPa	0.8MPa	7MPa
线膨胀系数/(1/℃)	5.5×10^{-6}	24.75×10^{-6}(196℃)	8.45×10^{-6}(151℃)
使用温度/℃	170/200*	170～180/180～190	300

注：＊数据为糠醛树脂浸渍，浸渍石墨的浸渍深度12～15mm。

非金属材料腐蚀机理

腐蚀指的是材料在环境的作用下失去了使用的性能，所以讨论腐蚀是离不开环境-材料这个腐蚀对。几乎所有的环境都有一定程度的腐蚀性，同样所有的材料都有一个转化成为它原有的自然状态的趋势，这是一个热力学的自然趋势。在实际应用中，腐蚀又归结为一个动力学过程，即在某一特定环境下，某种特定材料能够使用多久？我们需要明白的是要想使腐蚀绝对不发生是不可能的，我们需要做的是将腐蚀控制到一个能接受的范围，如化工工艺设备的腐蚀控制是使其寿命在某一年的大修期时到达使用年限，或更换、或重新进行防腐处理。

在特定环境下，不同材料的使用年限和投入的防腐成本又不相同，因此腐蚀又是一个技术经济问题，即选用最合适的材料和防腐工艺在我们能预见的时间进行有效保护时不失效，而不是在工业生产过程中失效导致全线停产。使用年限的选择有时还具有不确定性，如以防腐装饰为主的轿车表面涂装，可能会因为消费者的喜好在使用年限前进行重新装饰；而总是会发生的生产过程的误操作也会使耐蚀措施变得不确定。

在工作实际中所有的非防腐专业技术人员都可以从规范、手册、技术要求上获得有关防腐蚀的规定，它们可以完成基本的防腐蚀设计或施工。但是，有时腐蚀为什么还是突如其来呢？这是因为腐蚀的特定性导致的，通常在酸性腐蚀环境人们可以正确地选材。而实践中可能由于材料牌号的不同使其添加剂、聚集态、加工应力状态有稍许差异；也可能工艺条件使液体中产生了微量的固体或气体，这样简单的酸蚀增加了助剂迁移、应力腐蚀、磨蚀与气蚀因素，由于其腐蚀速度比较缓慢，往往被人们所忽视，但是在长期使用时凸显出来了。这时专业的腐蚀工程师就需要从腐蚀机理的角度判明失效原理，进行正确的腐蚀设计。因此，腐蚀环境的完全了解、材料性能的充分认识、腐蚀机理的熟练掌握成为一个腐蚀工程师的必备能力。

正确的材料选择和良好的设计能够极大地减少腐蚀造成的损失。而要做出正确的选择，工程师们必须有热力学、物理化学和电化学方面的知识。另外，工程师必须熟悉材料的腐蚀试验、腐蚀环境的性质、材料的制造及可用性，还要对整个过程的经济性有较好的认识。

腐蚀产物还会掺杂到正在生产的产品中，从而降低产品质量或减少产出。尽管这是因腐蚀造成的损失，但是很难将其定量化。

3.1 腐蚀环境

腐蚀环境包括自然环境和工业环境。自然环境主要以大气、水、土壤为具体腐蚀介质。工业环境是工业生产中的工艺介质条件和生产设备所处的工业环境条件。正确认识腐蚀环境是腐蚀工程师的必备技能，腐蚀环境必须用许多明确的理化因素和参数来描述，如工艺介质条件中的温度、压力、溶液组成及其数量范围等。这样对一个环境就可用多种因素来描述，哪些因素是腐蚀发生的原因，这些因素的数量范围是多少才能发生不可接受的腐蚀，就是分析腐蚀机理和采取防腐蚀措施的第一个工作。

大气、水、土壤是三大自然环境，它们对材料与制品的腐蚀具有重要作用，主要由于以下四个方面：量大面广，十分普遍；自然环境腐蚀的损失在总腐蚀损失中所占的比例最大；自然环境的变化大，差别大；腐蚀影响因素多，相互作用复杂。

本节简介腐蚀环境，但是环境的多样性使得很多专业术语并不被我们所熟悉。如土壤环境描述的是土壤专业的内容，防腐蚀专业很难涉及。所以我们只能在工作中学习那些地质环境、采矿学等知识才能对井下防腐蚀装备采取正确的措施。往往腐蚀工程师同土壤、气象、水工、化工等工程师因为专业面的不同，工艺工程师可能会忽略一些其认为不重要的腐蚀参数，这就需要双方进行多次的深入交流，不断地排除、找出产生腐蚀的因素，最后才能得到一个正确的结果。

3.1.1 大气腐蚀环境

（1）大气腐蚀环境的分类

大气腐蚀环境包括乡村大气环境、城市大气环境、工业大气腐蚀环境、化工大气腐蚀环境、海洋大气腐蚀环境、热带或寒带地区、室内还是室外、有无液体或其他气体介质（大气除外）腐蚀等。

农村大气是最洁净的大气环境，空气中不含强烈的化学污染，主要含有机物和无机物尘埃等。影响腐蚀的因素主要是相对湿度、温度和温差。城市大气中的污染物主要来源于居民生活，如汽车尾气、锅炉排放的二氧化硫等。

工业生产区所排放的污染物中含有大量 SO_2、H_2S 等含硫化合物，所以工业大气环境最大特征是含有硫化物。它们易溶于水，形成的水膜成为强腐蚀介质。随着大气相对湿度和温差的变化，这种腐蚀作用更强。海洋大气空气湿度大，含盐分多，暴露在海洋大气中的金属表面有细小盐粒子的沉降。海盐粒子吸收空气中的水分后很容易在金属表面形成液膜，引起腐蚀，在季节或昼夜变化气温达到露点时尤为明显。同时尘埃、微生物在金属表面的沉积会增强环境的腐蚀性。

海洋的风浪条件、离海面的高度等都会影响到海洋大气腐蚀性。风浪大时，大气中水分含盐量高，腐蚀性增加。据研究，离海平面 7～8m 处的腐蚀性最强，在此之上越高腐蚀性越弱。

降雨量的大小也会影响腐蚀。频繁的降雨会冲刷掉金属表面的沉积物，腐蚀会减轻。相对湿度升高使海洋大气腐蚀加剧。一般热带腐蚀性最强，温带次之，两极区最弱。

大气酸雨变化及其组成也可以靠环境监测部门提供。但是化工生产现场的设备处于化工大气腐蚀环境，它的大气成分受周边设备泄漏的影响，所以需要现场测试。通常风沙带来腐蚀，但是如果是盐碱地吹来的，就会出现酸碱化学腐蚀；海洋吹来的，就会出现氯离子腐蚀。因此可以认为每一个发生腐蚀的大气环境都是不同的，纯粹依靠其他专业提供资料不足以满足腐蚀分析的需要。腐蚀工程师的任务是找出环境中的特殊因素和腐蚀的关系并解决它。

（2）大气腐蚀环境的描述

大气腐蚀环境的描述包括气象学、化学等知识。气象学用年、月、日的平均气温，极端最高、最低气温来描述大气温度，目前我国都具有完善的时间-温度曲线，只需要向气象部门索取即可，其他如相对湿度、日照强度、雨、雪、风力、风沙等均可向气象部门索取。例如：广东虎门大桥，地处珠江入海口，年最高气温 37.6℃，年最低气温 0.4℃，年平均气温 21.9℃，最热月平均气温 32.5℃，最冷月平均气温 9.5℃；年平均相对湿度 81%。这就是气象部门提供的气候资料。

纯净的大气由氮气（78%）、氧气（21%）、水分、少量惰性气体（Ar、He、Xe、Ne、Kr）等组成，但是盐粒子、硫化物、氮化物、碳化物以及尘埃等对材料在大气中的腐蚀影响很大。大气污染物质的主要组成见表 3-1。例如一个 10^5 kW 的火电厂，每昼夜从烟筒中排出的二氧化硫达 100t 以上。

表 3-1 大气污染物质的主要组成

气 体	固 体
含硫化合物：SO_2，SO_3，H_2S	灰尘
氯和含氯化合物：Cl_2，HCl	NaCl，$CaCO_3$
含氮化合物：NO，NO_2，NH_3，HNO_3	ZnO，金属粉末
含碳化合物：CH_4，CO_2	氯化物、粉煤灰
其他：有机化合物	

相对湿度指在某一温度下空气中的水蒸气与在该温度下的空气所能容纳的水蒸气的最大含量的比值。温度和湿度的波动和大气尘埃中的吸湿性杂质容易引起水分凝结，导致材料表面附着物的成分变化。

空气的温度和温度差也是影响大气腐蚀的主要因素，尤其是温度差比温度的影响更大、因为它不但影响着水汽的凝聚，而且还影响着凝聚水膜中气体和盐类的溶解度，对于湿度很高的雨季和湿热带，温度会起较大的作用。一般说来，随着温度的升高，腐蚀加快。

材料的表面状态也是重要因素，粗糙新鲜的钢铁表面状态容易发生锈蚀，比如说刚喷完砂的钢铁表面，有着一定的粗糙度，又是最新鲜的表面，吸附到空气中的水分和其他杂质后，很容易就全面返锈。比如说表面有腐蚀产物、有盐类的吸附，或者本身有结构缺陷、氧化皮的裂缝以及构件之间的缝隙，或者是涂层存在龟裂、起泡等，都是腐蚀的诱因。

日照也是重要因素，如果温度较高并且阳光直接照射到塑料表面上，塑料就会被老化。如果气温高、湿度大而又能使水膜在金属表面上的停留时间较长，则会使腐蚀速率加快。例如，我国长江流域的一些城市在梅雨季节时就是如此。

风向和风速对金属的大气腐蚀影响也很大。例如沿海地区，在靠近工厂的地区，风将带来多种不同的有害杂质，如盐类、硫化物气体、尘粒等，从海边吹来的风不仅会带来盐分，还会增大空气的湿度，这些情况都会加速金属的腐蚀。

大气腐蚀的影响因素主要取决于大气成分及空气中的污染物、相对湿度、温度和表面状态等。大气的湿度、气温、日光照射、风向、风速、雨水的 pH 值、各种腐蚀气体沉积速率和浓度、降尘等都对金属的大气腐蚀速率有影响。

3.1.2 水腐蚀环境

自然水的组成与污染物质有：溶解气体（氧气、氮气、二氧化碳、氨、含硫气体等）；矿物质组成，包括硬性盐、钠盐、重金属盐、二氧化硅等；有机物，包括动植物、油、工业废液（也包括农业）和人造洗涤剂；微生物，包括水和形成黏液的细菌。

（1）淡水腐蚀

淡水的含盐量少，一般呈中性，如江河湖泊的水等。一般情况下，淡水的腐蚀性较弱。钢铁在淡水中的腐蚀是氧去极化腐蚀，即吸氧腐蚀。水中的溶解氧的存在是金属腐蚀的最根本原因，淡水的含氧量根据水的温度、流动性有所不同。淡水中含盐量低，导电性差，电化学腐蚀的电阻比在海水中大。由于淡水的电阻大，淡水中的腐蚀主要以微电池腐蚀为主。但是随着工业排放物对淡水的污染，Cl^-、SO_4^{2-}、NO_3^-、ClO^- 都会加剧腐蚀的进行，有时是主要的原因。

例如，葛洲坝江段介质环境：水体 pH 值在 6.8～9.1 之间，略偏碱性。溶解氧一般在 8.0mg/L 左右，最大值 9.1mg/L，枯水期较多，丰水期较少。耗氧量在 1.4～4.9mg/L 范围内波动，洪水期大于平水、枯水期。宜昌站多年平均含沙量为 1.19kg/m³，最大含沙量为 10.5kg/m³，含沙量年内分配极不均匀，汛期占全年的 95.7%，其中 7～9 月占全年的 72.9%。阴离子表面活性剂枯水期为 0.067～0.099mg/L，丰水期为 0.044～0.085mg/L。发电机组引水口流速 2～3m/s，泄水闸、冲沙闸启门瞬时流速 20m/s。这里的水文情况，对于防腐蚀专业来说，水的电导率、阴离子和阳离子的组成及微生物含量等更加重要。

（2）海水腐蚀

海水是一种含盐量很高的腐蚀性电解质，海水中的总盐度为 3.2%～3.7%，盐分中主要是 NaCl，约占总盐度的 77.8%，其次是 $MgCl_2$，其他几乎含有所有的元素的化合物，只是含量较少。海水呈弱碱性，pH＝8.1～8.3。并溶有一定量的氧气，海水中的氧和 Cl^- 含量是影响海水腐蚀的主要环境因素。因此，人们通常以质量分数为 0.03% NaCl 的水溶液近似地代替海水，进行模拟海水环境的腐蚀试验。海洋中生存着多种动植物和微生物，它们的生命活动会附着到材料表面，改变材料-海水界面的状态和介质性质，对腐蚀也产生不可忽视的影响。

对于处于海水环境中的钢结构来说，除了大气部位受海洋性大气腐蚀影响之外，可以把钢结构如同海洋工程一样分为飞溅区、潮差区、全浸区和海泥区。各区由于介质的变化，腐蚀机理也不相同，它们的腐蚀特点也相异。

① 飞溅区　飞溅区上部主要是海洋大气，影响腐蚀性的因素是距离海面的高度、风速、风向、降露周期、雨量、温度、太阳辐射、尘埃、季节和污染。设备阴面（背风面）可能比阳面损坏得更快，珊瑚有特殊的腐蚀性，通常深入内陆方向腐蚀性迅速减弱。飞溅区有潮湿、充足氧气的表面，无生物沾污。对于钢等许多金属，此区因干湿交替，侵蚀最为严重，保护涂层比其他区域更难以保持。

② 潮汐区　其高潮线处常有海生物沾污，腐蚀介质除低潮时的海洋大气和高潮时的海水外，还有从污染的港水中来的油层及污物，通常海水还有充足氧气。相对海面下的钢结构，处在潮汐区的钢充当阴极，但是相对海面上的钢结构它又是阳极。在潮汐区的钢试片显示较强的侵蚀。

③ 浅海区　浅海区位于海面近表层和近海岸，海水通常为氧所饱和，污染、沉积物、海生物沾污、海水流速等都可能起着腐蚀的作用。腐蚀较在海洋大气中严重，在阴极区形成石灰质的水垢，可采用保护涂层和（或）阴极保护来控制。在大多数浅水中，有一层硬贝及其他生物沾污阻止氧进入表面，从而减轻了腐蚀。

④ 大陆架区　大陆架区植物沾污，随着离开海岸，动物（贝类）沾污也大大减少，氧含量有所降低，特别是在太平洋，温度亦较底。随水深增加，腐蚀减轻，但不易生成水垢型保护层。

⑤ 深海区　深海区氧含量随深度和海区不一，在太平洋深海区含氧量比表层低得多，

而在大西洋则差别不大。水的流速低，pH 值比表面低。钢的腐蚀通常较轻，极化同样面积的钢，阳极消耗较表层大，不易生成保护性矿石质水垢。

⑥ 海泥区　海泥区常有细菌，如硫酸盐还原细菌，海底沉积物的来源、特性和行为不一引起的海水原因也不同。有微生物腐蚀，泥浆也有腐蚀性，形成泥浆-海底水腐蚀电池，部分埋置的钢试片在泥浆中迅速受侵蚀，构件埋置部分阴极极化消耗的电流比海水中低。

3.1.3　土壤腐蚀环境

金属在土壤中的腐蚀是金属的严重腐蚀问题之一。埋设在地下的各种金属构件，如开采井下设备、地下通信设施、金属支架、各种设备的底座、各种地下水管、煤气管、输油输气管道等都在不断地承受着土壤腐蚀，引起油、气、水外泄，停工停产，甚至灾害、环境污染等。

（1）土壤的性质

① 土壤的组成　土壤是由各种颗粒状的矿物质、有机物质、水分、空气及微生物等组成的多相并具有生物活性和离子导电性的多孔的毛细管胶体体系。它含有固体颗粒，如砂、灰、泥渣和腐殖土，在这个体系中有许多弯弯曲曲的微孔（毛细管），水分和空气可以通过这些微孔到达土壤深处。

② 土壤中的水分　土壤中的水分和溶解在这些水中的盐类，使土壤成为电解质。土壤的导电性与土壤的孔隙度、土壤的含水量及含盐量等因素有关。土壤越干燥，含盐量越少，其电阻越大；土壤越潮湿，含水量、含盐量越多，电阻就越小。干燥而少盐的土壤电阻率可以高达 $10000\Omega\cdot cm$，而潮湿多盐的土壤电阻率可低于 $500\Omega\cdot cm$。一般来说，土壤的电阻率可以比较综合地反映在某一地区的土壤特点。土壤电阻率越小，土壤腐蚀越严重。因此，可以把土壤电阻率作为土壤腐蚀性的评估依据之一。

③ 土壤中的氧　土壤中的氧气，部分存在于土壤的孔隙与毛细管中，部分溶解在水里。土壤中的含氧量与土壤的湿度和结构有密切关系。在干燥的砂土中含氧量较高；在潮湿的砂土中，含氧量较少；而在潮湿密实的黏土中，含氧量最少。由于湿度和结构的不同，土壤中的含氧量可相差几万倍，这种充气的极不均匀性也正是造成氧浓差电池腐蚀的原因。

④ 土壤的酸碱性　大多数土壤是中性的，其 pH 值在 6.0～7.5 之间；有的土壤是碱性的，如碱性的砂质黏土和盐碱土，pH 值在 7.5～9.5 之间；也有一些土壤是酸性的，如腐殖土和沼泽 pH 值在 3～6 之间。

⑤ 土壤中的微生物　微生物腐蚀是指由微生物直接地或间接地参与腐蚀过程引起金属的破坏，微生物腐蚀往往和电化学腐蚀同时发生，两者很难截然分开。微生物对金属的土壤腐蚀影响最重要的是厌氧的硫酸盐还原菌、硫杆菌和好氧的铁杆菌。微生物对金属的腐蚀，对油田、矿井、水电站、码头、海上建筑和地下设备均有不可忽视的破坏作用。

（2）土壤腐蚀的主要因素

土壤是由气相、液相和固相所构成的一个复杂系统，其中还生存着很多土壤微生物。影响土壤腐蚀的因素很多，各因素又会相互作用。所以这是一个十分复杂的腐蚀问题。以下为影响土壤腐蚀的几个重要因素。

① 电阻率　它是土壤腐蚀的综合性因素。土壤的含水量、含盐量、土质、温度等都会影响土壤的电阻率。土壤含水率未饱和时，土壤电阻率随含水量的增加而减小。当达到饱和时，由于土壤孔隙中的空气被水所填满，含水量增加时，电阻率也增大。

② 含氧量　土壤的透气性好坏直接与土壤的孔隙度松紧度，土质结构有着密切关系。紧密的土壤中氧气的传递速度较慢，疏松的土壤中氧气的传递速度较快。在含氧量不同的土壤中，很容易形成氧浓差电池而引起腐蚀。

③ 盐分　土壤中的盐分除了对土壤腐蚀介质的导电过程起作用外，还参与电化学反应，从而影响土壤的腐蚀性。它是电解液的主要成分。含盐量越高，电阻率越低，腐蚀性就越强。氯离子对土壤腐蚀有促进作用，所以在海边潮汐区或接近盐场的土壤，腐蚀更为严重。但碱土金属钙、镁等的离子在非酸性土壤中能形成难溶的氧化物和碳酸盐，在金属表面上形成保护层，能减轻腐蚀。富含钙镁离子的石灰质土壤，就是一个典型例子。

④ 含水量　水分使土壤成为电解质，是造成电化学腐蚀的先决条件。土壤中的含水量对金属材料的腐蚀率存在着一个最大值。当含水量低时，腐蚀率随着含水量的增加而增加。达到某一含水量时腐蚀率最大，再增加含水量，其腐蚀性反而下降。

⑤ pH 值　即土壤的酸碱性强弱指标。它是土壤中所含盐分的综合反映。金属材料在酸性较强的土壤腐蚀最强。中性、碱性土壤中，腐蚀较小。

⑥ 温度　土壤温度是通过影响土壤的物理化学性质来影响土壤的腐蚀性的。它可以影响土壤的含水量、电阻率、微生物等。温度低，电阻率增大；温度高，电阻率降低。温度的升高使微生物活跃起来，从而增大对金属材料的腐蚀。

⑦ 微生物　土壤中的微生物会促进金属材料的腐蚀过程，还能降低非金属材料的稳定性能。厌氧的硫酸盐还原菌趋向于在钢铁附近聚集，导致钢铁的腐蚀。好氧菌，如硫化菌的生长，能氧化厌氧菌的代谢产物，产生硫酸，破坏金属材料的保护膜，使之发生腐蚀。

⑧ 杂散电流　这是一种土壤介质中存在的一种大小、方向都不固定的电流。大部分是直流电杂散电流，它来源于电气化铁路、电车、地下电缆的漏电、电焊机等。

3.1.4　高温腐蚀环境

金属材料与环境介质在高温下与环境气氛中的氧、硫、碳、氮、等元素及其氧化物发生不可逆转的化学或电化学反应，腐蚀产物为金属氧化物。而使金属材料失效的过程称为高温腐蚀。高温腐蚀的温度并无严格界限，通常认为当金属工作温度达到或超过其熔点（K）的 $30\%\sim40\%$ 以上时，就可认为是高温腐蚀环境。由于高温气相介质是干燥的，金属表面上不存在水膜，属于干腐蚀。

高温腐蚀涉及的范围很广，锅炉、反应器、冶金、热处理窑炉、内燃机、涡轮发动机等都是在高温下各种工业介质环境中服役的。介质中除了氧以外，常常还含有水蒸气、二氧化碳、二氧化硫、硫化氢、气相金属氧化物、熔盐等。这些物质诱发或加剧腐蚀的发生与发展，而温度通常是更进一步加速腐蚀过程。

在大多数情况下，金属高温氧化生成的氧化物是固态，只有少数是气态或液态。大多数结构材料生成的金属氧化物比腐蚀前体积增大，见表 3-2。这样腐蚀生成的膜致密、缺陷少，有良好的化学稳定性；膜也有一定的强度和塑性；由于是在金属基体上直接生长，与基体结合牢固。所以有一定的钝化性能，能延缓腐蚀的速度。表面氧化膜中存在内应力，它们由氧化膜成长产生的应力，相变应力和热应力。内应力达到一定程度时，可以由膜的塑性变形、金属基体塑性变形，氧化膜与基体分离，氧化膜破裂等。

表 3-2　氧化物和金属的体积比

金属	氧化物	$V_{氧化物}/V_{金属}$	金属	氧化物	$V_{氧化物}/V_{金属}$
Mg	MgO	0.81	Cu	Cu_2O	1.64
Al	Al_2O_3	1.28	Ni	NiO	1.65
Pb	PbO	1.31	Cr	Cr_2O_3	2.07
Sn	SnO_2	1.32	Fe	Fe_2O_3	2.14
Ti	TiO_2	1.48	W	WO_3	3.35
Zn	ZnO	1.55			

氧化物具有晶体结构，而且大多数金属氧化物是非当量化合的。因此，氧化物晶体中存在缺陷，晶体中有过剩金属的离子或过剩氧阴离子；为保持电中性，还有数目相当的自由电子或电子空位。这样，金属氧化物膜不仅有离子导电性，而且有电子导电性。这种氧化膜要有好的耐蚀性，除了致密外，氧化物的热胀冷缩性能也要与基底相适应，此外化学稳定性也要越高越好。如，铁在 570℃ 以下，氧化膜包括 Fe_2O_3 和 Fe_3O_4 两层；在 570℃ 以上，氧化膜分为 3 层，由内向外依此是 FeO、Fe_3O_4、Fe_2O_3。三层氧化物的厚度比为 100：（5～10）：1，即 FeO 层最厚，约占 90%，Fe_2O_3 层最薄，占 1%。这个厚度比与氧化时间无关，在 700℃ 以上也与温度无关。但是这样的层间结构使得膜层体积和内应力发生变化，会导致膜层破裂。

如果氧化气氛中含硫、氮、氯，它们的复合物对膜的完整性会有不利的影响，如果还含有碱金属的话，则生成它们的熔盐，成膜更困难。

要达到高温环境，体系就必须加热，这样高温腐蚀环境就与燃料的成分密切相关，当用电加热时，高温气氛较为干净，氧和水蒸气起较大的作用。当用煤或焦煤作燃料时，煤中的硫化物高温氧化产生 SO_3、空气中的氮气高温氧化产生 NO；煤中的杂质产生高温积灰。高温积灰是一种含有较多的碱金属的硅酸盐，它与飞灰中的铁铝等成分以及烟气中通过松散外灰层扩散进来的氧化硫较长时间的化学作用便生成碱金属的硫酸盐等复合物。熔化或半熔化状态的碱金属硫酸盐复合会与再热器和过热器的合金钢发生强烈的氧化反应，使壁厚减薄腐蚀。所以高碱和高硫燃料腐蚀比较严重，另外腐蚀与温度也有关，腐蚀大约从 550～620℃ 时开始发生，灰分沉淀物的温度越高腐蚀速度就越强烈，约在 750℃ 时腐蚀速度最大。燃油和燃气中的硅酸盐和金属氧化物灰分极少，所以熔盐腐蚀较低，但是燃烧温度高，氧的氧化腐蚀严重，氧硫化物和氮氧化物的腐蚀也较为突出。

3.1.5　工业腐蚀环境

（1）化工设备环境

化工设备所处环境有化工大气腐蚀环境、化工地下腐蚀环境、化工水体腐蚀环境和化工设备腐蚀环境。化工大气腐蚀环境在一个工厂都由于有不同时间、不同介质的泄漏而产生不同的腐蚀，所以需要的是通用的防腐蚀方法。化工厂的排污，循环水是产生腐蚀的地方，其给排水体系根据不同的段有酸性、碱性和氧化还原性等，其中某些管段还有化学反应，所以很复杂，腐蚀环境调查时，任何一个排放口都不能忽视。化工土壤的腐蚀所含微生物单一或没有，但是地下的杂散电流有时会成为腐蚀的主要原因。

（2）化工介质环境

通常最受关注的是化工设备的腐蚀环境，这完全由设备介质所确定，如工艺介质条件中的温度、压力、溶液组成及其数量范围等。但是其间所会发生的介质的物理-化学变化要引起重视，特别是对可能发生的副反应要有充分的了解。另外，设备中的气相和液相的腐蚀行为也不同。很多描述腐蚀的术语需要加强学习，在查询时应包括如下很多关键词：溶解、氧化、还原、降低、反应、不稳定、分解、损耗和冲蚀。尽管从技术上来说冲蚀与腐蚀不是一回事，因为前者是物理效应而不是化学效应，但是冲蚀为持续腐蚀创造了条件。

介质环境腐蚀的最大问题是对隐藏的腐蚀因素的寻找。分析工业介质腐蚀环境时首先是对工艺提供的介质条件进行罗列，对腐蚀现场进行观察、记录，这是腐蚀判断的基础；然后从原料的角度探讨是否可能由于原料的不纯带入了引起腐蚀的杂质，通常的工业级原料纯度小于 99%，总是要带入生产它时的原材料所含的离子，或是加入的添加剂。可以通过查阅原料质保单、检验单、库存状态、加料前处理工艺进行判断；三是从工艺的角度探讨介质组分的差别，如容器中的液相、气相部分的介质由于分配系数的不同而使组分变化，进料口、出料口的组分变化，传热面和非传热面的介质或反应状况等；四是从设备角度考虑导致的腐蚀因素。如容器的进口、出口的流速，搅拌的死角、叶尖、桨根，气相的集液，液相的气蚀，结晶、结垢等；最后是从操作的角度分析操作条件变化产生的腐蚀因素，特别是误操作或者是控制不严使操作条件超出工艺规定，这些都是腐蚀产生的最隐蔽的因素。有时单从操作记录上不能发现，即使能查出，但调阅操作记录的工作量巨大也是一个难题，最好的方法是走访操作工人，以不是他们的直接管理者的身份获得信息。

工业介质腐蚀环境的调查本质上是一个技术探讨的问题，但是实施时是一个协调和管理问题。从工艺上了解误操作，从设备结构分析是否存在死角，从设备制作上了解焊缝处理情况，从电器上了解杂散电流状况等，都需要各专业的配合，这些更应该重视。

3.2 聚合物中的介质扩散

一般认为，在高分子材料腐蚀的过程中，介质在材料中的渗透与扩散起着重要作用，是腐蚀发生的第一步，在高分子材料周围的试剂（气体、液体等）向材料内渗透扩散时，高分子材料中的某些组分（如增塑剂、稳定剂等）也会从材料内部向外扩散迁移，而溶于介质中。如果介质不能渗入聚合物的内部，则可能发生的化学反应腐蚀作用只能在聚合物的表面进行。如果介质渗入聚合物的内部，即使不发生化学腐蚀，介质也可能导致材料的内聚能发生变化，使高分子材料的原有银纹变成裂纹；或者导致在应力条件下材料产生银纹；或者介质渗过衬里层也会造成基体材料的强烈腐蚀而使防腐蚀方法失效。因此，研究聚合物的腐蚀与防护作用，首先从腐蚀介质对聚合物固体的渗透扩散开始。本节的内容包括聚合物中介质的渗透扩散过程、Fick 扩散定律、渗透性的影响因素以及塑料、玻璃钢等材料渗透性。

3.2.1 介质的渗透扩散过程

化学介质对高分子固体的渗透属于在固体中发生的扩散现象。腐蚀介质的渗透扩散方向总是由表及里，即从介质浓度高处趋向于浓度低处，并随着渗透扩散作用的自然进行，介质的高浓度与低浓度之间的浓度梯度逐渐减小。经过一定的时间之后，整个渗透扩散过程达到平衡，聚合物内部的介质浓度趋于稳定，不再随时间的延长而改变，即达到扩散稳态。

渗透扩散过程中，介质渗入材料内部使重量增加；同时材料中的可溶成分及腐蚀产物也会逆向扩散进入介质而使重量减小。材料腐蚀后的重量变化率实际上是上述两种作用的综合结果，因此腐蚀后的材料，仅凭增重或减重率很难评定材料的真实腐蚀程度，需要明确渗透和溶出的具体机理才可以判断。

腐蚀介质对聚合物固体渗透扩散一般认为包括 3 个阶段：①腐蚀介质被吸附和积聚在聚合物固体表面；②腐蚀介质与聚合物固体表面发生化学或物理吸附作用或溶剂化；③腐蚀介质通过聚合物固体表面，由表及里地向聚合物内部迁移。

吸附性是聚合物固体表面的共性，吸附的介质、吸附的方式、吸附的数量不仅取决于固体的结构和性质、介质的结构和性能，而且还取决于它们之间的表面的化学和物理因素。一般认为，能与固体发生化学作用的气体或凝结成液体并能浸润固体表面的蒸气，易于被表面吸附。

当聚合物固体表面吸附的腐蚀介质自表面传入聚合物固体相中，这个过程是在分子尺度上所发生的传递现象，它是由于分子的随机运动而引起的。过程的推动力是化学位，其中包括浓度差、温度差、压力差等。当小分子物质扩散进入聚合物时，聚合物分子会发生重排而趋向新构型。这种趋向新构型之平衡态的变化并不是瞬间完成的。小分子物质的扩散和大分子的松弛相对速率决定这一过程的速率，由此衍生出各种类型的质量传递现象。分子扩散是在单一相中存在组分的化学梯度时，即当一个体系含有两个或两个以上的组分，而它们的浓度又是逐点变化的时候，各个组分都有一个朝着能减少浓度差方向流动的倾向。

热扩散是由温度梯度而引起的扩散。在二元混合物的热扩散中，一种组分的分子向热区扩散，而另一种组分的分子向冷区扩散。压力扩散是当流体混合物中存在着压力梯度而致。压力扩散是由流体静压力而引起的扩散。

多孔性也是聚合物固体的共性，不仅聚合物表面存在有空隙，即在聚合物固体内部，也分布着分子大小的自由体积。这些聚合物内部空隙大小的分布近似玻尔兹曼分布，大空隙的数量较少。对于热固性树脂来说，由于固化时放出小分子，体积收缩以及易挥发分子的逸出等原因，在其内部总存在着大大小小的空隙。例如环氧玻璃钢的空隙率为 2％～4％，聚酯玻璃钢的空隙率为 4％～8％，酚醛及有机硅树脂玻璃钢的空隙率有时竟高达 10％～14％ 和 18％～25％。

聚合物固体是由许多微观的高分子链通过高分子链间次键力的作用聚集而成。根据聚合物固体所处的热状态，高分子链产生热运动。由于高分子链的热运动，高分子链与链间的次键力就会不断发生分裂和重新组合，这便是高分子次键力的重排。高分子次键力重排的结果，必然导致存在于高分子内部的空隙不断地发生迁移。积聚在聚合物固体表面的腐蚀介质分子，才有机会通过次键力的重排和空隙的迁移不断地由表及里向聚合物固体内部迁移。

3.2.2 Fick 扩散定律

聚合物浸渍在腐蚀介质中，为了定量的描述渗透扩散的规律，需要引入渗透率的概念。其情况一般可用图 3-1 表示。

假定介质渗透入聚合物的量为 q，渗透的时间为 t，渗透的面积为 S，则介质对聚合物的渗透速率 J，可用式（3-1）表示：

$$J = \frac{q}{St} \tag{3-1}$$

渗透速率单位常用 $g/(cm^2 \cdot s)$。它也可以作为评定渗透扩散的一个标准。一般情况下，渗透率越小，介质在单位时间和单位面积渗入的量越小，聚合物的耐蚀性越好。反之，渗透率越大，聚合物的耐蚀性越差。

Adolf Fick 根据实验的结果，在理想气体和理想液体的情况中，首先发现了扩散的宏观统计规律。他指出，在稳态扩散的状态下，即体系中各部分的浓度不随时间而变化，扩散粒子

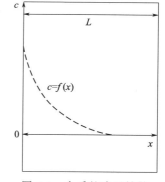

图 3-1 介质的渗透扩散

无定向运动，彼此之间不产生相互影响时。其渗透率与浓度梯度有如下的关系：

$$J = -D \frac{dc}{dx} \tag{3-2}$$

这就是著名的 Fick 扩散第一定律，又称扩散第一方程。式中，J 表示渗透率；D 表示扩散系数；dc/dx 表示在扩散方向 x 上的浓度梯度；负号表示扩散方向与浓度梯度的方向相反。由式（3-1）和式（3-2），还可以求出物质渗透的量 q：

$$q = -DSt \frac{dc}{dx} \tag{3-3}$$

这是 Fick 扩散第一定律的另一表达式。

简单气体或蒸气介质 N_2 或 H_2O 等在聚合物中的渗透扩散，由于相互之间不发生反应，在稳态扩散时，与前述的理想气体和理想溶液一样，遵从 Fick 扩散第一定律，且扩散系数

D 与渗透介质的浓度无关，即 D 为定值，当表面浓度为 c_1 的介质扩散到 L 深度的浓度为 c_2，对式（3-2）在此浓度区间进行积分：

$$J \int_{x=0}^{x=L} \mathrm{d}x = -D \int_{c_1}^{c_2} \mathrm{d}c \tag{3-4}$$

可得

$$J = D \frac{c_1 - c_2}{L} = D \frac{\Delta c}{L} \tag{3-5}$$

试验室中测试薄膜就可以通过 J、Δc、薄膜厚度 L 计算出渗透系数 D。

简单气体或蒸气根据亨利定律，溶液的蒸气压在恒温恒压下近似地与溶液中的总分子数成正比，故聚合物中的气体介质的浓度 c_i 与相应的气体压力 p_i 之间的关系，即：

$$c_i = \delta p_i \tag{3-6}$$

式中，δ 为溶解度常数，若溶解度常数不随浓度的变化而变化，则式（3-6）可改写为式（3-7）：

$$J = D\delta \frac{p_1 - p_2}{L} \tag{3-7}$$

由此可见，气体介质在聚合物内部的渗透速率与相应的扩散系数 D 和溶解度常数 δ 有关。如扩散系数 D 越大，介质向聚合物的渗透速率就越大；如溶解度常数 δ 越大，介质能很好地溶于聚合物，其渗透扩散越容易，这两者的作用，都将使聚合物遭到腐蚀。

聚合物在制造与加工过程中，特别是把它们作为防护涂层或薄膜时，气体的渗透扩散具有很大的实际重要性。因为简单的气体介质在薄膜的聚合物中容易达到稳态的渗透平衡，气体的压力也容易控制和测定，若选用厚度为 L 的试件，且在试件两边分别保持其恒定的压力 p_1 和 p_2，从实验测得渗透率 J 值，应用式（3-7），则可以求得扩散系数 D 的值，并逐步探索渗透扩散的机理和规律性。

3.2.3 影响渗透扩散的因素

我们已经知道，在大多数情况下，高分子材料的腐蚀主要是由于介质对高分子材料的渗透扩散而引起，因此研究其渗透扩散的影响因素，对于防止高分子材料的腐蚀是极其重要的。从材料学的角度，内聚能越大的材料越难以渗透，所以金属材料和硅酸盐材料就几乎不能渗透。而聚合物结构的内聚能普遍较低，其扩散渗透就是其特殊的性能了。

（1）高分子结构

高分子结构是渗透特性的主要影响因素。原则上来说，链结构的成分是均一的较非均一的耐渗性好，即均聚物比共聚物的渗透扩散能力要小一些。这是由于共聚物结构的规整性比均聚物差，共聚物的高分子链堆砌较疏松，导致介质分子更容易渗入高分子材料内部，使抗渗性减弱。对聚合物（主要是薄膜）进行拉伸，能提高材料的取向度，减少材料内部的缺陷，提高材料的致密性，增加了抗溶性，因此使得渗透扩散能力下降。链的柔顺性越大，容易堆砌紧密，扩散系数 D 就越小。当链的侧基是大而刚的时候，就阻碍着高分子链段的热运动，堆砌不紧密，因而使扩散系数 D 增大。

链的几何形状有线型、支链型和交联体型。其中以交联的影响为最大。不管是物理交联还是化学交联，均使高分子链的缠结点数目增大，链的热运动困难。当介质侵入时，链间的次键力难以重新排布，介质也难以随空隙在材料中迁移，因此介质分子就难以渗透扩散，导致交联高聚物的渗透系数很小。若聚合物中存在微孔或裂缝，使渗透过程能够对流，则能增大介质的扩散速度。

支化也使链的热运动困难。但大量的短支链支化使得高分子难以结晶，难以堆砌紧密，造成大量的空隙，介质分子就易于渗透扩散。

非晶态高聚物的高分子链的排列无规，结构疏松，介质分子容易渗透扩散。晶态高聚物分子链排列规整致密，介质分子难以渗透扩散，由于结晶作用，不仅使晶区内的链段不易发生热运动，而且还能束缚非晶区内个别链段的运动。因此，渗透扩散过程常常发生在半晶高聚物内的非晶态区域。随着结晶度的增大，非晶区比例减小，其扩散速度减小，抗渗性提高。除结晶度的影响外，渗透扩散往往在晶区与晶区之间，形成晶间腐蚀。晶间越大，则扩散系数 D 越大，渗透扩散的能力越强，晶间腐蚀越厉害。

（2）添加剂和助剂

在生产和加工高分子制品时，根据不同的用途，常要添加其他物质，如增塑剂、稳定剂等。在聚合物中加入增塑剂，通常会导致聚合物的抗渗性下降，而且加入增塑剂的量越多，其抗渗性下降越多。这是因为增塑剂是低分子化合物，常常能与腐蚀介质的分子发生化学反应，同时随着增塑剂的加入，它能起到屏蔽高分子极性基团和增大高分子链间距离的作用，有利于高分子链段的热运动，空隙容易迁移，加速了介质分子的渗透扩散，导致聚合物抗渗性下降。

（3）填料

颜填料的结构、性质及用量对抗渗性的影响一般次于树脂，但在某些情况下，它的影响甚至比树脂还要大。将惰性而密实的无机填料混入聚合物中，可以使水及介质的渗透率减少。其效果的好坏，取决于填料的性质和用量。飘浮型填料，如铝粉等，可显著地提高对水的抗渗性；而亲水性填料，如纤维素等，则可明显降低对水的抗渗性；容易与树脂紧密结合的填料抗渗透性好，填料表面不容易与树脂浸润的填料，空隙度大，抗渗透性差。

加入高内聚能的颜填料复合，常常可以提高复合材料的耐抗渗性。这是由于一定量的填料加入后，高分子被吸附在结晶填料的表面，而阻碍了链段热运动、减少了次键力的重排。例如，环氧树脂漆，随着二氧化钛含量的增加，其渗透性就相对降低。但如果填料用得太多，其渗透性会迅速增大。这是因为高分子树脂相对含量减少，不足以把填料的表面完全填满，介质就会沿着填料间空隙不断向内部渗透扩散。

（4）介质的影响

介质的结构、形状及浓度对渗透扩散性能的影响是非常大的，氧和水对高分子材料的影响是防腐中最常见的，需要认真对待。介质分子沿高分子内部的空隙逐渐向内迁移，分子大而空间阻碍大的介质需要大的空隙才能渗透。按高分子空隙大小的分布规律，大空隙的数目不多，这就限制了分子大而空间阻碍大的介质对高分子材料的扩散。所以一般来说，分子大而空间阻碍大的介质分子的扩散系数和渗透率小，而分子小空间阻碍小的介质分子的扩散系数和渗透率大。

当介质分子的极性与高分子的极性相似时，介质分子可对高分子链产生增塑作用，即小分子易于渗入高分子链与链之间削弱高分子键的次键力，使高分子链易于热运动，故渗透扩散加速。因此，极性介质在极性高聚物中的扩散系数大，而在非极性高聚物中的扩散系数小。介质与高分子极性的影响是很重要的，有时甚至比其他因素，例如介质的浓度影响更大。

介质对高分子材料的渗透扩散能力还随着盐溶液浓度的增加而逐渐降低。在盐的浓度低时，渗透扩散的量较大。这是由于无机酸、盐溶于水时离解成自由移动的水合离子。这种水合离子比起水分子体积较大，热运动较困难，因而它对高分子材料的渗透扩散能力比纯水要小。水是渗透的先导介质，水合离子与水分子在聚合物中是借助水分子的水合和解离而运动的，随着盐浓度的增加其自由水分子浓度下降，先导介质水分子的渗透扩散能力下降。

（5）温度的影响

温度是外界条件影响扩散系数的因素中最突出的。增加温度可以显著地提高扩散系数。其关系符合阿伦尼乌斯方程。但当温度到达某一温度以上，由于聚合物内部结构的改变，D-T 的变化方式可能发生改变，或增加更快或更慢等。因此高分子材料浸渍在液体介质中时，随着温度的提高，由于渗透扩散引起的腐蚀要加剧。

（6）工件的影响

塑料层的厚度大小对扩散系数没有影响。无论试件的厚度如何增加，扩散系数始终不变。虽然增加厚度不能改变扩散速度，但可以延长扩散透过时间。所以通过计算可以设计出漆膜或衬里层在保护时间内不被介质透过的最小厚度。

理想条件下，如果覆盖层紧密地结合在基体材料上，介质透过后在界面不引起化学变化，界面也是完整无空隙的，则界面上的介质浓度达到一个定值后就不再增加，介质浓度沿厚度方向的分布按图 3-1 示意。

实际上即使是水这种介质透过后结合其中的溶解氧就会使基体金属腐蚀，因为塑料和金属材料的微观不均匀性很容易产生腐蚀微电池。更重要的是由于覆盖层和基体材料的不同导致温致应力或加工残余应力，它们使界面出现微裂纹。透过介质集聚在空隙处以液态的方式存在，它使介质浓度在厚度方向的分布呈抛物线形，介质浓度增大，容易发生腐蚀。重要的是空隙处的液体介质成为一个腐蚀源，属于腐蚀电池的阳极，使基体金属发生孔蚀。

防腐二次加工，无论是热处理或者热焊接，往往使得热塑性塑料的聚集态结构，如结晶度、取向度发生变化，造成薄弱环节，使介质容易从此渗透。因此，对防腐蚀施工中的热处理或热焊接方案的选取要慎重，对于那些急于求成，任意用提高焊接温度来加快焊接速度的方法是不允许的。

最后工件在使用过程中不是按照设计寿命的时间内都完全浸泡在介质中，由于检修、停产等原因。工件不再接触介质，覆盖层表面干燥后，内部的介质将会反向扩散出来，降低了耐蚀材料内部的介质浓度。在再次使用后，介质又要用一定时间重新渗透进去，由此提高了使用年限。如果在停产阶段有意识地对这些耐蚀设备进行反向渗透和浸洗，则能够大大延长衬里层的寿命。

3.2.4　渗透腐蚀评价

（1）水和氧的渗透扩散

高分子材料在氧和水中由于渗透扩散引起的腐蚀是很常见的，具有很好的代表性，气体在塑料薄膜，涂层中的渗透一般服从 Fick 第一扩散定律，所以用薄膜、涂层在氧和水中的渗透扩散来研究聚合物的渗透腐蚀更简单。涂层在水浸润后的干燥过程中由于氧的渗透加快腐蚀，因此测定吸氧量可以判断其耐蚀能力。图 3-2 是几种聚合物的氧渗透系数，根据极性相似原则，无极性的氧分子在无极性的聚合物中渗透系数大。

在防腐蚀工作中接触最多的化工介质是水，即使有机介质也经常带有水分，因此研究水和水蒸气的渗透性更具有普遍意义。

由于水的分子较小，具有强烈的渗透能力，特别在初期其渗透能力较强，但随后达到平衡，增重曲线变得很平坦。水的渗入还可能导致极性高分子材料中的增塑剂等可溶物的溶出，从而使物理力学性能下降。水分子扩散在高分子链间，导致高分子链的次键力的减弱，既可降低物理力学性能，又可使渗透加速，最后使得材料被介质穿透。渗入水可与高分子材料中残存的变价金属（如聚合中残存的催化剂或加工中随模具带入的痕量金属）离解成金属离子，从而催化活化加速材料的裂解老化。但是，如果水分子与高分子链不发生化学反应，也不与高分子链生成新的次键的话，随着试验时间延长，水对高分子材料便无明显的影响。

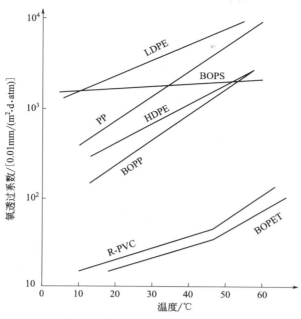

图 3-2 典型聚合物的氧渗透系数

表 3-3、表 3-4 分别是几种塑料的水和水蒸气的渗透率。通过比较其玻璃化温度，交联、结晶参数可以体会其影响因素。

表 3-3　几种塑料水蒸气的渗透率　　　　　单位：$10^{-5}g/(m^2 \cdot s)$

塑料	渗透率	塑料	渗透率
聚四氟烯	0.7	硬聚氯乙烯	9～10
聚酯树脂	0.9	软聚氯乙烯	20～40
高密度聚乙烯	2.0	氯化橡胶	6～11
低密度聚乙烯	5～6	聚苯乙烯	30
聚丙烯	3.3	尼龙 6	75

通过表 3-3 比较分子结构拉伸结晶会发现均聚物、共聚物、分子间作用力、结晶相与玻璃相对渗透率的影响。

表 3-4　塑料薄膜中水蒸气的渗透率　　　　　单位：$10^{-5}g/(m^2 \cdot s)$

塑料薄膜	双轴拉伸的渗透率	无拉伸的渗透率
聚丙烯	1.4	3.3
硬聚氯乙烯	6～10	9～10
尼龙-6	20～30	75

（2）扩散系数

通过查阅扩散系数和渗透率数据来评价材料在介质中的腐蚀特性，只是一个基本的初步选材的方法，具有一定的指导意义。因为现场的腐蚀介质不一定是单一的，化学反应体系中总是有 2 种以上的反应物和生成物、副产物和溶剂等，这些介质条件可能使材料在不同的时间内处于酸、碱、盐、有机溶剂、氧化剂、还原剂、固体悬浮物、气泡等环境中；同时操作工艺也存在变化，如介质温度、正负压力、流速、固体冲刷等随着反应的进行需要不断操作变化；另外，设备的开停机状态、冬夏季设备外表面温度的变化、杂散电流、设备清洗等都不可避免出现引起腐蚀的因素。因此，先通过单一介质的扩散系数和渗透率数据进行概念性的选材计划，然后通过多次腐蚀实验确定选材是必要的。需要注意的是，由于材料合成和成型技术的不断进步、实验设备和测试方法的不断完善，这些数据仅有参考意义，不能作为防腐蚀设计的依据来使用，实际工作中一定要使用标准的设计手册数据。

3.3 聚合物的溶剂化

腐蚀介质扩散到材料中以后，介质分子同材料分子之间将会产生各种作用，产生分子间作用力，只是由于聚合物分子运动的特性，介质的位置变化是主要的。介质在分子间力的作用下集聚到聚合物分子上，如果这个力很小，则集聚的分子数少，对聚合物没有影响；如果这个力较大，则介质分子集聚在聚合物链的周围，使分子链溶剂化，分子链间的作用力下降。由此引起聚合物力学性能下降，体积膨胀，质量增加，这是聚合物的物理失效原理之一。当分子间的作用力足够大时，分子链可以溶解到溶液中，形成高分子溶液。高分子溶液理论是聚合物涂料、胶黏合剂和湿成型的主要基础理论之一。

3.3.1 聚合物与介质的作用

分子间力是由组成分子的电子及原子核与另一分子的电子及原子核交互作用而产生的，因而可视为一种电的效应，取决于物质分子的电性及分子结构。聚合物分子因其分子量大及长链结构使得分子间的作用力非常大甚至超过化学键，这种作用力的大小对分子的聚集态结构和解聚具有重要的作用。

（1）聚合物分子间的相互作用

聚合物分子聚集是依靠分子间的作用力——范德华力结合起来的，它不像金属是靠金属键、无机硅酸盐材料是靠 Si-O 共价键结合起来，所以聚合物相对金属和无机材料的强度低。本来范德华力要比化学键能力低 1~2 个数量级，但因聚合物的长链式结构和超大的相对分子质量，链单元间的相互作用力不断积累，导致分子间相互作用力远大于分子的键能，获得了可观的内聚能。这种聚合物内聚能密度的大小决定聚合物材料的应用领域。分子间力有诱导力、取向力、色散力、氢键力。分子间力与两分子核间距离 6 次方成反比，距离增大分子力迅速减小。

色散力是由于分子间的瞬间偶极之间的分子间作用力，它存在于一切极性和非极性分子中。由于每个分子的电子不断运动和原子核的不断振动，经常发生电子云和原子核之间的瞬时相对位移，从而产生瞬时偶极。而这种瞬时偶极又会诱导邻近分子也产生和它相吸引的瞬时偶极，使得分子间始终存在着引力。色散力的作用能量一般在 0.8~8kJ/mol（如 PE、PP 等），在一般非极性高分子中，其分子间作用力主要是色散力，影响其强弱的因素是分子的重量和大小。所有高分子材料都含有大量的非极性的链段，极性官能团部分在组成中总是较少的。所以对于高分子聚集材料来说，色散力是一个很大的聚集力。

色散力与分子的变形性有关，变形性越强越易被极化。极化率是反映正常的电子云形状被改变的程度，高分子链节的极化率与链结构、共价键的构成、键长关系密切。链结构使分子表面积越大，分子间力作用面积就大，分子间接触的机会就越多，分子间距离就越小，所以，分子越大，相对分子质量越大，其范德华力就越强，而支链相对减少了分子表面积，聚合物就更柔软，因支链的存在减少了相同聚合度的碳链长度，碳链锯齿形分子形状已成定形，分子链的长短就成了决定分子表面积的主要因素。

分子的结构可以影响分子间力的大小、形状和弹性，另外则是官能团的影响。共价键的键能越大，瞬时偶极的强度就越高，色散力就越大；分子键长越大，电子云形状被改变的可能性和程度也越大，色散力就越大。原子半径增大，电子增多，色散力增加，所以元素聚合物的内聚能都较高；分子变形性增加，分子间力增加。表 3-5 是常用聚合物的共价键所涉及的键长和键能，通过比较可以相对判断聚合物的内聚能大小。

表 3-5　常用聚合物的共价键所涉及的键长和键能

化学键	键长/×10^{-12}m	键能/(kJ/mol)	化学键	键长/×10^{-12}m	键能/(kJ/mol)
C—C	154	332	C—O	143	326
C＝C	134	611	C—N	148	305
C—Cl	177	328	C＝N	135	615
C—F	138	485	C—S	182	272
C—H	109	414	N—H	101	389
C＝O	120	728	O—H	98	464

从结构来看，烯烃由于含有双键官能团，分子都具有扁平结构，基团面积更大，扁平基团的分子重迭与接触随着基团面积的增大而增加，所以色散力也增加。苯环是正六边形结构，分子中所有键角均为 120°，苯分子也是平面分子，12 个原子处于同一平面上，6 个碳和 6 个氢是均等的，C-H 键长为 $108×10^{-12}$m，C-C 键长为 $140×10^{-12}$m，此数值介于单双键长之间。但是扁平结构间要按面的重叠增加色散力只是单一垂直于平面的方向，其他方向的接触的色散力就更低，而对于聚合物来说，双键、苯环只是其中的一部分，大量的亚甲基构成的分子链一方面能轻易地与面接触，另一方面它至少有一个链会与苯环以共价键连接，使苯环的变形性增加。所以高分子材料中苯环是刚性基团。

诱导力是极性分子永久偶极电场与它在其他分子上引起的分子电子云变形而诱导出诱导偶极之间的相互作用力。诱导力的大小与非极性分子极化率和极性分子偶极距的平方成正比。无论哪一种非极性分子，其在外电场作用下会出现感应偶极矩。电子位移极化分子、原子或离子中的外围电子云相对原子核发生弹性位移而产生感应偶极矩。电子极化率的大小与原子半径有关，而与温度无关。转向极化率与温度的关系密切，当场强不高而温度又不太低时，即分子热运动的无序化作用占优势的情况下，转向极化率随着温度上升而减小。诱导力不仅存在于极性-极性分子之间，也存在于极性-非极性分子之间。诱导力的作用能量一般在 6~12kJ/mol。

取向力是由极性基团的永久偶极相互作用引起的，所以也被称为静电力。由于共价键具有饱和性和方向性，因此，取向力具有分子偶极的同极相斥、异极相吸所产生的引力和斥力；还与偶极矩的定向程度有关，定向程度高则静电力大，极性分子的偶极矩越大，取向力越大；温度越高，分子热运动快，定向程度降低取向力就越小。静电力的作用能量一般在 13~21kJ/mol。极性高分子中（如 PVC），分子间作用力主要是静电力。

氢键是极性很强的 A-H 键上的氢原子与另外一个键上电负性很大的原子 B 上的孤对电子相互吸引而形成的一种键。氢键是一种比分子间作用力稍强，比共价键和离子键稍弱的相互作用力。其稳定性也介于两者之间。氢键具有饱和性和方向性。由于氢原子特别小而原子 A 和 B 比较大，所以 A-H 中的氢原子只能和一个 B 原子结合形成氢键。同时由于负离子之间的相互排斥，另一个电负性大的原子 B′就难于再接近氢原子。这就是氢键的饱和性。氢键具有方向性则是由于电偶极矩 A-H 与原子 B 的相互作用，只有当 A-H-B 在同一条直线上时最强，同时原子 B 一般含有未共用电子对，在可能范围内氢键的方向和未共用电子对的对称轴一致，这样可使原子 B 中负电荷分布最多的部分最接近氢原子，这样形成的氢键最稳定。

在一般情况下，色散力是主要的，即色散力存在于一切分子间的力，不管极性分子间、极性分子与非极性分子间、非极性分子间都存在。取向力和诱导力仅存在于极性分子间，或极性分子与非极性分子间，只有当分子偶极矩很大时，才显得比较重要。诱导力一般很小，这些作用力不仅存在于不同分子间，而且还存在于同一分子内的不同原子或某基团间。分子间力即无饱和性，又无方向性。极性分子与极性分子之间的作用力是由取向力、诱导力和色散力三部分组成的；极性分子与非极性分子之间只有诱导力和色散力；非极性分子间仅存在色散力。

（2）内聚能

内聚能同分子量的大小和基团之间的相互作用有关。对于一些非极性高分子，内聚能密度一般在 $290MJ/m^3$ 以下。它们的分子主链上不含有极性基团，分子间以色散力为主，相互作用较弱，加上它们链段较好的柔韧性，除等规聚丙烯由于结晶作用而失去弹性作为塑料外，其余大都易变形，富有弹性，可做橡胶材料；而内聚能密度在 $420MJ/m^3$ 以上的聚合物，都是极性聚合物，强极性基团间的范德华力乃至氢键的形成使分子间有很强的相互作用，表现出很好的耐热性和机械强度，加上它们的结晶性能，使之成为优良的纤维材料；内聚能密度在 $290\sim420MJ/m^3$ 之间的聚合物，分子间作用力适中，通常做塑料使用。

（3）介质分子的作用

介质分子对聚合物的作用首先是介质分子的大小，小分子的介质容易穿透聚合物的表面，在内部引起聚合物的变化，所以小分子对聚合物作用更大；其次是介质分子的性质，如果是极性溶剂，溶剂和聚合物的偶极矩相近，存在于极性分子之间的取向力将使聚合物链单元的偶极同溶剂的偶极异性相吸，两者在过程中还产生诱导，使双方偶极矩进一步接近。当聚合物链节间的取向力大于链节-溶剂分子间的作用力时，溶剂化难以进行。

如果是极性溶剂扩散到了非极性聚合物的内部，溶剂的偶极可以诱导非极性聚合物产生诱导力。虽然诱导力比色散力大，但是一个极性溶剂分子在此诱导后，另一个极性分子很难在其周边发生诱导或者使前一个诱导电子云畸变而诱导失效，诱导影响反而使得聚合物链节间的色散力更大，溶剂难于固定上去。

非极性介质扩散到极性聚合物中时，聚合物中的极性基团由取向力结合，大于极性基团与非极性介质形成的诱导力。而极性聚合物的非极性部分分子链节也在偶极的作用下使电子云有所偏移，由此导致非极性链节的极化率增加，其色散力增大，而介质分子与聚合物的色散力不足以固定到分子链节上。当非极性介质扩散到非极性聚合物中，溶剂和聚合物都是靠色散力集聚的，当极化率相近时，溶剂就较易溶入聚合物中。当溶剂的极化率小于聚合物链节时，溶剂与聚合物的吸引力低于聚合物间的色散力，介质就难以大量溶于聚合物中。

水为特别重要的溶剂的原因之一，是因为它能借助于氧原子作为给体，亦能靠形成氢键作受体，对能形成氢键的聚合物的作用就大，极性高分子材料如聚醚、聚酰胺、聚乙烯醇等可溶解或溶胀于水、醇、酚等强极性溶剂中。

3.3.2 溶剂化效应

溶剂化是溶质和溶剂作用的表现之一，是溶剂分子通过它和溶质的相互作用，累积在溶质周围的过程。溶剂化物的稳定性和它的溶剂层次强弱与溶质溶剂的本性有关。小分子的介质渗入聚合物材料内部后，会发生溶剂化作用，溶剂化作用使大分子被溶剂分子包围，使链段间的作用力削弱，间距增大。聚合物的耐蚀性、强度都发生了较大的变化。

（1）耐蚀性

绝大多数在溶剂中发生的有机化学反应，溶剂的性质对反应速率和反应平衡有重要的影响。不同的溶剂中的反应物、生成物的活化自由焓不同，导致它们对反应平衡的移动、反应的活化能、反应速度、反应历程有重要的影响。聚合物的化学腐蚀也是聚合物在介质中的化学反应，如果是水溶液，水这种溶剂的溶剂化行为就变得很关键。如果系统中还有有机溶剂，则溶剂化效应就使得化学反应很容易进行，从而引起聚合物腐蚀。

腐蚀是一个热力学的自然过程，聚合物中的链节、端基和介质发生化学反应，如果聚合物或介质被溶剂化，当溶剂化使反应物活化后的自由焓减小，或是使溶剂化后的生成物的自由焓增加，不能发生的化学反应就会发生。这在聚合物的化学反应腐蚀中经常被忽略，当研究聚合物-介质体系的耐蚀性时，可能介质中含有少量的由于聚合物加工、使用历史带入的、或者是腐蚀介质含有杂质不纯带入的、或者是工艺需要引入的能与反应物或生成物溶剂化的溶剂，由于反应自由焓的改变而使腐蚀得以发生。如溶剂化增强了酸、碱腐蚀介质的强度，极性强的非质子溶剂如二甲基甲砜，溶剂化碱金属离子的能力强，有利于形成溶剂分离离子对，使阴离子有较高碱性和较高的活性表现出来。

（2）强度

当溶剂化很弱时，它仍然能较少地降低聚合物的内聚能，聚合物内聚能降低后强度会下降，材料的许用应力下降后要么提高材料的使用量，要么重新选材，原来的选材失败，导致工作量和费用增加。所以聚合物少有作为耐蚀结构材料使用，更多的用于衬里材料。就是为了避免聚合物可能的溶剂化后强度的不确定性。

聚合物溶剂化后除拉、压、弯强度下降外，硬度也会下降，冲击强度有所提高，耐磨性下降，蠕变性能变得更差。耐热变形性急剧下降，低温使用性能提高。由于弱溶剂化的介质很多，从业者只能根据所学化学知识针对具体的腐蚀对进行判断才能正确使用耐蚀材料。弱溶剂化还可能会只对聚合物中的一些高能点如银纹或分子端基、杂质起作用，导致应力腐蚀或化学腐蚀。

（3）恢复

弱溶剂化很容易恢复，当溶剂从聚合物中扩散渗透出来后，聚合物就恢复性能。如聚合物不再接触液体介质后溶剂就开始反向渗透出来，如果升高温度，热处理将使渗透速度更快。如果溶剂化后没有化学反应，则聚合物就恢复到了原来的性能，所以弱溶剂化的失效很容易防止。

3.3.3　聚合物的溶胀溶解

当溶剂对聚合物的渗透量大，而溶剂能弱溶剂化时，由于高聚物的分子很大，又相互联结，尽管被弱溶剂化，大分子向溶剂中的分散仍然很困难，虽有相当数量的介质小分子渗入高聚物内部，也只能使聚合物材料宏观上的体积和重量增加，或者溶剂能强溶剂化聚合物。由于聚合物是交联度高的热固性树脂，交联键将链段限制在一定范围内，聚合物材料宏观上的体积和重量增加，这种现象称为溶胀。所以，溶胀就是指溶剂分子渗入材料内部，破坏了大分子之间的次价键，与大分子发生溶剂化作用，材料的体积和质量都增大的现象。

（1）热固性树脂

对于体型高聚物，溶胀时只是使交联键伸直，难以使其断裂，只会溶胀不溶解，虽仍保持固态性能，但强度、伸长率急剧下降，丧失使用性能。所以热固性树脂的耐溶剂性虽然较高，但是对能强溶剂化的有机溶剂也是不耐蚀的，更要注意溶剂化后引起的化学反应腐蚀，因为热固性树脂大多是含极性官能团的树脂，官能团更易发生化学反应腐蚀。因为强烈的溶剂化作用完全改变了聚合物-腐蚀介质的反应自由能，达到热力学的自然过程的要求。强溶剂化作用下的起腐蚀作用的介质可能是体系中的杂质或者是偶然的操作带入而被忽略，这对于防腐蚀失败很致命，有时连最终的原因都难以查出。

（2）热塑性树脂

对线型高聚物，特别是非晶态线型高聚物聚集得比较松散。分子间隙大，分子间的相互作用力较弱，溶剂分子易于渗入到高分子材料内部。若溶剂与高分子的亲和力较大，就会发生强烈的溶剂化作用，使高分子链段间的作用力进一步削弱，间距增大。溶胀一直进行下去，大分子溶剂化后会缓慢地向溶剂中扩散，形成均一溶液，完成溶解过程。如果是弱溶剂化，虽有相当数量的溶剂分子渗入高分子内部，并发生溶剂化作用，但也只能引起高分子材料在宏观上产生体积与质量的增加。

对结晶态高聚物的分子链排列紧密，分子链间作用力强，溶剂分子很难渗入并与其发生溶剂化作用，因此，这类高聚物很难发生弱溶剂化。强溶剂化发生在非晶区，逐步进入晶区，溶剂化速度要慢得多。因此，高聚物在溶剂的作用下都会发生不同程度的溶胀。

3.3.4 聚合物的耐溶剂性判定

当溶质和溶剂分子之间的作用力大于溶质分子之间的作用力，则溶质分子彼此分离而溶解于溶剂中，聚合物就溶解。当溶剂不能使大分子充分溶剂化时，聚合物只能溶胀到一定程度，而不能发生高分子材料的溶解，此时，可通过升高温度和介质的浓度来使之逐渐溶解。高聚物的溶解过程一般分为溶胀和溶解两个阶段，先溶胀后溶解。

聚合物的溶解在防腐蚀工程上很有意义，涂料、胶黏剂和树脂的湿成型都是聚合物溶解在溶剂中的一个体系，高分子溶液的知识在这里很重要。当然聚合物材料在介质中有所溶解，也表示高分子材料因溶胀、溶解而受到了溶剂的腐蚀。这是一个知识点的两个方面的应用。当选用耐溶剂的高分子材料时，可依据以下几条原则。

（1）溶解度参数相近原则

从热力学的角度，聚合物的溶剂化过程是一个建立新的平衡态的过程，这个过程自由能 ΔG 表述为：

$$\Delta G = \Delta H - T\Delta S$$

式中，ΔG 是聚合物-溶剂体系的自由能；ΔH 是混合热；ΔS 是混合熵；T 是混合温度，K。当 $\Delta G < 0$ 时溶解能自动发生。当聚合物在溶解过程中链段和链的运动加剧，分子排列趋向于无规，所以混合熵总是增加的，所以 $-T\Delta S < 0$，如果 $\Delta H < 0$，则溶解就能自动发生。当 $\Delta H > 0$、$\Delta H < T\Delta S$ 时，溶剂化自动发生。

对于非极性聚合物，介质扩散进入后体积变化可以不计，溶解过程热效应与内聚能密度的关系可以表示为：

$$\Delta H = V\phi_1\phi_2\left(\sqrt{\frac{\Delta E_1}{V_1}} - \sqrt{\frac{\Delta E_2}{V_2}}\right)^2 \tag{3-8}$$

式中，ϕ_1，ϕ_2 分别为聚合物和溶剂的体积分数；ΔE_1，ΔE_2 分别为聚合物和溶剂的内聚能；V_1，V_2 分别为聚合物和溶剂的体积分数。

$\delta = \sqrt{\dfrac{\Delta E}{V}}$；$\delta$ 被称为溶解度参数，则有：

$$\Delta H = V\phi_1\phi_2(\delta_1 - \delta_2)^2 \tag{3-9}$$

如果 ϕ_1 和 ϕ_2 的一个远大于另一个，如体积分数 0.1：0.9，这是少量聚合物同大量溶剂的情况；或者 $\phi_1 \approx \phi_2$，即质量分数相近，是最大的情况，它也比 1 小。当 $\Delta\delta$ 小于 1 或更小，其平方值则可以使 ΔH 可能很小，使 $\Delta H < T\Delta S$ 成立。这就是判断溶解能否自发进行的溶解度参数相近原则。溶解度参数相近原则与溶剂和溶质的溶解度参数谁大谁小无关。

判断过程中可以通过查纯溶剂和纯聚合物溶解度参数很方便地判断。常用高分子材料的溶解度参数示例见表 3-6，常用溶剂的溶解度参数示例见表 3-7。

表 3-6　常用高分子材料的溶解度参数

聚合物	δ_2	聚合物	δ_2	聚合物	δ_2
PTFE	6.2	BR 丁基橡胶	7.7	EP 环氧树脂	9.7/11
PE	7.7/8.8	NBR 丁腈橡胶	9.5/9.25	PF 酚醛树脂	11.5
PP	8.1/8.2	聚硫橡胶	9.0/9.4	乙丙橡胶	7.9
NR 天然橡胶	7.9/8.15	PMMA	9.1/9.5	聚氨基甲酸酯	10.8
聚异丁烯	7.8/8.1	PC	9.5/9.8	PNA 聚丙烯氰	12.5/15
聚三氟氯乙烯	7.3/7.6	氯磺化聚乙烯	8.0/10.0	PA66 聚酰胺	13.5
CR 氯丁橡胶	8.2/9.2	PVC	9.4/9.7	醋酸纤维素	10.9/11
丁苯橡胶	8.1/8.6	ABS	9.9	POM 聚甲醛	10.2/11
PS 聚苯乙烯	8.5/9.3	聚醋酸乙烯酯	9.4/11	聚二甲基硅烷	7.3/7.6

表 3-7　常用溶剂的溶解度参数

溶剂名称	δ_1	溶剂名称	δ_1	溶剂名称	δ_1	溶剂名称	δ_1
丁烷	6.6	苯甲醛	10.8	三氯乙烷	8.5	苯胺	7.9
庚烷	7.45	丙酮	10	四氯乙烷	9.5	氨水	12.23
正辛烷	7.99	甲乙酮	9.3	二氯乙烯	9.2/9.7	二甲苯	8.7/9
甲醇	14.5	环己酮	9.9	苯	9.15	水	23.4
乙醇	12.7	乙醚	7.7	甲苯	8.7/9	溴甲烷	9.4
丙醇	11.9	丁二烯	6.8	氯化苯	9.5	甲酸	13.5
丁醇	11.4	醋酸	12.5	二硫化碳	10	四氢呋喃	9.9
乙二醇	15.7	丁酸	11.5	硝基苯	9.6	吡啶	10.8
甘油	16.5	氯甲烷	10.2	甲酰胺	17.8	氯乙烯	8.7
环己醇	11.4	二氯甲烷	9.7	乙酸乙酯	9.5	三氯乙醛	9
糠醇	12.5	三氯甲烷	9.3	乙酸甲酯	9.1	乙醛	9.84
二氯乙烷	9.1/9.8	四氯化碳	8.6	乙酸戊酯	8.3	苯酚	14.5
二辛酯	8.8	氯乙烷	8.5	二丁酯	9.3	甲酚	13.3

（2）极性相近原则

极性大的溶质易溶于极性大的溶剂，极性小的溶质易溶于极性小的溶剂。这一原则在一定程度上可用来判断高分子材料的耐溶剂性能。针对极性聚合物和极性溶剂，其实就是偶极矩相近，则由于静电力的作用，溶剂能取代聚合物间的取向力固定上去。对于非极性聚合物，由于其电子云的极化相近，色散力近似，溶剂分子也能取代聚合物间的色散力固定上去。

在聚合物中，从溶剂扩散进入聚合物开始，处于表层的基团、链段、聚合物分子链节就处于一个特殊状态，它一方面受到其他聚合物链段的作用，另一方面还受到溶剂分子的作用，聚合物的内聚力排斥溶剂化，溶剂和聚合物间的吸引力又要把它留住。而存在于溶剂之间的吸引力则阻碍溶剂进入聚合物的链段间。这 3 种力共存，互相制约，决定着聚合物溶剂化的倾向。

所以一般来说，溶剂与大分子链节结构类似时，常具有相近的极性，就能相互溶解，也说明了基团的相似相容原理。如无定型聚苯乙烯等非极性高聚物易溶于苯和甲苯等非极性溶剂中。

（3）基团电性对应原则

当高分子与溶剂分子所含的极性基团分别为亲电基团和亲核基团时，就能产生强烈的溶剂化作用而互溶。具有相异电性的两个基团，极性强弱越接近，彼此间的结合力就越大，溶解性也就越好。如硝酸纤维素含亲电基团硝基，故可溶于含亲核基团的丙酮、丁酮等溶剂中。常见的亲电、亲核基团的强弱次序如下。

亲电基团：

$$—SO_2OH>—COOH>—C_6H_4OH>=CHCN>=CHNO_2>=CHONO_2>—CHCl_2>=CHCl$$

亲核基团：

$$—CH_2NH_4>—C_6H_4NH_2>—CON(CH_3)_2>—CONH—>PO_4^{3-}>—CH_2COOCH_2>—CH_2OCOCH_2—>—CH_2—O—CH_2—$$

如果溶质所带基团的亲核或亲电能力较弱，即在上述序列中比较靠后，溶解不需要很强的溶剂化作用，可溶解它的溶剂较多。如聚氯乙烯，—CHCl 基团只有弱的亲电性，可溶于环己酮、四氢呋喃中，也可溶于硝基苯中。如果聚合物含有很强的亲电或亲核基团时，则需要选择含相反基团系列中靠前的溶剂。例如，聚酰胺-66 含有强亲核基团酰胺基，要以甲酸、甲酚、浓硫酸等作溶剂。含亲电基团—CH—CN 的聚丙烯腈，则要用含亲核基团—CON(CH_3)_2 的二甲基甲酰胺作溶剂。在这里氢键的形成是溶剂化的一种重要的形式。形成氢键有利于溶解。

将上述三原则结合起来考虑，以判断高聚物的耐溶剂性，准确性可达 95% 以上。

3.3.5 浸渍试验

浸渍试验是评价聚合物耐蚀性的最直观和最常用的方法，它是在选定的条件下（选材时最好在工艺设计的介质条件下），将规定尺寸和形状的聚合物试件浸入试验介质中，经过规定的时间，如 1 天、1 月或 1 年浸渍之后，测定试件重量、尺寸、外观、强度等防腐蚀所需要的性能变化，以评价聚合物的耐蚀性。浸渍试验不需要复杂的仪器，可以直接采用现场介质条件，因此是腐蚀专业的必备技能。

简单的浸渍评价是根据 1 年浸渍之后试件质量变化的评价方法，浸渍前后试件质量增加或减少的百分率

$$k_t = \frac{W_1 - W_2}{W_0} \tag{3-10}$$

式中，k_t 表示质量变化率，%；W_1 表示浸渍前试件的质量；W_2 表示浸渍后试件的质量；W_0 为试件的原始质量，也可用原始表面积。

增重率能反映出高分子材料耐腐蚀的优劣，故是耐蚀性的评定中的最常用的方法。增重率是一个相对的指标。在一般的文献资料中，常常采用试件单位重量的重量变化率、试件单位面积的重量变化率来表示。

在浸渍增重试验中，聚合物试件在浸渍前后重量变化的结果实质上是正增重和负增重的总和。最常见的是随着腐蚀介质不断地由表及里地渗透，使聚合物试件的重量逐渐地增加，产生正增重。另外，某些聚合物内部的可溶性组分或腐蚀的产物等也能通过空隙由聚合物内部向外渗透出来，造成聚合物试件的重量逐渐地减少，产生负增重，或干扰增重率。如果聚合物吸收介质的数量相当大，而聚合物被腐蚀溶出的数量也相当大，即聚合物已遭到明显破坏，但实际测得的增重率却不大。这时，如果只依据增重率的大小，把它作为评价耐蚀性的优劣的唯一标准，就必然与实际不相符合。

因此，单独用浸渍一定时间后的重量变化不能准确判断聚合物-介质体系的腐蚀情况，需要不断地测定浸渍时间流上的点和相对应的性能变化，描绘出一条曲线，根据不同时间浸渍试件的性能变化来判断腐蚀的基本原因和变化。

增重曲线一般是由浸渍试验所获得的增重率为纵坐标、浸渍时间为横坐标描绘出的图像。最常见的是在一定条件下的重量变化百分率随时间而变化的增重曲线。其他性能如尺寸

变化率、拉（压、冲等）强度变化率、热变形温度变化率、密度变化率；浸渍液中的腐蚀成分、主要成分的变化率等都可以描绘出性能变化曲线用于特定腐蚀分析。由于可以用于浸渍的材料和介质条件变化无穷，获得的浸渍曲线也千奇百怪，但是浸渍曲线的各种变化必定对应着材料-介质的相应物理化学变化，由此可以分析判断浸渍变化的趋势，从本质上研究渗透扩散的规律及腐蚀机理，全面地了解聚合物的耐蚀性，方能有一个准确而全面的认识，支持正确选材。

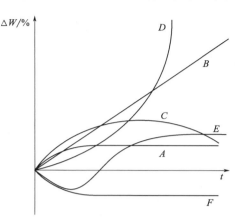

图 3-3 材料-介质浸渍曲线示意

　　图 3-3 是几种浸渍曲线的典型示例。其实，还有很多的各种曲线会出现在浸渍试验中。根据图 3-3 的材料-介质的浸渍曲线：曲线 A 开始为正增重，曲线逐渐趋于平缓，达到平衡，这说明材料对介质只是物理吸附作用，即单纯的扩散渗透。如果平衡时的数据在可以接受的范围，则这种介质中的选材是正确的。当聚合物达到平衡后就可以作为选材的依据。如浸泡 1 年后，材料的重量变化＜±2％，显示为优，是正确的选材；良是重量变化＋2％～＋14％，－2％～－3％；可用是重量变化＋14％～＋19％，－3％～－4％，但要慎重；劣是不能使用。也可将聚合物固体浸泡一个月，其重量变化小于 0.25％ 为推荐使用，小于 1％ 为可能有问题，大于 1.5％ 者为不推荐使用。

　　曲线 B 随浸渍时间的延长，曲线重量增加，可能是化学吸附或化学反应的作用，也可能溶剂化过程中伴随着小分子的溶出。像这样增重曲线的材料不能选。此时伴随对试样的力学性能和浸渍介质的检测，可以判断腐蚀的本质。

　　曲线 C 开始为增重，然后曲线逐渐趋于平缓并下降，在某一时间段可以同曲线 A 的增重率相当，如果以此时间段选材就会发生偏差，C 过程中可能产生了化学反应，且生成物是小分子能溶出，这样在继续浸渍可能会开始减重，如果重量不再发生变化，这很可能只是添加剂的溶出。

　　曲线 D 开始正增重不大，但时间的延长日益陡峭，这时观察材料的体积、力学性能已发生了极大的变化，可能是交联聚合物的溶胀。

　　曲线 E 初期是失重腐蚀，但是继续浸渍开始增重，最后达到浸渍平衡，可能开始材料存在腐蚀，而后腐蚀产物保护了材料，使其不再发生化学反应，只产生吸附，如铸石在酸碱中腐蚀后形成一层铝硅酸盐的保护膜，就会出现这样的曲线。

　　曲线 F 是一条失重腐蚀曲线，能达到平衡，如水玻璃试样在浓盐酸中浸渍，开始时水玻璃中的盐溶出，伴随着固化度从 80％ 开始增加，到盐溶出停止，固化完成即达到平衡。

3.4　聚合物的环境-应力开裂

　　在应力与特定介质的联合作用下，材料在远低于正常断裂应力条件下的开裂称为应力腐蚀。应力腐蚀是由于腐蚀介质渗入材料内部，在低应力下，高分子材料出现银纹，在介质和应力的双重作用下进而发展成裂纹，在低于材料正常断裂应力下所发生的开裂。目前塑料零部件破损有 25％ 属于环境-应力开裂。

3.4.1　银纹

　　银纹（craze）是高聚物在溶剂、紫外光、机械力和内应力等产生的张应力作用下，于材料某些薄弱地方出现应力集中而使高分子材料发生塑性变形和大分子的高度取向所形成的形同微裂纹状的缺陷，它在光线照射下呈现银白色光泽。银纹出现在材料表面或内部垂直于应力方向上，长度可达 $100\mu m$，宽度为 $10\mu m$ 左右，厚 $1\sim10nm$。

银纹由银纹质（是高度取向的高分子微纤）和空洞组成，银纹质在空洞中连接银纹边，大的微纤直径 $20\sim30nm$，小的约 $10nm$，空洞占银纹体积的 $40\%\sim50\%$。根据其排列方向分为主纤维和横系纤维。主纤维沿着最大拉应力方向，在主应力方向上取向的纤维组成微孔洞的体积百分比为 $50\%\sim80\%$，直径为几纳米到几十纳米。横系纤维近似垂直于主纤维沿微纤长度方向准周期性出现，与主纤维一起形成网状结构。横系结构使得银纹有一定的横向承载能力，银纹微纤之间可以相互传递应力。横系的存在使得银纹微纤成为一个复杂的网络结构连续相。

银纹质具有一定的力学强度和黏弹性，因此能承受一定的负荷。银纹在玻璃化温度以上能自行消失，即自愈合。产生银纹的应力可以是材料加工过程的不均匀（材料成分中的均匀、填料、加工过程的温度不均匀等）；也可以是使用过程的外加应力或热应力。银纹为聚合物所特有，通常出现在非晶态聚合物中，如 PS、PMMA、PC、聚砜等。但在某些结晶聚合物中（PP 等）也有发现。

3.4.2　银纹的产生

玻璃态高聚物可以看作是分子链存在拓扑限制作用的三维缠结网络。由于分子链长度的不均一以及链末端的存在，使得缠结网络结构不均一。在外载作用下，网络上应力分布和形变也不均匀，有些链由解缠而强烈取向，承受高应力，发生应力激发的热活化断链过程。这些链断裂以后，应力在其附近分子链上重新分布，使分子链的断裂集中在局部区域，并累积而成微空洞。当微空洞的数量达到临界值时，微空洞引起的应力集中相互影响，微空洞迅速扩展并伴随有空洞间本体材料的应变软化和冷拉，形成稳定的银纹核。

根据发生的类型不同，银纹可分为 3 类：材料表面银纹、裂缝尖端银纹和材料内部银纹。表面银纹发生在试样的表面，它们在垂直于最大拉伸应力的方向上生长。银纹的长度可达到 $10mm$ 左右，而厚度却很小，常为 $0.1\sim10\mu m$ 的范围。它们很尖锐，垂直于表面的深度一般在 $0.1\sim0.5\mu m$ 的范围内。裂缝尖端银纹产生于裂纹尖端高应力区内。在裂缝的尖端处引发，随后在垂直于最大应力的方向上扩展，尖端银纹穿入裂缝试样的前端。在一定的加载条件下，一条银纹有可能一直生长到它横穿过整个试样。裂缝尖端银纹的行为非常复杂也很重要，直接影响裂纹的扩展过程，因而关系到材料的断裂韧性及其寿命。内部银纹是发生在材料的内部的银纹。它们的产生是由于力学条件所致，在它们的引发和生长过程当中环境条件不起或只起很小的作用。银纹的产生与材料内部不均一性所导致的应力集中有关。

银纹引发是一个应力集中激发的热活化过程，它包括两个基本阶段。外力作用下局部集中的剪切应力使材料通过热激活而形成微剪切带，当微剪切带发展受阻时，可以克服材料表面能而形成微空洞，当微空洞的数密度达到一临界值时，它们引起的应力场相互作用，微空洞迅速扩展并伴随有空洞间材料的应变软化和冷拉。局部集中的剪切应力可能是由两微剪切带在交叉处相互作用而形成，也可能是材料总的某种杂质，或由于材料不均匀处的膨胀应力使得材料的玻璃态转变温度降低，材料易于空洞化而形成银纹（图 3-4）。

聚合物在介质的作用下，应力也起到了作用，拉应力将使分子链的运动朝应力方向加快，自由体积和运动速度增大，更有利于介质分子的渗入（如果是压应力，相反地可能阻滞介质向材料内部扩散）。高分子材料是有一定自由体积的聚集体，扩散进入的介质是通过自由体积进行传递的。在此过程中由于材料瞬时的不均匀性，在应力的作用下导致银纹的产

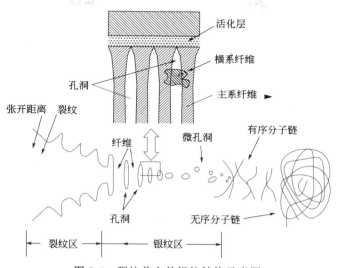

图 3-4 裂纹前方的银纹结构示意图

生。材料受外加载荷或加工过程产生的残余应力作用时，大分子链及链段会顺作用力方向移动。具有中等溶胀能力的醇类、蓖麻油等活性介质容易引起高聚物的环境应力开裂，因为这类介质只渗入材料表面层的有限部分，产生局部增塑作用。在较低应力下被增塑的区域出现局部取向，形成较多的银纹。渗入的介质使银纹末端应力集中处进一步增塑、链段较易取向、解缠，继而银纹逐步发展成长、汇合，直至开裂。

最初开裂点总发生在表面或其他高应力区域所在。表面是因为直接与气态或液态活性化学试剂接触的部位或溶剂化较易的部位。高应力区域是由于材料的不均匀性如结晶等产生。部分结晶的塑料，如聚乙烯、聚丙烯、聚苯醚等，晶区有应力集中，且在晶区与非晶区交界处易受介质的作用，产生裂纹的倾向就大，材料中杂质、缺陷、黏结不良的界面、表面划伤以及微裂纹等应力集中部位，也会促进环境应力开裂。分子量小而分布窄的高聚物比大分子量的更易发生开裂，因为大分子彼此缠绕在一起，分子量越大，受介质作用的解缠越困难。

3.4.3 银纹的扩展

一旦银纹引发，微纤分子的强拉伸增强和网状结构阻止银纹的进一步生长。所以生成银纹耗散了能量，相当于聚合物被增韧。银纹在更大的拉伸应力的作用下会扩展，最后形成裂纹；如果不增加应力，银纹在溶剂的作用下也会扩展，这就是环境-应力开裂。银纹的扩展就可看成是微纤的拉伸和尖端的扩展过程。

（1）应力作用下的扩展

在继续增加应力的情况下，银纹尖端处的无定型材料被开始拉伸成微纤，同时已经拉成的微纤被继续拉伸而变细，银纹厚度增大，初始银纹孔穴围绕微纤成长环形的空洞。新拉伸出来的微纤的抗拉应力提高了，虽然拉伸变细部分微纤的抗拉应力下降了，但在不增加总应力的条件下，银纹稳定。初始的无定型聚合物材料转换成强拉伸和取向微纤材料时，聚合物材料塑性形变控制着银纹的扩展过程。而当微纤形成后的继续拉伸则是银纹质分子链的滑动和断裂，微纤的横截面变细，承受应力值下降。随着银纹厚度的增大，载荷的重新分配而诱发相邻分子链间断裂形成微裂纹。在更大的外力作用下，微裂纹通过撕裂扩展到临界尺寸，或者是微裂纹的串接产生较大的裂纹或空洞，这就是是应力断裂的银纹-裂纹机制。因此，聚合物的损伤断裂是一个复杂的多层次多阶段过程。从微观层次的分子链间缠结链段的重排、滑移、取向、解缠及断链，到细观层次的银纹引发、生长及断裂，直到微裂纹的产生、扩展、串接。

（2）介质作用下的扩展

银纹与作用应力达到平衡，此时不再增加应力的话则银纹稳定。如果此时有介质扩散到银纹中，由于银纹质的取向使内聚能密度增加，银纹孔洞界面也是高能态，特别是银纹的尖端处。介质可以从几个方面影响银纹结构，一是具有表面活性的分子或低分子物吸附在孔洞和微纤界面，降低其表面能量，此时就需要更大的表面来达到平衡，或者这些介质从初始就存在的话，银纹的内聚能就不够高，需要扩展银纹体积来消耗应力能；二是在扩散进入的介质作用下银纹微纤和尖端处会不同程度的溶剂化。而此时材料本体可能不会被溶剂化，是由于银纹质的高能状态，其溶解度参数变得与溶剂相近。银纹质的溶剂化导致其强度降低，在外应力并未变化时，银纹扩展；三是极少量的能溶胀聚合物的溶剂存于介质中，它们虽然量少，但是很容易扩散进入聚合物中，也由于量少，所以不能构成对聚合物的溶胀破坏。但是在应力的作用下，这一点溶剂会造成聚合物中局部被溶剂化的部分产生银纹，也会在产生的银纹处出现溶剂的富集来降低银纹能量。这些都使银纹的强度下降，导致银纹扩展。

（3）银纹的生长机理

银纹生长的模型是弯月面不稳定生长机理，该机理认为，银纹尖端存在一个窄的楔形区，区内聚合物材料因应变软化而组成类流体层，银纹尖端就是在这个类流体层内扩展，该扩展速率是材料活化能、绝热拉伸流动应力和绝对温度等变量的函数。这一模型已在许多高聚物材料中获得证实。模型所预示的尖端应力集中程度以及银纹内部空洞间距与实验基本相符。银纹尖端向前扩展的过程中，银纹厚度也相应增加。银纹的增厚是通过两种途径实现的，一是银纹微纤的蠕变，二是材料本体银纹界面软化层中未银纹化物质被逐渐转变成微纤。

银纹质的破坏存在两种可能：一种是构成银纹质的分子链的化学键断裂；另一种是缠结链的解缠滑移分离。很明显，前一过程的控制因素是主应力，而后一过程的控制因素是主应变。这与分子链能量和聚集态有关。银纹化和银纹损伤是高聚物特有的一类现象和行为。从力学状态看，银纹化造成材料的损伤，是材料宏观断裂破坏的先兆。另外，银纹在其形成和生长过程中消耗了大量用于裂纹扩展的能量，约束了裂纹的扩展，使材料的韧性提高，是高聚物增韧力学机制之一。

3.4.4　环境-应力开裂

应力腐蚀是树脂在有应力存在下，与特殊化学介质接触产生的破坏，它是介质的作用与机械应力协同作用的结果。介质的作用不会直接引起化学反应，只会引起聚合物局部的物理变化即溶剂化。应力腐蚀损坏的机械作用类似于蠕变损坏，它包括流体吸收、塑性化、细纹出现、纹裂扩展和最终破坏，近来认为蠕变在特定条件下发生的应力腐蚀，即蠕变是以空气作为化学介质的破坏，只是蠕变的空气介质对材料的影响低于液体介质。应力腐蚀是一种溶剂诱导型的破坏，其过程取决于化学物质在聚合物结构内的扩散和流体吸收速率。

（1）应力腐蚀的特征

环境-应力开裂破损的典型特征有以下几点。

① 应力腐蚀的破坏是脆性断裂。聚合物正常情况破坏是塑性形变、屈服、断裂。而应力腐蚀损坏的塑性形变较小。开裂是沿裂纹尖端发展的，银纹的扩展不是单独靠应力的作用，而是应力-介质的联合作用。

② 应力腐蚀的破坏是多重开裂，起初多个单点开裂，随后连接成一个统一的断裂面，众多的原始开裂和随后联合是应力腐蚀破损机理的写照。

③ 应力腐蚀的破坏表面呈平滑形态和超塑变粗糙表面的结合，原始开裂区域，通常展

显出相对平滑形态，应力-介质的联合作用使缓慢的开裂扩展。当所有的单点开裂裂缝长度和数量达到一个极限时，其他连接处出现塑性形变、屈服，最终断裂。

④ 应力腐蚀的破坏表面有残留的细微裂纹存在，这是没有同断面重合的扩展后的银纹的残留，说明应力腐蚀造成的裂纹在整个材料中都有。而在超塑变粗糙表面上由于是单独的应力破坏，所以残留的细微裂纹更多。

⑤ 应力腐蚀的破坏表面有伸展的小纤维，断裂区出现伸展的小纤维，这是银纹中微纤的可塑变断裂，是断裂面上没有完全发展成裂纹的银纹在应力作用下的破坏方式。

（2）应力腐蚀判断

从材料的角度，由于无定形树脂相比于有序、密实的半结晶型树脂结构来说具有很大的自由体积，介质的扩散容易，聚合物中能有更多的可起溶剂化作用的介质，所以更有可能发生应力腐蚀。而随着聚合物分子量减小，抵御应力腐蚀能力也降低，这是因为随分子量减小聚合物的内聚能减小，更易溶剂化，随分子支链增加，树脂分子量增大，抗应力腐蚀力提高。半结晶树脂的结晶度会显著提高抗应力腐蚀能力，越高的结晶度，相应密度增大，抗应力腐蚀性能就越好。

从介质的角度，带有中等水平氢键的溶剂相对高氢键溶剂而言属于易加剧应力腐蚀试剂，例如，有机酯类、酮类、醛类、芳香烃类和氯化烃类相比有机醇类有更强的应力腐蚀作用。其实从溶剂化的角度来解释的作用更准确。较低分子量的溶剂相比较高分子量的溶剂有更强烈的应力腐蚀能力。如硅油比硅脂更强，丙酮更强于甲基异丁酮，因较小分子更有能力渗透入聚合物分子结构中去。

从应力的角度，只有拉伸应力才会导致应力腐蚀，拉伸应力是分子发生断裂、最终造成应力腐蚀的原因。残余应力也是造成应力腐蚀的原因，内部残余应力与外界应力结合可以更快地形成银纹，造成腐蚀应力值降低。

环境应力腐蚀和溶剂化后的强度都是使材料在低于空气的条件检测出的材料的极限应力。但是究竟是溶剂化的作用还是环境-应力的作用还需要认真判断。首先如果介质能对材料进行强的溶剂化，则这种强度性能的失效就是材料的溶剂化腐蚀。如表 3-8 的数据，氯油和邻苯二甲酸二丁酯都是 PVC 的良溶剂，浸泡后试样的重量发生了较大的改变，它们使强度降低是靠溶剂化作用。而平平加-O 是一种表面活性剂，其水溶液浸泡后增重小，极小的溶剂化，平平加-O 分子大，扩散渗透能力低，极限应力降低就是应力腐蚀。从介质极性、结构和溶解度参数，可以通过表 3-8 的数据理解环境-应力腐蚀的现象。

表 3-8　硬聚氯乙烯在 50℃介质中的极限应力

介质	极限应力/$\times 10^5$ Pa	介质	极限应力/$\times 10^5$ Pa
空气	294	30%HAc	147
饱和 NaCl	245	90%H_2SO_4	147
饱和 Na_2CO_3	245	98%H_2SO_4	147
30%NaOH	245	80%HAc	98
25%～28% NH_4OH(30℃)	245	50%铬酸	98
甲醛	245	5%苯酚	98
85%H_3PO_4	196	120 号汽油	98
蒸馏水	196	乙醇	98
49%HNO_3	196	甲酸	98
30%H_2SO_4	147	80%氯乙酸	98
30%柠檬酸	147	氯油	<98
乙二醇	147	邻苯二甲酸二丁酯	<98
5%HCl	147	平平加-O	<98

表3-8中材料的极限应力降低有氧化等化学反应腐蚀、溶剂化失效、应力腐蚀几种腐蚀，通过实验很容易判断其腐蚀方式。

（3）复合材料的应力腐蚀

对于树脂基复合材料来说，由于有增强剂的影响，内应力更大。树脂成型固化过程中树脂收缩要产生应力，应力容易作用在有缺陷的黏合界面上。在温度变化时复合材料的组分间由于热涨系数的不同要产生温致应力，更容易产生银纹，特别是在复合界面，本身在固化过程中就残留了一些空隙，有利于树脂的扩散渗透。复合材料在成型过程中溶剂等小分子物易挥发，使树脂基体上容易出现针孔、气泡、微裂纹等缺陷，抗渗能力变坏。但是分子的扩散遇到材料中的分散相后的扩散路径要改变，绕路增加了扩散路径，延缓了扩散时间。也由于分散相增强剂的存在，银纹或裂纹的扩展遇到分散相后就被终止，裂纹扩展的应力转移到了增强相上，增强相将应力分散到了整个界面相，也改变了力的矢量。所以复合材料的应力腐蚀在前期更容易发生，而后期的扩展就变得很艰难。

但是，复合材料的这种应力腐蚀机制也很致命，由于前期的应力腐蚀开裂产生了大量的银纹、微裂纹等空隙。虽然应力腐蚀被终止了，单纯的介质的扩散渗透更加容易了，所以更易发生渗透腐蚀。单独研究渗透腐蚀时是安全的材料，由于发生了应力腐蚀加速，渗透腐蚀就可能发生。所以对复合材料应该加强工艺处理，使其所含缺陷尽量少。

3.5　聚合物的化学腐蚀

高分子材料在加工、储存和使用过程中，由于内外因素的综合作用，其物理化学性能和力学性能逐渐变坏，以致最后丧失使用价值，这种材料的失效现象称为高分子材料的老化。高分子材料老化后，外观出现污渍、斑点、银纹、裂缝、喷霜、粉化及光泽、颜色的变化；物理性能变差；力学强度、电性能下降。

高分子材料的老化是一个综合过程，既有物理变化过程，又有化学变化过程。如软聚氯乙烯的增塑剂喷霜后，使其失去柔软性即是。大多数时候介质渗入后会与材料发生相互作用，如塑料在空气中被氧扩散达到饱和，当在一定的热或光条件时可能发生热氧或光氧降解；氧饱和的塑料在还原介质中应用，聚合物可能发生氧化-还原反应；特别是扩散介质同聚合物基团的化学反应，使材料由于化学变化而失效，所以聚合物的腐蚀非常复杂多变。常见环境引起的腐蚀形式见表3-9，它作为一种主要的聚合物腐蚀分类，以便理解。

表3-9　常见环境引起的腐蚀形式

环　　境		形式
化学	其他	
氧	中等温度	热氧化
	高温	燃烧
	紫外线	光氧化
水及水溶液	长时间	水解
大气中氧/水汽	室温	风化
化学介质	应力	应力腐蚀
水或水汽	微生物	微生物腐蚀
	热	热分解
	辐射	辐射分解

但是聚合物的化学腐蚀的判断依据就是从热力学的角度判断聚合物同介质的化学反应是否能发生的问题，即是该化学反应的 $\Delta G \leqslant 0$。只是腐蚀是一个长期的变化过程，在这个过程中意料之外的环境因素的介入、材料偶然产生的高能点都会导致缓慢腐蚀，考虑聚合物腐蚀时一般是将可能的腐蚀倾向都予以重视。

3.5.1 光氧老化

高分子材料在户外，首先空气中氧的扩散渗透达到了平衡，同时还受到日光照射，光氧的双重作用发生光氧老化。出现泛黄、变脆、龟裂、表面失去光泽、机械强度下降等现象，最终失去使用价值。光氧老化反应的发生与光线能量和高分子材料的性质有关。

（1）光氧老化的原理

光波要引发反应，首先需有足够的能量，使高分子激发或价键断裂；其次是光波能被吸收。太阳光谱是一种连续光谱，其中能量最大的 120～290nm 的远紫外线大部分被大气层中的臭氧所吸收，仅有部分波长为 300～400nm 的近紫外线照射到地面。它的光能量仍很大，足以使大多数化学键打开，产生自由基、离解、环化、分子重排、裂解等种种反应。表 3-10、表 3-11 是太阳光波的能量、聚合物中主要键的键能对应能量的紫外光波长。

表 3-10 太阳光波的能量

光线区	波长/nm	能量/(kJ/mol)	光线区	波长/nm	能量/(kJ/mol)
红外光	3000	39.9	可见光	500	239
	2000	59.8	紫外光	400	299
	1000	119.6		300	398.7
可见光	800	149.5		200	598
	600	199.4		100	1196

表 3-11 聚合物主要键的键能对应能量的紫外光波长

键的类型	键能/(kJ/mol)	对应波长	键的类型	键能/(kJ/mol)	对应波长
C=C	964	124	C—O	364.3	329
C=O	532	225	C—C	335	357
C—F	498.3	240	C—Cl	330	364
N—H	461	259	N—O	306	391
O—H	460	260	C—N	292	410
C—H	415	290			

但是高能量的双键、羰基又怎么能使高聚物分子更容易引起光氧降解，同时除极少数聚合物能直接吸收紫外光外，一般不吸收大于 300nm 的紫外光。光氧降解是怎么发生的呢？这是由于在聚合物的合成和加工过程中，会在其中残留微量过渡金属和引发剂残基，或聚合物链中含有少量过氧化氢基团等，它们称为生色基团，能强烈吸收紫外光，引起聚合物光线降解反应。

另外，不同分子结构的高聚物，对于紫外线吸收是有选择性的。塑料的光稳定性取决于光的波长与材料的键能以及特定基团的数目，因此，不同的塑料能发生光化学反应的频谱范围是不一样的，都有一个老化敏感波长范围，称为塑料的活化波长。如醛和酮的羰基 C=O 吸收的波长范围是 280～300nm；双键 C=C 吸收的波长是 230～250nm；羟基—OH 吸收的波长是 230nm；单键 C—C 吸收的波长是 135nm。表 3-12 是几种聚合物光氧化的敏感波长。

表 3-12　几种聚合物光氧化的敏感波长

聚合物	波长范围/nm	聚合物	波长范围/nm
PVAc	280	PS	318.5
PC	$285\sim305/330\sim360$	PET	316/325
PE	300	PVC	$320\sim325$
PMMA	290/315	聚氨酯	327/364
PP	300	ABS	<400
POM	$300\sim320$	聚亚胺	<350

　　塑料分子吸收了光量子后，分子就处于激发状态，称为光活化。受光激发的激发态分子可以通过放热、发荧光、向其他分子能量转移还原激发分子到基态，如果向弱键的分子进行了能量转移，就可能导致其分子破坏。但是由于正常高聚物的分子结构对于紫外光吸收能力很低；高聚物的光物理过程消耗了大部分被吸收的能量，导致光化学量子效率很低，不易引起"爆发"式的光化学反应。因此，近紫外光并没有使多数高聚物离解，只使其呈激发态。处于激发态的大分子通过能量向弱键的转移，尤其是羰基的能量转移作用，导致弱键的断裂。或者此激发没能被光物理过程消散，则在有氧存在时，被激发的化学键可被氧脱除，产生自由基，发生自由基链式反应，这就是光氧化。

　　光氧化的机理较复杂，事实上 C—C 链及 C—H 链的直接断开是较为少见的。如聚合物的大分子链中，在双键的 α-位碳原子或连有 3 个碳原子的叔碳原子上的氢，结合力较弱，很容易被氧化而形成氢过氧化物，而含有 C=O 的塑料，其 α-位碳原子也易和下一个碳原子断链。

　　高聚物光氧化反应一旦开始后，一系列新的引发反应可以取代原来的引发反应。因为在光氧化反应过程中所产生的过氧化氢、酮、碳酸等加速吸收紫外光，使光氧化腐蚀加快。

　　根据与叔碳原子相连或与双键 α-位碳原子相连的 C—H 链能的强弱。碳链高聚物的易氧化程度依次为：聚二烯烃＞聚丙烯＞低密度聚乙烯＞高密度聚乙烯。在烯烃的大分子上引入卤素后，如聚氯乙烯抗氧化能力有所改善，杂链大分子较碳链难于氧化。

　　(2) 光氧老化的环境因素

　　从本质上讲，所谓"耐候性"就是指高分子材料在室外条件的耐受能力。影响高分子材料老化的主要因素如下。

　　① 阳光　阳光中的紫外线有 7% 左右，而在高空和地面不同，雪地和草原不同，赤道和极地也不同。如果环境周边构筑物有反射效应，紫外线强度也不同，所以判断紫外线强度时要充分考虑影响因素。

　　② 温度　阳光中的红外线有 50% 左右，高分子材料（特别是深色和无光泽的材料）会吸收红外线转变为热能，表面升高温度，很可能表面温度与内部温度不同，材料温度与大气温度不同。这能促进光老化或其他物理化学变化。

　　③ 湿度　大气的水分和雨雪能使耐水性不佳的高分子材料发生溶胀、水解，使氧扩散量增加。另外，在露点条件下，水汽在材料表面凝结促使材料发生溶胀等，气温升高后凝结的水汽化蒸发，如此周而复始，在轻度光氧化下加剧了材料表面龟裂。

　　④ 大气污染　在光和热作用下，大气中的许多气体如氧气、二氧化硫、二氧化碳等都可能与高分子材料发生化学反应，通常饱和高聚物在没有光照的室温条件下对 SO_2、NO_2 是相当稳定的。但是许多长期在户外使用的塑料，能被大气中的污染物如 SO_2、NO_2 等侵蚀。SO_2 吸收紫外光，使大多数反应明显加快。另外，风、雨、雪、尘等对化工设备犹如不规则的交变载荷，并且还有冲刷作用。

　　(3) 防止光老化方法

　　防止光老化方法主要有以下几点。①隔绝光与材料基体的接触。如油漆或电镀等表面涂层，它们不让光线通过。涂层中的氧化锌、金红石型钛白粉具有屏蔽紫外光的作用。结合着色，有选择地添加某些色料，也能缓和光对材料的破坏作用，炭黑几乎对所有塑料都有光稳定性。更为通常的是添加紫外线吸收剂，以便把进入材料的有害紫外光过滤掉，使材料免遭光化学作用。②转移或消去光激化能，不使材料分子发生光化学反应。通常采用添加具有能量转移作用的能量转移剂来解决。它们的作用原理是把受光活化的材料大分子上激发能通过碰撞等方式传递过来，用物理形式消耗掉。③从材料结构着手，减少材料内部的光敏成分成基团。重要的是控制成型加工条件，防止过度的热氧化。当然，也可以改变材料的原始结构，但这往往会带来其他所需性质的改变，故只能在尽可能范围内争取。④加入抗氧剂或其他防止氧化的防老剂。因为在光老化过程中，同时存在着氧化作用。这是从氧参与反应的角度消除降解。⑤塑料的光稳定性还须结合增塑、填充、着色等添加物，充分发挥其他添加剂的部分稳定作用、协同作用和竭力避免其互相干扰。

3.5.2 热氧老化

单纯热即可使高聚物降解，这是高聚物的热分解，这种材料失效现象很难遇到，因为选材时参考聚合物的热分解温度是必须的，而高聚物的热分解温度是非常容易获得，也是全面的。表 3-13 是部分常用聚合物的热分解温度。

表 3-13　部分常用聚合物的热分解温度 T_b

聚合物	$T_b/℃$	聚合物	$T_b/℃$
PMMA	238	聚三氟氯乙烯	380
聚异戊二烯	323	PP	387
聚丁烯	348	支化聚乙烯	404
PS	364	聚丁二烯	407
丁苯橡胶	375	PTFE	509

但是，在远低于热分解温度下的空气中，高聚物仍然要热降解，这是高聚物另一种腐蚀形式热氧老化。大多数塑料在与空气接触时的热降解实际上是热氧降解。例如，低密度聚乙烯在空气中即使在室温下也会发生明显的降解，100℃时降解已非常严重，但在无氧条件下要加热至 290℃以上才发生降解。

地球上氧气几乎无处不在，高分子在热成型加工时，容易发生热氧老化。另外，高分子在贮存和使用过程中也会发生缓慢的热氧老化。因此，塑料热氧降解是最具普遍性的降解现象。塑料热氧降解在表观上主要表现为退色、泛黄、失重、透明性下降、表面开裂、粉化等劣化。对于热氧老化，最方便最经济的稳定化措施就是在高聚物中添加热稳定剂。

（1）热氧化机理

经过大量的试验证实，高聚物的热氧化与低分子烃的热氧化具有类似的反应动力学规律。表现为如图 3-5 所示的曲线呈现出缓慢的诱导期（AB 段）、自催化反应加速区（BC 段），最后反应逐渐减慢直至完成（CD 段）的三个阶段。而从 O 到 A 段，是在有助剂时才发生。

聚合物的自动氧化反应按典型的链式自由基反应机理进行，主要包括产生初级自由基的链引发反应、产生氧化产物的链增长和链支化反应，以及导致自由基消除的链终止反应。

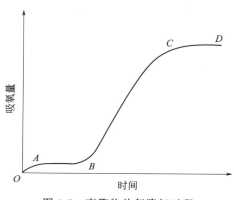

图 3-5　高聚物热氧降解过程

引发反应是在热的作用下，聚合物通过反应产生初级自由基并引发氧化反应。

① 聚合物分子薄弱环节处的 C—H 键发生断裂：$RH \longrightarrow H \cdot + R \cdot$，如叔碳原子的氢，双键的 α-H 等。②残留催化剂分解出自由基。这表示对自由基聚合产物需要重视。③聚合物与氧分子反应：$RH + O_2 \longrightarrow HO_2 \cdot + R \cdot$，$2RH + O_2 \longrightarrow H_2O_2 + 2R \cdot$，实际上聚合物吸氧后，氧同高分子的作用是物理吸附或化学吸附，而化学吸附与上述反应仅一步之遥。④氢过氧化物分解：$ROOH \longrightarrow RO \cdot + HO \cdot$，$2ROOH \longrightarrow RO \cdot + RO_2 \cdot + H_2O$。

微量变价金属化合物对氢过氧化物分解具有催化作用：$ROOH + M^{n+} \longrightarrow RO \cdot + OH^{-1} + M^{(n+1)+}$，氢过氧化物分解是上述链引发反应中相对较易进行的反应。即使在常温下聚合物也会与分子氧反应生成氢过氧化物，因此聚合物的自动氧化，一般主要是由氢过氧化物分解产生自由基所引发的。

增长反应：链引发阶段生成的烷基自由基 $R \cdot$ 具有非常高的活性，当体系中有一定浓度氧存在时能迅速与分子氧反应生成过氧化自由基 $RO_2 \cdot$，过氧化自由基接着会提取聚合物碳链上的氢原子，生成氢过氧化物和一个新的烷基自由基。$R \cdot + O_2 \longrightarrow RO_2 \cdot$，$RO_2 \cdot + RH \longrightarrow ROOH + R \cdot$。

由于前一反应速率很快，所以体系中的 $[RO_2 \cdot]$ 远大于 $R \cdot$，使后一反应能顺利进行，氢过氧化物一方面在体系中积累，一方面又分解为新的自由基，而新的自由基又会攻击聚合物：

$$ROOH \longrightarrow RO \cdot + HO \cdot，RO \cdot \longrightarrow ROH + R \cdot，HO \cdot + RH \longrightarrow H_2O + R \cdot$$

由此可见，在聚合物的自动氧化中，链增长是由一个自由基生成氧化产物并产生另一个自由基的循环过程。每经过一个循环，一个初始烷基自由基增殖为 3 个，这就是聚合物热氧降解具有自催化反应动力学特性的原因所在。

终止反应：当链增长反应进行到体系中自由基浓度增大到一定程度时，它们彼此碰撞的概率加大，可能结合生成惰性产物，使自动氧化反应终止。主要的终止反应有：$R \cdot + R \cdot \longrightarrow R\text{-}R$，$R \cdot + RO \cdot \longrightarrow ROR$，这种双基终止可能产生交联。$RO \cdot + RO \cdot \longrightarrow ROOR$，$RO_2 \cdot + R \cdot \longrightarrow ROOR$，这种过氧化物还是不稳定的。$RO_2 \cdot + RO_2 \cdot \longrightarrow$ 非自由基产物，$R \cdot + HO \cdot \longrightarrow ROH$，这是危险的降解。

在无抗氧剂的情况下，链增长反应能进行成百上千个循环，每生成一个 $RO_2 \cdot$，大约要消耗 100 个以上的氧分子才终止。热分解的方式有 3 种。①像拉链那样逐个脱开，脱开的单体蒸发，导致质量损失。②主链随机地断开，例如聚烯烃，这种热分解产生的单体少，因而质量损失小，但减短了链长。③PVC 热分解时，主链未断，只放出 HCl。

热氧化的机理与光氧化相似，只是自由基的产生和增长一个是光量子提供能量，一个是外加热量提供能量，且聚合物在光氧化前材料中已经存在氢过氧化物，所以光氧化无诱导期。氢过氧化物在光量子作用下分解快速，氢过氧化物在光氧化过程中没有积累，因此没有自加速过程。

（2）热氧化的影响因素

热氧老化是由于高聚物引发产生自由基的自动氧化反应腐蚀，是高分子链因发生氧化反应而断裂、交联从而导致化学结构发生复杂变化的结果。

第一个热氧老化的影响因素是氧气在聚合物的扩散平衡的量，原则上极性聚合物的扩散平衡的量低于非极性聚合物，因此，PP、PE 等的耐热氧老化性能差，另外环境中的氧含量也是需要考虑的因素，低海拔地区的渤海湾就要比青藏高原易热氧老化。

第二是温度的影响，温度增加 $50 \, ℃$，氧的透过系数增加一个数量级，同样温度增加聚合物的氧化倾向也提高。聚合物的热氧降解是一个化学反应过程，这些应该服从温度对化学反应影响的一般规律。例如，对于聚丙烯，在 $120 \sim 150 \, ℃$ 温度范围内，温度每升高 $10 \, ℃$，其寿命相应缩短约 60%。

第三是聚合物分子的结构，在各种结构因素中，化学键强度、分支结构、空间位阻效应影响较大。化学键强度高、分支结构少、空间位阻大的聚合物热氧稳定性高。当大分子中含有叔碳原子时，叔碳原子上的活泼氢可以直接氧化形成过氧化物。不饱和的聚合物在其不饱和双键处容易形成过氧化物。提高分子链的刚性是提高聚合物热氧老化稳定性的有效措施。

结晶是一种稳定结构，密度较大，氧在其中的扩散较慢。大多聚合物的形态是半结晶状态，既有晶区也有非晶区，老化反应首先从非晶区开始。含抗氧剂的聚合物从熔融状态形成结晶时，通常会将抗氧剂浓缩在透氧性好的无定形区，因此，抗氧剂对部分结晶聚合物的实际抗氧效果要高得多。一般情况，聚合物的分子量与老化关系不大，而分子量的分布对聚合物的老化性能影响很大，分布越宽越容易老化，因为分布越宽端基越多，越容易引起老化反应。

第四是杂质和添加物，聚合物中的杂质包括引发剂和催化剂残余物、剩余单体等。其中，对聚合物热氧降解影响最大的是变价金属化合物杂质，如 Co、Mn、Cu、Fe 等金属杂质在氧化还原反应中可转移一个电子，对聚合物热氧降解的催化作用最大；如 Pb 等可转移两个电子的金属杂质次之；而 Zn、Na 等不能转移电子的金属杂质无催化作用。由此添加着色颜料时要考虑其影响。

（3）耐氧化聚合物的选材

首先从结构上，饱和聚合物的耐氧化性比含不饱和键的二烯类聚合物好；线型聚合物比支链型聚合物较耐氧化。结晶聚合物在其结晶点以下的温度时较耐氧化；主链上引入苯环、杂环，使聚合物具有梯型结构、网状结构等；用氟取代氢，用硅、硼、磷等元素取代主链上的碳原子等。其次是根据已有的数据进行选材，如按表 3-14 塑料的氧化降解性能进行参考。

表 3-14　塑料的氧化降解性能

树脂	光氧化	热氧化	臭氧氧化	树脂	光氧化	热氧化	臭氧氧化
聚酯	可	良	优	聚四氟乙烯	优	优	优
聚砜	劣	优	优	支化聚乙烯	劣	可	优
聚丙烯	劣	劣	优	聚碳酸酯	可	良	优
聚异丁烯	劣	良	优	聚氯乙烯	可	可	优
聚苯乙烯	劣	良	优	ABS 树脂	劣	劣	优
尼龙 66	可	可	优	酚醛塑料	良	良	优
聚氨酯	可	可	优	脲醛树脂	优	优	优
聚甲醛	劣	劣	良	聚醋酸乙烯酯	可	良	优
聚苯醚	劣	可	优	聚二甲基硅氧烷	优	优	优
聚苯烯腈	可	良	优	聚甲基丙烯酸甲酯	优	良	优

再次是进行实验测试相对耐热指数，测试时取一定厚度的被测样品在高于制品的实际使用温度的烘相中进行老化，定时取出样品在室温下测试。老化试验测试性能包括：力学强度、抗冲击性及电性能等。可定义为材料保持其柔韧性能 50% 时所对应的温度，因此，通常相对耐热指数是一个保守值，可作为低载荷作用下材料的长期使用温度。

3.5.3　化学降解

高分子材料的大分子中如果含有易与环境介质作用的官能团时，就会发生氧化、水解、取代、卤化以及交联等化学反应。由于氧和水具有很大的渗透能力和反应活性，因此氧化与水解是高分子材料腐蚀破坏最常见的两种反应。

高分子主链的化学降解原则上是高分子的合成反应的逆反应；而高分子侧链的化学降解原则上是高分子材料的可控化学反应制备新的高分子材料的不可控状态。所以运用高分子合成化学的知识和有机化学的知识来判断化学降解机理是正确的，原则上介质和高分子链节能发生的反应都可能在有机化学反应上反映出来。且判断聚合物的化学反应是否能进行也是用化学反应热力学原理来计算。

（1）取代基的反应

饱和的碳链聚合物的化学稳定性较高，但在加热和光照下，除被氧化外还能被氯化。如聚乙烯可被氯化，如果是在可控条件下的氯化则生成防腐性好的氯化聚乙烯树脂，如果是在使用介质中则被腐蚀。

$$—CH_2—CH_2—CH_2—CH_2—+Cl_2 \xrightarrow{光热} —CH_2—CH_2—Cl+—CH_2—CH_2—Cl \qquad (3-11)$$

在 Cl_2 及光、热作用下，聚氯乙烯也可被氯化。

$$\underset{\underset{Cl}{|}\ \underset{Cl}{|}}{—CH—CH—CH_2—CH_2—}+Cl_2 \xrightarrow{光热} \underset{\underset{Cl}{|}\ \underset{Cl}{|}\ \underset{Cl}{|}}{—CH—CH—CH—CH_2—}+HCl \qquad (3-12)$$

含苯基的高分子材料，原则上具有芳香族化合物所有的反应特征。在硫酸、硝酸作用下能起磺化、硝化等取代反应。如聚苯乙烯的磺化：

$$\underset{\bigcirc}{—CH—CH_2—} +H_2SO_4 \longrightarrow \underset{\bigcirc}{—CH—CH_2—}\ SO_2OH +H_2O \qquad (3-13)$$

游离的氯、溴，硝酸、浓硫酸、氯磺酸等对苯环都有显著的腐蚀作用，原因是这些试剂能很好地使苯环发生取代反应。

（2）化学裂解

渗入高分子材料内部的活性介质与大分子发生化学反应，可能使大分子链的主价键发生断裂，引起高聚物的分解，这种现象叫高分子材料的化学裂解。高分子物质活性基团可能引起反应的类型见表 3-15。

表 3-15　高分子物质活性基团可能引起反应的类型

反应类型	原子或基团	高分子物质	介质	侵蚀方式
消除	C—F	氟塑料	熔融碱金属	脱氟生成双键
	—CH₂—CHCl—	聚氯乙烯	热、光、氧可加速	脱 HCl 生成双键或交联键
加成	—CH=CH—	天然橡胶	盐酸	表面生成氯化橡胶
氧化	碳链和杂链高分子物，特别是含双键和叔碳	含双键的橡胶与树脂，含叔碳原子的塑料	氧化性介质	氧化
氯代溴代	苯环等	酚醛树脂、聚苯硫醚等	氯气	苯环氯化
	—CH₂—	一般高分子物	氯气	C—H 的氢键被取代
成盐	酚羟基	酚醛树脂	碱类	酚羟基成盐
	—NH₂	氨基树脂	酸类	氨基成盐
水解	—R—COO—R₁	不饱和聚酯、酸固化的环氧树脂	碱类	酯键皂化
	—C(O)—NH—	聚酰胺	酸性介质	酰（亚）胺键水解
		聚酰亚胺	强酸性介质	
		聚氨酯	碱性介质	氨基甲酸酯键水解
	—H₂C—O—CH₂—	环氧树脂,支化聚醚	强酸性介质	醚键水解
	—C≡N	ABS 树脂丁腈橡胶	碱性介质	氰基键水解
	—C—NH—	胺固化环氧	强酸	腈基键水解
	Si—O—	有机硅树脂	含氧高温水	硅氧键水解

（3）水解反应

加聚反应合成的高聚物由于主链系碳-碳共价键构成，不易水解，所以一般比较耐水和酸、碱的水溶液。而杂链高聚物，其中杂原子与碳原子形成的极性键最易受到极性很大的水分子的攻击，因此对杂链聚合物来说，化学降解是主要腐蚀因素，化学降解中大量的是水解反应，并能有选择地进行反应，氢离子或氢氧离子是水解反应的催化剂。一般键的极性越大，受水等极性介质侵袭而发生水解反应的程度亦越高，并且这种反应在酸、碱的催化下更易进行。

高分子材料耐水、酸、碱的能力，主要与其水解基团在相应的酸、碱介质中的水解活化能有关，活化能高，耐水解性就好。很多高分子材料如环氧树脂、聚氨酯、氯化聚醚、聚酰亚胺以及有机硅树脂等，都有各种能水解的基团，如酯键、酰胺键、醚键等。耐酸性介质水解的能力依次为：醚键＞酰胺键或酰亚胺键＞酯键＞硅氧键；耐碱性介质水解的能力：酰胺键或酰亚胺键＞酯键＞醚键。所以，杂链聚合物中以聚缩醛、聚酯和聚酰胺最易发生水解。聚酰胺的水解，可用酸或碱作催化剂，水解后链端生成胺基和羧基。聚酯也能在酸或碱存在下发生水解，但碱是比较活泼的催化剂。除水解外，还有醇解、胺解等化学降解。

3.5.4　物理老化

物理老化不涉及分子结构的变化，它仅仅是由于物理作用而发生的可逆性变化。例如增塑的软聚氯乙烯塑料，假如所使用的增塑剂耐寒性不够低，在北方较寒冷的地区使用时，由于增塑剂的凝固，使软聚氯乙烯塑料变硬；天暖后，又会恢复原状。也可能是小分子添加物的迁移渗出，使改性剂失去作用。其他还有很多流变性能方面可逆性的变化，由于材料处于交变应力和交变温差引起的疲劳都是属于物理老化的范畴。物理过程引起的性能变化多数是次价键被破坏，主要有溶胀与溶解、渗透破坏等。

3.5.5　力化学降解

高分子在机械力的影响下，由于内应力分布不均匀或能量集中在个别链段上，产生临界应力使化学链断裂，同时生成自由基、离子自由基等活性物。对一定的聚合物来说，力化学降解的位置与其化学结构及力降解的介质、温度、应力作用频率等有关。力化学降解的位置取决于聚合物链中个别链段上的应力强度。支化聚合物中的分支点、网络中的横链、主链在含有杂原子的地方以及季碳原子附近的刚性链节等是聚合物变形时应力集中点。

使聚合物分子量按一定规律下降是力化学降解的主要成果，如天然橡胶的塑炼，使分子量降低到最佳范围。高分子溶液受超声波作用，亦可使分子链断裂而降解，所产生的高分子游离基亦能引发接枝和嵌段聚合。

3.5.6　臭氧老化

大气中臭氧质量分数约为 0.01×10^{-6}，严重污染时可达 1×10^{-6}。但这些微量臭氧却可使某些结构高聚物如聚乙烯、聚苯乙烯、橡胶和聚酰胺等发生降解。在应力作用下，高聚物表面会产生垂直于应力的裂纹，称为臭氧龟裂。对于防臭氧老化，可以采用物理的和化学的两种方法。物理方法是加入石蜡，形成与臭氧不反应的覆盖层，防止臭氧渗入；化学方法是采用氢化处理，使高分子表层不饱和度降低，以提高它的抗臭氧能力。如二烯橡胶类高分子的弱点是由于在分子结构上存有碳-碳双键，采用氢化处理后可提高耐臭氧老化性能。此外，也可以加入抗臭氧剂和光稳定剂。

3.6 微生物腐蚀

微生物对高分子材料的降解作用是通过生物合成产生的称做酶的蛋白质来完成的。酶是分解高聚物的生物实体。依靠酶的催化作用将长分子链分解为同化分子，从而实现对高聚物的腐蚀。降解的结果为微生物制造了营养物及能源，以维持其生命过程。

酶可根据其作用方式而分类。如催化酯、醚或酰胺键水解的酶为水解酶；水解蛋白质的酶叫蛋白酶；水解多糖（碳水化合物）的酶称糖苷酶。酶具有亲水基团，通常可溶于含水体系。

3.6.1 微生物腐蚀的特点

聚合物的微生物腐蚀有如下特点。

（1）专一性

对天然高分子材料或生物高分子材料，酶具有高度的专一性，即酶高聚物以及高聚物被侵蚀的位置都是固定的。因此，分解之产物也是不变的。但对合成高分子材料来说，细菌和真菌等微生物则有所不同。一方面对于所作用的物质即底物的降解，微生物仍具有专一性；另一方面，微生物也能适应底物，即当底物改变时，微生物在数周或数月之后，能产生出新的酶以分解新的底物。目前，人们已相信，合成高聚物是可被许多微生物降解的。由于许多微生物能产生水解酶，因此在主链上含有可水解基团的高聚物，易受微生物侵蚀。这一特性对开发可降解高聚物很有帮助。

（2）端蚀性

酶降解生物高分子材料时，多从大分子链内部的随机位置开始。对合成高分子材料则与此相反，酶通常只选择其分子链端开始腐蚀，聚乙烯醇和聚 ε-己酸内酯两者例外。因大多数合成大分子端部优先敏感性，大分子的分解相当缓慢，又由于分子短端常常藏于高聚物基体内，因而大分子不能或非常缓慢地受酶攻击。必须指出，从动力学上讲，酶分解长短高分子材料是个一步过程（不是链式反应），它由众多连续的初级反应组成，每个初级反应可分解一两个基元。因此，当酶反应进行时，高分子材料试样的平均分子量和相应的物理性质减少得极其微小。但当高分子链受到随机攻击时，即酶从内部而不是端部或外部作用时，材料物理性质的改变要大得多。"端蚀性"可解释合成高分子材料耐生物降解现象。

（3）小分子优先性

高分子材料中大多数添加剂如增塑剂、稳定剂和润滑剂等低分子材料，易受微生物降解，特别是组成中含有高分子天然物的增塑剂尤为敏感。许多塑料都是相当耐蚀的，聚乙烯和聚氯乙烯用甲苯萃取后其耐微生物腐蚀能力相当好。低分子量添加剂（对聚氯乙烯是豆油增塑剂）是可被微生物降解的，而大分子基体是很少或不被侵蚀的。由于微生物与增塑剂、稳定剂等相互作用，而不与大分子作用，所以在高聚物表面常有微生物生存。早期的研究表明，添加剂的种类及含量对高分子材料的生物降解影响极大。

（4）链结构保护性

生物降解性也强烈地受支链和链长的影响。这是由酶对于大分子的形状和化学结构的专一行为引起的。事实上，只有酯族的聚酯、聚醚、聚氨酯及聚酰胺，对普通微生物非常敏感。引进侧基或用其他基团取代原有侧基，通常会使材料成为惰性。这同样适用于可生物降解的天然高聚物材料。纤维素的乙酰化及天然橡胶的硫化可使这些材料对微生物的侵蚀相当稳定。

3.6.2 微生物腐蚀的防止

微生物腐蚀的防止很简单，就是毒化材料，根据菌种的不同，用不同的灭杀剂。也可以在其环境中加入灭杀剂，但是很多环境都不许毒化的。现在广谱的灭杀剂有被限制的趋势，主要是因其毒性强而持久。专一的灭杀剂成本高，但是毒性低，对土地、水质、空气和人畜的伤害小。而专一防微生物腐蚀剂的最大问题还是找出究竟是哪种细菌在发生作用。

腐蚀专业对微生物学是一片空白，所以只能求助微生物专业的技术人员来解决这个问题。之所以将微生物腐蚀单独成节来讨论，是因为对聚合物来说，微生物腐蚀是其腐蚀的一大类，也越来越多地出现在埋地管、海洋、江河湖泊中。而之所以本节如此之短，是不能不负责任地进行探讨。毕竟，对于材料这个大专业来说，与微生物学太遥远了。另外，聚合物的微生物腐蚀也有其可利用的一面，我们可以通过微生物对聚合物的腐蚀降解来实现对塑料垃圾的环保处理。

3.7 硅酸盐材料的腐蚀

无机硅酸盐材料通常具有良好的耐氧化和酸的腐蚀性能。因其化学成分、结晶状态、结构以及腐蚀介质的性质等原因，在任何介质情况下都耐蚀的无机硅酸盐材料是不存在的。无机硅酸盐材料腐蚀分为化学腐蚀和物理腐蚀。工程材料应用中其物理腐蚀所占比重比其他材料要大得多。

无机硅酸盐材料很多，常见的有铸石、陶瓷、搪瓷、搪玻璃、玻璃材料等。它们的结构中都有玻璃体，只不过其化学组成略有不同，因此研究无机硅酸盐材料的化学腐蚀只研究其结构中的相对易腐蚀的玻璃体即可。通常无机硅酸盐材料是由共价键构成，介质要在其中扩散渗透较困难，扩散只是通过微裂纹进行；而在应力作用下的应力腐蚀仍然是介质对微裂纹的扩展的影响，可从介质对结构中各矿相的影响，特别是极少的杂质相来作研究。

3.7.1 硅酸盐材料的水解

硅酸盐玻璃受到大气、水、酸或碱等介质的作用，在玻璃的表面会发生化学或物理反应，导致玻璃表面变质，随后侵蚀作用逐渐深入，直至玻璃本体完全变质。这些化学反应包括水解及在酸、碱、盐水溶液中的腐蚀、玻璃的风化。除这种普遍性的腐蚀外，还有由于相分离所导致的选择性腐蚀。

硅酸盐材料在酸、碱、水中的化学溶解，是由于水的较大作用，即使化学稳定性最好的石英玻璃在水的作用下也有相当溶解。25℃时，石英玻璃在水中 SiO_2 的溶解度约为 0.012%，这个溶解是由扩散控制的。

(1) 玻璃的缺陷

当玻璃从高温成型冷却到室温，或断裂出现新表面时，表面就会存在不饱和键，或称断键，有氧原子不饱和或硅原子不饱和键。大气中最普遍的活性介质是水，玻璃表面的不饱和键能够快速吸附大气中的水，然后和吸附的水分子反应，形成各种硅羟基基团。玻璃中的 Na^+、K^+、Li^+ 由于其价位，在 Si—O—网络中成为网络的盲点，使网络不完整。这些都是水解的活性点。

硅酸盐材料在熔制、成形和热加工过程中，表面的某些成分与内部的某些成分会有不同。当玻璃处在黏滞状态下，使表面能减少的组分就会富集到玻璃表面，以便玻璃表面能尽可能低。玻璃成分中的 Na^+、B^{3+} 是容易挥发的，在成形温度范围内，Na^+ 自表面向周围介质挥发的速度大于 Na^+ 从玻璃内部向表面迁移的速度，故成形玻璃的表面是少碱的。

无机材料均带有裂纹，是因为以下几点。①由于晶体结构的微观缺陷。当受到外力作用时，缺陷处就会引起应力集中，导致成核裂纹产生。②表面的机械损伤与化学腐蚀形成表面裂纹。这种表面裂纹最危险，裂纹的扩展常常由表面裂纹开始。从几十厘米高度落下的一粒砂子就能在玻璃面上形成微裂纹。③由于热应力形成裂纹。大多数无机材料是多晶多相体，晶粒在材料内部取向不同，不同相的热膨胀系数也不同，这样就会因各方向膨胀或收缩不同而在晶界或相界出现应力集中，导致裂纹生成。④在制造使用过程中从高温冷却时，因内部和表面的温度差别引起热应力，导致表面生成裂纹。⑤温度变化时发生晶型转变的材料也会因体积变化而引起裂纹。

（2）玻璃的水解

含有碱金属或碱土金属离子 M（Na，Ca 等）的硅酸盐玻璃与水溶液接触时，发生水解，水解时 M 形成水溶盐进入溶液，而 M 为 H^+ 所替换，使 Si—O—M 转化为 Si—OH，发生水化反应为：

$$\equiv Si—O—Na + H_2O \xrightarrow{\text{离子交换}} \equiv Si—OH + NaOH \tag{3-14}$$

随着水化反应的进行，反应产物 $Si(OH)_4$ 是一种极性分子，它能使水分子极化，而定向地附着在自己的周围，成为 $Si(OH)_4 \cdot nH_2O$，这是一个高度分散的系统，除一部分溶于溶液外，大部分附着在材料表面，形成硅胶薄膜。随着硅胶薄膜的增厚，H^+ 及 Na^+ 的交换速度越来越慢，从而阻止腐蚀继续进行，此过程受 H^+ 向内扩散的控制。

对于 R_2O-SiO_2 玻璃。表面吸附水中的氢离子与玻璃表面的 Li^+、Na^+、K^+ 等离子发生交换作用，生成氢氧化物。氢氧化物与空气中 CO_2 反应，生成碳酸盐，碱金属离子不断溶解进入水中，或在表面形成水斑。

R_2O-B_2O_3-SiO_2 玻璃，B_2O_3 能与 R_2O 所提供的游离氧形成 ［BO_4］四面体进入三度空间的网络结构，可将已断裂的网络连接起来，使玻璃的耐水性变好。系统中当 $Na_2O/B_2O_3 = 1$ 时，耐水性最好，再增加 B_2O_3 时，即 $Na_2O/B_2O_3 < 1$ 以后，B^{3+} 将位于 ［BO_3］三面体中，此时耐水性又变坏，若存在玻璃分相结构，即在二氧化硅基质上分散着非常细小的硼酸钠第二相，直径约 $20 \sim 30Å$，这时水和它的作用，实质上变成了水和硼酸钠的作用。

硅酸盐玻璃的耐水性，与玻璃结构网络的完整程度和 M-O 键的强度有关。对于简单 M_2O-SiO_2 的硅酸盐玻璃，随着 M_2O 含量的增加，其溶于水的程度加大，耐水性降低。同样随着结构网络的完整程度下降，耐水性也降低。由于各种阳离子与氢氧离子的结合键力强度有区别，因而它们对玻璃的化学稳定性的影响也各异。铅玻璃耐水性不好是因为含有不对称离子（Pb^{2+}、Sn^{2+}、Sb^{2+}、Cd^{2+} 等）的玻璃，其表面结构将明显地受到这些离子的状态的影响。

玻璃表面水解之后，在其表面可能形成一层均匀的硅酸胶膜。水解后形成的阳离子被胶膜吸附，而它们在水中的溶解度则受溶度积大小影响。溶度积越小，进入溶液越困难，在胶层中的堵塞作用越大，因而提高了玻璃的耐水性，故可以选择难以水解的氧化物，具有较低溶度积的物质可以提高耐水性。各氧化物增加玻璃的耐水性顺序是：

$ZrO_2 > Al_2O_3 > TiO_2 > SnO > ZnO > PbO > MgO > CaO > BaO > Li_2O > K_2O > Na_2O$。

（3）混凝土的水解

混凝土在酸性软水的腐蚀是含有 CO_2 的软水将水泥产物中的 $Ca(OH)_2$、$CaCO_3$、$CaSO_4$ 溶解，而在硬水中，沉积的碳酸盐层，可以保护水泥石而使腐蚀速度很低。

$$Ca(OH)_2 + CO_2 \longrightarrow CaCO_3 + H_2O$$
$$CaCO_3 + CO_2 + H_2O \longrightarrow Ca(HCO_3)_2 \tag{3-15}$$

水的 CO_2 含量和硬度对水泥腐蚀的影响见表 3-16。

表 3-16　水的 CO_2 含量和硬度对水泥腐蚀的影响

序号	水的硬度 $CaCO_3$/(mg/kg)	CO_2/(mg/kg)	对混凝土的腐蚀性
1	>35	<15	几乎无
2	>35	15~40	微
3	3.5~3.5	<15	微
	>35	40~90	重
	3.5~3.5	15~40	重
	<3.5	<15	重
4	>35	>90	强烈
	3.5~3.5	>40	强烈
	<3.5	>15	强烈

3.7.2　硅酸盐材料的化学浸蚀

（1）酸腐蚀

前已述及，玻璃水解受 H^+ 及 Na^+ 的交换速度控制。玻璃在酸性溶液中的破坏作用和玻璃在水中的破坏作用有些差别。在酸性溶液中胶状产物能转入酸性溶液中，玻璃有所腐蚀。另外，氢离子有较强的渗透性，可渗透入玻璃内部与金属离子产生交换，而产物与酸溶液可生成易溶性的盐类，离开玻璃表面，有利于扩散过程，从而扩散速度较在水中为快。硅酸盐材料的腐蚀速度似乎与酸的性质无关（除氢氟酸和高温磷酸外），而与酸的活度有关。酸的电离度越大，对材料的腐蚀也越大。温度升高，酸的离解度增大，腐蚀也就越强。但是最终的腐蚀结果是所形成的胶状产物能阻止反应继续进行，故腐蚀相对较少。

在适宜的温度、湿度条件下，落到清洁玻璃表面上的霉菌孢子将能萌发，并靠自身的营养继续生长发育，形成肉眼可见的菌落，直至营养耗尽为止。霉菌对玻璃的侵蚀不同于潮湿大气的作用。霉菌通过它代谢产物中的酸性物质侵蚀玻璃，其作用常较潮湿大气为严重，并且当擦去霉丝时，在菌丝漫延过的地方就留下了侵蚀斑。玻璃的生物稳定性和化学稳定性间没有对应关系，有时玻璃中的某些成分（如 ZnO）为细菌生长所必需，因而加速其繁殖。而某些化学稳定性差的玻璃，在受潮湿气体影响时，表面会析出不利霉菌生长的物质，所以在这些玻璃表面上霉菌生长将受到一定程度的抑制。

（2）碱腐蚀

但是，在碱性溶液中则不然，玻璃几乎全不耐碱侵蚀。硅酸盐材料成分以酸性氧化物 SiO_2 为主，当 SiO_2（尤其是无定型 SiO_2）与碱液接触时发生如下反应而受到腐蚀：

$$SiO_2 + 2NaOH \longrightarrow Na_2SiO_3 + H_2O$$

所生成的硅酸钠易溶于水及碱液中，各氧化物组分的耐碱性大致可取决于水解后生成氢氧化物在碱性溶液中的溶解度，在此锆玻璃有较好的耐碱性。碱腐蚀较水或酸性溶液为重，并且受扩散控制。图 3-6 表示出 pH 值对 SiO_2 的影响。当 pH<8 时，SiO_2 在水溶液中的溶解量很小；而当 pH>9 以后，溶解量则迅速增大。

（3）氢氟酸和磷酸的腐蚀

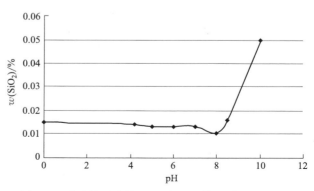

图 3-6　玻璃的可溶性 SiO_2 与 pH 值的关系（25℃）

任何浓度的氢氟酸都会对 SiO_2 发生作用，是因为发生了如下的化学反应：

$$SiO_2 + 4HF \longrightarrow SiF_4 \uparrow + 2H_2O$$
$$SiF_4 + 2HF \longrightarrow H_2(SiF_6)$$

这个反应通常伴随作硅酸盐材料中的碱金属离子的溶解，最终生成氟硅酸盐。温度高于 300℃ 的磷酸也会对 SiO_2 发生作用。

$$H_3PO_4 \xrightarrow{\text{高温}} HPO_3 + H_2O$$
$$2HPO_3 \longrightarrow P_2O_5 + H_2O$$
$$SiO_2 + P_2O_5 \longrightarrow SiP_2O_7$$

所以无机硅酸盐材料都不耐氢氟酸和磷酸的腐蚀。

（4）成分和结构对耐蚀性的影响

一般来说，材料中 SiO_2 的含量越高耐酸性越强，SiO_2 质量分数低于 55％ 的天然及人造硅酸盐材料是不耐酸的。但是，硅酸盐材料的耐蚀性还与结构有关。晶体结构的化学稳定性较无定型结构高。例如结晶的二氧化硅（石英），虽属耐酸材料但也有一定的耐碱性。而无定形的二氧化硅就易溶于碱溶液中。具有晶体结构的熔铸辉绿岩也是如此，它比同一组成的无定形化合物具有更高的化学稳定性。例如铸石只含质量分数为 55％ 左右的 SiO_2，而它的耐蚀性却很好；红砖中 SiO_2 的含量很高，质量分数达 60％～80％，却没有耐酸性。这是因为硅酸盐材料的耐酸性不仅与化学组成有关，而且与矿物组成有关，铸石中的 SiO_2 与 Al_2O_3、Fe_2O_3 等形成耐腐蚀性很强的矿物——普通辉石，所以虽然 SiO_2 的质量分数低于 55％，却有很强的耐腐蚀性。红砖中 SiO_2 的含量尽管很高，但是以无定型状态存在，没有耐酸性。如将红砖在较高的温度下锻烧，使之烧结，就具有较高的耐酸性。这是因为在高温下 SiO_2 与从 Al_2O_3 形成具有高度耐酸性的新矿物——硅线石（$Al_2O_3 \cdot 2SiO_2$）与莫来石（$3Al_2O_3 \cdot 2SiO_2$），而且其密度也增大。

含有大量碱性氧化物（CaO、MgO）的材料属于耐碱材料。它们与耐酸材料相反，完全不能抵抗酸类的作用。例如由钙硅酸盐组成的硅酸盐水泥，可被所有的无机酸腐蚀，当硅酸盐水泥和无机酸接触时，可反应生成溶于水和难溶于水的钙盐而被腐蚀，当硅酸盐水泥和有机酸接触时，因有机酸比无机酸弱得多，它们和硅酸盐水泥中的氢氧化钙作用生成的盐类，视其水溶性或难性溶腐蚀的程度有很大差别。醋酸、乳酸等同水泥中游离的氧化钙化合，生成水溶性盐使水泥受到腐蚀。但草酸、酒石酸等和水泥生成不溶性盐附着在水泥硬化物表面形成保护层，使水泥受腐蚀的程度大为减小。

而在一般的碱液（浓的烧碱液除外）中硅酸盐水泥却是耐蚀的。硅酸盐水泥呈碱性，所以对碱有较大的抵抗能力，对于氢氧化钠等强碱，当浓度不大（15％ 以下）、温度不高（<500℃）时，所受影响较小。氢氧化钠对硅酸盐水泥的表面腐蚀作用，主要是由于和水泥中的铝酸盐发生化学反应而使水泥受到腐蚀。硅酸盐水泥的化学组成见表 3-17。

表 3-17　硅酸盐水泥的化学组成　　　　　　　　　　　　单位：％

化学成分	CaO	SiO_2	Al_2O_3	Fe_2O_3
数量	64～67	21～24	4～7	2～4

3.7.3　玻璃的风化

玻璃和大气环境的作用称为风化。玻璃风化后，在表面出现雾状薄膜，或者点状、细线状模糊物，有时出现彩虹。风化严重时，玻璃表面形成白霜，因而失去透明，甚至产生平板玻璃间的粘片现象。风化大都发生于玻璃储藏、运输过程中，由于温度高、湿度高、透风不良的情况而发生。在不通风的仓库储存玻璃时，若湿度高于75%，温度达40℃以上，玻璃就会严重风化。大气中含有的CO_2和SO_2气体，会加速玻璃的风化，化学稳定性比较差的如钠钙玻璃在大气和室温条件也能发生风化。由于风化时表面产生的碱不会移动，故风化始终在玻璃表面上进行，随时间增加而变得严重。

玻璃在大气中风化时，首先吸附大气中的水，在表面形成一层水膜。通常湿度越大，吸附水分越多，玻璃表面裂纹越多，吸附水分也越多。此后，吸附水中的OH^-或H^+与玻璃中网络外阳离子进行离子交换和碱侵蚀，破坏硅氧骨架。碱金属氧化物中以氧化钾影响最大，氧化钠次之，氧化锂再次之。所以当K^+取代Li^+后，随着离子半径的增加，氧化物稳定性降低。同时从氧化物的溶解度也可以看出由K^+取代Li^+后氧化物溶解度的增加，从而使化学稳定性降低。在硅酸盐玻璃中，抗水性一般随碱金属或碱土金属的阳离子半径的减少而下降，即：

$$Cs_2O > K_2O > Na_2O > Li_2O，BaO > SrO > CaO > MgO > BeO。$$

玻璃中同时存在两种碱金属氧化物时，其耐水性要比单含一种碱金属要好，且在两者的比例中有一最佳点，称为"混合碱效应"或"中和效应"。图3-7是铅玻璃中氧化钾、氧化钠互相取代后对化学稳定性的作用。由图可见，当它们的分子比为1∶1时，玻璃的耐水性最好。当玻璃中含有RO、R_2O、RO_2等三组分或更多组分的系统时，它们对水的耐蚀性有很大提高，且可以阻挡钠离子的扩散。

玻璃在退火过程中因与炉气接触，化学稳定性显著提高，这是因为玻璃在退火时，炉气中的酸性气体（主要是氧化硫）可以中和玻璃表面部分碱性氧化物，形成主要成分为硫酸钠的"白霜"层，该"白霜"层易被除去从而降低玻璃表面的碱性氧化物的含量，提高玻璃的化学稳定性。反之，若退火不良或退火时缺乏酸性气体的存在，会造成玻璃表面碱的富集，导致玻璃表面化学稳定性的降低。退火和淬火对玻璃的化学稳定性的影响是不同的，因为退火玻璃的密度较大，网络结构又比较紧密，所以退火玻璃较淬火玻璃的化学稳定性高。而硼硅酸盐玻璃例外，其淬火玻璃具有较高的化学稳定性。

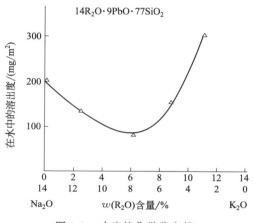

图 3-7 玻璃的化学稳定性

3.7.4 渗透破坏

硅酸盐材料除熔融制品（玻璃、铸石）外，通常都存在一定的空隙，腐蚀介质很容易通过这些孔隙向材料内部渗透，使得化学腐蚀不仅发生在表面上而且也发生在材料内部。如果在材料的表面及孔隙中腐蚀生成的化合物为不溶性的，则它们能保护材料不再受到破坏，水玻璃耐酸胶泥的酸处理就是一例。当孔隙为闭孔时，受腐蚀性介质的影响要比开口的孔隙小。因为当孔隙为开口时，腐蚀性液体就容易渗入材料内部。如果介质不发生化学反应，渗透破坏就是硅酸盐材料的一种物理腐蚀，如冻损、结晶膨胀等。

（1）冻损

冻损是造成户外的硅酸盐材料裂缝和破碎的主要原因。水通过微孔进入材料空隙，在有霜气候下，随着夜晚来临，空隙与大气接触部分先开始结冰。此时体积膨胀，或者压缩冰区下的水，由水传递应力在裂隙尖端处扩大裂隙，耗散应力，这是在弱霜冻气候下可能发生的物理变化；当强弱霜冻气候时，裂隙中的水全部结冰，体积膨胀可产生 96MPa 的压力，由于硅酸盐材料的变形能力小，只能使裂隙扩大来满足体积增加产生的应力。冰融后，被扩大的裂隙又有水渗入，当水再次结冰时，裂隙又得到进一步的扩大。这样，由于裂隙中的水经历着反复结冰和融冰的过程，使裂隙不断地加大、加深，最终使材料崩解。

如果是山石，水会向石材内部输送氧化或还原矿物质的化学物质和盐类，会将各种现代工业污染物带入石材微孔内，加速石材的溶蚀和破坏。水还是微生物等有机体滋生不可缺少的条件。所以水是石材腐蚀过程中最重要和最复杂的因素，目前许多防护方法都是以防水为中心。

（2）盐损

盐作用包括结晶风化、结晶压力、水合压力、吸湿膨胀等理化作用造成的应力。盐作用是硅酸盐材料在工业地坪和厂房破坏的重要原因。盐的来源包括材料中的阳离子同外部渗入的阴离子反应生成、或是材料中的阳离子与扩散入的大气成分反应生成、或者是不同时间段分别扩散入的阴离子和阳离子反应生成，这是依靠化学反应成盐的盐作用；也可能是材料内部各成分的水化，如混凝土中的 $CaSO_4$、$MgSO_4$ 等；也包括灰浆、尘埃、地下水、海水等通过石材微孔带入的盐，这是依靠扩散渗透外加盐的盐作用。

当硅酸盐水泥和氢氧化钠稀溶液接触后渗透到了材料中，然后表面清洗干燥后，渗透到材料孔隙中的氢氧化钠就会吸收空气中的二氧化碳并发生如下的反应：

$$2NaOH + nH_2O + CO_2 \longrightarrow Na_2CO_3 \cdot nH_2O \tag{3-16}$$

这种结合结晶水的碳酸钠是种膨胀性的结晶，在材料内部引起体积膨胀产生内应力，使水泥地坪破坏。同样化工厂房经常会有的硫酸盐溶液也会出现反应型盐作用的情况，渗透到硅酸盐水泥内部的硫酸根离子会和水泥中的钙盐发生化学反应，生成使材料发生内部腐蚀的氢氧化镁和二水石膏：

$$Ca(OH)_2 + MgSO_4 + H_2O \longrightarrow CaSO_4 \cdot 2H_2O + Mg(OH)_2 \tag{3-17}$$

氢氧化钙转变为二水石膏，体积增大 2 倍，结晶膨胀具有很高的压强。$CaSO_4 \cdot nH_2O$ 结晶可高达 $100MN/m^2$ 的膨胀应力，造成膨胀破裂引起内部腐蚀。硫酸钙与水泥中的铝酸钙盐可进一步生成硫铝酸钙，生成了不溶性的腐蚀产物，虽然能阻滞介质进一步对材料的腐蚀作用，但是这一步的体积变化使得前一步产生裂隙并没有得到修复。开放的孔隙与外界彼此连通，介质仍然很容易正反向地渗透并可能循环。

$$3CaO \cdot Al_2O_3 + 3CaSO_4 + 30H_2O \longrightarrow 3CaO \cdot Al_2O_3 \cdot 3CaSO_4 \cdot 30H_2O \tag{3-18}$$

各种外部扩散渗入的盐溶液在石材微孔中结晶会产生很大的结晶压力，结晶压力决定于结晶温度和饱和度，一些常见盐的结晶压力见表 3-18。

表 3-18　几种盐在不同结晶温度和过饱和度下的结晶压力　　　　单位：atm

结晶压力	过饱和度	$c/c_0 = 2$		$c/c_0 = 10$	
盐的品种	温度/℃	0℃	50℃	0℃	50℃
$MgCl_2 \cdot 6H_2O$		119	142	397	470
$MgSO_4 \cdot 6H_2O$		118	141	395	469
$MgSO_4 \cdot 7H_2O$		102	125	350	415
$CaSO_4 \cdot 2H_2O$		282	334	938	1110
$NaCl$		554	654	1945	2190
$NaSO_4$		292	345	970	1150
$NaSO_4 \cdot 10H_2O$		72	83	234	277
$Na_2CO_3 \cdot 10H_2O$		78	92	259	308

从表 3-18 可知，很多盐在裂隙中，随着水分的挥发结晶，要产生结晶压力，不管这种盐所产生的压力为多少，裂隙中的盐在环境变化下的吸水溶解、蒸发结晶的不断循环中对材料不停地膨胀破坏，最终就会成为材料风化的原因之一。

盐对石材的破坏力是很大的，使石材表面呈壳状剥落。盐结晶破坏在许多情况下借助于风的作用。内层的盐溶解在水中扩散到表面，风使得水蒸发加快，从而促进盐结晶。环境干湿循环的变化也加速盐结晶的循环，重复的盐的溶解和结晶使石材微孔的表面呈粉末状或鳞片状脱落，石材的表面呈糖状风化，在雨淋到之处风化产物被雨水冲走。在一些含镁的石灰岩中结晶循环的破坏很容易形成一条条深沟。另外，常见的装饰石材表面恒湿不干的现象，也主要是盐的吸潮作用。当然实际上这个过程中还会有冻损作用和热应力破坏的作用。

在一定的条件下，有些盐还可以重结晶生成新的水合物，占据更大的体积，产生额外的水合压力。这些压力进一步使硅酸盐材料的裂隙扩大、材料破碎。例如石膏（$CaSO_4 \cdot 0.5H_2O$）和泻盐（$MgSO_4 \cdot 6H_2O$）的水合压力见表 3-19。水合压力与温度、湿气浓度有关。

表 3-19　石膏和泻盐的水合压力　　　　　　　　　　单位：atm

水合压力	品种	$CaSO_4 \cdot 0.5H_2O \longrightarrow CaSO_4 \cdot 2H_2O$				$MgSO_4 \cdot 6H_2O \longrightarrow MgSO_4 \cdot 7H_2O$			
相对湿度/%	温度/℃	0	20	40	60	0	20	40	60
100		2190	1755	1350	926	146	117	96	92
90		2000	1571	1158	724	132	103	77	69
80		1820	1372	941	511	115	87	59	39
70		1600	1145	702	254	97	68	40	5
60		1375	884	422	0	76	45	17	0
50		1072	575	88	0	50	19	0	0

所以，水中硫酸盐浓度对水泥腐蚀性的影响见表 3-20。

表 3-20　水中硫酸盐浓度对水泥腐蚀性的影响

SO_4^{2-} 浓度/（mg/L）	腐蚀性	SO_4^{2-} 浓度/（mg/L）	腐蚀性
<300	低微	1501~5000	严重
300~600	低	>5000	很严重
601~1500	中等		

（3）水化

水化作用是指水按一定比例结合到矿物晶格中去的作用。水以水合水的形式进入矿物晶格中成为结晶水，从而形成新的含水矿物。结晶水只有在高温下才能再分离出来。如硅酸盐、铝硅酸盐（长石）主要是通过这途径被破坏的。其可能发生的两个反应如下：

$$4K(AlSi_3O_8) + CO_2 + 4H_2O \longrightarrow 2K_2CO_3 + Al_4(Si_4O_{10}) \cdot (OH) + 8SiO_2$$
钾长石　　　　　　　　　　　　　高岭石　　　　　　蛋白石

$$4K(AlSi_3O_8) + 4H_2O \longrightarrow 2K_2SiO_3 + Al_4(Si_4O_{10}) \cdot (OH) + 6SiO_2$$
钾长石　　　　　　　　　　　高岭石　　　　　　蛋白石

钾长石在水解和碳酸化作用过程中下，K^+ 的盐被水溶液带走；部分 SiO_2 析出，残留在原地凝聚成蛋白石。也有部分以胶体的形式被水带走，而未析出的 SiO_2 与 Al_2O_3 形成强度很低的高岭石、蒙脱石等，它们吸水后按不同比例组合成各种黏土矿物。单独的高岭石在地表稳定堆积，但如果在湿热的气候条件和含 CO_2、有机酸的水溶液作用下，高岭石还进一步水解成铝土矿和蛋白石。

3.8 硅酸盐材料的热应力破坏

无机硅酸盐材料的热应力破坏是根据结构中的玻璃体和晶体的力学和热响应的不同而产生的材料破坏，或者是材料的不同部位的热响应的不同而产生热应力的破坏。无机硅酸盐材料很容易热炸裂或冻裂，在不大的高低温范围循环时也能开裂。在防腐蚀工程的使用中，这种热应力会使无机硅酸盐材料产生块状剥离、粉状风华、爆裂等破坏形式。各种破坏形式除与温度及温变速度有关外，主要与硅酸盐材料的相结构和残余应力及缺陷有关。

3.8.1 热应力破坏概述

热应力是指材料在温度改变时，由于外在约束以及内部各部分之间的相互约束，使其不能完全自由胀缩而产生的应力。引起材料热应力的基本条件是材料在约束下有温度的变化，且材料中的温度梯度不是以线性变化时就会产生热应力。产生热应力约束条件大致可归纳为：外部变形的约束（如衬里），相互变形的约束（如层状复合材料），内部各区域之间变形的约束（如多相复合材料）。

如果产生的热应力大于材料本身的许用应力，材料就会破坏，这就称为热应力破坏。热应力破坏最容易发生在无机硅酸盐材料中，如陶瓷或玻璃的炸裂，铸石在频繁小温差条件下的层状脱落、岩石的风化等。在耐蚀衬里中由于衬里和基体的热应变不同导致衬里开裂或脱粘。热应力破坏包括热疲劳和热冲击，热应力疲劳是材料遭受一系列热诱导应力的结果，每次应力都小于使材料直接破坏所需的应力，但随着时间的累加就造成材料的破坏，这主要在复合材料上会发生。热冲击是在热诱导应力作用下，材料的热变形已经超过了材料的允许变形而产生的直接破坏，这主要在硅酸盐材料中发生。

地球表面岩石的表面温度由于受太阳辐射和昼夜、季节的变化而变化。在白天，当岩石受太阳光照射时，岩石表面的温度升高，表层体积就会膨胀，同时一部分热量向岩石的内部传递。但岩石是不良导热体，热量传播得较慢，因而内部的温度上升很慢，体积膨胀量也很小。这样在岩石表层与内部之间，由于体积膨胀的差异，就形成平行岩石表面的裂隙。到了夜间，岩石表面热量散发较快，温度下降，体积收缩；而内部的热量散发慢，体积还处于膨胀的状态，从而产生了上层收缩大、内部小的不协调情况。这样，表层岩石因受到内部处于膨胀状态的岩石的撑裂，便产生了垂直岩石表面的裂隙。久而久之，岩石表层的裂隙扩大，岩石破碎，这就是温差风化。温度变化的速度和幅度对温差风化作用影响较大，变化速度越快，幅度越大，岩石的膨胀和收缩交替得也越快，伸缩量也越大，岩石破碎得也越快。

大多数无机材料是多晶多相体，晶粒在材料内部取向不同，不同相材料的热膨胀系数也不同，这样就会因各方向膨胀或收缩不同而在晶界或相界出现应力集中，导致裂纹生成。在制造使用过程中从高温迅速冷却时，因内部和表面的温度差别引起热应力，也导致表面生成裂纹。此外，湿度变化时发生晶型转变的材料也会因体积变化而引起裂纹。

陶瓷多晶材料常经过烧结冷却而制成，但各个晶粒的光轴取向不同、收缩不同。造成室温时各晶粒处于应力夹持状态。陶瓷材料均存在内应力，细晶结构的材料内应力较低，应力分布也较均匀。而粗晶则内应力高，局部有大应力。非对称晶系材料烧结冷却中，由于不同晶轴方向收缩不同、相邻晶粒将形成应力，温变越低、应力越大，在粗晶材料中会导致自发开裂，弹性应变能与粒径 D 的 3 次方成比例，故 D 越大，应力越大，砂岩就可用急冷（水淬）粗碎。对于各向异性的晶体，各晶轴方向的线膨胀系数也不同（表 3-21）。

表 3-21　某些各向异性晶体的主膨胀系数

晶体	$\alpha_{\pm}/\times10^{-6}K^{-1}(c$ 轴$)$		晶体	$\alpha_{\pm}/\times10^{-6}K^{-1}(c$ 轴$)$	
	垂直	平行		垂直	平行
Al_2O_3(刚玉)	8.3	9.0	$CaCO_3$(方解石)	-6	25
Al_2TiO_5	-2.6	11.5	SiO_2(石英)	14	9
$3Al_2O_3\cdot2SiO_2$(莫来石)	4.5	5.7	$NaAlSi_3O_8$(钠长石)	4	13
TiO_2(金红石)	6.8	8.3	ZnO(红锌矿)	6	5
$ZrSi_4$(锆英石)	3.7	6.2	C(石墨)	1	27

石英颗粒在常压下随着温度升高会发生同质多象变体，而其体积也会因此发生膨胀变化，在 800～1000℃时体积可增大 15%～16%，由鳞石英变为方石英。

3.8.2　热应力破坏原理

不改变外力作用状态，材料仅因热冲击造成开裂和断裂而损坏，这必然是由于材料在温度作用下产生的内应力超过了材料的力学强度极限所致。

当平板表面以恒定速率冷却时，温度分布呈抛物线，表面温度比平均温度低，表面产生张应力，中心温度比平均温度高，所以中心是压应力。假如样品处于加热过程，则情况正好相反。实际无机材料受三向热应力，3 个方向都会有胀缩，而且互相影响。下面分析一个陶瓷薄板的热应力状态，如图 3-8。

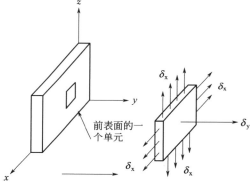

图 3-8　热应力分析示意

此薄板 y 方向的厚度较小，在材料突然冷却的瞬间，垂直 y 轴各平面上的温度是一致的；但在 x 轴和 z 轴方向上，瓷体的表面和内部的温度有差异。外表面温度低，中间温度高，它约束前后两个表面的收缩（$\varepsilon_x=\varepsilon_z=0$），因而产生应力$+\sigma_x$ 及$+\sigma_z$。y 方向由于可以自由胀缩，$\sigma_y=0$。

$$\sigma_x=\sigma_y=\frac{\alpha E}{1-\mu}\Delta T \tag{3-19}$$

式中，E 为材料的弹性模量；μ 为泊松比；如果 σ_x 达到材料的极限抗拉强度 σ_f，则前后二表面将开裂破坏，代入上式。

$$\Delta T_{MAX}=\frac{\sigma_f(1-\mu)}{E\alpha} \tag{3-20}$$

温度上升，结构外表面温度高于内表面温度，外表面的膨胀量大于内表面膨胀量，在结构中 XY 平面内产生剪切应力，结构层产生弯曲变形的趋势。由于结构的约束阻止弯曲变形，故在结构的内表面产生张应力，外表面产生压应力，外表面材料抗压强度小于热压应力时，表面层损坏。如当室外环境温度低于室内温度时，墙体温度下降，结构外表面收缩量大于内表面收缩量，在内、外表面分别产生最大压应力和最大张应力，当材料的抗拉强度小于热应力时，在外表面产生裂纹。对于无机硅酸盐材料，泊松比极小，可视为 0，则：

$$\Delta T_{MAX}=\frac{\sigma_f}{E\alpha} \tag{3-21}$$

即材料的弹性模量小，热膨胀系数小，极限抗拉强度大，有利于抵抗热应力破坏。

热应力引起的材料断裂破坏，还涉及材料的散热问题，散热使热应力得以缓解。与此有

关的因素包括：①材料的热导率越大，传热越快，热应力持续时间短，所以对热稳定有利。②传热的路径，即材料或制品的厚薄，薄的传热通道短，容易很快使温度均匀。③材料表面散热速率。如果材料表面向外散热快（例如吹风），材料内、外温差变大，热应力也大，所以引入表面热传递系数。定义为如果材料表面温度比周围环境温度高1K（或1T），在单位表面积上单位时间带走的热量。在无机材料的实际应用中，不会像理想骤冷那样，瞬时产生最大应力，而是由于散热等因素，使最大应力滞后发生，且数值也下降。

热冲击破坏的本质是热应力引起的裂纹起始、扩展和由此而导致的宏观破坏，材料抗热冲击的性能在很大程度上取决于材料的断裂韧性。表3-22是一些无机材料的弹性模量，相对而言，弹性模量越大的，越容易热应力破坏。

表 3-22　一些无机材料的弹性模量

材料	E/GPa	材料	E/GPa
氧化铝晶体	380	烧结 TiC(气孔率 5%)	310
烧结 TiC(气孔率 5%)	366	烧结 MgAl$_2$O$_4$(气孔率 5%)	238
高铝瓷(90%～95%Al$_2$O$_3$)	366	密实 SiC(气孔率 5%)	470
烧结氧化铍(气孔率 5%)	310	烧结稳定化 ZrO$_2$(气孔率 5%)	150
热压 BN(气孔率 5%)	83	SiO$_2$ 玻璃	72
热压 B$_4$C(气孔率 5%)	290	莫来石瓷	69
石墨(气孔率 20%)	9	滑石瓷	69
烧结 MgO(气孔率 5%)	210	镁质耐火砖	170
烧结 MoSi$_2$(气孔率 5%)	407		

3.8.3　热应力破坏的判断

（1）热膨胀系数

材料热膨胀系数主要与材料化学组成、晶体结构和键强度等密切相关。键强度高的材料具有低的热膨胀系数。对于成分相同的材料，由于结构不同，热膨胀系数也不同，通常结构紧密的晶体热膨胀系数都较大，而类似非晶态玻璃那样结构比较松散的材料，则往往有较小的热膨胀系数。表3-23是几种材料的平均膨胀系数，同一种性质的材料膨胀系数大的容易产生更大的热应力。

表 3-23　几种材料的平均热膨胀系数

材料名称	$\alpha/(10^{-6}/K)$	材料名称	$\alpha/(10^{-6}/K)$	材料名称	$\alpha/(10^{-6}/K)$
Al$_2$O$_3$	8.8	石英玻璃	0.5	聚乙烯	130
ZrO$_2$	10.0	钠钙硅玻璃	9.0	聚酯	124
SiC	4.7	电瓷	3.5～4.0	聚丙烯	86
B$_4$C	4.5	刚玉瓷	5～5.5	聚甲醛	85
Cu	17.0	硬质瓷	6	尼龙	81
钢	11	金红石瓷	7～8	ABS	72
Al	23.8	莫来石	5.3	聚丙烯酸酯树脂	68
Ti 99.94	8.40	尖晶石	7.6	聚碳酸酯	65
Zn	38.7	董青石瓷	1.1～2.0	环氧树脂	54
多晶石英	12	黏土质耐火砖	5.5	聚苯硫醚	36

（2）热导率

在物体受热升温的稳态导热过程中，进入物体的热量沿途不断地被吸收而使当处温度升高，在此过程持续到物体内部各点温度全部扯平为止。物体的热导率 λ 越大，在相同的温度梯度下可以传导更多的热量。原子传导与晶格振动的非谐性有关，晶体结构越复杂，晶格振动的非谐性程度大，晶格波受到的散射越大，原子平均自由程越小，热导率越低（表 3-24）。例如镁铝尖晶石的热导率比 Al_2O_3 和 MgO 的热导率都低。莫来石的结构更复杂，所以其热导率比尖晶石的热导率要低。对于非等轴晶系的晶体，热导率也存在着各向异性的性质。例如石英、金红石、石墨等都是在热膨胀系数低的方向热导率最大。温度升高时不同方向的热导率差异趋于减小，这是因为温度升高，晶体的结构总是趋于具有更高的对称性。

表 3-24　材料在 27℃ 的热导率

材　料	热导率/[$4.18J/(cm \cdot s \cdot K)$]	材　料	热导率/[$4.18J/(cm \cdot s \cdot K)$]
Al	0.57	灰口铁	0.19
Cu	0.96	3003 铝合金	0.67
Fe	0.19	黄铜	0.53
Mg	0.24	Cu-Ni[$w(Ni)$-30%]	0.12
Pb	0.084	Ar	0.000043
Si	0.36	C(石墨)	0.80
Ti	0.052	C(金刚石)	5.54
W	0.41	钙钠玻璃	0.0023
Zn	0.28	透明氧化硅	0.0032
Zr	0.054	耐热玻璃	0.0030
1020 钢	0.24	耐火黏土	0.00064
铁素体	0.18	碳化硅	0.21
渗碳体	0.12	6.6-尼龙	0.29
304 不锈钢	0.072	聚乙烯	0.45

对于同一种材料，多晶体的热导率总是比单晶体小。多晶体中晶粒尺寸小、晶界多、缺陷多、晶界处杂质多，原子更易受到散射，它的平均自由程要小得多，所以热导率就小。另外还可以看到低温多晶的热导率是与单晶的平均热导率相一致的，而随着温度升高，差异就迅速变大，这也说明了晶界、缺陷、杂质等在较高温度时对原子传导有更大的阻碍作用，同时也是单晶在温度升高后比多晶在光子传导方面有更明显的效应。

不同组成的晶体，热导率往往有很大的差异。这是因为构成晶体质点的大小、性质不同，它们的晶格振动状态不同，传导热量的能力也就不同。一般说来，组成元素的相对原子质量越小，晶体的密度越小，弹性模量越大，其热导率越大，轻元素的固体或结合能大的固体热导率较大。晶体中存在的各种缺陷和杂质，会降低原子的平均自由程，使热导率变小。固溶体的形成同样也降低热导率，同时溶质元素的质量、大小与溶剂元素相差越大，以及固溶后结合力改变越大，则对热导率的影响越大，这种影响在低温时随着温度的升高而加剧。

非晶态材料的热导率较小，并且随着温度升高，热导率稍有增大，这是因为非晶态为近程有序结构，可以近似地把它看成是晶粒很小的晶体来讨论，因此它的原子平均自由程就近似为一个常数，即等于 n 个晶格常数，这个数值是晶体中原子平均自由程的下限（晶体和玻璃态的热容值是相差不大的），所以热导率就较小。因此，石英玻璃的热导率可以比石英晶体低 3 个数量级。

在陶瓷材料中，一般玻璃相是连续相，因此，普通的瓷和黏土制品的热导率更接近其中玻璃相的热导率。铸石中的橄榄石、磁铁矿、透辉石的形成将大大降低铸石的稳定性，因为这些矿物的膨胀系数都大大超过普通辉石。在温度变化时，矿物相之间膨胀系数的差别产生内应力，以致容易发生炸裂现象。

（3）热扩散系数

在稳定热传导过程中，热导率是起主导作用的传热物性；而在不稳定热传导过程中，起主导作用的则是热扩散系数。热扩散系数决定不稳定热传导过程中热量传播的快慢。当传导传递热量时，热前缘在材料中的传播速度受材料的热扩散系数控制。材料的热扩散系数是其热导率与热容之比：

$$\alpha = \frac{3.6\lambda}{\rho C} = \frac{3.6\lambda}{M} \tag{3-22}$$

式中，α 为热扩散系数，m^2/h；λ 为热导率，$W/(m \cdot ℃)$；ρ 为密度，kg/m^3；C 为比热容，$kJ/(kg \cdot ℃)$；M 为热容，$kJ/(m^3 \cdot ℃)$。

分母 ρC 是单位体积的物体温度升高 1℃ 所需的热量，即热容。ρC 越小，温度升高 1℃ 所吸收的热量越小，可以剩下更多热量继续向物体内部传递，能使物体各点的温度更快地随界面温度的升高而升高。

热扩散系数 α 是 λ 与 $1/\rho c$ 两个因子的结合。α 越大，表示物体内部温度扯平的能力越大，材料中温度变化传播的越迅速（表 3-25）。

表 3-25　一些材料的热扩散系数

材料名称	密度/(kg/m³)	重量湿度/%	热扩散系数/(m²/h×10⁻⁸)	温度/℃
泡沫混凝土	250	7.7	1.50	常温
加气混凝土	525	0	0.95	16～8
珍珠岩混凝土	1300	14	1.39	常温
碎石混凝土	2277	0	3.33	常温
红砖	1668	0	1.24	常温
青砖	1621		1.22	常温
毛石	2000		2.61	常温
矿棉板	322		0.57	常温
石膏板	870	10.7	1.12	常温
硅藻土石棉砖	1600	0	1.85	常温
平板玻璃	2500		1.3	常温
马尾松	540	15	0.54	常温
木纤维板	200		0.50	常温
软木	310		0.42	常温
聚氯乙烯泡沫塑料	190		0.75	常温
聚苯乙烯	40		1.24	常温

（4）材料中的空隙

具有较高温度的陶瓷材料突然处于较低温度的环境中时，材料的表面和内部分别要承受拉伸和压缩的热应力。这种热冲击引起的材料的损伤模式是，裂纹首先在材料的表面产生，然后从表面向内扩展。但是由于材料内部承受的是压应力，单个裂纹一般不会很快贯穿整个材料。另外，材料表面一般有多个裂纹同时形成，裂纹之间的相互作用亦有益于减小裂纹的驱动力。裂纹的起始和扩展、裂纹之间的相互作用都与材料的微结构，特别是材料表面的微结构有直接的关系。首先，热冲击裂纹起始于受热冲击面上预先存在的缺陷；其次，此面的热转换系数亦受其微结构的影响。

如果在材料内有空洞，如陶瓷、铸石、玻璃中的气孔，表面层内的空洞可以是表面层面上的开口微孔；也可以是表面层面下的开口微孔。材料中的空隙对抗热冲击性能的影响主要应该从气孔对材料的力学性能、导热性能的降低，空隙对热膨胀系数的影响来判断。从热冲击的力学角度讲，对于开口微孔洞，裂纹将从空洞的底部起始；而对于闭口的微孔洞，裂纹将从微孔洞的顶部起始。处于材料表面下的闭口微孔洞比处于材料表面上的开口微孔洞更易于裂纹的起始和扩展。选择小的微孔洞和适当的微孔洞的密度将有利于提高材料抗热冲击性能。如果孔洞很小，裂纹将很快贯穿微孔洞和受热冲击的表面。

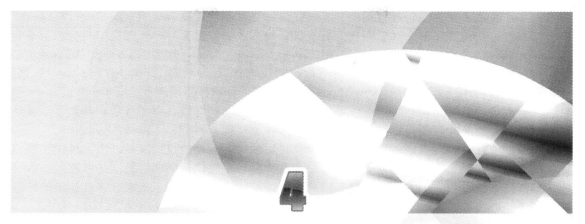

耐蚀复合材料基础

　　金属材料、无机材料、高分子材料通称为三大材料，与其他两类材料相比，高分子材料具有质量轻、耐腐蚀、绝缘性好、易加工等特点而应用广泛；高分子材料的强度和模量较低，往往难以达到工程材料高强度高模量的标准。长久以来提高高分子材料的力学性能是该领域研究的一个重要内容与方向。其中，无机颗粒增强、片状增强与纤维增强是改善高聚物基体的常用方法。在增强聚合物基复合材料中，由于无机材料模量高，当其与聚合物基体形成良好的界面结合后，可提高复合材料的力学性能。

　　耐蚀复合材料通常是指纤维增强、鳞片增强、颗粒填料增强树脂基复合材料，它们的基本原理是相似的；基本工艺流程也相似，都是原料预处理、配料、湿成型、固化、后处理几个步骤。防腐蚀工程中大多使用热固性树脂作为基料是因为热固性树脂大多是一种低聚物，它只需加入很少的稀释剂或者少量的升温即可获得较低的黏度。稍加一个力也很容易改变其形状，有利于施工操作和成型，施工成型后随着固化交联反应的进行，产品最终从液体成为固体而成型。

　　本章在介绍耐蚀复合材料的基本概念和内容的基础上重点介绍浸润、流变性、固化过程、复合材料界面对耐蚀复合材料的贡献和影响。如从对浸润的角度讨论增强剂预处理的原理；从胶液的流变性能来解决湿成型的问题；对固化过程描述理解固化条件来探讨耐蚀复合材料的基础理论和知识，有助于对后续各章的耐蚀工艺技术理解，是后续学习的基础。

4.1　耐蚀复合材料简述

4.1.1　耐蚀复合材料概念

（1）概念

　　复合材料是由两种或两种以上异质、异性、异形的材料通过物理或化学的方法结合而成的宏观组成上的多相材料。复合材料是一种混合材料，通常复合材料的其中一种材料在复合成的材料中一定会是连续的，被称为连续相，另一种材料分散在连续相中，被称为分散相也称为增强相，连续相主要由热固性树脂组成，分散相主要有棒状的纤维、针状的晶须、片状的鳞片、颗粒状的硬质粒子。分散相在连续相中产生协同效应，除具备原有材料的性能外，各种材料在性能上互相取长补短，使复合材料的综合性能优于原有材料而满足设计要求。

当然连续相也可以是金属、陶瓷、石墨等，称为金属基复合材料，陶瓷基复合材料和石墨基复合材料。也有多种材料层状复合的层状复合材料。另外，连续相由热固性树脂或热塑性树脂组成的也总称为树脂基复合材料。树脂基复合材料使用温度分别达 $250\sim350℃$；金属基复合材料使用温度分别达 $350\sim1200℃$；陶瓷基复合材料使用温度达 $1200℃$ 以上。增强材料主要有玻璃纤维、碳纤维、硼纤维、芳纶纤维、碳化硅纤维、石棉纤维、晶须、金属丝和玻璃鳞片、铝鳞片、不锈钢鳞片、无机粉体（如硫酸钡、石英粉、铸石粉等）。

无机硅酸盐材料有很好的硬度、抗压强度、耐候性，只是抗拉强度低。由于纤维在制作过程中拉伸取向，它们的抗拉强度都远远高于其成分均一的体型固体。控制分散相的加入量使其维持树脂重量轻、加工方便成熟、耐化学腐蚀的优点，又提高了强度、弹性和耐候性等性能。这样的树脂基复合材料已逐步取代木材及金属合金，获得广泛应用。

复合材料按其结构特点又分为以下几种。①纤维增强复合材料。是将各种纤维增强体置于基体材料内复合而成，如纤维增强塑料、纤维增强金属等。②层状复合材料。是由性质不同的表面材料和下部材料层间组合而成。通常有夹层复合和衬层复合两种。如面材强度高、薄；芯材质轻、强度低，但具有一定刚度和厚度的实心夹层和蜂窝夹层材料；或者是面层是耐腐蚀的覆盖层，基材是强度高的钢铁的衬里。③细粒复合材料。是将硬质细粒均匀分布于基体中，如耐蚀胶泥、砂浆、混凝土、弥散强化金属合金、金属陶瓷等。④混杂复合材料。由两种或两种以上增强相材料混杂于一种基体相材料中构成。与普通单增强相复合材料比，其冲击强度、疲劳强度和断裂韧性显著提高，并具有特殊的热膨胀性能。此外，复合材料按用途又分为结构复合材料和功能复合材料。

（2）树脂基复合材料的性能特点

① 各向异性　由于分散相的形状特殊性，纤维和晶须可以看成是一维的；片状增强体是二维的。它们在复合材料中存在的方位不同，对复合材料赋予的性能也存在方位的不同，即复合材料具各向异性。但是似球形的颗粒、均匀分散的短切纤维复合材料则显各向同性。正因为这种增强剂的宏观无方向性，使得它不像各向异性的复合材料可以只考虑一个方向上的性能提高，从而极大地提升了这个方向的复合效应。

② 非连续性　复合材料本身就是一个多相体，每个相本身的性能就有很大的差异，在各种影响因素下的表现也不会相同。由于材料中有分散相，它的物理性能同基料又有极大的差异，因此很多物理性能在材料中出现非连续性，同时材料也具有不均质性。

③ 黏弹性　复合后材料保持了树脂基的黏弹性行为，它使复合材料在破坏时更加安全。树脂基复合材料的破坏是一个动态的过程，材料失效具有较多的预警时间和表观现象。

④ 依数性　增强剂的体积、质量含量不同，材料的性能差异明显。因为增强剂为复合材料提供了很多的我们需要的性能，同时基体的需要保持的性能也与其体积、质量含量息息相关。因此，配方的精确性非常突出。

⑤ 对工艺的依赖性　由于材料的复合工艺操作路线长，结构和性能通过调节复合材料各组分的成分、结构及排列方式。既可使构件在不同方向承受不同的作用力，还可以制成兼有刚性、韧性和塑性等矛盾性能的树脂基复合材料和多功能制品，这些是传统材料所不具备的特性。同时也加大了对原料工艺的均一性和准确性的要求。由于原料及处理，制造工艺、环境的随机因素、人的随机因素的影响，残余应力、空隙、裂纹、界面结合不完善等都会影响到材料的性能。此外，纤维（粒子）的外形、规整性、分布均匀性也会影响材料的性能，影响质量因素多，因此，同一材料性能多呈分散性。

树脂基复合材料的优点如下：①密度小，约为钢的 1/5、铝合金的 1/2，且比强度和比模量高，这类材料既可制作结构件，又可用于功能件及结构功能件；②抗疲劳性好，一般情况下，金属材料的疲劳极限是其拉伸强度的 20%～50%，树脂基复合材料的疲劳极限是其拉伸强度的 70%～80%；③减震性好；④过载安全性好；⑤具有多种功能，如耐烧蚀性、耐摩擦性、电绝缘性、耐腐蚀性，有特殊的光学、电学、磁学性能等；⑥成型工艺简单；⑦材料结构、性能具有可设计性。

树脂基复合材料可用一次成型法来制造各种构件，从而减少了零部件的数量及接头等紧固件，并可节省原材料和工时；更为突出的是树脂基复合材料可以通过纤维种类和不同排布的设计，把潜在的性能集中到必要的方向上，使增强材料更为有效地发挥作用。通过调节复合材料各组分的成分、结构及排列方式，既可使构件在不同方向承受不同的作用力，还可以制成兼有刚性、韧性和塑性等矛盾性能的树脂基复合材料和多功能制品，这些是传统材料所不具备的优点。

树脂基复合材料也存在缺点。比如，相对而言，大部分树脂基复合材料制造工序较多，生产能力较低。有些工艺（如制造大中型制品的手糊工艺和喷射工艺）还存在劳动强度大、产品性能不稳定等缺点。

（3）复合效应

材料体系复合后具有了突出的两种或两种以上的优越性能，被称为复合效应。树脂基复合材料的整体性能并不是其组分材料性能的简单叠加或者平均，这涉及到一个复合效应问题。复合效应实质上是原材料及其所形成的界面相互作用、相互依存、相互补充的结果。它表现为树脂基复合材料的性能在其组分材料基础上的线性和非线性的变化。复合效应有正有负，性能的提高总是人们所期望的，但也有材料在复合之后某些方面的性能出现抵消甚至降低的现象。

复合效应的表现形式多样，如混合效应和协同效应。混合效应也称作平均效应，是组分材料性能取长补短共同作用的结果，它是组分材料性能比较稳定的总体反映，对局部的扰动反应并不敏感。协同效应与混合效应相比，则是普遍存在的且形式多样，反映的是组分材料的各种原位特性。所谓原位特性意味着各相组分材料在复合材料中表现出来的性能并不只是其单独存在时的性能，单独存在时的性能不能表征其复合后材料的性能。

如玻璃纤维增强透光的不饱和聚酯复合材料，同时具有充分的透光性和足够的比强度，已广泛用于需要透光的建筑结构窗、顶。玻璃纤维增强树脂基复合材料具有良好的力学性能，同时又是一种优良的电绝缘材料，用于制造各种仪表、电机与电器的绝缘零件，在高频作用下仍能保持良好的介电性能，又具有电磁波穿透性，适合制作雷达天线罩。

复合材料就其产生复合效应的特征可以分为两大类：一类复合效应为线性效应，另一类为非线性效应。在这两类复合效应中，线性效应有平均效应、平行效应、相补效应、相抵效应；非线性效应有相乘效应、诱导效应、共振效应、系统效应。

① 平均效应   是复合材料所显示的最典型的一种复合效应。它可以表示为：

$$P_c = P_m V_m + P_f V_f \tag{4-1}$$

式中，P 为材料性能；V 为材料体积含量，角标 c、m、f 分别表示复合材料、基体和增强体。式(4-1) 也称为混合定律。

例如复合材料的弹性模量，若用混合率来表示，则为：

$$E_c = E_m V_m + E_f V_f \tag{4-2}$$

刚度、模量、强度等力学性能也适用于混合率。并且由于增强材料的形状、位向等因素，通常加入校正系数 Φ，即 $P_c = P_m V_m + \Phi P_f V_f$。

② 平行效应   是组成复合材料的各组分在符合材料中本身的作用。既无剩余也无补偿。如玻璃鳞片增强环氧胶泥的耐磨性，当磨料在材料表面摩擦时，实际上是在玻璃鳞片表面上研磨，树脂只起到了黏合作用，对耐磨性没有贡献，但玻璃鳞片对黏合性也没有贡献。

③ 相补效应　组成复合材料的基体与增强体，在性能上能互补，从而提高了综合性能，则显示出相补效应。如耐烧蚀材料是靠材料本身的烧蚀带走热量而起作用。玻璃纤维增强酚醛树脂在高温下，酚醛树脂立即碳化形成耐热性高的碳原子骨架。玻璃也部分气化，在表面残留几乎纯的二氧化硅，它具有相当高的高温黏结性能。使二氧化硅熔体充填于碳原子骨架中，由此相补使酚醛玻璃钢获得极高的耐烧蚀性能。

④ 相抵效应　基体与增强体组成复合材料时，若组分间性能相互制约，限制了整体性能提高，则复合后显示出相抵效应。例如手糊酚醛玻璃钢、玻璃和酚醛树脂在酸性介质中都具有良好的耐蚀性，但是当介质渗透到复合界面的缺陷中时（手糊玻璃钢总是有这些缺陷的），一些易生成膨胀型的结晶（二水硫酸钙、十水碳酸钠等），使界面脱粘发展更快，树脂被胀裂；应力腐蚀也是相抵效应的典型例子。在复合界面上由于残余应力、温差应力、传递应力矢量的存在，树脂与介质本来不构成一个应力腐蚀对，但是由于界面处的高能量，新的应力腐蚀对出现；又如某些金属填料可通过催化作用加速树脂降解，特别是在有氧存在的地方。

⑤ 相乘效应　两种具有转换效益的材料复合在一起，即可发生相乘效应。通常可以将一种具有两种性能互相转换的功能材料 X/Y 和另外一种功能转换材料 Y/Z 复合起来，可以用通式 $X/Y \times Y/Z = X/Z$ 来表示，式中，X、Y、Z 分别表示各种物理性能。这样的组合可以非常广泛地用于设计功能复合材料。

例如，把具有电磁效应的材料与具有磁光效应的材料复合时，将可能产生复合材料的光电效应。相乘效应主要用于光、电、磁、压敏、压阻、热敏等复合材料上，防腐蚀上应用极少。

⑥ 诱导效应　在一定条件下，复合材料中的一组分材料可以通过诱导作用使另一组分材料的结构改变而整体性能加强或产生新的效应。这种诱导行为经常在复合材料界面的两侧发现。如结晶的纤维增强体对非晶基体的诱导结晶或晶型基体的晶型取向作用。在碳纤维增强尼龙或聚丙烯中，由于碳纤维表面对集体的诱导作用，致使界面上的结晶状态与数量发生了改变。如出现横向穿晶等，这种效应对尼龙或聚丙烯起着特殊作用。

⑦ 共振效应　两个相邻的材料在一定条件下，会产生机械的或电、磁的共振。由不同材料组分组成的复合材料其固有频率不同于原组分的固有频率，当复合材料中某一部位的结构发生变化时，复合材料的固有频率也会发生改变。利用这种效应，可以根据外来的工作频率，改变复合材料固有频率而避免材料在工作时引起的破坏。对于吸波材料，同样可以根据外来波长的频率特征，调整负荷材料频率，达到吸收外来波的目的。

复合材料的复合效应很复杂，前面只是根据某一性能进行的总结，事实上材料的复合效应是一种系统效应，可能其两种或两种以上的优越性能被复合技术实现了，但是其他的性能恶化了。如玻璃钢开发出了结构材料的性能，也具有很好的耐蚀性，但是报废玻璃钢材料的回收性能下降了，其垃圾很难处理。

4.1.2　耐蚀复合材料的复合原则

（1）挑选最合适的材料组元

在选择材料组元时，一是要对各组元本身的性能有充分的理解；二是必须明确各组元在复合材料中所应承担的功能；三是必须明确研究的复合材料性能的需求。然后根据复合材料所需的性能来选择组成复合材料的基体材料和增强材料。通常是将诸如高强度、高刚度、高耐蚀、耐磨、耐热或其他的导电、传热等性能按各组元的表现排序。

例如，若所设计的复合材料是用作结构件，则复合的目的就是要使复合后材料具有最佳的强度、刚度和韧性。因此，首先必须明确其中一种组元主要起承受载荷的作用，它必须具有高强度和高模量，这种组元就是所要选择的增强材料。而其他组元应起传递载荷及协同的作用，并且要把增强材料黏结在一起，这类组元就是要选的基体材料。

（2）考察各组元的复合效应

除考虑性能要求外，还应考虑组成复合材料的各组元之间的相容性，这包括物理、化学、力学等性能的相容。在任何使用环境中，复合材料的各组元之间的伸长、弯曲、应变等都应相互或彼此协调一致。使材料各组元彼此共同发挥作用，然后根据其复合效应进行设计，并兼顾某些综合性能如既高强又耐蚀、耐热。

（3）考察各组元的结合程度

还要考虑复合材料各组元之间的浸润性，使增强材料与基体之间达到比较理想的具有一定结合强度的界面。适当的界面结合强度不仅有利于提高材料的整体强度，更重要的是便于将基体所承受的载荷通过界面传递给增强材料，以充分发挥其增强作用。若结合强度太低，界面很难传递载荷，不能起潜在材料的作用，影响复合材料的整体强度；但结合强度太高也不利，它遏制复合材料断裂对能量的吸收，易发生脆性断裂。

（4）选择合理的复合成型方法

要求如下：①所选的工艺方法对材料组元的损伤最小，尤其是纤维或晶须掺入基体之中时，一些机械的混合方法往往造成纤维或晶须的损伤；②能使任何形式的增强材料（纤维、颗粒、晶须）均匀分布或按预设计要求规则排列；③使最终形成的复合材料在性能上达到充分发挥各组元的作用，即达到扬长避短，而且各组元仍保留着固有的特性；④在制备方法的选择上还应考虑性能/价格比，在能达到复合材料使用要求的情况下，尽可能选择简便易行的工艺以降低制备成本。

4.1.3　复合材料成型方法

树脂基复合材料的成型工艺灵活，其结构和性能的可设计性也是在成型工艺上实现。工艺技术直接关系到材料的质量，是复合效应、复合理论能否体现出来的关键。原材料质量的控制、增强物质的表面处理和铺设的均匀性、成型的温度和压力、后处理、模具设计的合理性、环境条件、操作技术程度等都影响最终产品的性能。在成型过程中，存在着一系列物理、化学和力学的问题，需要综合考虑。固化时在基体内部和界面上都可能产生空隙、裂纹、缺胶区和富胶区；热应力可使基体产生或多或少的微裂纹，在许多工艺环节中也都可造成纤维和纤维束的弯曲、扭曲和折断；有些体系若工艺条件选择不当可使基体与增强材料之间发生不良的化学反应；在固化后的加工过程中，还可进一步引起新的纤维断裂、界面脱粘和基体开裂等损伤。如何防止和减少缺陷和损伤，保证纤维、基体和界面发挥正常的功能是一个非常重要的问题。

树脂基复合材料的成型方法较多，按工艺种类有手糊成型、袋压成型、喷射成型、注射成型、模压成型、缠绕成型、连续成型、拉挤成型、离心成型、浇铸成型等方法。

（1）手糊成型

又称手工裱糊成型、接触成型，它是指在涂好脱模剂的模具上，采用手工作业，即一边铺设增强材料如玻璃布、无捻粗纱方格布、玻璃毡，一边涂刷不饱和聚酯树脂、环氧、酚醛等树脂直到所需塑料制品的厚度为止，然后通过固化和脱模而取得塑料制品的工艺。这一工艺的树脂含量 20%～50%；制品厚度 0.5～25mm，制品大小基本不受限制。

工艺条件为：固化温度是室温～40℃；成型周期大略 30min～24h；成型压力为接触压力；模具采用单件阳模或阴模，木材、石膏、水泥、玻璃钢均可；制品尺寸不限；需要设备简单，如手辊、刮板、刷子、模具；适用产量 1～500 件。

这一工艺的优点是产品尺寸和产量不受限制；操作简便、投资少、成本低；每层增强材料能方便的按不同的设计方向铺设，可在任意部位增厚补强。缺点是操作技术要求高，纤维浸润直接受制于操作条件和技术，树脂含量难于控制，质量稳定性差；生产周期长、效率低；劳动强度大，操作条件差。

（2）袋压成型

是借助弹性袋（或其他弹性隔膜）接受流体压力而使介于刚性模和弹性袋之间的增强塑料均匀受压而成为制件的一种方法。按产生流体的压力一般可分为加压袋成型、真空袋压成型和热压釜成型等。树脂通常采用聚酯、环氧预浸料及片状模塑料（SMC）和团状模塑料（BMC）；增强材料采用20％～60％含量的纤维毡、织物；制品厚度2～6mm。

工艺条件为：固化温度是室温～50℃（预浸料和SMC 60～160℃）；成型周期在30min～24h间；成型压力0.1～0.5MPa；模具采用玻璃钢及金属材料的单模；需要设备是热压釜、真空泵、加压袋、空气压缩机、模具及手糊工具等；制品尺寸受压力袋、热压釜及气压机功率限制；适用产量20～200件。

这一工艺的优点是产品两面光；气泡少；模具费用低。缺点是操作技术要求高；生产效率低；不适用于大型产品。

（3）喷射成型

是将聚酯、环氧等树脂与短纤维或晶须、鳞片、粉末颗粒增强材料同时喷射到模具上成型复合材料制件的工艺方法。增强材料含量25％～35％；制品厚度2～25mm。

工艺条件为：固化温度是室温～40℃；成型周期在30min～24h；成型压力为接触压力；模具采用木材、玻璃钢及金属材料的单模；需要设备是喷射机、手辊、模具；适用产量10～1000件。

这一工艺的优点是生产效率较手糊高；尺寸形状不限，适合于大尺寸产品生产；设备简单，可现场施工；产品整体性好。缺点是强度低；产品只能作到单面光；劳动条件差；操作技术要求高；树脂损耗大。

（4）注射成型（RTM）

是通过注塑机加热、塑化、加压使液体或熔体物料间歇式充模、冷却成型的方法。增强材料采用短纤维、鳞片、粉末，树脂含量25％～50％。

工艺条件为：固化温度从室温～40℃；成型周期在4～30min；成型压力0.1～0.5MPa；模具采用玻璃钢、铝合金材料对模；制品尺寸由模具尺寸决定；需要设备是树脂注射机、对模；它适用产量10～2000件。

这一工艺的优点是产品可达到全表面光；产品质量好；模具及设备费低；能生产形状复杂的制品。缺点是模具质量要求高，使用寿命短；纤维含量低；生产大尺寸制品困难。

（5）模压成型

是先将粉状、粒状、凝胶状或纤维状的浸料、SMC、团状模塑料（BMC）放入成型温度下的模具型腔中，然后闭模加压，在一定温度、压力下固化成型的方法。增强材料采用25％～60％含量短纤维、鳞片、粉末；制品厚度1～10mm。

工艺条件：固化温度是冷压40～50℃；热压100～170℃；成型周期在5～60min；成型压力10～40MPa；模具采用钢模、冷模可用玻璃钢材料对模；制品尺寸由受模具尺寸和压机吨位限制决定；需要设备为树脂液压机、加热模具、冷模；适用产量100～20000件。

这一工艺的优点是产品质量稳定，重复性好，强度高；尺寸精度高，表面光洁，可生产形状复杂的制品。缺点是设备投资大；模具质量要求高，费用大；不适用小批量生产；成型所用压力大。

（6）连续成型

是指从投入原材料开始，经过浸胶、成型、固化、脱模、切断，直到最后获得成品的整个工艺过程，都是在连续不断地进行。连续成型工艺分为连续拉挤成型工艺、连续缠绕成型工艺和连续制板工艺3种。

连续拉挤成型是在牵引设备的作用下，将浸渍树脂的连续纤维或其织物通过成型模加热使树脂固化。是生产复合材料型材的工艺方法，拉挤成型主要用于生产各种玻璃钢棒、工字型、角型、槽型、方型、空腹型及异形断面型材等。

连续缠绕成型主要用于生产不同口径的玻璃钢管和罐身。连续缠绕工艺技术含量高、设备投资大、变径难度大。另一种工艺是将塑料管挤出技术和纤维缠绕工艺相结合，塑料内衬玻璃钢管，挤出的塑料管同时起到芯模和防腐内衬作用。

连续制板主要是用玻璃纤毡、布为增强材料，连续不断地生产各种规格平板、波纹板和夹层结构板等。

连续成型工艺的共同特点：①生产过程完全实现机械化身自动化，生产效率高；②生产过程不间断，制品长度不限；③产品无需后加工，生产过程中边角废料少，节省原料和能源；④产品质量稳定，重复性好，成品率高；⑤操作方便，省人力、劳动条件好；⑥成本低。

（7）浇铸成型

除了浇铸还有灌注、嵌铸、压力浇铸、旋转浇铸和离心浇铸等方法。①灌注，此法与浇铸的区别在于浇铸完毕后制品即由模具中脱出；而灌注时模具却是制品本身的组成部分。②嵌铸，将各种非塑料零件置于模具型腔内，与注入的液态物料固化在一起，使之包封其中。③压力浇铸，在浇铸时对物料施加一定压力，有利于把黏稠物料注入模具中，并缩短充模时间，主要用于环氧树脂浇铸。④旋转浇铸，把物料注入模内后，模具以较低速度绕单轴或多轴旋转，物料借重力分布于模腔内壁，通过加热、固化而定型。用以制造球形、管状等空心制品。⑤离心浇铸。将定量的液态物料注入绕单轴高速旋转并可加热的模具中，利用离心力将物料分布到模腔内壁上，经物理或化学作用而固化为管状或空心筒状的制品。

4.2　液-固表面浸润

当树脂与增强材料形成以树脂为连续相、增强填料为分散相的复合材料时，一个必要的要求是树脂应能扩展到增强相固体的表面，并取代存在于表面的空气或其他附着物，形成紧密的分子接触。固化后分子间的作用力使树脂基体与增强相形成一个整体——复合材料。材料的两相各自发挥出自己复合后的性能贡献或由于两相的相互作用提高某些性能，使材料复合获得优异的效果。因此，固-液表面浸润的良好状态决定了两相界面形成的好坏，即决定复合后的性能。

浸润在防腐蚀工程中应用广泛，不仅在复合材料的黏结和界面中，在防腐蚀涂料及涂装各种衬里的施工黏合等多方面均需要了解浸润的条件和影响因素、改变浸润的方式方法等，在此一并讲述。

4.2.1　浸润条件

当液体与固体表面接触后，接触面自动增大的过程，即所谓的浸润，它是液体与固体表面接触时发生的分子间相互作用的现象。对于润湿过程，可分为三种类型：黏附润湿、浸渍润湿、铺展润湿。所谓铺展润湿，是指液体涂于固体表面自行铺展开来，成为均匀的薄膜，固-液界面代替固-气界面的同时，液体表面同时扩展。只有树脂胶液在增强相固体上有效铺展，才可能形成复合材料。

液体的浸润主要是由表面张力所引起的，液体和固体都有表面张力，对液体称为表面张

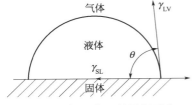

图 4-1　液-固表面的浸润平衡

力，对固体则称为表面能，常以符号 γ 表示。在固、液、气三相交界处，自固-液界面经过液体内部到气-液界面的夹角叫接触角（用 θ 表示），是固-液-气三相交点所作液滴曲面切线与液滴接触固体平面的夹角。由图 4-1 表示。假设接触面是平整的、组分均匀的、固液间无化学吸附及反应等其他作用的理想平衡体系。平衡接触角 θ 与固相吸附空气后的表面能 γ_{SG}、固相吸附液体后的表面能 γ_{SL}、液相吸附空气后的表面能 γ_{LG} 之间的关系服从于杨氏方程：

$$\gamma_{SG} = \gamma_{SL} + \gamma_{LG}\cos\theta \tag{4-3}$$

当发生液体的铺展时，接触角应为 0°或趋近于 0°。此时 $\gamma_{SG} = \gamma_{SL} + \gamma_{LG}$。但是这个条件比较难于判断铺展的情况。铺展是热力学的自然过程，即恒温恒压条件下，该体系自由能降低。根据热力学第二定律，该体系自由能降低为：

$$\Delta G = \gamma_{SL} + \gamma_{LG} - \gamma_{SG} < 0 \tag{4-4}$$

结合式(4-3) 和式(4-4)后的铺展方程如下：

$$\gamma_{LG}(1 - \cos\theta) < 0 \tag{4-5}$$

式(4-5) 是已知接触角和液体表面张力时的判断方法，因这两数据比较好查阅和测定。习惯上，将 $\theta = 90°$定为润湿与否的判别标准，当 0°<θ<90°时，液体不能在固体表面扩展，只能润湿，此时可以用压力使得液体在固体表面上扩展。θ>90°时就不能润湿了。

4.2.2　润湿性的判断

表面能的计算，一般来讲一个存在于表面的分子液体要脱离表面进入空气中，只需要其气化热的一半，这即是液体的表面张力，是经过实验证实的。对于固体就是升华热。其实分子在相内四周都是分子间的作用力，它到达气相中就是克服这些作用力，所用的能量就是气化热。表面分子的作用力只有一半，所以表面张力就是气化热的一半。这也解释了温度升高、表面能降低的现象。除了这种简单的表面能的计算外，还有很多的计算固体、液体、聚合物溶液的表面能的方法，但是这些计算方法都涉及许多参数的获得，差一个参数工作都难于开展。更多的问题是耐蚀复合材料所使用的增强剂是纤维、粉体、鳞片。这些材料形状远不同于平面形状固体的假设。表面能更高，这个变化取决于纤维半径、粉末粒径和鳞片的径厚比，同时涂料中的填料搭配也使问题更加复杂。此外，耐蚀复合材料所使用的基料基本上是双组分的热固性树脂，其反应基团的影响、混合溶剂、添加剂都使问题变得极度复杂。工程上推荐采用实验检测接触角的方法来判断。

（1）液体的接触角测量

接触角现有测试方法最简单的是外形图像分析方法。通过杨方程计算即可，测值最直接与准确，也方便，但是只是针对平面固体。接触角测量经典的是毛细管上升法。测定原理是将一支毛细管插入液体中，液体将沿毛细管上升，升到一定高度后，毛细管内外液体将达到平衡状态，液体就不再上升了。此时，液面对液体所施加的向上的拉力与液体向下的力相等。则表面张力：

$$\gamma = \rho g h r / (2\cos\theta)$$

式中，γ 为表面张力；r 为毛细管的半径；h 为毛细管中液面上升的高度；ρ 为测量液体的密度；g 为当地的重力加速度；θ 液体与管壁的接触角。

（2）纤维对液体的接触角的测定

将纤维单丝用胶带粘在试样夹头上，然后悬挂在试样架上，纤维下端挂一重锤，使纤维垂直与液面接触。由于表面张力的作用，与纤维接触部位的液面会沿纤维上升，呈弯月面，在放大机下读得液面上升的最大高度 h_m，则接触角 θ：

$$\frac{\cos\theta}{1+\sin\theta} = \frac{r}{a} e^{\left(\frac{h_m}{r}-0.809\right)} \tag{4-6}$$

式中，$a=(\sigma L/\rho g)^{1/2}$；$\sigma L$ 为液体的表面张力；ρ 为液体的密度；g 为重力加速度；r 为纤维的半径。

（3）粉末的润湿性测定

粉体表面的接触角测定采用透过法，该法的基本原理是固态粉体间的空隙相当于一束毛细管，由于毛细作用，液体能自发渗透进入粉体柱中（毛细上升效应）。毛细作用取决于液体的表面张力和固体的接触角，故通过测定已知表面张力液体在粉末柱中的透过状况，就可以得到有关该液体对粉末的接触角的信息。

具体的测定方法是：将固体粉末以固定操作方法装入一个样品测量管中，管的底部有特制的小孔，既能防止粉末漏失，又容许液体自由通过，当管底与液体接触时，液体在毛细力的作用下在管中上升，在 t 时间内上升高度 h 可由 Washburn 方程描述：

$$h^2 = (\gamma R\cos\theta/2\eta)\cdot t \tag{4-7}$$

式中，γ 为液体的表面张力；R 为粉末柱的有效毛细管半径；η 为液体的黏度；θ 为接触角；t 为时间。

以 h^2 对 t 作图得一直线。直线的斜率 $k=\gamma R\cos\theta/2\eta$，进而可求出 θ。为了确定 R 值，一般先用一种对样品接触角为零的液体进行实验，然后再在相同条件下用其他液体实验，测定 θ 值。透过法本身具有难以弥补的不足之处，即粉末柱的等效毛细管半径与粒子大小、形状及填装紧密度密切相关，所得曲线的线性往往都不是很好，这样的结果就不是非常可信。要想用此方法得到相对准确的结果，每次实验要求粉末样品及装柱方法、粉末柱的紧实度必须相同。在实验操作中，由于液体透过粉末柱的高度较难准确测量，若将高度测量转化为质量测量，就能使该方法在普通实验室得到很好的应用。测定质量变化 Δm 后，通过 $h=\Delta m/(\rho\pi R^2)$ 换算得 h，然后通过式（4-7）计算。

4.2.3　浸润的影响因素

物质的本性决定了表面张力的大小。物质分子间的作用力越大，表面张力也越大。一般说来，极性液体有较大的表面张力，非极性液体的表面张力就小得多。金属和一般无机物的表面能在 $0.1 J/m^2$ 以上，称为高能表面，一般胶液都能在高能表面上展开。而塑料类有机物表面的表面能比较低，称为低能表面，胶液对低能表面的浸润性不好。

（1）表面粗糙度

当表面有一粗糙度 R_s（真实面积与表观面积之比）时，校正杨氏（Young）方程为 Wentrel 方程：

$$R_s(\gamma_{SG}-\gamma_{SL})=\gamma_{LG}\cos\theta \tag{4-8}$$

$R_s>1$，即是粗化将使接触角变小，而有利于提高润湿性。这对于大平面的黏合很有意义。首先，如果液体和固体表面形成的接触角小于 $90°$，尽管它不会自发地浸润平面，但它能依靠毛细作用沿着小孔、刮痕或其他不均匀部位在固体表面上扩展，液体灌注小孔所需的时间和孔的半径成反比，且液体黏度越小所需的时间越少。这样相当于就自发地浸润了。

（2）时间、温度、压力的影响

浸润时接触角 θ 值随着时间的推移而减少，直至达到平衡。而升高温度又可使得达到平衡的时间缩短，温度越高，达到平衡的时间就越短，即是说升高温度有助于浸润。液体的表面张力随着温度的升高，一般都会下降。温度上升，分子热运动加剧，动能增加，分子间引力减弱，使得液体分子由内部迁移到表面所需能量减少，同时温度升高，液体的饱和蒸气压增大，气相中分子密度增加，因此气相分子对液体表面分子的吸引力增加。这两种效应均使液体的表面张力减小。当温度趋于临界温度时，气-液界面逐渐消失，表面张力最终降为零。气相压力的增加使气相分子的密度增加，有更多的气体分子与液面接触，从而使液体表固分子所受到的两相分子的吸引力不同程度地减小，导致液体表面张力下降。

（3）黏度

液体的黏度对浸润的影响是很大的，主要是浸润速度问题。浸润速度受液体的黏度影响很大，低黏度的胶黏剂几秒钟之内就能充分润湿表面，高黏度的液体往往需要几分钟甚至几小时，这时候加入稀释剂降低黏度就成了主要手段。而稀释剂加入太多，一个是增加了较多的成本，另一个是凝胶后的树脂含溶剂过多，影响树脂固化后的性能。所以黏合用树脂总是采用热固性的黏度低的低聚物。

如果浸润速度太慢，双组分的耐蚀复合材料可能会对增强剂还没有完成浸润固化反应就开始凝胶了。如果浸润在固化过程中进行，树脂的黏度随着固化程度增加而不断增大，浸润就更难以进行。所以在气温比较低时，对树脂加温到夏天气温的温度，由于低聚物树脂的温度敏感性大，液体黏度较低，有利于浸润。

（4）表面污渍

如果固体被水、油等不纯物污染，固体在空气中的表面能变成了固体在水或油中的表面能，这个数值就比较小，导致树脂难于润湿增强材料。特别是对于越来越细的粉体材料，细度越小，表面能越高，空气中的水分更容易在表面凝聚以降低表面能，同时这些细小的粒子也更容易团聚。这些都对润湿效果产生不利的影响，特别是粒子表面的水分子层同油性树脂很难浸润，且水残留在树脂中固化，对复合材料最终性能也是有害的。如果树脂对水有一定容忍性，或者采用能与水互溶的稀释剂并能形成共沸，润湿效果可能较好，必要时将增强剂干燥或溶剂洗涤来解决问题。总之对复合材料的增强剂的表面应该用表面工程技术中的表面预处理概念来思考、判断。目前市售的玻璃纤维织物在生产的时候就涂上了浸润剂，基本解决了这个问题。

（5）动态湿润

耐蚀复合材料配料时，一般是在外力作用下，增强剂被树脂润湿。如果此液体的黏度超过几十毫帕秒的话，用外力使它迅速在固体表面通过，则靠近表面的液体不能同前面的保持一致，这就使得动态接触角比平衡接触角大。黏曳现象可能是动接触角形成的主要因素。动态接触角随接触线移动速度和液体黏性的增大而单调增大，且黏性的影响更为强烈。

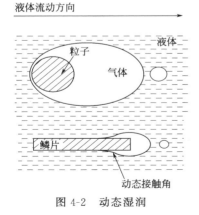

图 4-2 动态湿润

图 4-2 是颗粒和鳞片增强剂在胶液中的分散浸润示意，由于粒子的密度大于胶液，搅拌时是胶液带着粒子运动，粒子移动速度多数小于液体运动速度，这时粒子尾部的空气吸附层被液体压缩，粒子头部的空气吸附层被液体拉拽形成低压区，结果粒子尾部空气朝头部运动，尾部开始被浸润，可能形成部分润湿的状态。在这个拉拽过程中头部的气体逐渐脱离粒子形成气泡，且粒子在随胶液运动中还存在运动方向的改变，尾部的残余的吸附气体（部分润湿状态）由于方向的改变，压力也发生改变，在液体表面张力、拉拽和滑移的作用下离开粒子，最后表面完成浸润。

对片状增强材料而言浸润中最严重的问题是鳞片边缘的吸附层，它不但有物理吸附，而且还可能存在化学吸附，边缘是在鳞片生产过程中破碎产生，存在共价键的断键，水会在上面产生化学吸附或进一步地变成化学键，由于能量高、吸附层厚，润湿效果通常都很差，只有用偶联剂进行表面改性后才可以被润湿。另一个是在鳞片的平面部位，搅拌时被胶液带着运动的鳞片，倾向于平行流动方向取向，此时鳞片尾部的气体移动到头部，黏曳现象使这个动态接触角增大，浸润就更加难以进行，只是随着吸附层空气被液体拉拽逐渐减少，鳞片的润湿面积才逐渐增加。

4.2.4　改善固体浸润性的方法

改善湿润性的方法不外乎有两个，其中一个是改变树脂的表面如加入表面活性剂类的湿润剂、加入偶联剂，但从湿润动力学的角度还可以考虑搅料、真空脱气等。

（1）真空脱气

真空脱气是在湿润过程中经常使用的技术。真空技术其实就是脱出颗粒表面吸附的气体，它是将湿润后排出到液相中的气体用真空的方式脱除。而吸附在固体表面的气体是很难用真空脱去的，最多只是减少吸附层的厚度。

在真空脱气过程，还要考虑稀释剂的挥发。那些低沸点的稀释剂挥发后，体系黏度增加。本来加入稀释剂是有调整液体表面张力以利于湿润的作用。另外体系黏度低也有利于提高湿润的动力学性能。但稀释剂挥发后效果就下降了。所以通常真空和搅拌措施是同时采用的。

（2）搅拌

强力搅拌是针对高黏度和难湿润的体系。而通常的胶泥、砂浆和混凝土都是需要强力搅拌的体系。但是仅就湿润而言，搅拌的速度也不宜过高。一是可能会同时使气体分散成极小的气泡稳定于胶液中，固化后形成缺陷。二是固体颗粒的表面膜会在强力搅拌中被破坏，其表面的改性膜失去效果从而导致颗粒表面性能变化。如以偶联剂处理的膜和金红石型钛白粉表面的稳定膜等。因此，合理地选择搅拌功率速度、桨叶形式、真空度都与液体性能、固体性能有极大的关系。

（3）表面改性剂

润湿剂是一种表面活性剂，表面活性剂有阴离子型、阳离子型和非离子型，其分子的一部分为长链烷基，与高分子链有一定相容性；另一部分为羧基、醚基或金属盐等极性极团，可与无机填料表面发生化学作用或物理化学吸附，从而有效地覆盖填料表面。

湿润剂就是指基体为吸附物的添加剂，可以理解为它改变了树脂基体的表面能。含有湿润剂的树脂同填料湿润，颗粒上吸附的水及其他极性吸附剂会被表面活性剂胶束所分散，颗粒表面的吸附水脱去后更有利于湿润。

另外颗粒固体表面含有 Si—O 断裂键形成的—OH 等极性或活性点。表面活性剂的极性端（亲水端）很容易在它这样的表面上吸附，它长长的烷基链在基体中形成一个比较厚的吸附层，使颗粒间的团聚变得不是那么容易了，对颗粒填料有一个分散的作用。

因此一个树脂-增强剂体系加入的究竟是仅改善湿润的湿润剂还是分散剂，不管是从原料上还是产品上都要进行较好的区分，一般湿润剂要求临界胶束浓度尽量小，亲水端的亲水性尽量大，但亲油端也要能有效地在胶液里增溶水。即湿润剂它针对的对象主要是水。而分散剂不同，它为了有效地改变固体表面的性能。通常亲油端长，而亲水端可以较弱，如非离子型的醚键等。这样可有效覆盖一定的固体粒子表面以达到分散的作用，即分散剂是改变颗粒表面性能的，是针对颗粒的。

此外，表面活性剂本身还具有一定的润滑作用，可以降低体系黏度，改善填充复合体系的流动性。如改性后的石英填料，与聚合物具有很好的相容性和亲合性，不仅改善了填料与树脂中的分散性和加工流动性，树脂混合体系的黏度明显下降，而且对增加填充量、提高填充制品的物理力学性能和降低生产成本，具有显著的效果。据报道，用 $CaCO_3$ 填充聚丙烯复合体系的介电性能时，发现未处理的 $CaCO_3$ 填充体系随着填料含量的增加，吸水性相应增加；而用硬脂酸盐处理 $CaCO_3$ 表面后，体系的吸水性降低，介电损耗增加，表明硬脂酸盐具有能使复合体系界面分子松弛的作用。

偶联剂同分散剂的作用有所相似，但其区别是偶联剂的活性官能团能同固体表面的水和硅醇基反应。使整个偶联剂分子以共价键的方式连接到增强剂表面。而分散剂仅为吸附，所以偶联剂的效果优于润湿剂，润湿剂是一种小分子物，留存于复合材料体系中，对材料的吸水性、耐蚀性、强度等有一定程度的影响。而偶联剂与固体表面反应后与固体形成了一个分子。完全克服了分散剂对复合材料的影响，在高性能复合材料中偶联剂的应用是必然的。但是分散剂价格远小于偶联剂，在要求不高的复合材料体系中还是有较广应用的。

（4）稀释剂

加入稀释剂的目的是降低复合材料体系的黏度，从动力学角度达到尽快润湿的目的；降低搅拌动力以起到保护固体表面的膜的作用。另外稀释剂对基体的浸润性也有不可忽视的影响，它可以改变基体树脂的表面张力，从而有利于或不利于浸润。总之，稀释剂只是改变加工性能而最终不进入产品的添加剂，它挥发后提高了产品成本，所以能少加尽量少加。

（5）表面清洗

表面清洗是采用有机溶剂对增强剂的表面进行清洗，以洗去这些表面上的油污、吸附水的方法。一般使用与树脂相溶的溶剂，这种溶剂还要对水有一定的容忍度，这样可以有效地使无机材料表面的化学吸附水被替代，当然需要溶剂能浸润含水的固体表面才有脱水的效果。另外虽然清洗后吸附在固体表面中的溶剂中还溶解有少量的油污，但是只要固体原料不是重污染的，其量可以忽略不计，同时清洗后的增强剂湿态复合，则这些油污会分散到树脂相中，另外湿态复合也能充分保证增强剂表面吸附的是有机溶剂挥发后的基体树脂。

4.3 耐蚀胶液性能

胶液要黏度低才能使两相能很好地浸润，完成复合。但是湿成型又要求胶液有一定的定型性能，否则还没有固化凝结，工件就变形了，这也会导致材料的复合工艺失败。所以胶液的保型性也很重要，它同胶液的流变特性密切相关。胶液的保型性原则上同浸润性是一对矛盾，工程上是依靠平衡、妥协来尽量满足要求。不过，通过流变助剂可以在一定范围内进行改善。

4.3.1 胶液的流变性能

树脂的流变特性是由温度、时间、分子量和固化度共同决定的，任何一种树脂体系都可以用黏度-时间曲线和温度-黏度曲线表述，由这两条曲线选取成型工艺参数。根据树脂的流变特性可以将树脂分为各种流变类型。

流变类型如下所述。

高聚物本身是一种非牛顿流体。含有填料的高聚物的非牛顿性更显著，即使液相为牛顿流体，加入填料的体系也会表现出非牛顿性，高比例填料胶泥更会成为假塑体或具有屈服点的塑性体。非牛顿流体包括剪切变稠型（胀流型）、剪切变稀型、塑性型、触变型以及震凝型流体等。图4-3所示为几种主要的流变类型。

① 剪切变稠型 黏度随剪切速率增大而增大。这是因为当颗粒浓度很高并接近最紧密排列时，两层间的相对运动将使颗粒偏离最紧密排列，体积有所增加，需消耗额外能量，如果胶液仅够填充堆砌的空隙，还会产生气泡。所以，复合材料的胶液通常都比理论上的颗粒

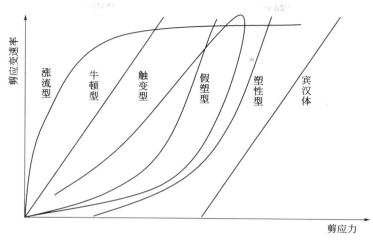

图 4-3　胶液几种流变类型

堆砌需要的填充量大一些，这也是一个原因。

②　剪切变稀型　黏度随剪切速率增大而减小。这是因为颗粒间形成较弱的絮凝，而流速增大时将破坏这种絮凝使黏度减小。也可能因为颗粒为棒状或片状，静止时颗粒运动受阻，当受到剪切时，颗粒因形成队列而黏度减小。其中假塑型的黏度随流速梯度增大而减小的剪切变稀的性质很突出。

③　塑性型　该类流体由于絮凝很强而形成网络结构，其特点是在小于屈服应力时流体仅发生弹性形变。当大于屈服应力时，网络破坏并开始流动，剪切应力随流速梯度而变化。最典型的是宾汉体，在承受较小外力时物体产生的是塑性流动，当外力超过屈服应力时，就按牛顿液体的规律产生黏性流动。

④　触变型　在剪切作用下可由黏稠状态变为流动性较大的状态，而剪切作用取消后，要滞后一段时间才恢复到原来状态。这是由于絮凝网络经剪切破坏后，重新形成网络需要一定时间。触变结构的主要特点是：从有网络结构到无网络结构，或从网络结构的拆散作用到网络结构的恢复作用是一个等温可逆转换过程；体系结构的这种反复转换与时间有关，即结构的破坏和结构的恢复过程是时间的函数；结构的机械强度变化也与时间有关。含氢键的聚合物溶液，含大量表面毛细孔的轻质颗粒填料都可能具有触变性，而在耐蚀胶泥中通常是依靠加入触变性填料白炭黑或加入触变剂。通常的流变助剂都能一定程度上产生较弱的絮凝，形成网络。它其实是仅仅增加了静态时的稠度。

⑤　震凝型　该流体能在剪切作用下变稠。剪切取消后，也要滞后一段时间才恢复变稀。

4.3.2　复合材料的胶液

（1）树脂对黏度的影响

支链结构的聚合物对黏度有很大的影响。当聚合物具有较短的支链时，聚合物的表观黏度低于具有相同相对分子质量的直链聚合物的表观黏度；支链长度增加，长支链数量较多时会增加其与临近分子的缠结概率，使流体流动阻力增加，黏度增大；长支链越多，表观黏度升高越多，流动性越差。另外，柔性分子链的聚合物分子的链段取向容易，因此黏度随剪切速率的增加而明显下降。

聚合物的流动是分子重心沿流动方向的位移，因此聚合物的相对分子质量大小和分子质量分布直接影响到聚合物的流动、加工和使用性能。它们的关系可由聚合物表观黏度对剪切速率的依赖性来反映。对于剪切变稀流体，相对分子质量越大，对牛顿行为的偏离越远，分

子质量分布宽的聚合物黏度对剪切速率的变化更敏感。这是由于其中相对分子质量大的部分在剪切过程中形变大，对黏度下降贡献大，此类聚合物的流动性较好，易于成型加工，但产品强度也较低，同时也对固化工艺产生影响。如果分子量大，大分子随剪切速率增加而局部取向，从而可以导致黏度下降。

（2）溶液浓度、温度的影响

聚合物浓度除影响剪切强度外，还影响流动曲线。随溶液浓度的提高，流体非牛顿性越强，临界剪切速率越小。在不同温度下，刚性链聚合物的黏度先随浓度的提高急剧增大。树脂本身的黏度对温度十分敏感，整个工艺温度范围内的黏度特性符合阿累尼乌斯关系。温度是分子热运动激烈程度的反映，温度上升分子热运动加剧，分子间距增大，较多的能量使材料内部形成更多的自由体积，使链段更易于活动，分子间的相互作用减小、黏度下降。

（3）填料数量对黏度的影响

流体的黏度是影响体系动力学行为的重要因素，在多相流动体系中，由于分散相的介入，改变了连续相的表观黏度，填料的存在会对悬浮液的流变行为产生显著的影响，通常体系的黏度是随填料配比的增加而增高。一般固体物质的加入会使聚合物的剪切黏度有所增大，增大的程度与流体中粒子填充剂体积分数及剪切速率有关。在低剪切速率下，黏度随填充剂增加而升高的程度要比高剪切速率大。固体粒径对表观黏度的影响，在固含率小于约40%时不明显；在固含率大于40%后，细颗粒体系的表观黏度显著地高于粗颗粒体系的表观黏度，悬浮体系的表观黏度增大更为迅速。在填料添加重量一定时，胶料的黏度随着粉体总比表面积的减小而减小。

填料对基料体系黏度的影响可理解为基料大分子的局部取向，高分子链上的极性基团同填料表面的一些活性点发生强烈的物理-化学吸附，使整个体系形成以填料为交联点、高分子链为网线的较为松散的网络。这就是填料对黏度影响的基本原理。填料粒度小，比表面积大，其表面能也大，对高分子的吸附能力大，破坏网络的剪切力就要大。所以，高比例填料胶泥也会成为假塑体或具有屈服点的塑性体。

（4）填料形状对黏度的影响

在聚合物填充体系中，随着剪切过程的出现及发展，填料颗粒会发生迁移和沿剪切方向取向的效应。对球状颗粒的非牛顿流体悬浮液进行剪切，球状颗粒会出现明显的沿外力剪切方向的线性规则排列，填料不但使聚合物溶体的黏度增加，还随填料种类、颗粒大小或形状不同而改变黏度的切变速率依赖性，当填料为纤维状或薄片状时，在流动场中非球状的颗粒往往容易取向，与不加填料的聚合物体系相比，这种取向使聚合物熔体的非牛顿性更为显著，在较低的切变速率下就开始表现出非牛顿性，形成剪切变稀。

（5）填料的沉降分离

由于填料颗粒与树脂流体的密度差异，发生重力沉降，颗粒在流体中的重力沉降运动受到流体阻力的作用，与颗粒大小、形状和流体的相对速度、流体的密度相关。重力沉降可将含有多种直径不同的颗粒进行粗略分离，也可将不同密度的颗粒进行分离。

颗粒与流体相对运动时所受的阻力，与颗粒的形状有直接关系。颗粒形状偏离球形程度越大，阻力系数越大，相应的沉降速度越小。对于非球形颗粒，除考虑颗粒形状偏离球形的程度外，还需考虑颗粒在沉降过程中的位向，例如，柱形颗粒直立着沉降与平卧着沉降，其阻力显然大有区别。

如果填料的浓度小，相邻颗粒间的距离比颗粒直径大得多，颗粒间相互干扰就可以忽略不计。这种沉降称为自由沉降。然而，当体系中的颗粒较多、颗粒之间的距离较小时，颗粒在沉降过程中会相互影响。一是被沉降颗粒所置换的流体向上流动阻力增大，从而阻滞了邻近颗粒的沉降，使沉降速度减小；二是当大颗粒和小颗粒同时沉降时，小颗粒随同大颗粒一起沉降；三是大量微粒的存在使流体的表观黏度和密度较纯流体大，这些沉降称为干扰沉降，干扰沉降的结果是降低沉降速度。填料的沉降分离在防腐蚀工程上都是需要尽量防止的现象。

4.3.3　防腐蚀工程中理想的流变性

① 当作为浇注的胶泥、鳞片涂料等，我们希望它是一种剪切变稀型的非牛顿流体，如颗粒为棒状或片状，静止时颗粒运动受阻，当受到剪切时，颗粒（片状）因形成队列而黏度减小。或在振动密实成型时，颗粒不断受到冲击力的作用而引起颤动，振源所做的功将颗粒的接触点松开，从而破坏了由于毛细管压力所产生的颗粒间的黏结力，以及由于颗粒直接接触而产生的机械啮合力，这就使内阻力大大降低，最后使混合料部分或全部地液化，具有接近重质液体的性质。混合料内主要是粗细不匀的固体颗粒，特别需要施加振动，另外，剪切应力作用使所生成的胶体由凝胶转化为溶胶，降低黏度。

② 当作为刮涂的腻子时，我们希望它是一种触变型的非牛顿流体，即在剪切作用下可由黏稠状态变为流动性较大的状态，而剪切作用取消后，能在较短时间内恢复到原来状态。如果树脂-填料体系的表观黏度会随剪切速率的增加而减小，在低剪切速率下，黏度降低平缓；在高剪切速率下，黏度降低迅速。这就有利于防腐蚀施工的操作，施工时的应力使黏度低，有利于成型操作。操作结束黏度升高，有利于定型，即触变型流体。一般，填料含量高时，随着剪切速率的增加，样品的表观黏度下降幅度增大，但是仅填料的作用已经不能满足施工的需要，即尽量好的触变性，因此只有加入触变剂。

③ 当作为手糊玻璃钢时，我们希望它在湿态成型时胶液具有很低的黏度，能很快地对纤维表面进行浸润，浸润后排出的气泡也能从液体中排出。而在湿态成型后有一定时间的低黏度区，这样有利于脱气。且胶液中的稀释剂要挥发快，通过稀释剂的挥发来较快地提高黏度，同时纤维的固定作用也有利于增加树脂的触变性，对触变要求是恢复慢一点。如果玻璃钢的含胶量低，则纤维的触变作用就足够了；如果含胶量高，则需要加入触变性填料。

④ 当用于砌筑时的胶泥最理想的是宾汉体，从流变学的观点来看，宾汉体是在承受较小外力时胶泥产生的是塑性流动，当外力超过屈服应力时，就按牛顿液体的规律产生黏性流动。可塑泥料是由固相、液相和少量气相组成的弹塑性系统。当它受到外力作用而发生变形时，既有弹性性质，又出现塑性形变阶段，它可以在应力作用下模制成所需要的形状，当模制应力消除后能够保持该形状不变。砌筑时利用模具或刀具等运动所产生的外力（如压力、剪力、挤压等）使可塑泥料产生塑性变形而制成某种形状的制品的工序，称为可塑成型。

涂料、水泥浆等，从流动性方面来看似乎是黏性液体，但它刷在垂直面上的薄层，却可以承受一定的剪切应力而不致流下，这就是宾汉体表现。有许多高聚物和填料的混合体，在流动过程中，表现为宾汉体。

4.3.4　改善胶液触变性的方法

（1）使用触变性基体树脂

基体树脂的分子链上含有羟基、氨基、酰胺基、氨基甲酸酯键等能形成氢键的基团的树脂有一定的触变性。但是树脂的选择不是以触变性来进行选材的，通常都要通过耐蚀性、力学性能、热性能等来选材。不过，在满足主要性能的情况下，考虑触变性还是很有意义的。

（2）通过配方提高触变性

① 胶液配方中树脂含量对胶黏剂触变性有很大的影响，一般情况下，树脂用量在50%即可。

② 胶液中液体成分的黏度对体系的触变性有较大影响。较低的液相黏度可以提高体系

的触变性。低分子量或分子量分布宽；尽量少用稀释剂或采用活性稀释剂都是可以采用的方法。

③ 填料粒径对体系触变性有明显影响。颗粒较细的填料有利于提高胶液的触变性。

④ 应用偶联剂后，偶联剂附着在粒子表面，化学性质发生了改变，造成了高分子链在粒子表面的吸附与缠绕，使得流动阻力增加。但是偶联剂和固体表面发生了后续反应。再加入触变剂效果就需要是只针对树脂，不针对增强剂的，另外偶联剂也会和触变剂发生反应。由于硅烷偶联剂在同一个分子中具有两类化学基团，它既能与有机物中的长分子链作用，又能与无机物中的—OH作用而起偶联效果。随硅烷偶联剂加入量的增加，树脂体系的触变性却有下降。

（3）触变剂

触变剂通常可在整个流动态的树脂体系内形成一个连续的三维网络，从而阻止分子或存在的任何其他微观粒子的布朗运动，因为这种运动被作用在很大接触界面上的吸附力所阻止。因此，最有效的体系是在触变剂的表面和流动态的树脂母体之间有形成氢键的体系。当上述体系受到剪切力作用时，由于剪切力破坏了氢键，网络结构亦被破坏，从而降低了树脂体系的黏度；当剪切力终止时，由于分子运动的降低，由氢键所连接的网络结构可重新建立，结果使树脂体系的黏度恢复到原来的状态。这种网络结构既可以是触变剂自身通过氢键形成，也可以是触变剂和树脂母体之间通过氢键而形成。常用的触变剂有白炭黑、有机膨润土、高分子触变剂聚酰胺蜡、金属皂、氢化蓖麻油、缩脲化合物、聚乙烯蜡等。

白炭黑又名气相 SiO_2，颗粒表面的硅原子并不是全部具有 4 个硅氧烷键，而是有少量的硅烷醇基团存在。硅烷醇基团的产生是由于 SiO_2 生产过程中凝聚不完全造成的。白炭黑的表面—OH 基团呈极性，吸水性很强，比表面积越大，吸水性也越大。它还具有通过氢键与树脂相互反应的强烈倾向，结果产生了三维网络结构的 SiO_2 颗粒。氢键的键能远比共价键的能量小，这些较微弱的氢键，甚至在小的剪切力作用下就可发生断裂，使 SiO_2 的三维网络结构遭到破坏，树脂体系的黏度因此而下降。当剪切力去除后，氢键重新作用而使 SiO_2 的三维网络恢复，树脂体系的黏度再次上升。

一般气相二氧化硅添加量在 2% 以上。气相二氧化硅分散在液态体系中，它的分散程度取决于分散能量（剪切力）和分散时间，良好的分散能使气相二氧化硅从附聚体结构（10～100μm）分散成聚集体结构（100～500nm），从而使液态体系产生稳定和完整的网络结构，取得适当的黏度和优良的触变性。

膨润土又名膨土岩、斑脱岩，有时也称白泥，膨润土主要是由蒙脱石类矿物组成的黏土。在蒙脱石晶粒表面也吸附了一定的水分子，结构水以 OH 基形式存在于晶格中。蒙脱石晶格内阳离子置换这一构造特性决定了蒙脱石一系列重要性质，是一种性能十分优良、经济价值较高、应用范围较广的黏土资源。

有机膨润土为亲油性的黏土有机复合体，是在膨润土结构中用长碳链有机阳离子取代蒙脱石层间金属离子，使层间距扩大至 17～30Å，形成疏水有机膨润土。有机膨润土以极薄的片状分散于有机溶剂中，并通过层边端部与端部的氢键形成三维网状结构，发挥增稠、触变等功效。该复合体能在有机介质中形成凝胶体，可用作各种助剂如增稠剂、黏度调节剂、触变剂、悬浮剂和乳胶稳定剂等。它在各种有机液体中经搅拌就会膨胀分散；若置于低级的乙醇、甲酮等单系极性溶剂中，膨胀性质就会降低，但在含碳氢的非极性或极性小的有机液体中掺加少量极性溶剂，就会有极高的溶剂效应。有机膨润土溶剂化特性属于触变塑性流动，如果提高有机膨润土的浓度，就会失去流动性，变成凝胶，即使再提高这种凝胶的温度，也不会再变成溶体。

聚酰胺蜡是一种乳白、20% 含量的糊状物，用量（对配方总量）为 0.1%～2%。适用于非脂肪烃类溶剂体系。聚酰胺蜡大多是由二元酸和二元胺通过缩聚反应而制得的低分子量蜡，在天然石蜡中乳化产生极性，再加入二甲苯预先膨润生成膏状触变剂。聚酰胺蜡中含有丰富的羟基和酰胺基，能形成强烈的氢键化学力，形成网络状结构，从而提高体系黏度来达到防沉和防流挂，每个聚酰胺蜡都相互缠绕形成针状的网络结构，当有外来应力施加时，网络结构就破碎变成单个的针状独立结构，当外来应力或剪切力消失时，它们又重新形成一个缠绕的网络结构。它的膨润结构成网状，有非常好的强度和耐热性，贮存稳定性好，触变性强。

4.4　固化过程

聚合物基复合材料性能的优劣除与其组成有关外，还取决于复合工艺。对热固性基体体系来说，欲制定合理的复合工艺，必须对固化过程有所了解才行。热固性树脂如环氧树脂、不饱和聚酯等在加温下的固化经历着从黏流态经凝胶化向橡胶态、玻璃态的变化。即从线形低分子量树脂通过化学反应提高分子量、支化以及交联变成三维网状结构的高分子的过程，这个过程对热固性树脂的成型时间有很大影响，较长的成型时间才能保证成型的质量。

热固性树脂的固化交联过程可以详细地分为6个阶段：①诱导引发阶段；②微粒凝胶阶段；③过渡阶段；④大凝胶阶段；⑤后凝胶阶段；⑥固相反应阶段。其中①～④阶段是体系从黏流态到凝胶态的变化；④～⑤阶段是体系从凝胶态经橡胶态到玻璃态的变化；固相反应阶段⑥虽然体系中的交联反应很难进行，但是残余的交联基团有可能在条件成熟时继续发生交联反应，也可对材料在介质中的化学介质稳定性产生极大的影响。

4.4.1　凝胶过程

凝胶过程是树脂组成混合均匀后直到形成凝胶之间的一个过程。在这个过程中随着固化剂和基料的活性基团的反应，树脂分子量开始增大，增加的速度也越来越快，但是活性基团的数量也开始减少。这种反应速度受基团碰撞概率的影响，这个分子量的增加速度还未呈几何级的增加。

（1）诱导引发阶段

在此阶段，复合体系中的聚合反应很慢，只有少量的分子量的增加。这个阶段的分析要紧密联系其固化反应的机理进行探讨。其原因如下。

一是如果是缩聚或加聚的固化反应，则在此时由于复合体系中的稀释剂的浓度大，挥发带走的热量多，反应难于进行，或者反应热远低于挥发带走的热量，使反应速度很慢。这个阶段的相对分子质量只是从 1000～1500 以下的低聚物增加到 3000 左右的聚合物，或分子长度低于 100nm。其黏度的增加主要是溶剂挥发导致的温度下降和树脂浓度提高。化学变化导致的分子链增加也有贡献，且增加的速度也越来越快，直到进入微粒凝胶阶段。这个过程的长短与基团的反应性和体系中的惰性成分以及溶剂的数量、挥发能力有关。

二是如果是游离基的固化反应，则在此时引发剂分解的自由基攻击单体产生的单体自由基很快被阻聚剂所终止，在此阶段，自由基的浓度维持为一个恒定值，另外，反应热微不足道。当阻聚剂消耗完了则引发阶段结束。

（2）微粒凝胶阶段

当诱导引发后期时，分子量增加，分子尺寸增大，由于聚合物分子间的作用力是随分子量的增加而增加的，分子趋向于收缩成团，使微区中的反应基团浓度升高，微区内反应速度加快，发生了大量的环化作用或分子内成环反应，形成初始微粒凝胶聚合物，微粒凝胶是亚微米级大小的聚合物粒子，因其足够小的直径而呈现粒子和一般大分子的双重特征，即持久的形状、表面积、单个性和溶解性。微粒凝胶也可称为分子内交联的大分子。

体系的显微结构是微粒凝胶粒子分散在连续的预聚物中。一方面由于微粒凝胶粒子内的环化作用作用使粒子缩小，另一方面微粒凝胶粒子内的溶解入的预聚物也参与反应，且粒子外的低聚物不断溶入使粒子增大。此时由于分子间的作用力大到分子更趋向于收缩成团，粒子外的低聚物溶入速度越来越慢，微粒凝胶粒子内的反应基团浓度下降，反应速度变慢，微粒凝胶的尺寸和结构基本保持不变，形成粒子尺寸达到 $10\mu m$ 左右的聚合物微粒凝胶。在形成微凝胶的同时连续相中的预聚物中反应基团的浓度并未下降，能不断地产生新的微区并成长成为相对稳定的微粒凝胶粒子。最终形成很多微料凝胶聚集起来的富集区分散在少量的连续相预聚物中的体系，因此这个过程流变性能没有明显变化。

由于在微粒凝胶阶段每一个微凝胶粒子的生长过程的化学反应速度是缓慢的过程；每一个微区的产生也是随机的，宏观来看微粒凝胶阶段的反应速度是均匀的，受反应物浓度控制并达到恒定速度，所以反应热可觉察，但很小。

（3）过渡阶段

在此阶段微凝胶粒子的数量达到一个高水平，未参加反应的预聚物分子减少，使得连续相的分子运动被密集堆砌的微凝胶粒子限制，粒子间的连续相减薄。连续相中的反应基团浓度本来就高于微凝胶粒子中的反应基团浓度，因而连续相中的反应基团开始与其他微凝胶发生反应，聚集成微粒凝胶束。随着反应的进行，微粒凝胶束的数目增加而尺寸增大，胶束收缩，使反应基团浓度以恒定速率增加直到反应体系通过其凝胶点。接近凝胶点时剪切模量增加，反应热也增加，进入反应大量放热的早期阶段。

树脂胶化前分子量不大，存在整个分子的运动，在此阶段，视反应系统的预聚体分子量的不同而发生相分离或不发生相分离。当发生相分离时，过渡阶段较长，不发生相分离时则过渡阶段较短，而其他反应特征也有所不同。在接近凝胶前的很长一段时间内反应热导致的温度改变引起的黏度减小与化学变化导致的分子链增加引起的黏度增大相近。所以此时的较长时间内液体的表观黏度变化不大，这也有利于施工操作，使胶液能有效浸润增强剂固体。

（4）大凝胶阶段

随着聚合反应的进行，生成越来越多的微粒凝胶，当微粒凝胶之间开始反应聚结时，大部分微粒凝胶都集结成胶束而很少有孤立的微粒凝胶。由于粒子内反应，胶束体积收缩大，活性基团浓度增加、黏度升高，聚合物流动散热速度下降，体系内温度升高，反应自动加速，反应热开始大量释放，出现了所谓的凝胶，即是体系达到凝胶点。凝胶点是指多官能团单体/预聚体交联聚合反应到某一程度，黏度开始突增，难以流动，胶液中气泡难于上升，胶液可以被玻璃棒沾出，能拉成粗大的、软的、几厘米长的丝，体系转变为具有弹性的凝胶状物质。

凝胶点是聚合物从高度支化的分子聚合物过渡到体型分子聚合物的转折点。从体系达到固化条件到出现凝胶点的时间称为凝胶时间，这是热固性树脂的一个很重要的指标，只有在这个时间范围内才可以对复合材料体系进行成型操作。按高分子体型聚合反应凝胶理论，在聚合反应达到凝胶点的反应程度是一定的。该反应程度约为 $50\%\sim60\%$，余下的化学反应就在后凝胶阶段和固相反应中进行。

形成凝胶是分子量接近于无穷大的一个过程，但此时在力的作用下分子可以获得非常大的流动性。即黏性变形仍然很大，弹性形变较小。在凝胶点附近反应热导致的温度改变引起的黏度减小远小于化学反应导致的分子链增加引起的黏度增多。所以，凝胶点是一个几乎瞬时的短时间概念，在凝胶点以后随着分子间的交联的形成黏性流动越来越难。弹性性变形开始越来越大。因此，复合材料的成型操作一定要在凝胶点以前完成，就是这个原理。

4.4.2　交联过程

后凝胶阶段是树脂在橡胶态下的反应，在后凝胶阶段的初期，按照微粒凝胶动力学机理，交联反应速率是粒间交联反应和粒内交联反应之总和。随着交联反应的进行，分子链上的交联点越来越多，分子链上的自由连接链段越来越短，并在很大程度上被限制在大分子网格中。一部分小一些的分子的活动也为网格所阻碍而变得困难了。随着小一些的分子发生反应接入网络中，三维体型网络中只残留较长的带官能团的支链的时候，视链节的软硬程度，分子链段运动受阻，此时宏观上材料呈固体状态，固化产物进入了玻璃态。如果聚合热大，固体温度高，也可以是橡胶态，但是大多数时候都是玻璃态。

进入玻璃态的三维体型网络中只有支链这种半自由链段运动能力较强，它们的运动导致支链间的官能团或支链与网络的官能团发生交联反应以提高交联度，这就是固相反应阶段，由于分子链段运动受阻程度大，官能团浓度低，固相反应的速度很慢，当反应中的 T_g 超过固化温度时，反应速率大大下降，以至停顿。交联反应通常需要 100h 左右才达到可以接受的程度，从形成网络定型到最后的固化完成需要很长的时间，通常可以是 3～7 天，这一部分时间被称为养护期，它在固化反应中仍然非常重要。

交联度随着固相反应的进行而提高后，部分官能团的周围已经没有可与其发生交联反应的对应基团。而网络的形成也限制了基团的运动范围。部分活性基团最终被残留于基体中。

通常双组分的交联固化反应总存在着残余官能团的问题，而选择怎么残留却是一个技术问题。一般以分子中含活性官能团多的组分为过量分数则有利于提高交联度。而按等官能团数组成固化体系则在体系中要同时残留两种官能团，不但不利于耐蚀性，而且事实上降低了交联度。因此，可以考虑：①从防腐蚀的角度残留基团的选择要面对腐蚀介质，选择树脂和固化剂中的基团为化学稳定性更好的基团来残留；②化学稳定性好的基团过量以保证必要的交联度；③残留一种官能团是连接在柔软的分子链上，使这一部分官能团能有较多的运动自由度，以便于提高聚合度；④考虑使用能同空气中的氧或湿气反应的基团作为残留，然后在空气的作用下再反应交联。此外，还可以在初步形成网络后通过加热，使分子端基（官能团）有比较大的运动能，从而使残余的基团发生反应，提高交联程度，这就是施工中进行热处理的原因。但是这只是减少了活性官能团的残余量。

另一种固化产生的缺陷是空穴。随着交联反应的进行。一些分子链节体积缩小，而由于网络的限制，这些缩小的部分没有其他部分的分子填充则形成自由空穴，很容易累积成空隙，这就成为刚性较高的高交联度树脂固化后性能产生缺陷的原因。通常的防腐蚀工程中复合材料体系大多只有一维的方向是自由的，少量二维的方向是自由的。因此整个体积收缩受到边界限制，更有利于空隙产生，这只能靠提高树脂的黏性流动能力，即提高固化温度来解决。

4.4.3　固化相图

所谓固化相图是指反应时间（time)-温度（temperature)-相变（phase transition）的 3T 固化状态图。它联系了热固性树脂固化时间与等温固化温度以及在这固化进程中树脂状态和物理性能的变化。通过凝胶化、玻璃化和降解的转变曲线判断对性能的影响，如凝胶化转化使得树脂的宏观流动变为不可能；玻璃化转变后化学反应固化就不能顺利进行了；降解限制了固化树脂在高温下承受载荷的时间等，从而为热固性树脂的储存、固化工艺及最终使用性能乃至固化反应表观动力学参数的求取方便地提供了指南。

图 4-4 是热固性树脂的 3T 固化状态示意图，当树脂体系处于可固化状态后，图中 B 区是未凝胶树脂的玻璃态区；A 区是树脂以液相状态存在的区域；C 区是树脂凝胶后产生的

玻璃态区；D 区是树脂凝胶后产生的凝胶态区；E 区是交联树脂的橡胶态区域；F 区是固化树脂的分解区域。

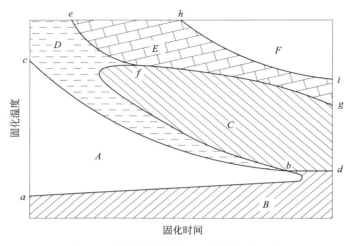

图 4-4　热固性树脂的 3T 固化状态示意

f 点的 T_g 是最大固化程度的树脂的玻璃化转变温度，当固化温度大于 f 点时，由于固化温度较高，大分子的链段运动比较活跃，所以交联的液体只凝胶成橡胶态的弹性体而不发生玻璃化作用，体系相变从液态→凝胶态→橡胶态。

b 点的 T_g 是树脂同时产生凝胶化转变和玻璃化转变的温度。随温度的升高，树脂变为黏流态，但只要温度低于 b 点，在任何时间里树脂也不会出现凝胶。在 b 点的 T_g 温度，只要固化时间达到一定值，树脂就会出现凝胶化，因此 b 点的 T_g 是储存树脂避免出现凝胶的最高临界温度。

如果热固性树脂是用来与纤维组成复合材料的，那么由于在 b 点的 T_g 以上的温度树脂因进入玻璃化状态而丧失流动性，固相固化反应将在树脂和纤维之间产生收缩应力。树脂受拉伸应力，纤维则受压缩应力，这对复合材料的强度和韧性有很大影响。

线段 cb 是树脂的凝胶点线，显示树脂的凝胶的温度-时间关系，超过此线段以上的温度-时间点都意味着树脂已经凝胶；随着固化温度的上升，凝胶时间逐渐减少，这是因为每个热固体系按 Flory 凝胶化理论，固化树脂体系在凝胶点时的化学转化率是一定的，约为 50%～60%。由于固化温度上升，反应速度加快，因此到达凝胶点反应程度的时间就减少了，3T 固化相图中凝胶化时间随温度升高通常呈指数关系下降。

线段 bfg 是固化的玻璃化曲线，玻璃化出现的时间开始也随固化温度上升而减少，表示树脂则因交联度增加而提高了玻璃化温度。但到一定温度之后，玻璃化曲线的极左点，玻璃化出现时间达极小随后又上升，这是因为固化过程中固化速度与固化度两个相互消长的因素竞争的结果。温度对树脂的玻璃化转变时间的影响是双重的，一方面升高温度使固化反应速率加快，缩短了玻璃化时间；另一方面，升高温度又可能使树脂处于橡胶态，因为此时温度下的固化的分子量还不足以使树脂进入橡胶态。这两种效应使固化状态图中的玻璃化曲线呈 S 形，出现有玻璃化时间的极大与极小两个极值，其中对玻璃化时间的极小值及其对应温度的数值，在热固性树脂浇铸工艺中是很重要的，因为开模只能是在物料硬化以后才能实现。

固化反应是一个放热反应，固结体的温度控制技术很难达到要求。为了更好地控制固化反应，实际固化温区都选在 bf 点之内，这时，固化反应有 3 个阶段，即①液态到达凝胶态；②凝胶态经橡胶态到达玻璃态；③玻璃态内固相反应。在任何一个固化温度下进行等温固化、增加固化时间都将导致转化率、玻璃化温度和交联度的增加。

线段 efg 是树脂的进入橡胶态的曲线，此线段以上的交联树脂处于橡胶态；此状态下的树脂分子链运动使固化树脂的交联度进一步增加，因此热固性树脂的固化程度可以用热处理来提高。在室温下树脂的固化速度很慢，凝胶化时间很长，室温下达到凝胶化的时间需 $30 \sim 60 \mathrm{min}$，这满足了施工所需要的时间。如这时开始加热，随温度增高，树脂变软进入橡胶态，随之开始了在室温下不能进行的交联反应，固化程度再次提高，减少了固化收缩的影响。

abd 线是未反应树脂的玻璃化转变温度线。低于此线，由于温度低，分子链被冻结而不发生凝胶，树脂由液态直接转变为玻璃态，此时树脂因化学反应而增加的分子量使玻璃化温度提高，不管时间有多长，都不会出现凝胶化，所以，热固性树脂有一个最低施工温度。未凝胶的玻璃态是商品热固性树脂长期储存的根据，需用时稍加温即可。

温度再升高，超过 hg 线树脂有可能出现降解。只要等温固化的温度线与降解温度线相交，树脂就会因交联度降低或分解的小分子物质对树脂的增塑作用而使固化树脂的玻璃化温度降低。对高 T_g 的树脂体系，就存在着固化反应和降解反应之间的竞争。

4.4.4　影响固化的因素

首先，官能团的当量比是最大的影响因素，不可忽略。然后是固化的环境条件温度、湿度、有害气体及气象条件等也要严密注意。从配方的角度还有溶剂、填料等因素。

（1）溶剂的影响

固化过程中的放热和溶剂蒸发的影响比较复杂。①稀释剂有利于官能团的运动，因此对提高固化速度和固化程度都有利。②稀释剂的挥发要带走热量，使基料由于化学反应放热使温度的升高受到抑制，不利于提高反应速度。凝胶过程中的溶剂的挥发能力对凝胶点起比较大的作用，在化学反应的前期，溶剂挥发要消耗掉反应产生的热量，如果溶剂挥发能力强，带走大量热量，温度还可能下降。反应速度被降低，分子量增长缓慢，凝胶时间延长。③稀释剂存在下的凝胶点会是一个缓慢的不陡峭的缓坡。如果溶剂挥发能力较弱，在凝胶点后会残留大量的溶剂，凝胶后化学反应速度提高，加之凝胶后的自加速效应，反应放热量大，溶剂在温度升高下如果很快挥发，这是理想的溶剂选择。④进入玻璃态以后稀释剂挥发产生的空隙，需要基料分子的扩散填充。而此时的基体分子运动受限已开始越来越大，这些空隙最终一部分存留到基体中成为材料缺陷。所以在凝胶过程中通常希望加入树脂中的稀释剂在形成凝胶点的时候大部分挥发完全。

（2）填料的作用

填料的主要作用一方面是减少了单位体积复合体释放的固化反应热量。增加填料含量，降低了树脂的总量，从而减少每单位体积的反应混合物生成的热量，会减缓固化的反应速度，延长胶凝时间。另一方面是起着受热器的作用，填料吸收聚合热后温度增加，如果使用一种比热容非常高、热导率大的填料，那么可能会使温升极小以至于固化速度慢、固化程度低，得不到复合体应有的性能。填料的热传导速率、热容小于树脂，树脂微元的温升提高，固化快，胶凝时间缩短。

（3）几何因素

由于热固性的聚合作用是高放热的，而且树脂又具有低的导热性和中等的热容量。大体积、无流动的复合材料体系温度上升快，热散失慢，材料体积中心的温度最高，边界的温度则取决于环境温度。因此表面积和质量的比值小时，材料内部温度将会升高到一个很高的温度从而使材料烧焦。其实材料反应热是恒定的，温度升高的程度主要取决于材料的表面积。

因此在成型操作时需要控制连续操作的施工层厚度的材料温度，一般温度的最高点是在凝胶点形成以后和达到完全交联以前。

（4）增塑剂的影响

在固化反应的凝胶点前，增塑剂只是对反应基浓度略有降低，但是对聚合物分子运动有帮助，反应速率大略从开始的略降到后来的略增，因为从化学动力学看，这时活性是主要的。但是，在凝胶到固相反应阶段，聚合物分子量越大，增塑的作用（聚合物分子间的）、增柔的作用（聚合物分子内部的）对于交联反应显得越为有利。由于大量增塑剂的使用，使固化体系的 T_g 很低，因此没有出现链段冻结的现象，使交联反应的程度达到一个比较好的高度，残余官能团少、交联度高、固相反应效果好。

（5）热处理

固化后期的热处理是在已经形成了三维网络，但是并没有完全形成理论推断的完整网络的时候开始热处理。按照固化相图，热处理可以使固相反应重新在橡胶态下进行，同时基料的热处理也有利于消除网络形成的中、后期产生的空隙缺陷。如果热处理早，此时交联程度低或热处理时温度过高，树脂会有一定的黏性，作层状复合材料时与基材的结合强度低。所以热处理都是在略高于室温的温度下缓慢加热，升温速度在 $10℃/h$ 以内，只要保持树脂在橡胶态即可。热处理太晚交联度已经比较高了，部分残余基团和空隙就难于用热处理的方法来克服缺陷。而开始热处理的时间即体系交联到什么程度才进行热处理同分子链本身的软硬程度、制品厚度、残留小分子数量等因素有关。分子链刚硬、制品厚度大、残留小分子物多都可以在交联度略低时开始热处理，这样可以避免制品变形，交联度提高也较多，热处理的温度以树脂在该温度下略微变软为度，一方面满足分子交联所需要的运动，另一方面是尽量控制变形量。因此，热处理提高交联度以固化物的力学强度和刚度、体积变化产生空隙和固化应力都适中，综合平衡后定型。

4.4.5　固化收缩与应力

（1）收缩应力

热固性树脂在固化过程中因交联及温度的变化会产生胀缩。当树脂体系还是液态时，大分子的运动是自由的。它与纤维、填料或被粘物表面的相对位置尚未固定，因此不会产生内应力。而同理高弹态收缩对内应力的影响较小，因此在凝胶点附近，固化反应引起固化体积收缩的影响也较小。重要的是玻璃态收缩，固化反应使体系转化为玻璃态后的收缩。它是产生内应力的主要因素，它由固化反应收缩和从固化温度冷却到室温的冷却收缩构成。因此，交联密度越大，T_g 越高，则玻璃态收缩率越大，收缩内应力也越大；同时固化温度越高，冷却收缩越大，内应力也越大。

在固化过程中会发生体积收缩，其原因一是官能团的化学反应使分子间的距离变小，分子的体积减小；二是固化反应产生的小分子物质逸出使得总体积下降；三是稀释剂的挥发。

树脂固化时收缩应力的主要原因是单体之间的分子间距离缩短变为共价键距离。本来以范德华力作用的分子，由于聚合反应，变成了共价键连接。很明显共价键距离小于范德华力距离，这样，原子在聚合物中就比在线形单体中排列紧密得多，必然导致聚合过程中的体积收缩。这个体积收缩正比于凝胶点时的转化率和最终固化的转化率之差值，它越小反应收缩也越小；另外，单体分子体积越小，聚合时体积收缩越大，这是因为单体分子体积小了，就有更多的范德华力作用距离变为共价键距离，只不过它不一定会产生收缩应力。

在聚合过程中另一个体积变化的因素是单体到相应聚合物的自由体积的变化，也就是在单体和聚合物中原子堆积的紧密程度的变化。如果单体或聚合物是晶体，其原子（或分子）的排列就更为紧密，进而显著地影响聚合物体积的变化，如以晶态单体到非晶态的聚合物将会造成体积膨胀。或者是活性官能团化学键在固化过程中本身的体积发生变化,如双键在打开交联后本身的体积就要减小。对于缩聚反应消除小分子的反应,还进一步增加了体积的收缩。一般地,缩聚反应过程产生的体积收缩要比相应的加聚反应大,而且,消除的小分子量越大,体积收缩率越大。稀释剂也是同样的原理。

不均匀温度场的存在也是固化内应力产生的主要因素之一。聚合物的导热性差、固化过程中升温速率过快、散热条件不同和冷却速率过快等都会在固化体系内形成不均匀的温度场,由此形成结构及收缩不均匀的固化物。当不均匀收缩是在凝胶后,尤其是在进入玻璃态后发生时,就会因为收缩不均匀而产生内应力,从而造成材料变形、翘曲、裂纹或破坏。

树脂固化物的线胀系数与纤维、填料或被粘物的线胀系数不同,在使用过程中随温度的变化两者之间因胀缩不均也会产生内应力,称为温度内应力。内应力的大小取决于两者线胀系数的差值和温度变化幅度。制件越厚、越大和越靠近边缘处,则内应力越大。这是由于温度下降不均使固化收缩不均所致。温度梯度越大,则内应力越大。

(2)消除收缩应力的途径

① 降低反应体系中官能团的浓度 可以考虑采用分子链较长而反应官能团较少的树脂降低反应体系中官能团的浓度。但是分子量增大,树脂黏度的增加,需要加大稀释剂用量才能保证施工性能。稀释剂对收缩应力也有不利影响,通过稀释剂挥发性的精选,使其在凝胶前尽量挥发以平衡反应收缩和挥发收缩达到最小值。

② 加入高分子增韧剂 在固化过程中,由于树脂分子量的增大造成高分子增韧剂析出。相分离时发生的体积膨胀,可以抵消一部分体积收缩。例如不饱和聚酯中加入聚醋酸乙烯酯、聚乙烯醇缩醛、聚酯等热塑性高分子,可使体积收缩率显著降低。

③ 加入无机粉状填料 填料加入降低了树脂单体在整个体系中的体积分数,使整体固化收缩率降低;由于无机填料的线胀系数小,同时也降低了复合材料的热膨胀系数;当受应力作用时,填料还起着均匀分散应力的作用,因此加入粉状填料都能减少体系的固化内应力。

④ 热处理固化 在固化温度和时间的选择上,初期应尽可能采用低温固化,以延长凝胶化时间;在凝胶化后的固化反应中,应采用逐步分级的阶梯型升温固化工艺;固化完成后的冷却过程应尽量缓慢,使交联结构的固化树脂缓慢冷却收缩。另外,预先用适当的偶联剂处理被胶接物件的表面,也可以减少胶接面上的内应力。

⑤ 利用膨胀单体共聚 研究发现,开环聚合反应与缩聚反应和加聚反应相比,体积收缩率较小。这是因为在开环聚合反应中,每有一个范德华距离转变成共价距离,必有一个共价距离转变成接近范德华距离,由此产生的收缩和膨胀可以部分抵消;开环聚合反应体积收缩大小与环的大小和结构有关。单体随着环的增大,体积收缩率减小;双环单体发生双开环聚合反应,则有两个单键断裂变为近范德华距离,有可能使聚合后体积收缩更小、不收缩甚至膨胀。但是这一类单体在防腐蚀上用得很少。

⑥ 时效后处理 创造条件使产生的内应力尽量松弛掉,用热时效、振动时效、超声时效等方法消除残余应力,加速松弛过程,稳定组织和尺寸,以便消除材料微结构变形不协调引起的内应力。

4.5 复合材料界面

界面是复合材料一个很重要的问题,直接关系到复合材料性能。这一点除了从各种界面因素对复合材料性能影响的具体了解之外,还可以从界面在复合材料本体中所占的比重得以直观地了解,比如含60%的10μm直径纤维的复合材料100cm³体积所含的界面面积足足有

$4 \times 10^8 \mathrm{cm}^2$ 之大。由此可知界面在复合材料中所占的比重是相当大的，对复合材料性能影响是十分重要的，故复合材料问世以来界面问题研究就受到相当的重视。

对于复合材料，界面是一种极为重要的微结构，是复合材料的"心脏"，是联系增强体和基体的"纽带"，对各组分性能的发挥程度和复合材料的最终性能都具有举足轻重的影响。复合材料之所以比单一材料具有优异的性能，就是由于其各组分间的协同效应，而复合材料的界面就是产生这种效应的根本原因。

4.5.1　两相复合原理

复合材料是由性质和形状各不相同的两种或两种以上增强体和基体组元复合而成，界面就是不同材料共有的接触面。它是基体与增强物之间化学成分有显著变化的、构成彼此结合的微小区域。正是界面使增强材料与基体材料结合为一个整体。复合材料中，纤维和基体都保持着它们自己的物理和化学特性，但是由于两者之间界面的存在，使得复合材料产生组合的崭新的独特的性能。

（1）两相结合条件

复合材料要得到理想的两相结合，达到较强的结合强度，两相物质紧密的分子接触是必需的。而我们知道，树脂基复合材料的复合工艺是将准备好的胶液与增强剂均匀混合，使胶液在固体上扩散、浸润，分散成宏观均匀体。通过体系的流变能成型后，在一定条件下进行固化即得。当胶液的大分子与固体表面的距离尺寸小于 5Å 时，则会彼此相互吸引，产生范德华力或形成氢键、共价键、配位键、离子键等，加上渗入固体孔隙中的胶液固化后生成无数的小"胶钩子"从而完成了复合过程。

所用的胶液应能扩展到固体的表面，综合考虑胶液和增强剂的表面自由能，以及胶液与增强剂界面间的自由能，这要求液体的浸润接触角应为 0°或接近于 0°。此外还要求黏度尽量低，不大于几个毫帕秒，具有较好的流动性；并且胶液要能取代吸附于表面的空气或其他附着物，这要求固体的表面要清洁，原始吸附的物质对胶液体系无害，胶液能驱除被粘物接头间所夹的空气。

（2）两相结合力

胶液对增强剂的浸润只是复合的前提，它们之间必须形成结合力，才能使胶液和增强剂牢固地结合在一起，那么粘接结合力是怎样形成的呢？树脂固化后两相结合力的主要来源被认为是分子间作用力包括氢键力和范德华力。树脂中的有机大分子通过链段与分子链的运动逐渐向被粘物表面迁移，极性基团靠近，当距离小于 5Å 时，能够相互吸引，产生分子间力，也就是所谓的范德华力和氢键形成结合。分子间作用力广泛存在于所有的粘接体系中，是粘接力的最主要来源。

结合的第一步是胶液对界面的浸润，良好的浸润是形成良好界面的基本条件之一。润湿良好对两相界面的接触有益，可以减少缺陷的发生，增多机械锚合的接触点，也可以提高断裂能。润湿后被认为胶液和固体之间存在双电层而产生了静电引力，由于静电的相互吸引而产生相互分离的阻力。当胶黏剂与被粘物体系是一种电子接受体与供给体的组合形式时，都可能产生界面静电引力。这种静电力有利于增强剂分散到胶液中，同时也使胶液从液体到固体的固化过程中不至于分离，热固性树脂中的一些极性基团就容易同固体表面产生静电引力。

另外，一些树脂-填料体系的结合力中也存在静电引力，如当金属与高分子胶液密切接触时，由于金属对电子的亲和力低，容易失去电子，而非金属对电子亲和力高，容易得到电子，故电子可以从金属移向非金属，使界面两侧产生接触电势，并形成双电层，从而产生了静电引力。在干燥环境中从金属表面快速剥离胶层时，可以用仪器或肉眼观察到放电的光、声现象，证实了静电作用的存在。但静电作用仅存在于能够形成双电层的粘接体系中。

如果胶液与增强剂表面产生化学反应而在界面上形成化学键结合，或者通过偶联剂的"帮助"间接地以化学键的形式结合，这样形成的界面黏结强度要比不存在化学作用或仅仅存在次键作用的情况强得多。因为化学键的键能比分子间力要大 1～2 个数量级，所以能获得高强度的结合。化学键力包括离子键力、共价键力、配位键力。离子键力有时候可能存在于无机胶黏剂与无机材料表面之间的界面区内；共价键力可能存在于带有化学活性基团的胶黏剂分子与带有活性基因被粘物分子之间。然而，一般化学键的数量是有限的，综合下来比次键作用还是要小得多。但是，提高化学键结合强度仍然很有意义，对各种表面惰性的纤维进行各种处理后，表面产生大量的活性基团如—COOH、—OH、—COOR、—NH$_2$ 等含氧、氮基团或活性自由基，对彼此不能发生化学作用的两相之间引入偶联剂作为"媒介"，使得基体和增强体之间实现化学键合，从而有效提高复合材料的性能。

另外相对于理论上的光滑表面来说，固体表面的微观粗糙度增加，意味着其真实表面积也增加，从而在单位面积的结合力不变的情况下，即复合体系不改变的情况下，由于结合面积的增加，提高了宏观表面的结合力。而且对于微观粗糙微区，施加于上的外应力会被分解成垂直于面上的扯脱力和平行于面的剪切力，又进一步加大了破坏力的值，相似于增加了结合力。如果固体表面还存在微孔，胶液渗透到孔隙中，固化后在界面区产生了啮合力，产生机械嵌定，结合力也会提高。机械连接力本质是摩擦力，在粘接多孔材料、布、织物及纸等时，机械作用力是很重要的。

如果，固体材料表面有很多大于胶液分子尺寸的缺陷、空穴，胶液通过分子或链段的热运动（微布朗运动）扩散到空穴中，从而使一个物体的分子跑到另一个物体的表层里，相互"交织"而牢固地结合。黏结强度与两种分子的相互接触时间、高聚物的相对分子质量、分子链的柔性、温度、溶剂等因素有关，两高分子相间的界面结合就是由分子扩散和分子间的缠结决定的。

（3）界面效应

聚合物基复合材料界面界面的机能是提供复合材料效应的关键。各种物理量在界面上将产生特殊的、任何一种单体材料所没有的特性，它对复合材料具有重要机能。

① 传递效应　界面能传递力，界面可把施加在材料整体上的力由基体通过界面层传递给增强材料组元，起到基体和增强相之间的桥梁作用，使增强材料发挥出强度作用。

② 阻断效应　基体和增强相之间结合界面有阻止裂纹扩展、中断材料破坏、减缓应力集中的作用。

③ 不连续效应　在界面上产生物理性能的不连续性和界面摩擦出现的现象，如抗电性、电感应性、磁性、耐热性和磁场尺寸稳定性等。

④ 散射和吸收效应　光波、声波、热弹性波、冲击波等在界面产生散射和吸收，如透光性、隔热性、隔音性、耐机械冲击性等。

⑤ 诱导效应　一种物质（通常是增强剂）的表面结构使另一种（通常是聚合物基体）与之接触的物质的结构由于诱导作用而发生改变，由此产生一些现象，如强弹性、低膨胀性、耐热性和冲击性等。

⑥ 耗能效应　界面层的另一作用是在一定的应力条件下能够脱粘，以及使增强纤维从基体拔出并发生摩擦。这样就可以借助脱粘增大表面能、拔出功和摩擦功等形式来吸收外加载荷的能量以达到提高其抗破坏能力。

界面效应既与界面结合状态、形态和物理-化学性质等有关，也与界面两侧组分材料的浸润性、相容性、扩散性等密切相联。因而在任何复合材料中，界面和改善界面性能的表面处理方法是关于这种复合材料是否有使用价值、能否推广使用的一个极重要的问题。

4.5.2　界面相

复合材料的界面不是零厚度的二维"假想面",而是具有一定厚度的极为复杂多变的"界面相"或称"界面层"。界面相的成分、结构、形态和能量均与本体相有很多不相同。界面相是一种结构随增强材料而异,并与基体有明显差别的新相。

(1)界面相的构成

复合材料的界面相虽然很小,但它是有尺寸的,约几个纳米到几个微米,是一个区域或一个带、或一层,并不是一个单纯的几何面,它的厚度呈不均匀分布状态,是一个多层结构的过渡区域,界面区是从与增强剂内部性质不同的某一点开始,直到与树脂基体内整体性质相一致的点间的区域。界面区域的结构与性质都不同于两相中的任一相。

界面相是基体与增强物相互作用的产物,它可能是基体和增强物的分子间力的影响层;也可能是基体和增强物的分子互扩散层;还可能是增强材料表面上预先涂覆的表面处理剂层以及增强材料经表面处理工艺后而发生反应的界面层,也还有由环境带来的杂质。这些成分或以原始状态存在,或重新组合成新的化合物。

填料与基体树脂有效黏合后会产生一个界面。由于填填料的高内聚能,其分子间的作用力在树脂中有一个作用区。在这个分子远程力的作用区内的树脂受到一个更大的力,使其性能与基体树脂不同。分子运动更难、更硬,强度相对于基体也较高。

在黏附于增强填料的表面的数值一侧的树脂所受增强填料的分子间作用力与离开结合面的距离的6次方式反比,这也是遵守分子间作用力原理的,同样也远小于化学键的力。此外无机氧化物材料的表面刚破坏时还存在共价键的断键,此时表面吸附的水还起化学吸附或分解,形成$\equiv Si—OH$的端基,这还可能与树脂中的氢形成氢键。

当热固树脂浸润增强剂后,实际上增强剂更趋向于吸附能量更高的树脂,使得固体表面的树脂溶液浓度略大于真实的溶液相中,又由于固体高表面能的影响,吸附层实际已经形成了一个新相。当开始固化反应时,这个被吸附的界面相将比基体相树脂先进入微凝胶阶段。同样由于固体的高内聚能,树脂相中的初始微凝胶也有向固体表面富集的倾向。在固体能量场的作用下,界面相的整个固化反应是自动加速的,比树脂相反应更快进入固相反应阶段,这时固化的收缩会有树脂相中的微凝胶液体补充,界面收缩应力并不怎么大。同时大体积的树脂相产生的热量也传递到界面相,使先期完成相转变的界面相中的交联反应得以加速进行,或使界面相中的交联反应在橡胶态下进行。虽然它的同期交联度要高于树脂相,但是在反应热的界面传递效应和固体能量场的双重作用下,最后是远离界面相的树脂相完成相转变(液相转变为固相),其收缩应力通过树脂传递给界面。

如果增强剂的表面上含有很多与固化反应的基团能形成化学吸附的官能团,则界面相反应受到影响。首先,由于化学吸附,液体界面相中的官能团配对比例严重失调,这导致界面相中很容易出现比基体相更多的残余基团,虽然在后期的热处理中被吸附的官能团也会和残余基团反应,但是由于交联后的定位效应,反应率较低。且由于化学吸附能较多地降低表面能,固体表面的能量场有所下降,液体界面相中的交联反应也并不比树脂相中快。因此在含有这种化学吸附点的表面上最终界面相将会有较大的残余应力存在,且界面相的耐蚀性也低于基体相。

(2)影响界面相的因素

① 增强剂的几何因素　增强剂的表面几何形状对界面相有3个方面的影响。一是表面的凹凸处的凹陷处浸润困难,容易出现结合不良产生的空隙。凸出部位是高表面能的,吸附力强,吸附物不易被胶液置换,浸润困难,也容易出现结合不良产生的空隙。二是由于填料凸出部位导致的应力集中。如纤维的端部、鳞片的径端、不规则填料的尖角。这种应力不均

匀的现象也是导致界面相缺陷的主要原因，界面破坏主要发生在这些位置。三是上述两种情形经常会同时出现，则在固化是突出部位的弱黏合就由于反应应力的作用导致脱粘。

② 增强剂的裂隙　填料粒子基本都是无机物的结晶或玻璃体粉碎而成。在粉碎过程中，颗粒碰撞使无机粒子内部产生隐裂，或表面出现裂隙。这样就难于产生增强作用，在外应力的作用下破碎。所以要求高的复合材料所用颗粒如果进行一次热处理，使温度控制在材料本体不熔，而高能量处熔融，则尖角消失，裂隙愈合。

③ 表面污渍　如果完全浸润，树脂在界面上物理吸附所产生的黏合强度远比树脂本身内聚力大，但实际上由于表面吸附有气体以及其他物质的污染，因此不能完全地浸润，而留下空隙，这些空隙存在不但是受载荷时的应力集中源，而且由于水的进入使纤维和基质内一些物质溶解于其中，而产生较大的渗透压，最后导致界面脱粘破坏。

④ 增强剂的表面化学因素　由于分子间的作用力的存在，特别是取向力，填料表面的吸附能力对树脂-填料界面层上的树脂固化有影响，液相中的固化反应官能团在界面上被物理、化学吸附，使这些基团移动相对困难，可能会使该基团不参与固化或降低反应速率，因此界面相中固化反应程度下降，交联密度降低，界面强度下降，降低复合效果。同时界面层上的树脂由于分子间的作用力增大，不利于活性基团的短程扩散，固化度也会降低。

另一方面由于界面区的能量比基体树脂高，有利于固化反应的进行，使界面相的固化程度高于基体相。界面相中的固化反应非常复杂，随高内聚能材料的表面能大小、表面化学组成、树脂的官能团性质、固化反应能而变化。

如果是在界面的地方发生固化反应，诸如缩聚产生的水分子物残留在界面区。热处理时扩散挥发，留下一个空穴。这种空穴在材料的冷却收缩过程中很容易发展成空隙，同样高收缩率的固化反应液很容易在界面上产生空隙，如果界面相的固化反应速度大于基体相，则有利于反应降低收缩率。

⑤ 增强剂的表面预处理情况　当用与树脂有很好相溶性的溶剂清洗增强剂表面，湿态浸润时，界面相只是由树脂构成，理想结合条件下耐蚀性变化不大；如果增强剂用柔性表面涂层或偶联剂处理，界面相就由表面处理剂和树脂构成，很多表面处理剂都有一定的亲水性，导致界面相的渗透性提高，出现温致裂隙或胀缩裂隙。

⑥ 增强剂的表面能　增强剂的表面能变化有两种情况，一是比表面积的增加，导致表面能升高；二是增强剂本身的内聚能高，这都使界面相的厚度增加，复合材料变得更脆，但是材料致密后有利于抵抗介质的扩散渗透。

⑦ 残余应力　界面残余应力是由于树脂和纤维热膨胀系数不同所产生的热应力和固化过程体积收缩所产生的化学应力所致，前者是主要的。由于树脂的热膨胀系数比增强剂高。冷却或固化时树脂产生了较大的收缩而增强剂收缩得较少，这时黏合的界面力图阻止这种收缩，就相当于增强剂受到了压应力，界面相受到了拉应力，虽然这种残余应力可以通过时效减少。但是在应力没有时效时，外加很小的应力就可以在局部界面叠加后产生很大的应力从而使界面破坏。因此复合材料制品完成后到投入使用应该有一个较长的时效时间才适合。

⑧ 弱界面层　弱界面层的产生是由于被粘物、胶黏剂、环境或它们共同作用的结果。当被粘物、胶黏剂及环境中的低分子物或杂质通过渗析、吸附及聚集过程，在部分或全部界面内产生了这些低分子物的富集区，这就是弱界面层。粘接接头在外力作用下的破坏过程必然发生于弱界面层。这就是出现粘接界面破坏并且使粘接力严重下降的原因。

（3）复合材料的力学破坏

造成复合材料破坏的因素是外应力和内应力（收缩压力、热应力和因环境介质引起的内应力）的共同作用，加之接头内部缺陷（气泡、裂缝、杂质）的存在，造成局部的应力集中。当局部应力超过局部强度时，缺陷就能扩展成裂缝，导致破坏。

由于复合材料是不均质体系，材料破坏的时候可以是基体发生破坏，基体破坏按照高聚物材料破坏机理进行；也可以是增强剂的破坏，也按无机脆性材料的机理进行；但是复杂的是界面相的破坏，而界面相破坏是复合材料的大多数破坏形式。因为，复合材料不均质体之间的力学性能相差很大，它们之间的弹性模量差别达 2～5 个数量级，材料受力后，高模量的增强剂应变较小，树脂的应变较大，但是由于界面相的存在，树脂应变受限制，使应力都集中到界面相，而对于一个固定的树脂-增强剂体系而言，界面黏合力是一定的，应力超过黏附力界面即发生破坏。

由于复合材料的破坏形式随作用力的类型、原材料结构组成不同而异，故破坏可开始在树脂基体或增强剂，也可开始在界面。通过力学分析表明，界面性能较差的材料大多呈剪切破坏，且在材料的断面可观察到脱粘、纤维拔出、纤维应力松弛等现象。但界面间黏结过强的材料呈脆性也降低了材料的复合性能。另外还因为，一是界面相受力复杂，负荷应力在实际的界面上受力包括拉应力、剪切应力、剥离应力和劈裂应力，如图 4-5 所示这些应力矢量方向也存在不同；二是界面相本来就有残余应力，导致负荷应力在很小的情况下都可能使材料产生缺陷；三是界面层中的缺陷造成的裂缝，在外力作用下以缓慢的速度增长；当裂缝增加到临界长度时，即裂缝端部造成的应力集中超过裂缝增长力时，裂缝快速扩展导致材料破坏。

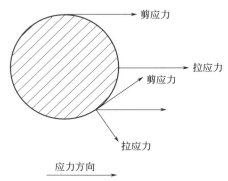

图 4-5　球形颗粒受力示意

（4）复合材料的腐蚀破坏

由于水分子的直径只有 2.4Å，比高分子链与链之间的平均距离小得多（PVC 的高分子链距离为 10Å），所以水分子是很容易渗透扩散进入高分子链间的，而且水分子的体积又比其他酸碱盐的水合离子要小，导致水分子总是比其他酸碱盐的离子更快地渗透，当溶液中的水分子渗透到界面相的裂隙时，扩散速度不会下降，只是水分子逐渐积聚，当出现温度升高时，积累的水分子蒸发，这就导致了鼓包，积累的水分子越多，鼓泡就越大。另外，渗透进的水分子在裂隙中被高能量的内表面吸附，降低了裂隙表面能，使裂隙扩张更加容易，由此降低了破坏应力，显示出一种应力腐蚀效应。

即使界面相没有裂隙，但是由于界面相的氢键（偶联剂处理时）、亲水基团（表面活性剂处理时）、低内聚能涂层（柔性涂层处理）都会使水或有机溶剂的溶剂化能力增大，界面相被溶胀，承受应力下降，失去增强作用，也很容易产生裂隙，显示出一种应力腐蚀效应。

扩散渗透的时间长，渗透进入的介质除了水还有其他水合离子，当介质渗透到复合界面中时，这些阴阳水合离子一方面会和界面相中的极限基团溶剂化，降低分子之间的作用力，降低界面相的内聚能；另一方面易同无机增强剂中的钠、钙等元素反应，生成膨胀型的结晶（二水硫酸钙、十水碳酸钠等），使界面脱粘发展更快，树脂被胀裂。

4.5.3　界面相的设计

界面的性能将在很大程度上影响复合材料的综合力学性能，如果粒子和基体的黏结效果不好，不仅起不到增强作用，往往还会使得复合材料的性能恶化。为了将粒子和基体黏结良好，往往会将填料微粒进行表面处理。这是因为无机粒子的表面自由能比基体大得多，需要降低两者表面能的差距，以达到改善黏结效果的作用。设计复合材料时，仅仅考虑到复合材料具有粘接适度的界面层还不够，对增强剂表面层的性质和特征要给予足够的重视，还要考虑究竟什么性质的界面层最为合适，即是作为结构复合材料还是隔热、防腐蚀、采光等功能型材料。

（1）增强剂的表面处理

在聚合物基复合材料的设计中，首先应考虑如何改善增强材料与基体间的浸润性。浸润不良将会在界面产生空隙，易使应力集中而使复合材料发生开裂。为了获得良好的结合强度，通过表面预处理使其与基体的结合满足材料的需要。

表面处理方法大致可以分为两类。一类是净化表面，所谓净化表面就是除去增强剂表面上不利于粘接的杂质，如油污、氧化皮、吸附水等。另一类表面处理是改变增强剂表面的物理化学性质，有些增强材料表面必须通过表面调整、预涂镀才能得到良好的结合性能。如偶联剂是既含有能与增强材料起化学作用的官能团，又含有与聚合物基体起化学反应的官能团，许多塑料如聚乙烯、聚四氟乙烯的表面也必须通过适当的表面处理来提高粘接强度。

表面涂层是在增强剂表面涂一层柔性热塑性树脂聚合物。要求涂料分子量大，链长、延伸率要比交联聚合物大得多，可以在界面相形成微延性区，能消除界面存在的残余应力，并能吸收能量防止裂缝生长。

偶联剂对增强剂进行表面改性不仅能改善复合材料干态性能，还特别显著地提高了湿态性能，同时还异著地改善了复合材料的耐候性、耐水性，延长制品的使用寿命。常用的偶联剂有硅烷、钛酸酯、磷酸酯、铝酸酯偶联剂、铬配合物等类型。通过使用偶联剂，可在无机物质和有机物质的界面之间架起"分子桥"，把两种性质悬殊的材料连接在一起，提高复合材料的性能和增加粘接强度的作用。

（2）偶联剂

偶联剂一般的结构为：$R_{1k}M(OR_2)_nX_m$，M 是硅、钛、磷、铝、铬等元素，n、m、k 加起来同 M 的价位一样；根据其数量的分配不同赋予各项性能的侧重；X 为可水解的基团，通常是氯基、甲氧基、乙氧基、乙酰氧基等，这些基团水解时即生成硅醇 SiOH 而与无机增强剂的表面硅醇结合形成硅氧烷，或者偶联剂通过它的烷氧基直接和增强剂表面的微量羧基或羟基进行酯交换反应而连接，X 基团的种类对偶联效果没有影响，但是它会带入水解后的小分子物，对耐蚀性有影响；当固体表面含水率高时 X 基团的数量就需要大才能消耗掉表面的水。

R_1 是含有能与树脂起反应的有机官能团的分子链，这类有机官能团通常是氨基、巯基、乙烯基、环氧基、氰基及甲基丙烯酰氧基等基团；R_1 基很重要，它对制品性能影响很大，一般要求 R_1 基团与树脂相容并能起交联反应，所以树脂与偶联剂 R_1 官能团必须配套，分子链结构还要与基体树脂相似，一般 R_1 要比 X 大一些，不容易被水解，通常偶联剂中一个 R_1 即可，因为界面相不需要增加交联度。如果偶联剂水解后带有多个—OH，而硅、钛、铝的键是多面体排列的，因此在玻璃表面上只能有一个表面上的—OH 基与水解偶联剂相结合，剩下来的—OH 就与邻近的水解偶联剂相结合。

R_2 具有酯基转移和交联功能，该区可与带羧基的聚合物发生酯交换反应，或与环氧树脂中的羧基进行酯化反应，但是通常它们都不担任与树脂或增强剂起反应基团的功能，是一种稳定的、长链的分子，由于存在大量长链的碳原子数，提高了和高分子体系的相溶性，引起无机物界面上表面能的变化，具有柔韧性及应力转移的功能，产生自润滑作用，导致黏度大幅度下降，改善加工工艺，增加制品的延伸率和撕裂强度，提高冲击性能。如果 R_2 为芳香基，可提高钛酸酯与芳烃聚物的相溶性。这一部位的 R_2 基团随结构不同，对性能有不同影响，例如羧基可增加与半极性材料的相溶性，磺酸基具有触变性，砜基可增加酯交换活性，磷酸酯基可提高阻燃性，聚氯乙烯的软化性；焦磷酸酯基可吸收水分，改进硬质聚氯乙烯的冲击强度，亚磷酸酯基可提高抗氧性，降低聚酯或环氧树脂中的黏度等。

偶联剂与无机材料的结合反应如下：

$$R_{1k}M(OR_2)_n X_m + m H_2O \longrightarrow R_{1k}M(OR_2)_n OH_m + HX$$
$$R_{1k}M(OR_2)_n OH + HO\text{—}Si\equiv \longrightarrow R_{1k}M(OR_2)_n O\text{—}Si\equiv + H_2O$$

实际使用时，偶联剂常常在表面形成一个沉积层，但真正起作用的只是单分子层，因此，偶联剂用量不必过多，原则上根据增强剂的表面积决定，还要考虑杂质的因素。偶联剂的使用方法主要有表面预处理法和直接加入法。

表面预处理法是将偶联剂配成稀溶液，稀释剂可采用工艺配方中的溶剂、润滑剂。将填料放入固体搅拌机，将偶联剂溶液直接喷洒在填料上并搅拌，转速越高，分散效果越好。一般搅拌在 10～30min（速度越慢，时间越长），填料处理后应在 120℃烘干（2h），注意冷却，否则容易引起局部过热使填料变色而且填充性能下降，此法适用于聚合物组分比较复杂或加工温度比较高的某些工程塑料，可以防止不必要的副反应发生，偶联剂对填料预处理后其分解点就大为提高。

直接加入法就是把聚合物、填料或颜料及其他助剂和偶联剂直接混合，偶联剂分子依靠分子的扩散作用，迁移到粘接界面处反应产生偶联作用。对于需要固化的胶黏剂，混合后需放置一段时间再进行固化，以使偶联剂完成迁移过程方能获得较好的效果。此法比较简便，不必增加设备和改变原加工工艺，缺点是分散不够理想，因其他助剂与偶联剂有竞争反应。偶联剂一般加入量较大，为基体树脂量的 1％～5％。

湿混合法是偶联剂用溶剂油、石油醚、苯醇等溶剂进行稀释，使增强剂浸泡于其中，然后用加热、减压、过滤等方法除去溶剂，对于可溶于水的螯合型则用水稀释浸泡，然后去水分。此法偶联完全，效果很好。

如果是处理大型面，可以通过涂、刷、喷，浸渍处理基材表面，取出室温晾干 24h，最好在 120℃下烘烤 15min。目前工业用玻纤表面在生产过程中就用偶联剂予以处理，使用时已经不需要再处理了。偶联剂改善了界面层对应力传递的效果；提供了一个可塑界面层，可部分地消除界面存在的预应力；保护了界面，阻止了脱粘的发生。

（3）力学需求的界面相

从力学的角度来看，界面相的模量应介于增强材料与基体材料之间，最好形成梯度过渡，则能更好地发挥增强材料的效果。但是由于树脂和增强材料的力学性能差距太大，不管界面相怎么被增强，它同增强材料的力学性能都还是有很大的差距。如果增强相、界面相到基体相的力学性能是比较平滑的过渡，就具有最好的增强效果，这势必要对增强剂进行表面涂覆一个单独的界面相进行过渡，这将使工艺变得来很复杂，而且高模量的热塑性高分子材料本来就有高耐温、高价格的特征，加工困难，也使得这种材料复合的意义降低。

按照可形变层理论，界面相的模量低于增强材料与基体，最好是一种类似橡胶的弹性体，在受力时有较大的形变，则可以将集中于界面的应力点迅速分散，从而提高整体的力学性能。因为低结合应力有利于界面的滑移而使复合材料整体表现出较好的塑性，低结合力有利于裂纹沿界面扩展而不向基体中扩展或塑性界面的变形都能消除应力集中，从而提高复合材料的强度。

界面最佳态的衡量是当受力发生开裂时，这一裂纹能转为区域化而不产生进一步界面脱粘。即这时的复合材料具有最大断裂能和一定的韧性。设计界面时，不应只追求界面黏结而应考虑到最优化和最佳综合性能。在某些应用中，如果要求能量吸收或纤维应力很大时，控制界面的部分脱粘也许是所期望的，界面黏结强度是衡量复合材料中增强体与基体间界面结合状态的一个指标。

根据高分子链化学键强度或链间相互作用力估算的高分子材料的理论强度，比现在高分子材料的实际强度大 100～1000 倍。高分子材料的实际强度与理论强度差别如此之大的情况说明，只是从组成材料的所有分子在外力作用下同时破坏的假定是错误的，实际上任何材料都是微观不均匀的整体，而且存在很多缺陷，如裂纹、缺口、空隙等。由于分子链的不均匀或缺陷存在，在受到外力作用时，应力不是均匀地分布着，而是在缺陷的周围以链节短的部分发生应力集中，当局部应力超过局部强度时，缺陷就发展成裂纹。最后导致整个材料破裂。这样材料的强度与分子作用力的大小、材料中的缺陷大小分布情况以及缺陷周围的应力分布有关。

（4）防腐蚀需求的界面相

作为防腐蚀要求的复合材料，除了首先关注的增强剂表面的几何形状、分布状况、纹理结构，表面吸附气体和蒸气程度、表面吸水情况、杂质存在，表面形态在界面的溶解、浸透、扩散和化学反应，表面层的力学特性、润湿速度等外，还要关注介质浸透、扩散到界面相后可能同增强剂发生的反应。

防腐蚀需要的界面相必须满足完全黏合，不能有脱粘现象产生的空隙，即首先要保证胶液对界面的浸润是完全的。不要认为增强剂上的油污可以溶解到胶液中，故而对浸润无大的影响，其实仅仅依靠分子扩散是远远不够，即使在大面积下能轻易清洗掉的油污，它也在比表面积大的增强剂上附着更加牢固。所以，防腐蚀增强剂在复合前最好用树脂的溶剂进行清洗，并且在未干前进行复合操作，这样才能保证增强剂表面只是吸附的有机溶剂，复合操作时溶剂和低黏度树脂才能保证有效浸润。

尽量避免残余应力产生的裂隙，残余应力总是存在的，但是耐蚀复合材料的结构强度的要求并不是很高，这是一个有利方面，所以可以对界面进行预涂柔性涂层作为界面相，如与基体树脂同系的分子量更大、交联度更低的热固树脂，或者是热塑性的能与基体树脂完全互溶的树脂来松弛界面相上随时会产生的应力，当然在选择这种柔性界面相时，它的耐蚀性也要重视，并且应将材料-介质作为一个腐蚀对进行研究。

通过偶联剂预处理和涂覆产生的界面相并不具备广泛的耐蚀性，偶联剂是复合材料中新增加的一个相，它的耐蚀性通常会被忽略，而偶联剂分子结构的复杂性和同复合组元反应的复杂性又决定偶联剂形成的界面相包含一些小分子杂质，一些我们并不希望的偶联剂同基材的反应在条件合适的时候是会发生的，而腐蚀介质通常就能提供这样的环境。

涂料覆盖层

在中国古代称谓的"漆"是漆树皮上割出的汁液，它在空气中能够自干成膜，而油桐树、乌桕树的果实榨出的"油"也有自干成膜的性能。故一直合称这类可以由液体在自然条件下形成的在材料上涂覆、延展、自干、成膜的材料叫做"油漆"。而后随着合成树脂工业的发展，有机溶剂的加入，各种可成膜物层出不穷，人们又扩大这类涂于物体表面能形成具有保护、装饰或特殊性能（如绝缘、防腐、标志等）的、附着力优良的固态膜的一类液体或固体材料为涂料。

涂料由成膜物、颜料、分散液、助剂4个部分组成。成膜物和颜料分散或溶解在分散液中形成黏稠液体，使其能均匀附着在基体上，待分散液挥发后成膜物和颜料固结。

5.1 涂料概述

5.1.1 涂料的作用

涂料的作用主要有3个：保护功能、装饰功能、专用功能。

（1）保护功能

使基体（金属、非金属）表面免受外界（包括大气、盐雾、化学品、有机溶剂等）侵蚀。即防腐、防水、防油、耐化学品、耐光、耐温等。物件暴露在大气之中，受到氧气、水分等的侵蚀，造成金属锈蚀、木材腐朽、水泥风化等破坏现象。在物件表面涂以涂料，形成一层保护膜，能够阻止或延迟这些破坏现象的发生和发展，使各种材料的使用寿命延长。所以，保护作用是涂料的一个主要作用。

（2）装饰功能

令基体美化，涂上各种绚丽多彩，改变基体颜色、光泽、图案和平整性等外观。不同材质的物件涂上涂料，可得到五光十色、绚丽多彩的外观，起到美化生活环境的作用，对人类的物质生活和精神生活做出不容忽视的贡献。

（3）专用功能

由于某些特殊要求，如标记、防污、阻燃、绝缘、辐射、减振、保温等，可通过刷涂（或喷涂）特种专用涂料实现。对现代涂料而言，这种作用与前两种作用比较越来越显示其重要性。现代的一些涂料品种能提供多种不同的特殊功能，如：电绝缘、导电、屏蔽电磁波、防静电产生等作用；防霉、杀菌、杀虫、防海洋生物黏附等生物化学方面的作用；耐高温、保温、示温和温度标记、防止延燃、烧蚀隔热等热能方面的作用；反射光、发光、吸收和反射红外线、吸收太阳能、屏蔽射线、标志颜色等光学性能方面的作用；防滑、自润滑、防碎裂飞溅等力学性能方面的作用；还有防噪声、减振、卫生消毒、防结露、防结冰等各种不同作用等。

5.1.2 成膜物质

这是构成涂料的基础，是使涂料黏附于基体表面成为涂层的主要物质，是决定涂料的主要因素，没有它就不是涂料。

（1）成膜树脂

有机成膜物质主要是油料和树脂两大类，见表 5-1。

表 5-1 成膜物质

品种		原始状态	例
漆		低分子有机物的水分散液	大漆
油脂（植物油）	干性油	甘油三酸酯类有机化合物	桐油、梓油、亚麻油、苏子油
	半干性油	甘油三酸酯类有机化合物	豆油、向日葵油、棉子油
	不干性油	甘油三酸酯类有机化合物	蓖麻油、椰子油、花生油
树脂	天然树脂	单分子或低聚物	松香、虫胶、沥青、琥珀
	人造树脂	低聚物、共聚物	松香甘油酯、硝酸纤维
	合成树脂	高分子聚合物	酚醛树脂、醇酸树脂、环氧树脂、聚氨酯、丙烯酸树脂等

（2）成膜

涂料按成膜机理的不同，可将成膜方式分为溶剂挥发型、单组分交联型、双组分交联型、烧结熔结型等成膜过程。详细内容见本章 5.3 节。

① 溶剂挥发型　涂料中溶剂挥发令涂料干燥成膜。成膜过程不发生化学反应，仅仅是物理固结过程。如硝基漆、乙烯漆等。

② 单组分交联型　气干型是指涂料与空气中的某些物质发生化学反应而交联固化成膜。如油脂漆和天然树脂漆以及涂料中干性油（如柚油、梓油、苏子油、亚麻油等）双键在干燥过程中与空气中氧由于自动氧化机理骤合成膜。又如潮湿固化型聚氨酯漆，与空气中水分缩聚反应成膜。

辐射固化涂料是另一类的单组分固化型涂料，它的主要成膜物质是不饱和聚酯树脂，是在电子束照射下交联成膜。同样原理的还有紫外光固化型。

③ 双组分交联型　是通过涂料中两种以上含活性官能团的成膜物质，两种成膜物相互反应而交联固化成膜。此种又分为两类。一类是两罐装涂料，如聚氨酯漆、环氧聚酰胺漆等。前者为氨基甲酸酯的预聚物和含羟树脂分罐包装，后者为环氧树脂与聚酰胺（低分子）分罐包装二组分在使用前按比例混合。因为它们在常温下就可以发生交联反应。另一类是烘烤固化涂料，如氨基醇酸烘漆、丙烯酸烘漆等。这两个组分在常温下不发生明显反应，可以一罐包装，经施工涂料装后，烘干到一定温度，发生交联化学反应成膜。

④ 烧结熔结型　这是粉末涂料，它不是靠液体涂布，而是将粉末涂覆在热的工件上，粉末熔融形成一层均匀的薄膜覆盖层；或者涂覆在冷工件上，通过烧烤粉末熔融成膜，如静

电喷涂；或者是喷出的粉末在达到工件表面前被加热熔融，涂覆在冷工件上成膜冷却，如火焰喷涂。粉末涂料树脂分为热塑性（如聚氯乙烯、聚乙烯、聚酰胺、氟树脂）及热固性（如环氧树脂、聚酯树脂、丙烯酸树脂）两类。

5.1.3　溶剂

溶剂是一种能挥发的液体，主要作用是使涂料保持分散、溶解状态调整涂料的黏度，便于施工，令漆膜是适当的挥发速度以达到平整、光泽、无缺陷。溶剂在涂料成膜过程中，逐渐挥发掉不留存于漆膜中，溶剂的挥发速度必须适中，以适应膜的形成。若挥发太快，会影响流平、回刷的时间，使漆膜产生刷纹、针孔、麻点等缺陷。且由于溶剂挥发过快，膜周围空气迅速冷却，令漆膜上形成冷凝水，膜发白。若挥发太慢，会造成橘皮、流挂、起泡等缺陷。通常对溶剂的要求是溶剂能力强，挥发速度适中，无毒或毒性很小，价格低廉。由于一般溶剂易燃、易爆、蒸气有毒，故在使用和运输中务必小心谨慎。溶剂按化合物的结构来说有以下几类。

（1）非极性溶剂

主要是 200 号溶剂汽油、甲苯和二甲苯。溶剂汽油溶解能力中等范围，毒性小，主要适用于油脂漆、天然树脂漆。甲苯挥发速度快，溶解力大，是天然干性油、树脂（松香衍生物、改性酚醛、醇酸、脲醛、沥青、乙基纤维等）的强溶剂。二甲苯挥发速度适中，溶解力次于甲苯，既可用于常温干燥涂料，也可用烘干涂料，如氨基醇酸洪漆、酚醛漆等。

（2）醇类溶剂

主要是乙醇、丙醇、丁醇。醇类溶剂不能溶解一般树脂，但能溶解虫胶、聚乙烯醇缩丁醛树脂等树脂。丁醇溶解力比乙醇低，挥发较慢，可为氨基树脂的溶剂。醇类溶剂大多作为稀释剂用于混合溶剂中。

（3）酯类溶剂

主要是醋酸乙酯、醋酸丙酯、醋酸丁酯、香蕉水。酯类溶剂是很好的溶剂，挥发速度适中，溶解性能优良。

（4）酮类溶剂

酮类溶剂是一类溶解极性树脂的很好的溶剂，主要是丙酮、甲乙酮、环己酮、甲基异丁基酮，是环氧树脂和乙烯类树脂溶剂。丙酮、甲乙酮挥发快，环己酮成膜效果好。

（5）醚类溶剂

主要有乙二醇单甲醚、乙二醇单乙醚、乙二醇单丁醚（丁基溶纤剂）、乙二醇乙醚乙酸酯（醋酸溶纤剂）、丙二醇乙醚醋酸酯等。它们对树脂、水都有一定的相容性。丙二醇乙醚醋酸酯是综合性能很好的油漆溶剂。

关于溶剂的选择详见 5.3 节。

5.1.4　助剂

为改善涂料的施工性能，加入各种助剂。它们用量很少，往往仅百分之几到千分之几，甚至万分之几，但作用显著。一般助剂有催干剂、增塑剂（增韧剂）、固化剂、防结皮剂、防深沉剂、紫外线吸收剂、增滑剂、消泡剂等。其中使用最普遍的是催干剂和增塑剂。

（1）催干剂

催干剂其作用是缩短漆膜双键固化成膜时间。即加速膜油中双键的氧化、聚合作用。催干剂可单独使用，也可几种催干剂联合使用。许多金属氧化物和金属盐类均可做为催干剂。目前涂料中催干剂采用环烷酸（萘酸）皂类为主，一般将催干剂制为液体应用。

（2）增韧剂

增韧剂又称增塑剂、软化剂。主要用于无油涂料中，以增加漆膜的韧性，提高附着力，消除漆膜脆性。常用增韧剂，不干性油（如蓖麻油），苯二甲酸酯（如苯二甲酸二丁酯、苯二甲酸二辛酯），磷酸酯（如磷酸三甲酸酯），氯化合物（如氯化联苯、氯化石蜡等）。增韧剂种类分为两大类。一类是溶剂型，是挥发性很小的高聚物的溶剂，可以增加高聚物的弹性，可以任何比例互溶；另一类是非溶剂型，是高聚物的一种不挥发的机械混合的冲淡剂，可增加弹性，但互溶有一定限制。溶剂型增韧使用量增加时，漆膜张力下降，非溶剂型增韧性则影响较小。

增韧机理有两种说法。一种是胶凝学说，认为极性高聚物的刚性，是由于高聚物分子间有一定间隔的交联，构成网状、蜂窝形结构。极性增韧剂的进入，破坏了高聚物中的极性基团或氢键形成的交联点，令结构变形不易断裂，从而减小了刚性。另一种为润滑学说，认为增韧剂进入非极性高聚物中，令分子间距加大，在分子间形成润滑剂。高聚物变形时，高聚物分子运动阻力小、易变形，从而增韧了。

（3）流平剂

涂料胶液涂覆后，如果涂料与底材之间的液/固界面的界面张力高于底材的临界表面张力，涂料就无法在底材上铺展，就会产生鱼眼、缩孔等流平缺陷。影响涂料流平性的因素很多，溶剂的挥发梯度和溶解性能、涂料的表面张力、湿膜厚度和表面张力梯度、涂料的流变性、施工工艺和环境等，其中最重要的因素是涂料的表面张力、成膜过程中湿膜产生的表面张力梯度和湿膜表层的表面张力均匀化能力。

流平剂通过表面流动控制或降低表面张力来使涂料流平。表面流动控制是一类与成膜物相容性有限的聚合物，涂覆后会在涂膜表面形成新的界面，均匀化和平衡漆膜表面张力差异，降低表面张力的梯度。这类流平剂有聚丙烯酸酯共聚物、醚化三聚氰胺甲醛树脂、醋酸丁酸纤维素等；降低表面张力的流平剂主要是甲基硅油，它们表面张力低，加入后能使液体涂膜浸润基材表面，还能增进表面滑爽，显著改善涂层的平滑性、抗挂伤性和抗粘连性。

高沸点低挥发速度的强溶剂也可以视为一种流平剂，它通过降低漆膜黏度和延长流平时间来起作用。如醋酸溶纤剂、环己酮等。

（4）分散剂

分散剂是一种在分子内同时具有非极性和极性（或离子对）两种性质基团的化合物。这个化合物可以是小分子的表面活性剂，也可以是高分子低聚物。极性基团或离子对易于吸附到无机、有机颜料的固体颗粒上，非极性部分易于溶解于成膜物中。因此，可均一分散那些难于溶解于液体的颜料于涂料中，同时也能防止固体颗粒的沉降和凝聚，形成稳定悬浮液。

表面活性剂类的分散剂在颜、填料分散在树脂液中的时候使用，表面活性剂品种众多，使用时根据其基团同树脂和颜料的相容性来选择。低聚物类分散剂主要是防止分散的颗粒絮凝，它的极性基团吸附在颗粒上，大分子的部分阻碍其他颗粒的进一步靠近。如三乙基己基磷酸酯、甲基戊醇、纤维素衍生物、硬脂酰胺、硬脂酸单甘油酯、脂肪酸及其盐、十二烷基硫酸钠、聚丙烯酰胺和丙烯酸酯共聚物、聚丙烯酸和丙烯酸酯共聚物、苯乙烯-顺丁烯二酸酐共聚物、聚乙二醇酯等。

（5）消泡剂

泡沫是一种气体在液体中稳定的分散体系，消泡剂就是抑制泡沫的产生和使泡沫破裂的助剂。如硅油、高级醇、矿物油、植物油等溶入泡沫液某处，会显著降低该处的表面张力，表面张力降低的部分被强烈地向四周牵引、延伸，最后破裂，同时它们也有很好的抑泡作用。

辛醇、乙醇、丙醇等醇类，能与溶液充分混合，可以使气泡表面活性剂被增溶，使其有效浓度降低，而且还会溶入表面活性剂吸附层，降低表面活性剂分子间的紧密程度，从而减弱了泡沫的稳定性。同样电解质也能瓦解表面活性剂双电层的作用而导致气泡破灭。聚醚类使具有稳泡作用的表面活性剂难以发生恢复膜弹性的能力。适中亲油端的乳化剂可促使液膜排液，因而导致气泡破灭。

此外，还有增稠剂、抗结皮剂、消光剂、光稳定剂、防霉剂、防腐剂、附着力增进剂、防粘连剂、抗静电剂等。涂料助剂是一个很大的门类，涉及的化学物理知识很广，目前的品种进步也很快，助剂选择时只能根据能方便地获得的品种和充分重视供应商的推荐来筛选，因为生产商对其助剂都进行了大量的试验来确定其产品的使用范围和数量及适用条件，而用户往往只对自己的成膜物、工艺设备理解更深。

5.1.5　颜料

颜料是一种不溶的、微细粉末状、有色的无机、有机、金属材料。颜料能使涂膜呈现色彩，增加漆膜遮盖性，提高漆膜机械强度、耐老化性、抑制金属腐蚀、阻止紫外线透过，耐高温、导电、阻燃等性能。颜料按它们在涂料中的作用，可分为着色颜料、防锈颜料、体质颜料三类。

着色颜料是颜料中品种最多的一种，其作用是着色和遮盖表面。对着色颜料要求着色力要好、高分散性能，这样才能色彩鲜明、均匀。如果是车船、飞机等交通工具则还要求颜料在阳光下不变色、耐冷、热环境。着色颜料的颜色有红、白、黄、蓝、绿、黑和金属色等。理论上通过红、黄、蓝、白、黑可以调配出任何颜色。但是，在实践中如果有所需颜色就直接使用更好，配色时由于颜料的密度、分散性等理化性能的差异，储存稳定性可能并不好，所以只是在施工时配色才有好的效果。

着色颜料有有机染料和无机颜料。有机染料是靠发色基团来着色，如果染料不溶于涂料中则有很高的遮盖力，如甲苯胺红、酞青绿、酞菁蓝等。如果染料能溶于涂料中，则可用于透明色漆，如油溶黄、醇溶红等染料。透明色漆是木器涂装的一种高档漆，它既能看到木纹的美观，又改变了木材的颜色；在白色漆上作透明色可以获得很高的鲜映性。但是很多染料在酸或碱的作用下会变色，这是发色基团产生了化学反应，同时很多染料在阳光照射下会退色。无机颜料其实是一类无机化合物，是两种无机盐反应后的沉淀物，由于金属离子的颜色使沉淀带色。它们在水中的溶解度通常都很低，在酸碱的作用下不发生反应，光的反射率高，这类颜料通常都有很好的耐候性。常用品种有铁红、钛白、锌钡白、铅铬黄、铁蓝、铅铬绿等。涂料中使用最多的是无机颜料，因为它们合成简单、成本低。还有一类颜料如铝粉（银粉）、铜粉（金粉）等金属颜料，它们能赋予漆膜美观的金属色。炭黑是碳的单质颜料，是大量应用的黑色颜料。

体质颜料其作用是填充涂料，是一种降低成本的增量剂，所以也称为填料，它们的遮盖力很低，不具有着色作用，基本是矿粉或无机沉淀。填料可以提高漆膜耐磨性、强度、厚度、耐久性。主要品种有滑石粉、石英粉、瓷粉、硫酸钡、碳酸钙、云母粉、玻璃粉等。

防锈颜料是防腐蚀行业大量使用的一种特种颜料，主要作用是防止金属生锈，主要品种有红丹、锌铬黄、氧化铁红、铝粉、偏硼酸钡等。这将在5.3节详述。

5.1.6　涂料的腐蚀原理

漆膜对基材的保护原理主要有屏蔽作用、缓蚀作用、阴极保护作用。屏蔽作用是涂膜阻止了腐蚀介质和材料表面接触；或者涂膜增大了腐蚀电池通路的电阻。缓蚀作用是防锈颜料或它们与介质、成膜物、基体相互作用的产物对底材金属的钝化或缓蚀作用。当漆膜的电极电位较底材金属低，在腐蚀电池中它作为阳极而"牺牲"，这就是漆膜的阴极保护作用。

缓蚀作用将在防锈颜料中详述，阴极保护作用将在片状增强材料篇中讨论，这里主要叙述屏蔽作用。屏蔽作用包括物理屏蔽和电化学屏蔽。

（1）涂膜对介质的屏蔽

金属表面有了涂膜之后，一般认为能有效地把金属和环境介质隔离。实际上并非完全如此，因为高聚物都有一定的透气性，其结构气孔的平均直径一般在 $10^{-6} \sim 10^{-4}$ mm，而水和氧分子直径不到 10^{-7} mm，当涂层较薄时是很容易通过。事实上涂膜的屏蔽作用与涂料的自身结构、填料种类、涂装工艺以及膜厚有关。表 5-2 是某油基漆膜的厚度和渗透率的关系。

表 5-2　某油基漆膜的厚度和渗透率的关系

厚度 $\delta/\mu m$	20	50	100	200	300	400
渗透率 $J/[g/(10cm^2 \cdot d)]$	163	62	30	14	9	7

这实际上是个 $J = 3917\delta^{-1.0606}$ 的指数曲线，很多涂料都有这个相似的趋势曲线。其实，漆膜的渗透率受涂覆次数的影响很大，漆膜第二次涂覆很可能会局部溶解、填充上一次的针孔，多次涂覆后针孔逐渐减少，而每一次涂覆后的干燥程度与针孔数的减少程度关系很大。这说明涂料的施工技术与耐蚀性关系很大。

涂料的自身结构对屏蔽作用的影响还是最大，表 5-3 是部分涂料在 2 个厚度下水的渗透率数值。

表 5-3　几种漆膜的渗透率　单位：$g/(10cm^2 \cdot d)$

品种＼渗透率	厚度/μm	
	100	200
油基漆	30	14
乙烯基漆	8	6
醇酸漆	14	6
酚醛漆	7	5
环氧漆	6	5
氯化橡胶漆	4	3

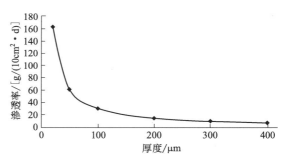

图 5-1　漆膜厚度和渗透率关系示意

由数值可见环氧、酚醛含极性基团多以及体型结构的交联密度大时，透过性较小，而乙烯基漆分子链上支链少，透过性也较小，油基的玻璃化温度低，自由空隙运动快，所以透过性大。涂料的自身结构直接决定屏蔽作用的漆膜厚度，根据图 5-1 的指数曲线趋势，透过性小的，能在厚度薄一点就达到好的效果。如油基涂料要涂覆 $300\mu m$ 后厚度对渗透率减小的边际贡献才大幅下降，而环氧、酚醛等涂料在 $100\mu m$ 就可以了。

填料对渗透率的影响是有益的，因为填料都是高内聚能的材料，界面增强的效果使树脂的内聚能也提高了，同时完全没有渗透性的颜料颗粒分数逐渐增大，渗透性将逐渐减少。

但是成膜物与颜料的种类和配比不同，可使渗透速度产生很大的差别。首先颜料浓度增大到树脂不能形成连续相后渗透性就急剧增加。其次是颜料和成膜物与界面结合状况，当成膜物对颜料表面润湿不好，干燥后有孔隙，即使低浓度状态也会使涂料的渗透率大大提高。或者，颜料表面与成膜物的结合相易受水蚀，如颜料强亲水，颜料表面的分散剂太多，这使得扩散渗透时颗粒增强剂成为储水区，减薄了漆膜的渗透路径。理想的是成膜物对颜料表面润湿良好，结合相对水分的作用保持稳定。

涂膜吸水后会使体积胀大，如在涂膜-基体界面处产生的应力大于附着力，则界面脱粘，有气泡生成。涂膜发生鼓泡的主要原因是涂膜与水或高湿度空气接触时附着力的降低。对于树脂中含大量羟基的环氧树脂，水渗透到基材后容易和羟基溶剂化，这样就使得环氧树脂和基材的黏合力减小了，水有所富集，当气候或昼夜变化，水的蒸发速度大于扩散出去的速度时，涂膜发生鼓泡以致破裂。以羧基为增黏基团的树脂情况更加严重。即使这样的溶剂化的基团在水分蒸发后附着力也很难恢复。反而是那种不是靠极性基团增加附着力的成膜物如油性涂料还可以逐渐恢复黏结力。涂膜中存在的水溶性物质会对气泡的发生起促进作用。涂膜中残余的溶剂也有影响，越是使用极性溶剂越容易起泡。

（2）电解质的渗透

从前面的讨论，涂膜的物理屏蔽总是有限的，因为涂膜是绝对不均匀的材料。其一是像针孔、灰尘等宏观的或偶然发生的涂膜缺陷导致的不均匀；其二是涂料成膜物的交联密度不均匀，或者是多变的自由体积和空隙；其三是颜料和成膜物的界面所含的分散剂和固体填料表面的活泼基团。

实际上当水渗透过漆膜后，涂膜的屏蔽作用主要是加大了金属表面微电池两极间的电阻 R。因为这时的膜下腐蚀是金属的电化学腐蚀。由于涂膜中的导电是通过电介质离子进行的，电解质的活度越低，防腐性能就越好。

水溶液中的离子都是水合的，体积比水分子大得多，所以漆膜在溶液中都是水分子先渗透，涂膜内离子本身的扩散系数小于水很多。水分渗入涂膜内部后，聚集于有孔隙、亲水基团存在的地方，形成一个个富水的微区分布在漆膜的厚度方向；离子从外部搞过自由体积的空隙向微区扩散，发生离子交换，然后从一个微区转移到另一个微区，在涂膜内扩散，直到基材。扩散过程中，离子必须穿透聚合物的外壁，这是较难发生的过程，主要是由于涂膜-水界面上存在着固相带负电、液相带正电的界面双电层所造成。

外部液体介质的渗透压将减缓介质渗入膜层的速度。扩散渗透初期渗透压越小，介质的渗入速度和渗入量越大。在平衡后，膜下汽泡的渗透压大于表面，如果外部环境改变，如漆膜表面清洗干净了，渗透压小于泡内溶液的渗透压则继续渗入，气泡长大；若外部渗透压大于内部则不会有渗入，就不会型成气泡。对于化工、海洋大气腐蚀环境的漆膜，外部环境的改变是频繁而不可避免的。

（3）膜下电化学反应

水、氧和离子化合物渗透到基材后，膜下腐蚀的 3 个重要因素就齐全了。按金属腐蚀原理，不管是阴极还是阳极上的生成物更可能产生气泡，酸性气泡在局部腐蚀电池的阳极部位生成，体积小并伴有锈迹。碱性气泡在阴极部位生成，体积较大。所以防腐涂料在金属表面的所生成的涂层，必须能阻缓上述三因素的透过而发挥防腐作用。

5.2 涂料的溶剂和颜填料

涂料制造技术包括成膜物质的制造、选择技术；填料的分散技术；助剂的选择使用技术等众多内容。本节我们针对防腐蚀工程中比较重要的溶剂选择和防锈颜料进行详述。

5.2.1 溶剂选择

溶剂对于涂料施工的底材湿润或不湿润起着重要的作用。在蒸发到大气之后溶剂对涂料的固体结构的定向和性质也有强烈影响。此外环境保护要求越来越严，蒸发到大气之后的溶剂的大气光化学惰性随着环保要求的提高也很重要。

（1）溶解性

溶解性是选择溶剂的关键因素。只有完全溶解的成膜物才能同颜料均匀分散，才能使液体成膜物与固体颜料形成一个颜色、颗粒分布均匀的整体；才能良好地浸润、黏合增强填料，发挥出它们的增强能力；也才能使漆膜表面获得良好的平整度和光泽。

溶剂型涂料的溶剂大致分为真溶剂、良溶剂和稀释剂3种。在3.3节已经对聚合物在溶剂中的溶解性的几个原则进行了探讨，所以这里不再赘述。真溶剂就是在任意比例下，溶剂都能很好地溶解聚合物；良溶剂是溶剂能溶剂化聚合物，但是在溶剂量大到一个比例后才可能形成溶液；稀释剂本身不能溶解聚合物，有溶剂化的作用，但是与真溶剂配合后有一定的溶解作用或对聚合物的溶解不产生负影响。

因为涂料为了达到施工的黏度，溶剂使用量都比较大，而真溶剂选择范围窄，价格都较高，良溶剂和稀释剂的选择范围就宽一点，可以选出相当于真溶剂价格1/3的来，因此只要满足了聚合物的溶解性的要求就尽量用良溶剂和稀释剂来补充数量组成混合溶剂。混合溶剂的溶解性判断就是它分散溶解了成膜物后，溶液透明无乳光，溶液干燥成膜后的光泽要与使用真溶液的相同或相近。

（2）挥发性

挥发性也是选择溶剂的关键因素。溶剂的沸点并不能用作预测溶剂的挥发性，当然沸点高的蒸发速率慢一点是正确的，但是不能比较沸点高低就论证出蒸发速率的高低。溶剂的蒸发受温度、湿度、成膜物、空气流动及与溶剂表面相接触的空气组成等因素的强烈影响，溶剂的相对蒸发速率与其蒸气压一样，小的温度变化会引起相对蒸发速率显著的变化。

溶剂相对蒸发速率的定义是，在一个自动薄膜蒸发计中，标准条件是温度25℃，0～5%相对湿度的空气或氮气流量21L/min。用精密校正的皮下注射器在10s内把0.70cm³受测溶剂均匀注入直径为9cm的悬挂的滤纸盘的表面。重量逐步损失至100%蒸发，乙酸正丁酯被选定作标准溶剂，它的蒸发速率规定为1.00（有时称作100）。在蒸发计中，将仪器调整（校正）到90%的乙酸正丁酯（99%酯）在（470±10)s内从滤纸蒸发掉［用光滑的铝金属表面（1.5cm直径）及0.13cm³试样时，蒸发计调整到90%乙酸正丁酯（99%酯）在（2902±25)s内蒸发掉］。将试样加入，测定在上述调制好的仪器中90%的试样挥发掉的时间，用乙酸正丁酯的挥发时间除以试样挥发时间，得到相对挥发速率，相对蒸发速率可以用当量重量（E_w），也可以用当量体积（E_v）为基础来表示。

溶剂挥发快，蒸发所需要的部分蒸发潜热要从溶剂本身取得，同时溶剂因蒸发而冷却也会降低相对蒸发速率。溶剂挥发快，溶剂的热损失也相应地快，因为必须从基体树脂中吸取大部分热量以供给蒸发所需的热，赋予溶剂分子足够能量以逃逸出涂料表面进入大气。结果溶剂产生明显的自身冷却。当蒸发冷却极大时在溶剂的表面会有水蒸气冷凝，导致漆膜发白。挥发太快的溶剂可以使厚膜涂装时的流挂减小，挥发太快的溶剂太多会使湿膜的黏度增加大，涂料的流平不良，形成针孔和缩孔或在烘烤时爆泡。挥发过慢，则湿膜的黏度增加慢，对流平性很有好处，但易导致流挂、粘污灰尘，进一步会引起干燥不足、硬化受阻、漆膜发黏或耐粘污性不良等问题。

（3）黏度

聚合物溶液中的溶剂组分是以两种方式控制溶液的黏度。

一是它对聚合物的分散作用、溶解能力、溶剂化效应，涂料用大多数树脂是极性的和含有能形成氢键的基团如羟基或胺基等，这些基团的存在使得树脂分子之间倾向相互缔合，增加了溶液的黏度，为此，选择溶剂必须避免或至少降低这种相互缔合作用，加入氢键接受型溶剂如酮、醚和酸类可以有效地降低溶液的黏度；溶剂对单个树脂分子的热力学体积有影响，如果溶剂-树脂分子之间的作用很强，树脂分子在溶液中伸展，树脂分子热力学体积增大，黏度高；假如这种相互作用不大，分子收缩，黏度较低。倘若溶剂树脂分子相互作用太弱，则树脂分子相互作用形成分子簇。溶液的相对黏度和绝对黏度均增加。

二是溶剂自身的黏度。尽管这种因素极大地影响着溶液的黏度，但人们常常不把溶剂的黏度作为影响因素而忽略不计。虽然溶剂黏度的差别将导致溶液黏度的较大差别，但是溶剂化能力强的溶剂也使黏度较大下降，在配制任何一种涂料时，为使黏度满足产品规格的要求总要考虑溶剂黏度及溶剂溶解力这两项极其重要的因素。

（4）政策性

一个完善的涂料配方中选择的溶剂还应该从属于政策法规的规定，政策法规是基于环境保护的要求制定的，即对大气臭氧层破坏的溶剂，对人体呼吸器官有害的溶剂等，设计配方时要严格遵守。现在一般是溶剂汽油和醇类的限制少，含氯的基本禁用。

如美国制定的溶剂的政策法规主要是 66 号法规和 3 号法令，66 号法规是在研究造成加利福尼亚洛杉矶产生烟雾环境的原因后，颁布了一个应该遵守的 66 号法规，3 号法令是由圣法兰西斯科海湾地区为减少溶剂蒸气散发到大气中形成烟雾而通过的。它严格限制了涂料配方中具有光化学反应的溶剂的选择和数量，因此在作溶剂选择和配方时还要考虑环境保护的政策限制因素。

另一种是我国规定的易制毒品溶剂，如丙酮、二甲苯等，这些溶剂的购买和运输都很麻烦，所以调配成混合溶剂后反而更好，其实很多时候禁用的溶剂都很难买到。

5.2.2 颜料的选择

（1）颜料品种选择

对颜料的描述是用粒径、粒径分布、形状、聚集态、软硬、比表面及表面性能、吸油量等来表示。这部分知识将在 6.1 节讨论。

在颜色选择上单一颜料能达到要求色度时不要用复配色料；能将颜料和漆料配漆时不要用色浆；外用漆大多数用无机颜料，内用漆大多用染料，防腐蚀用涂料以无机颜料为首选，因为无机颜料大多是一种溶度积很低的沉淀，耐蚀性较好，且价格也低些，但不鲜艳，带一点暗色，只有防腐蚀对装饰性要求不太高时适用。

涂料中的颜、填料选择在形状上以颗粒似球状为主，椭圆度越小越好；粒径一般要求小于 320 目，原则上是越小越好，才不会对薄薄的漆膜的流平性产生影响；良好的粒径分布可以多加入填料，降低成本；硬质粒子要比软质粒子对成膜物的增强作用大，无特殊要求以硬质粒子为主；涂料颜料的聚集态主要是附聚体、凝聚体，分散性能就很重要，即使将粒子进行分散，也不可能完全恢复成原级粒子。在同样的粒度下，吸油量大的容易分散些。

炭黑和白炭黑是结构特殊的、涂料中用量大的颜料，通常呈链状或链枝状，这样的颜料粒子比它制造时初始形成的颜料粒子大得多。所以，炭黑很难分散，黑色漆也很难制造，只要允许，可以用天然沥青代替炭黑。白炭黑也被作为增稠剂使用。

（2）颜料体积浓度（PVC）的计算

PVC 定义：单位体积的颜料-基料混合体中颜料所占的体积分数（仅考虑固体分）。相应颜料重量浓度亦如此。令 V_p 为颜料体积，V_b 为基料（除去挥发分）体积，V_a 为空气（空隙）体积，则有：

$$PVC = \frac{V_p}{V_p + V_b} \qquad (5-1)$$

$$\phi = \frac{V_p}{V_p + V_b + V_a} \tag{5-2}$$

ϕ 定义为颜料堆积因数，是单位体积的颜料-基料-空气混合体内颜料所占的体积分数（若有空隙的话，空隙空间相当于空气体积）。若不存在空气的话，PVC $= \phi$，此时的 PVC 称为 CPVC 即临界体积浓度。在 PVC 低于 CPVC 时，基料太多填满颜料颗粒堆砌留下的空间，不存在空隙空间（空气），在 PVC ＜ CPVC 的整个区间内，PVC 和 ϕ 是相等的。当 PVC 高于 CPVC 时，PVC 和 ϕ 不相等。

在颜料品种选择好后，颜料体积浓度就是影响耐蚀性的一个因素，原则上漆膜中不能有空隙。所以耐蚀性涂料的 PVC 必须低于 CPVC 值。考虑到分散技术、计量误差、颜料品质误差，给出一个安全系数也是必要的。面漆需要很好的流平性，所以 PVC 很低，遮盖力靠中间涂料提供。对于防腐蚀涂料，漆膜的光泽也是很重要的，通常，光泽好的要比光泽差的同种涂料耐腐蚀。而光泽与 PVC 的关系很大，填料多漆膜就没有光泽，因为漆膜的表面没有多余的树脂来流平。

在一个涂料配方中 CPVC 的测试和计算非常重要。颜料往往是和填料配合使用，颜料主要起提供遮盖力和色调的作用，填料就是一种填充作用，主要为降低成本，增加硬度、强度而使用的，这种混合颜料体系，由于颜填料的粗细搭配导致堆积过程中的空隙的填充，因此需要试验来确定 CPVC。表 5-4 是根据光泽要求设计 PVC 的数值。

表 5-4 漆膜的 PVC 值和光泽

涂料名称	PVC/%	光泽/%
普通磁漆	＜20	100
有光漆	22～33	80～100
半光漆	33～52.5	30～70
亚光漆	52～60	10～20
无光漆	60～71.5	0～10

（3）颜料的遮盖力

遮盖力是颜料对光线产生散射和吸收的结果。颜料加在透明的基料中使之成为不透明，完全遮盖住基片的黑白格所需的最少颜料量称为遮盖力。遮盖力的光学本质是颜料和存在其周围介质折射率之差所造成。当颜料的折射率和基料的折射率相等时就是透明的。当颜料的折射率大于基料的折射率时就出现遮盖力，两者之差越大，表现的遮盖力越强，金红石型钛白的折射率是 2.7，所以它是最好的白色颜料。

颜料遮盖力也随粒径大小而变，存在着体现该颜料最大遮盖力的最佳粒度（约 $0.2\mu m$），高折射率颜料和颜料粒子大小关系比较大，低折射率颜料和颗粒大小关系比较小。颜料的分散度越大，遮盖力越强；吸收光线能力越大，遮盖力越强；晶形的遮盖力较强，无定形的遮盖力较弱。因此设计涂料的遮盖力要考虑颜料品种、粒径、基料等因素。遮盖力还和涂料的光泽有关，同样的颜料用量高光泽的遮盖力要低于低光泽的。

钛白的遮盖力在 PVC 在 0～10% 的范围等比例增加，在以后增加钛白量对遮盖力的增加逐渐减小，到 20% 后对遮盖力的贡献就很小了。表 5-5 是常用颜料在能贡献的最大遮盖力下和正常使用的 PVC 范围。

一个配方确定了 PVC 值后，根据表 5-5 确定颜料的加入量，然后用填料来补充达到 PVC 的要求，填料的粒度最好小于颜料。表 5-5 中炭黑的遮盖力高是因为炭黑吸收光线能力大，黑色吸收光线的能力都比较大，所以加入少量都可以满足遮盖力的要求。在涂料体系中通常都是面漆才考虑遮盖力，中间涂层考虑屏蔽作用，底漆考虑附着力。

表 5-5　常用颜料的 PVC 范围

分类	颜料名称	PVC/%	分类	颜料名称	PVC/%
白色颜料	钛白粉	15～20	红色颜料	氧化铁红	10～15
	氧化锌	15～20		甲苯胺红	10～15
	氧化锑	15～20		芳酰胺红	5～10
黑色颜料	氧化铁黑	10～15	蓝色颜料	铁蓝	5～10
	炭黑	1～5		群青	10～15
				酞菁蓝	5～10
防锈颜料	磷酸锌	25～30	绿色颜料	氧化铬绿	10～15
	四碱式锌黄	20～25		铅铬绿	10～15
	铬酸锌	30～40		颜料绿 B	5～10
	红丹	30～35	金属颜料	不锈钢粉	5～15
	碱式硅铬酸铅	25～35		铝粉	5～15
	碱式硫酸铅	15～20		锌粉	60～70
	铅酸钙	30～40			

5.2.3　防锈颜料

在防腐蚀涂料这个领域中最特别的就是防锈颜料配制的带锈底漆了，带锈底漆就是它们可以施工在有轻微锈蚀程度的基材上而不影响附着力、成膜完整性和耐蚀性，它们分为转化型底漆和防锈底漆。转化型带锈底漆是用槚如酚、单宁酸等能与铁离子络合的有机酸，将不稳定的氧化铁转化为稳定的铁盐，磷酸及一些杂多酸也有这样的能力，但是转化物的稳定性不如有机酸类。将这些有机酸作为部分成膜物质，辅以防锈颜料配制而成转化型带锈底漆，它们转化锈蚀的能力在于有机酸对铁离子的络合性及对应的数量，转化剂太多对膜的抗渗性有减小，如果有机酸聚到大分子上，则数量少，不能处理略厚的锈层。通常转化型带锈底漆用于除锈后的第一次底漆。

而防锈底漆就是用防锈颜料同耐蚀成膜物配合成的带锈底漆，底漆的防锈能力主要是防锈颜料的作用，配漆技术没有多少差异，它主要是防锈颜料能与渗透来的介质起物理或化学作用，阻缓介质对基体的作用；或者是破坏腐蚀微电池的阴、阳极电位条件和增加电流电阻；还有就是使腐蚀产物转化成凝胶性薄膜，减少空隙度。下面对几种典型的防锈颜料进行讨论。

（1）氧化锌

氧化锌（ZnO）又称锌白，相对密度 5.6，折射率 2.0，也是一种低档的白色颜料。本身无毒，通常氧化锌中含有少量如铁、铅、镉、硫等杂质。通常按氧化锌的制造方法氧化锌有间接法氧化锌、直接法氧化锌、活性氧化锌和含铅氧化锌等。氧化锌的平均颗粒度约 $0.2\mu m$，颗粒细微易于分散，有光泽；颜料氧化锌仅吸收紫外光，所以对耐候性有利，能防止漆膜粉化；氧化锌在 20℃时的溶度积为 1.8×10^{-14}，这个溶度积能防止它水解；氧化锌属于两性氧化物，在低温和高温下均既能与酸反应，又能与碱反应成锌酸盐，当酸碱渗透到漆膜中被氧化锌反应吸收，能延缓基材的腐蚀，提高耐久性能。氧化锌晶格中存在着过剩金属锌，锌的第一电离能为 944kJ/mol，是比较低的，容易失去电子，氧化锌电子移动度比空穴移动度大得多，因此氧化锌可视作 N 型半导体。这个优点是用在防腐涂料方面的又一个理由。氧化锌在涂料工业的应用主要是氧化锌的膜较硬，在涂料中还能起到控制真菌及防霉作用。

用于搪瓷、罐头涂料的氧化锌均用颗粒细、纯度高的间接法氧化锌，室内涂料、乳胶涂料用针状的直接法氧化锌，因为用油量较高，能改进悬浮性能。氧化锌在金属防锈的涂料中，氧化锌与锌粉、锌铬黄、红丹、磷酸锌及其他颜料相互配合起到优异的防锈效果。

（2）红丹（Pb_3O_4）

红丹又名铅丹，外观为橘红色粉末，相对密度为 8.6。红丹不溶于水和醇，溶于过热的碱，在酸性条件下部分溶解并生成水和盐，沉淀部分即为 PbO_2，为强氧化剂。红丹在涂料中体积比很大，制漆后具有较强的附着力和遮盖力，长期光晒会产生晶格变化，由橘红色变为灰暗色。

红丹的防锈机理有物理防锈和化学防锈两种作用，它的颜料体积浓度可以很高，红丹颜料可以起到很好的物理屏蔽作用。Pb^{2+} 有助于吸收腐蚀介质中的 SO_4^{2-}、Cl^-、CO_3^{2-}，生成不溶于水的 $PdSO_4$、$PbCl_2$、$PbCO_3$，这是红丹用于工业大气中防锈作用的一个重要特性。

红丹在水和氧的存在下，能与油基漆料生成铅皂，生成的油酸铅将进一步分解为不同的短链产物，而含有 3～9 个碳的单羧基酸铅盐和二羧基酸铅盐有很好的缓蚀作用。

红丹具有很高的氧化能力，它和钢铁表面直接接触时，能使其表面的 $FeOOH$ 氧化成 Fe_2O_3 的均匀薄膜，紧密的附着在钢铁的表面上使表面钝化，并且在发生锈蚀时很快被氧化成为 $Fe(OH)_3$ 沉积在钢铁表面上，能使表面阳极封闭。

红丹可以看作是 Pb_2PbO_4，可与腐蚀阳极区产生的 Fe^{2+}、Fe^{3+} 产生离子交换，反应生成 Fe_2PbO_4 和 $Fe_4(PbO_4)_3$，所生成的铅酸铁和铅酸亚铁都是更不溶于水的物质，并且都是不可逆反应，使形成的漆膜保护层更加牢固。红丹在阴极区的作用是能破坏新生的过氧化氢，抑制钢铁表面不再氧化，因此对于控制斑点腐蚀特别有效。还由于 Fe^{2+} 氧化成稳定的高铁状态，能使漆膜增密，从而减少了离子的渗透性。

红丹用于涂料历史悠久并一直沿用至今仍未衰败，尤其和亚麻油配制的防锈漆，防锈性能很好，它的特点是对于钢铁的表面处理要求不高，涂在具有残留铁锈的表面上，仍有很好的防锈效果。

（3）铬酸盐类颜料

这类颜料已成为防锈颜料中的一个大类，主要品种有锌铬黄、锶铬黄、钡铬黄和钙铬黄。这类颜料是沉淀法制取的粉末，作为防锈底漆的主要原料要求含氯离子低，以免降低防锈性能，标准规定氯含量应在 0.1% 以下。

这类颜料微溶于水而放出铬酸根离子。当水渗透过面漆而进入底层，能由锌铬黄供给足够的铬酸根离子，而使金属表面得到钝化，从而阻碍锈蚀的过程进行下去。由于它含有铬酸离子而有可溶解性，所以毒性较大，超过铅铬黄甚多，其他无毒的防锈颜料如磷酸锌、钼酸铅不能真正取代锌铬黄，还没有出现一种能全面取代锌铬黄的品种。目前新出现的防锈颜料品种，还必须同锌铬黄进行种种防锈试验对比，包括人工盐雾试验和长期户外暴露试验。锌铬黄的遮盖力很低，在铝粉涂料中适量加入一些锌铬黄，不影响铝粉涂料的金属光泽外观，而使涂料的防锈性能显著增强。

锌铬黄为铬酸锌，是仅次于红丹的重要传统防锈颜料。外观呈柠檬黄色，比较耐光，并可耐硫化氢气体，微溶于水，在酸或碱中能完全溶解。具有阳极保护钝化作用，也具有阴极阻蚀剂作用。根据组成变化，有一系列组成物，成分变动于 $4ZnO \cdot CrO_3 \cdot 3H_2O$～$4ZnO \cdot 4CrO_3 \cdot K_2O \cdot 3H_2O$ 之间。

锶铬黄是针状颗粒的柠檬黄色的颜料，色泽鲜明，化学组成是铬酸锶，含量可以在 96% 以下，相对密度为 3.75，遮盖力很弱，约 70～90g/m²，略有透明度，吸油量较高达 43%～47%。耐酸和耐碱性均差，着色力也很弱，但是耐热性很好，可耐温 300℃ 而不变色。锶铬黄的水溶解度比锌铬黄低，溶解度为 0.6g/L，仍能在水中保持一定的 CrO_3 浓度。锶铬黄主要用于防锈底漆中，可配制锶黄丙烯酸底漆，用于铝镁合金上，也有用于配制锶黄环氧聚酰胺底漆，作为飞机机身涂料。由于耐热性良好，可适应近 300℃ 的加工温度而不变色。

（4）磷酸锌

磷酸锌通常含 4 个分子结晶水，在水中几乎不溶，但溶解于稀的无机酸、醋酸、氨水和氢氧化铵中。加热到 100℃ 时失去 2 个结晶水，成为涂料用磷酸锌颜料，它的相对密度为 3～3.9，折射率为 1.2～1.6，折射率小，透明度高，因此在涂料中调色比较容易。它的 pH 为中性，与任何涂料都有亲和性，配漆容易。吸油量为 15～50g/kg，由于其很好分散，粒度可以做得更小，粒度范围在 0.5～4μm；小粒度的防锈颜料就更能发挥其防锈能力。

$Zn_3(PO_4)_2$ 与渗透的酸结合形成酸式的 $Zn(HPO_4)$ 盐，能延缓酸的渗透，进一步吸酸后成为 $Zn(H_2PO_4)_2$ 盐，它很快与阳极区的铁离子反应成 $Fe·Zn(HPO_4)_n$ 的有黏附性的磷化膜，这个过程还要吸收部分水作为盐的水合水，使阳极区电阻增大，然后难以形成阳极也难以形成阴极。此外酸式磷酸盐还可以同树脂中的羟基、羧基反应产生凝胶体，当底涂料树脂中的—OH、—COOH 基团和磷酸盐反应的时候，将得到内层黏结力，因此磷酸锌颜料在增进附着力方面也较突出。

在阴极区，酸式盐在成为阴极区后又可以同 OH^- 反应，酸式盐转化成为水合正盐，也要吸收多量的水，阻止阴极反应进行，但是，不管是阴极还是阳极，它的吸水量有限，所以底漆的磷酸锌的颜料体积浓度（PVC）的增高反而使防锈性能下降，主要就是恶化了漆膜的抗渗性。

磷酸锌是磷酸盐防锈颜料中最重要品种，无色无毒，可以和其他颜料拼用配制各种颜色。磷酸锌用于水性涂料中和其他标准防腐蚀漆的对照实验说明，在大多数情况下磷酸锌防锈效果可与红丹媲美，在某些方面还优于红丹。同时在预涂结构钢的火焰切割和焊接的实际应用上也得到卫生部门的认可，这样就简化了预涂钢制构件的就地焊接。

（5）改性偏硼酸钡

$Ba(BO_2)_2·H_2O$ 无毒、容易吸潮结块，水溶性大，在各种树脂中的相容性和在漆膜中的牢固性都差，不适于作为颜料用。采用聚合无定形水合二氧化硅包覆偏硼酸钡方法制成改性偏硼酸钡，从而降低了 $Ba(BO_2)_2·H_2O$ 的溶解度，使偏硼酸钡在储存时不吸湿，改性偏硼酸钡颜料含有至少 90% 的偏硼酸钡。颗粒范围一般波动在 0.35～35μm，平均粒度约为 8μm，有效粒度为 3μm。改性偏硼酸钡在水中微溶，在 21℃ 水中溶解度最高 0.4%，易溶于盐酸。

改性偏硼酸钡适用于作防锈颜料有几个方面，首先它是碱性，在漆膜下的 pH 为 9.3，在 pH 为 9.3 时氢氧根离子有能使金属钝化防护能力。可中和游离酸，是一种良好的缓冲剂，可维持膜处于碱性状态。特别是对大气中二氧化碳进入漆膜时，阻止了铁表面碱式碳酸盐的生成。

其次改性偏硼酸钡的微溶性，放出的钡离子和偏硼酸离子在溶液中使腐蚀性的阳极反应向相反方向进行，阻止了游离氢氧根和二价铁离子的反应；此外钡离子可像铅、锌离子一样也可以形成皂，以降低漆膜的透水性，减少湿气透过漆膜，并改进了网状高分子物质在水中的溶胀现象，从而提高了底漆的防锈能力。

由于改性偏硼酸钡放出钡离子和偏硼酸离子。其中钡离子能干扰可溶性营养素穿过微孔薄膜，并且阻止酵素的繁殖。硼化合物阻止氧化酵素，也是一种能长期控制霉菌生长、使霉菌不能繁殖的高效低毒防霉剂。改性偏硼酸钡有良好的阻燃等作用，改性偏硼酸钡有良好的热稳定性，比其他阻燃剂有较高的分解温度。与含有卤素材料合用时，有效地取代部分三氧化二锑，一般可代用 50%。

改性偏硼酸钡的毒性 LD_{50} 为 205mg/kg，同时不在人体内积累，数据显示出改性偏硼酸钡是无毒的。长期使用也无任何危害健康的情况的报道。在美国允许用在食品加工厂的涂料中，并允许用在与食品接触的包装纸中。

上面介绍的是化合物型的防锈颜料，还有金属型的防锈颜料如锌、铝等，将在后面详述。除了上面列举的外还有物理作用的防锈颜料，它是借助其细密的颗粒填充漆膜结构，提高了漆膜的致密性，起到屏蔽作用；或者是片状填料增加了渗透路径，降低了漆膜渗透性，从而起到了防锈作用，如氧化铁红、云母粉等。

5.3 涂料的成膜机理

涂料涂饰施工在被涂物件表面只是完成了涂料成膜的第一步，还有继续进行变成固态连续膜的过程，才能完成全部的涂料成膜。这个由"湿膜"变为"干膜"的过程通常称为"干燥"或"固化"。根据成膜机理不同，可将涂料分为溶剂挥发型、乳液凝聚型、氧化聚合型、缩合反应型等。

高分子材料的硬化程度与其分子量相关，最低相对分子质量要在1万左右。但是过高的分子量作为液体涂料，溶液的黏度很高或固含量很低，给成本、环保、施工都造成问题。所以人们合成700～1500的相对分子质量的低聚物，该低聚物含有交联基团，涂膜后基团反应交联，分子量提高。理论上当相对分子质量达到2万以后漆膜的性能表现就很好了，但是由于固化的后期很多的官能团被固定不能产生交联反应，所以只能增加官能团的数量来保证成膜的分子量足够大。

5.3.1 溶剂挥发成膜

溶剂挥发型涂料是用足够高的分子量的树脂、颜料、助剂溶解于溶剂中而成，分子量与它对应的玻璃化温度息息相关，一般要求玻璃化温度80℃以上，需要耐沸腾热水的100℃以上，通常玻璃化转变温度＞50℃、相对分子质量大于$1×10^4$左右的聚合物可被采用，高分子的链节结构确定后，需要高的玻璃化温度，分子量就要高一点，刚性较高的链节分子量就可以低一点。在成膜过程中，主要是溶剂挥发而干燥成膜，涂料中的主要成膜物质不起化学变化，这类涂料含有易于挥发的溶剂，表面干燥极快，如硝基涂料表面干燥只要10min。

溶剂的挥发过程分为施工时的挥发，湿阶段的挥发，流平阶段的挥发，实干阶段4个阶段。表述如图5-2所示。

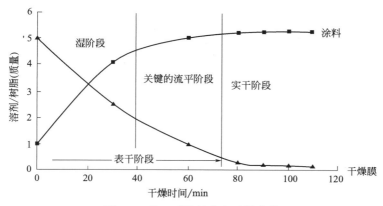

图 5-2　施工后涂料蒸发干燥曲线

（1）施工时的挥发
施工时的挥发量在喷涂时很大，刷涂时要小些，由于喷涂的黏度更小，溶剂更多，喷涂后也不会流挂。这一段的溶剂挥发速度很大，溶剂挥发除了静止时的表面蒸发外，大多数时候是液体在人为的操动、雾化下的挥发。这个阶段挥发溶剂的 10%～40%。

（2）湿阶段

在湿阶段，溶剂蒸发类似单一溶剂混合物的蒸发行为，溶剂从液体表面逃逸初期湿阶段，蒸发相对快速，由表面来控制。这个阶段挥发溶剂的 25%～35%，此阶段的挥发速度与涂料的流动性和发白性关系很大，如能降低此阶段的挥发速度，则有利于克服发白性和有利于涂料流平。在这个阶段涂料内部的溶剂也很快地扩散到表面，带动涂料中的颜料在湿膜中运动，如果湿阶段足够长，各种颜料的密度、形状差异大的话，漆膜就会发花，同时也是石纹、云纹、锤纹漆制作的原理。图 5-3 就是这一阶段的示意。

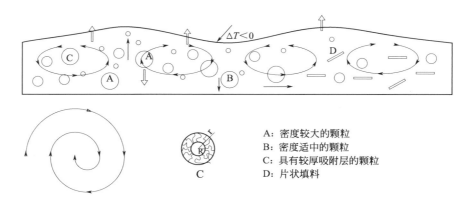

A：密度较大的颗粒
B：密度适中的颗粒
C：具有较厚吸附层的颗粒
D：片状填料

图 5-3 湿阶段溶剂挥发成膜示意

在这个阶段液体有一定的流动，这个流动从漆膜的面上来说是漩涡状的，也有不规则的线状（云石纹），从湿膜的厚度方向也由于扩散产生漩涡，漩涡的规整性取决于这一阶段的时间。随着漩涡的运动，内部的密度轻的、片状的颜料被带到表面，同时密度大的颗粒沉淀，复配的颜色被分离。由于湿膜表面的不均匀性，挥发快的部位的涂料将向上隆起，挥发慢的表面将下陷，如果此后漆膜的流动性下降，表面将被固定，就产生了橘皮、皱纹等现象，加入流平剂就是控制表面的挥发速度尽量均匀，或者是降低挥发速度。

（3）流平阶段

在流平阶段，溶剂表面逃逸的速度大于扩散速度，溶剂挥发受控于溶剂从漆膜内部扩散到表面的能力。这一阶段相对较慢，漩涡开始消失，湿膜表面的几何不均匀性在表面张力的作用下开始恢复，当然条件是这一阶段的溶剂要足够多，一般这一阶段的溶剂挥发量约为15%～25%。流平阶段是涂料成膜的关键阶段，这一段的时间要足够长，表干时间在 30min 的涂料的施工时间不超过 5min，湿阶段大略是 5～10min，流平阶段的时间至少是 20min以上。

流平阶段的涂膜严禁异物接触，这会将触点的痕迹留下；也不能因为发现了流挂就沾稀释剂重新刷平，这会使漆膜发花；如果粉尘、飘絮降落到表面就会固结在漆膜表面上；流平阶段也严禁烘烤。

（4）实干阶段

实干阶段的溶剂损失很慢，完全由扩散所控制，达到表面的溶剂几乎立即逃逸。此时溶剂与树脂的溶剂化效应起到了很大的作用，溶剂化强的溶剂扩散得更慢，分子较大的，较不规则形状（体积松散）的分子显然不容易通过聚合物的分子间隙（空洞）扩散到达表面而逃逸；同时挥发速度也很重要，当挥发速度很慢，则扩散速度就更慢，所以那些分子量大的、沸点高的溶剂常常在很长时间内仍保留在漆膜中。使漆膜硬化推迟，耐水性和耐蚀性受损，还有残余气味。

在实干阶段，挥发过程还取决于施工时涂膜的湿厚度，厚度的作用表现在溶剂保留时间与漆膜厚度的平方成反比。聚合物的性质也对溶剂保留有很大的作用，软树脂释放溶剂较硬树脂快，增塑剂是用来软化树脂的，能最有效地促进溶剂经扩散而逃逸。温度也影响很大，任何温度增加都加速溶剂的释放，但是温度从低于 T_g 升到高于 T_g，结果因扩散过程使溶剂释放剧增。

（5）混合溶剂

为了既能干燥迅速，又能干燥完全，挥发性涂料中通常采用混合溶剂。即按照选用的各种溶剂的挥发速度的不同，以适当的比例配合，其配合比例应根据流动性、抗白性和硬固性等几个方面的情况来考虑。

在使用混合溶剂的情况下，挥发出溶剂的蒸气压与其纯物质的蒸气压和溶液中的分数相关（拉乌尔定律），即是挥发速度快的溶剂最后都还是会有一部分残留于混合溶剂中，它们的挥发速度开始下降，这才使整个漆膜的干燥速度变得平缓。但是常常发生较易挥发的一种溶剂基本挥发掉的事实。这是因为溶解参数值差得越大的两个溶剂的混合物偏离拉乌尔定律越远。为使蒸发过程中溶剂平衡，就要避免使溶解参数值差之过远的溶剂组合，或者加入处于这两者之间的另一个溶剂，所以不能用真溶剂与稀释剂配制成混合溶剂，必须在其中加入良溶剂。

按拉乌尔定律混合溶剂可以使前两阶段的挥发速度比挥发快的单一溶剂较慢，而在后两阶段的挥发速度则比挥发慢的单一溶剂快，这样就可以调节各种溶剂的质量比，满足成膜的要求。

混合溶剂蒸发速率太快或太慢的溶剂之间必须取得平衡才能得到理想的溶剂配方。选择时不仅要考虑最初速率，而且还要考虑中间的和最终的蒸发速率，每一步都对干燥时间、湿边残留时间及流平、流挂、条痕、针孔和缩孔的性质有影响。在漆膜失去流动性后，即失去湿膜上下对流后还受溶剂从膜层内向表层扩散速度的影响等。随着溶剂进一步挥发，树脂溶液的浓度增大，黏度增加。扩散速度进一步减慢，假如树脂的玻璃化温度大大高于涂膜的温度，溶剂的挥发速度趋于零，这样即使成膜几年以后，涂膜内仍含有少量残留的溶剂，通常可采用在玻璃化温度以上烘干以完全除去溶剂。

涂料中混合溶剂的组成是由其施工工艺条件所控制的，如涂料的干燥温度和干燥时间等。配方中真溶剂与惰性溶剂的比例要合适，这样才能得到透明无光雾的涂膜。低沸点的溶剂加速干燥，而中等沸点和高沸点的溶剂保证涂料的成膜无缺陷。烘干漆、烘烤磁漆和卷材涂料的成膜温度相对较高，故其溶剂组成中高沸点溶剂含量相应也要高，仅含少量的易挥发溶剂，因为易挥发溶剂会使涂料在烘烤过程中"沸腾"。在溶剂混合物情况下，聚合物/溶剂配方到达干燥阶段时，常常发生较易挥发的一种溶剂基本上消散掉。

如果非溶剂比真溶剂更易挥发，则对加速干燥是很有利的。真溶剂在涂膜中较后挥发，可增加涂料的流动性。也就是说，随溶剂的挥发，混合溶剂的溶解度参数应从树脂溶解度的边界区域迁移向中心区。不过，应该注意，在溶剂的挥发过程中，固体浓度的不断增加，涂料温度的增加或降低都会改变树脂的溶解区域。聚合物的高溶解能力组分（活性溶剂）相对稀释剂而言可能挥发出太快。这种不平衡的情况终将导致溶解能力不足，使一些漆膜病如缩扎、针孔、发白发生。

溶剂挥发型涂料的成膜特点是成膜过程中不发生显著的化学反应，溶剂挥发后残留固体组分形成涂膜。这类涂料都可自干，且表干极快，其干燥速度取决于溶剂的挥发速度，多采用自然干燥法，干燥前后聚合物的分子量没有变化，因此涂层的强度、耐腐蚀性、耐候性等性质主要取决于所用聚合物的原有特性，溶剂挥发型涂料的物理干燥，成膜、溶解、凝胶过程是可逆的。

5.3.2　乳胶凝聚成膜

乳胶漆是各种颗粒的水分散体系，其中的乳液粒子粒径一般在 $50\sim500\mu m$，而颜、填料通常为 $8\mu m$，而树脂的玻璃化温度也尽量作得高，所以通常的颜料体积浓度不会太高。成膜时候的施工黏度使固体含量在 $30\%\sim40\%$ 范围内。

乳胶涂料的成膜大致可分为水分挥发、颗粒堆积、颗粒融结、聚合物熔结 4 个过程。前两个步骤漆膜相当于完成了表干，后面的步骤是漆膜的实干。

（1）水分挥发

当乳胶涂料涂布于基面时，水分开始蒸发，随着水分逐渐挥发，原先以静电斥力和空间位阻稳定作用而保持分散状态的聚合物颗粒和颜、填料颗粒逐渐靠拢，但仍可自由运动。在此阶段，水分的挥发与单纯水的挥发相似，为恒速挥发，水分的蒸发步骤由水的蒸气相的扩散控制，在湿膜的表面的气相湿度最大，随着离湿膜表面越远，气相湿度下降直到与环境大气相同。当环境空气湿度大时，在漆膜近表面的水蒸气压相对较高，湿膜中水的蒸发速度下降。且漆膜近表面的高含水蒸气的空气能尽快地被流动的环境空气所替代，相当于减薄了水蒸气的扩散层，使湿膜中的水蒸发速度提高。如果湿膜中含有一些与水相容的水性助剂如乙二醇等，它们会提高水的蒸气压，减缓水分蒸发速度。当然如果是乙醇等比水挥发快的化合物就会提高水分蒸发速度。

（2）颗粒堆积

随着水分进一步挥发，聚合物颗粒和颜、填料颗粒表面的吸附层破坏，成为不可逆的相互接触，达到紧密堆积，一般认为此时理论体积固含量为 74%，即堆积常数是 0.74。但是实际上这个数据要低一些。因为在第一步水分蒸发到一定程度后，湿膜中的水是以水合的方式与涂料中的分散剂、增稠剂、防冻剂、乳化剂、等助剂结合，它们不是自由水，蒸发速度也大大下降了，该阶段水分挥发速率约为初期的 $5\%\sim10\%$。这时颗粒之间开始堆积，每个颗粒的外层有一层水合层，水合层随着水分含量的减少而减薄，由于乳液粒子粒径是颜、填料粒径的很多倍，颜料体积浓度也并不高，实际上开始的颗粒堆积是乳胶粒子的堆积，此时颜料颗粒堆砌在大颗粒间的液相空隙中，随着乳胶粒子水合层的减薄，堆砌的颜料颗粒被挤压变形，开始分散到乳胶粒子之间。然后随着水的继续缓慢蒸发，水合层越来越薄，开始进入融结阶段。

（3）颗粒融结

当干燥继续进行时，覆盖于颗粒表面的吸附层被破坏，吸附层开始融结。这个融结是水的扩散蒸发导致的体积减小、内聚能增加，这使得颗粒间不能自由运动，颗粒排斥的双电层消失，这种融结被认为是在缩水表面产生的力的作用下的溶解，是球形颗粒的接触点发生的融结。由于这些融结点的接触层的含水量低于球体上面积更大（体积也更大）的非接触点，它们的继续融结几乎停滞。

当球形颗粒的接触点发生融结后，湿膜会出现几个力，一个是球形颗粒之间的孔隙是联通的，在几个堆砌的球之间的大空隙中有固体的颜料颗粒存在，事实上也减小了孔径，这样就形成了毛细管，存在一个毛细管力。固体颗粒间的水溶液产生毛细管力，尽管该毛细管力绝对值不大，但其相对于乳胶漆粒子的重量来说还是很大的。另一个是颗粒聚集总是存在的，大空隙中的固体颜料颗粒倾向于同离它近的乳胶颗粒结合以降低表面张力，因为此时的颜料颗粒的吸附层随着脱水减小了，表面张力就增大了，所以在球体点融结后，颜料粒子和乳胶粒子也开始了点融结。如果乳胶颗粒的粒径足够大，颜料颗粒的粒径又足够小，这个大空隙中的颜料会自行团聚，团聚后的颜料中的空隙就会永久保留下来。

在这一阶段的颗粒融结过程中毛细管力使颗粒变形，颗粒间的表面距离靠近，颗粒的表面张力彻底破坏亲水的吸附层发生粒子间的融结。这阶段关键的是乳胶粒子能产生变形。即在这个水的蒸发温度下的乳液树脂必须处于玻璃化温度以上的黏弹态，这样的乳胶颗粒才能充分变形。但是对于室温成膜的乳胶漆这样的成膜物的玻璃化温度很低，在室温下可能发黏，耐污性也差。所以颗粒的玻璃化温度高于气温，成膜后才有满意的性能，而这又不可能成膜。为了解决这个矛盾，人们加入成膜助剂。

成膜助剂是一种含有亲水性基团又能与乳胶树脂溶解的低分子量有机化合物，它在成膜后还要挥发。在乳胶粒子融结的时候，成膜助剂吸附在乳胶颗粒表面，随着融结的进行乳胶树脂的表层被软化，它就能很好地变形了。而这样的软化乳液树脂的方法不能软化乳液粒子的芯部，所以它的变形量不足以消除整个漆膜上的针孔，这样的乳胶漆的基材和空气环境是连通的，漆膜具有呼吸性，而建筑涂料正需要这种呼吸性而得到大量使用。对于防腐蚀涂料是要消除这种呼吸性的，那么根据前面的描述，可以加入能与颗粒树脂互溶的真溶剂，它的挥发速度比水慢，相当于挥发成膜涂料选择的挥发速度最慢的那种溶剂。

（4）聚合物熔结

当融结发展到一定程度、单个的颗粒已经不存在了，熔结面的分子链相互扩散、渗透、缠绕，开始熔结，最后漆膜均匀化成为一个整体。整个成膜过程包括颜料-乳胶的熔结、乳胶-乳胶的熔结、乳化剂的行为、树脂的扩散几个问题。

乳胶-乳胶的熔结是规模最大也最先开始的熔结，乳胶在成膜助剂的软化下树脂相互间密着，由于该处处于黏弹状态，树脂的自由体积大于 2.5%，自由体积不断地从密着的两边向另一面运动（聚合物的自由体积运动无规律），通过自由体积的运动分子链也不停地震动，原来乳胶粒子表面伸展受限的分子链扩散渗透到了另一个乳胶粒子中，随着这种双边的交换，乳胶粒子间熔结了起来，结果它就像熔融状态下一样地结合。

在乳胶粒子间熔结的时候，粒子表面的乳化剂也在运动，乳化剂的亲油端吸附在胶粒表面，亲水端逐渐形成胶束，胶束中可能是水，更可能是其他的水溶性的助剂。可以挥发的水及其他助剂最后有少量被增溶。这个增溶的数量与漆膜所处的环境湿度有关，湿度大，增溶量就大。另外这些形成胶束的极性基团，如乳化剂的醚键、羟基、酸根和乳胶树脂分子上的羧基等，会产生较大的分子间的相互作用力，这个作用力也是形成漆膜的一个重要的结合力。

颜料-乳胶的熔结相对比较容易，颜料-乳胶的熔结因其表面层水的减少密着，高能表面的颜、填料能很容易地与乳胶颗粒上的乳化剂和树脂上的亲水基结合；同样的颜料表面的分散剂上的亲油端也很容易地与乳胶颗粒树脂结合，然后亲油端向树脂扩散渗透、缠绕熔接，所以颜料-乳胶的结合力好。

此阶段水分主要是通过内部扩散至表面而挥发的，所以挥发速率很慢。另外，还有成膜助剂的挥发，成膜助剂的挥发受扩散控制。

5.3.3 交联固化成膜

由一种或两种中等或低分子量的含能相互反应的基团的聚合物通过聚合反应形成交联网状结构而固化成膜，这就是交联固化反应型成膜过程。交联固化型涂料在成膜过程中往往会发生三维交联而凝固，因此，这类涂料的主要成膜物质可以用玻璃化温度较低（高于 -20℃）、相对分子质量也较低（约为 400~2000）的聚合物。这些聚合物本身具有良好的流动性。

交联固化成膜的前期是溶剂的挥发，这个可参考本节的溶剂挥发成膜原理；后期是交联反应，可参考 4.4 节。但是需要注意的是交联反应在少量溶剂中发生的情况，漆膜发生交联反应，分子量开始增加，此时体系中的少量的溶剂事实上降低了湿膜的黏度，使官能团的碰撞更容易，当交联反应在大凝胶阶段时，溶剂应该要挥发完全，一方面是反应热使得溶剂尽快挥发，另一方面是如果大凝胶后还残留有溶剂则以后溶剂挥发后要产生空隙，不利于耐蚀性，当然，低玻璃化温度的聚合物除外。所以交联固化型涂料所用溶剂的挥发性较快。

原则上交联涂料所使用的两个组分的分子量和最终的基团残留量没有什么区别，因为基团的残留量取决于形成网络结构后的基团可运动的范围，与链段的刚性有关，也与交联密度有关。但是低分子量的聚合物的黏度低，耗费溶剂少，所以选择低分子量的树脂更有成本和环保的优势。

5.3.4　氧化成膜

氧化聚合型涂料主要是含有亚麻酸、亚油酸、桐油酸结构的涂料，这些含有 2～3 个双键的脂肪酸在空气中的氧的作用下，不饱和脂肪酸的双键打开，发生游离基聚合反应，互相交联，生成网状大分子结构而成膜。氧化聚合型涂料的干燥过程分为两个阶段，第一个阶段是溶剂的挥发，第二个阶段是氧化聚合反应。

由于氧化聚合反应速度慢于溶剂的挥发速度，所以这一类涂料干结成膜的快慢，主要取决于氧化聚合反应的速度。为了与氧化聚合反应速度相适应，一般采用 200 号溶剂汽油、松节油等这一类的高沸点溶剂。

在漆膜的溶剂挥发过程中，表面吸附的氧随着漩涡的流动被带到下部，树脂有一个吸氧过程，随着树脂黏度的升高整体树脂吸氧速度下降，所以吸氧过程长一点很有意义。即使吸够了氧，氧化聚合速度也很慢（大约 10～30 天），因为氧和双键引发产生自由基的速度太慢，所以需要加入促使氧游离基产生的促进剂。促进剂（催干剂）是有机酸的金属皂盐。有机酸大多是环烷酸、异辛酸、软脂酸、氢化松香酸等饱和的分子量稍大的有机酸，饱和的有机酸没有双键，促进剂在储存过程中稳定性好，有机酸的分子量大，金属皂才能有效地溶解在涂料中。异辛酸皂的颜色浅，对白色漆的颜色影响较小，而很多催干剂对醇酸树脂的颜色都有一定的影响。

催干剂的金属主要有 Co、Mn、Pb、Ca、Zn 等，钴是活性最高的催干剂，用量按金属计是树脂的 0.02%～0.08%，用量大时导致表面固化太快，下部固化慢起皱。锰的活性仅低于钴，它不易造成表里固化不均，低温催化效果也好，但是对漆膜的颜色影响大，用量同钴。铅是助催干剂，与钴、锰合用有很好的干透效果，但是对表面固化也有催干作用，若涂料用于含硫化物环境和底漆则不能用，用量按金属计是树脂的 0.5%～1%。钙也是助催干剂，其助催干性能不如铅，但是无毒，能使钴催干剂尽量不被颜料吸收，有阻碍漆膜吸氧的作用，用量按金属计是树脂的 0.05%～0.2%。锌只有微弱的催干作用，锌最大的特点是能减小漆膜的表面固化速度，而使漆膜干透，用量按金属计是树脂的 0.1%～0.2%。由此，醇酸树脂的催干剂都是一个体系配套才能发挥最好的效果。

事实上各种催干剂在漆膜成膜后都还有一定的作用，只不过氧很难达到漆膜的内部，使树脂的进一步氧化腐蚀速度下降，所以氧化聚合型涂料在烘干的情况下干燥，能提高涂膜性能，特别是耐老化性能。这是因为成膜物质在低温干燥时，化学变化主要靠催干剂-氧的作用结合，而当烘烤固化时，双键是发生的热聚合。如果在醇酸树脂固化时加热，不饱和脂肪酸本身还有自聚作用，更能促使反应固化完全和均匀。

5.3.5　烘烤成膜

涂料的烘烤成膜是树脂粉末在烘烤温度下熔融、流平、冷却成膜，是一个综合性能很好的成膜方法，对那些连续生产的固定产品，选择烘烤成膜不但省略了溶剂，也减少了成膜时间。由于没有高沸点溶剂的蒸发，烘烤温度下树脂熔融，所以漆膜没有针孔。烘烤成膜也用于热固性的树脂和氧化聚合的树脂的成膜，它可以使热固反应的生成物很快挥发，固化树脂的黏弹态时间延长；也可以去掉氧化聚合树脂的催干剂，使树脂性能大大提高。粉末涂料的烘烤成膜大体上包括传热、熔接、流平、冷却几个阶段。

附着在基层上的粉末颗粒树脂在加热烘烤的时候，由于树脂导热性差，粉末的表面温度略高，颗粒间隙的空气虽然能够传热，但是气体量和流动都小，传热量难于使内外温度均匀。如果基材是热导体，则基材的底部树脂能很好地热熔，如果基材不导热，则底部最后熔融。

当粉体在加热时，颗粒与颗粒的接触处最先熔融，随着表面熔融接触的面积增大，两个颗粒就给熔结了起来，表面的颗粒熔融，颗粒内部还可能是固体。熔融的树脂热量开始朝内部传递热量，最后整个漆膜呈现熔融状态。这样的熔融方式树脂中将残留部分气泡，这是粉体的间隙中保留下来的，如果熔融树脂的黏度低，则这些气泡会挥发。所以现在的粉末涂料大多数都是热固性的树脂，就是在熔融阶段使其黏度低，以利于气泡挥发。如果基材是导热的，气泡夹杂情况要好得多，因为热量是从基底朝上传递，树脂在熔融过程中将气体排出了。

熔融树脂在流平的过程中一方面排出气泡，一方面依靠自己的表面张力流平，流平同在烘烤温度下的保留时间关系很大，时间越长，成膜效果越好，但是长的烘烤时间对成本和漆膜的氧化都有害。很多时候流平过程还要发生树脂的交联固化反应，反应产生的小分子物质也挥发。

熔膜成型后就开始冷却，一般树脂的冷却有收缩，但是树脂本身的韧性不足以造成破坏，大多数时候都是自然冷却，也有通过一个通道降低自然冷却速度的。

5.4 醇酸树脂涂料

5.4.1 醇酸树脂涂料概述

醇酸树脂涂料是目前涂料中生产量最大的一种涂料，约占全部涂料生产量的一半。醇酸树脂涂料原料丰富，是由多元醇、多元酸和脂肪酸制成的。价格较低；生产工艺成熟；漆膜综合性能良好，其附着力、硬度、光泽、保光性、耐候性，均好；能溶于溶剂汽油；树脂成膜时依靠油中的不饱和键在空气中氧化成膜，由于油的成膜物是柔韧的，因此漆膜也具一定弹性且耐冲击。醇酸树脂易与其他树脂（如环氧树脂、氨基树脂、硝化纤维酯等）拼用，改善品种性能。

（1）醇酸树脂概述

醇酸树脂可以看成是饱和的聚酯树脂和不饱和脂肪酸的共聚物，这是因为脂肪酸的分子量较大，又只含单个羧基，它同聚酯树脂上的羟基酯化后结合在一起，当聚酯树脂上的羟基多时，可以结合上的脂肪酸就多，大多时候在 40% 以上。又由于脂肪酸的碳链是单链的，也很长，它本身与聚酯树脂具有不同的性能，所以就单独以醇酸树脂表示它。

醇酸树脂上含有二种以上的活性官能团，一种是聚酯树脂上的羟基，这个羟基可以同羧基、烷氧基、异氰酸基发生反应而交联。当纯用醇酸树脂的羟基作为交联点时，饱和的长脂肪链作为内增塑剂使树脂变得柔软，也给树脂带来油脂光泽；另一种是脂肪酸所带的双键，特别是共轭双键，它们在空气中的氧的作用下很容易发生交联反应，从而使树脂固化成膜。这样的利用空气中的氧的固化方式的好处是涂料是单组分的，施工非常方便，这是醇酸树脂的一大特征，由此产生很多树脂上都引入含共轭双键的脂肪酸，以解决固化成膜的问题，如环氧酯、氨酯油等。

通常，一个醇酸树脂分子中硬链段部分是聚酯，软硬链段部分是脂肪酸，但是当脂肪酸是共轭三烯的桐油酸时，由于交联点增多，脂肪链也变硬了。

（2）醇酸树脂的原料

醇酸树脂常用多元醇是丙三醇、季戊四醇、三羟甲基丙烷等；多元酸是邻苯二甲酸酐；脂肪酸则来源于植物油。

涂料工业所用植物油实质是甘油和3个脂肪酸酯化结合为甘油三酸酯的化合物，其通式如下：

$$R_1COO—CH_2$$
$$R_2COO—CH$$
$$R_3COO—CH_2$$

其中的 R_1、R_2、R_3 是脂肪酸的长碳链，它的特点是通常都是直链的；链段的碳原子数大约在 8～22 之间；链段中包含双键、共轭双键、羟基等官能团；链段中通常不包括羧基，即是脂肪酸通常都是单酸的。

一个特定植物所产的植物油分子的 R_1、R_2、R_3 很可能并不相同，除了主要的 R_1（通常以该植物命名）外，还含有其他种类的脂肪酸 R_2、R_3。此外植物油还含有少量的杂质如磷脂、固醇、色素等。

脂肪酸是一系列同系物的总称，因为双键是油成膜固化的基团，所以人们根据双键的含量称为饱和脂肪酸和不饱和脂肪酸；同时也将其油称为不干性油、半干性油和干性油。

油中常见的饱和脂肪酸有硬脂酸（十八酸，是动物油的主要组成部分）、软脂酸（十六酸、棕榈酸）、豆蔻酸（十四酸）、月桂酸（十二酸），只有椰子油中还含有少量的葵酸、辛酸。花生油中还有花生酸（二十酸）。这些饱和脂肪酸根据油的品种的不同在涂料用植物油中有 10% 左右，原则上越少越好。

油中常见的不饱和脂肪酸有油酸（十八碳烯 9-酸），它是一个单烯酸，交联固化困难，提供的交联度低，常温下几乎不参与固化，原则上越少越好；亚油酸（十八碳二烯酸 9/12）和亚麻酸（十八碳三烯酸 9/12/15）是醇酸树脂大量使用的不饱和脂肪酸，价廉易得，特别是亚麻酸是三烯酸，交联度高；桐油酸（十八碳三烯酸 9/11/13）是中国特产的含共轭三烯的脂肪酸，交联反应快，交联度高，漆膜硬度大，但是其在醇酸树脂中的应用还有赖于国内的研究者努力；蓖麻油酸（12-羟基十八碳烯 9-酸）是含一个双键和一个羟基的脂肪酸，但是高温下羟基脱水后形成含 9/11 位 2 个双键的共轭双键脂肪酸，比亚油酸的固化性能好；芥酸是二十二碳-13-烯酸，只有一个双键，不用于涂料。

一切油脂都是由几种脂肪酸所组成的混合甘油酯。一个半干性油分子的平均双键含量在 4～6 个之间，半干性油有豆油、玉米油、棉子油等；一个不干性油分子的平均双键含量是 4 个以下，不干性油有蓖麻油、花生油、菜油等；菜油主要以芥酸为主，亚油酸较少。一个干性油分子的平均双键含量超过 6 个，干性油有桐油、梓油、苏子油、亚麻油等。蓖麻油酸分子在高温及酸催化剂的作用下，羟基脱去一分子水，结构转化成为共轭或非共轭的二烯酸结构。所以脱水蓖麻油为干性油。常用植物油的脂肪酸组成如表 5-6 所列。

表 5-6　常用植物油的脂肪酸组成

油脂类别 / 脂肪酸类别	桐油	梓油	亚麻油	大豆油	棉子油	花生油	苏子油	玉米油	蓖麻油	菜油
软脂酸	4	9	6	11	29	12	7	13	2	
硬脂酸	1		4	4	4	4	2	14	1	
油酸	8	20	22	25	24	41	13	29	7	30
亚油酸	4	27	16	51	40	37	14	54	3	15
亚麻酸	8	40	52	9			54			7
蓖麻油酸									87	
桐油酸	80									

注：所有油中都含有 3%～9% 的蜡质、1%～2% 的磷脂、高分子醇类、烃类。棉子油还含有 1% 的豆蔻酸和 2% 的十六碳一烯酸，梓油还含有 3%～6% 的 2,4-葵二烯酸，花生油中还含有 3% 的花生酸，而菜油中主要含有 45% 的芥酸。梓油是由乌桕树的籽榨得的棕红色液体油称为梓油，也称柏籽油。苏子油是由紫苏籽榨得的液体油。

一般油脂的折射率较高，在 1.4～1.6 之间，所以用油制备的涂料的鲜映性高于很多合成树脂。桐油为 1.52、菜籽油为 1.47。折射率与油脂的分子结构密切相关，一般而言，植物油脂的折射率与植物油脂脂肪酸碳链的长短和碳链、键的多少成正比，尤其是含有共轭双键的植物油脂的折射率特别高。脂肪酸的不饱和度增加，折射率上升，共轭酸的折射率高于非共轭酸。此外，植物油脂的含羟基物质，也使植物油脂折射率升高。油脂的相对密度在 0.9～0.94 之间，脂肪酸的碳链越长，油的相对密度越小；不饱和度增加，相对密度相应增加。

5.4.2　醇酸树脂的合成工艺

（1）醇酸树脂的合成原理

醇酸树脂的合成可以看成是单官能度的脂肪酸与三官能度的甘油和二官能度的二元酸（通常是邻苯二甲酸酐）酯化反应而得。由于植物油中含有不参与交联固化的饱和脂肪酸，它起到增塑作用，要使漆膜硬度高，在用植物油的情况下，只有增加聚合物的分子量。要获得大的分子量，其凝胶点的计算原理相似于聚酯树脂的合成原理。甘油在反应时伯羟基的反应活性大于仲羟基，而三羟甲基丙烷和季戊四醇的各羟基就要好一些。由于醇酸树脂主要是接入大量的单官能度的脂肪酸，所以多元醇相对于多元酸的羟基大量过量。即是，不考虑脂肪酸的官能度的话，凝胶点的计算也以三官能度的醇和两官能度的酸进行单独计算，然后根据残余羟基量来决定加入的油量。如果用甘油和甘油三酸酯进行醇解获得甘油一酸酯，甘油一酸酯相当于是一个二元醇，它同二元酸按线性聚合产生大分子的线型分子链。

以上考虑都假设没有酯交换反应的，事实上酯交换反应是存在的，所以有大量的长支链存在。且由于大量的单官能羧基交换出二官能度的羧基后，这个羧基与已经形成的大分子上的过量的羟基结合，很容易形成大量的微凝胶粒子，从高分子的分子设计来说，这不是好现象。另外用凝胶点原理计算配合比是假定了油中所含的双键在酯化过程中不发生双键的游离基聚合，即双键不反应，但是，不管怎么采取防止双键聚合的措施，还是会有少量的双键会聚合的。所以，醇酸树脂的生产用凝胶点要低于聚酯树脂一些，或者允许大量的微凝胶粒子存在。理论和实践认为微凝胶粒子有提高氧化成膜速度的作用。以下是根据聚酯树脂的凝胶点设计总结出的醇酸树脂计算方法。其平均官能度按过量组分官能团总数的 α 倍除以官能团的分子点数来计算：

即：

$$F = \alpha \frac{v_A f_A + N_c f_C}{z N_i}$$

式中，A 为二官能度醇分子；C 为三官能度醇分子，其凝胶点 P_C 为：

$$P_C = \frac{\alpha}{N_t}$$

其实这样的凝胶点计算已经考虑了双键的热聚合作用，但是，在生产实施过程中双键的热聚合物与合成工艺相关极大、具体实施还应小心。

研究认为，作为涂料成膜的醇酸树脂的配方计算不要采用凝胶理论来设计，而是要采用分子设计的理论来计算。首先，成膜树脂的分子量并不是越高成膜速度才越快，分子中所含的共轭双键和共轭三键才是影响成膜速度的主要因素；其次，催干剂随着技术的发展，品种增加、性能也更好了，能满足低聚物醇酸树脂的固化要求；再者，作为涂料成膜的醇酸树脂而言分子量越低，配漆的时候使用的有机溶剂就越少，可以提高涂料的固体分，不但有利于降低成本，还有利于环保，所以，选用低分子量的醇酸树脂为好；最后是分子结构尽量设计成为星型，星型的中心部分是以聚酯为主的结构，星状部分是油，这样不但在考虑增大分子量的同时也减小了分子体积，还因为分子外部的油层，使树脂能很好地溶解于环境安全、经济合理的溶剂汽油中。

而目前的醇酸树脂普遍采用精炼油脂直接用醇解-聚合的方法合成，这样油脂中所含的油酸、硬脂酸等含一个双键或饱和的脂肪酸也聚合到树脂中了，它们降低了醇酸树脂的硬度、固化速度。但是一直都认为采用脂肪酸合成的醇酸树脂成本太高，因为从油脂碱水解制脂肪酸和甘油，再将各种脂肪酸分离的成本太高。所以才直接用醇解-聚合的方法合成醇酸树脂，导致成膜固化慢。而随着工业化的发展，工业品的成本构成将发生根本性的变化，精细化就是一个必然结果，所以完全酯化法聚合醇酸树脂要比醇解-酯化聚合的方法合成醇酸树脂更加重要。

（2）醇解法合成醇酸树脂

醇酸树脂涂料制作工艺

① 合成配方　配方（见表5-7）。

表5-7　中油度亚麻油醇酸树脂（溶剂法）配方及性能

项目1	投料量/kg	百分率/%	项目2	性能
亚麻油	960	51.56	油度/s	55
甘油（95%）	290	15.58	黏度（25℃，加氏管）/s	4.5～7.5
苯二甲酸酐	612	32.86	酸值	≤15
合计	1862	100	颜色（铁钴比色计）/(°)	≤83
氢氧化锂	0.0129（也可用黄丹）		不挥发分/%	50±2
甘油过量	6%		溶剂	200号油漆溶剂油

注：醇酸树脂制造方法有3种：脂肪酸法、熔融法和溶剂法。这里的配方是溶剂法用。

② 合成工艺　合成方法分两步。第一步是醇解，是甘油与油的醇解反应生成甘油一酸酯；第二步是酯化，即利用甘油一酸酯与苯酐反应，生产醇酸树脂。

a. 亚麻油、甘油全部加入反应釜内，开始搅拌。加温15～55min升温到120℃，通入CO_2。停止搅拌，加入黄丹，再搅拌。

b. 经2h升温到（220±2）℃，保持至取样测定无水甲醇容忍度为5（25℃）即为醇解终点，在醇解时放掉分水器中的水，将垫底二甲苯和回流二甲苯准备好。

上述a.与b.为醇解反应，是为第一步。

c. 在20min内分批加入苯二甲酸酐。停通CO_2。立即从分水器加入装锅总量的4.5%的二甲苯（83kg），同时升温。在2h内升温到（220±2）℃，保持1h。

d. 再用2h升温到（230±2）℃，保持1h后开始取样测黏度、酸值、颜色，作好记录。黏度测定为样品200号油漆溶剂油＝1∶1（质量），25℃加氏管。当黏度达6～6.7时，停止加热抽出至称释罐，冷却到150℃加入200号油漆溶剂油1300kg二甲苯325kg制成树脂溶液。再冷却到60℃以下过滤。

上述c. d. 步骤为合成的第二步酯化反应。

（3）脂肪酸法合成醇酸树脂

用季戊四醇代替甘油作为多元醇，1分子苯酐同2分子季戊四醇酯化，然后用4个脂肪酸分子接到羟基上。如果接上的脂肪酸只有亚麻酸结构，或者再用亚油酸、桐油酸结构的脂肪酸调节氧化聚合反应速度，则能够加快成膜固化速度。

① 原理　在醇酸树脂的酯化过程中，不饱和脂肪酸会发生加成反应-热聚合，即两个不饱和脂肪酸分子的二聚，二聚化后相当于增加了配方中的二元酸配比，这是醇酸树脂配方设计与饱和聚酯的不同处。热聚合反应速度与脂肪酸的种类、聚合温度、时间、脱水方法有关。

在脂肪酸中，含双键多的脂肪酸二聚倾向大于含双键少的，在同样的双键含量下双键共轭的大于不共轭的。所以桐油酸的二聚速度大于亚麻酸大于亚油酸大于油酸。

二聚反应首先是二烯的共轭化：

R_4—CH＝CH—CH_2—CH＝CH—R_x ⟶ R_4—CH＝CH—CH＝CH—CH_2—R_x

然后是加成二聚：

$$R_4-CH=CH-CH=CH-CH_2-R_x$$
$$+$$
$$R-CH=CH-R$$
$$\longrightarrow$$
$$R_4-CH-CH=CH-CH-CH_2-R_x$$
$$R-CH\underline{\qquad}CH-R$$

或者是

$$R_4-CH=CH-CH=CH-CH_2-R_x$$
$$+$$
$$R_4-CH=CH-CH=CH-CH_2-R_x$$
$$\longrightarrow$$
$$R_4-CH-CH=CH-CH-CH_2-R_x$$
$$R_4-CH-CH=CH-CH-CH_2-R_x$$

聚合温度越高，二聚反应速度越大。而醇酸树脂的聚合反应温度都很高，熔融聚合最高可以达到280℃，用二甲苯回流的溶剂法的反应温度也要230℃。聚合温度高的原因一是反应液的黏度大，反应官能团的有效碰撞困难；二是聚酯树脂的极性部分较多，脂肪酸的非极性部分较多，两者的有效混溶就比较难；三是聚合后期，体系中羟基有所下降，羧基降到了极低，聚合速度大大下降。

解决的方法是：首先将目前的二甲苯溶剂法进行改进，目前的溶剂法加入的二甲苯数量太少，二甲苯只是起了回流带水和控制温度的作用。如果用二甲苯、环己酮与210~250℃沸程范围的溶剂汽油作为混合溶剂，在200℃的温度下酯化。就能大大改善二聚性，这是因为混合溶剂很好地改善了脂肪酸和聚酯的混溶性；大量的溶剂汽油的加入，使反应体系的黏度大为降低，反应速度也大为加快。但是高沸点溶剂加多后，漆膜的干燥会变慢。

其次是提高醇酸树脂的酸值指标要求，实际上目前的酸值要求太低了，如果将酸值指标扩大到30mg KOH/g，就可以大为缩短酯化时间。酸值高对耐蚀性有影响，但是对提高附着力和颜料分散性有好处，这只是一个平衡问题。

第三是允许一部分的脂肪酸二聚。醇酸树脂的配方设计的最大问题就是按凝胶点的设计作为基础，然后用脂肪酸二聚来修整。并且由于是用油脂而不是亚油酸等单一脂肪酸为原料，所以脂肪酸二聚过多后，氧化成膜速度就慢了，所以要尽量依靠增加聚酯的分子量、减少脂肪酸二聚来使成膜速度提高。其实随着双组分热固性树脂的大量采用，涂料的高固体含量的要求，醇酸树脂也到了应该改变聚合原理的思路了。

② 配方　但是目前的酯化法醇酸树脂的合成还是采用的是醇解法的思路进行改进。如表5-8是酯化法的配方。

表 5-8　酯化法合成醇酸树脂配方

名称	相对分子质量	摩尔数	投料量/kg
豆油脂肪酸1	280	1.46	41
豆油脂肪酸2	280	0.63	17.6
苯二甲酸酐	148	1.42	21
季戊四醇	136	1.46	19.8
二甲苯			适量

③ 合成工艺

a. 将豆油脂肪酸1、苯二甲酸酐、季戊四醇加入到反应釜中，加入二甲苯，搅拌升温到150℃，降低加热功率，150~160℃保温30min。此时，反应热将会使料液温度缓慢升高，如果此时二甲苯的量太大，则回流量大，反应温度会下降，需要放出部分二甲苯；如果温度升高太快，回流量小，这是二甲苯不够，需要补加二甲苯。保温完成后，以10~15℃/h的速度升温到230℃酯化至酸值为7即完成第一步。

这一步要注意的是二甲苯的回流量控制，在140~150℃时不管聚合反应发生没有，大回流量的二甲苯都是需要的，此时大量的蒸汽将气相中的空气排出，可以避免脂肪酸的热氧聚合。此后随着150℃后开始反应，产生大量的水，会显示出二甲苯较多的现象，此时如果勤放水都还显示二甲苯多则可以放出少量二甲苯，切忌在二甲苯蒸气不足导致空气回流入反应釜中。

b. 完成第一步后，加入豆油脂肪酸2，在230℃保温酯化至酸值9以下即可降温至50℃出料。这一步要注意的是加入脂肪酸时可以用一定比例的二甲苯，如1∶1溶解脂肪酸后加入，然后从回流器放出加入的二甲苯，这样可以使脂肪酸很快地同聚合树脂混溶，也避免了单独的脂肪酸加入在高温下没分散开的脂肪酸的二聚。第二是降温过程的反应釜气相控制，随着降温的开始二甲苯回流开始减小，此时需要加入二甲苯或更低沸点的溶剂以保持回流，使反应釜气相中充满溶剂蒸气，这不但可以提高降温速度，还主要的是避免空气同料液接触使脂肪酸二聚。通常在出料时才可以停止回流。

整个的反应过程，为了减少反应时间，在达到最高的保温温度后保持0.5h后，可以采用真空脱水的方法提高反应速度。真空脱水不但可以提高整个聚合过程的反应速度，还可以大为降低聚合过程的酯交换反应的发生。这就是溶剂法合成醇酸树脂的质量高于熔融（本体聚合）合成树脂的原因。

5.4.3　醇酸树脂涂料

（1）涂料配方

按照醇解法合成的亚麻油中油度醇酸树脂可以和各种颜料配制成磁漆，涂料配方示例见表5-9。

表 5-9　各色醇酸磁漆配方例

项目	红色磁漆	绿色磁漆	浅灰磁漆	天蓝色磁漆
醇酸树脂50%	79.8	72.3	70	70.25
颜料	8	13.8	0.84	1.2
钛白			19.2	18.8
氧化铅	0.1	0.07	0.07	0.6
环烷酸钴	0.3	0.4	0.2	0.6
环烷酸锰	0.6	0.4	0.8	0.6
环烷酸铅	1.5	1.4	2.0	2.0
环烷酸钙	0.9	0.82	1.24	1.2
环烷酸锌	0.8	1.1	0.94	0.8
硅油1%	—	0.4	0.4	0.4
双戊烯	2.4	2.7	2.4	2.7
PVC%	12.4	9.2	15.9	14.4

红色磁漆的颜料是甲苯胺红，绿色磁漆的颜料是柠檬黄11.4和铁蓝2.4配色，浅灰磁漆的颜料是柠檬黄0.39、铁蓝0.2、软质炭黑0.25配色，天蓝色的蓝色颜料是铁蓝。双戊烯含2个双键，沸点178℃，由于是低分子物又含有双键，所以容易形成自由基后引发不饱和脂肪酸，沸点高有延缓溶剂挥发干燥固结的作用。硅油是流平剂，降低涂料的表面张力达到流平作用。氧化铅可以中和树脂的酸值，防止酸同催干剂反应降低催干效果。

（2）涂料性能

上述涂料成膜干燥后性能见表5-10。

表 5-10　各色醇酸磁漆的性能指标

项目		红色磁漆	绿色磁漆	浅灰磁漆	天蓝色磁漆
黏度(涂-4)/s		≥60	60～90	60～90	60～90
细度/μm	≤	20	20	20	20
遮盖力/(g/m²)		150	65	65	85
表干时间/h	≤	5	5	5	5
实干时间/h	≤	15	15	15	15

项目		红色磁漆	绿色磁漆	浅灰磁漆	天蓝色磁漆
烘干时间(60℃)/h	≤	3	3	3	3
光泽/%	≥	90	90	90	90
硬度(玻璃)	≥	0.25	0.25	0.25	0.25
附着力(画圈法)/级	≤	2	2	2	2
柔韧性/mm		1	1	1	1

指标是涂料的最低要求，不能更低。实际产品有所变化，如为了保证有良好的颜料稳定性加入了增稠剂，黏度可能更高等。

5.4.4 氨基树脂

氨基树脂是胺基化合物同醛反应生成羟甲基，如果羟甲基缩聚则生成氨基化合物，然后用醇醚化羟甲基，得到稳定性好的烷氧基，这样的聚合物被称为氨基树脂。氨基树脂是水白色聚合物，本身不含苯环、双键，所以耐候性好。

（1）原理

从反应原理上氨基树脂的合成同酚醛树脂相同。所用原料醛也以甲醛为主，胺基化合物主要有尿素、三聚氰胺等。如果控制聚合的氨基树脂分子量在低聚物范围内，则大量的烷氧基在加热后就可以同含羟基的聚合物反应，因此氨基树脂的使用通常是作为固化剂同醇酸树脂、聚酯树脂、环氧树脂等配用配制成为氨基漆。之所以称为氨基漆，是因为固化后氨基树脂的特征键的数量比酯键或环氧键多，其实，从树脂的用量上氨基树脂还是用得比较少的。

三聚氰胺含有 6 个胺基，每个胺基上有 6 个活泼氢，结构为右。三聚氰胺是白色粉状结晶，微溶于水和醇的弱碱性物质，不溶于醚，1 份三聚氰胺和 2.5 份甲醛在 80℃不少于 10min 全溶，350℃升华。

氨基树脂由于含羟甲基多，在非极性的有机溶剂中很难溶解，因此需要对其进行醚化，同时，也是主要的，烷氧基醚化后在常温下储存稳定性很好，一般采用丁醇对羟甲基醚化，丁醇能提供很好的溶剂油溶解性，如果配漆的溶剂是极性的，采用甲醇或乙醇也是可以的。

通常醚化反应是反应物脱水到一定程度后，具有给电子特性的醇体现出碱的性质，质子化的醇成为催化剂，羟甲基和醇的羟基醚化成为烷氧基。

氨基树脂的合成步骤如下。

羟甲基化：首先胺基化合物在微碱性条件下和甲醛羟甲基化。

$$\equiv C—NH_2+H_2CO \longrightarrow \equiv C—NH—CH_2OH+\equiv C—N(—CH_2OH)_2$$

聚合：是羟甲基的缩合聚合。

$$\equiv C—NH—CH_2OH+HN \Longrightarrow \longrightarrow \equiv C—NH—CH_2—N \equiv$$

反应微酸性条件下进行，此时得到低聚物，由于反应体系中存在大量的水，醚化反应速度小。

醚化：$\equiv C—NH—CH_2OH+HO—R \longrightarrow \equiv C—NH—CH_2—O—R+H_2O$

醚化是在加强带入的水脱出很多时进行，脱水时，首先将水悬浮的树脂静置分层，分去水和水中的残余甲醛、部分小分子物，然后在减压条件下脱水，此时不但脱出甲醛带入的水，醚化产生的生成物水也脱出。统计脱水量，判断脱水终点。由于反应中加入了酸和碱及它们生成的盐，树脂用热水洗涤除掉这些杂质和小分子溶于水的生成物后，树脂的储层稳定性更高。

固化 $\equiv C—NH—CH_2—O—R+HO—X_R \longrightarrow \equiv C—NH—CH_2—O—X_R+HO—R$

固化实质上是 X_R 形成的醚键要比—R 形成的醚键稳定，且释放出的醇被挥发了，所以通常醚化时选择低碳醇。

（2）丁醇醚化三聚氰胺甲醛树脂的合成

目前涂料用的氨基树脂都是由三聚氰胺单体合成，脲醛树脂只是用在了木工加工中。表5-11 配方是用得最多的 2 个氨基树脂品种。

表 5-11　三聚氰胺氨基树脂配方

原料	相对分子质量	低醚化度		高醚化度	
		摩尔数	投料量/kg	摩尔数	投料量/kg
三聚氰胺	126	1	126	1	126
甲醛 37%	30	6.24	506	6.24	506
丁醇 1	74	5.4	400	5.4	400
丁醇 2	74			0.9	67
碳酸镁			0.4		0.4
苯酐			0.44		0.44
二甲苯			50		50

合成操作工艺如下。

① 将甲醛、丁醇加入反应釜中，搅拌下加入碳酸镁调 pH 到 7～8，缓慢加入固体状的三聚氰胺，固体溶解后升温到 80℃，检查 pH 为 6.5～7，溶液清澈透明，升温到 90～92℃，在回流条件下反应 2.5h。

② 在反应液中加入苯酐（盐酸）、丁醇，调 pH 为 4.5～5，在 90～92℃下回流保温 1～1.5h。

③ 停止加热，加入碳酸镁（小苏打）调 pH 到 7，并加入二甲苯静置分层。分去下层废水，计量水。加入 50～70℃ 热水洗涤，然后静置分层分水，计量水。

④ 搅拌升温，在温度 70℃ 开启真空，真空脱水，正丁醇回流，计量脱水量到理论值的 90%，取样测定树脂的 200 溶剂油的容忍度，低醚化度为 1:（2～7），高醚化度为 1:（10～20），合格即冷却到 50℃ 下过滤出料。树脂固体含量 60%±2%、黏度 60～100s（涂-4）。

5.4.5　醇酸-氨基烘漆

醇酸-氨基烘漆是目前电器及机械行业用得最多的涂料，它一般用含油量少的短油度醇酸树脂，这种树脂羟基含量高。烘烤固化时羟基与氨基树脂的烷氧基交联固化，同时不饱和脂肪酸也会发生二聚和氧化聚合，所以固化交联度高，比普通醇酸树脂性能提高很多。过去人们对烘烤固化很不满意，其实烘漆干燥快、成膜质量高，需要的成膜助剂少，对大批量的定型设备反而比常温自干醇酸树脂成本低、节约场地。

（1）配方

表 5-12 是一个短油度豆油醇酸树脂配方，用于同氨基树脂配漆。

表 5-12　短油度豆油醇酸树脂配方

原料名称	分子量	摩尔数	投料量/kg
豆油（双漂）	280	1.44	40.3
甘油	92	2.22	20.43
苯二甲酸酐	148	2.65	39.27
氧化铅			0.012
二甲苯			71

合成工艺与醇解法的相同，只是用油量低后二聚反应程度低，比聚酯设计的凝胶点略高一点。

（2）配漆

醇酸氨基烘漆可以配制成单组分的烘漆，涂料有较好的储存稳定性。如果希望烘烤温度低，则涂料的储存稳定性就要差一点。表5-13是醇酸-氨基烘漆配方。

表5-13　醇酸-氨基烘漆配方

原料名称	白色磁漆	白色中间漆	大红磁漆	透明红
短油度豆油醇酸树脂50%	56.5	26.6	68	69
低醚化度三聚氰胺氨基树脂60%		3		21.3
高醚化度三聚氰胺氨基树脂60%	12.4		12.5	
钛白粉	25			
镉红			14	
油溶红G				4.4
锌钡白		51.4		
滑石粉		4		
甲基硅油1%	0.3		0.3	0.5
丁醇	3		3	4.8
二甲苯	2.8	6	2.2	
环烷酸锰、铅、锌,2%金属量		0.8+0.8+0.8		

镉红的耐候性优于甲苯胺红，油溶红G是由邻甲氧基苯胺重氮化，再与2-萘酚偶合而得的有机染料，由发色的有机基团提供颜色，用于透明色漆中，即能显示底纹，又能着色。中间漆在装饰性为主的涂料中PVC值可以高一点，也便宜一点，所以用低档的锌钡白为颜料。

5.5　聚氨酯树脂涂料

5.5.1　聚氨酯树脂基础

（1）概念

聚氨酯也称为聚胺基甲酸酯，是漆膜中含有大量氨酯键的聚合物树脂，除氨酯键外还可以有许多酯键、醚键、脲键、脲基甲酸酯键、三聚异氰酸酯基团或不饱和双键。

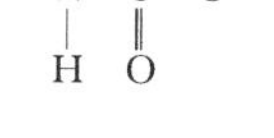

聚氨酯涂料的物理力学性能好，漆膜坚硬、柔韧、光亮、丰满、耐磨、附着力强，保护及装饰性好。对各种施工环境和对象的适应性较强；可常温自干，亦可高温固化，在湿气环境中有很好的固化性能；耐腐蚀性能优异，耐油、酸、化学药品和工业废气，耐碱性稍低于环氧涂料；漆膜附着力强，易与多种合成树脂配合使用；耐老化性优于环氧涂料，常用作面漆，也可用作底漆。缺点主要是有较大的刺激性和毒性、价格高。

聚氨酯涂料是以聚氨酯树脂为基料，以颜料、填料等为辅助材料的涂料。

（2）异氰酸酯单体

异氰酸酯单体是由有机胺的胺基同光气（$COCl_2$）反应脱去氯化氢而得。反应的第一步冷光气化，主要是胺与光气反应生成氨基甲酰氯。第二步热光气化则由生成的氨基甲酰氯分解成异氰酸酯。如果有机胺是二元的则得到二异氰酸酯，两官能团的异氰酸酯化合物就可以进行高分子的合成。

多异氰酸脂有芳香族和脂肪族两大类，由于芳香族价廉易得，反应活性又大，故在防腐蚀涂料中大多采用芳香族异氰酸脂。由于氨基甲酸酯链节有较高极性又有化学惰性以及异氰酸脂高度活性，得以有充分手段可按需要调整结构。聚氨酯行业使用最多的异氰酸酯单体是甲苯二异氰酸酯，通常的甲苯二异氰酸酯（TDI）有两种异构体，商品 TDI 中通常 2,4-甲苯二异氰酸酯占 80%，2,6-甲苯二异氰酸酯占 20%。

TDI 加成物不耐候，供各种内用和防腐蚀用。TDI 三聚体型干性很快，但可使用期限短，因颜料润湿性差不宜作色漆，作木器清漆之用。TDI/HDI 三聚体型干性快，可使用期限短，耐候性较佳，白色漆、磁漆均可采用。HDI 缩二脲不泛黄，保光泽，可制户外用高级涂料。XDI 加成物也不泛黄，反应较慢，耐候性比 TDI 好，比 HDI 较低，成本比 HDI 缩二脲低。IPDI 加成物不泛黄，保光泽，反应性慢，可使用期限长。

（3）异氰酸酯固化机理

异氰酸酯的固化是异氰酸基与含活性氢的化合物加成，异氰酸基中的碳氮双键打开，氮原子获得活性氢，碳原子接上失去活性氢的化合物。

$$\text{RX—H} + \text{O=C=N—R}_1 \longrightarrow \text{RX—C—N—R}_1 \longrightarrow \text{RX—C—N—R}_1 \tag{5-3}$$

显然，这样的反应使活泼氢的活泼程度变得很重要，它取决于连接活泼氢的 R 基团的性质，各种含活性氢的单体与异氰酸酯的相对反应活性是：脂肪族胺＞芳香族胺＞伯 OH＞水＞仲 OH＞酚 OH＞羧基＞取代脲＞酰胺＞氨基甲酸酯。

同样，异氰酸基的反应活性也随 R 基团的性质有下列由大到小的顺序。

所以聚氨酯涂料大部分都是双组分的，A 组分是含多个活性氢的低聚物，B 组分是含多个异氰酸酯的化合物，由于异氰酸酯的高活性，难以引入树脂所需要的性能的基团，所以分子量通常做得比较小。这就靠调节 A 组分的分子结构来设计树脂的性能。还可以通过调节双组分所含活性官能团的数量来调整交联度。

聚氨酯按固化机理一般分为五类：氧固化聚氨酯改性油（单组分）；多羟基化合物固化多异氰酸酯的加成物或预聚物（双组分）；多羟基化合物固化封闭型多异氰酸酯的加成物或预聚物（单组分）；湿固化多异氰酸酯预聚物（单组分）；催化湿固化多异氰酸酯预聚物（双组分）。

（4）聚氨酯用其他原料

聚氨酯采用的溶剂通常包括酮类（如甲乙酮、丙酮）、酯类、芳香烃（甲苯）、二甲基甲酰胺、四氢呋喃等。聚氨酯用的有机溶剂必须是"氨酯级溶剂"，基本不含水、醇等含活泼氢的化合物，"氨酯级溶剂"是以异氰酸酯当量为主要指标，即消耗 1mol 的 NCO 所需溶剂的质量（g），该值必须大于 2500，低于 2500 为不合格。

异氰酸酯与羟基反应需要加入催化剂，有机锡类催化剂催化 NCO/OH 反应比催化 NCO/H_2O 反应要强，在聚氨酯树脂制备时大多采用此类催化剂。如二月桂酸二丁基锡、辛酸亚锡。而极少量苯磺酰氯可以抑制异氰酸酯与水反应，使异氰酸酯与羟基反应的体系不产生气泡。

叔胺类催化剂对促进异氰酸酯与水反应特别有效，一般用于制备聚氨酯泡沫塑料以及低温固化、潮气固化型聚氨酯。三亚乙基三胺、三乙醇胺、三乙胺是常用的叔胺类催化剂。

聚氨酯涂料配方中必须加入流平剂，能改善湿涂膜流动性的物质称为流平剂，它的主要作用是降低组分之间的表面张力，增加流动性，达到平滑、平整，从而获得无针孔、缩孔、刷痕缺陷的致密涂膜。而醋酸丁酸纤维素、混合溶剂、有机硅、聚丙烯酸酯、丁醇改性三聚氰胺甲醛树脂、硝化纤维素和聚乙烯醇缩丁醛等都是聚氨酯的有效的流平剂。

5.5.2 异氰酸酯基的反应

（1）羟基-异氰酸酯

$$R—OH + O=C=N—R_1 \longrightarrow RO—\overset{\overset{O}{\|}}{C}—\overset{\overset{}{}}{\underset{H}{N}}—R_1 \tag{5-4}$$

该反应可以用多羟基有机化合物同二异氰酸酯聚合成一个含多异氰酸酯的预聚物，也是含多异氰酸酯的预聚物与含羟基的低聚物成膜的固化反应。异氰酸酯与含羟基化合物的反应是聚氨酯合成中最常用的反应，因为含羟基的聚合物很容易合成，同时这个缩聚反应也很容易控制分子量，再者是原料价格低。羟基同异氰酸酯基反应活性大小顺序为：伯羟基＞仲羟基＞叔羟基。

多元醇与多异氰酸酯生成反应固化成聚氨酯。本来按照固化反应的官能团残留的原理，应该是相对较稳定的羟基过量，但是聚氨酯是反应物中的异氰酸酯基过量，这只是提高了交联度。因为异氰酸酯基可以和体系、环境中存在的微量水分、含活泼氢杂质的影响而反应，最终不会残余在树脂中。

如羟基过量，则得到的是端羟基聚氨酯，可以合成热塑性的聚氨酯树脂，如果反应混合物等摩尔，理论上可以生成分子量无穷大的高聚物，不过一般聚氨酯的分子量一般为数万到十多万。

（2）胺-异氰酸酯

异氰酸酯与胺反应生成取代脲。

$$R—NH_2 + O=C=N—R_1 \longrightarrow R—\overset{}{\underset{H}{N}}—\overset{\overset{O}{\|}}{C}—\overset{}{\underset{H}{N}}—R_1 \tag{5-5}$$

胺基与异氰酸酯的反应活性较其他活性氢化合物为高，所以常温下这个反应速度都很快，固化时为了抑制胺类杂质的影响，体系中会加入少量的有机酸来中和胺基。同样，在设计很低温度的聚氨酯体系时，胺-异氰酸酯体系就很有优势。

（3）水-异氰酸酯

$$H_2O + O=C=N—R_1 \longrightarrow HO—\overset{\overset{O}{\|}}{C}—\overset{}{\underset{H}{N}}—R_1 \longrightarrow R_1—NH_2 + CO_2 \tag{5-6}$$

异氰酸酯与水先生成不稳定的氨基甲酸，然后由氨基甲酸分解成二氧化碳及胺。若在过量的异氰酸酯存在下，所生成的胺将与异氰酸酯继续反应生成取代脲。这个反应存在于几乎所有的聚氨酯涂料中。湿气固化聚氨酯就是大分子上含有较多的异氰酸酯官能团，在空气中的湿气的作用下大分子固化；双组分的聚氨酯的 A 组分中总是含有微量的水，固化时它们要起泡，如果没有尽量多的异氰酸酯官能团与胺基反应，则残留的胺基对耐蚀性有所影响；发泡聚氨酯也是利用此反应，利用反应产生的二氧化碳得到聚氨酯泡沫。

（4）氨基甲酸酯-异氰酸酯

由于氨基甲酸酯基团中仍然含有一个活泼氢，异氰酸酯与氨基甲酸酯反应，生成脲基甲酸酯。

$$RO—\overset{\overset{O}{\|}}{C}—\overset{}{\underset{H}{N}}—R_1 + O=C=N—R_2 \longrightarrow RO—\overset{\overset{O}{\|}}{C}—\overset{}{\underset{R_1}{N}}—\overset{\overset{O}{\|}}{C}—\overset{}{\underset{H}{N}}—R_2 \tag{5-7}$$

异氰酸酯与氨基甲酸酯的反应活性比异氰酸酯与脲基的反应性低，当无催化剂存在常温下几乎不反应，一般反应需在 $120\sim140℃$ 之间才能得到较为满意的反应速率。所有烘烤型的聚氨酯涂料性能更好，这是因为增加了交联度。

（5）脲-异氰酸酯

异氰酸酯与脲基化合物反应生成缩二脲。

$$R-N-C-N-R_1 + O=C=N-R_2 \longrightarrow R-N-C-N-C-N-R_2 \qquad (5\text{-}8)$$

该反应在无催化剂的条件下，一般需在 $100℃$ 或更高温度下才能反应。这个反应是将脲的两个活泼氢都利用起来了，又需要高温烘烤，还不如将脲的活泼氢与甲醛反应成甲氧基再与羧基、羟基固化更好，所以在耐蚀涂料中用得很少。

（6）酰胺基-异氰酸酯

异氰酸酯与酰胺基化合物反应形成酰基脲；酰胺基化合物反应能力较差，一般反应温度需在 $100℃$ 左右。

$$R-C-NH_2 + O=C=N-R_1 \longrightarrow R-C-N-C-N-R_1 \qquad (5\text{-}9)$$

这个反应在涂料用得少。

（7）羧酸-异氰酸酯

异氰酸酯与羧酸反应是先生成热稳定性差的羧酸酐，然后分解，生成酰胺和二氧化碳。

$$R-C-OH + O=C=N-R_1 \longrightarrow R-C-O-C-N-R_1 \longrightarrow R-C-N-R_1 + CO_2 \qquad (5\text{-}10)$$

这说明聚氨酯的配漆是 A 组分的酸值要尽量小，否则产生的气泡会影响涂料性能。同时这个反应的速度也比较慢。

（8）环氧基团-异氰酸酯

异氰酸酯与环氧基团在胺类催化剂的存在下生成含噁唑烷酮环的化合物。噁唑烷酮环具有较高的耐热性，含噁唑烷酮基的聚合物具有较高的耐热性。但是通常异氰酸酯首先同环氧树脂中的羟基反应，所以这个反应要使用不含羟基的环氧树脂或羟基消耗完后才能反应。

$$R-CH-CH_2 + O=C=N-R_1 \longrightarrow R_1-N \begin{array}{c} CH_2 \\ CH-R \end{array} \qquad (5\text{-}11)$$

（9）酸酐-异氰酸酯

异氰酸酯与酸酐需要在加热的条件下反应，生成具有较高耐热性的酰亚胺环，二异氰酸酯能与二羧酐反应生成耐热性高的聚酰亚胺。酰亚胺基的耐热性与异氰脲酸酯相当。

$$\text{(酸酐结构)} + O=C=N-R_1 \longrightarrow \text{(酰亚胺结构)} -R_1 + CO_2 \qquad (5\text{-}12)$$

5.5.3　多异氰酸酯加成物

聚氨酯可以通过预聚物端基的—NCO 与活泼氢反应交联，也可以通过在预聚物中反应完全后由预聚物中的其他基团交联。目前使用最多的多异氰酸酯是一种分子链上含 2 个以上羟基的高分子聚合物同一种分子链上含 2 个以上—NCO 的多异氰酸酯加成的低聚物，最简单的是由 1 个三羟甲基丙烷（TMP）和 3 个甲苯二异氰酸酯加成反应而得的预聚物。

（1）TDI-TMP 加成物配方

表 5-14　TDI-TMP 预聚物配方

原料	摩尔数	分子量	质量比	加料量/1000L 釜
三羟甲基丙烷	1	134.17	134.17	80
甲苯二异氰酸酯	3.3	174.16	574.73	345
醋酸丁酯			1:1	425

表 5-14 中只用醋酸丁酯是考虑到它的溶解性好，反应更均匀，在配漆时可以加入二甲苯等稀释剂来降低成本。理论上 TDI 和 TMP 的摩尔配比在 1:3 就够了，但是，加成反应到后期，体系中还存在大量的—NCO 基团，这些异氰酸基大多数都是 TDI 第一个异氰酸基加成反应后的第二个异氰酸基（TDI 中第 4 位上的—NCO 基的活性比第 2 位高，再加上 4 位的反应后第 2 位的—NCO 基还要降低），虽然其反应活性略低于游离 TDI 的，而此时的残余羟基浓度也很低，它们同游离 TDI 的结合由于碰撞概率的减小变得很不容易，所以会发生进一步的缩聚，这使得预聚物的分子量分布宽，黏度高。增加 TDI 的用量就是尽量防止缩聚反应的办法，但这样最终产物的游离 TDI 增加，对劳动保护很不利，所以采用 1:3.3 的比例。现在这种加成物可以通过刮膜蒸发设备来脱出游离 TDI，比例就可以放 1:3.8 或更大，以保证加成反应的时候不发生缩聚反应。因此，TDI 与 TMP 形成的加成物反应可以写为：

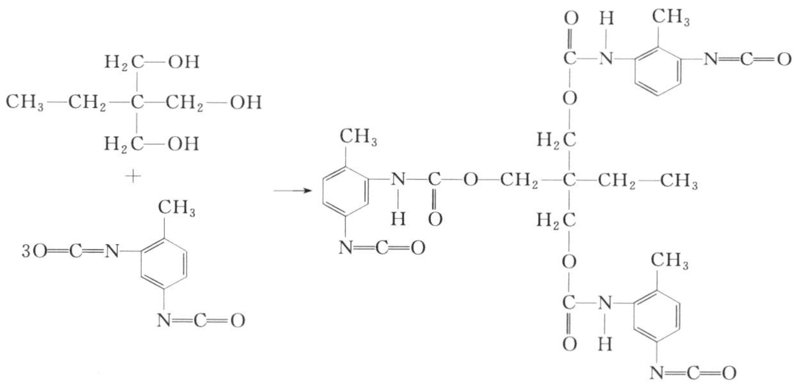

$$(5-13)$$

配方中的溶剂用量也与反应有关，当 TDI 过量程度低时，必须采用大的溶剂用量来降低反应物的黏度，也能尽量的保证游离 TDI 的反应。所以溶剂量以多为好，但是也要考虑由此降低设备的生产能力。

（2）合成工艺

① 将甲苯二异氰酸酯 345kg 和醇酸丁酯 200kg 投入反应釜中。

② 将三羟甲基丙烷 80kg 溶解到 225kg 醇酸丁酯中，过滤，必要时需要脱水。

③ 在搅拌下升温到 55～70℃，开始滴加溶液②，在温度 60～70℃范围以 1～2h 的时间滴完，滴加完毕后在此温度反应 1～2h 直至取样冷却后透明。

④ 反应液继续升温到 120℃，在 120℃下保温 1h。冷却到室温，过滤包装。

产品固体含量为（50%±2%），色泽<8（铁钴法），黏度于 25℃时，为 15～50s（涂料 4 号杯），异氰酸酯基含量一般为 8%～9.5%。

生产中温度低一点，整个合成时间就要长一点，但树脂颜色浅，黏度也能低一点。为合成浅色树脂，可加入抗氧剂。产品中游离的甲苯二异氰酸酯还需除去，降到 0.5% 以下。

5.5.4　羟基固化型聚氨酯

（1）聚酯固化防腐涂料

是带羟基官能团的聚酯树脂同异氰酸酯交联固化，它是聚氨酯涂料中最典型的品种，可作为装饰要求较高，防腐蚀也有一定要求的涂料。涂膜鲜映性好、光泽高、耐热水，耐汽油性良好，耐无机酸尚好，耐碱性有限。防腐涂料配方示意见表 5-15。

表 5-15　聚酯固化防腐涂料

组分	中间体或原料	用量		
		底漆	白色面漆	清漆
含羟基组分	中油度蓖麻醇酸(50%)	23.5	36.3	54
	钛白	—	16.3	1
	锌铬黄	21.7	—	—
	铁红	9.6	—	1
	滑石粉	2.2	—	1
	二甲苯	23.1	16.3	1
异氰酸酯组分	TDI-TMP 加成物	19.9	31.0	46
固体分/%		55	50	50
NCO/OH,当量比		1.4	1.4	1.4
颜料/树脂,当量比		1.54	0.45	—

(2) 环氧固化的防腐涂料

该涂料是采用环氧化合物作为羟基组分和异氰酸酯组分反应物为成膜物，加上颜料、填料、溶剂配制而成的防腐蚀涂料，由于环氧组分的存在，提高了涂膜的耐碱性和附着力，所以它是一种涂膜物理力学性能和耐化学药品性优良，不挥发分高、施工涂刷性好的化工内防腐蚀涂料。环氧固化的防腐涂料见表 5-16。

表 5-16　环氧固化的防腐涂料

组分	中间体或原料	用量			
		面漆	低漆	清漆	金属用底漆
含羟基组分	E-44(80%二甲苯溶液)	5.8	6.3	11.4	4.1
	云母分	2.8	4.7		4.2
	滑石粉	2.8	4.7		4.2
	高岭土	2.8	4.7		4.2
	重晶石粉	5.7	9.3		8.4
	铁红		7.4		—
	铁白粉	16.9	—		—
	石墨	4.2			
	锌铬黄	—			21.0
	二甲苯	20.4	20.6	11.9	26.4
异氰酸酯组分	醇解蓖麻油预聚物	38.3	41.9	76.1	27.3
催化剂	甲基二乙醇胺	0.3	0.4	0.6	0.2
配方指标	固体含量/%	70	70	70	70
	NCO/OH 当量比	4/1	4/1	4/1	4/1
	颜料/树脂当量比	1/1	0.8/1	—	1.67/1

配方中的醇解蓖麻油预聚物是利用醇解后的二个羟基与 TDI 加成为预聚物,其异氰酸酯基含量较低,增塑性好;如果直接利用蓖麻油的个羟基与 TDI 加成为预聚物,增塑性更好;如果固化剂若用 TDI-TMP 加成物,制品耐蚀性更高,硬度高,但是柔韧性差,这时可以选用分子量大的 E-20 环氧树脂。

（3）聚醚固化的防腐涂料

是带羟基官能团的聚醚树脂同异氰酸酯交联固化,在防腐蚀涂料中经常采用的聚醚为聚氧化丙烯醚,醚键耐水解、耐碱,故这类涂料较聚酯固化的涂料耐化学药品性好,特别是耐碱性有显著提高。而且涂料的固体分可配得较高,对涂料的溶剂要求又较低,故该涂料应用较为广泛。但因聚醚所含为仲羟基,常温下反应活性较小,如直接用于自干型涂料,往往反应不易完全。

5.5.5　单组分聚氨酯

（1）封闭型聚氨酯

该涂料是利用异氰酸酯与某些含活泼氢化合物（封闭剂）形成的氨基甲酸酯在不太高的温度下能裂解的特性。而将这种封闭的异氰酸酯与羟基化合物构成一个组分。涂料在贮存过程中稳定,而涂膜在特定烘烤温度下氨基甲酸酯裂解出异氰酸酯和封闭剂,异氰酸酯再与羟基固化成膜。由于涂膜成膜充分、羟基固化完全、高温下多余异氰酸酯可以同氨基甲酸酯交联,故涂膜性能较相应的双组分自干型聚氨酯涂料为好,其涂膜耐化学药品性、耐水性、耐腐蚀性均较为优良。但因需加温烘烤故其使用受到限制,主要用于小型工件的防腐蚀涂层。

该涂料使用时以一道底漆二道面漆配套涂装,每层要在 160℃ 最后在 180℃ 经 40min、60min 烘干。封闭剂加成物配方为表 5-17。

表 5-17　封闭剂加成物配方

单体	用量/kg	单体	用量/kg
2,4 甲苯二异氰酸酯	140	丙三醇	16.1
一缩二乙二醇	14.8	醋酸乙酯	90
苯酚	88.7	甲酚	260.4

该配方的封闭剂是酚类,这类封闭剂是目前聚合和成膜效果较好的封闭剂,但是烘烤环境极为恶劣,需要专门的有封闭剂处理的烘房才能达到环保效果。

（2）氨酯油

氨基甲酸酯改性油称氨酯油或油改性聚氨酯涂料,是甲苯二异氰酸酯与干性油的醇解物反应而制成,在其分子中不含活性异氰酸酯基,主要是干性油的不饱和双键,在锌、铅、钴等金属催干剂的作用下氧化聚合成膜。

氨酯油的光泽、丰满度、硬度、耐磨、耐水、耐油以及耐化学腐蚀性能均比醇酸树脂涂料好;但涂膜流平性差,耐候性不佳,户外用易于泛黄,氨酯油的贮存稳定性好、无毒,有利于制造、包装方便,价格也较低;一般用于室内木器家具、地板、水泥表面的涂装及船舶等防腐涂装。

制备工艺分两步,第一步是醇解,这同醇酸树脂一样干性油与甘油的多元醇发生酯交换反应而生成甘油酸酯,第二步是甘油酸酯再与二异氰酸酯反应扩链制成氨酯油。

醇解是将干性油、多元醇、催化剂加入反应釜中,通入氮气。于 230～250℃ 下加热搅拌 1～2h,进行酯交换（醇解反应）,待醇解符合指标后（测定其甲醇容忍度）,然后加入溶剂共沸脱水,然后将反应液冷却到 50℃。分析羟值与酸值,根据分析结果算出甲苯二异氰酸酯添加量。这一步与制醇酸的不同主要在于可以允许存在较多的甘油二酸酯,这种含一个羟基的甘油酸酯是扩链聚合后分子链的端基，所以它的多少决定分子量的大小。

加成缩聚是将 TDI 于 50℃下加入醇解后的甘油酯中，反应温度保持在 60～65℃，TDI 加完后，充分搅拌 0.5h 将温度升到 80～90℃，并加入催化剂，使异氰酸酯充分反应并完全消失，冷至 50～55℃时，添加少量甲醇作为反应终止剂，以防残留 NCO 酯基，在贮存时产生凝胶另外还添加一定量的溶剂，过后再加入抗结皮剂及催化剂。

NCO/OH 投抖比一般在 0.9～1.0 之间，太高则成品不稳定，太低则残留羟基多，耐水解性能差，所以必须准确称量。氨酯油的油度较高，一般在 60%～70%左右，用亚麻油、大豆油等干性油溶剂，若配方中的不挥发成分中含 IDI 较多，超过 26%时，就要用芳烃溶剂。

（3）湿气固化型聚氨酯

该涂料是由含异氰酸基的预聚物配制而成的一种含端—NCO 基的预聚物。涂刷后涂膜与空气中的湿气交联固化，为单组分涂料。它是将二异氰酸酯与低分子量聚酯或聚醚等多元醇化合物反应制得，为使涂膜能顺利固化，所用预聚物的分子量应较双组分涂料为高，通常采用—NCO/—OH 摩尔比控制在 1.2～1.8 之间。由于采用这一比例，所以在以—NCO 基封端的同时，预聚物的分子量也得到适当提高。漆膜的固化速度与空气湿度有关，有一个最佳固化湿度条件。该类涂料与双组分涂料相比，优点是使用方便，可避免使用前配制的麻烦和误差，缺点是贮存期限短，配制色漆有困难。

根据湿固化聚氨酯涂料原理，固化后生成脲键和脲基甲酸键，因此漆膜耐磨。耐化学腐蚀，耐特种润滑油，防原子辐射、附着力、耐水性和柔韧性都很好。对重型设备振动和滚压，涂膜很少受损。适用于金属和混凝土表面的防腐蚀涂装。

5.6　丙烯酸树脂涂料

丙烯酸树脂系指丙烯酸、甲基丙烯酸及其酯或其衍生物的均聚和共聚物的总称。丙烯酸树脂涂料发展到今天，已是类型最多、综合性能最全、通用性最强的一类合成树脂涂料。与其他合成高分子树脂相比，丙烯酸树脂涂料具有许多突出的优点，光泽好、色浅、透明度高，耐热，热固性丙烯酸树脂在 170℃温度下不分解，不变色；优异的耐光、耐候性，户外暴晒耐久性强，耐紫外光照射不易分解和变黄，能长期保持原有的光泽和色泽。有较好的耐酸、碱、盐、油脂、洗涤剂等化学品沾污及腐蚀性能，虽然受酯键的限制，其单一耐蚀性并不突出，但是综合耐蚀性还是很好的，所以在装饰-保护性涂料方面得到大量使用。

丙烯酸树脂的合成采用自由基聚合原理。所以既可采用溶剂型聚合方便地制成溶剂型涂料；又可采用乳液聚合制成水性涂料；还可根据游离基聚合的链转移，方便地获得低分子量的树脂制成热固性涂料。因此，丙烯酸树脂涂料已成为最受关注、最受青睐的一大类涂料。此外，丙烯酸酯类单体很多，它不但含羧酸部分可以变化，最重要的是含羟基的醇的变化可以用"眼花缭乱"来形容，所以用不同性能的单体共聚可获得我们希望的性能。从高分子设计的角度，丙烯酸树脂的设计聚合所受的限制最小。

5.6.1　丙烯酸酯树脂单体

丙烯酸树脂涂料中所用单体主要有丙烯酸酯类，是一个丙烯酸和一个单元醇酯化的产物。它们从丙烯酸甲酯到丙烯酸丁酯、丙烯酸 2-乙基己酯（异辛酯）。酯键的醇羟基部分根据其碳链的长短和结构的不同而性能不同，通常碳链长的单体赋予共聚物的性能是柔软性，即它们的抗拉强度逐渐降低，断裂伸长率逐渐增加。碳链短的如丙烯酸甲酯、丙烯酸乙酯使共聚物具有少量的亲水性；耐烃类溶剂性更好。但是当直链的碳链超过 10 个碳后，由于碳链的规整结晶，其赋予的聚合物硬度逐渐增大；当碳链是支链结构时，它赋予的聚合物硬度也逐渐增大，但保光性下降；同样的环状的醇羟基部分也提供更大的刚性，苯环基团比甲醇所提供的刚性还略大点，但是更耐水，环己烷基团次于苯环基团较多，但是更耐候。另一类是丙烯酸的部分接上一个甲基，它们从甲基丙烯酸甲酯到丙烯酸甲基丁酯等与丙烯酸酯类相同的变化，由于甲基的影响，它们赋予共聚物的硬度要大一些；透明性提高；耐紫外光也好得多，同样的侧链大的也好些。这些单体是构成丙烯酸酯树脂的基本原料，它们都只含有一个双键，在自由基聚合时打开，然后主链上就全部是碳链构成了，所以有较好的耐蚀性；每个链节上的侧链还含有一个酯键，丙烯酸酯树脂的软硬性就是靠这个侧链来调节的。

根据合成树脂性能的需要在侧链上还可以引入各种用途的官能团，如羧基、羟基、烷氧基、环氧基等。这些活性官能团可以进行缩聚反应和加成反应或酯交换反应，但是不能进行自由基聚合反应，所以在合成丙烯酸酯树脂时它们保存了下来，这些活性基团可以在使用时同含相对应基团的固化剂反应，从而形成网络结构。所以，用于热固性丙烯酸树脂的生产，从而使得丙烯酸酯涂料的固体分大大提高，这是很多成膜树脂比不上的优势。常选用的带活性官能团的单体有丙烯酸、甲基丙烯酸、衣康酸、顺丁烯二酸酐及其单酯、丙烯氰、丙烯酰胺、甲基丙烯酰胺、丙烯酸β-羟乙酯、丙烯酸缩水甘油酯（甲基丙烯酸-2,3-环氧丙基酯）及丙烯酰胺，羟甲基丙烯酰胺等。表5-18、表5-19是合成单体的物理性能。

表 5-18 常用丙烯酸酯的物理性能

单体	沸点/℃	折射率 n_D^{25}	单体	沸点/℃	折射率 n_D^{25}
丙烯酸甲酯	80	1.401	甲基丙烯酸甲酯	100.5	1.412
丙烯酸乙酯	100	1.404	甲基丙烯酸乙酯	118.4	1.412
丙烯酸丁酯	120	1.416	甲基丙烯酸丁酯	168	1.422
丙烯酸异辛酯	213	1.433	甲基丙烯酸异辛酯	247	1.438

表 5-19 功能性丙烯酸单体的物理性能

单体	沸点/℃	折射率 n_D^{25}	官能团
甲基丙烯酸缩水甘油酯	92(7mmHg)	1.448	环氧基
丙烯酸缩水甘油酯	57(5mmHg)	1.448	
丙烯酸β-羟丙酯	77(5mmHg)	1.445	羟基
丙烯酸β-羟乙酯	82(5mmHg)	1.460	
甲基丙烯酸β-羟乙酯	96(5mmHg)	1.452	
甲基丙烯酸β-羟丙酯	96(5mmHg)	1.446	
丙烯酸β-乙氧基乙酯	171	1.427	烷氧基
甲基丙烯酸β-乙氧基乙酯	92(10mmHg)	1.443	
丙烯酸	140	1.422	羧基

另外，在高分子主链中，还可以用苯乙烯、醋酸乙烯酯以至乙烯、丙烯、乙烯基醚、顺丁烯二酸酐双酯、脂肪酸乙烯来共聚以获得所需性能。苯乙烯在室内环境中有很好的耐蚀性，可用来替代价格较高的甲基丙烯酸甲酯；醋酸乙烯酯有良好的耐候性、易水解性和少量亲水性；脂肪酸乙烯酯能提高光泽。

5.6.2 丙烯酸酯树脂配方设计

（1）根据树脂的用途特点来选择单体

通常，耐蚀丙烯酸酯树脂的主要单体最好选甲基丙烯酸的酯类，因为多一个甲基对酯键的保护，所以耐蚀性更好。同样的酯键的另一端的碳链也以大一点为好，选用带支链的碳链更好。其实，这样的选择也相对地减少了单位质量的树脂中的酯键数量，提高了耐蚀性。当需要耐油性好的成膜树脂时，丙烯腈、丙烯酰胺、丙烯酸这些极性强的单体就要使用，其中丙烯腈最好。

当需要有良好的装饰性时，选择折射率大的单体，即碳链较长的直链、含羟基的支链等；必要时引入油酸单酯这类脂肪酸酯共聚。利用脂肪酸的较高的折射率，使涂料具有好的鲜映性，现在防腐蚀-装饰性涂料的市场越来越大了。

当需要制作较高固体含量的涂料时，就要将配合设计成热固性树脂体系，热固体系在施工和配漆时的黏度低，有利于环保和降低成本，而固化后分子形成了超高分子量的网络，虽然固化时增加了对耐蚀性有影响的基团，但是网络结构又极大地提高了耐蚀性。热固性树脂体系的设计首先就是选择一个合适的反应性的官能团对。烷氧基、羟基、羧基、异氰酸基、环氧基、胺基、羟甲基、酰胺基等除双键外都是丙烯酸酯可以引入的官能团。环氧基具有固化收缩率小、可以常温固化的优点；羟基合成中带入容易、含羟基组分的储存稳定性高、对颜料的分散性好；羧基带入也容易、可以促进烷氧基的低温固化，但含羧基组分储存时对铁罐有腐蚀；异氰酸基低温固化性好，形成漆膜的光泽好，固化收缩率较低，固化配比的范围宽，但树脂容易泛黄，这主要是 TDI 的苯环所引起；烷氧基的耐候性很好，但是固化温度较高，羟甲基的储存稳定性差等。选择固化官能团时要从耐蚀性、固化条件、储存性能、装饰性等进行综合平衡。

（2）玻璃化温度的设计

设计热塑性丙烯酸酯树脂成膜物的玻璃化温度根据涂料的耐热温度决定，设计热固性丙烯酸酯树脂成膜物还可以稍微设计软一点，提高提高交联度来使树脂具有较好的弹性，设计乳胶型成膜物时，玻璃化温度通常在 25℃ 以下。丙烯酸酯树脂共聚后的计算方法是简单的 FOX 方程。

$$\frac{1}{T_g} = \frac{W_1}{T_{g1}} + \frac{W_2}{T_{g2}} + \cdots + \frac{W_n}{T_{gn}}$$

式中，W 为共聚单体组分的质量分数；T_g 是其均聚物的玻璃化温度，K，其值见表 5-20。由于对聚合物的功能设计需要加入一些含羧基、氰基、羟基等的功能性单体，应注意单体组中如果出现几种单体所带基团的构性相反，会由于官能团的吸引导致玻璃化温度的升高。此外有吸水性能的基团共聚入树脂后因在大气中吸收水分而要降低树脂的玻璃化温度。分子量对玻璃化温度的影响是较大的，分子量越大则玻璃化温度越高。

表 5-20　玻璃化温度设计需要的均聚物的 T_g

均聚物	$T_g/℃$	均聚物	$T_g/℃$
聚甲基丙烯酸甲酯	105	聚丙烯酸甲酯	8
聚甲基丙烯酸乙酯	65	聚丙烯酸乙酯	−22
聚甲基丙烯酸丁酯	20	聚丙烯酸正丁酯	−54
聚甲基丙烯酸环己酯	66	聚丙烯酸 2-乙基己酯	−85
聚甲基丙烯酸苯酯	110	聚丙烯酸环己酯	16
聚甲基丙烯酸 2-羟乙酯	55	聚丙烯酸	106
聚甲基丙烯酸羟丙酯	26	聚甲基丙烯酸	130
聚甲基丙烯酸缩水甘油酯	41	聚丙烯氰	96
聚醋酸乙烯酯	30	聚苯乙烯	100

（3）用竞聚率选择单体组成

在前面单体功能，玻璃化温度进行单体筛选后，就应该由竞聚率来筛选单体，根据各单体的功能和软硬组配后，选择能共聚的单体组成一个配方。如果某一单体的功能不可替代，又与主要的单体不能共聚，则需要引入既能与主单体很好共聚又能与功能单体有效共聚的第三单体到配方中。对于交联剂这类的功能基团，一定要防止它们的自聚反应发生，这会严重影响分子链上交联点的均匀分布，顺丁烯二酸酐是与大多数单体只能共聚而不能自聚的单体，所以它们的各种酯化物引入官能团在丙烯酸酯分子主链上能很好地分布。由于功能性的单体在配方中使用量较少，本身的共聚难度就大，问题还不大，但是用量多时就要注意。

5.6.3 分子量的设计

作为涂料用丙烯酸树脂的分子量的控制非常重要，分子量的设计对涂料的固含量、机械性能、施工性能、干燥性能等有直接影响。分子量的控制主要通过链转移剂、单体浓度、溶剂用量、引发剂用量来调节。由于链转移使反应速度加快，分子量控制要比不产生链转移的容易，各种链转移的聚合度设计公式是：

$$\frac{1}{X_n}=\frac{2\sqrt{fk_dk_t}}{k_p}\frac{[I]^{1/2}}{[M]}+C_M+C_I\frac{[I]}{[M]}+C_S\frac{[S]}{[M]}+C_T\frac{[T]}{[M]}$$

式中，C_M，C_I，C_S，C_T 分别为单体 M、引发剂 I、溶剂 S 和外加的链转移剂 T 的链转移常数；k_d，k_p，k_t 分别为聚合时的链引发、链增长和链终止速率常数；f 是引发剂的引发效率。

实际使用时纯粹依靠计算是难以达到要求的，但是，根据公式，增加链转移剂、溶剂用量、引发剂用量的一种就可以降低聚合分子量，链转移剂是比较好的分子量调节剂，它对整个体系引起的变化小；溶剂的少量增减容易被接受，但是量大后使反应釜的生产能力下降很多，引发剂用量太大将引入耐蚀性差的聚合物的端基（引发剂分解碎片）。减少单体浓度也可以降低聚合分子量，这能通过直接减缓单体滴加速度很好地控制，但是也由于聚合时间延长而降低聚合釜的生产率。

5.6.4 聚合工艺的设计

（1）单体的精制

丙烯酸酯类单体在贮存时都加入有阻聚剂（通常是对苯二酚）来保证储存、运输时的稳定性，不至于单体受空气、金属杂质、温度的影响而自聚，且贮存过程中阻聚剂会在灭杀自由基的过程中逐渐消耗，所以使用前的单体都需要除去其中的阻聚剂。如果单体不溶于水，则用 10％NaOH 溶液洗涤至不再变色，如果是丙烯酸甲酯和丙烯酸乙酯这些略亲水的单体，则水洗损失较大，只能蒸馏精制后使用。同样的，含亲水官能团的功能性单体也不能用水精制。精制后的单体没有储存稳定性，要尽快用完。单体应该分别精制后再计量混合。

（2）温度控制

聚合温度的设计首先受单体沸点的限制，单体混合后的沸点要比最低沸点单体的值高，但是配方的千变万化，所以要试验来确认；其次，反应前期的体系中单体浓度很高，随着聚合程度的增加，体系的沸点也增加，所以，反应前期体系中的混合单体浓度要符合分子量的要求，即按溶剂对链转移影响来设计；三是温度的精确控制，用溶剂回流法来控制反应温度比控制加热和冷却简单方便得多，溶剂的沸点是一个粗略的选择，然后沸点会随着溶剂浓度的变化而变化，所以溶剂对单体的比例是影响分子量的主要因素，操作配料时应准确。

温度控制视分子量要求而定，要求分子量低时，可在高至溶剂回流温度滴加单体；要求分子量高时，则可降低滴加速度及反应温度至 75～80℃。但在较低温度下滴加单体时前阶段应放慢速度使引发聚合开始于滴完之前，否则由于低温下诱导期延长，滴完单体或由于加了大部分单体时引发聚合未开始，待以后聚合反应开始时，单体浓度很高。会有突然的剧烈反应放热引起暴聚或爆炸。

（3）加料顺序

混合单体加入反应体系中都是逐步滴加进去的，滴加速度也影响分子量及分子量分布。滴得慢时分子量较小但分子结构可能较均匀，滴加快则分子量较大、分子结构均匀度较差。

5.6.5　丙烯酸酯树脂制漆

（1）热塑性丙烯酸树脂涂料

单组分的热塑性丙烯酸树脂涂料成膜后的分子量不超过 1 万，大部分的都是 7000 左右，所以耐蚀性比固化后的热固性丙烯酸酯差，硬度也低一些，通常固体分也低。但是施工方便，树脂共聚、制漆也相对热固性丙烯酸酯简单一点。目前的装饰性要求不是很高的面漆仍在使用。表 5-21 是热塑性丙烯酸树脂的配方举例。

表 5-21　热塑性丙烯酸树脂配方举例　　　　　　单位：%

原料	配方 1	配方 2	原料	配方 1	配方 2
甲基丙烯酸甲酯	25.0	30.0	甲基丙烯酸	4.0	2.0
甲基丙烯酸丁酯	50.0	68.0	过氧化二苯甲酸	0.40	0.5+0.2
丙烯酸丁酯	12.0	—	甲苯	0	50
丙烯腈	9.0	—	醋酸丁酯	100.0	100.0

配方 1 是耐油型的热塑性丙烯酸树脂，主要是丙烯腈和甲基丙烯酸提供耐油性，引发剂和溶剂都用得略少是为了提高合成的分子量。配方 2 树脂与硝酸纤维素并用制成热塑性涂料，有很好的抛光打磨性能、光泽、保光性及耐候性，并有适中的柔韧性，加入 2% 甲基丙烯酸后，可使漆膜具有更好的附着力。合成时所用溶剂主要为醋酸丁酯，溶解性好，有利于均相共聚，而且数量也较少，方便在配漆和施工时补加二甲苯。

配方 2 生产合成工艺：采用溶液聚合法，用 2kg 溶剂溶解第二份过氧化二苯甲酰（0.2kg），将其余 148kg 溶剂置于 300L 反应釜中，加热至 100～110℃。把第一份过氧化二苯甲酰 0.5kg 溶于 100kg 已除去阻聚剂的混合单体中，溶后滤清，用 2.5～3h 滴加入搅拌着的热溶剂中进行聚合反应。滴加过程中，温度允许由于反应放热而稍有升高，但注意控制滴加速度勿升得过快。滴加完毕后，温度一般在 110～120℃ 之间。在回流温度下保温 3h，然后加入第二份调好的过氧化二苯甲酰引发剂。继续保温 1～2h，控制不挥发分达 38% 以上（即转化率达 95% 以上）时出料。

B01-5 丙烯酸清漆是用表 5-22 中配方 2 树脂同硝化纤维共混而成的热塑性丙烯酸树脂涂料，提高了快干性，抛光打磨性。清漆配方见表 5-22。

表 5-22　B01-5 丙烯酸清漆配方

原料	质量分数/%	用途	参数分析
热塑性丙烯酸树脂	7.5	主要成膜物	占成膜物 74.2%
0.5s 硝化纤维 70%	2	次要成膜物	占主要成膜物 13.9%
邻苯二甲酸二丁酯	0.6	增塑剂	占成膜物 11.9%
磷酸三甲酚酯	0.6	增塑剂、阻燃剂	
醋酸丁酯	26.9	真溶剂	真溶剂占溶剂 39.4%
丁醇	14.4	稀释剂	稀释剂占溶剂 15.8%
丙酮	9	真溶剂、调节挥发速度	
甲苯	39	良溶剂	占溶剂 42.8%

配方设计计算时要考虑硝化棉中所含的乙醇 0.6g 是稀释剂，实际的设计固含量是 10.1%，采用甲苯作溶剂是考虑到比二甲苯挥发快，其实可以增加一点丙酮的量，毕竟二甲苯的毒性小一点。增塑剂在成膜前是真溶剂，成膜后是成膜物质。但是作为丙烯酸酯树脂同硝化纤维配漆，可以将丙烯酸酯树脂的玻璃化温度调低一点，不采用外加增塑剂的方法，这样的配方更简单。

配漆工艺：将硝化棉溶解于丁醇和丙酮中，再加入醋酸丁酯和甲苯、磷酸三甲酚酯、二丁酯，充分混合调匀，最后加入丙烯酸树脂混合、调匀、过滤包装。

（2）丙烯酸酯-氨基树脂涂料

丙烯酸酯同氨基树脂体系的最大优点是耐候性优秀，氨基树脂中的烷氧基可以同丙烯酸树脂中的羧基、羟基、烷氧基搭配成热固性树脂体系，调制成常温、中温、高温固化的涂料。

① 丙烯酸酯树脂合成　表 5-23 是一个酸型丙烯酸树脂配方作为示例。

表 5-23　丙烯酸酯-氨基树脂配方

组分	质量比	组分	质量比
甲基丙烯酸甲酯	45	过氧化苯甲酰	0.4+0.2
丙烯酸异辛酯	47	醋酸丁酯	100
甲基丙烯酸	2~8	二甲苯	50

配方中甲基丙烯酸甲酯和丙烯酸 2-乙基己酯（丙烯酸异辛酯）调节树脂的软硬程度，玻璃化温度略低，这是考虑固化后有更好的弹性，如果耐光性要求高，可以直接用甲基丙烯酸丁酯作为主单体代替甲基丙烯酸甲酯和丙烯酸 2-乙基己酯；甲基丙烯酸是提供固化官能团羧基的单体，加入量与漆膜需要的硬度和固化温度关系大，羧基在这个体系中除了参与固化反应外，还是固化反应的催化剂，固化后成膜物质中可以残留少量的羧基以提高附着力。三聚氰胺甲醛树脂在合成反应时不加入体系中，配漆时再加入，如果丙烯酸树脂的酸值高，还要制成双组分涂料。

合成工艺：将溶剂加入反应器中升温，加入引发剂到混合单体中溶解，取 30% 加入反应器中。在回流温度下保持 30~90min，通过黏度观察反应后开始滴加混合单体，控制在 3h 滴完。滴完后补加 0.2 份引发剂保温 1h，降温出料。树脂的固体含量 40%。

当作为清漆时只需要共聚物 90 份，再和 10 份三聚氰胺甲醛树脂混合即可。该涂料涂到玻璃板上干燥一天，所得涂膜光泽为 98%，-10℃时抗张强度 90kgf/cm²，伸长率为 55%，并且抗粘连、防污染及耐候性良好。

② 06-1 锶黄丙烯酸底漆　将上述丙烯酸树脂配制成 06-1 锶黄丙烯酸底漆，其配方见表 5-24，这是丙烯酸酯树脂底漆用得较多的品种。

表 5-24　06-1 锶黄丙烯酸底漆配方

原料	质量分数/%	用途	参数分析
热固性丙烯酸树脂40%	21.5	主要成膜物	占成膜物分数65.4%
三聚氰胺甲醛树脂60%	7.5	固化剂	占成膜物分数34.6%
锶黄	9	防锈颜料	PVC=27%
云母氧化铁	10	防锈颜料	
醋酸乙酯	12	真溶剂	
丁醇	30	稀释剂	固含量32%
甲苯	10.5	良溶剂	

配漆工艺：将锶黄、部分丙烯酸酯共聚树脂和适量的有机溶剂混合，搅拌均匀，经磨漆机研磨至细度合格后，再加入其余的丙烯酸树脂、三聚氰胺甲醛树脂和有机溶剂，充分调匀，过滤包装。底漆的涂层性能指标见表 5-25。

表 5-25 底漆的涂层性能指标

装罐黏度(涂-4 杯)/s	60～120	施工黏度(涂-4 杯)/s	13～20
酸值/(mg KOH/g)	≤0.2	柔韧性/mm	1
固体含量/%	≥30	硬度	≥0.5
实干时间/h	1	附着力/级	1
漆膜颜色和外观	柠檬黄，色调不定，漆膜平整		
耐水性(浸 24h)	漆膜不起泡，颜色可微变，并立即测附着力不低于 2 级		
耐盐水性(浸 7 天)	不脱落、起泡，可轻微变色		

这种丙烯酸底漆在漆膜硬度、耐水性等方面比一般醇酸底漆要好。涂有丙烯酸底漆的金属板于相对湿度为 96%～98% 和 30℃ 温度下长时间放置漆膜没有大的变化，而其他一些底漆在此条件下出现许多小泡，甚至部分漆膜破坏。它用于不能高温干燥的金属设备及轻金属零件的打底，可采用喷涂法施工，用 X-5 丙烯酸漆稀释剂调整施工黏度。配套面漆为丙烯酸磁漆、环氧磁漆等。涂料的有效贮存期为 1 年。

③ 各色丙烯酸磁漆　也可以将上述合成出的丙烯酸酯共聚树脂液配制成磁漆，在配制过程中加入三聚氰胺甲醛树脂。表 5-26 是这种磁漆的配方。

表 5-26 B04-9 各色丙烯酸磁漆配方

原料	红	黄	蓝	白	黑
颜料	2	8	1	—	2
钛白粉	—	—	2	2	—
立德粉	—	—	5	10	—
丙烯酸共聚树脂液(15%)	93	87.5	87.5	83.5	93
三聚氰胺甲醛树脂	5	4.5	4.5	4.5	5

配方中各色颜料分别用甲苯胺红、中铬黄、铁蓝、炭黑。考虑耐蚀性高时不要用立德粉，分别增加一部分钛白和滑石粉。配漆时将颜料和一部分丙烯酸共聚树脂液混合，搅拌均匀、经磨漆机研磨细度达 20μm 以下，再加入其余的丙烯酸共聚树脂、三聚氰胺甲醛树脂，充分调匀，过滤包装。这种涂料漆膜的技术要求见表 5-27。

表 5-27 B04-9 各色丙烯酸磁漆技术指标

漆膜颜色和外观		符合标准样板，平整光滑		
实干时间/ h	≤	2	硬度 ≥	0.4
细度/μm	≤	20	柔韧性/mm	1
固体含量/%	≥	15	附着力/级 ≤	2

（3）羟基丙烯酸树脂

羟基丙烯酸树脂通常用来与含异腈酸基的固化剂配合，表 5-28 配方 1、2 是合成树脂的配方，该配方以甲基丙烯酸酯类单体为主，所以同 HDI 的加成物配合，耐候性很好。如果是室内使用，同 TDI-TMP 的加成物配合时，用苯乙烯和丙烯酸丁酯代替甲基丙烯酸甲酯和甲基丙烯酸丁酯。配方1、2羟基丙烯酸树脂也可与三聚氰胺甲醛树脂配漆，配方3同三聚氰胺甲醛树脂的配合树脂配合后固化温度更低。

表 5-28　合成羟基丙烯酸树脂配方　　　　　　单位：%（质量）

原料	配方 1	配方 2	配方 3	原料	配方 1	配方 2	配方 3
甲基丙烯酸甲酯	16	16	16	甲基丙烯酸	—	—	2
甲基丙烯酸丁酯	10	—	8	过氧化苯甲酰	0.5+0.1	0.5+0.1	0.5+0.1
丙烯酸丁酯	16	24	16	二甲苯	45	45	45
甲基丙烯酸 2-羟乙酯	8	10	8	丁醇	5	5	5

合成工艺：将二甲苯和丁醇加入反应器中，开始升温。将单体混合加入引发剂溶解，加入 20% 的混合单体到反应器中，在温度生高到回流温度约 0.5h 后溶液黏度增加，开始滴加混合单体，在回流温度下用 2~3h 滴加完单体，单体滴加完毕后加入 0.1 份引发剂在回流温度下保温 2h，降温即得。用上述 1 号树脂配制 B05-4 白色烘漆，配方见表 5-29。

表 5-29　B05-4 白色烘漆

原料	质量比	原料	质量比
羟基丙烯酸酯树脂	55	钛白	15
低醚化度三聚氰胺树脂（60%）	19	二甲苯	4.8
1%硅油二甲苯溶液	0.2	环己酮	6

（4）侧链带有丙烯酰胺丁氧甲基的涂料

这种丙烯酸树脂的侧链丁氧甲基是由甲醛与共聚树脂侧链上的酰胺基团进行羟甲基化反应、同时在酸性催化剂作用下用丁醇醚化而成。所以在生产共聚树脂的单体配方中都加有一定比例的甲基丙烯酰胺或丙烯酰胺，并加有少量的甲基丙烯酸或丙烯酸。表 5-30 是有丙烯酰胺丁氧甲基的丙烯酸酯树脂配方。

表 5-30　有丙烯酰胺丁氧甲基的丙烯酸酯树脂配方　　　　　　单位：%

单体	配方 1	配方 2	单体	配方 1	配方 2
甲基丙烯酸甲酯	40	60	丁醇	100	100
甲基丙烯酸丁酯	42		甲醛　37%	30	30
丙烯酸异辛酯		24	醋酸乙酯	50	50
甲基丙烯酰胺	15	14	过氧化苯甲酰	0.5+0.1	0.5+0.1
甲基丙烯酸	3	2	顺丁烯二酸酐	1.6	1.6

生产工艺：先将丙烯酰胺用 20 份丁醇溶解，然后加入全部单体混合均匀后，加入过氧化二苯甲酰使之溶解。再在反应釜内装入单体质量 40 份的丁醇和醋酸丁酯。按照热塑性树脂同样的制备方法在回流温度下滴加单体并进行聚合反应。必要（转化率不足）时补加少量引发剂。当转化率达 95% 以上时，降温至 60℃，加入单体质量 1.6% 的顺丁烯二酸酐及浓度为 37%~38% 的甲醛水溶液（最好用甲醛丁醇溶液），此时的 pH 值应在 4 左右。然后升温至回流温度（100~110℃）进行反应，产物逐步由浑浊转为透明，约反应 2~4h 后，在真空下蒸出过量的甲醛、水及一部分丁醇（约为投料量的一半以上）。树脂用二甲苯稀释降温，调整树脂不挥发分含量至 50%，降温至出料。

合成出的树脂如果需要长期保存，则残余的顺酐要中和，但是要降低固化速度。另外树脂中的羧基也有促进固化的作用，所以这种树脂的储层稳定性较差，合成时控制不好也会凝胶，所以溶剂可以多用点。配漆时按照表 5-31 的配方操作。首先将丙烯酰胺丁氧甲基树脂同钛白制浆，然后加入剩余原料调漆。

表 5-31　丙烯酰胺丁氧甲基树脂白色烘漆配方

原料	质量比	原料	质量比
丙烯酰胺丁氧甲基树脂	50	二甲苯	10
低醚化度三聚氰胺树脂(60%)	10	环己酮	10
钛白粉	20	丁醇	适量

5.7　涂料的配制工艺

涂料的配制包括原料准备、填料分散、颜料调色、调漆、检验、灌装等几个步骤，根据配制的品种不同，各步骤有所调整。调漆是用颜、填料的分散浆和树脂溶液搅拌混合均匀即可，搅拌转速 80～120r/min。颜料调色是用分散好的各色颜料浆加入到漆浆中着色，色浆用量由试验确定。

5.7.1　颜、填料的分散

（1）分散过程

颜、填料在漆料中的分散过程是由 3 个阶段所组成，即浸润、解聚、稳定。这三个阶段几乎是同时发生的。

润湿是由颜料-空气表面转换为颜料-漆料界面的阶段。在分散的初期，团聚的三次颗粒或其松散的絮凝体颗粒被解聚成为二次颗粒和三次颗粒，其中主要是絮凝体颗粒的解聚，在液相中的这种外加入的团聚体中包含大量的空气，不同于在液相中再团聚的絮凝体颗粒内部包含的是液体。所以在浸润的过程中溶剂（分散剂）很容易润湿结合不牢固的球团，同时也开始浸润三次颗粒，但是速度较慢。由于粉体在贮存过程中要建立液桥，如果是溶剂型涂料，粉体需要烘干，特别是矿物类填料更要如此，水性涂料或溶剂型的一般用途涂料可以不烘干。这个阶段实质是依靠浸润解聚集。

解聚阶段是借助于机械力使三次颗粒解离为聚集体颗粒和原级颗粒。凝聚体颗粒间的吸附力较大，三次颗粒的解离需要给予较大的功才能打开，颗粒被打开后的新鲜表面要吸附体系中的液体以降低表面能，如果能吸附上固体（被大颗粒吸附）则更能降低表面能，所以，润湿是一个竞争过程，液体的表面能高或含有能形成化学吸附的基团就有利于竞争。实际上此阶段的实质是依靠机械力使团聚离子解聚，然后才浸润。

稳定是将已润湿的聚集体颗粒和原级颗粒分散到大量液体漆料中去，并使每个颜料粒子被连续的、不挥发的成膜物质永久地分割。如果湿润的聚集体颗粒和原级颗粒的表面能还有足够高，则这些颗粒也会二次或三次团聚，解决的办法是加入足够多的表面处理的助剂降低一次和二次颗粒的表面能。所以稳定过程就是降低粒子的表面能的过程。

（2）分散助剂

根据分散的原理我们可以把分散助剂区分为浸润剂和稳定剂两种。

润湿剂是一种表面活性剂，浸润剂是在润湿阶段和解聚阶段起作用，分子的极性基吸附到颜料离子上，非极性基松散覆盖在颜料颗粒表面的一定厚度液体范围，表观看起来颗粒粒径增大了很多，再加上非极性的低表面能，由此降低了颗粒的表面能。分子小有利于在溶液中的扩散，所以有利于浸润，在溶剂的分散体系中亲油基团强一点，分散得就好一点。原则上单独使用浸润剂就可以将一次和二次颗粒的表面能降到足够稳定所需的表面能，只不过是使用量多一些，但是，太多的小分子活性剂在涂料体系中将提高吸水性、降低自洁性和耐蚀性，所以加入量极为有限，以能达到在润湿剂-机械力的联合作用下基本润湿即可。

稳定剂是一种高分子量的含极端的极性和非极性分子链的聚合物。它的作用机理与表面活性剂是一样的，只不过它的分子量大，这样形成的颗粒表面吸附层就更稳固，而且大分子在溶液中运动性差，所以它的润湿性差得多，它是在已经被润湿了（润湿剂-机械力）的表面吸附以进一步降低表面张力，因为润湿剂-机械力联合作用下的颗粒的表面能还是较高。由于稳定剂的分子量大，在树脂体系中不易扩散迁移，对耐蚀性的影响就要小得多。

润湿剂和稳定剂的用量是互相影响的，首先要保证良好的稳定性能，然后尽量提高润湿性能，但是必须要保证在机械力的作用下的浸润，润湿后才谈得上稳定，稳定性是润湿剂和稳定剂共同作用的结果。润湿剂加多了，稳定剂替代部分润湿剂后，残余的润湿剂容易聚集于漆膜表面降低漆膜性能。

（3）分散设备

润湿过程的分散设备一般是高速搅拌机。颜料分散的操作要求如图5-4。

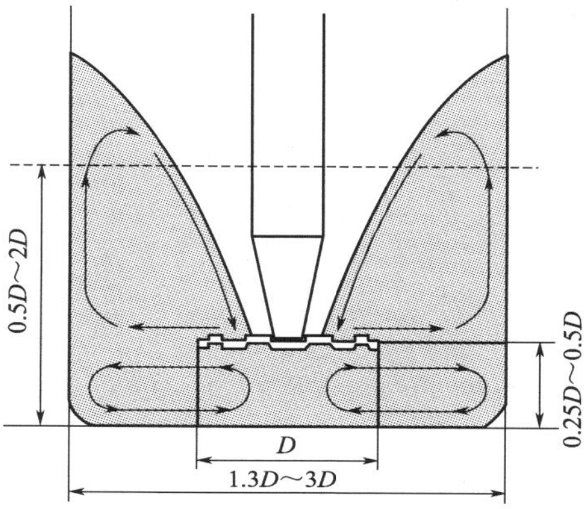

分散盘的周边速度1825m/s；装料量0.5～2D，说明装料范围较广，操作也好控制，同时也规定了分散桶的高度2.5～3D；分散桶内径1.3～3D，规定了分散桶的直径；分散盘距桶底高0.25～0.5D，规定了在生产管理中，要注意调整的范围，因为每一次分散这个距离都是要调整的。

图5-4　颜料分散的操作要求

在这个分散过程中粉体中的大量吸附的气体要溢出，所以粉体要控制加入到分散桶中的速度，同时分散桶中的液体也要先加入才能在搅拌下加入粉体分散。浸润过程的分散液的黏度越小越好，这有利于浸润，所以稳定剂可以不加入，浸润剂一般是全部加入，也可以部分加入，特别是浸润过程产生大量泡沫时要分批加入，这是在粉体分散成为三次颗粒的时候需要的润湿剂并不需要太多，太多后容易产生气泡。所以分散过程要加入抑泡消泡剂。如果润湿剂全加，消泡剂就要多加一点。

在浸润完成后，即浆料中没有肉眼所见的粉团，浆料能黏稠流动或成线，且表面光泽自然均匀，则降低搅拌转速，加入余下的润湿剂和稳定剂，搅拌均匀。即可用研磨机解聚。

机械力解聚时所用的设备有三辊研磨机和砂磨机。三辊研磨机从解聚的原理上是一个很好的设备，只是生产能力上低于砂磨机。物料每通过三辊研磨机的两棍间歇的过程都是浆料的挤压和撕裂过程，这个过程中的颜、填料间和辊面上的摩擦很小，气泡也能在挤压撕裂过程中消除。三辊研磨机根据需要还可四辊、五辊等。一般分散色浆都用三辊研磨机，在使用三辊机时原料中的大颗粒杂质要筛分出来以免损伤辊面，浆料黏稠一点也是可以的，溶剂型涂料研磨时溶剂要挥发损失，且存在火灾隐患。工人操作的劳动强度也大。

而砂磨机在磨料时，颜、填料颗粒和玻璃珠的摩擦碰撞很大，虽然这样的分散作用大，但是对颗粒的表面损伤也大，有包膜的颜料会失去包膜的作用，而高档的调理通常都是包膜处理过的，如金红石型钛白的耐候性就是靠包膜。同时沙磨不但不能消除气泡，还可能会增加气泡。但是砂磨机的劳动安全性高、溶剂损失量小，特别是生产效率高，所以目前在大量使用。

5.7.2　乳胶漆的制备

乳胶漆实际是颜料的水分散体和聚合物的水分散体（乳液）的混合物。由于这两者本身都已含多种表面活性剂，为了赋予良好的施工和成膜性质，又添加了许多活性化合物。这些化合物除了化学键合或化学吸附（路易酸碱作用）外，还存在物理吸附的动态平衡。而化合物间又有相互作用，如复配使用不当，有可能导致分散体稳定性的破坏。因此，在颜料和聚合物两种分散体进行混合时，投料次序就显得特别重要。

乳胶漆在建筑涂料中大量使用，在要求防腐蚀的建筑上有一定 VOC（volatile organic compounds）的乳胶漆解决了漆膜的成膜的完整和针孔问题后，也开始逐渐地获得应用。

（1）工艺设备

生产涂料主要设备有乳液生产设备，包括搪瓷反应釜、不锈钢反应釜；搅拌分散设备和输送设备，包括高速分散机、捏和机、齿轮泵；磨细设备，包括砂磨机、胶体磨等。但并非每一个涂料厂需要全部这些设备，大多数情况是只需要一部分设备。工艺流程如图 5-5。

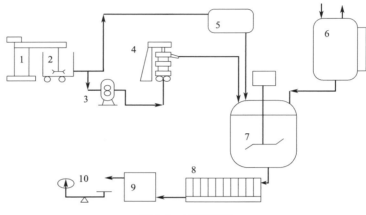

图 5-5　工艺流程

1—高速分散机；2—分散桶；3—齿轮泵；4—沙磨机；5—颜料高位槽；
6—乳液高位槽；7—调漆罐；8—过滤机；9—漆船；10—计量包装机

（2）助剂

乳胶漆的助剂非常多，几乎占到了总成本的 1/4。杀微生物剂也称杀菌剂，主要是解决水中可能出现的微生物，否则涂料要变臭，特别是使用纤维素类增稠剂时更要注意；成膜助剂是解决乳液的玻璃化温度高于成膜温度的时候的成膜问题的助剂，是一种有一点水溶性又对乳胶的树脂有很好溶解性的难挥发有机物，依靠它对树脂的溶解作用，降低乳胶粒子的玻璃化温度而成膜；防腐剂是水性漆储存在铁罐中防止铁罐锈蚀的缓蚀剂；其他助剂前面有所涉及，这里不再赘述。表 5-32 是助剂对乳胶漆各项性能的影响情况。

表 5-32　助剂对乳胶漆各项性能的影响

性能	乳液	增塑剂	成膜剂	颜料	填料	增稠剂	分散剂	湿润剂	防腐剂	防霉剂	防冻剂	消泡剂
颜料混合稳定性	◎	×	×	○	◎	○	×	×	×	×	×	×
黏度	○	×	×	○	○	◎	○	×	×	×	×	×
固含量	◎	×	×	○	◎	×	×	×	×	×	×	×
贮存稳定性	◎	×	×	○	○	○	×	×	◎	◎	◎	×
涂刷性	○	×	×	○	○	◎	○	○	×	×	×	◎
流平性	○	×	×	○	○	◎	○	○	×	×	×	○
抗流挂性	○	×	×	○	○	◎	○	○	×	×	×	×
喷涂性	○	×	×	○	○	◎	○	○	×	×	×	○
立体花纹成型能力	○	×	×	○	◎	◎	○	○	×	×	×	×
附着力	◎	○	○	×	○	×	×	×	×	×	×	×

性能	乳液	增塑剂	成膜剂	颜料	填料	增稠剂	分散剂	湿润剂	防腐剂	防霉剂	防冻剂	消泡剂
遮盖力	○	×	×	◎	○	×	○	○	×	×	×	×
颜色均匀性	○	○	○	◎	○	×	○	○	×	×	×	×
磁漆保持性	○	○	×	×	○	×	×	×	×	×	×	×
光泽	◎	○	○	◎	○	○	○	○	×	×	×	×
光泽均匀性	○	○	○	○	○	×	○	○	×	×	×	×
耐洗刷性	◎	○	○	×	○	○	×	×	×	○	○	×
抗污染性	◎	◎	○	×	×	○	×	×	×	×	×	×
去污性	◎	○	○	×	×	○	×	×	×	×	×	×
抗干膜起泡性	○	○	○	×	×	○	×	×	×	×	×	×
抗刮痕性	○	○	×	○	○	○	×	×	×	×	×	×
耐水性	◎	○	○	×	○	○	×	×	×	○	○	×
耐碱性	◎	○	○	×	○	○	×	×	×	×	×	×
耐蚀性	○	○	○	◎	○	○	×	×	×	×	×	×
保色性	○	×	×	◎	○	○	×	×	×	×	×	×
光泽保持性	○	×	×	○	○	○	×	×	×	×	×	×
耐黄变性	◎	×	×	○	○	○	×	×	×	×	×	×
抗风化性	○	○	×	◎	○	○	×	×	×	×	×	×
抗粉化性	○	×	×	◎	◎	○	×	×	×	×	×	×
抗菌藻生成性	○	×	×	×	○	○	×	×	◎	◎	×	×
抗开裂性	◎	○	×	×	×	×	×	×	×	×	×	×

注：◎有密切关系，○有关系，×无关系。

表中的各种助剂对耐蚀性的影响都较小，但是综合起来还是很大的。原则上助剂基本都残留在漆膜中，但是他们量少，所以对固含量影响不大。这只是一个大略的说法，在设计配方时将每种助剂按化学结构进行性能影响的判断更好。

（3）配漆

表 5-33 是一个内墙白色乳胶漆的配方，作面漆，耐水洗性好、亚光、遮盖力强（$10m^2/L$），施工性能好。

表 5-33　内墙白色乳胶漆配方　　　　　　　　　　单位：kg

原料	数量	原料	数量
去离子水	2×100+90	羟乙基纤维素	5
杀菌剂	1	乙二醇	25
湿润剂	4	钛白粉	250
pH 调节剂	2	无水硅酸铝	200
酯醇	12.5	消泡剂	1.5
抑泡剂	1.5	苯丙乳液 45%	230
防腐剂	4	香精	适量

配方中羟乙基纤维素是增稠剂，通常纤维素类的增稠效果都很好，只是易霉变；酯醇是成膜助剂，是含多个羟基和少量酯键的化合物；乙二醇是防冻剂，也有一点成膜助剂的效果；无水硅酸铝是一种白色填料，有代替一部分钛白的作用，能提高漆的白度。也具有 pH 值缓冲作用，稍增稠，具有很好的悬浮性，并能防止固体分的沉底及表面分水现象的出现。有消光作用，可以作为一种经济的消光剂。使乳胶漆膜有很好的耐擦洗性、耐候性、另外能缩短表干时间。也有防火隔热的作用。配方的不挥发物≥54%；PVC 60%；相对密度 1.43。

表 5-33 乳胶漆的配漆工艺如下。

① 羟乙基纤维素用 50kg 水溶解成为黏稠液体。用 20kg 水稀释 pH 值调节剂。

② 加入 130kg 去离子水到第一分散桶中，在搅拌下依次加入杀菌剂 0.5 份、湿润剂 0.5、成膜助剂、防冻剂，充分搅拌均匀。用少量 pH 值调节剂调 pH 值到 7～7.5，加入硅酸铝填料，高速分散 15min 至无团块有良好流动性为止。

③ 加入 70kg 去离子水到第二分散桶中，在搅拌下加入杀菌剂 0.5 份、湿润剂 0.5、抑泡剂，充分搅拌均匀。用少量 pH 值调节剂调 pH 值到 7～7.5，加入钛白颜料高速分散 15min 至均匀。加入增稠剂液体搅拌均匀。

④ 将分浆料①用齿轮泵泵入沙磨机中研磨，检查细度达到 8μm 以下为合格。

⑤ 用三辊研磨机研磨浆料②，检查细度达到 8μm 以下为合格。

⑥ 剩余的 pH 值调节剂用 15kg 水稀释。消泡剂用 5kg 水调匀。

⑦ 在低速搅拌机的调漆桶 1 中加入苯丙乳液，搅拌，缓慢加入 pH 值调节剂的稀溶液调 pH 值到 7～7.5。

⑧ 在调漆桶 2 中加入分散液④，搅拌下加入分散液⑤，充分搅拌均匀，再加入苯丙乳液和消泡剂搅拌 30min 至均匀，涂湿膜外观合格即可。

⑨ 过滤包装。

需要注意的是颜、填料要用筛缓慢地筛入叶轮搅起的旋涡中。加入颜填料后料液渐渐变厚，此时要调节叶轮与桶底的距离，使旋涡成浅盆状，加完颜、填料后，提高叶轮转速（轮沿的线速度约 1640m/min），以圆盘锯齿分散轮在旋转分散液中露出 30% 为好。为防止温度上升过多，应停车冷却，停车时刮下角边黏附的颜、填料防干。调漆中颜料浆的混合转速可以高一点，加入乳液的转速要低一点。过滤可以用压滤等漆料专用的过滤机。

5.7.3 溶剂型涂料制备

（1）工艺设备

溶剂型涂料的工艺设备见图 5-6。

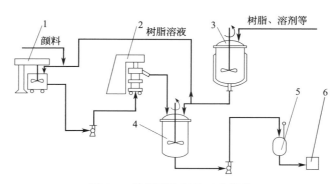

图 5-6 溶剂型涂料的工艺设备

1—高速分散机；2—沙磨机；3—树脂高位槽；4—调漆罐；5—过滤机；6—漆船

（2）色漆的生产

① 配料 一个色漆配方中所需的原料和液体半成品，是分两次称量配全的。第一次只配颜料和研磨填料时所需的树脂和溶剂，剩下的树脂溶液、溶剂等至调漆工序才配全加入，不可一次配好。因为溶剂等在空气中的挥发速度很快，应避免长时在空气中暴露以使溶剂消耗增加。而且稀料全部配入，漆浆过薄，不易研磨，分散得不好。配料时要注意分量的准确，尤其是着色颜料，配量越小，就越应当使用小天平来称量，不然颜色的差异会很大，而

引起配色上的误差。生产的产品应尽可能配以同一批生产出来的同样色光的原料，如此方可使分批生产出来的色漆色相一致。

② 调浆　拌浆机的种类有很多，常用的是高速搅拌机，搅拌的均匀好坏直接影响研磨的好坏。所以拌浆时不可急躁，一定要将颜料和漆料混匀，调成的浆要黏度适中，无明显的团粒和干粉。一般调浆的漆料要相当于配方中总颜填料的吸油量的 2～3 倍。颜填料和助剂的加入顺序也要注意，为了减少研磨漆料损耗，可以少加一些稀料或采用全部加入高沸点溶剂和增塑剂的方法。

③ 分散与研磨　研磨的目的是要通过外力-剪切力作用，将颜料与树脂液拌和后凝聚的团块和颜料本身的二次团粒及包含的空气泡撕碎排出，获得颜料在漆料中分散均匀一致的漆浆。分散程度越高，漆膜光亮越好，涂料越稳定而不沉底。通常是用三辊机或用沙磨机、球磨机研磨，用刮板细度计检测研磨效果。

④ 调稀　色浆用三滚机或沙磨机研磨好后，下一工序就是进行调稀。调漆桶装有旋转翼子或旋涡形轮，桶壁装有挡板，使漆料和漆浆能兜底翻搅均匀。调漆桶内先加入部分溶剂、树脂及助剂。开动搅拌，加入磨好的漆浆。搅拌桨的转速约 80r/min（圆盘锯齿搅拌器更快）。漆浆全部加入后，可慢慢加入剩下树脂、溶剂，一直调到均匀无漆浆团块为止。如因加料次序错误、加料速度太快或漆浆太韧等原因引起调和不均匀而有粒子存在时，必须过滤后，将团块研轧压碎，方能重新加入桶中调匀。

⑤ 配色　由于颜料性能不一致，研磨效果有差异，因此在配色选择颜料还应当注意各种颜料的密度差异，以免由于沉降速度不同造成浮色。在实际操作中，用色浆是比较迅速而便利的一种方法，不过不能充分发挥着色作用，而且用量会比将各种干颜料一同加入研磨多一些。

⑥ 精制　某些漆浆需要再提高性能时，可在调稀之后，再通过沉降离心机或单辊机过滤。一般用简单的压滤机也可以。

⑦ 稠度　色漆的稠度可以影响施工时的涂刷性、漆料的流平性和流动性，而且关系漆膜物理状态的好坏，所以漆的稠度必须有一定的幅度以便控制。刷用漆的稠度以涂-4 杯测定时，以 75～100s 合适，喷涂时 15～30s 为好。

⑧ 干燥时间　可分为指触干、表面干、硬干、实际干几种。指触干是指用手指触碰漆膜不粘，重压才粘手。表面干系指表面已结皮，可以指触无指纹，但重压有指纹。硬干则指漆膜内外均已干透，能重压无痕。实际干是指可以用刀刮，膜随刀起，不粘底板。

⑨ 细度　漆的细度用刮板细度计测定。取漆样少许，放置在细度计上，用刮刀均匀地刮下，观察颗粒有 2 颗以上同时出现的位置，读出刮板上该位置的数字，即为漆的细度。一般漆的细度在 25μm 以下。细度不合格的差数在 12μm 以内，可用 140～160 目的筛网过滤后包装，差数超过 12μm 的，应通过单棍机或沉降离心机后包装。细度的控制除应先检查轧浆的细度外，还应抽查树脂和助剂是否有粒子存在。检查的办法是将树脂或助剂滴在玻璃片上，让其自然流下，在 15min 内看玻璃片上有无粒子出现。只要在 10cm² 内的粒子数平均不越过 5～6 个，即为合格。超过此数，必须重新澄清过滤，然后可以使用。

5.8　涂料施工

5.8.1　涂装工艺

（1）涂装操作方法

涂装工艺技术方法有涂刷、空气喷涂、浸渍、淋涂、高压无气喷涂、电泳、擦涂等。刷涂是人工用各种毛刷涂刷，它省料、费工、体力劳动繁重、劳动保护差，可以涂装任何形状工件和任何涂料，也是喷涂不到的部位时的补充手段。擦涂是用棉纱、布沾漆后将漆擦上，是补充油漆刷都刷不到的部位的手段。

空气喷涂是利用压缩空气和喷嘴将漆雾化后送到工件表面成膜，喷涂漆膜厚度均匀、平整，但漆和溶剂的耗费大，适应各种形状工件，尤适用于大面积作业。高压无气喷涂是利用压缩空气（0.4～0.6MPa）驱动加压器将涂料加压到 10～20MPa 的压力，然后经高压喷枪的特殊窄小的喷嘴喷出。涂料离开嘴后，细流在大气中膨胀，流线由于空气的阻力作用变成很细的微粒喷到工件表面形成涂层。高压无气喷涂没有一般空气喷涂时发生的涂料微粒回弹及漆雾飞扬现象。生产效率比一般压缩空气喷涂法提高几倍至十几倍，每小时可喷 $300m^2$ 以上，喷嘴尺寸决定喷幅大小。涂膜质量较一般，适合喷高黏度涂料，喷厚浆涂料，一次喷涂可获 $100～300\mu m$ 厚度。

静电喷涂是利用直流高压（80～90kV）静电使带负电荷的涂料微粒沿着电场相反的方向定向运动，并将涂料微粒吸附在工件表面的一种喷涂方法。静电喷涂设备由喷枪、喷杯以及静电喷涂高压电源等组成。静电喷涂的涂料利用率高，静电作用使更多的涂料喷涂到工件表面，能节省涂料 20%～30%。漆膜附着力好，静电喷涂有极好的表面质量，涂料被施加静电荷后会进一步雾化，更小的涂料颗粒使漆膜均匀、光洁。每个行程使更多的工件表面被喷涂，从而提高喷涂生产线的效率。生产效率比手工喷漆高 10 倍以上，提高了生产率，便于涂装自动化。但需整套喷漆设备，投资大；工件凹孔，折角内边不易喷到，固定式适于大批单一产品的自动流水生产；手提式适于各类大小产品及补漆。

自动浸涂是工件在悬链上借链运动自动沉入漆槽中涂漆，它省工省料，生产效率高，但漆槽溶剂挥发量大，防火要求严，适合于大批量流水线生产。淋涂是工件在工作台上传送，利用循环泵将漆液喷淋在工件上，或者是工件在连续不断往下流的漆液幕帘下通过而涂装。它工效高，漆液损失少，便于流水作业，特别在板式家具上应用很多。

流化床涂覆是利用粉末涂料在一定风压下呈"沸腾"状态，在略高于其熔点的预热工件表面上融合冷却后成膜，涂层厚度大，涂覆速度快，适于大型工件。辊涂是利用辊涂机械进行辊涂，能采用较高黏度涂料，漆膜厚度均匀，有利于机械花，自动化生产，适用于平板涂装。

电泳是利用外加电场使漆液中的颜料和树脂向作为电极的工件运动并沉积在其上成膜漆膜均匀，附着力强，油漆利用率高，无火灾危险，便于涂装自动化，但表面预处理要求高，用于大批生产涂装打底漆用。

（2）涂装工艺流程

涂料的施工工艺流程包括基材处理、漆液调配、上漆、干燥、检验几个部分。但是详细的分析可以发现，每一个操作都完全依赖于操作者和质量技术管理者的水平。下面以装饰-防腐性涂料的喷漆工序实例进行讨论，其涂装工艺流程如下：表面预处理→喷第一遍底漆→批第一道腻子→打磨砂纸→批第二道腻子→砂纸打磨→喷第二遍底漆→批第三道腻子→水砂纸打磨→喷第三道底漆→水砂纸打磨→喷第一遍中涂漆→水砂纸打磨→喷第二遍中涂漆→水砂纸打磨→喷面漆漆→擦砂蜡、上油蜡→擦亮。

喷第一遍底漆的目的是迅速将预处理好的基底遮盖，避免其在下一遍底漆前锈蚀或被污染，所以即使是凹坑、孔洞都要遮盖，还带着与基材反差大的颜色，通常漆膜可以很薄，以转化型底漆最好。涂装速度也可以很快，不考虑表面的光泽和平整。

批第一道腻子的时候最开始是对凹坑、孔洞进行填充，腻子收缩大，因此不能填充太厚，要多次批刮才能完全填充，最后才批刮那些很薄的地方，填充时还要高出基材一点，避免腻子收缩后比基材低。腻子的硬度要比漆膜大一点。批腻子前最好先检查基底，将需要填充的部位都标记出来才不会漏掉。

打磨是将腻子的高出部分和底漆的瘤子打磨掉，打磨平整后的打磨处要全部修补磨掉的底漆，还可以通过湿膜的反光检查平整度。批第二道腻子是将第一次腻子没整平的地方填充。在防腐蚀涂料的腻子还要考虑抵抗介质渗透的能力。

喷第二遍底漆是为整个漆膜建立防锈底漆系统，一般是防锈底漆。这一次底漆一定要均匀，要有一定的光泽，因需要依靠反光的均匀性来判断平整性，不平整的地方作记号，再批刮第三道腻子、打磨。

喷第三道底漆一个是增加防锈底漆的厚度，另一个是彻底检查表面的整平效果。涂料装饰性要好的最基本要求就是平整！尽量平整！特别是有光漆，从各个角度的反光都要均匀，所以，大面积要求平整度很高。

喷中涂漆主要是提高防腐蚀的性能，所以中涂料都是耐蚀性好的树脂，抗扩散渗透性好的颜、填料，助剂添加量少的涂料，它们通常的外观要求都不高，颜料体积浓度要大一点，可以不考虑光泽的强度。但是中涂层必须喷涂均匀，不能把底漆整平的效果浪费了。

面漆是装饰-防腐蚀功能都好的涂料，颜料体积浓度较低，光泽好，平整的表面可以尽量减少污物的黏附，有利于减少扩散渗透的介质量，如果做成低表面能的不粘涂料就最好。如果面漆的光泽不够高，擦砂蜡、上油蜡→擦亮就是一个方法，上蜡有利于提高漆膜的耐蚀性能，因为表面氧化、污染都是在漆膜表面的蜡上，定时上蜡抛光可以很好地防腐蚀。

5.8.2　基材预处理

（1）金属基材预处理

金属材料的表面预处理也仍然是除油、除锈、表面几何调整、表面状态调整 4 个类型。涂料的表面几何整理是粗糙化和刮腻子，通常喷砂除锈时就达到了粗糙化的要求。而状态调整很难说有一个好的方法，喷砂除锈后新鲜的金属暴露在空气中，立刻就会吸附空气中的氧形成化学吸附膜，很快这层化学吸附层会发生化学变化，约 10s 时间左右就会生成一层 $FeOOH$，随着暴露时间的增加，氧化膜厚度增加，成分也称为 Fe_3O_4。虽然这一层膜强度高、也薄，但是它热力学上的不稳定性使涂刷上的涂料事实上不是结合在金属上，而是金属的氧化膜上，条件许可后它仍然会转化为 Fe_3O_4。

目前解决这个问题的方法是用转化型涂料使铁离子变得更稳定，如腰果壳液中的槚如酚就能有效地络合铁离子；单宁酸也能有效的络合铁离子；磷酸也能与铁离子形成磷化膜。由于槚如酚和单宁酸合成出的树脂很少，这一类的转化型带锈底漆还没有规模使用，且它们对锈蚀的转化能力有限，氧化层的厚度的不同，需要的槚如酚和单宁酸的官能团就不同，使用起来很复杂。采用转化为磷化膜的方法虽然也有与锈蚀程度的配合问题，但是磷酸便宜，调节方便，多余的磷酸可以同金属反应而消耗，所以目前采用磷化的方法来转化氧化膜的为多。还有很多并没有进行这种转化处理，国标也没有强制规定。

（2）木材表面预处理

木材的表面预处理包括干燥去水、脱脂、打磨、漂白几个部分。

木材去水干燥后含水量一般控制在 12%～18% 即可涂装。作为防腐蚀的木材主要是防止霉变，所以，目前将干燥与碳化联系了起来，碳化就是将木材中的树脂等加热到 120～180℃ 蒸发或碳化，木材中保留下纤维素。碳化后的木材就不用脱脂了。

木材脱脂时表面用 25% 左右丙酮水溶液，刷洗沾有油脂处。最好用 5%～6% 的磷酸钠水溶液和 4%～5% 的氢氧化钠溶液，涂刷后用 25℃ 左右热水或 2%～3% 的碱液冲洗。一般用于防腐蚀的木质设备选材时都不能有木节，所以脱脂工艺可以省略。

打磨前要清除木材表面砂浆，灰尘，污垢。清洗后，用木砂纸顺木纹打磨至平整光滑，切忌垂直于木纹打磨，涂装透明漆后很难看，打磨时新砂纸要轻轻对搓一下，将大粒砂和黏合差的沙粒去掉。

木材漂白是为了去除青变和使整个设备在透明漆下颜色均匀，碳化木就不需要了。要漂白时，可用排笔蘸双氧水、氨、漂白粉或草酸等的低浓度溶液，均匀涂刷，再用皂水，清水相继洗净，干燥后即可。

在旧涂层的表面涂漆，若旧漆层未破坏，则只需打磨平整即可；若旧涂层部分破坏，则将此局部打磨即可；若旧漆层大部分破坏则需全部除去才行。可用机械方法去除，也可用脱漆剂。

（3）塑料、水泥表面预处理

现在在塑料上涂装也越来越多，塑料表面预处理是除表面沾污物，主要是脱模剂等油污；极性低的塑料表面极性化，这个在后面详述；表面粗糙化；消除塑料制品成型时残余内应力。

水泥的表面预处理是干燥、脱碱、腻子几个部分。水泥都采用晾干的方法，特别必要时才采用喷灯烘干；因为树脂中的酯键等在碱的作用下要水解，所以新鲜水泥面要脱碱，脱碱是用酸式盐如氯化锌、氯化铝等配成水溶液综合，锌和铝沉淀到基材表面还可以生成它们的锌酸铝酸盐。水泥对涂料的吸收很大，当然水泥吸收了树脂后耐蚀性提高了很多，如果不需要吸收时，可以薄刮腻子封闭。

5.8.3 刷涂操作技术

刷涂是人工以毛刷将涂料刷涂到基材上的方法，是一种古老而又普遍采用的方法。刷涂法节省涂料，工具简单，施工方便，容易掌握，灵活性强，施工不受场地、工件形状、尺寸大小的限制，通用性强，无论大型工程，如桥梁、水塔、机车、井架、船舶等，还是细小的工艺美术品等，均可采用刷涂法。它对于涂料品种的适应性也很强，可用于各种磁漆、调和漆、清漆及其他慢干的涂料的施工。有些底漆（如红丹防锈漆）最适合采用刷涂法，用刷涂法涂刷，油漆容易渗入金属表面的细孔，因而增加涂层对金属表面的附着力。

刷涂法的缺点是手工操作、劳动强度大、生产效率低，对于机械化、自动化生产来说不符合经济要求；且涂层质量、外观也不够良好；如果操作不熟练，该膜易出现刷痕、流挂和漏刷，快干的挥发型涂料如硝基漆不能采用刷涂。

涂刷施工前，首先将涂料充分搅拌调到 40～100s 范围的刷涂黏度。刷涂的操作是用毛刷蘸少许漆液，用刷子蘸涂料时，刷毛浸入涂料的部分应为刷毛长的 1/2～2/3，如果刷毛根部沾上漆，漆刷就会变形，漆刷的使用寿命也就缩短。蘸有涂料的漆刷，要在容器的内表面轻轻地抹一下以除去多余的涂料，不使涂料落到地面上。然后由下到上在要刷的部位蘸3～4 次，将漆刷上的漆液蘸到基底上，再上下反复拖动漆刷将涂料涂布均匀，这样涂刷出一条竖直的长条。又自左至右从蘸漆开始刷出又一条竖直的长条，长条将不需要搭接，但是也不要漏涂。待所有长条的宽度与长度差不多时，漆刷不蘸漆，对这个面左右反复拖动漆刷将涂料涂布均匀。

大面积的涂刷都是一个个的面自上而下、自左至右、先里后外、先斜后直、先难后易地除刷完成的。最后用毛刷轻轻修饰边缘棱角，使漆液在物面上形成一层薄而均匀、光亮平滑的涂膜。在进行涂刷及抹平操作时，应尽量使漆刷垂直用刷毛的腹部刷涂。在进行修饰操作时则将漆刷平放，用刷毛的前端轻轻的刷涂。对于水平的表面的最后一次刷涂，应按光线照射的方向进行。对于木材表面的最后一次刷涂，应顺着木材的纹则进行。

5.8.4 空气喷涂技术

（1）空气喷涂原理

空气喷涂是靠压缩空气在喷漆枪上将漆液雾化喷射向工件表面成膜的涂漆方法。如图5-7是喷枪嘴结构，高压气是雾化漆液的，环状的高压气斜向前喷出，使涂料出口产生负压，被吸出雾化朝前喷出，随着前进距离的增大，漆雾呈圆锥状扩大，到基材表面喷出一个圆形。另外也有用压漆罐将漆液压入枪内，从枪口流出被雾化。低压气是从枪头周边的两个对称小孔斜向前喷出，它们抵达锥形漆雾后压缩漆雾，使漆雾均化成一个条状，当喷枪左右移动时，调两个孔的位置使漆雾条竖直，当喷枪上下移动时，使漆雾条横置。高低压气是通过喷枪上的调节器将压

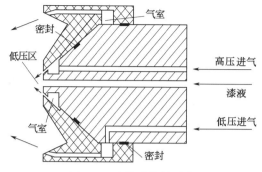

图 5-7　喷枪嘴结构示意

缩空气送来的高压气分成两路，一路再减压获得，喷枪扳机联动控制高压、低压、漆液的通路。

空气喷涂涂装效率高。每小时可喷涂 150～200m²，是刷漆的 8～10 倍；涂膜厚度均匀，光滑平整，外观装饰性好；适应性强，对各种涂料和各种材质、形状的工件都适应，不受场地限制（但环境不允许有灰尘），是目前广泛采用的一种涂装方法，特别适合于快干性涂料的施工。

但是空气喷涂的稀释剂用量大，作业时溶剂大量挥发，造成空气污染，作业环境恶劣，易引起燃、爆等事故，作业点必须有良好的通风设施；涂料利用率低，一般只有 50%～60%，小件只有 15%～30%，因空气和漆雾同时抵达基材表面，空气会出现返流，将动能不大的漆雾带出，飞散的漆雾进一步造成作业环境的恶化，大量生产时应在专门的喷漆室内进行，且喷涂压力也以能雾化到达基底即可。

（2）喷枪操作

喷涂施工的质量，主要决定于涂料的黏度、工作气压、喷嘴与物面的距离以及操作者的技术熟练程度。

① 施工前，首先将涂料调至适当的黏度。一般工作黏度在 15～35s 范围内。

② 供给喷枪的工作气压，一般为 0.3～0.6MPa。3.5mm 口径为 0.4～0.5MPa，2.5mm 口径为 0.25～0.3MPa。

③ 标准的喷涂距离在采用 3.5mm 口径喷枪时为 20～30cm，2.5mm 口径喷枪为 15～25cm，空气雾化的手提式静电喷枪 25～30cm。距离过远，漆液易飞溅，漆膜表面粗糙，凹凸不平；距离近，易产生流挂和斑点；具体的距离大小应根据涂料的品种、黏度、喷嘴的大小以及工作气压灵活掌握。喷枪口径大时，距离要远些；口径小时，距离要近些。

④ 用无名指和小指轻轻拢住枪柄，食指和中指勾住扳机，枪柄夹在虎口中；喷涂时，眼睛视线随着喷枪移动，随时注意涂膜形成的状况和漆雾的落点。喷嘴与工件的喷射距离和垂直度由身体控制，喷枪移动的同时要用身体配合臂膀的移动，不可移动手腕，但手腕要保持灵活。

⑤ 喷枪运行时，应保持喷枪轴线与被涂物面呈直角，并一直保持平行运枪。喷枪的移动速度一般控制在 0.3～0.6m/s 内，并尽量保持匀速运动，否则会造成漆膜厚薄不均匀等现象；喷枪距离被涂物面的距离应一致。

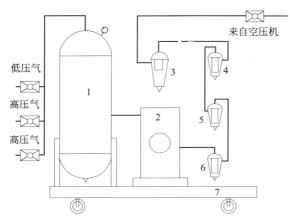

图 5-8　压缩气净化系统示意

1—缓冲罐；2—冷干机；3—油水分离器；

4～6—颗粒过滤器；7—撬装车架

⑥ 喷涂操作时，每一喷涂幅度的边缘，应当在前面已经喷好的幅度边缘上重复 1/3～1/2（即两条漆痕之间搭接的断面宽度或面积），且搭接的宽度应保持一致，否则漆膜厚度不均匀，有时可能产生条纹或斑痕。在进行多道重复喷涂时，喷枪的移动方向应与前一道漆的喷涂方面相互垂直这样可使涂层更均匀。

⑦ 每次喷涂时应在喷枪移动时开启喷枪板机，同样也应在喷枪移动时关闭喷板机，否则容易在喷涂的零部件表面上漏涂或过量喷涂。

（3）喷涂设备

喷漆设备除喷枪外还有压漆罐或储漆罐加漆泵，空压机和空气净化器、压力调节器，水幕喷漆室等。这些设备在喷涂车间中是固定的，在施工现场则是可以拖动的，施工现场不用水幕喷漆室。

空压机压缩空气后气体温度会升高到 40～60℃，汽缸中的润滑油也夹带在空气中，空气中的水富集后形成水蒸气和水滴的混合物，所以需要净化，特别是对聚氨酯这类的涂料。图 5-8 是一个压缩空气的净化系统，缓冲罐是为了保证喷枪用气时的压力损失的储气罐，越大效果越好；冷干机是冷冻空气，使空气中的水蒸气冷却成水而除去的设备；油水分离器是用旋风分离原理分离空压机产生的油、水颗粒；4～6 是颗粒过滤器，可从 4～40μm 范围内选择，分级过滤，主要滤掉油、粉尘等固、液颗粒。系统出口分别用调压阀降压到需要的压力。

水幕喷漆室主要用于除去喷漆过程中产生的大量漆雾，注意的是它只能除去漆中的固体分，不能除去漆中的溶剂，如果要除去溶剂则在排空通道要经过一个电热焚烧室。水幕喷漆室的原理结构如图 5-9 的示意。

喷漆时，开启风机 1 和水泵 8，通过风机的吸气使操作者前面的空气带动漆雾流向水幕板与水面间的水帘，同时后洒 7 在密闭室内产生强大的水雾，水泵抽出的水通过配水管流到水槽中，溢流后从水幕板流下，油漆通过水幕板上的水一起流下被吸入密闭室，经过水帘、百叶窗、水雾过滤，随水一起流入水池，并慢慢沉淀，从而达到目的。

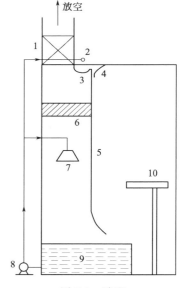

图 5-9　漆室

1—风机；2—配水管；3—水槽；4—挡水板；5—水幕板；6—百叶窗；7—后洒；8—水泵；9—水池；10—工作台

水幕喷漆室是室内使用的劳动保护设备，有的简化了风机，用自然通风的烟囱替代，其水槽的溢流一定要水平才能使水幕均匀，水幕板要光滑平整，工件放到工作台上，可以根据需要制作支撑。如果漆液会与水反应（如聚氨酯）则水泵的进水口只需要一个过滤网，如果不能反应则水泵前还要接一个油水分离器。

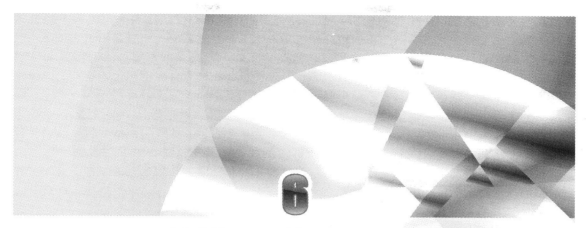

颗粒增强耐蚀复合材料

颗粒填充树脂基复合材料是由高分子为连续相、分散颗粒为不连续相而构成的一种颗粒填充材料，是一种各向同性材料。涂料、腻子、胶泥、胶黏剂、砂浆、混凝土都属于颗粒填充复合材料，只不过它们的胶料或成型物的性能侧重不同，或采用的颗粒粒径不同，或施工黏度要求不同等。

粉状填料的增强效果主要取决于高分子-填充剂界面黏附性能。而填料的比表面积和表面活性对界面黏附性能有很大影响。在复合材料中，填料粒子的活性表面与若干大分子链相结合，形成一种交联结构，当其中的一条分子链受到应力时，可通过交联点——填料粒子将应力分散传递到其他分子链上。若其中一根分子链断裂，其他分子链可以照样起作用，而不致迅速形成空穴裂纹最终导致材料的破坏。比表面积大，活性表面多，则与大分子链形成的交互点越多，即材料的增强效果越好。如果用各种偶联剂处理填料表面，可以制得高拉伸强度的复合材料。

对高分子材料的填充颗粒，不同情况具有不同目的，例如增加刚度、压缩强度和尺寸的稳定性；增加韧性或冲击强度；提高热形变温度；增加力学衰减；改善电气性能；改善耐磨性和硬度，以及增强耐腐蚀性能的颗粒状材料。采用低成本的填料，减少了树脂的用量，降低成本是为增量作用；赋予树脂本身不具有的特殊功能。在多数情况下，这是填料的化学成分在起主要作用，如滞燃性（碳酸钙、滑石粉、亚硫酸钙等）、难燃性（氢氧化铝、氢氧化镁、三氧化二锑等）、耐磨性（石墨粉、二硫化钼粉等）、导电性和电磁波屏蔽性（炭黑、石墨粉、铝粉等）、磁性（高铁酸钡、高铁酸镍等）、隔声性（铁粉、铅粉、氧化铁等）、导热性（铝粉、石墨粉等）、吸热性（黑镍粉、黑钴粉等）。

防腐蚀工程用颗粒填充复合材料是以热固树脂、固化剂、填料、溶剂配制的胶液。胶泥如按所用胶黏剂划分为无机胶泥和树脂胶泥，一般用胶黏剂名称命名，如环氧树脂胶泥、酚醛树脂胶泥、不饱和聚酯树脂胶泥、水玻璃胶泥等；如按填充颗粒大小划分，有胶泥、胶料、砂浆、混凝土等。

6.1 颗粒增强复合材料技术基础

6.1.1 填料的重要物理性能

（1）比表面积

比表面积是描述单位质量物料所具有的总面积。对颗粒而言，比表面积越大，颗粒越小，表面自由能越大；对相同体积的填料颗粒来说，其表面越粗糙，比表面积越大；当比表面积一定时，固体的内聚能越大，表面自由能越大。表面能高填料与树脂之间的亲和性越好，但填料表面活化处理越难，细粉成本高。另外填料颗粒表面自由能越大，颗粒之间越容易凝聚，越不易分散。在填料表面处理时，降低其表面自由能是主要目标之一。

目前比表面积大多以简单的检测填料吸油量来判断，吸油量是指每100g颜填料，在达到完全润湿时需要用油的最低质量，吸油量常用百分率来表示。测量时当颜填料被油（亚麻油、DBP）湿润成为不破裂、不分散、能被刮刀刮起来的油灰（腻子）状的膏状物时为终点。这个终点可以理解为颜填料粒子表面被油包覆，粒子之间的孔隙也充满了油。另外一种方法是用油湿润到能流动时为终点，相当于流点。由于吸油量的操作是手工操作，终点靠肉眼和触觉来判断，带有一点定性的性质。

影响吸油量的因素较多，如粒子较小时，比表面积大，粒子表面所包覆的油多，吸油量就高；凝聚和絮凝的颗粒多时，粒子之间的间隙较大，间隙中所需要填充的油多，吸油量也高；对于片状颗粒，在捏合时呈平行排列，孔隙小，吸油量低；针状或不规则形状的颗粒，由于孔隙较大，吸油量高；而接近球形的颗粒，理论上吸油量在40%左右。把两种颗粒尺寸大小差距较大的颜填料，按一定比例混合在一起，大粒子之间的孔隙被小粒子填充，所测到的吸油量比原来两种粒子分别测出的吸油量还要低。

（2）密度

填料的密度与它所来源的矿物一致，而且当填料颗粒均匀分散到基体中时，给填充材料的密度带来影响的正是它的真实密度。不同形状的颗粒粒径大小及分布不同，在质量相同时，因堆砌的体积不同，所以真实密度相同的颗粒，表观密度不一定相同。堆密度是把粉尘或者粉料自由填充于已标定容积的容器中，在刚填充完成后所测得的单位体积质量，所含体积包括粉体真体积、粒子内空隙、粒子间空隙等，因此测量容器的形状、大小、物料的装填速度及装填方式等影响粉体体积，将粉体装填于测量容器时不施加任何外力所测得密度为最松松密度，振实密度随振荡次数而发生变化，最终振荡体积不变时测得的振实密度即为最紧松密度。决定粉体堆积密度的是颗粒形状、大小、颗粒表面的摩擦系数、湿度和压力等。

使用堆密度指标可以粗略估算填料和树脂的使用比例，即是松装密度减去真实密度的量，但是工程中总是使用的量要高于此值，如果在松装密度减去真实密度的量上加上吸油量就更接近于需要量。所用密度一般不使用紧松密度，即使填充胶料要振捣。

（3）填料的几何形态特征

颗粒是填料的存在形式。颗粒形状有球状、立方体状等同向性状态，也有针状、板状等异向性状态。颗粒的形状并不十分规则，不同种填料的几何形状会有着明显的差别。如立方体的方解石（重质碳酸钙）、正长石的长宽高相同；块状或短柱状的长石、硅石、重晶石的长宽高大约为（1～4）:1:1；片状的高岭土、云母、滑石、石墨的长宽高大约为1:（0.5～1）:（0.01～0.25）；纤维状的石棉等的长宽高大约为10:1:1。

颗粒的形状是描述颗粒几何特征的主要参数之一，粉体的流动性、压缩性、填充性等力学性能都与粉体颗粒的形状有着密切的联系。经过破碎或磨碎的颗粒的形状很少是随粒度而变化的，并且可在显微镜下检验的最细微的颗粒也像任何其他颗粒一样是多角的（表6-1）。

表 6-1　部分矿物颗粒的几何形状

矿物名称	几何形状	矿物名称	几何形状	矿物名称	几何形状
方解石	立方形	透闪石	纤维状	珍珠岩	球形
硅石	短柱状	云母	片状	正长石	立方形

矿物名称	几何形状	矿物名称	几何形状	矿物名称	几何形状
霞石	短柱状	长石	短柱状	石墨	片状
石棉	纤维状	硅灰石	纤维状		
滑石	片状	高岭石	片状		

填充时，颗粒的形状对复合材料的性能有一定的影响，如流变性质和硬度、弹性、抗张强度、永久变形等。与同向性填充剂相比，异向性填充剂有减小材料收缩性降低加工性能的特点，但机械强度很高。球状填充剂的填充效果刚好相反，不同几何形状的填料颗粒对其塑料制品的强度影响一般是纤维状＞片状＞柱状＞立方体＞圆球形。因此，在复合材料的设计中，对填料的形状要求精细设计，以使填料的复合效果达到最佳。通常在松散堆积时，空隙率随颗粒圆形度的降低而增高，有棱角的颗粒空隙率较大。同时，表面粗糙度越高的颗粒，空隙率越大。

（4）粒径

填料粒径是影响填料填充效果的一个重要因素。一般大粒径粒子，易在基体内产生缺陷，尽管能提高体系的硬度和刚性，却损害了强度和韧性。随着粒径的减小，粒子的比表面积增大，粒子与基体的接触面积增大，材料受冲击时，产生更多的屈服，能吸收更多的冲击能。粒径是控制复合体系的一个参数，粒径越小，增韧效果越显著。粒径越小，越具有良好的加工性能和优良的综合性能。但颗粒粒径越小，要实现其均匀分散就越困难，需要更多的助剂和更好的加工设备以及更高的加工费用。因此要根据使用需要确定适当的填料粒径。

理想状态下，颗粒尺寸与空隙率无关。但是粒度越小，由于粒间的团聚作用，空隙率越大。随着粒径增大，粒径变化对堆积率的影响大大减小，此时，与粒子自重力相比，凝聚力的作用可以忽略不计，因为粒间接触处的凝聚力与粒径大小关系不大；而与粒子质量有关的力却随粒径三次方的比例急剧增加。

填料的粒径可用它的实际尺寸（μm）来表示，也可用目数来表示。目前国际上比较通用等效体积颗粒的计算直径来表示粒径，以 μm 为单位。

事实上多数矿物的颗粒在用 200 目的筛子过筛时就已经很难通过了，尽管这些颗粒的实际尺寸比筛子的筛孔尺寸要小。通常要用毛刷施加外力或在水的冲洗之下才能通过筛孔（但外力往往会使筛孔变形造成粒径测量不准），这是由于细小颗粒的团聚作用形成了三次粒子，虽然分散开后可以以一次粒径或二次粒径的形状存在，但是这加大了对粒径准确判断的难度，如标准 325 目的钛白粉颜料，在涂料中分散研磨后可以通过 $8\mu m$ 的刮板细度计。

通常的颗粒填料，都是由大小不同的颗粒所组成。所谓粒度分布是指将颗粒群以一定的粒度范围按大小顺序分为若干级别（粒级），各级别粒子占颗粒群总量的百分数。气溶胶和沉淀法制备的粉体，其粒度分布近似符合正态分布，生产中，粉碎产品的粒度分布曲线往往因为细粉偏多，粗颗粒较少而向细粒一侧倾斜，这种细颗粒大于粗颗粒的填充相对有利，理论上颗粒的最密填充可以使填料达到最大的增量效果。

（5）粉体的流动性

粉体的流动性取决于粉体内部颗粒间的摩擦性质和内聚性质，而不同尺寸和形貌的颗粒，其摩擦和内聚性质对粉体流动性的影响程度是不同的。当颗粒尺寸较大时，体积力远大于颗粒间内聚力，粉体的流动性主要取决于颗粒形貌。具有粗糙表面的颗粒或形状不均匀的颗粒，通常流动性较差；当颗粒尺寸很小到体积力远小于颗粒间内聚力时，粉体的流动性则主要取决于颗粒间的内聚力。

颗粒间的内聚力主要包括：范德华力、静电力、固桥力和液桥力。其中，颗粒间的范德华力可在 100nm 甚至更大的距离内起作用；颗粒间（或与平面间）的静电力，源于电位差、库仑力和镜像力；固桥力是颗粒经烧结、熔融，或化学反应和再结晶时所产生的桥联力；液桥力源于颗粒表面吸附或凝结的水膜。在这 4 种内聚力中，固桥力相对较强，而静电力要比液桥力和范德华力小。

潮湿物料由于颗粒表面吸附水，颗粒间的接触部分或间隙部分存在液体时形成所谓液桥力，液桥是在大气压下存放粉体时，由于水蒸气的毛细管凝缩而形成。液桥力的大小取决于空气湿度、粉体表面对水蒸气的亲和性、颗粒形状以及接触状况等。液桥力导致粒间附着力的增大，形成团粒。由于团粒尺寸较一次粒子大，同时，团粒内部保持松散的结构，致使整个物料堆积率下降。当含水量较低时，随含水量增多，物料容积密度略有降低，但影响不大。随水分继续增大，容积密度迅速降低，当水分达到 8% 时达到了最低点，随后略有回升。可以想象得到，当水分继续增大，达到颗粒在水中沉降时，容积密度会超过干物料的容积密度。

粉体的自然休止角是将粉体倾洒在水平面上，形成料堆，料堆的棱边与水平面之间的夹角。自然休止角的大小表示粉体的松散性，也表示粉体堆积体与其表面上的颗粒之间平衡的关系。对于粘连性粉体，自然休止角较大，而且不是常数，它随着粉体层的高度而发生变化，高度越大，自然休止角越小，会在料堆的最上面形成平顶；料堆底部，自然休止角大，形成一定高度的垂直悬壁。粉体的自然休止角可以用来描述粉体的流动性。

（6）壁效应

当颗粒填充容器时，在容器壁附近形成特殊的排列结构，靠近壁面处的颗粒比主体区的颗粒装填得疏松，随着离开壁面的距离增加颗粒装填密度增大。这就称为壁效应。在颗粒复合胶液中颗粒也会产生壁效应，当颗粒在靠近器壁的位置沉降时，器壁会增大颗粒沉降时的阻力，使颗粒的沉降速度比按自由沉降的计算值小。壁效应表面上增加了树脂用量，事实上树脂的使用量并不是仅够填充颗粒间隙，总是要多出一些才有利于保证抗渗性不受影响，也能保证表面光洁度不受表面颗粒的凹凸不平的影响。壁效应使黏合壁面上的树脂量比胶泥中心高，这对提高浸润有利。但是壁效应使近黏合面的颗粒增强效果下降，受力时黏合面容易破坏，所以填料中必须要有粒度足够细的填料来减少壁效应。

6.1.2　填料的主要化学性质

无机矿物的化学成分影响制品的耐腐蚀性，树脂结构和稳定性。填料的化学成分对复合材料主要有以下影响。

（1）填料本身的化学成分结构

其判断的准则是按化学反应的热力学条件即可，只要填料和化学介质的反应自由能小于 0 则填料不可用，但是要注意的是略大于 0 的情况也要慎重，因为使用过程的环境、介质条件波动也可能发生腐蚀。如碳酸钙、硅灰石等填料，我们从无机化学知识中知道它是弱酸强碱盐，因此不耐酸，且产生的 CO_2 还可能出现膨胀腐蚀，但是它在碱性介质中稳定，因此很耐碱；而在耐碱塑料中，则不能选用石英等作为填料。还要考虑无机矿物的矿相结构，如铸石粉，从成分上 SiO_2 低，耐酸差，但由于它是微晶结构，所以耐蚀性好。

（2）填料中的杂质离子

这些离子可能是矿物原生带入，也可能是加工过程带入，填料的某些金属离子，常与有机树脂直接或间接作用，影响了树脂的抗热、氧、光老化性能。如在聚氯乙烯树脂中不宜选用含有铁离子的填料。因为铁离子不单影响制品色泽，还会在加工时使树脂解聚。同时这些离子残存于多相界面上，在使用过程中，由于离子的亲水性，使扩散到界面的水残留或导致界面脱粘。

（3）填料中的结晶水

如在耐高温塑料中，不宜选择含水氧化铝或三水铝石等作为填料。因为当加热到300℃以上，填料中的结构水放出，会使材料内部结构破坏。但是，在高分子聚合物的燃烧温度下能分解出结晶水，就能吸收燃烧的热量，降低材料的表面温度，减慢材料的燃烧降解速度，这种脱水吸热作用、结晶水挥发、水蒸气稀释火焰区气体反应物的质量分数是阻燃的有利因素。

（4）填料的表面状态

硅酸盐填料在粉碎过程中表面会出现共价键断裂后的活性点，吸附水后成为羟基或化学吸附状态的水，或吸附其他无机、有机物质，这给树脂的浸润和分散带来不确定性。

6.1.3　填料的光电性质

（1）光学特性

除专门用于着色的颜料填料外，人们一般不希望填料对基体的色泽带来不利影响，因此通常都希望填料本身是无色的，当然这对大多数填料是不可能的，但至少应当是白色的，而且白度越高越好。测量填料的白度，可将填料粉末压制成圆片状试样，将特定波长的光照射在试样平滑表面上，由试样表面对此波长光线的反射率与标准白度的对比样反射率的比值作为填料的白度值。我国目前生产的重质碳酸钙白度值都可达到90%以上，最高可达95%以上，而滑石粉的白度值一般在80%～90%。

一般来说填料的折射率和基体的折射率都会有所不同。并且对多数填料来说其折射率还不止一个。具有立方点阵结构的晶体和各向同性的无定形物质才具有唯一的折射率。例如方解石的两个折射率分别为1.658和1.486，石英的两个折射率分别为1.553和1.544。

填料的折射率与基体折射率之间的差别往往会使基体的透明性受到显著影响，对基体着色的色泽深浅及鲜艳程度也有明显影响。紫外线可使基体聚合物的大分子发生降解。紫外线的波长范围为0.01～0.4μm，炭黑和石墨作为填料使用，由于它们可吸收这个波长范围的光波，故可以保护所填充的基体避免发生紫外线照射引发的降解。有的物质不仅可以吸收紫外线，还可通过重新发光把波长较短的紫外线转化为波长较长的可见光，如果将其作为填料使用不仅可避免紫外线的破坏作用，还可增加可见光的辐射能量。

红外线是0.7μm以上波长范围的光波，有的填料可以吸收或反射这个波长范围的光波。例如在农用大棚膜中使用云母、高岭土、滑石粉等填料，可以有效降低红外线的透过率，从而显著提高农用大棚膜的保温效果。

（2）电性能

无机非金属矿物制成的填料都是电的绝缘体，从理论上说不会对基体的电性能带来影响。但需要注意的是由于周围环境的影响，填料的颗粒表面上会凝聚一层水分子，根据填料表面性质不同，这层水分子与填料表面结合的形式和强度都有所不同，因此填料在分散到基体中后所表现出的电性能有可能和单独存在时所反映出来的电性能不同。

此外填料在粉碎和研磨过程中，由于价键的断裂，很有可能带上静电，形成相互吸附的聚集体，这在制作细度极高的微细填料时更容易出现。颗粒表面凝水或粉碎使其价健断裂而带电，使颗粒分布不均。

6.1.4　颗粒的堆砌和级配

颗粒的粒径级配就是经过科学组配后，使之达到更大的密实度和获得较大的内摩擦力。固体颗粒按粒径大小，有规则地组合排列、粗细搭配，可以得到密度最大，孔隙最小的集料。颗粒级配理论设计配合比的方法是通过将各种不同粒度的材料，按一定比例搭配起来，使得颗粒之间的空隙由不同粒径的颗粒填充，以达到较高的堆积效率，从而得到工作性能较好的复合材料。复合材料可以视为由各种粒度的颗粒堆积构成，树脂只是填充空隙和颗粒间形成粘合界面。采用颗粒级配优化的方法能使颗粒堆积效率提高，最大限度地使用骨料，同时骨料颗粒间的空隙率降低，可使填充骨料空隙的树脂用量减少。

与树脂复合的填料大体有三种，一种是通常的粉体材料，它是粉碎后再通过多少目的筛而获得，含有大量的粒径连续分布的更细小的颗粒，粒径分布曲线大略是一个正太分布曲线被切掉一小半的剩余部分，目前使用的粉体大多是这样的细度；另一种是采用分级筛进行细度分级后的筛余（如从 80 目到 600 目以 20 或 40 目进行分级），这样的粉体粒径基本可以视为均一，但是价格略高，随着工业化进程的发展，它会是主要的发展方向；第三种是大的粗骨料，如石英石块、花岗石石块、耐酸卵石块等，这主要是在耐酸混凝土上使用。

（1）理想颗粒堆砌

理论上颗粒堆砌可简化为圆球进行研究，对于同种粒径的球体，按简单立方体堆积方式（6 配位）排列时，其球间空隙率为 47.64%；按六方体或斜方体堆积方式（8 配位）排列时，其空隙率为 39.55%；按复六方体堆积方式（10 配位）排列时，其空隙率为 30.19%；按棱柱体或棱锥体六方最紧密空间堆积方式（12 配位）排列时，其空隙率为 25.95%。

如果以适当尺寸的小球体填充到大球体之间的空隙，可使空隙率下降。空隙率下降的程度随填充球体的大小、数量和填充方式的不同而不同。简单立方体平排时填充一个 $d = 0.732D$ 的最大次级球，空隙率从 47.6% 降至 27.1%；棱柱体错排时填充一个 $d = 0.414D$ 的最大次级球，空隙率从 25.9% 降至 20.7%。如果减小填充球的直径，一次不是填充一个最大的次级球，而是填充许多直径更小的小球，其空隙率将进一步减小。

根据六方最紧密堆积理论，6 个球围成四角孔，4 个球围成三角孔。基本的直径球称为 1 次球（半径 r_1），填入四角孔中的最大球称为 2 次球（半径 r_2），填入三角孔中的最大球称为 3 次球（半径 r_3），其后，再填入 4 次球（半径 r_4），5 次球（半径 r_5），最后以极小的等径球填入残余的空隙中，这样就构成最紧密的堆积。各次球径及堆积率计算结果列于表6-2。随着填充次数的增加直到数学推算的与填充方式无关的空隙率 3.9%。

表 6-2　六方紧密堆积的填充粒径与空隙率

球序	球径	相对个数	堆积率/%	空隙率/%
1 次球	r_1	1	74.06	25.94
2 次球	$r_2 = 0.414r_1$	1	79.3	20.7
3 次球	$r_3 = 0.225r_1$	2	81.0	19.0
4 次球	$r_4 = 0.177r_1$	8	84.2	15.8
5 次球	$r_5 = 0.116r_1$	8	85.1	14.9

（2）逐级填充

一般防腐蚀工程中所用的粉体都是过筛即得，但是它的粒度分布曲线并不一定能获得最大密度堆砌。在粉体最大直径受使用条件确定的情况下，需要加入更细小的粉体来获得最大密度堆砌。即粉体配合有一个最大密度曲线，它认为固体颗粒按粒度大小有规律的排列，粗细搭配，便可以达到密度最大空隙最小的堆砌。

通过实验得到一个半经验的公式如下：

$$p_d = (d/D)^n$$

p_d 为某粒径 d 集料的通过百分率，D 为集料的最大粒径 mm。最好 $n = 0.35 \sim 0.45$。由于级配时手头的各种细度的粉体有限，$n = 0.3 \sim 0.5$ 时也具有可以接受的密实度，它与颗粒形状、每一个集料的粒径和粒径分布有关，它主要描述了连续级配的粒径分布，用于计算连续粒径粉体的级配。

最大密度曲线理论其是从集料以何种比例组合能达到最大密实度的角度出发来确定级配中各种粒径的分布，没有考虑颗粒骨架结构的形成与否。因为各级数量比较接近，同级颗粒不能相互接触，粗集料含量少，不能形成骨架结构，由此设计的级配也就难以形成骨架密实结构，所以高强、高温稳定性能较差。

（3）间断填充

间断填充是目前比较理想的填充方法，它是基于要达到最大密实度，前一级颗粒之间的空隙应由次一级颗粒填充，剩余空隙再由更次一级颗粒填充，但填充的颗粒粒径不得大于其间隙的距离，否则大小颗粒之间势必发生干涉现象。这样在先确定了骨架颗粒后用颗粒分级粒径、重量递减的方法来计算级配。

当矿料中各级粒径为 $d_i = D(1/2)^{i-1}$。设 a_1 为第一挡粒径的质量百分率，则相应的其余各挡粒径的质量百分率为：

$$a_i = a_1(k)^{i-1} \tag{6-1}$$

$$\sum_1^n a_1 k^{i-1} = 1 \tag{6-2}$$

其中级数：$n - 1 = 3.32 \lg(D/d_n)$。d_n 为最小粒径，这种填充与干涉的关系受大小粒子之间一定数量分布状况的影响，为多级嵌挤密实结构级配的计算提供了理论依据。

目前认为：①相同粒径或相同粒径比的球形颗粒排列时，空隙率与其粒径的大小无关，仅与排列和填充方式有关；②在排列方式相同时，多级配粒径球体的空隙率小于单粒径球体的空隙率；间断级配比连续级配能形成更小的骨架空隙率，具有更加密实的骨架结构，其空隙率与填充方式和各级集料的填充比例相关；③利用逐级填充理论设计集料级配，其骨架间隙率与填充方式和各级集料的填充比例相关；④即使是在紧密排列的情况下，颗粒排列方式也不是单一的，是多种密排方式的混合。无论基于哪种理论基础发展起来的级配设计方法，都无法满足性能的要求。

6.1.5　颗粒增强耐蚀材料力学性能

在颗粒增强复合材料中，载荷是由基体和微粒共同承担的，微粒以机械约束的方式限制基体变形，从而产生强化。当微粒比基体模量更大时，微粒以其坚硬的界面限制基体的变形。随着外载荷的增加，这种应力也增大，可达到未受约束基体屈服强度的 3～3.5 倍。对于含刚性粒子的复合材料受拉伸的情况，界面上的最大主应力均发生在极区附近，最大的轴向应力和局部化的剪切应力发生在颗粒的赤道附近，与拉伸应力呈 45°处为满足最大剪切应力和最大畸变能判据的位置，在该处应首先发生剪切屈服。应力集中程度随无机填料体积含量的增加而增加。应力集中效应引发界面层屈服，或产生银纹，这种屈服将吸收大量变形功，在应力消失后银纹自动修复，达到增强效果。

消耗应变能的损伤有基体和粒子的变形，银纹与开裂，孔洞的形成与长大，界面脱粘等，从细观力学的角度而言，剪切带与银纹是最有效地耗能机制。粒子的存在，使其周围基体内的应力场变得很不均匀，于是为引发各种类型的细观损伤准备了条件。这就是刚性粒子的加入所产生的增韧效应。

除了损伤所消耗大量的应变能。颗粒还有阻滞断裂过程的裂纹进展，粒子在基体中阻滞裂纹扩展的效应，一般认为是通过以下两种机制来实现的。其一为钝化机制，即裂纹尖端因粒子周围的脱粘（形成孔洞）而钝化，二为钉扎机制，即较刚硬的第二相粒子及其周围的强化效应使裂纹难以顺利通过，当裂纹无法贯穿粒子而继续前进时，将被迫转弯而成弓形，在此，材料具有良好界面黏结的刚性粒子应具有较高的"订扎"效应。因此，用刚性粒子填充，可以取得增韧效果。当然刚性粒子引发银纹或剪切带的能力，远不如弹性粒子（例如橡胶球）。但是作为耐蚀材料的附带效应是受欢迎的。

树脂材料加入颗粒填充剂，一般会使抗拉强度减小（个别例外），断裂伸长率降低，填充剂如果不发生聚集，其颗粒度对抗拉强度的影响很大，若颗粒度小，抗拉强度则大，颗粒的聚集作用总导致材料的抗拉强度降低。通常微粒的直径 $1 \sim 50\mu m$。

对弹性模量而言，当粒子尺寸大时，粒子的表面活性较低，它与基体发生结合的物理作用及化学作用能力较小、有效填充体积较小，对粒子尺寸很小的情况下，粒子表面活性高、具有与基体分子发生物理结合和化学结合的较大能力，能形成与超微细粒子尺寸相匹配的界面层，提高粒子的有效体积，可以使复合材料得到较高的弹性模量。但是，如果对超微细粒子用偶联剂处理，再与基体复合，这种表面处理不会增加超微细粒子与基体的结合。虽然此时界面层与粒子在尺寸上还比较匹配，但由于界面层变得比较柔软，因此复合材料的弹性模量反而比未处理时要低。

界面无黏结时微粒的复合材料平均应力只有 8.8MPa，而界面有黏结时微粒的平均应力为 72MPa。由此可知，填料与基体黏结的好坏是影响微粒增强塑料强度的重要因素。当填料与基体无黏结时，材料强度低，且随微粒直径的增大而降低，增加正压力可以改善强度。填料与基体有黏结时有两种情况：当填料体积分数很小时，情况类似于无黏结状态，当填料的体积分数大时，材料强度取决于界面黏结强度和基体剪切强度。

微粒增强的效果是微粒直径、微粒间距、微粒的体积分数，微粒的分布，以及微粒与基体的黏结强度的函数。一般说来，微粒越小，则增强效果越好，但成本也越高。大直径的粒子容易成为应力集中源，与其说是增强，不如说是使材料的力学性能变差，所以不宜采用。一般认为颗粒增强也符合混合率，但是由于其复杂性，通常认为规定一个范围能得到大家接受，其弹性模量为：

上限 $$E = E_P V_P + E_M V_M \qquad (6\text{-}3)$$

下限 $$E = \frac{E_P E_M}{E_P V_P + E_M V_M} \qquad (6\text{-}4)$$

式中，E 表示弹性模量；V 表示体积分数；下标 P 表示树脂；M 表示增强剂。

在颗粒增强复合材料中，微粒的体积百分比在一定范围内增加时，复合材料的表观弹性模量增加不大，只有当颗粒的体积百分比增加到一定的程度，复合材料的表观弹性模量才会出现大幅度增加。这种现象与增强材料的连通性有很大关系，即当增强颗粒的浓度较小时，彼此相互隔离，此时对复合材料影响较小；当其体积百分比达到一定的浓度后，颗粒间相互连通，成为一个整体，这时再增大体积百分比就对复合材料产生较大影响。

当然，微粒的大小、形状以及附聚作用对模量都有影响，不管高模量填料实际上是分散的还是连续的都有作用，即使填料与基体之间没有强烈的相互作用，含有刚性微粒填料的聚合物的模量一般都有所提高。

在颗粒增强原理复合材料中，虽然载荷主要由基体承担，但颗粒也承受载荷并约束基体的变形，颗粒阻止基体运动的能力越大，增强效果越好。颗粒增强复合材料的力学性能取决于颗粒的形貌、直径、结晶完整度和颗粒在复合材料中的分布情况及体积分数。颗粒尺寸越小，体积分数越高，颗粒对复合材料的增强效果越好。一般在颗粒增强复合材料中，颗粒直径为 $1 \sim 50\mu m$，颗粒间距为 $1 \sim 25\mu m$，颗粒体积分数为 $25\% \sim 50\%$。

6.2 颗粒填料品种

6.2.1 填料类别

填料可按填料品种分类，即单一品种填料和多品种混合的复合填料；按化学组成可分为无机填料和有机填料；按生产方法可分为矿物性填料、植物性填料、合成填料；按外观形状可分为粉状、粒状、片状、纤维状、微球等；按其作用可分为补强填料和增量性填料。但是从理论上和使用上均以化学组成分类较好，同时辅以其他分类法。

（1）无机填料

所谓无机填料即是无机化学里边的水、溶剂、酸或碱中的沉淀化合物，其溶度积越小越好。无机填料大部分是天然产出的，是天然矿物质粉碎后所得，所以价廉，也含有矿物中所带的杂质，通常需要酸或碱处理后耐蚀性才会进一步提高。而很多天然矿是结晶的，粉碎后颗粒上将留下隐裂等缺陷，对强度有影响，加热愈合后较好。合成的无机填料由于是从溶液中结晶出的细粉，则不存在表面的缺陷。按形成无机填料的阴离子可区分为以下几种。

① 碳酸盐类　碳酸钙、碳酸镁、碳酸钡等。

② 硫酸盐类　硫酸钡、硫酸钙、硫酸铵、碱式硫酸铝等。

③ 硅类化合物　石英粉、滑石粉、石棉、陶土、硅藻土、云母粉（片）、硅酸钙等，玻璃粉、陶瓷粉、铸石粉等铝硅酸盐类也是一个很大的类别。

④ 碳素填料　炭黑、石墨、炭粉等。

（2）有机填料

① 天然有机物　木质素纤维、棉纤维、木粉等。这一类的填料由于其高吸水性，在防腐蚀工程上应用较少，但是它具有一定的增强作用和轻量化作用还是有所应用。

② 合成的有机物　合成纤维、合成橡胶粉、合成树脂等。粉状橡塑填料主要用于降低树脂收缩性；而难于处理的热固性废树脂作为增量剂随着工业化的进程将是一个大的发展方向。

（3）金属填料

① 金属氧化物　氧化铝、氧化钛、氧化铁、氧化锰、氧化锌、氧化锑、氧化镁等。

② 金属粉　铜、铁、锌、铝、铅、不锈钢等粉状物。

③ 金属晶须　铁、铜、铝、铅、锌等须。

6.2.2　硅酸盐填料

（1）石英粉

石英粉是用天然脉石英加工磨细而成。化工防腐蚀胶泥所用石英粉，宜选用将石英岩加以焙烧，再经人工或机械破碎制得的含 $SiO_2 \geq 98\%$ 的精制石英粉。煅烧可以使二氧化硅的晶型转变并烧除碳酸盐杂质，但不能生成新的矿相，还保持石英的本性。石英粉质地坚硬、耐磨性好、价格较便宜。石英粉属亲水性材料，它比辉绿岩粉吸水率大 $20\% \sim 25\%$。单独使用石英粉作填料的胶泥固化后收缩率较大。石英粉耐酸性好，除氢氟酸外能耐大部分的酸，石英粉耐碱性差，与浓碱作用生成可溶性的硅酸钠而使材料破坏。石英粉耐酸率与其二氧化硅含量及其他杂质含量有关。

硅石称为天然硅砂（或简称硅砂），是纯度较高的天然石英砂。是石英岩、石英砂岩风化后呈粒状产出的天然颗粒状态砂矿，分布广，储藏量大。天然硅砂主要有两种类型，一种是海砂矿，包括滨海沉积矿和滨海河口沉积矿。另一种是陆相沉积砂矿，包括河流冲积石英砂矿和湖积石英砂矿。海砂矿物组成较简单，一般质量较好。主要矿物为石英（90%～95%），另含少量长石（0～10%）及重矿物和岩屑，少部分矿区含有黏土类矿物；河流冲积砂矿中主要矿物石英含量变化较大，多含黏土类矿物，其次为长石、云母、铁及其他重矿物；湖成砂矿中主要矿物为石英，另含长石、岩屑、石榴石及少量铁矿物和其他重矿物等。所以在防腐蚀工程使用时没有很大的把握和进行了酸失重实验合格后，不要冒然采用。

硅石呈无色、白色或其他颜色，相对密度 2.2～2.5，显气孔隙率 15%～30%，吸水率 13%，Al_2O_3 含量 2%、Fe_2O_3 含量 0.6%，杂质含量少，而 SiO_2 含量达 97% 左右，并含 0.3%～1% 的 K_2O、Na_2O 及 0.1% 的 CaO。形状为滚圆、次圆、棱角等颗粒状和均匀的粒度。从晶型上讲硅石属天然脉石英，天然脉石英的显微结构分结晶型石英和胶结型石英，胶结型石英尺寸为 $1～3\mu m$。

硅石粉的特点是其吸附性很强，胶泥在硬化时会放出部分挥发物，而使胶泥内部产生气孔，如在胶泥中加入适量的硅石粉，便能吸附胶泥中的挥发物，而减少气孔的形成，提高胶泥的密实性和抗渗性。一般认为硅石粉加入量为粉料总量的 20% 为宜。如用量过多则吸附能力过大，胶泥内部挥发物满足不了硅石粉的吸收，所剩下的吸附力就会从外界进行吸收，反而增加了胶泥的渗透性。

球形石英粉是指颗粒个体呈球状，已不能被视为是天然无机填料，是主要成分为 SiO_2 的无定型石英粉体材料。球形石英粉除了具有石英材料良好的绝缘性能、化学稳定性外，还因其颗粒为球形而具有很好的流动性，可以提高石英粉的加入量。球形石英粉一般以燃气为燃料，在纯氧助燃下燃烧产生高温火焰，角形石英粉原料在火焰内熔化，熔融的石英粉体在表面张力的作用下球化，得到球形石英粉产品。

长石粉也是一种数量可观的耐酸填料，最好经过酸洗处理，其硬度较石英粉低，它可增加胶泥黏性。

防腐蚀工程中最好采用酸浸法去除石英矿中的杂质。酸液组成、酸液与石英粉的液固比、酸浸温度和时间及石英粉粒度对去除杂质有较大影响。例如，酸液与石英粉的液固比为 3∶1，混合酸含（质量分数）18% 盐酸和 2% 的氢氟酸，酸浸温度为 50℃，酸浸时间为 8h，石英粉粒度为 $28～37\mu m$，可以获得防腐用石英粉。

（2）滑石粉

滑石粉为硅酸镁盐类矿物滑石族滑石，主要成分为含水硅酸镁，经粉碎后，用盐酸处理，水洗，干燥而成。理论上的化学式为 $3MgO\cdot4SiO_2\cdot H_2O$。随产地不同，其组成亦有所不同。无色透明或白色，但因含少量的杂质而呈现浅绿、浅黄、浅棕甚至浅红色；滑石粉是一种柔软的填料，硬度为 1，相对密度 2.7～2.8。

滑石属单斜晶系。晶体呈假六方或菱形的片状，但完好的晶体极少见，通常成致密的块状、叶片状、放射状、纤维状集合体，薄片能弯曲。解理面上呈珍珠光泽。滑石粉是一种具有层状结构的硅酸镁水合物，共分三层，中间是一个八面体的水镁石（$MgO\cdot H_2O$）层，上下均为四面体的硅石（SiO_2）层，层间彼此叠加，相邻的滑石层依靠弱的范德华力结合。当对其施加剪切作用时，很容易发生层间的相互滑动，具有易分裂成鳞片的趋向。这种结构是滑石粉具有不同于其他颜料的特殊性质的原因。

滑石粉经超细粉碎后，粉体除粒度减小、比表面积增大外，其活性和表面电性也发生变化，它的柔软、层状、亲油和特殊的滑润性、无臭、无味、化学惰性相结合的特点使其成为一种独特的矿物。

滑石粉对大多数化学试剂显现惰性，在水或稀氢氧化钠溶液中均不溶解。与酸接触不分解，是电的不良导体，导热性低且耐热冲击性高，加热到 900℃ 的高温仍不分解。滑石粉的价格低廉，滑石的这些优良性质使得其成为一种很好的增量填充剂，白色的薄片结构的细滑石粉，还具有较好的固体光泽。

滑石粉的片状结构或纵横比高又使之适用于作为增强剂，可改善制品的刚性、尺寸稳定性、润滑性，可防止高温蠕变，减少对成型机械的磨损，可使聚合物在通过填充提高硬度与抗蠕变性的同时抗冲击强度基本不变。如果处理得当，其可使聚合物的耐热冲击强度提高，可改善塑料的成型收缩率、制品的弯曲弹性模量及拉伸屈服强度。

滑石粉具有良好的悬浮性和易分散性且磨蚀性低，滑石粉可作为涂料的填充剂，片状粒子结构的滑石粉可使涂膜具有很高的耐水性和瓷漆不渗性，主要应用于底漆和中间涂料；纤维状粒子结构的滑石粉，因吸油量高且具有良好的流变性，使得涂料的储存稳定性得到改进，并可使涂料的流变性及流平性得到很好的改善，同时可提高涂料的耐候性。

（3）玻璃微珠

玻璃微珠为实心和空心的球状硅酸盐材料。通常粒径为 0.5～5mm 的称为细珠，0.4mm 以下的称为微珠。根据不同的应用形式，对其性能诸如折射率、透明度、硬度、球整度、表面光洁度、电导率等有各种不同要求。玻璃微珠随用途不同，其化学组成也各不相同，常用的组成有钠钙玻璃、硼硅玻璃、含锆玻璃、含钛玻璃及高硅氧玻璃等。

玻璃微珠作填料，对材料的抗张强度、挠曲模量、硬度和耐磨性、压缩强度、热畸变温度、抗水性、耐腐蚀性和阻燃性能等都有改善。同时使材料电阻率提高，介电常数降低。使用微珠填料不仅起到增容作用，对加工性能也有所改善，它有好的球整度、表面光滑、颗粒均匀，能使胶料保持好的流动性，使填粉在制品中填充均匀，无死角和虚边。其次，微珠硬度不太高，可减少对成形模具的损伤。由于玻璃微珠无色透明，不影响制品的透明度。

玻璃微珠还可用于精密喷丸加工，硬度适中，无机械损伤，适用于精度要求高，外形复杂的金属模具的表面处理。作为细颗粒透明球体的玻璃微珠，当折射率适当时，其反射光将沿着与入射光束大致平行的方向。这一特性被广泛地用于交通安全保障标志系统。

玻璃微珠的制造方法有熔液法和粉末法两大类。熔液法以传统的玻璃熔制工艺为基础，成形时使玻璃液在作业口形成玻璃液流，然后用喷吹法、拉丝法、叶轮抛射法、离心法等将液流分散成玻滴液滴，液滴由于表面张力的作用形成微珠。玻璃液滴因表面张力成珠后，降落过程中在空气中冷却、硬化，落入冷却油中。

粉末法是以筛分好的满足粒度要求的碎玻璃粉加入球化炉中热处理成珠。漂浮法球化炉是将粒状原料供给到立式圆筒状燃烧室底部的球化区内，原料颗粒与火焰接触而球化，生成的玻璃细珠被热气流从燃烧室顶部带出，并在该处进入旋风分离器进行分级和收集。隔离剂法把玻璃粉同碳粉、氮化硼等隔离材料混合，然后用输送机将其送入热窑中，在窑中加热玻璃料，使其在表面张力作用下形成珠体，然后急冷以免小珠相互粘结。

中空玻璃微球的主成分是硼硅酸玻璃，是在 1400℃ 以上高温加热发泡制备的真球形微粒，壁厚均匀，突出的优点是低密度、高强度，耐候耐热性好，由于以 SiO_2 为主要组分，理论上能耐 700℃，实际上耐 600℃（长期稳定），是质轻、耐热和隔热的无机材料。其壁厚薄，仅 1～2μm，密度低，为 $0.25g/cm^3$，因而与其他填料比，可使材料轻量化 10%～20%，绝热效果也更佳。

而作为塑料填料具有以下特点：①高充填性，与一般填料比，加入塑料和涂料时材料黏度上升小，因而可以提高填充量；②良好的分散性和流动性，由于为微小球体，故分散性和流动性好，在塑料或涂料中分散均匀；③填充的混合过程以及以后的加工成型过程中，中空微球会经常被破损，结果降低和削弱其使材料轻量化的效果。

（4）辉绿岩粉和铸石粉

辉绿岩粉是天然辉绿岩矿的粉碎品，一般不作为耐酸填料，只能作为普通的增量剂。铸石粉系由辉绿岩石经高温熔化、结晶、磨细而成。具有铸石的耐蚀性，粉料含杂质少、耐酸度高、颗粒致密、表面光滑、吸水性低、收缩性小。但是铸石粉由生产过程的废品磨细而成，如果加工过程中铸石的结晶度低，则耐蚀性下降，所以选择时一定要检测酸失重指标。

另外铸石粉碎后易得到球形或似球形的辉石微晶，从填料形状选择的角度很好，同时，铸石生产过程报废率高，能提供大量的原料，所以目前的防腐蚀工程大量使用。

其实，对于铸石厂来说，有效利用铸石粉都是一个增加效益的大问题，对于结晶不好的铸石粉碎后，在生产中可以根据产品和产量附带进入结晶炉再结晶，完全可以开发出防腐蚀所需要的耐酸、耐碱、耐磨、高刚性、表面处理简单、粒子形状满意、粒径分布合理的市场渴望的铸石粉。

（5）瓷粉

耐酸瓷粉由耐酸瓷的废品磨细而成，他的性能同耐酸瓷相同。但是如果是由于烧制时胚体并未瓷质化完全，则耐酸性下降，选择时一定要检测酸失重指标；另外，现代陶瓷工业由于粉碎技术的进步，越来越大量地使用熟料，瓷粉也越来越少。瓷粉有一定的空隙率，能增加胶液的假塑性，但是假塑性高的瓷粉则瓷化低，耐蚀性下降。

（6）石棉纤维

石棉是彼此平行排列的微细管状纤维集合体，可分裂成非常细的石棉纤维，直径可小到 $0.1\mu m$ 以下。长度一般为 $3\sim50mm$，石棉纤维的轴向拉伸强度较高，但不耐折皱，经数次折皱后拉伸强度显著下降。石棉纤维的结构水含量为 $10\%\sim15\%$，以含 14% 的较多。加热至 $600\sim700℃$（温升 $10℃/min$）时，石棉纤维的结构水析出，纤维结构破坏、变脆，揉搓后易变为粉末，颜色改变。

蛇纹石石棉是镁的含水硅酸盐类矿物，属单斜晶系层状构造。原始结构呈深绿、浅绿、浅黄、土黄、灰白、白等色，半透明状，外观呈纤维状，具有蚕丝般光泽。蛇纹石石棉纤维的劈分性、柔韧性、强度、耐热性和绝缘性都比较好，相对密度为 $2.49\sim2.53$。蛇纹石石棉的耐碱性能较好，几乎不受碱类的腐蚀，但耐酸性较差，很弱的有机酸就能将石棉中的氧化镁析出，使石棉纤维的强度下降。占目前石棉产量的 90%。角闪石石棉属于单斜晶系构造。颜色一般较深，密度较大，具有较高的耐酸性、耐碱性和化学稳定性，耐腐性也较好。尤其是蓝石棉的过滤性能较好，具有防化学毒物和净化被放射性物质污染的空气等重要特性。蛇纹石石棉和闪石石棉的区分是把石棉放在研钵中研磨，蛇纹石石棉成混乱的毡团，纤维不易分开；闪石石棉研磨后易分成许多细小的纤维。

6.2.3　金属化合物填料

（1）α 型氧化铝粉

水合氧化铝是铝在自然界存在的主要矿物，将其粉碎后高温用氢氧化钠溶液浸渍得铝酸钠溶液，过滤去掉残渣，将滤液降温并加入氢氧化铝晶体，经长时间搅拌分解析出氢氧化铝沉淀，将沉淀洗净，再在 $950\sim1200℃$ 的温度下煅烧，就得到 α 型氧化铝粉末，它是冶炼金属铝的原料，α-Al_2O_3 的熔点（2015 ± 15）℃，密度 $3.965g/cm^3$，硬度 8.8，不溶于水、耐酸、耐碱，机械强度大，耐磨、耐冲击、粉体流动性好、热强度优良等特点，可作研磨剂、阻燃剂、填充料。α 型氧化铝粉有颗粒状的和片状的。但是 γ 型氧化铝粉末不可用。

（2）沉淀硫酸钡粉和重晶石

重晶石为无色斜方晶系板状晶体，成分中有 Sr、Pb 和 Ca 类质同象替代。纯的重晶石是无色透明的，就像任何天然脉矿开采的原料一样，天然重晶石含有许多杂质，如结晶二氧化硅、各种硅酸盐，铁化合物产生了黄色到暗灰色的色调，所以一般呈白、浅黄色，具有玻璃光泽，解理面呈珍珠光泽。具 3 个方向的完全和中等解理，莫氏硬度 3~3.5，相对密度 4.5。

沉淀硫酸钡一般是白色粉末，相对密度为4.5，不溶于酸，在18℃水中溶解度0.0023g/L，在100℃热水中溶解度为0.0039g/L，在1580℃时熔化和升华。沉淀硫酸钡是完全惰性的物质。硫酸钡粉耐酸、碱及氢氟酸腐蚀，可吸收X射线，具有了非常好的耐候性。从毒物学的观点来看，硫酸钡是唯一的非常安全和惰性的钡化合物。沉淀硫酸钡的硬度相当低，莫氏硬度大约是3。在颜色测量体系中做"白色标准"的就是沉淀硫酸钡。采用硫酸钡为填料时，胶泥黏结力较好、成本较高。一般硫酸钡粉或其与石墨粉按1:1的混合物，用做含氢氟酸介质的耐酸胶泥的填料。

沉淀硫酸钡的生产工艺是将重晶石粉在600℃时用碳还原成硫化钡，硫化钡可溶，其他杂质水不溶。将提纯的硫化钡溶液和其他硫酸盐溶液混合，在控制条件下进行沉淀反应，得到狭窄的粒径分布的纯的白色的沉淀硫酸钡的沉淀。

沉淀硫酸钡多为不规则的长条和树枝状结晶，许多小晶粒固结于大晶粒表面，形成树枝状结晶。一次粒子尺寸在2μm以下，但是固桥凝聚现象较为严重，二次粒子粗大，约14μm；通常沉淀硫酸钡的粗粒含量非常少，因为晶体是在控制条件下从溶液中生长的且不"磨碎"。同样的原因，极小颗粒的数量也是低的。粗粒和粒径分布能够通过在生产过程中采用合适的研磨程序如微粉化得到进一步地调整，晶体的表面形态呈卵形，颗粒较为光滑、圆整。

（3）锌钡白

锌钡白商品名为立德粉，是由硫酸锌溶液跟硫化钡溶液混合制得，是以硫化锌（ZnS）和硫酸钡（$BaSO_4$）共同沉积的白色颜料，是硫化锌跟硫酸钡的混晶，主要成分ZnS 30%/$BaSO_4$ 70%或ZnS 60%/$BaSO_4$ 40%。与酸作用分解放出硫化氢，与硫化氢和碱不起作用，它耐热性良好，防藻，遮盖力次于钛白。耐久性稍差，抗粉化性较差，作填料成本略高，作颜料成本很低，用于兼顾填充的场合，特别是硫化氢腐蚀兼顾装饰性的地方。

（4）碳酸钙

碳酸钙分轻质碳酸钙和重质碳酸钙，是常用的、用量极大的填料。重质碳酸钙简称重钙，是由含碳酸钙95%～98%的天然碳酸盐矿物方解石、大理石、石灰石磨碎而成，具有分散性好、质软、表面干燥、不含结晶水、吸油率低、折射率低、化学纯度高、热稳定性好、在400℃以下不会分解、白度高、硬度低磨耗值小、无毒、无味、无臭等优点。重质碳酸钙的形状都是不规则的，其颗粒大小差异较大，而且颗粒有一定的棱角，表面粗糙，粒径分布较宽。

轻质碳酸钙又称沉淀碳酸钙。轻质碳酸钙主要是由碳化石灰乳的化学加工方法制得的。由于它的沉降体积（2.4～2.8mL/g）比用机械方法生产的重质碳酸钙沉降体积（1.1～1.9mL/g）大，因此被称为轻质碳酸钙。轻质碳酸钙的形状根据碳酸钙晶粒形状的不同，可将轻质碳酸钙分为纺锤形、立方形、针形、链形、球形、片形和四角柱形碳酸钙，这些不同晶形的碳酸钙可控制沉淀反应条件制得。轻质碳酸钙颗粒微细、表面较粗糙，比表面积大，因此吸油值较高，普通轻钙的颗粒在充分分散开来的情况下呈枣核形，长径约5～12μm，短径为1～3μm，平均粉径为2～3μm。但由于未经过表面处理，在轻钙生成并经脱水、干燥后，往往众多粒子凝聚在一起形成团粒。

其他金属化合物根据其理化性能在特定的腐蚀环境和其他功能性能要求的条件下有不可替代的作用。使用这些填料时用无机化学知识详细研究其理化性能方能使用。

6.2.4 碳及碳氢化合物填料

（1）石墨粉

化工防腐上应用的是人造石墨，石墨粉是由石墨原料加工而成的粉末状态，颜色为灰黑色。主要有 80 目、100 目、150 目、200 目、325 目，石墨在还原性介质中是很稳定的，在 400℃ 以上氧化性气体中才能被氧化，除强氧化性酸（王水、铬酸、浓硫酸）对其有破坏作用外，耐任何浓度及沸点以下任何温度酸腐蚀，在沸腾情况下，对各种浓度的碱均稳定；对有机化合物和非氧化性盐类溶液稳定；在 100% 溴水中强烈腐蚀，在 100% 氟和氯中稳定，但在氯水水中缓慢腐蚀。

石墨粉吸水性低，收缩性小，突出特点是导热性能好。石墨由于生产厂家不同，质量有所差异，有的常含大量铁、氧化铁及其他杂质，耐酸度低时，会使制成的胶泥在长期使用中造成蚀孔，有的甚至造成胶泥起鼓，所以要求石墨粉耐酸率一定要大于 98%，并在使用前进行打样鉴定。

（2）橡胶粉

橡胶粉一般用废旧轮胎采用常温粉碎法、冷冻粉碎法、湿化学粉碎加工而成的硫化胶粉。粉状橡胶填料主要用于降低树脂收缩性，产量大，成本较低，但是比石英粉贵得多。其组成中不光含大量的橡胶填料炭黑及各种添加剂，还可能有树脂纤维织物。因此防腐蚀工程要选择轮胎胎面橡胶为原料生产的硫化胶粉为填料，即再生胶行业中的 A 级产品。橡胶粉粒度较大，常温机械法生产粗胶粉粒度 40 目以上，由于是在剪切力条件下进行的粉碎，所以粒子表面有无数的凹凸，呈毛刺状态、无明显棱角并间有粘连。水分 0.6% 左右，灰分≤（4%～12%）。

冷冻粉碎法是在橡胶脆性温度以下粉碎制成粒径更小的精细橡胶粉。细胶粉 0.425～0.180mm（40～80 目），水分 0.6% 左右，灰分≤（6%～12%）。低温粉碎的橡胶粉，粒子呈块状，棱角清晰、表面平滑。湿法粉碎，是将废橡胶先浸渍于碱溶液中，使废胶表面龟裂变硬后进行高冲击能量粉碎，然后将胶粉放置于酸溶液中进行中和、滤水、干燥而得到粒径分布较宽乃至微细胶粉。

8～20 目的橡胶粉称为胶粒，主要应用在跑道、道碴垫层、垫板、草坪、铺路弹性层、运动场地铺装等；30～40 目称为粗胶粉，主要用于生产再生胶、活化胶粉、铺路等；40～60 目称为细胶粉，用于塑料改性、生产橡胶制品等；60～80 目称为精细胶粉，主要应用在汽车轮胎、橡胶制品、建筑材料等。胶粉并非越细越好，从使用角度来讲，胶粉越细，掺用后对胶料性能的影响越小，但胶粉越细生产成本越高，目前微细胶粉只达到了 200 目。

硫化胶粉在防腐蚀工程上主要用于改性沥青和硫黄胶结料，提高弹性、耐重压、耐磨损，由于胶粉中含有抗氧化剂，可减缓老化，最显著的特点就是改变了普通沥青对温度的敏感性，使夏季高温不淌，冬季寒冷不脆。

硫化胶粉也可用于热固树脂中，但是应选用粒度细的，在调配胶料时有机溶剂会溶胀橡胶粉，虽然有利于界面黏合，但是固化后随作溶剂的挥发，橡胶粒子体积收缩大，产生较大的残余应力。

（3）热固树脂填料

难于处理的热固性废树脂粉碎后作为增量剂是一个大的发展方向。随作工业化的进程，热固废树脂的粉碎越来越简单，而废树脂的废弃成本也越来越高，热固性废树脂作为填料也会越来越多。但是要使用这种填料，还有 3 个问题要注意。一是热固树脂粉碎后含有大量的各种填充剂，由于废树脂的来源不同，不耐酸的树脂粉会降低工程的耐蚀性，所以只有生产热固树脂制品的企业才能开发这种热固树脂填料。二是粉碎后的树脂粉实际是树脂的粉末和原有填充剂的粉末的混合物，这样就大大降低了新的填充剂的加入量，从成本的角度目前还不行，只是从环保的角度有利。三是树脂粉从力学性能上不能补强复合材料，这是热固树脂填料最大的缺陷，只能在力学要求不高的条件下应用。

6.2.5　防腐蚀填料的选择

防腐蚀选择填料的要求主要是以下 6 个方面：①首先按照腐蚀介质选择，要求填料具有良好的耐腐蚀性能；②按需要的力学性能选择，配制成胶泥后能满足固结后的力学性能；③耐热性能好，有时要求有良好的导热性能；④分散性好，润湿性好，易施工；⑤填料与树脂体系不发生化学反应，杂质少不影响胶泥质量；⑥成本低，来源方便。

（1）单一填料的性能选择

根据防腐蚀工艺条件如介质、温度、压力、传热、强度、耐磨、施工性能可正确选择填料，各种填料的性能比较如表 6-3、表 6-4 所示。

表 6-3　各种填料的性能比较

性能＼种类	辉绿岩粉	石英粉	瓷粉	石墨粉	硫酸钡
相对密度	1.6～1.7	2.6～2.65	2.4～3.0	2.1	4.5
吸水性	小	较大	较大	小	小
收缩性	小	大	一般	小	小
耐酸性	好	一般	一般	好	好
耐氢氟酸	不耐	不耐	不耐	耐	耐
耐磨性	高	一般	一般	较差	一般
耐温性	高	一般	一般	高	一般
导热性	一般	一般	一般	好	一般
耐碱性	耐	差	差	耐	耐
成本	高	底	一般	高	高

表 6-4　各种填料可满足的特殊性能

特殊功能	填料	特殊功能	填料
导电性	铜粉、银粉、石墨、碳黑	阻燃性	三氧化二锑、水合氧化物
导热性	金属粉、碳粉、石墨粉	耐磨性	石英砂、花岗石粉
电绝缘性	瓷粉、云母、铸石粉	触变性	气相二氧化硅、膨润土
耐腐蚀性	铸石粉、石英粉、玻璃微珠、花岗石粉		

（2）复合填料

通常，对胶泥中所用填料一般有多项要求才能满足胶泥的性能需要，如满足良好的耐腐蚀性能后，力学性能还要满足使用过程中的应力变化；或者还要满足一定温度下的耐热性能，有时要求有良好的导热性能；尽量降低密度，以减轻设备重量等。但是单一填料不可能全面满足以上要求，因此选择填料时，主要依据介质条件、使用要求（如强度、耐磨、传热等）、施工性能、成本等进行综合权衡，必要时应采用复合填料。

填料复合非常复杂，这是由于商品填料的本身性能决定的，填料的原料和制造方法、密度、粒径及其表示方法、粒子几何形状等，通常只能通过试验来确定，但是也有一些基本原则。

一般粒子复合时，密度高的倾向于选择作为细粒填充粒子，骨架粒子选择密度低的以避免沉降分离；耐蚀性高的选择作为细粒填充粒子，骨架粒子选择耐蚀性低的以避免腐蚀加速；无定型填料表面处理只需要物理处理即可，强调高耐蚀性的时候属于优先选择的类型，使用相对大的粒径，其次才是需要偶联剂处理的相对小粒径的填料；高内聚能材料作为大粒径，低内聚能材料作为小粒径可以使整个界面相不出现大的差异；粉体的流动性差的用于大粒径，粉体的流动性好的用于小粒径，以降低体系黏度，减少稀释剂用量；针状、片状颗粒填料尽量选用大粒径，球形填料用于小粒径；特殊性能如电性能、导热性能的要求的填料选用大颗粒和针状、片状的，其他性能补充的填料选用小粒径的；防腐蚀要求的填料都尽量避免选择高吸水的填料；力学性能要求高的填料要选择哪种沿晶界破碎的球形或似球形填料，容易导致应力集中的化学沉积的无定型填料尽量不选。这些原则在实际使用中是要发生冲突的，设计配方时必须要明白为什么，然后才能进行取舍。

6.3 颗粒增强耐蚀树脂材料

6.3.1 胶结料的性能和应用

在《建筑防腐蚀工程施工及验收规范》中，将胶泥视为凡以各种胶黏剂，加入固化剂、填料、溶剂配制的材料。胶泥所用填料一般粒度细小，一般目数在 140～200 目以上，砂浆是在胶泥中再加入 0.5～2mm 的耐蚀砂骨料而得，树脂基混凝土则再加入耐酸石子如铸石块、耐酸陶瓷块、石英石等。通常按树脂基料的名称和混合料的功能命名如：环氧树脂胶泥、酚醛树脂胶料、不饱和聚酯树脂砂浆等，树脂基混凝土使用得很少。

（1）成品的性能

树脂类材料制成品的质量见表 6-5。

表 6-5 树脂类材料制成品的质量　　　　　　单位：MPa

项目		环氧树脂	乙烯基酯树脂	不饱和聚酯树脂				呋喃树脂	酚醛树脂
				双酚 A 型	二甲苯型	间苯型	邻苯型		
抗压强度	胶泥	≥80	≥80	≥70	≥80	≥80	≥80	≥70	≥70
	砂浆	≥70	≥70	≥70	≥70	≥70	≥70	≥60	
抗拉强度	胶泥	≥9	≥9	≥9	≥9	≥9	≥9	≥6	≥6
	砂浆	≥7	≥7	≥7	≥7	≥7	≥7	≥6	
黏结强度	耐酸瓷砖黏合面	≥3	≥2.5	≥2.5	≥3	≥1.5	≥1.5	≥1.5	≥1

从上表可见胶泥的抗拉强度基本上都能满足砌筑的需要，而黏合强度以环氧树脂最好。所以通常在基材表面上作防腐蚀覆盖层时以环氧树脂胶料作底漆。

（2）底漆

胶泥在施工到基体表面时必须首先做底漆，一是增加覆盖层的结合强度，二是像 NL、苯磺酰氯、硫酸乙酯等酸性固化剂由于对基体会造成腐蚀，因此不能直接与基材接触使用。基层用底漆配比见表 6-6。

表 6-6 基层用底漆配比

基层种类	树脂	稀释剂			固化剂				粉料
	环氧树脂	丙酮	乙醇	二甲苯甲苯	乙二胺	酮亚胺溶液	多乙烯多胺	T31	石英粉等
混凝土、砂浆	100	30～60	—	—	6～16	12～16	12～15	15～30	0～30
金属	100	25～40	—	—	6～16	12～16	12～15	15～30	30

（3）应用

通常胶泥作为砖板的砌筑黏合料，灌缝、勾缝料；砂浆作为花岗石地坪的地面砌筑料，抹面料；胶料一般作为底漆。施工时与建筑行业所进行的胶泥、砂浆的施工原理相似，只是要注意树脂的理化性能的细节差异。所有的填充料在使用前都必须打样，实验检测后方能在工程上使用，即使是只更换了一种原料或仅仅是施工地点发生了改变。

6.3.2 胶结料的配方及配制工艺

（1）基本的配制方法

① 胶泥配制时应严格按配合比准确称量，搅拌均匀。配料容器应清洁干燥、无油污。

② 固化剂为液体时，宜将固化剂与胶黏剂先搅拌均匀，再加入粉料和其他外掺料拌和均匀使用。这时要注意由于胶液对填料的浸润时间短，填料浸润性差则需要表面预处理。一般不将环氧树脂与填料浸润后再加入固化剂，因为填料表面对固化有影响，但是可以用部分稀释剂与填料混合后加入。

③ 当采用对甲苯磺酰氯和硫酸乙酯作酚醛树脂胶泥和呋喃树脂胶泥的复合固化剂时，应将粉料和对甲苯磺酰氯预先混合加入树脂中搅拌均匀，然后加入硫酸乙酯，充分搅匀后使用。

④ 当酚醛、呋喃类树脂与环氧树脂混合使用时，一般将酚醛或呋喃类树脂加入预热至40℃左右的环氧树脂中搅匀，冷至常温后使用。

⑤ 配制不饱和聚酯树脂胶泥时，应先加引发剂，拌匀后再加促进剂，最后与粉料充分搅拌均匀。配制环氧煤焦油胶泥时，将脱水煤焦油与环氧树脂预热至搅匀，冷至室温后，加入乙二胺与丙酮溶液，再加入粉料搅拌均匀。也可将环氧树脂甲苯溶液、煤焦油和乙二胺（或乙二胺丙酮）混合均匀后，再加入粉料搅拌均匀。

各种胶泥在应用过程中如有胶凝等现象出现，不得继续使用。

采用机械或人工搅拌胶泥以及每次拌和胶泥的数量应根据施工用量和气温等条件确定，随拌随用，防止固化。常用树脂胶泥拌和好后的使用时间见表6-7。

表 6-7 常用树脂胶泥拌和好后的使用时间

胶泥品种	使用时间/min	胶泥品种	使用时间/min
环氧树脂胶泥	40	环氧酚醛树脂胶泥	30
酚醛树脂胶泥	30	环氧呋喃树脂胶泥	60
糖酮树脂胶泥	30	不饱和聚酯树脂胶泥	45
YJ呋喃树脂胶泥	30～40		

树脂类材料的施工配合比，可按表6-8～表6-11选用。配料用的容器及工具，应保持清洁、干燥、无油污、无固化残渣等。

表 6-8 环氧类材料的施工配合比（质量比）

材料名称		环氧树脂	稀释剂	固化剂 低毒固化剂	矿物颜料	耐酸粉料	石英粉
封底料		100	40～60	15～20	—	—	—
修补料			10～20		—	150～200	—
胶料	铺陈与预涂胶料		10～20		0～2	—	—
胶泥	砌筑或勾缝料		10～20		—	150～200	—
稀胶泥	灌缝、地面面层料		10～20		0～2	100～150	—
砂浆	面层或砌筑料		10～20		0～2	150～200	300～400
	石材灌浆料		10～20		—	100～150	150～200

（2）环氧树脂胶料、胶泥或砂浆的配制技术要求

① 将环氧树脂用非明火预热至 40℃ 左右，与稀释剂按比例加入容器中，搅拌均匀并冷却至室温，配制成环氧树脂液备用。

② 使用时，取定量的树脂液，按比例加入固化剂搅拌均匀，配制成树脂胶料。

③ 在配制成的树脂胶料中加入粉料，搅拌均匀，制成胶泥料。

④ 在配制成的树脂胶料中加入粉料和细骨料，搅拌均匀，制成砂浆料。

⑤ 当有颜色要求时，应将色浆或用稀释剂调匀的矿物颜料浆加入到环氧树脂液中，混合均匀。

表以环氧树脂 EP01451-310 举例。配方中除低毒固化剂外，还可用其他胺类固化剂，尽量优先选用低毒固化剂，固化剂用量一定要按产品说明书的比例或经试验确定。当采用乙二胺时，为降低毒性可将所有乙二胺预先配制成 1∶1 的乙二胺丙酮溶液，当使用活性稀释剂时，固化剂的用量应按活性稀释剂的消耗量增加。

（3）乙烯基酯树脂或不饱和聚酯树脂胶料、胶泥或砂浆的配制要求

① 按施工配合比先将乙烯基酯树脂或不饱和聚酯树脂与促进剂混匀，再加入引发剂混匀，配制成树脂胶料。

② 在配制成的树脂胶料中加入粉料，搅拌均匀，制成胶泥料。

③ 在配制成的树脂胶料中加入粉料和细骨料，搅拌均匀，制成砂浆料。

④ 当有颜色要求时，应将色浆或用稀释剂调匀的矿物颜料浆入到乙烯基酯树脂或不饱和聚酯树脂中，混合均匀。

⑤ 当采用乙烯基酯树脂或不饱和聚酯树脂胶料封面时，最后一遍的封面树脂胶料中应加入苯乙烯石蜡液。

表 6-9　乙烯基酯树脂和不饱和聚酯树脂材料的施工配合比（质量比）

材料名称		苯乙烯	颜料	封闭剂	粉料		细骨料	
					耐酸粉	硫酸钡	石英砂	重晶石砂
封底料		0～15	—	—	—	—	—	—
修补料		0～15	—	—	200～300	400～500	—	—
树脂胶料	铺陈与面层胶料	—	0～2	—	0～15	—	—	—
	封面料	—	0～2	3～5	—	—	—	—
	胶料	—	—	—	—	—	—	—
胶泥	砌筑或勾缝料	—	—	—	200～300	250～350	—	—
稀胶泥	灌缝或地面面层料	—	0～2	—	120～200	—	—	—
砂浆	面层或砌筑料	—	0～2	—	150～200	350～400	300～450	600～750
	石材灌浆料	—	—	—	120～150	—	150～180	—

表中没有包括树脂和固化剂的用量，使用时按质量比树脂 100、引发剂 2～4、促进剂 0.5～4 的量加入。过氧化苯甲酰二丁酯糊引发剂与 N,N-二甲基苯胺苯乙烯也促进剂配套；过氧化环己酮二丁酯糊，过氧化甲乙酮引发剂与钴盐（含钴 0.6%）的苯乙烯液促进剂配套。封闭剂：苯乙烯石蜡液，苯乙烯石蜡液的配合比为苯乙烯∶石蜡 =100∶5；配制时，先将石蜡制成碎片，加入苯乙烯中，用水溶法加至 60℃，待石蜡完全溶解后冷却至常温，苯乙烯石蜡也应适用在最后一遍封面料中。填料采用硫酸钡、重晶石砂是用于耐含氟类介质工程。尽量不要采用苯乙烯作为稀释剂调整黏度，应该优先选用低黏度树脂，依靠树脂本身的

黏度控制。

（4）呋喃树脂胶料、胶泥或砂浆的配制要求

① 将糠醇-糠醛树脂按比例与糠醇-糠醛树脂的玻璃钢粉混合，搅拌均匀，制成玻璃钢胶料。呋喃树脂类材料的施工配合比（质量比）见表6-10。

表 6-10　呋喃树脂类材料的施工配合比（质量比）

材料名称		糠醇糠醛树脂	糠酮糠醛树脂	糠醇糠醛树脂玻璃钢粉	糠醇糠醛树脂胶泥粉	苯磺酸固化剂	耐酸粉料	石英砂
封底料		同环氧树脂、乙烯基酯树脂或不饱和聚酯树脂封底料						
修补料		同环氧树脂、乙烯基酯树脂或不饱和聚酯树脂封底料						
树脂胶料	铺陈、面层胶料	100	—	40～50	—	—	—	—
		—	100	—	—	12～18	—	—
胶泥	灌封料	100	—	—	250～300	—	—	—
		—	100	—	—	12～18	100～150	—
	砌筑或勾缝料	100	—	—	250～400	—	—	—
		—	100	—	—	12～18	200～400	—
砂浆料		100	—	—	250	—	—	250～350
		—	100	—	—	12～18	150～200	350～450

② 将糠醇-糠醛树脂按比例与糠醇-糠醛树脂的胶泥粉混合，搅拌均匀，制成胶泥料。

③ 将糠醇-糠醛树脂按比例与糠醇-糠醛树脂的胶泥粉和细骨料混合，搅拌均匀，制成砂浆料。

④ 将糠酮-糠醛树脂与苯磺酸类固化剂混合，搅拌均匀，制成树脂胶料。

⑤ 在配制成的糠酮-糠醛树脂胶料中加入粉料，搅拌均匀，制成胶泥料。

⑥ 在配制成的糠酮-糠醛树脂胶料中加入粉料和细骨料，搅拌均匀，制成砂浆料。

糠醇糠醛树脂玻璃钢粉和胶泥粉内含有酸性固化剂

（5）酚醛树脂胶料、胶泥的配制要求

① 称取定量的酚醛树脂，加入稀释剂搅拌均匀，再加入固化剂搅拌均匀，制成树脂胶料。

② 在配制成的树脂胶料中，加入粉料搅拌均匀，制成胶泥料。

③ 配制胶泥时不宜加入稀释剂。

配制好的树脂胶料、胶泥料或砂浆料应在初凝前用完。当树脂胶料、胶泥料或砂浆料有凝固、结块等现象时，严禁使用。

酚醛类材料的施工配合比（质量比）见表6-11。

表 6-11　酚醛类材料的施工配合比（质量比）

材料名称		低毒酸性固化剂	苯磺酰氯	耐酸粉
封底料		环氧树脂封底料		
修补料		环氧树脂修补料		
树脂胶料	铺陈与面层胶料	6～10	（8～10）	—
胶泥	砌筑与勾缝料	6～10	（8～10）	150～200
稀胶泥	灌封料	6～10	（8～10）	100～150

表中没有包括树脂和固化剂的用量，使用时按质量比酚醛树脂100、稀释剂0～15。

（6）树脂稀胶泥

树脂稀胶泥整体面层的施工的一般要求，具体内容将在第四节详述。

① 当基层上无玻璃钢隔离层时，在基层上应均匀涂刷封底料；用树脂胶泥修补基层的凹陷不平处。

② 当基层上有玻璃钢隔离层时，在玻璃钢隔离层上应均匀涂刷一遍树脂胶料。

③ 将树脂稀胶泥摊铺在基层表面，并按设计要求厚度刮平。

④ 当采用乙烯基酯树脂或不饱和聚酯树脂稀胶泥面层时，应采用相同的树脂胶料封面。

（7）树脂砂浆的施工

树脂胶泥主要用于块材黏合，在第9章详述，树脂砂浆可单独作抹面料，其施工注意事项如下。

① 摊铺树脂砂浆时应先在分格块内刷接浆料（配比同衬布胶料），随即将配制好的树脂砂浆用木杠摊铺刮平，再用木抹子用力压抹，当抹到分格块的边缘时，分格块的边线应以平直的木条抵紧。最后用铁抹子抹光，操作时铁抹子上可蘸少许丙酮抹压。抹完后沿长向抽出木条，再依次施工相邻的分格块。分格块之间的接缝必须结合严实。墙裙、地沟、槽壁等均应按分格块由上而下抹平压光，也可按设计要求制成预制块，用聚酯胶泥铺砌。

② 涂刷封面胶料。聚酯砂浆经自然硬化后，即可满刮一层稀胶泥，待其自然硬化后涂刷封面胶料。封面胶料是在胶料中加入树脂用量3%～5%的石蜡苯乙烯溶液，经均匀搅拌而成，室外地坪可在封面胶料上薄薄撒上一层石英砂覆罩。

③ 伸缩缝的横断面宜成V形，并用富有弹性的耐腐蚀材料填缝（如聚氯乙烯胶泥等），并应严实。

6.3.3 聚酯腻子

腻子（填泥）是平整基体表面的一种刮涂用胶泥材料，相对砌筑用胶泥的黏度高些，由于是用来填平基材表面的凹凸不平出，腻子厚度变化很大，如果腻子的固化收缩率大，则要多次刮涂才能找平，或者是刮涂厚度富裕度大，然后依靠打磨找平。又要求打磨性能好，有利于找平操作。另外腻子是填平基材的局部材料，要求硬度尽量与基材接近，黏合强度尽量高。所以腻子是一种单独的胶泥。

（1）机械加工用聚酯腻子

聚酯腻子有较高的黏结力，抗水、耐腐蚀、耐老化以及具有触变性和气干性，广泛用作机床生铁铸件的表面整平。使粗糙的铸铁表面不用机械抛光及去毛刺等预加工。

机械加工用聚酯腻配方见表6-12。

表6-12 机械加工用聚酯腻配方 单位：质量份

	名称	数量	名称	数量
配方	松香聚酯	30	邻苯二甲酸二丁酯	2
	熟石膏粉	44	亚硝酸钠	0.04
	水磨石粉	16	1号促进剂	2～4
	滑石粉	8		
使用配方	聚酯腻子	100	50%过氧化环己酮二丁酯浆	2～4

使用方法时按配方，先将聚酯腻子和引发剂分别搅匀，然后取用。两者必须充分混合，

用多少配多少，以免造成浪费。调配腻子固化（干燥）时间的快慢，取决于加入引发剂的量，且与施工时的温度、湿度有关。一般施工时的温度高，气候晴朗，湿度小，引发剂用量偏于配方的下限；反之，施工时的温度低，气候阴沉潮湿，则引发剂用量可适当偏高，否则影响腻子层的机械强度，该腻子涂层越厚越坚实牢固。

腻子刮涂要注意的是：①机器部件涂装前处理按一般的要求，锈迹油污必须清除，然后才能涂刮腻子，以免影响腻子对工件的附着力。腻子也能涂刮于一般防锈底漆之上。②工件面积大，应先将个别缺陷填平，然后才用大刮板全面刮涂，以减少刀缝，提高平整度。③腻子完全固化后，整体坚韧、硬度高，不易打磨。

（2）聚酯胶泥

聚酯胶泥在修补汽车、船舶及玻璃钢施工中经常用到，根据要求不同可选用不同型号的聚酯，配合一定比例的粉末填料，如石英粉、辉绿岩粉或白云石粉等，在使用时加入引发剂及促进剂即可。配方（质量份）见表 6-13。

表 6-13　聚酯胶泥配方

项目	配比	项目	配比
聚酯	80	颜料	2～3
滑石粉	10	活性 SiO_2	0.5
硬脂酸锌	2～5		

（3）原子灰

原子灰是最近 20 多年来世界上发展较快的一种嵌填材料，这是由近代汽车业的发展引起的。汽车外表的油漆装饰、汽车撞击损坏后的修补都离不开腻子，传统腻子如桐油石膏腻子、过氯乙烯腻子和醇酸树脂腻子都满足不了工艺的需求，导致了不饱和聚酯原子灰的问世，其特点是：干燥快、附着力强、耐热、不开裂，施工周期短。

不饱和聚酯原子灰由 3 个相关独立的组分组成。其一是原子灰专用不饱和聚酯树脂；其二是原子灰专用的填料；其三是辅助材料。

原子灰专用不饱和聚酯树脂的特性要求是具有气干性；和金属基体（铝材或钢材）黏附性好；能耐一定的温度（100℃以上）。原子灰专用树脂配方见表 6-14。

表 6-14　原子灰专用树脂配方

原料名称	相对分子质量	摩尔比	质量	质量/%	树脂/%
顺丁烯二酸酐	98.06	3.95	387.34	22.97	14.24
四氢苯酐	152.14	3.50	532.49	31.58	19.58
丙二醇	76.09	7.25	551.65	32.17	20.28
二甘醇	106.12	1.00	106.12	6.29	3.90
亚麻油	280	0.37	103.60	6.14	3.81
三羟甲基丙烷二烯丙基醚	214.3	0.65	139.30	8.26	5.12
投料总量			1820.50	107.96	66.94
理论出水量	18.02	7.45	−134.25	−7.96	−4.94
醇酸聚酯量			1686.25	100.00	62.00
苯乙烯	104.15	9.92	1033.51		38.00
树脂产量			2719.16		100.00

原子灰专用的填料的基本要求是与树脂相容性好，价格低，赋予原子灰能打磨的性能、涂刮性、触变性、贮存稳定性，且不影响与金属基体的黏附性，能耐140℃以上的高温。常用的填料有：滑石粉（医用级，325目）；瓷粉（325目细粉）；重质碳酸钙（工业一级品，325目细粉）；玻璃微珠（200目细粉）；钛白粉（工业一级品，325目）。

辅助材料有以下几种。

① 触变剂　提高原子灰的触变性，大面积垂直涂刮不会流淌。如气相二氧化硅、有机膨润土等。

② 促进剂　将原子灰加工成预促进材料。如异辛酸钴12％溶液，二甲基苯胺或二乙基苯胺等。

③ 稳定剂　预促进的原子灰要求有半年至1年的存放期。需加入不会影响固化速度只能延长贮存期的阻聚剂，特称为稳定剂。如环烷酸铜、1，4萘醌、季铵盐等。

④ 分散剂　降低黏度，改进涂刮性能。

⑤ 着色剂　基本要求是遇到过氧化物不会退色。如永固黄。

⑥ 原子灰专用固化剂，牙膏状，装在牙膏管中。主要成分是有机过氧化物，如过氧化甲乙酮、过氧化环己酮或过氧化苯甲酰。与过氧化物的稳定剂乙烯毗咯烷酮或其聚合物、乙酰苯胺、羧甲基纤维素等混溶，制成糊状物，经三辊研磨机研磨而成。

原子灰配制配方见表6-15。

表6-15　原子灰配制配方　　　　　　　　　　单位：质量份

组分	配方			组分	配方		
	A	B	C		A	B	C
原子灰用树脂	100	36	100	瓷粉	10	—	8
苯乙烯	1～3	2.5	7.0	滑石粉	115	57	158
二甲基苯胺	0.1～0.2	0.16	0.4～0.5	玻璃微珠	—	5	7
环烷酸铜（Cu^{2+},8％)	适量	0.5	1.4	重晶石粉	15	5	15
气相二氧化硅	0.05	0.05	0.14	稳定剂	0.1	0.1	0.1
有机膨润土	1～2	1.6	4.5	分散剂	—	2	5～6
钛白粉	5	1.5	4.2				

制造的方法：①将树脂、促进剂、稳定剂混溶后，充分搅匀，称为1号料；②将粉料按配比在捏合机中充分混合，称2号料。将1号料倒进捏合机中与2号料料捏合成黏稠糊状物，约40min；③糊状物通过三辊研磨机轧研后，抽真空脱除混进的空气，装入包装桶，便得原子灰成品。

原子灰的技术指标见表6-16。

表6-16　原子灰的技术指标

项目	指标	项目	指标
胶泥外观	搅拌时,无硬块	涂刮性	容易涂刮
稠度	10～14cm	打磨性	400号水砂纸容易打磨
混合性	1min内组分应容易混合均匀	耐热性	(120±2)℃,4h
操作时间	在(20±1)℃时,大于3min	柔韧性	50mm
干燥时间	(20±1)℃,5h以内干燥	耐油性	30号机油不渗油
刮膜外观	无色差,无肉眼见气泡、刮痕	冲击强度	大于50kg·cm

6.4 颗粒增强水玻璃耐蚀材料

6.4.1 水玻璃耐酸胶泥

水玻璃胶泥又称硅质胶泥或耐酸胶泥，由于它价廉易用，耐强酸性能强，耐高温性能也非常突出，它可在 $400 \sim 500℃$ 的环境中使用，渗透能力、黏结力强，所以被普遍地使用。同时又由于它抗渗性差，耐稀酸和耐水性能差，不耐碱，因此也在一定程度限制了它的使用范围。同时对施工条件要求严格，稍有不慎即影响质量。

（1）水玻璃胶结料的组成

水玻璃胶结料是以水玻璃为黏结剂填充以各种粉末和骨料的复合材料，为了提高密实性，添加入有机聚合物，与大多数的双组分固化体系一样，固化剂的选择和固化制度仍然是很重要的。通常用的水玻璃类材料的施工配合比见表 6-17。

表 6-17　水玻璃类材料的施工配合比

材料名称			配合比（质量比）						
			钠水玻璃	氟硅酸钠	粉料骨料				糠醇单体
					铸石粉	石英粉	细骨料	粗骨料	
水玻璃胶泥	普通型	1	100	15～18	250～270	—	—	—	
		2	100	15～18	110～120	110～120	—	—	
	密实型		100	15～18	250～270	—	—	—	3～5
水玻璃砂浆	普通型	1	100	15～17	200～220	—	250～270	—	
		2	100	15～17	100～110	100～110	250～260	—	
	密实型		100	15～17	200～220	—	250～270	—	3～5
水玻璃混凝土	普通型	1	100	15～16	200～220	—	300	320	
		2	100	15～16	90～100	90～100	240～250	320～330	
	密实型		100	15～16	180	—	250	320	3～5

胶结料中原材料的质量要求是保证制品质量的必要措施，钠水玻璃要求外观为无色透明最好，略带黄色透明次之。如果是半透明的黏稠液体最好加热搅拌后使用。密度（20℃），$1.44 \sim 1.47 g/cm^3$；模数 $2.60 \sim 2.90$，即二氧化硅含量大于 25.70%，氧化钠含量大于 10.20%。水玻璃用于胶泥密度可高点，用于砂浆次之，用于混凝土不能低于 1.38。水玻璃应防止受冻。受冻的水玻璃必须加热并充分搅拌均匀后方可使用。

钠水玻璃固化剂为氟硅酸钠，其纯度不应小于 98%，含水率不应大于 1%，细度要求全部通过孔径 0.15mm 的筛。当受潮结块时，应在不高于 100℃ 的温度下烘干并研细过筛后方可使用。

钾水玻璃的质量要求与钠水玻璃相同，固化剂应为缩合磷酸铝。

粉料、粗细骨料要求耐酸度不应小于 95%，含水率不应大于 0.5%。粉料细度要求 0.15mm，筛余量不应大于 5%，0.088mm 筛孔筛余量应为 $10\% \sim 30\%$。水玻璃砂浆采用细骨料时，粒径不应大于 1.25mm。粗骨料的吸水率不应大于 1.5%。粗骨料的最大粒径，不应大于制品结构最小尺寸的 1/4，用作整体地面面层时，不应大于面层厚度的 1/3。混凝土用的颗粒级配，应符合表 6-18 的规定。

表 6-18　水玻璃混凝土用的骨料的颗粒级配

项　目	细骨料				粗骨料		
筛孔/mm	5	1.25	0.315	0.16	最大粒径	1/2 最大粒径	5
累计余量/%	0～10	20～55	70～95	95～100	0～5	30～60	90～100

（2）水玻璃胶结料的配制

每配一次至用完不应超过 30min。配制可在普通搪瓷、塑料盆或桶中进行。配制顺序是先把氟硅酸钠粉与填料预先混匀。配制时，先称水玻璃，再称混有氟硅酸钠的填料，边加边搅拌，或在混合器中拌和，直至均匀。

① 机械搅拌：先将粉料、细骨料与固化剂加入搅拌机内，干拌均匀，然后加入钠水玻璃湿拌，湿拌时间不应少于 2min；水玻璃混凝土应采用强制式混凝土搅拌机，将细骨料、已混匀的粉料和固化剂、粗骨料加入搅拌机内干拌均匀，然后加入水玻璃湿拌，直至均匀。

② 人工搅拌：先将粉料和固化剂混合，过筛 2 遍后，加入细骨料干拌均匀，然后逐渐加入钠水玻璃湿拌，直至均匀；当配制钠水玻璃胶泥时，不加细骨料。水玻璃混凝土应先将粉料和固化剂混合，过筛后，加入细骨料、粗骨料干拌均匀，最后加入水玻璃，湿拌不宜少于 3 次，直至均匀。

③ 当配制密实型钠水玻璃胶泥或砂浆时，可将钠水玻璃与外加剂糠醇单体一起加入，湿拌直至均匀。

砂浆的流动性也叫稠度是指在自重或外力作用下流动的性能，用砂浆稠度测定仪测定，以沉入度表示。沉入度越大，流动性越好。砂浆的稠度选择要考虑块材的吸液性能、砌体受力特点及施工时的气候条件。基底为多孔材料或在干热条件下施工时，应使砂浆的流动性大些。相反，对于密实的吸水很少的基底材料，或在湿冷气候条件下施工时，可使流动性小些。

钠水玻璃胶泥圆锥沉入度为 30～36mm。当用于铺砌块材时，水玻璃砂浆圆锥沉入度宜为 30～40mm；当用于抹压平面时，水玻璃砂浆圆锥沉入度宜为 30～35mm；当用于抹压立面时，水玻璃砂浆圆锥沉入度宜为 40～60mm。

6.4.2　水玻璃胶结料的施工

水玻璃类防腐蚀工程施工的环境温度宜为 15～30℃，相对湿度不宜大于 80%；当施工的环境温度，钠水玻璃材料低于 10℃，钾水玻璃材料低于 15℃时，应采取加热保温措施；原材料使用时的温度，钠水玻璃不应低于 15℃，钾水玻璃不应低于 20℃。

水玻璃胶泥配制时应注意配制量，因配制后的胶泥必须在初凝前用完，否则黏性消失而无法施工。所以施工时均为边衬砌边配制，同时进行，互相配合。水玻璃胶泥、砂浆施工工艺见图 6-1。

图 6-1　施工工艺

施工过程中胶泥砂浆配制都需要对胶泥、砂浆配比进行施工前的试验及性能试验；施工时也需要对配制胶泥和砂浆打样检测，以了解施工胶泥的强度、固化程度，原则上每天都应该留够试样。每次改变原料、环境变化、施工人员都需要打样。

（1）水玻璃胶泥施工时的注意事项

① 施工时气温不能低于 15℃，最好能恒定在 30℃下施工。未彻底干燥时不能与水接触。

② 注意胶泥底层的结构不能是碱性的。因水玻璃胶泥不耐碱，能被碱性物质所破坏，所以未经处理或隔离的混凝土表面不能直接接触水玻璃胶泥；否则会产生起壳、分层、剥落等现象。如与水泥面接触，应采用隔离层，隔离层可用环氧玻璃钢、环氧底漆和沥青油毡等。

③ 如用于稀酸介质中，在施工时应加强热处理及酸处理。有时也可采用逐层处理的办法，以提高水玻璃的转化率。也可与其他树脂联合使用，以增强其抗渗性。

④ 水玻璃胶泥不能当作水泥而进行表面涂装，因为它容易出现龟裂或整块剥落。一般只能用作衬砖板，如果配制耐酸混凝土，则需加入大块填料。

采用复合填料可提高水玻璃胶泥的密实度，增加抗渗性。如加入少量陶土，可增加胶泥的韧性；加入膨润土可减少胶泥的渗透性；掺入少量硅藻土、人造硅石、炭黑等填料，也可减少胶泥的渗透性。

（2）水玻璃砂浆整体面层的施工

① 水玻璃砂浆整体面层宜分格或分段施工。受液态介质作用的部位应选用密实型钾水玻璃砂浆。

② 平面的水玻璃砂浆整体面层，宜一次抹压完成；面层厚度不大于 30mm 时，宜选用混合料最大粒径为 2.5mm 的水玻璃砂浆；面层厚度大于 30mm 时，宜选用混合料最大粒径为 5mm 的水玻璃砂浆。

③ 立面的水玻璃砂浆整体面层，应分层抹压，每层厚度不宜大于 5mm，总厚度应符合设计要求，混合料的最大粒径应为 1.25mm。

④ 抹压钾水玻璃砂浆时，不宜往返进行。平面应按同一方向抹压平整，立面应由下往上抹压平整。每层抹压后，当表面不粘抹具时，可轻拍轻压，但不得出现折皱和裂纹。

（3）水玻璃混凝土

水玻璃混凝土用于浇筑整体面层、设备、基础和构筑物，也用于制造水玻璃的预制板材。水玻璃混凝土的浇筑，应符合下列规定。

① 水玻璃混凝土应在初凝前振捣至泛浆排除气泡为止。当机械捣实时塌落度不应大于 25mm；当人工捣实时塌落度不应大于 30mm。

② 当采用插入式振动器时，每层浇筑厚度不宜大于 200mm，插点间距不应大于作用半径的 1.5 倍，振动器应缓慢拔出，不得留有孔洞。当采用平板振动器和人工捣实时，每层浇筑的厚度不宜大于 100mm。当浇筑厚度大于上述规定时，应分层连续浇筑。分层浇筑时，上一层应在下一层初凝以前完成。耐酸贮槽的浇筑必须一次完成，严禁留设施工缝。

③ 最上层捣实后，表面应在初凝前压实抹平。

④ 浇筑地面时，应随时控制平整度和坡度；平整度应采用 2m 直尺检查，其允许空隙不应大于 4mm；其坡度应符合规范和设计规定。

⑤ 水玻璃混凝土整体地面应分格施工。分格缝间距不宜大于 3m，缝宽宜为 12～16mm。用于有隔离层地面时，分格缝可用同型号水玻璃砂浆填实；用于无隔离层密实地面时，分格缝应用弹性防腐蚀胶泥填实。

⑥ 模板应支撑牢固，拼缝应严密，表面应平整，并应涂脱模剂。

⑦ 钠水玻璃混凝土内的铁件必须除锈，并应涂刷防腐蚀涂料。

⑧ 当需要留施工缝时，在继续浇筑前应将该处打毛清理干净，薄涂一层水玻璃胶泥，稍干后再继续灌筑。地面施工缝应留成斜搓。

⑨ 水玻璃混凝土在不同环境温度下的立面拆模应在混凝土的抗压强度达到设计强度的 70% 时方可进行。拆模后不得有蜂窝麻面、裂纹等缺陷。当有上述大量缺陷时应返工；少量

缺陷时应将该处的混凝土凿去，清理干净，待稍干后用同型号的水玻璃胶泥或水玻璃砂浆进行修补。表6-19列出了在不同环境温度下的立面拆模时间。

表6-19　不同环境温度下的立面拆模时间　　　　　单位：d

材料名称　　　气温/℃		10～15	16～20	21～30	31～35
钠水玻璃混凝土		5	3	2	1
钾水玻璃混凝土	普通型	—	5	4	3
	密实型	—	7	6	5

6.4.3　水玻璃类材料的养护和酸化处理

水玻璃防腐蚀工程在施工及养护期间，严禁与水或水蒸气接触，并应防止早期过快脱水。水玻璃养护温度材料的各项性能指标有较大的影响，特别是耐水、耐稀酸性能。水玻璃类材料产生不耐水、不耐稀酸的情况有两种，一是原材料质量，配合比选择不合适，施工后不管在早期或后期遇水或稀酸都遭到破坏；二是当水玻璃与固化剂正在水解反应期间，尚未充分反应形成稳定的Si-O键时，正在反应和硬化的水玻璃类材料中尚未反应的部分，遇水被溶解析出而遭到损坏。因此，合理的配合比和适当提高养护温度，特别是早期固化阶段，能为水玻璃和固化剂充分反应创造有利条件，这就可提高机械强度和抗水、抗稀酸破坏的能力。

酸化处理的实质是用酸溶液将水玻璃胶结料中未参加反应的水玻璃分解成耐酸、耐水的硅酸凝胶［$Si(OH)_4$］，从而提高耐腐蚀性、抗水性能。处理方式可采用浸泡或涂刷，特别是钠水玻璃材料施工的养护温度为10～15℃、钾水玻璃材料施工养护温度为15～20℃。达到养护期时，采用浓度40%硫酸浸泡2d后，养护3～5d，可以达到长期抗水作用。在达到表6-20养护条件后，采用表面酸化处理法，也可达到抗水作用。水玻璃类材料的养护期的要求见表6-20。

表6-20　水玻璃类材料的养护期的要注　　　　　单位：d

材料名称　　　气温/℃		10～15	16～20	21～30	31～35
钠水玻璃混凝土		12	9	6	3
钾水玻璃混凝土	普通型	—	14	8	4
	密实型	—	28	15	8

水玻璃类材料防腐蚀工程养护后，应采用浓度为30%～40%硫酸做表面酸化处理，酸化处理至无白色结晶盐析出时为止。酸化处理次数不宜少于4次。每次间隔时间：钠水玻璃材料不应少于8h；钾水玻璃材料不应少于4h。每次处理前应清除表面的白色析出物。

水玻璃制成品的质量指标应符合表6-21规定。

表6-21　水玻璃制成品的质量指标

项目	指标	项目	指标
初凝时间/min	≥45	与耐酸砖粘接强度/MPa	≥1.0
终凝时间/min	≤12	吸水率/%	≤15
抗拉强度/MPa	≥2.5		

普通型钠水玻璃砂浆的抗压强度，不应小于 15MPa；普通型钠水玻璃混凝土的抗压强度不应小于 20MPa 密实型钠水玻璃砂浆的抗压强度，不应小于 20MPa；密实型钠水玻璃混凝土的抗压强度，不应小于 25MPa；抗渗标号不应小于 1.2MPa。浸酸安定性均应合格。

6.5 颗粒增强热熔胶结材料

沥青、硫黄、部分热塑性树脂都可以制作成热熔性的胶结材料，热熔胶的一个最大特点是施工后养护期极短，基本上冷却即硬化，硬化后 1～2h 即可投入使用。防腐蚀现场抢修的效果比热固性材料快得多。施工、维修也方便，破损处热熔后冷却即可修复。沥青、硫黄价格低，特别适合大型浇注耐酸混凝土设备，硫黄混凝土还可以加钢筋，比水泥基的钢筋混凝土作防腐蚀衬里层更有优势。

6.5.1 沥青胶结材料

（1）沥青胶泥

沥青胶泥具有寿命长，耐候性好、抗变形、拉伸延伸率大，对基层收缩和开裂变形适应性强、抗酸性、抗碱性、防腐防水性能，在任何复杂部位都容易施工。但是耐热性差，用于长期酸、水浸湿的地坪，化工建筑的地下部分防腐蚀，水沟、地下室等。

沥青胶泥的施工配合比，应根据工程部位、使用温度和施工方法等因素确定。施工配合比可按表 6-22 选用。

表 6-22　沥青胶泥施工

沥青软化点/℃	配合比（质量比）			胶泥耐热性能/℃		用途
	沥青	石英粉	6级石棉	软化点	耐热稳定性	
≥75				≥75	40	
≥90	100	30	5	≥90	50	隔离层用
≥100				≥100	60	
≥75				≥95	40	
≥90	100	80	5	≥110	50	灌缝用
≥100				≥115	60	
≥75			5	≥95	40	
≥90	100	100	10	≥120	60	铺砌平面块材用
≥100			5	≥120	70	
≥65			5	≥105	40	
≥75			5	≥110	50	铺砌立面块材用
≥90	100	150	10	≥125	60	
≥110			5	≥135	70	
≥65			5	≥120	40	
≥75	100	200	5	≥145	50	灌缝法施工时，铺砌平面结合层用
≥90			10	≥145	60	
≥110			5	≥145	70	

沥青胶泥的配制工艺如下。

① 沥青应破成碎块,均匀加热至 160～180℃,不断搅拌、脱水,直至不再起泡沫,并除去杂物。

② 当沥青升温至 200～230℃ 时,按表 6-22 的施工配合比施工,将干燥粉料和纤维填料预热至 120～140℃ 混合均匀,随即将加热至 200～230℃ 的沥青逐渐加入,拌制温度 180～210℃,不断翻拌至全部粉料和骨料被沥青覆盖为止。当施工环境温度低于 5℃ 时,胶料温度应取最高值。配好的沥青胶泥要做软化点试验。

③ 配制好的沥青胶泥应一次用完,在未用完前,不得再加入沥青或填料。取用沥青胶泥时,应先搅匀,以防填料沉底。

(2) 沥青混凝土

沥青混凝土是一种很好的耐化学腐蚀地面垫层材料,并可制成与浸蚀性介质经常接触的建筑结构。在 5℃ 以下,沥青混凝土对 20% 的盐酸及 50% 的硫酸是稳定的,在 30℃ 以下,对 10% 的硝酸也是稳定的。耐碱沥青混凝土与耐酸沥青混凝土的不同处,只是以耐碱集料代替耐酸集料而已。沥青混凝土的参考配合比见表 6-23。

表 6-23　沥青混凝土的参考配合比

成分	规格/mm	含量/%			
		1	2	3	4
石油沥青		7	10.5	15	10
粉状填充料		3	7	10	—
粗集料	5～50	60	47	40	47.5
细集料	0.15～5	30	35.5	35	42.5

沥青混合料的耐蚀性主要靠沥青来保证,防腐蚀工程的沥青配合量通常要比建筑业高些。沥青混凝土采用平板振动器振实时,沥青用量占粉料和骨料混合物质量的百分比为沥青砂浆 11%～14%;细粒式沥青混凝土 8%～10%;中粒式沥青混凝土 7%～9%。涂抹立面的沥青砂浆,沥青用量可达 25%。当采用平板振动器或热滚筒压实时,沥青标号宜采用 30号;当采用碾压机压实时,宜采用 60 号。

沥青混合料的强度主要依靠沥青与矿粉间的黏结力和集料颗粒间的内摩阻力和锁结力。所以一方面是粉体材料要足够,另一方面是骨料的级配要重视。沥青砂浆和混凝土中粉料和骨料采用级配的方式配合是防腐蚀工程中使用沥青材料的关键,这样才能满足使用的强度条件,颗粒填充沥青材料的级配设计在道路工程中已经非常完善,其设计方法可以借鉴,但是要注意防腐蚀工程是将抗渗性列为首位的,设计配比时需要进行调整,或者底层沥青混凝土含沥青高,面层是骨料多的强度层。粉料和骨料混合物的颗粒级配见表 6-24,参考的沥青混凝土的性质见表 6-25。

表 6-24　粉料和骨料混合物的颗粒级配

粒径/μm	25	15	5	2.5	1.25	0.63	0.315	0.16	0.08
胶结料种类	混合物累计筛余量/%								
沥青砂浆			0	20～38	33～57	45～71	55～80	63～86	70～90
细粒沥青混凝土		0	22～37	37～60	47～70	55～78	65～88	70～88	75～90
中粒沥青混凝土	0	10～20	30～50	43～67	52～75	60～82	68～87	72～92	77～92

表 6-25　沥青混凝土的性质

项目	指标	项目	指标
容重	约 2.1kg/cm^2	抗弯强度	70kg/cm^2
抗拉强度	31kg/cm^2	膨胀系数	0.0000169
抗压强度	200kg/cm^2	与钢筋的黏着力	10.2kg/cm^2（14d 后）

沥青混凝土配制是将沥青破碎成小块，倒入熬煮锅内，熔化脱水后，加热至 $150\sim170℃$。将经过选择的耐酸碎石和其他填充料干燥之后混合，并预热至 $120\sim140℃$。然后再将混合填充料倒入沥青锅内，继续在 $160\sim190℃$ 的温度下熬炼，不停搅拌，直至成为塑性材料为止。

（3）沥青砂浆和沥青混凝土的施工

施工时基材要干燥、坚固，不得在有明水或冻结的基土上进行施工。平整度应采用 2m 直尺检查，其允许空隙不应大于 6mm。

① 沥青砂浆和沥青混凝土，应采用平板振动器或碾压机和热滚筒压实。墙脚等处应采用热烙铁拍实。

② 沥青砂浆和沥青混凝土摊铺前，应在已涂有沥青冷底子油的水泥砂浆或混凝土基层上，先涂一层沥青稀胶泥，稀胶泥沥青与粉料的质量配比应为 100：30。

③ 沥青砂浆和沥青混凝摊铺后，应随即刮平进行压实。每层的压实厚度，沥青砂浆和细粒式沥青混凝土不宜超过 30mm；中粒式沥青混凝土不应超过 60mm。超过上述数值时，必须分层浇灌。虚铺的厚度应经试压确定，用平板振动器振实时，宜为压实厚度的 1.3 倍。

④ 沥青砂浆和沥青混凝土用平板振动器振实时，开始压实温度应为 $150\sim160℃$，压实完毕的温度不应低于 $110℃$。当施工环境温度低于 $5℃$ 时，开始压实温度应取最高值，也可对基材进行适度预热。

⑤ 垂直的施工缝应留成斜搓，用热烙铁拍实。继续施工时，应将斜搓清理干净，并预热。预热后，涂一层热沥青，然后连续摊铺沥青砂浆或沥青混凝土。接缝处应用热烙铁仔细拍实，并拍平至不露痕迹。当分层铺砌时，上下层的垂直施工缝应相互错开；水平的施工缝应涂一层热沥青。

⑥ 立面涂抹沥青砂浆应分层进行，最后一层抹完后，应用烙铁烫平。

⑦ 铺压完的沥青砂浆和沥青混凝土，应与基层结合牢固。其面层应密实、平整，并不得用沥青做表面处理，不得有裂纹、起鼓和脱层等现象。当有上述缺陷时，应先将缺陷处挖除，清理干净，预热后，涂上一层热沥青，然后用沥青砂浆或沥青混凝土进行填铺、压实。

碎石灌沥青软化点应低于 $90℃$，石料应干燥，施工时应先在基土上铺一层粒径为 $30\sim60\text{mm}$ 的碎石，夯实后，再铺一层粒径为 $10\sim30\text{mm}$ 的碎石，找平、拍实，随后浇灌热沥青。但一般不用于防腐蚀工程。

6.5.2　硫黄胶结材料

硫黄胶结材料根据用途可分为硫黄胶泥、硫黄砂浆、硫黄混凝土三种。

（1）硫黄胶结材料概述

硫黄在常温下为淡黄色固体，相对密度 2.07，熔点 $112.8℃$，沸点为 $444.6℃$，常温属斜方晶型硫，加温至 $95.5℃$ 形成固态单斜硫，加温至 $119.25℃$，形成液态黄色硫，加温至 $160℃$ 形成褐色液态硫，加温至 $444.6℃$，形成气态硫。液体硫当温度为 $115℃$ 时，黏度为 0.0125Pa·s；$160℃$ 时为 0.0066Pa·s；$165℃$ 时其黏度增加 1000 倍以上；$198.8℃$ 时，其黏度高达 90Pa·s，增加 10000 倍以上。因此硫黄在施工过程中温度应介于 115～160℃ 之间，易于操作施工。

硫的弹性模量为 13.9×10^3MPa；显微硬度是 716MPa；抗弯强度为 6～8MPa；抗压强度为 2～30MPa；热膨胀系数为 55×10^{-6}/℃；热导率为 0.27W/(m·℃)。硫是可燃材料，在有氧的条件下燃烧成 SO_2，易发生火灾，又放出刺激气味，不利于大量用于民用或工业建筑上。

硫黄的强度随温度的不同而变化，在 20～40℃ 时其强度最大。纯硫黄存在固相晶格变化，当从单斜硫转变为斜方硫时，体积缩小产生收缩应力，使硫黄的性能大为降低。为了防止和减少单斜硫转变为斜方硫，在硫黄中加入少量的聚硫橡胶阻止固态晶型转变，提高耐热稳定性、黏结强度及冲击性能。当加入聚硫橡胶为硫黄用量的 2.5％ 时（硫黄：石英粉＝60：40），急冷急热后的残余抗拉强提高了 8 倍，与瓷板黏结强度提高了 4 倍多，抗冲击强度提高了 8 倍多，30 天后的收缩率降低 1.6 倍；通常聚硫橡胶为硫黄用量的 1.7％～3.3％。

硫黄胶泥具有结构密实、硬化快、强度高、施工方便等特点，可用于车间耐蚀地坪的抢修。硫黄胶结料在不到 1 天的时间内，就可达到 100％ 的抗拉强度，这是因为硫黄是冷却即硬化。硫黄砂浆是指硫黄加热到一定温度时，将石英砂及石英粉按一定比例配合，形成的一种新型热塑性材料。

硫黄混凝土是一种热塑性材料，由硫黄和骨料、填料等按比例在 138℃ 左右混合浇铸而成。和普通硅酸盐混凝土相比，硫黄混凝土不但可以达到普通硅酸盐混凝土的全部要求，而且具有良好的耐腐蚀性能，特别是在酸性环境中。

（2）硫黄胶结料的配方（表 6-26）

表 6-26　硫黄胶结料的配方

项目	配方	硫黄	石英或铸石粉	石英砂	耐酸石子	聚硫橡胶	PVC	石棉绒
胶泥	1	58～60	38～40			1～2		
	2	60	35～37				3～5	
砂浆	1	50	17～18	30		2～3		1
	2	50	17～18	30		2～3		
混凝土		25～30	10～15	15～20	35～50	1～2		

当温度变化时，硫黄砂浆产生相应的内应力，内应力的大小取决于工件的尺寸，其产生的原因是由于硫黄具有导热性低和温度膨胀系数高的特点。试件成型后外表比内部冷却的快，因此在外表产生拉应力而内部核心受压应力。因此，当需要对试验结果进行比较时，应考虑试件的几何尺寸，最好取相同的尺寸试件进行比较。

温度对硫黄砂浆的影响很大，当温度在 20～80℃ 范围时，膨胀值上升平缓，但超过 80℃ 特别是 90℃ 时，其膨胀值将直线上升，开始由斜方体（固态）向单斜体或液态的斜方体变化，硫黄砂浆出现明显的软化。当试件表面裸露较多时，由于有充足的氧气而发生燃烧，生成由刺激气味 SO_2。如果硫黄砂浆垫层被普通混凝土或其他物体包围，表面裸露很少，则不能完全燃烧。因此要获得相同的软化效果和相同下沉量，必须严格限定相同的施工条件及外部环境。

硫黄胶泥、砂浆所用的硫黄选用工业粉状硫黄或块状硫，要求纯度高、硫含量大于 98％，杂质少、水分小于 1％，否则熬制时间长，影响硫黄砂浆的性质。粉料和骨料耐酸率大于 95％，含水率小于 0.5％，不得含泥。粒度严格按级配进行配料。聚硫橡胶 $[—CH_2—CH_2—S_x—]_n$ 是硫黄胶结料的中的增塑剂，由二卤代烷与碱金属或碱土金属的多硫化物缩聚而得的特种橡胶。有优异的耐油和耐溶剂性，在二硫化碳中稍溶胀，不因氧、臭氧和日光等作用而发生变化，透气性小。相对密度 1.28～1.41。玻璃化温度−42～−54℃。但拉伸强度和伸长率较低，加工性能不好，两端具有硫醇基，有臭味。也可以用 PVC 或其他橡胶作增塑剂。

配制的方法是将硫黄破碎成 3～4cm 的碎块，按配合比称量，装入铁锅内，加入量为铁锅容积的 1/3～1/2，加热 130～160℃熔化、脱水；边熔边加料、搅拌防止局部过热。然后加入 130℃预热干燥的石英粉和石英砂，边加边搅拌，温度保持在 140～150℃左右。搅拌脱水并无气泡时，可继续升温 160～170℃，约熬制 3～4h，待物体变得均匀、颜色一致、泡沫完全消失，即可使用。熬制好的硫黄砂浆，在 140℃温度下浇注成试块，每 100kg 做 3 块试件，观察其冷却时由无起鼓、凹陷、不密实、分层现象。如有起鼓，将试件打断观察，发现颈部断面内由肉眼可观的小孔多于 5 个，说明熬制时间不够，通常延长熬制时间，直到合格为止。评判时的质量指标参考表 6-27。

表 6-27　硫黄胶结料的质量指标

项目	数据		硫黄混凝土的项目	硫黄混凝土的数据
	胶泥	砂浆	抗拉强度/MPa	5.5
抗拉强度/MPa	≥4.0	≥4.0	抗压强度/MPa	40～50
与耐酸砖黏结强度/MPa	≥1.3	≥1.3	抗弯强度/MPa	10.0
急冷急热黏结抗拉强度/MPa	≥2.0	≥2.0	抗折强度/MPa	4
浸酸后抗拉强度降低率/%	≤20	≤20	最大吸水率/%	0.7
浸酸后质量变化率/%	≤1	≤1	密度/(kg/m³)	2350～2500
分层度		0.7～1.3	空穴率/%	4～8

急冷急热残余抗拉强度是在 80～85℃水中浸放 5min 后，迅速移入 10～15℃水中浸放 5min，循环 5 次，其抗拉强度即为急冷急热残余抗拉强度。分层度是取高 20cm，直径 2.0～2.5cm 的玻璃试管放在 (140±2)℃的油浴中，注入熔融的硫黄砂浆，30min 后，取出放入 15～20℃水中冷固，打破试管，按上、中、下等份三段，取上部及下部的试样，分别敲碎，碎粒粒径不大于 1mm。应用 1‰天平称取试样各 1g，在 500℃灼烧后，称量残渣。分层度＝底残渣值/顶残渣值。

6.5.3　聚氯乙烯胶泥

聚氯乙烯胶泥是以煤焦油为基料，按一定比例加入聚氯乙烯树脂、增塑剂、稳定剂及填充料，在 130～140℃温度下塑化而成的热施工材料。它可以在−20～80℃条件下适用于各种坡度的工业厂房与有硫酸、盐酸、硝酸、氢氧化钠气体腐蚀的屋面工程。

PVC 接缝材料的特点有：①具有良好的黏结性和防水性；②耐热度大于 80℃，夏季不流淌，不下垂，适合各地区气候条件和各种坡度的屋面；③弹性较好，当被拉伸至原长的 2.5 倍以下时，与混凝土两侧黏结面不脱落，能保持接缝的连续性，回弹率达 80%以上，能适应振动、沉降、拉伸等引起的变形要求；④−30℃温度下不脆、不裂，仍有一定弹性；⑤有较好的耐腐蚀性和耐老化性，对钢筋无腐蚀作用。

（1）聚氯乙烯胶泥的配制工艺

聚氯乙烯胶泥是以煤焦油中的多种多环高分子化合物的混合物和 PVC 树脂为胶黏剂，煤焦油中的低分子物为增塑剂，再外配增塑剂、热稳定剂、填料而成，用料配合比见表 6-28。

表 6-28　聚氯乙烯胶泥的用料配合比

材料名称	用料配合质量分数/%	
	配方 1	配方 2
煤焦油	100	100
聚氯乙烯树脂	10	15
苯二甲酸二丁酯	10	15
硬脂酸钙	1	1
填充料	10	15

　　煤焦油采用 1 号～2 号；聚氯乙烯树脂选用悬浮聚合的熔指 1000～1200 的品种；苯二甲酸二丁酯是增塑剂，也可以根据需要选择其他的品种；稳定剂是硬脂酸钙；填料是滑石粉、石英粉等。

　　(2) 配制工艺

　　聚氯乙烯胶泥系热塑性材料，适用于现场配制，趁热施工。配制工艺如下。

　　① 煤焦油在 120～140℃下脱水，然后降温至 40～60℃备用。

　　② 按配方称取聚氯乙烯树脂及硬脂酸钙，混合后搅拌均匀，再加入定量的二丁酯搅成糊状，即得到聚氯乙烯糊液。

　　③ 把上述糊液缓慢加入温度为 40～60℃定量的脱水煤焦油中，此时，应边加热边搅拌，温度控制在 130～140℃之间，保持 10min 后，即成胶泥。

　　④ 每次停工后黏结在熬制锅上的胶泥残料，应刮除干净，以免影响下次配制胶泥的质量。

　　(3) 聚氯乙烯胶泥的物理力学性能

　　聚氯乙烯胶泥冷凝后的物理力学性能见表 6-29。

表 6-29　聚氯乙烯胶泥冷凝后的物理力学性能

配方号	耐热度 /℃	延伸率/%		与混凝土黏合力 /(N/cm²)		抗拉强度/MPa		吸水率 /%	抗老化能 循环次数	表面密度 /(kg/m³)
		25℃	−20℃	25℃	−20℃	25℃	−20℃			
1	80	380	32.8	19.6	290	0.110	0.410	0.39	20 次 无变化	1200
2	>80	328	40	13.69	302	0.272	0.135	0.37		

　　耐热试验用砂浆试板，尺寸 100mm×80mm×40mm。模拟胶泥接缝，接缝尺寸 100mm×30mm×30mm。试板倾斜 45 度，置于烘箱内 5h 后测定。

　　常温延伸率为 "8" 字形试件扣去夹头，实际为 50mm 有效长度试件，在拉力上进行测定。低温延伸率为 "8" 字形试件经−25℃、3h 冷冻后取出，立即在拉力机上进行测定。

　　聚氯乙烯胶泥的低温弹塑性指标见表 6-30。

表 6-30　聚氯乙烯胶泥的低温弹塑性指标

−4℃		−10℃		−20℃		−26℃	
延伸率/%	拉伸强度/%	延伸率/%	拉伸强度/%	延伸率/%	拉伸强度/%	延伸率/%	拉伸强度/%
90	0.55	56.4	0.8	40	1.35	10	2.33

　　胶泥试件降温到要求温度，恒温 1h 后，用拉力机测得其延伸率与拉伸强度。试件系用 "8" 字模制作。

6.6 耐蚀胶黏剂

黏合技术是借助胶黏剂在固体表面上所产生的黏合力，将同种或不同种材料的工件牢固地连接在一起的方法。粘接的主要形式有两种：非结构型和结构型。非结构粘接主要是指表面粘涂、密封和功能性粘接，典型的非结构胶包括表面粘接用胶黏剂、密封和导电胶黏剂等；而结构型粘接是将结构单元用胶黏剂牢固地固定在一起的联接。其中所用的结构胶黏剂及其粘接点必须能传递结构应力，在设计范围内不影响其结构的完整性及对环境的适用性。粘接的基本原理遵从材料复合的基本原理。物理参数从一个工件通过黏合面的胶黏剂传递到另一个工件。胶黏剂也大多是以合成树脂为主，但是也有其特殊性。

6.6.1 胶黏剂的种类

按胶的来源有天然胶黏剂，合成胶黏剂；按胶的主要成分有无机物胶，有机物胶。无机物制成的胶有硅酸盐类、磷酸盐类、金属氧化物凝胶、玻璃陶瓷胶黏剂等；天然有机物胶有葡萄糖衍生物胶（淀粉、可溶淀粉、糊精、阿拉伯树胶、海藻酸钠），氨基酸衍生物（植物蛋白、酪素、血蛋白、骨胶、鱼胶）。天然树脂（木质素、纤维素、单宁、松香、虫胶、生漆），沥青（沥青酯、沥青质）。大多还是合成热固性树脂、热塑性树脂、橡胶及其混合物。

按固化方式不同可将胶黏剂分为溶剂挥发型、化学反应型和热熔型三大类。按应用特性分为结构胶、非结构胶和特种胶。也有按应用方法区分为溶剂型、乳液型、水溶性、再湿性、黏附性、压敏胶、接触型、热熔型、喷雾型、滚涂型。

胶黏剂通常都是按基体材料分类命名。表 6-31 是胶黏剂的种类，大家可以通过它来熟悉各种胶黏剂。

表 6-31　胶黏剂的种类

胶黏剂	合成胶黏剂	热固性树脂胶黏剂	环氧、酚醛、聚氨酯、氨基树脂、不饱和聚酯、有机硅树脂、杂环聚合物
		热塑性树脂胶黏剂	丙烯酸酯、聚醋酸乙酯、聚乙烯醇
		橡胶胶黏剂	天然胶、氯丁胶、丁腈胶、聚硫橡胶等
		特种胶黏剂	热熔胶、密封胶、压敏胶、导电胶等
	无机胶黏剂	磷酸盐胶黏剂	
		硅酸盐胶黏剂	
	天然胶黏剂	植物胶:淀粉胶、糊精胶、阿拉伯树胶、海藻酸钠和松香胶	
		动物胶:虫胶和皮骨胶	
		矿物胶:沥青胶、地蜡胶和硫黄胶	

胶黏剂品种极多，选择合适的胶黏剂本身就是一个难以完成的任务，选择好了基料还可以通过各种添加剂进行性能调整，所以介绍胶黏剂品种只能选择小部分进行讨论。

6.6.2 胶黏剂的组成

胶黏剂一般是由基料、固化剂、稀释剂、增塑剂、填料、偶联剂、引发剂、促进剂、增稠剂、防老剂、阻聚剂、稳定剂、络合剂、乳化剂等多种成分构成的混合物。

（1）基料

基料即主体高分子材料，是赋予胶黏剂胶黏性和耐蚀性等各项性能的根本成分。粘接接头的性能主要受基料性能的影响，而基料的流变性、极性、结晶性、分子量及分布又影响着物理力学性能。

　　流变性对胶黏剂用作粘接材料有许多要求，首先是要求其能润湿被粘材料和在施工过程中有一定的流动性。因此，胶黏剂基料应是具有流动性的液态物质或者能在溶剂、分散剂、热、压力参与作用下具有一定流动性的物质。

　　高分子材料的极性对粘接力有很大影响，以极性大的主体材料配制的胶黏剂，对极性材料有较好的粘接力。非极性的材料选择非极性胶黏剂。高分子材料的结晶性是对粘接性能影响较大的因素之一，适当的结晶性（如聚异丁烯、氯丁橡胶）可以提高高分子材料本身的内聚强度和初粘力，因而有利于粘接。但是要注意控制结晶应力。

　　对热塑性树脂胶黏剂，主体材料的分子量大小及其分布对粘接强度有一定影响。分子量小，分子的活动能力和胶液对被粘接材料的润湿能力强；分子量太低，又会使材料缺乏足够的内聚强度，而降低粘接强度。

　　（2）增粘剂

　　增加胶膜黏性或扩展胶黏剂黏性范围的物质。增黏剂的主要作用是使原来不粘或难粘的材料之间的粘接强度提高、润湿性及柔韧性得到改善。增黏剂相对分子质量为 $200\sim1500$，一般有大且刚性结构的热塑性树脂，在室温下通常为无定形玻璃体，呈宽广的软化点，易溶于脂肪烃、芳香烃及许多典型有机溶剂。通过表面扩散或内部扩散湿润粘接表面，使树脂与被粘物料之间粘接强度提高。有天然和人工合成产品，以虫胶、脂肪族和脂环族石油树脂、萜烯树脂和松香树脂为主，烷基酚醛树脂也常用。

　　（3）增塑剂、稀释剂与增韧剂

　　增塑剂降低胶黏剂的刚性，加入量变化对树脂的影响较大，计量必须准确，另外，增塑剂喷霜后对强度影响大。增韧剂是一种单官能或多官能团的化合物，能与胶料起反应成为固化体系的一部分结构。增韧剂的活性机团直接参与胶料反应，对改进胶黏剂的脆性、开裂等效果较好，能提高胶的冲击强度和伸长率。

　　稀释剂在大的胶合中初期很难挥发，使胶黏剂残留缺陷，一般能不加就不加，有溶解的胶黏剂涂胶后，要晾干才能合拢。

　　（4）填料

　　使用填料是为了降低固化过程的收缩率，能提高接头的力学强度。或是赋予胶黏剂某些特殊性能以适应使用要求，此外有些填料还会降低固化过程中的放热量，提高胶层的抗冲击韧性及其机械强度等。偶联剂可以直接涂到黏合面上，填料也可用他偶联剂处理，这两方面都作好了才能较大的提高黏合强度。

　　（5）其他助剂

　　如防老剂、阻燃剂、阻聚剂、配合剂，某些配合能力强的配合剂，可以与被粘材料形成电荷转移配价键，从而增强胶黏剂的粘接强度，由于很多胶黏剂的主体材料，如环氧树脂、丁腈橡胶等和固化剂如乙二胺等都有配合能力，所以必须选择配合能力很强的配合剂。

6.6.3　黏合技术的特点

　　借助于胶黏剂而实现的连接称为粘接。粘接技术是迄今所有连接技术（包括焊接、铆接、螺接、嵌接和粘接）中历史最悠久的一种。尽管如此，粘接技术是随着合成高分子的发展才在现代生活中得到广泛的应用。

　　胶接技术是一种新颖的连接技术，与铆接、焊接、螺接传统的连接方法相比，具有独特的特点。

　　（1）优点

　　① 适用范围广，不受材料种类和几何形状的限制　　能连接同类或不同类的、软的或硬

的、脆性的或韧性的、有机的或无机的各种材料，特别是异性材料连接。不论极小、极脆的零件，都能胶接。例如，钢与铝、金属与玻璃、陶瓷、塑料、木材或织物之间的连接。尤其是薄片材料，印刷电路板的金属箔与基体连接，除粘接外，别无其他连接方法。蜂窝结构，有些材料之间的连接用其他方法非常困难，但是用胶却能很好解决，这是铆、焊、螺等连接方法所无法相比的。

② 胶接接头无应力集中，耐疲劳强度高　胶接接头处的应力，能均匀地分布在整个面上，由于粘接面大，接头处应力分布均匀，完全克服了铆钉孔、螺钉孔和焊点周围的应力集中所引起的疲劳龟裂，胶接时，不需加很高的热，不会产生热变形、裂纹和金相组织的变化，粘接缝的内应力小。应力分布均匀延长结构件寿命。粘接的多层板结构能避免裂纹的迅速扩展。一般胶接的反复剪切疲劳强度破坏为 4×10^6 次，而铆接只有 3×10^5 次，疲劳寿命些高。

③ 胶黏连接有很好的耐腐蚀性能，可达到完全密封　黏合可以减少密封结构，可堵住三漏（漏气、漏水、漏油），有良好的耐水、耐介质、防锈、耐腐蚀性能和绝缘性能，提高产品结构内部的器件耐介质性能。

④ 简化机械加工工艺　胶接工艺、设备要求比较简单，操作容易，利于自动化生产，粘接本身需要的劳动量少，操作人员不需要很高的技术水平，只需要工作细致、认真就行，劳动强度也较小，生产效率高，固化快速，胶黏剂可在几分钟甚至几秒钟内达到强度的 $40\% \sim 60\%$。

⑤ 胶接接头重量轻，表面光洁　胶接节省材料比较显著，可省去大量的铆钉、螺栓。没有焊缝，不会起皱，外形美观。用粘接可以得到挠度小、质量轻、强度大、装配简单的结构，如铝合金和钢的复合梁；铝合金和铜合金的复合结构；在飞机制造中蜂窝夹层就将复杂的构件牢固地连接在一起，无须专门设备。

⑥ 制造成本低　复杂的结构部件采用粘接可以一次完成，而铆接焊接需多道工序，并且焊接会产生变形，必须校正和精加工，增加了不必要的劳动。在某些情况下，粘接可以减少零件数量，节省贵重材料。胶接薄板，可使飞机重量减轻 $20\% \sim 25\%$，成本下降 $20\% \sim 35\%$。

⑦ 可以通过胶黏剂的性能赋予接头特殊的性能，如绝缘、绝热、导电、导热和抗震、耐腐蚀等性能。

（2）缺点

胶接技术不是十全十美的或万能的，尤其目前还处在发展之中，粘接也有不足之处，其主要缺点如下。

① 胶接的不均匀扯离和剥离强度低。

热固性胶黏剂的剥离力比较低，热塑性胶黏剂在受力情况下有蠕变倾向，容易在接头边缘首先破坏。某些胶黏剂粘接过程比较复杂。粘接前仔细地进行表面处理和保持清洁，粘接过程中需加温，加压固化，夹具和设备复杂，因而使大型和复杂零件的粘接受到限制。

② 使用温度范围有很大的局限性。

一船结构胶仅能在 150℃ 以下使用，少数可在 200～300℃ 范围内使用。

③ 很多胶黏剂易燃、有毒，有时保存期也有限制。

④ 耐久性没有焊接、铆接好。

可维护性没有螺接、嵌接好。有的在冷、热、高温、高湿、生化、日光、化学的作用下，以及增塑剂散失和其他工作环境作用下而渐渐老化。目前还缺乏完整的资料在鉴定粘接件在各种使用条件下的寿命。

⑤ 质量控制手段差。

目前还缺乏准确度和可靠性方面都较好的无损检验粘接质量的方法。质量基本上靠工艺定型后操作者严格按照工艺进行操作来保证。

6.6.4 双组分 AB 胶

双组分环氧树脂 AB 胶的 A 组分通常由环氧树脂、颜填料、固化促进剂、增韧剂等添加剂根据需要增减构成。B 组分为固化剂组分和添加剂构成，按照固化剂的不同其配比 A∶B＝1∶(0.1～1)，可以广泛调解到所需要的性能。固化剂可以是含胺树脂等环氧树脂，采用最多的是聚氨酯，配比 A∶B＝1∶1，是一种通用型胶黏剂。

下例是采用三氟化硼苯胺配合物作固化剂的配方。该胶黏剂系将树脂组分 A 和固化剂组分 B 分别装在两支软管内，可长期贮存，使用时，按规定比例混合调匀后于室温条件下 30min 内即可固化，故称双管快干胶。此胶可用于金属、非金属材料（除了聚烯烃之外）制品的小面积快速粘接。使用时 A 组分和 B 组分按 9∶1 的体积比进行混合，快速调匀，立即进行粘接。在室温条件下，一般 0.5h 之内即可固化。

（1）A 组分（表 6-32）

表 6-32　A 组分配方

组分	数量	组分	数量
E51 环氧树脂	100	石英粉(300 目)	35
聚氯乙烯粉(3 号)	1	气相氧化硅	1.5
苯二甲酸二辛酯	14		

配制工艺如下。

① 按配方将 3 号聚氯乙烯粉和苯二甲酸二辛酯置于容器中，加热、搅拌，于 145℃左右溶解成均一的透明状聚氯乙烯溶胶。

② 将 E51 双酚 A 环氧树脂加热至 140℃左右，把 140℃左右的聚氯乙烯溶胶加入其中，保温，充分搅拌，混合均匀，再加入石英粉及气相氧化硅，搅拌混匀、脱气。然后降温至室温即可包装。

（2）B 组分（表 6-33）

表 6-33　B 组分配方

组分	数量	组分	数量
三氟化硼甘油配合物	100	磷酸	69
三氟化硼苯胺配合物	100	气相二氧化桂	12
二缩三乙二醇	200		

B 组分制法如下。

① 三氟化硼甘油配合物的制备　取 100 份的甘油置于反应器中，于室温下再摘加 154 份三氟化硼乙醚，加毕后，物料温度提高到 40～50℃蒸出乙醚，再抽真空除去残余的乙醚，产物即为三氟化硼甘油配合物。

② 三氟化硼苯胺配合物的制备　取 100 份苯胺和 54 份乙醚置于反应器中，并用冰盐水使反应器内物料温度维持在 −10℃左右，不断搅拌下滴加 153 份三氟化硼乙醚溶液，加毕后，抽真空除去乙醚。然后，用冷却的苯将瓶内固体产物洗涤 3 次，再粉碎，干燥，所得白色固体产物即为三氟化硼苯胺配合物。

③ 配制 B 组分　按配方计量，将三氟化硼甘油配合物、三氟化硼苯胺配合物和二缩三乙二醇混合，搅拌逐渐加热至 40～50℃，待形成棕红色透明液体，再依次加入磷酸、气相

二氧化硅，于 40～50℃恒温搅拌，直至充分混合，停止加热，稍冷却后装入软管中封存。

（3）应用

适用于陶瓷、金属、石材、木材、宝石、水晶等同种物质与不同种物质的粘接。根据配方的不同分为透明与不透明，固化时间从 5min 到几个小时不等，固化速度可调，最快可达40s固化。其他如防水、耐酸碱、透明度、黏结强度、黏度、耐气候性、气味、流动性、材质适用性、韧性、常温固化、黏结强度、耐高温、阻燃性、颜色等都可调，适合大批量生产流水线。是塑胶工艺、灌注灌封、电子器件、玻璃工艺、水晶工艺、五金、陶瓷、首饰等材料粘接的理想粘接剂。

6.6.5 高温结构胶

（1）聚酰亚胺胶黏剂

聚酰亚胺树脂由于所用原料的不同存很多品种。一般作为胶黏剂使用的通常是由均苯四酸二酐与 4,4'-二胺基二苯醚制备的。反应一般分两步进行：

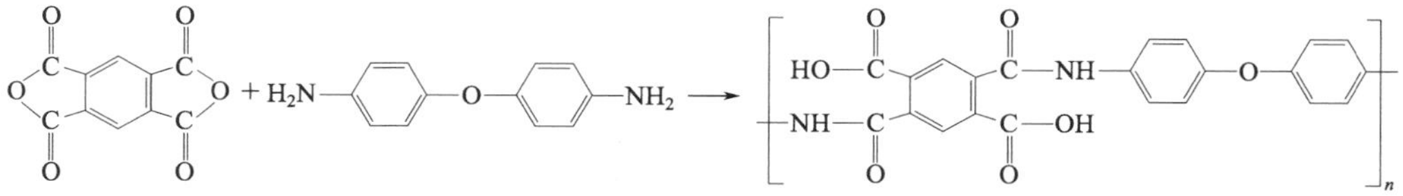

这步反应在二甲基甲酰胺等溶剂中进行，反应产物聚酰胺酸也可以溶于溶剂中。反应速度很好控制，根据溶液黏度可以停留在低聚物聚酰胺酸阶段。此阶段树脂即可以作为交联剂使用了，所以应用比较方便。聚酰亚胺胶黏剂实际上就是聚酰胺酸树脂涂于被粘物之后，经加热固化即可成为聚酰亚胺胶接层。

固化反应是一个脱水反应，同时也是低聚物进一步缩聚成高分子聚合物的反应，并且脱水反应也有可能发生在高分子间，形成有一定交联度的聚合物。

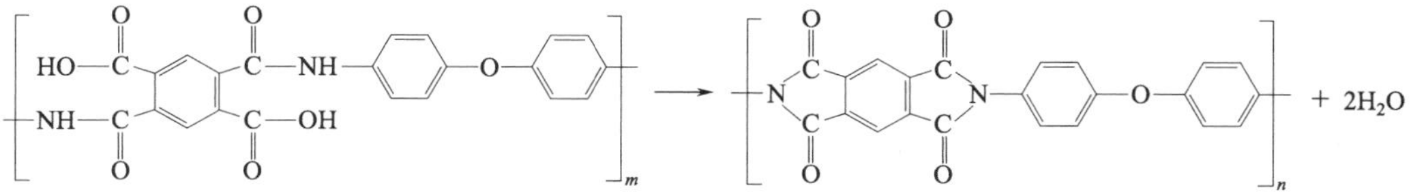

按上述聚合机理，聚酰胺酸一般制备方法如下：将 1mol 4,4'-二胺基二苯醚溶于二甲基乙酰胺（或二甲基甲酰胺）中，在 10～20℃下边搅拌边加入 1mol 均苯四甲酸二酐，然后在不高于 80℃的温度下反应到所需的黏度为止。用聚酰亚胺制得的胶黏剂是目前较成熟的高温胶黏剂之一，可在 260℃下长期工作，315℃工作 1000h；480℃下短期使用。该胶可用于铝合金、钛合金、不锈钢的黏结。

（2）高温修补胶

铸造缺陷（气孔、堵孔）一直是铸造行业经常出现的问题，修复这些带缺陷零部件常用的方法需要技术工人消耗大量的材料和工时才能修好，利用专用填补胶进行修补既省力又省钱。

零部件磨损和尺寸超差或划伤现象约占机械零部件失效率的 70% 以上。传统的方法是采用堆焊、热喷涂、电镀、电刷度等。焊接或热喷涂会使零部件表面达到很高的温度，造成零部件变形或形成微观裂纹，影响零部件的尺寸精度和正常使用。电镀和电刷镀尽管没有热影响，但镀层厚度要求严格应用受限制，而采用胶黏剂表面粘涂技术修复方法简单易行，既无热影响又不受涂层厚度的限制，且能保证零件的耐磨性。

表 6-34 是一种高温修补胶配方，其中填料若用不锈钢粉可以提高耐介质腐蚀性。

表 6-34　一种高温修补胶配方

组分	配比	作用
二氨基二苯醚多官能环氧树脂	100	基料
液态丁腈橡胶	10	增韧剂
704 号固化剂	10	固化剂
200～300 目铁粉	20	填料

此胶可承受 200℃的工作温度，可用于汽缸和气缸套等铸铁件的裂缝、砂眼等的修补。用法：按配方调匀后即可进行黏结或修补，于室温下放置 1d 后，于 100℃加热 4h 后可完全固化。

另一种耐高温胶粘剂是一种热固型胶黏剂，由 E-44 酚醛环氧树脂（1：1）100；酸酐 647 号 80；二氧化钛（250 目）50；玻璃粉（250 目）50。按配方计量，充分调合均匀后即可进行粘接。于 150℃条件 3h 后可完全固化。此粘接剂可承受 250℃的高温，常用于耐高温结构件的粘接和耐烧蚀材料的粘接。

6.6.6　热熔胶

热熔胶是在加热熔融状态下涂布粘接的一类胶黏剂。它在使用前呈粒状、粉状、棒状或膜状。使用时，在一定温度条件下加热熔化，经冷却或固化反应使胶层固化而起粘接作用。

热熔胶具有以下优点：①不含溶剂，成本低，对操作人员无毒害，便于包装、保管和运输。②热塑性树脂热熔胶在加热时熔融，冷却后固化，操作时间短，占地面积少，适应机械化自动化生产流水线的需要。③热熔胶具有重复使用的优点，粘接处可进行重复黏合。这类胶黏剂的主要缺点是胶液熔融时流动性小；湿润作用差；热塑性树脂热熔胶的耐热性差。

热固性树脂热熔胶主要有环氧树脂热熔胶和酚醛树脂热熔胶。环氧树脂热熔胶采用高分子量双酚 A 环氧树脂和潜伏型固化剂，如用 100 质量份 E-20 和 10 质量份双氰双胺配制成的胶棒。酚醛树脂热熔胶是由甲阶酚醛树脂添加聚乙烯醇缩醛、尼龙等韧性树脂、填料配制而成的。以上两种胶黏剂适合胶接金属和陶瓷。

热塑性树脂热熔胶是一类真正工艺简便、能快速粘牢的胶黏剂。这类热熔胶有：乙烯基树脂热熔胶、聚氨酯热熔胶、聚酯树脂热熔胶，聚酰胺热熔胶和聚苯硫醚、酚醛树脂热熔胶。

热溶胶黏剂是在加热熔融状态下涂布粘接。配制热熔胶的主体材料和各种配合剂有以下 4 点要求：①软化点要高一些（一般超过 80℃），室温下表面应无发黏现象；②在一定温度熔化后，黏度应小，流动性要好；③对一般材料亲和力好，能形成较牢固的胶黏层；④本身内聚强度要高。

（1）EVA（乙烯-醋酸乙烯共聚物）热溶胶的组成

乙烯-醋酸乙烯共聚物热溶聚合物作为胶结剂，占胶黏剂量的 70%～100%。它赋予胶层足够黏结力和内聚强度的作用；另外根据不同需要可选聚酯、聚氨酯、固体环氧树脂、酚醛树脂等作胶结剂。

增黏剂选用松香、萜烯树脂等，占胶黏剂量的 0～50%，它起到增加热溶胶的黏附力的作用。稳定剂选用对苯醌、硫尿等，占胶黏剂量的 0～2%，它使热溶胶在熔融状态下具有较好的稳定性，防止老化，属于热稳定剂。抗氧剂选用抗氧剂 264、抗氧剂 1060 等，占胶黏剂量的 0～1%；以防止热溶胶接触空气氧化变质。助熔剂选用微晶蜡、石蜡、地蜡等，占胶黏剂量的 0～5%；它降低热溶胶熔融温度和黏度，增加流动性。填料用量 0～50%，它的作用是增加内聚强度、降低成本。此外还可以根据施工要求加入溶剂。

（2）环氧高强度胶棒

高强度胶棒配方见表 6-35，它是靠 691 甘油酯所含的羧基来固化环氧树脂。因此要加热固化。691 甘油酯由 1mol 甘油与 3mol 己二酸缩合而成。施工时被粘物预热到 120℃ 左右，涂胶搭接后在 160℃ 固化 2h，再在 180℃ 下固化 4h。主要用于钢、铝等金属件粘接。粘接铝合金的剪切强度 366kg/cm²；粘接钢的抗拉强度＞800kg/cm²。

表 6-35　高强度胶棒配方

组分	数量
E-20 环氧树脂	100
691 甘油酯	20～60
铝粉	15～20

（3）聚酰胺热溶胶

聚酰胺热熔胶的主要成分是聚酰胺树脂。它包括两大类、一类俗称尼龙，另一类是由植物脂肪酸或脂的二聚体或三聚体与有机胺（如乙二胺、二乙烯三胺等）缩合而成的聚酰胺。

聚酰胺热熔胶的优点是①胶接强度高，对多种金属与非金属材料有很强的黏附力，主要在于分子结构中含有许多易形成氢键的基团，使其随着分子量增大，内聚强度增大，胶接强度提高。②软化温度范围窄，聚酰胺当加热或冷却时，树脂熔化和凝固在很窄的温度范围内发生。这一特点保证了热熔胶施工时，稍冷却就可以迅速固化，产生较大的强度，也能使热熔胶在接近软化点温度时，胶接强度受温度的影响较小。③与其他树脂相容性好，聚酰胺树脂可与多种天然或合成树脂相溶，如松香及其衍生物、硝化纤维素、酚醛树脂、环氧树脂等，这一性能可以容易地使热熔胶组分中引入高分子增黏剂、高分子增塑剂等。不同分子量或不同类型的聚酰胺树脂混溶使用，可以调节热熔胶的施工温度和各种性能。④耐介质性能好，聚酰胺树脂对多种介质有良好的抵抗能力，随聚酰胺树脂分子量的增大，耐介质性能提高。

6.6.7　压敏胶

压敏胶是制造压敏型胶黏带用的胶黏剂。胶黏带是胶黏剂中一种特殊的类型。它是将胶黏剂涂于基材上，加工成带状并制成卷盘供应的。胶黏带有溶剂活化型胶黏带、加热型胶黏带和压敏型胶黏带。由于压敏型胶黏带使用最为方便，因而发展也最为迅速。

压敏胶黏剂是一种有一定抗剥离性能的胶黏剂。它的黏附特性决定压敏胶黏带的压力敏感性能。压敏胶黏剂的黏附特性由四部分组成：快粘力、黏附力、内聚力、粘基力，好的压敏胶黏剂的黏附性必须满足快黏力＜黏附力＜内聚力＜粘基力这样的关系。否则，就会产生种种质量问题。例如：若未加压时快粘力与粘贴后黏附力相差不大，此时就没有压力敏感性能；若黏附力不大于胶层内聚力时，则揭除胶黏带时就会出现胶层破坏；若内聚力不大于粘基力时，就会产生胶层脱离基材现象。

（1）压敏胶的组成

黏合树脂采用各种橡胶、无规聚丙烯、顺醋共聚物、聚乙烯基醚、氟树脂等作为胶黏剂，占胶黏剂量的 30%～50%，它给予胶层足够内聚强度。增黏剂采用松香、萜烯树脂、石油树脂等，用量占胶黏剂量的 20%～40%，作用是增加胶层黏附力。增塑剂采用邻苯二甲酸酯、葵二酸酯，用量占胶黏剂量的 0～10%；起到增加胶层快粘性的作用。

填料采用氧化锌、二氧化钛、二氧化锰、黏土等，用量占胶黏剂量的 0～40%，起增加胶层内聚强度降低成本的作用。黏度调节剂采用蓖麻油、大豆油、液体石蜡、机油等，用量占胶黏剂量的 0～10%；用于调节胶层黏度。防老剂的作用是提高使用寿命，是防止胶黏剂树脂老化的添加剂，用量占胶黏剂量的 0～2%。

固化剂是对应于树脂的交联剂，热固性的压敏胶强度高于热塑性压敏胶很多，现在主要是硫黄等硫化橡胶类的压敏胶，用量占胶黏剂量的 0～2%。溶剂适量便于涂布施工，汽油、甲苯、醋酸乙酯、丙酮等都可作溶剂。

（2）聚乙烯胶黏带压敏胶例

在聚乙烯薄膜基材上涂上压敏胶黏剂，制成聚乙烯胶黏带，用于各种输油、输汽和输水管的防腐。其剥离强度（不锈钢）＞0.28kN/m；耐寒性－45℃不硬裂。底胶配方见表6-36，压敏胶配方见表6-37。

表 6-36　底胶配方

氯丁橡胶 66-1	100
氧化镁	8
氧化锌	4
JQ-1 胶	2
甲苯	适量

表 6-37　压敏胶配方

成分	数量	成分	数量
天然橡胶	70	防老剂 MB	1
丁苯橡胶	30	促进剂 M	0.5
氯丁橡胶 66-1	4	聚异丁烯 B-3	5
氧化锌	5	蒎烯树脂	70
防老剂 4010NA	1	液体蒎烯树脂	15
防老剂 DNP	0.5	叔丁酚甲醛树脂	20

7 片状增强耐蚀复合材料

片状增强耐蚀材料是以各种金属或非金属的鳞片骨料为增强材料、各种耐蚀树脂为胶黏剂，以及相应助剂组成的防腐材料。由于施工方法使鳞片相对于基层形成平行叠加的多层片状错层结构，不仅把片状耐蚀材料分割成许多小空间而降低收缩应力和膨胀系数，而且迫使介质迂回渗入，从而延缓了腐蚀介质扩散和侵入基体的途径和时间，因而具有极佳的抗渗透性、抗冲击性、耐磨性和耐腐蚀性。

在防腐蚀工程中具有片状增强特性的鳞片骨料有很多种，如玻璃鳞片、云母鳞片、金属鳞片等。但主要以玻璃鳞片增强的防腐涂料和玻璃鳞片防腐里胶泥以及填加鳞片玻璃的抗渗玻璃钢三种形式使用。有效地避免了一些常规防腐材料（如玻璃钢、橡胶等）在使用中常常发生的底蚀、鼓泡、分层、剥离等形式的破坏，而深受防腐行业的欢迎。

在 20 世纪 50 年代中期，欧文思·康宁玻璃纤维公司成功地开发出一种含有玻璃鳞片的树脂衬里材料，其玻璃鳞片的厚度为 $2\sim3\mu m$，宽度为 $50\mu m\sim3mm$。美国"玻盾"有限公司也曾利用醇酸树脂作为基料，用玻璃鳞片作为填料，制得了玻璃鳞片涂层。经过液体和蒸气的渗透试验，结果证明，在 $3mm$ 厚的这种涂层上，其渗透量比采用其他填料所制得同样厚度涂层的要少得多。

到 20 世纪 70 年代，日本玻璃鳞片及其涂料的应用技术得到了较快的发展，尤其在开发成功刷涂、辊涂及喷涂等项施工技术以后，玻璃鳞片涂料技术迅速被推广应用至贮油罐、海上建筑以及混凝土建筑的防盐蚀等各类防腐工程项目。

在国外，经过实验室的测试以及二十多年的现场实际应用，证明玻璃鳞片的防腐蚀效果远远超过其他材料，比一般常用的玻璃钢材料也显得更为优越。近几年来，鳞片树脂涂料之所以能被业界积极地研制和开发，主要是由于鳞片树脂所组成材料在结构上具有独特的抗渗透性能。在设备本体与腐蚀介质之间，形成一层坚实的玻璃鳞片树脂衬里，来实现设计所期望的防腐目的。

7.1 片状增强复合材料基础

片状增强复合材料的特性主要由 4 个因素来决定：组分的性质、组分的含量、结构与界面，其中，组分的性质有模量、尺寸、形状等。片状增强复合材料所用增强剂主要是玻璃鳞片、云母、片状氧化铝、锌、铝、不锈钢鳞片等增强材料。

7.1.1　片状增强材料概述

片状填料颗粒由于比表面积较大，鳞片的各向异性表现非常明显，在复合材料中的取向与分散也很复杂，如果在三维空间随机分布，会导致增强剂的加入量很低，增强效率低或是难于达到复合材料需要的增强剂分数。所以将其简化为平面排列与均匀分散的分布方式作成层状复合材料使用。

片状填料是以二维形式存在于树脂基体中，相对于基础面平行层叠，因此整个复合材料是一个二维向同性、第三维向异性的材料，片的排列结构的形成主要依赖于成型工艺，是通过刮涂或压延使片状填充料取向，完成排列。填料的径厚比（小片平均直径与厚度之比值）越高，填充片的数量就越高，可制得高耐蚀、高刚性增强塑料。

基于平行、紧密排列的要求，在加入的填料中尽量不要加入能使片的平行排列方式起搭桥的颗粒填料；另外也尽可能使用方形的鳞片，因为异型鳞片会使片的单平面排列中出现大量空洞。如果是非方形的鳞片，只能使鳞片尽量薄以增加层叠数，以使宏观上的片状增强体分布均匀。

片状增强体与基体的配合比例要以基体树脂在不那么高要求的施工条件下都能够形成连续相，如果鳞片能紧密平行排列，片状填料的体积百分比可高达 $50\%\sim75\%$。一方面鳞片都不是大小、形状、厚度都一致的规整形状，排列时不可避免地要出现空洞，另一方面施工时层与层之间也易搭桥，特别是鳞片很薄时，搭桥就在平行排列层间形成空洞，这些空洞必须要靠树脂填充。因此片状填料的临界体积浓度远低于颗粒填料的 CPVC 就是这个原因，一般是 $20\sim25$ 之间，这样又为在树脂中添加微细颗粒（$\leqslant8\mu m$）填充料提供了依据，一方面它作为增量剂减少了树脂的用量，提高了孔洞处的树脂的力学性能，另一方面微细的球形颗粒还有可能利于鳞片的排布，控制鳞片层之间的间距以保证连续相发挥性能的必要厚度。从增加力学性能的角度超细滑石粉好，从鳞片排布的角度玻璃微珠、铸石粉好。

7.1.2　片状增强力学原理

（1）片状材料的增强机理

片状材料的排列平行于表面的排列，在这个二维方向上抗拉、抗弯强度最高；抗压强度略有提高；对垂直于平行排列的方向具有较高的冲击强度，抗压强度也有很大提高。这是因为宽大的鳞片的应力分散作用，由于片状增强体在增强平面的各个方向上都能提供最好的力学性能。因此，作为板式材料来说，鳞片的增强效果较好，因为鳞片能保证二维方向上的排布在宏观上是均匀的，是平面各向同性材料，而且片状材料具有较高的堆砌体积分数及更小的膨胀系数。

在界面结合良好的条件下，随片含量的增加，复合材料的冲击强度增大；但当超过一临界比例时，因基体树脂不足以包住所有薄片，其界面黏结状况下降，导致复合材料冲击强度降低。

随径厚比的增大，复合材料的强度增大，从理论上讲，当径厚比大到一定值时，可能同短纤维增强的临界长径比一样达到与相应材料的连续增强复合材料的强度值。但在实际中，由于片的边缘效应，不规则的形状使应力非常规地集中；径厚比增加使得作用于薄片上的总剪切力的增加以几何形式远大于薄片本身的总许用抗拉力的增加，使径厚比达到一定时鳞片被拉断而留下空隙，这就是过分大的鳞片反而使耐蚀性下降的原因。因此，片状材料自身的断裂强度越大则可以使用的片径就越大、鳞片尽量薄，宏观力学性能和抗渗透性能就更好。

在冲击载荷作用下，片状增强材料的断裂破坏主要表现有片断裂、基体断裂和片从基体拔出，这与非连续纤维增强复合材料的破坏形式类似。从防腐蚀复合材料的应用上要求界面脱粘即可以认为耐蚀材料失效，因为此时界面脱粘产生的空隙成为了集液点，扩散渗透模式发生了变化，集液点以前的渗透路径失效。

含有玻璃鳞片的涂层衬里与不含玻璃鳞片的相比，耐磨性有明显提高。一方面是由于玻璃本身的性质，另一方面也与玻璃鳞片的形状有关。耐磨性和对擦伤抵抗性较强，遇机械损伤只限于局部，扩散趋势小。

即使受到撞击，也只是涂层或衬里局部受损。这主要是由于玻璃鳞片是不连续的，破损的部分不会扩大。所以具有很好的抗冲击性，不易龟裂、脱落。

（2）弹性模量

弹性模量是线弹性拉伸阶段应力与应变的比值。弹性模量是复合材料的基本力学性能参数，是加入填料后以期增强的目标参数，是最常被测量的力学性能指标。一般最简单的方法是作出样品后检测即得。

片状填料对复合材料有明显的增强作用，对于不同的聚合物基体，在界面黏结良好的情况下，填充量对弹性模量的影响有所差别，但都呈正相关关系。片状填料粒子之所以能够提高复合材料的弹性模量，其原因是基体被高模量的无机粒子代替，无机粒子能够限制基体的移动和变形。同时，每种聚合物基体都有自己的增强极限值，当超过这个值时，复合材料的弹性模量开始下降，增强效果开始减弱，拉伸强度会开始明显下降。这主要是因为过多的填料使得树脂不能有效地析出连续相，且片状填料的搭桥使宏观上的连续相分布不均。

但是也有很多从理论上推出的用于预测的片状增强复合材料的弹性模量。如 Halpin-Tsai 就是常见的片状增强材料弹性模量模型。

$$\frac{E_c}{E_m} = \frac{1 + \zeta \eta \phi_r}{1 - \eta \phi_r} \tag{7-1}$$

$$\eta = \frac{(E_r/E_m) - 1}{(E_r/E_m) + \zeta} \tag{7-2}$$

这个模型可以适用于在树脂基体中不连续的填充物，如短纤维状和片状填料。式中，E_c，E_r 和 E_m 分别是复合材料，增强剂和聚合物基体的弹性模量；ϕ_r 是填充物的体积分数；ζ 是取决于填充物几何形态和加载方向的形状参数。对于盘形的片状填料，当计算纵向弹性模量时，$\zeta = 2L/t$。其中，L 是片状填料在此方向的长度，即片径；t 是片的厚度。式（7-1）和式（7-2）可以通过数学变缓成为混合定律的一个变体。

同样的也可以直接对混合法则进行改进，引入 λ 代表模量削弱因子，得到表达式如下：

$$E_c = \lambda \phi_r + \phi_m E_m \tag{7-3}$$

通过实验验证，这个半经验公式被证明可以用在片状填料填充的复合材料中。模量削弱因子 λ 是与鳞片的形状和种类、含量有关的系数，可由下式计算。

$$\lambda = 1 - \frac{\ln(u+1)}{u} \tag{7-4}$$

$$u = \frac{1}{\alpha} \sqrt{\frac{\phi_r G_m}{E_r(1 - \phi_r)}} \tag{7-5}$$

式中，α 为分散的填料比表面积的倒数；G_m 为基体的剪切模量。从这些模型可以看出，随着填料体积分数的增加，复合材料的弹性模量呈增大趋势。

（3）强度预测

根据复合材料的复合法则，通过理论研究和实验验证、推到，得出薄片增强复合材料的强度如式(7-6)：

$$\sigma_c = \sigma_r \phi_r \left[1-(1-\beta)\frac{\omega_i}{\omega}\right]+\sigma_m \phi_m \tag{7-6}$$

式中，下标 c 表示复合材料，m 表示基体，r 表示薄片；ϕ 表示体积分数；ω_i 和 ω 分别表示薄片的临界等效直径和等效直径；β 为与薄片的种类、含量、取向、分布有关的系数；σ_m 表示断裂时基体的强度。可见，若提高其复合材料的强度，在基体性能一定时，一方面取决于复合材料的界面性能，另一方面则取决于薄片的含量与径厚比。薄片作为增强体，在复合材料中当其含量增加，即其体积分数 ϕ_r 增加时，其复合材料的强度 σ_c 随之增大。

由于片状填料本身的形状的复杂性、片径的多分散性、排列的随机性和操作技术的不可控性，这些公式计算都只能进行初步的预测，工程设计片状增强复合材料还是最好以实验检测数据为设计依据。同时，这些模型都没有考虑界面对模量的影响。

7.1.3　耐介质腐蚀原理

鳞片覆盖层的防腐蚀机理随片状材料的不同大体分为两类，一类是单独的屏蔽作用，另一类是一些金属鳞片的牺牲阳极作用。图 7-1 示意了 3 个片状填充耐蚀原理。

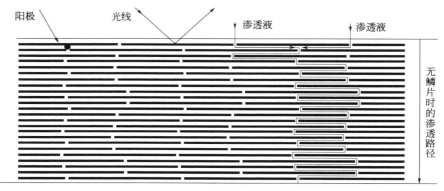

图 7-1　玻璃鳞片防腐机理示意

（1）对介质的扩散渗透的阻隔

虽然基体树脂本身对环境中的腐蚀介质具有良好的耐蚀性，但是介质在其中的扩散渗透还是不可避免的，介质渗透到基材表面就会发生基材腐蚀。

鳞片在涂层或衬里中，以近乎平行的状态紧密排列，可形成介质渗透的屏障。当涂层或衬里达到一定厚度时，这种屏障效应非常明显。鳞片在覆盖层中基体相互平行叠压排列，在 1～2mm 的涂层中鳞片的分布可达数十至上百层，使得介质渗透扩散的途径变得曲曲折折，大大延长了介质渗透扩散到基体的时间。同时这种平行层叠层数越多，抗渗透性越好，这就要求鳞片尽量薄。使介质渗透在寿命范围内都不能到达基材表面，从而有效地避免底蚀、鼓泡、剥离等物理破坏。

这要求片状填料本身具有足够的耐蚀性。玻璃鳞片的原料为中碱玻璃，其组成并不是玻璃材料中的耐蚀品种，但是之所以目前得到大量的使用，是从加工技术和成本的角度它是最容易加工成薄片，而片状排列对介质的扩散渗透形成阻隔，使内部的玻璃腐蚀速度很低，虽然表面的玻璃鳞片有所腐蚀，但是这种缓慢的腐蚀是可以被接受的。按复合材料的复合效应来说，这种复合是相补效应。如水在玻璃鳞片涂层中的扩散系数要比未加玻璃鳞片的小一个数量级；在海水中钢桩涂装环氧-煤焦油玻璃鳞片涂料后的年腐蚀速率为涂焦油环氧涂料的 1/8～1/5。

（2）对影响基体树脂老化的阻隔

片状填料平行排列于树脂表面，当填料是不透光的不锈钢鳞片等材料时，照射于表面的光会被反射掉，覆盖在鳞片下的树脂就不会出现光氧老化的问题，极大地提高了耐候性。即使是玻璃鳞片，由于其折射率与树脂相差较大，鳞片堆砌层数多，光线经过平行排列的鳞片多次折射、反射后大量紫外线被反射，从而降低树脂的老化。

对于热氧老化，如果是导热的金属鳞片，虽然金属传热性高，但是由于鳞片对氧扩散的阻隔作用，热氧老化速度还是不一定会加快，但是热应力破坏就要重点关注（图7-2）。如果是不导热的硅酸盐鳞片，由于其导热性比树脂低，热传导过玻璃后的温度下降要比基体树脂大得多，再加上氧扩散路径的增加，鳞片下的树脂基体难于热氧化，所以片状增强复合材料有很好的抗热氧老化性能。能长时间用于树脂的最高使用温度以上一点，是一种很好的耐烧蚀复合材料。

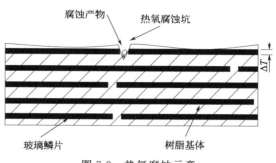

图 7-2　热氧腐蚀示意

最后对所有的化学反应的老化，由于鳞片在表面的覆盖，使得复合材料表面能参与化学反应的面积大为减少，对于液-固或气-固化学反应，减少了固体面积，从化学反应动力学的角度都是降低了化学反应的速度，从而提高了耐蚀性。

（3）耐应力腐蚀性增强

任何树脂固化时都会产生内应力，鳞片将基体分割成许许多多小区域，从几何的角度使基体树脂的自由体积的运动被限制在一个很小的范围内，使覆盖层内部的固化残余应力小，使树脂的微裂纹、微气泡相互分割，难于发展壮大；而鳞片的结合处，即鳞片的端部，通常都是表面能很大的部位，完全浸润后它会使周边的树脂处于高能量状态，更有利于固化和形成致密的树脂基体，相对地提高了强度和耐蚀性。

鳞片的表面积很大，能有效地分散残余应力，使各接触面的残余应力值变小；同时也能分散应力，避免应力集中；而鳞片层间的距离相对很小，这使得固体鳞片的内聚能产生的界面增强作用在整个被分割的基体树脂中的作用都很大，有利于固化和形成致密的树脂基体，这些都降低了固化应力和温致应力，可降低树脂固化物的膨胀系数近50%（接近碳钢膨胀系数），固化收缩率降低到1/20～1/10（使树脂的固化时产生的微裂纹受到分割）。抑制了涂层龟裂、剥落，提高了涂层的黏合力与抗冲击性，相对地提高了强度和耐蚀性。减少了覆盖层与基体之间的热膨胀系数之差，更具有耐温致应力变化的特性。

这就意味着，由于玻璃鳞片的存在，有效提高了涂层或衬里的机械强度，消除了覆盖层的缺陷，使应力腐蚀对的应力被部分消除，同时渗透介质的浓度下降，正是由于这种应力和介质的消减作用，使得材料的耐应力腐蚀性得到提高。

（4）牺牲阳极保护作用

当片状填料是锌等相对钢铁是阳极性金属的时候，由于鳞片的不可避免的搭接，较少的片状填料都可以使填料相形成与基体金属的电连接，从而使这种鳞片金属成为腐蚀电池的牺牲阳极、基体金属成为阴极而获得保护。

这样的片状填充比颗粒状填充的富锌底漆有很多的优点，首先是颗粒状的填充需要填料含量大，约为90%～95%，颗粒填料少时很多单个颗粒会被树脂所包裹，这些颗粒就不能与基体形成电池，造成金属锌的浪费。如果要所有的金属锌粒都发挥阳极的作用则树脂就不能成为连续相，这对涂膜的整体性非常不利，这样的涂膜很容易出现机械破坏。

片状填充可以使填料体积浓度降低到30%～40%，能充分保证涂膜的完整性，又由于鳞片的搭接，也容易使鳞片也形成一个整体，从而极大地发挥鳞片的牺牲阳极作用。此外还可以在 20％～30％的鳞片体积含量中加入超细金属粉，使鳞片的电连接更加全面，这样鳞片不但能发挥牺牲阳极的作用，还能有增大介质渗透路径、阻止渗透腐蚀的作用。

片状锌粉填充的防腐机理是在腐蚀的前期，通过锌粉的溶解牺牲对钢铁起阴极保护作用；在后期，随着锌粉的腐蚀在锌粉颗粒中间沉积了许多腐蚀产物氧化锌或碱式碳酸锌，这些致密而微碱性腐蚀产物沉积在锌粉颗粒之间，填塞颜料之间的空隙，阻挡腐蚀因子的透过，加之鳞片状锌粉在涂层中平行于涂膜表面排列，且互相重叠和交错，大大增加了水和腐蚀介质渗透过涂层的距离，即后阶段是由屏蔽作用而起防腐蚀效果的。因此片状锌粉对防腐性能的贡献高出球状锌粉数倍之多。屏蔽效果：由于鳞片状锌粉在涂层中平行于涂膜表面排列，且互相重叠和交错，大大增加了水和腐蚀介质渗透过涂层的距离，从而提高了涂层的防腐蚀能力。

（5）发挥了玻璃的耐蚀性

通常高分子材料是不耐氧化性的介质，使用温度由于蠕变作用也较低，但是玻璃是耐氧化性介质，且其增强作用也提高了热稳定性。片状增强复合材料在接触腐蚀介质后，即使介质对基体树脂有所腐蚀，当树脂被腐蚀后，接触介质的表面暴露出玻璃，使整个表面大部分是由玻璃组成，只要玻璃对腐蚀介质是耐蚀的，就减缓了表面的腐蚀，虽然这时块状玻璃鳞片的结合处的树脂仍然在腐蚀，但是只要鳞片下面的树脂没有被腐蚀，还有黏合作用鳞片的抗蚀能力就在发挥，而且即使是由于树脂破坏鳞片脱落，也是一层一层逐渐脱落。这样，针对间隙性的强腐蚀介质或对树脂有一定腐蚀作用的介质，本来基体树脂不耐蚀的介质也可以使用了。如对 5％HNO_3、40％铬酸、50％氯乙酸介质，常用树脂固化物在 60～90℃时一般是无耐蚀性的，但用玻璃鳞片涂层来防腐却成功。

7.1.4　复合组成要求

（1）片状填料

片状增强材料主要有鳞片石墨、滑石粉、云母粉、云母氧化铁、玻璃鳞片、不锈钢鳞片、有色金属及其氧化物鳞片等，目前最大量使用的是玻璃鳞片。这将在 7.2 节详述。

鳞片增强取决于玻璃鳞片填料的特性，包括鳞片的尺寸、形状、填充比，鳞片与树脂的黏结力、排列方向以及保护层的厚度等；首先是鳞片的尺寸选择，鳞片的尺寸是由其强度和界面的最大许用剪应力所决定的，人们希望破坏时是界面脱粘而不是鳞片被拉断。

其次是形状复合材料中的片状增强体理想的为长与宽尺度相近的薄片，但是实际上根据生产方法的不同总是以似矩形或似圆形的方式出现。且在二维排列中矩形边也存在以施工力的方向呈 45°角排布，即部分以菱形方式排布。为了克服这种不均匀性，通常是以填充层数的尽量多来达到宏观的均匀性。

玻璃鳞片的加入量对屏蔽性影响较大，掺量在 10％以下时，鳞片含量少，不能形成多层屏蔽以阻隔腐蚀介质的渗入，掺量过多时，树脂液不能充分浸润鳞片表面，为腐蚀介质的渗入提供通道，还会使涂料的黏度高、流平性不好，进而造成漆膜弊病。

在规定覆盖层厚度的时候，鳞片的填充层数与鳞片厚度和填料的临界体积浓度有关。不能单独用几何学进行基本的估算，按 2 个界面相大约 200nm，树脂相 800nm，若出现搭接也不会出现空洞，$6\mu m$ 厚的鳞片，作 3mm 厚的涂层，则 $(2\delta+1)k=3000$，可知层数 K 为 230 层，填料体积浓度可达 45％。而实际上玻璃鳞片的加入量为 25％（质量）左右综合性能最好，这时大约只有 133 层。说明立面出现大量搭接和平面出现不规制排布的空洞。因此在实验确定填料体积浓度后根据鳞片的密度厚度计算层数。

根据这个计算，片状填料中加入耐蚀的颗粒填充填料后有增量作用和均化树脂的作用，一般颗粒的粒径最好为片厚度的 1/2 或更低。

（2）树脂基体

片状增强材料的树脂可以采用各种规格的热固性树脂，例如环氧树脂、聚酯树脂、乙烯基酯树脂、酚醛树脂及呋喃树脂等。第一个对这些基体树脂的要求不容置疑的是它是否具有抗介质腐蚀和抗渗透的能力。选用鳞片树脂基体黏结剂的性能如何，将直接影响到鳞片树脂防腐涂层的整体性能。

第二是对这些树脂的要求是在刮涂施工过后，胶泥中不要有大量的挥发性溶剂逸出，因为溶剂的挥发要使胶液中产生漩涡，这些漩涡会使已经排列好的鳞片发生漂移，严重时可以使鳞片垂直于基体表面，从而达不到屏蔽的作用，当鳞片越小、密度越轻时漩涡的作用就越大。另外，少量在平行排列鳞片下的溶剂挥发困难，大多时候是在形成固相后才慢慢扩散出来，然后就使树脂中残留更多的空隙，也容易发展成为孔隙。所以片状增强材料中第一就是要避免采用溶剂型胶黏剂。

第三是考虑作为鳞片材料的基体黏结剂与填料及基层面材的黏结强度。黏结强度高，就为选择大鳞片提供了必要的条件，从而提高了耐蚀性和力学性能，树脂对鳞片的浸润越好，界面缺陷就越少，所以鳞片的表面预处理就更加重要。可以说，片状增强复合材料如果没有对鳞片进行表面预处理，就不会获得成功。因为鳞片的端部处于高能状态，它吸附了大量的水等能尽量降低端部表面能的物质，这些将影响端部的浸润，使黏合失败，所以根据要求仔细分析是选择溶剂清洗以替代吸附还是表面活性剂分散、表面涂膜、偶联剂处理这些方式。目前市售的玻璃鳞片，生产商在出厂时选择了偶联剂预处理的方式处理玻璃鳞片，所以使用时一般不必对玻璃鳞片再进行处理。

目前国内外经常采用的主要鳞片黏结剂品种是双酚 A 型不饱和聚酯树脂及乙烯基酯树脂等品种，因为这些型号的不饱和聚酯树脂均属于耐腐蚀型的聚酯树脂，具有良好的耐酸碱性能，并且具有良好的黏结性能等。另外无溶剂环氧树脂也比较常用，无溶剂酚醛树脂、呋喃树脂使用得比较少，主要因为它们固化时要释放出小分子物质。

（3）助剂选择

片状增强胶泥配方设计中主要使用的助剂是消泡剂、触变剂、偶联剂。消泡剂主要是消除胶料中的空气，使其逸出而不是保留在胶液中固化。这些气泡是混合浸润时鳞片表面的空气被树脂替代吸附后残留在胶液中，消泡剂就是使这些微小的气泡聚集变大逸出；另外也避免施工时的机械操作产生气泡，消泡剂通常可用硅油。

触变剂视树脂种类不同可选用膨润土、白炭黑和氢化蓖麻油等，主要避免涂刷时垂直面的流挂。现在应该根据原料来源情况，优先选用缔合型触变剂。

玻璃鳞片用硅烷型偶联剂处理，可增加鳞片与树脂间的黏结力，有效增加涂层的抗渗性，降低涂层的吸水性。玻璃鳞片在树脂中的漂浮性好，有利于鳞片与基体间的平行排列，从而提高涂层的抗渗性。

偶联剂的作用是增强玻璃鳞片的憎水性、悬浮性和分散性，提高鳞片同树脂的黏结力。为了更有效地提高玻璃鳞片的应用效果，在加入之前通常要对玻璃鳞片进行表面偶联剂处理。通常使用的偶联剂有硅烷偶联剂和钛酸酯偶联剂，也有经处理后直接出售的玻璃鳞片产品。鳞片表面处理对沸水吸收、水吸收和蒸汽渗透的影响（偶联剂-吸水率关系）见表 7-1。

表 7-1　偶联剂-吸水率关系

偶联剂含量/%	0	1.0	1.5	2.0
沸水吸水率/%	0.30	0.26	0.25	0.25
常温水吸附/%	0.07	0.04	0.04	0.04
蒸汽渗透率/[g/(m² · mmHg · d)]	$1.75×10^{-2}$	$1.35×10^{-2}$	$1.30×10^{-2}$	$1.30×10^{-2}$
剪切强度/MPa	9.0	11.0	12.0	12.3

注：偶联剂为硅烷偶联剂；树脂为低分子量环氧树脂；玻璃鳞片规格为 WY-GF-40C。

触变剂是高固体分、厚浆型涂料的重要成分，其作用是使垂直表面上的厚涂层不流挂及涂料中的填料不易沉淀，关于触变剂的作用原理解释比较合理的是：触变剂具有胶体网状结构，将液体包裹，当胶体受到剪切力作用时，连接各粒子的键被破坏，液体可自由流动；一旦剪切力消除，触变剂又重新形成网状结构、阻止液体流动。常用的触变剂有氢化蓖麻油、气相二氧化硅（白炭黑）、膨润土等，其用量一般为 $1\%\sim3\%$。

增塑剂在鳞片涂料中的作用主要是降低涂层的脆性，提高柔韧性。选用增塑剂时，主要考虑它与树脂的相容性以及它本身的挥发性、迁移性和耐温性。一般选用一种或两种增塑剂复合，其用量为树脂用量的 $10\%\sim30\%$。

鳞片涂料所用的溶剂可以是一种，也可以是几种溶剂的混合液。必须根据溶解度参数选择极性相似的溶剂，当然也要考虑溶剂从涂层中的挥发速度、是否有残留物、毒性和价格等因素。

7.2　片状增强材料品种

片状增强体从材料组成上有无机、金属鳞片两类，从制造上可分为天然、人工制造和在复合工艺过程中自身生长出来的 3 种类型。天然片状增强体的典型代表是云母、石墨，人工制造的片状增强体有玻璃、铝、铜、不锈钢鳞片等。所有鳞片都是一种触变性的填料，十分容易形成厚浆型的涂料。

7.2.1　无机片状增强材料

（1）玻璃鳞片

玻璃鳞片是厚度一般在 $2\sim20\mu m$，片径 $0.1\sim3.2mm$ 的玻璃碎片，因其形状酷似闪闪发光的鱼鳞而得名。它是由 1000℃ 以上的熔融玻璃，经吹泡、冷却、破碎、碾磨及筛选等制备工艺步骤所制得。鳞片玻璃的生产方法主要有人工吹制法、机械拉带法、机械吹制法、机械甩片法、机械拉带与表面处理同步法等。玻璃料泡是处在拉伸力的状态下，进行急速冷却而制得的，玻璃结构与玻璃纤维十分相似，有一定的取向作用，强度要比普通玻璃板大得多。人工吹制法投资小、见效快，适用于鳞片玻璃防腐技术开发初期；机械吹制法因其易于控制、产品质量稳定、产量大，所生产的产品厚薄均匀，而且是双轴拉伸并具有一定弧度，有利于保证表面处理及防腐施工质量，故这种工艺仍是目前鳞片玻璃生产的主要方法。机械拉带法是单向拉伸，且生产的产品平直光滑，片与片之间一经贴合就会产生真空吸附效应，给鳞片分散带来很大困难，往往造成分散不均，不易保证施工质量。

最初的玻璃鳞片制造是采用人工吹胀 1000℃ 以上 C 型中碱玻璃熔体成极薄的玻璃泡制成的，玻璃熔体受到双向拉伸后骤冷，玻璃大分子存在一定程度的取向的亚稳态结构，这种玻璃片性能比普通玻璃具有强度大、密度小、韧性高的特点。人工吹制压力较难控制，因此，产品质量低劣。OCF 公司采用的是将熔融玻璃引入成型套筒，经牵引形成一个连续的锥形模，用一对夹辊进行拉伸，冷却的玻璃泡壁被轧辊破碎后用气流输送到锤式磨碾磨，经过一定尺寸筛子的过筛，即成玻璃鳞片。国外制造玻璃鳞片的专利表明，为不使拉制的玻璃膜筒在轧碎时造成二层粘连，在粉碎玻璃膜前采用了防粘技术，这样制成的玻璃鳞片有较好的分散性。为了使玻璃鳞片有高的增强效果，一种较大面积厚度比和较大长宽比的玻璃带通过改进口模拉制而成，这种长条玻璃带（又称 Ribbon）生产方法已有实用专利，这种玻璃鳞片最薄达到只有 $10\sim20\mu m$。

制造玻璃鳞片选用的原料为含中碱的 C 型玻璃，因它不但具有良好的工艺性能，还有良好的耐蚀性能，C 型玻璃中含碱量高能降低熔融温度、黏度、析晶性对鳞片吹制有利，但含碱量过高，超过 12％会显著降低其耐腐蚀性。要制得薄而高强度的玻璃鳞片最关键的要控制工艺，即熔体温度、吹制压力、冷却速度等要素。温度过高，黏度过小吹制压力较难控制；温度过低难得超薄鳞片，分子取向也困难。因此，除要有配套的机械设备外，还需合适的工艺配合。

玻璃鳞片外观无色透明，无结块和杂质，形状的随机性大，存在各种多边形状，水分含量小于 0.05％，物理指标见表 7-2。

表 7-2　玻璃鳞片的物理指标

项目	指标	项目	指标
厚度/μm	3～40	片径/mm	0.2～2
密度/(g/cm^3)	2.52	孔隙率/％	1.502
巴氏硬度	57	抗拉强度/MPa	25
抗弯强度/MPa	79.47	抗压强度/MPa	12.35
冲击强度/(m/cm^2)	0.35	线膨胀系数/K^{-1}	1.15×10^{-6}
水蒸气渗过率/[g/(100m^2·d)]	0.0007～0.0160	耐温	300℃不变形

目前玻璃鳞片按厚度和片径来确定用途，厚度小于 6μm、片径在 0.2～0.4mm 范围的常用于配制喷涂涂料；厚度在 6～20μm、片径在 0.4～0.63mm 范围的常用于配制手工刷涂涂料；厚度在 20～40μm、片径在 0.63～2mm 范围的常用于配制手工刮涂胶泥。

常用的玻璃鳞片成分见表 7-3。

表 7-3　常用的玻璃鳞片成分　　　　　　　　　　　　　单位：％

玻璃类型	SiO$_2$	CaO	Al$_2$O$_3$	MgO	B$_2$O$_3$	Na$_2$O+K$_2$O	ZnO	FeO$_3$
C-玻璃	65～70	4～9	2～6	0～5	2～7	9～13	1～6	—
E 玻璃	52～56	12～16	20～25	0～5	5～10	≤0.8	—	—
中碱玻璃	67±1	9.5±0.5	6.2±0.6	4.2±0.5	3.53	12±1		>0.4

鳞片玻璃的化学成分并不是最耐腐蚀的玻璃品种，但是从加工性能的角度，能容易的获得极薄的大径厚比的碎片，因此采用这些种类的玻璃。虽然鳞片玻璃并不是最耐腐蚀的玻璃，但是它也有比较好的耐蚀性，且与耐蚀树脂复合后，发生在玻璃表面的腐蚀会受到一定程度的抑制，其耐蚀性能还是能满足防腐蚀工程的需要，表 7-4 是玻璃鳞片增强材料的耐化学性能。

表 7-4　玻璃鳞片增强材料的耐化学性能

腐蚀环境		25℃	93℃
酸类	盐酸、草酸、硫酸、硝酸	优	优
碱类	氢氧化钠、氢氧化钙、氢氧化铵	优	优
盐类	硫酸钠、氯化钾、硝酸钠	优	优
气体	干(湿)氯气、干(湿)二氧化碳	优	优
有机物类	丙酮、甲乙醇、苯胺、四氯化碳	优	优

防腐蚀工程中通常要求玻璃鳞片耐酸度应大于 98％。判断玻璃鳞片的耐蚀性时可以参考同组成的玻璃材料的耐蚀性，只是由于鳞片端部的高表面能和片极薄，端部和片中的缺陷更容易腐蚀，这一点要注意。表 7-5 是商品中碱玻璃鳞片的实测数据。

表 7-5　中碱玻璃鳞片的耐酸失重率（80℃，24h）　单位：%

序号	介质	失重率	序号	介质	失重率
1	30% H_2SO_4	1.25	4	20% HCl	1.60
2	10% HCl	1.65	5	10% H_2SO_4	1.30
3	10% HNO_3	1.54	6	10% H_2CO_3	1.30

若单独使用玻璃鳞片作填充剂，其施工性能不佳，若采用石墨和云母粉代替部分玻璃鳞片，能改善涂料的施工性能。

（2）云母鳞片

云母是一种含水铝硅酸盐的天然矿物，含有不同的金属离子，矿物为假六方或菱形的板状、片状、柱状晶形。颜色随化学成分的变化而异，主要随 Fe 含量的增多而变深。白云母和金云母具有良好的电绝缘性和绝热性、具有独特的耐酸、耐碱、化学稳定性能和耐压性能，耐候性佳；而且折射率高，耐热性好、分解温度高（＞850℃）。云母更多的是用在电工行业。

通常称谓的云母是指普通云母，也叫钾云母或白云母，白云母的化学式为 $KAl_2(AlSi_3O_{10})(OH)_2$，金云母化学式为 $KMg_3(AlSi_3O_{10})(F,OH)_2$，云母化学成分见表 7-6。此外，普通云母还含少量 Ti、Cr、Mn、Fe 和 F、S、P 等。

表 7-6　云母的化学组成　单位：%

成分	SiO_2	Al_2O_3	MgO	Fe_2O_3	K_2O	Na_2O	H_2O
白云母	44～50	20～33	1.3～2	2～6	9～11	0.95～1.8	0.13
金云母	38～45	10～17	21～29		7～10		0.3～4.5

云母鳞片呈六方片状，结构由两层硅氧四面体夹着一层铝氧八面体构成的复式硅氧层。鳞片根据加工工艺的不同有湿法和干法之分。经过特殊剥离加工的云母薄片称为高纵横比的云母，其表面光滑，解理平行，底轴面完整，具有弹性。云母是各向异性材料，莫氏硬度垂直向 2～2.5、径向 4。其部分性能见表 7-7。

表 7-7　云母的性能

项目	白云母	金云母	项目	白云母	金云母
弹性模量/MPa	1476～2093	1394～1874	抗剪强度/MPa	210～296	82～135
抗拉强度/MPa	166～353	157～206	密度/(g/cm³)	2.7～2.88	2.7～2.9
抗压强度/MPa	814～1220	294～588	透明度/%	71.7～87.5	0～25.2

云母片径 10～800 目，云母相对于玻璃鳞片的优势有力学强度高，其增强效果十分突出；厚度小、径厚比较大，阻隔作用优异。云母在填充塑料中的体积分数高时，其材料的模量可与铝相当，理论上讲，云母的薄片最薄可剥离到 1nm 左右，但需要特殊的方法和设备，因为云母粉碎细化较困难。

合成云母又称氟金云母。是用化工原料经高温熔融冷却析晶而制得，其单晶片的分式为 $KMg_3(AlSi_3O_{10})F_2$，属于单斜晶系层状硅酸盐。它许多性能都优于天然云母，如耐温高达 1200℃ 以上，在高温条件下，氟金云母的体积电阻率比天然云母高 1000 倍，电绝缘性好、高温下真空放气极低以及耐酸碱、透明、可分剥和富有弹性等特点，是电机、电器、电子、航空等现代工业和高技术的重要非金属绝缘材料。

云母鳞片防腐复合材料与玻璃鳞片防腐复合材料的理化性能相当，防腐性能更好。云母鳞片与胶黏剂中的分子链相结合缠连，易于多层重叠平铺状态，金云母耐阳光辐射。由于云母鳞片具有弹性，鳞片间能够滑动，从而防止了漆膜应力集中而龟裂，提高了漆膜的力学性、防腐性和耐久性。湿法云母鳞片还可用于制造云母钛珠光颜料和导电云母材料，用作汽车闪光涂料和储罐、地坪等抗静电涂料。

（3）石墨鳞片

石墨鳞片是一种层状结构的天然固体润滑剂，资源丰富且价格便宜。石墨鳞片属于六方晶系，结晶完整，片薄且韧性好，呈鱼鳞片状，色泽银灰，具有金属光泽，质软富有滑腻感，相对密度 2.1～2.3，莫氏硬度为 1，在真空中熔点为 3850℃，沸点为 4250℃。鳞片石墨具有良好的导电、传热、润滑、耐高温、耐腐蚀、特殊的抗热震性能，可塑性和良好的化学稳定性。鳞片石墨广泛用于冶金工业的耐火材料，轻工业的铅笔芯，电池工艺的电极，化学工业的滑材密封料，耐蚀、导电填料等。作为涂料防腐功能填料。

鳞片石墨按含碳量的高低分为高碳石墨（含碳量＞99.9％）、中碳石墨（含碳量 80％～93％）和低碳石墨（含碳量 50％～75％）。防腐蚀所用填料取决于含碳量，用浮选方法生产的普通高碳鳞片石墨精矿，已能满足其质量要求，但是根据产地仍然需要进行耐蚀试验。鳞片石墨的提纯方法有高温提纯法，其原理是利用电阻炉将封闭在窑炉中的石墨加热到 2200℃以上，使石墨中的杂质加热到沸点以上挥发，以提高石墨纯度；氢氟酸提纯法是利用石墨杂质能与盐酸、氢氟酸反应生成溶于水的化合物及挥发性物质的原理，将杂质反复用清水洗涤除掉，以提高石墨纯度。酸碱提纯法的原理是用氢氧化钠、盐酸与石墨中杂质反应，产生溶于水的化合物，反复用清水洗涤除去杂质。

（4）滑石粉

滑石粉是一种可生产出薄片结构的、白色的矿物细粉碎产品，滑石矿物是一种水合硅酸镁，化学式为 $Mg_3(Si_4O_{10})(OH)_2$，随产地不同，其组成亦有所不同，属于单斜晶系，晶体呈假六方或菱形的片状，是由 SiO_2 晶片夹心硅酸镁矿物构成，由于滑石的结晶构造是呈层状的，所以具有易分裂成鳞片的趋向和特殊的滑润性，硬度 1，相对密度 2.7～2.8。由于滑石粉这种特殊的薄片状结构，在复合材料中是一种有效的增强材料。滑石粉的加入可提高成型收缩率、表面硬度、弯曲模量、拉伸强度、冲击强度、热变型温度、成型工艺及产品尺寸稳定性等。滑石粉对复合材料材料的拉伸强度的提高比较有限，滑石粉含量在一定范围内可提高拉伸强度，滑石粉含量继续增加，拉伸强度反而会下降。滑石具有润滑性、抗黏、助流、耐火性、抗酸性、绝缘性、熔点高、化学性不活泼、遮盖力良好、柔软、光泽好、吸附力强等优良的特性。

通常鳞片石墨和滑石粉只作为一种增强材料，而作为抗渗透片状填料使用很少，这同矿物加工上要制造大径厚比的鳞片和矿物本身的力学性能较低有关。

其他如云母氧化铁鳞片、氧化铝鳞片、玄武岩鳞片等在此不再详述，总的要注意的是天然产出的鳞片材料使用时由于产地的不同，性能有所差异，最好进行耐蚀试验，工业生产的鳞片质量稳定性更好。

7.2.2 金属鳞片

二维平面结构的片状金属具有良好的附着力、显著的屏蔽效应、较强的反射光线的能力以及优良的导电性能，使其在颜料及导电装料等领域得到了广泛的应用。片状金属粉体主要有片状铝粉、铜金粉、银粉、锌粉和铅粉等。

金属颜料中用量最大的是铝粉（包括铝粉浆）、铜锌合金粉和锌粉。其制备方法和生产工艺彼此类似，大多首先通过喷雾制取球形或类球形金属/合金粉末，这些金属粉末是粉末冶金制品的原料，然后通过球磨等物理手段将球形颗粒加工成鳞片状粉末。

主要包括以下步骤：金属熔炼→喷雾制粉→球磨制片→粉片分级→过滤干燥→表面抛光→

产品包装。上述工艺中最关键的 3 个步骤是球磨制片、粉片分级和表面抛光。球磨制片中主要考虑的是如何在粉末片状化的过程中保持金属表面的平整并避免金属表面的氧化；粉片分级的目的是使粉片的粒度分布均匀；表面抛光是要提高粉体亮度和光泽度，同时提高金属粉片的抗氧化、抗变色能力。

铜锌合金粉具有明显的片状结构，但其片面形状不很规则，边缘多呈锯齿状。而铝粉的粒子外观一致，边缘圆滑，类似于圆片，这就是通过特殊精细加工的所谓"银圆型"片状铝粉的产品。

（1）不锈钢鳞片

不锈钢鳞片是诸多鳞片中综合性能最好的品种。不锈钢鳞片是用含有 Cr 18%～20%、Ni 10%～20%、Mo 3% 的超低碳不锈钢（即 316L 不锈钢），经熔化、脱氧、雾化后再研磨、筛分（干法研磨或湿法研磨）而成的，有干粉和浆状两种类型。一般为近似圆形的薄片，周边开裂不完整。其直径 $<100\mu m$，厚度 $<0.5\mu m$。它在涂膜中片状平行排列，在 1～2mm 厚的涂层中的不锈钢鳞片层的分布可达到上百层，再加上不锈钢的自钝化作用，大大延长了介质渗透扩散的途径。同时不锈钢的抗拉强度远远高于无机材料，同样厚度的片径可以选择更大的，因而具有比玻璃鳞片涂料更为优异的性能。

不锈钢鳞片不仅可用于溶剂型的各类鳞片配套树脂中，还可用于各类水性基料和粉末涂料中。它与其他颜料的相容性也很好，能产生协同效应，如在涂料中加入较少量的不锈钢鳞片，同时加入氧化锌等，可获得极佳的保护效果。

由于耐热性高，可制成有机硅耐高温涂料，使用温度可达 900℃。此时，有机硅烧掉后的 SiO_2 晶格将不锈钢鳞片粒子封闭其中，在底材上形成保护膜。采用不同粒度的不锈钢鳞片在涂膜中能产生不同的光学效果，由此还可用作效应颜料。但是，不锈钢鳞片在胶黏剂中易沉淀。

（2）片状锌粉

锌不溶于水、能溶于酸和碱、缓慢溶于醋酸、氨水。具有强烈还原性，与酸碱作用放出氢气。受潮结块，干燥空气中稳定，湿润空气中生成白色的碱式碳酸盐而覆于表面。空气中燃烧发蓝绿色火焰，生成氧化锌。纯度高的与硫酸、硝酸反应较慢，当含有少量其他金属如钢、锡、铅时则反应加速。

鳞片状锌粉的生产通常采用机械法，如捣碎制粉法、湿式球磨法和振动球磨法等。其中，湿式球磨法是将锌粒、研磨媒质（钢球）及助剂加入球磨机中；将颗粒状金属粉碎，挤压成鳞片状。像铝、铜、锌这样硬度较低的金属，采用上述方法，操作效果较好，产品合格率较高。采用湿式球磨法在进行金属粉碎和使之扁平化时，球磨机转速、不同研磨媒质（不同直径钢球配比）和助剂的性质对产品的质量和性能有较大的影响。

对锌粉的质量要求有许多标准，表 7-8 和表 7-9 是片状锌粉大体上的理化性能。

表 7-8 物理技术指标

型号	厚度/μm	平均粒径/μm	径厚比	水平遮盖率/(cm^2/g)	外观
1	0.15～0.4	15～25	50～70	6000	银灰
2	0.1～0.3	6～15	60～80	8000	灰

表 7-9 化学指标　　　　　　　　　　　　　　　　　　　单位：%

规格	化学成分				
	全锌	金属锌	铅	铁	镉
1	≥98.5	≥96	≤0.15	≤0.05	≤0.10
2	≥98	≥94	≤0.2	≤0.10	≤0.10

锌粉中规定了 Pb 和 Cd 最高含量，是为了保证焊接钢材时涂料排出 Pb、Cd 蒸气影响工人健康。国际上实际产品之纯度较高者其铅含量为 0.005％、Cd 含量 0.0005％，为标准允许量的 1/400～1/40。锌粉久贮其外表发生氧化锌，再久贮后于电子显微镜下会出现可见厚层的碳酸盐，所以锌粉选择时要考虑贮藏期。

片状锌粉主要应用于配制各种水溶性无机盐涂料、有机防腐涂料以及富锌底漆。片状锌粉在涂料中的成膜性好，层状结构具有一定的立体感，在涂膜的柔韧性、再涂性能方面具有优势，且施工时不易起泡。用其配制的防腐涂料，锌片粉末成片状排列，耗锌量小，涂层致密，腐蚀路线延长，根据其工艺特性，可处理超大、超长和带有内螺纹等异形复杂管件、接插件等。而且可使涂件表面涂层均匀、美观，并可涂漆上色、焊接。一定程度上可取代传统电镀锌热镀锌。

（3）片状铝粉

颜料用的铝粉是指粒子呈鳞片状、表面包覆处理剂且宜于做颜料的铝粉。铝粉浆是颜料铝粉与溶剂的混合物，它的用途和特性与铝粉大致相同，由于它使用起来简便，故产量和用量更大。片状铝粉是以金属铝制成的具有银白色金属光泽的粉末，是目前使用最广泛的金属颜料之一。铝粉颜料的主色调为银灰色，故在工业上俗称"银粉"。普通的片状铝粉的厚度为 $0.1～2\mu m$，粒径在 $1～2000\mu m$ 之间。铝粉颜料从性能分类，主要有漂浮型铝粉和非漂浮型铝粉两大类。其中，漂浮型铝粉是同涂装面呈平行方向排列、并且只分布在涂层表面的铝粉颜料，而非漂浮型铝粉则分布于整个涂层之中，以下部为主。

片状铝粉颜料最广泛的制备方法是球磨法，即以铝锭或铝箔为原料，先进行喷雾制粉，再经过球磨、化学处理等工艺过程，加工成细小的鳞片状粉末。

铝粉颜料是片状粉末，当附和在适宜的薄膜中时，会发生漂浮运动，在表面自动而定向地形成多层与表面平行且彼此重叠的叶片，各层铝片交互错开，形似"铠甲"，从而起到良好的屏蔽作用。

铝粉粒子呈鳞片状，其片径与厚度的比例大约为（40∶1）～（100∶1），铝粉分散到载体后具有与底材平行的特点，众多的铝粉互相连接，大小粒子相互填补形成连续的金属膜，遮盖了底材，又反射涂膜外的光线，这就是铝粉特有的遮盖力。铝粉遮盖力的大小取决于表面积的大小，也就是径厚比。铝在研磨过程中被延展，径厚比不断增加，遮盖力也随之加大。

分散在载体内的铝粉发生漂浮运动，其运动的结果总是使自身与被载体涂装的底材平行，形成连续的铝粉层，而且这种铝粉层在载体膜内多层平行排列。各层铝粉之间的孔隙互相错开，切断了载体膜的毛细微孔，外界的水分、气体无法透过毛细孔到达底材，这种特点就是铝粉良好的物理屏蔽性。

铝粉颜料在较大的光谱范围内对光线具有反射效应，对紫外光和红外线也有较强的反射能力，有利于保护易受光腐蚀的内层材料。粒径在 $2～20\mu m$ 间的片状铝颜料对光线的反射可达 60％～90％，而且随着表面积的增加其反射光的能力降低。铝粉颜料具有"双色效应"。当观察含有这种金属颜料的涂层时，随着观察者角度的变化，涂层会呈现出不同的颜色与光泽。此外，铝粉颜料还具有"金属闪光效应"，即表面对光的镜面反射使人眼产生闪烁视感。

铝粉颜料具有较好的还原性，随着粒径的减小，活性进一步增强。因此，需要对其进行表面包覆的改性处理。包覆后的铝粉不仅有较好的化学稳定性，其颜料特性也得到了增强。

（4）片状铜金粉

铜锌合金粉是以金属铜或铜锌合金等制成的具有金色光泽的鳞片状合金粉末，是一种高档金属颜料。因其具有金的外观，商业上俗称"铜金粉"。铜金粉色泽纯正亮丽，金属感强，分散性好，附着力强，具有青金、红金、古铜金等各种不同的色相。

铜金粉的制造如下所述。首先将铜或铜锌合金制成薄片或箔状物，或喷雾制成小粒，在球磨机或密闭锤磨机中，与适合的润滑剂在一起进行研磨，当物料达到所需的细度时，转送到抛光桶中进行抛光后即得产品。

掺杂不同种类与数量的其他金属元素，会使铜金粉呈现不同的色泽。例如铜锌合金具有红光或绿光的金色光泽，铜锡合金具有古铜色至金古铜色光泽。因此，铜金粉可以制成多种不同色调和颗粒大小的品种。此外，利用合成染料，还可以得到具有各种紫的、蓝的、青的、深红的和红色色调的着色铜金粉。

不同粒径的铜金粉具有不同的用途。粗颗粒状产品适用于飞金、丝网印刷涂料等行业，细颗粒铜金粉适用于凹印、胶印、凸印等行业，而超细铜金粉是制造胶印金墨的理想材料。将铜金粉与调金油按一定比例混合可制成金墨或金漆，大量用于外包装如香烟、瓶酒、挂历和食品盒等，可使产品产生金子般的外观感觉，增强高贵典雅的气氛。

7.2.3　金属氧化物片状粉体

片状金属氧化物粉体是通过人工手段合成制备的片状粉体，其品种较多，如人工合成云母、片状氧化铝、氧化硅、氧化铁、氧化钛以及诸如钛酸铋的复合氧化物片状粉体。

片状氧化物粉体具有特殊的应用性能，这除了与其本身所具有的物理化学特性有关外，还与其特殊的片状结构有关。由于它在厚度方向达到了纳米级，而在径向为微米级，径厚比大，兼顾纳米和微米粉末的双重功效，因此，它在化学性能上，表面活性适中，既能与其他活性基团有效结合，又不易团聚而便于有效分散；在物理性能上，表现有足够的强度和稳定性；尤其在光学上，它具有微镜效应，表面反射率高，特别是对紫外线及近红外线，具有比其他形状粉体高的反射能力。因此，作为颜料使用能使颜色的亮度、色调和饱和度大幅度提高，并能产生随角异色的特殊效果。

（1）片状氧化铁

片状氧化铁是刚玉结构，即 $\alpha\text{-}Al_2O_3$ 类型结构，形状为正六边形的片状单晶体，由于其片状结构类似云母，故称云母氧化铁，主要化学成分 $\alpha\text{-}Fe_2O_3$。人工合成的云母氧化铁因纯度高，粒度分布均匀，光亮感与立体感强。而且结晶面平滑无损，结晶的透过光为美丽的血红色，表面的反射光为有金属般光泽的黑紫色。

常用的人工合成云母氧化铁的方法是水热法，即以可溶性亚铁盐为原料，将其氧化成正盐，然后在碱性条件下高温高压水热处理，从而制得片状结晶结构的云母氧化铁。根据需要，可以添加晶种和其他元素或改变反应介质，以制备出具有不同性能的云母氧化铁。另一种方法是高温熔盐法（或称一步间歇法），它是以铁屑（或废铁皮）为原料，用氯气氯化成氯化铁，然后与食盐复合生成熔融复合物，再在高温下氧化后，制成纯度较高的六方片状晶结构的云母氧化铁。

云母氧化铁具有独特的鳞片结构，化学性质稳定，无毒无味，耐高温，抗紫外线，有良好的抗粉化、防锈、耐碱性、耐盐雾、耐候性等优良性能。是一种有广泛用途的片状颜料，它在重防腐涂料、防锈油漆、填料等领域起着重要的作用。

云母氧化铁由于其片状粒子能定向地平行重叠排列，在油漆中形成一个惰性阻挡层，可有效地减少大气、水、紫外线对钢架结构的侵蚀，对户外铜铁构件有特殊的防腐、防锈效果。

云母氧化铁颜料具有极好的附着力、遮盖力、着色力和屏蔽性等特性，可与红丹、锌黄、磷酸锌等颜料混合使用，在漆膜中能提高其稳定性和机械强度；还可用于配制各种氧化铁颜料，该颜料可用于生产各种廉价底漆。

不同几何尺寸的云母氧化铁还能够呈现出不同的色彩。随着粒径的减小，红相增加，金属光泽减弱。例如粒径 $63\mu m$ 的云母氧化铁晶体呈暗灰色，有金属光泽；粒径 $45\mu m$ 的云母氧化铁呈暗红色，金属光泽弱。当在云母氧化铁表面包覆一层或多层高折射率的金属氧化物时，则可制备出更加多彩的云母氧化铁颜料。

（2）片状氧化铝

片状氧化铝是刚玉结构，即 α-Al_2O_3 类型结构，晶相稳定、硬度高、尺寸稳定性好，提高高分子材料产品的耐磨性能尤为显著。具有耐酸碱性、耐高温、硬度高、熔点高、导热性高和电阻率高等很多优良的性能；另外还具有其他片状粉体所不具备的良好的耐热性和高的机械强度。因此，可广泛应用于颜料、涂料、化妆品、汽车面漆、油墨、填料及磨料等诸多领域。使用时片状 α-Al_2O_3 的质量要求如表 7-10。

表 7-10   片状 α-Al_2O_3 的质量要求

化学成分	指标	物理性质	指标
SiO_2/%	0.04	表观空隙率/%	5
Fe_2O_3/%	0.04	吸水率/%	2
Na_2O/%	0.07	松装密度/%	3.5～3.6
Al_2O_3/%	99.80	α-Al_2O_3	＞99

片状氧化铝最常见的制备方法是水热或醇热合成法，但所合成的片状氧化铝往往粒径较小、径厚比小。根据晶体生长理论和熔盐化学理论，采用铝盐在硫酸熔盐中煅烧的方法，可合成出较大径厚比的片状氧化铝，采用熔盐法合成出的氧化铝具有明显的片状结构，直径介于 $3\sim10\mu m$，厚度约为 $200\sim300nm$。一些规则的正六边形片状粉末是对这氧化铝晶体生长进行调制的结果。

若将铝盐换成铁盐，则可获得片状氧化铁粉末，合成出的氧化铁具有明显的片状结构，薄片的最大直径甚至超过 $100\mu m$。

（3）珠光颜料

云母钛珠光颜料是采用特殊的化学工艺，在低折射率（$n=1.5\sim1.6$）的云母薄片基材表面沉淀包覆一层或交替包覆多层高折射率（$n=2.5\sim2.7$）的透明二氧化钛纳米薄膜，形成平面夹心体，与天然珍珠的结构极为类似。光线到达纳米膜包覆的云母片时，一部分直接反射，另一部分透射后反射，从而产生干涉——像三棱镜那样将自然光分解成五颜六色的单色光，使其外观呈现出极其美丽的珍珠光泽。

云母基片需要满足无色透明、表面平坦光滑、解理性好等条件。为使基材云母的表面保持原始光泽和透明度，在加工过程中，应尽可能避免表面受到损伤。用于珠光颜料生产的云母粒度一般在 $500\sim1500\mu m$ 之间，厚度为 $200\sim500nm$，因此，控制云母的粒度也非常重要。

包覆中应用最广泛的是钛盐水溶液水解液相沉淀工艺。首先使钛盐水解为二氧化钛水合物包覆在云母表面，然后洗涤、过滤、干燥和煅烧，二氧化钛水合物脱水而结晶，变成透明而坚固的二氧化钛多晶包覆膜。

此外，溶胶-涂膜法也是一种制备片状氧化物的有效方法。该法是先把氧化物的前驱体配置成溶胶，再在光滑的基片上进行涂膜。将涂膜干燥、剥离后，得到氧化物或氢氧化物的薄片，将其煅烧后，即得片状氧化物粉末。涂膜法制备出的片状氧化硅和氧化钛具有均匀的厚度，形如玻璃碎片，这是由于在溶胶薄膜干燥后，薄膜自然裂开所致。

7.3 玻璃鳞片增强耐蚀材料

玻璃鳞片增强防腐技术自 20 世纪 50 年代诞生以来，其技术与应用的发展速度就很快，它能在严酷的腐蚀性较强的环境中使用，能耐大部分酸、碱、盐、氯等腐蚀介质，耐热性好，对保护对象具有长期的保护效果，刮涂一次保护期可达 8 年以上。广泛用于化工厂的酸、碱防腐贮罐及塔器、槽、泵；海洋工程设备，海上石油钻井平台、跨海大桥、河闸，舰船覆盖层及船身壳体；油田及炼油厂输送管道；环保水处理及火电厂烟道脱硫防腐；钢材、混凝土结构表面的长效防腐保护层等用途。

7.3.1 玻璃鳞片增强树脂

（1）玻璃鳞片增强树脂的优点

抗扩散渗透和强腐蚀介质的能力优于同种树脂基颗粒增强、纤维增强复合材料，其优势在于对扩散渗透路径的增加和玻璃表面对介质的屏蔽作用。其屏蔽性取决于鳞片的尺寸、形状、填充比，鳞片与树脂的黏结力、排列方向以及涂覆层的厚度。

玻璃鳞片增强材料的力学性能好，防腐蚀的覆盖层只需要二维的拉、弯力学强度，且在二维的所有方向上都是各向同性的，这是纤维无法达到的；而在第三维的抗压和抗冲击性能也很好，作覆盖防腐层的力学性能很好。

玻璃的热膨胀系数小，导热性低，玻璃鳞片可降低树脂固化物的膨胀系数近 50%，这接近碳钢的膨胀系数，故与树脂黏结强度不会因热致形变而衰减，热稳定性好。加之固化收缩率降低到 $1/20 \sim 1/10$，且鳞片分散了应力，各接触面的残余应力小，增加了对热冲击的抵抗能力和耐热性。

片状增强材料的抗渗透性能取决于片径尽量大和厚度尽量小。而玻璃鳞片在各种材料的鳞片中是最容易控制厚度和作大片径的，虽然玻璃鳞片的力学性能比较差，但作为覆盖层还是能满足要求，再加上玻璃鳞片的价格低，具有竞争优势。

在防腐涂层树脂中混入鳞片填料，鳞片有着增加胶液触变性的作用，鳞片片径越大、加入量越多，触变性就越好，十分容易形成厚浆型的涂料。这对防腐蚀施工极为有利，可以减少施工涂刮次数，且所用树脂都可以在常温条件下固化，是制作大厚度防腐蚀覆盖层的最主要的方法之一。

覆盖层的修复性好是片状增强层状材料的固有特点。一般使用几年后，破坏处只需要简单处理，即可修复；而玻璃鳞片镶嵌在树脂中，打磨时玻璃很容易破碎，且不易造成鳞片周围的树脂松动，相对不锈钢鳞片更易修复。

在介电性方面，玻璃鳞片是绝缘体，同样有优良的抗水汽渗透性，因此它在潮湿环境下工作具有优良的绝缘性。对防护面适应性强，适合于复杂表面的防腐。施工性好，鳞片防腐可用喷涂、滚涂、刮涂等多种方法施工。整体性好，且现场配料方便，可室温固化及热固化。

一个良好的片状增强材料要达到效果首先是树脂和鳞片的选择，选定好后才能决定颗粒填料和助剂，一般颗粒填料首先选用合成类超细颗粒填料，然后才考虑天然的。助剂选用最好是按助剂生产商提供的技术进行选择，因为助剂品种、牌号太多，新品种层出不穷。

（2）树脂的选择

在玻璃鳞片涂层和胶泥可选用的树脂品种较多，在防腐蚀工程中主要以热固性树脂为主，特别是便宜的、含活性稀释剂的不饱和聚酯树脂类最为适用。树脂的选择视环境、介质、温度、冲刷、磨损、载荷等条件综合选择。

甲基丙烯酸乙烯基酯树脂有极好的热稳定性，突出的耐酸、耐碱溶液腐蚀性，与基体的黏结强度高，并适用于某些有机溶剂和氧化性介质。使用温度不高于 100℃。使用鳞片含量可高于 30%，采用过氧化甲乙酮、辛酸钴液固化。可用于烟气脱硫系统的吸收塔、净烟烟道等。

间苯二甲酸不饱和聚酯具有耐盐水、耐水，用于船壳、载货般底、海洋构筑物，使用温度低于100℃。

双酚 A 型不饱和聚酯具有耐盐水、耐热、耐酸溶液腐蚀性和良好的热稳定性，使用温度不大于100℃。用于电解槽、管线、化工储罐、水处理系统、石油储槽、海洋工程、建筑物、无尘地坪等。

酚醛、环氧乙烯基酯型胶泥具有极好的热稳定性，突出的耐酸、耐碱溶液腐蚀性，与基体的黏结强度高，并适用于部分有机溶剂和氧化性介质，使用温度低于180℃，主要用于非常恶劣环境下的设备防腐。如烟气脱硫系统的原烟烟道、垃圾焚烧烟道及温度较高，具有氧化性的各种化工介质中。

双酚 A 环氧树脂类具有耐酸、碱、盐溶液的耐腐蚀性，保持了环氧树脂的优秀理化性能。使用温度低于80℃，T31 固化，间断短时可以用于100℃。用于盐酸、碱、稀硫酸等介质。如储槽、管线、水处理系统、尿素造粒塔、混凝土工业建筑等。

（3）玻璃鳞片的选择

玻璃鳞片的选择主要是片径、厚度和使用量的选择。玻璃鳞片粒径的选择，不仅影响影响涂层的性能，而且影响涂层的施工性能，涂层的水蒸气透过率随玻璃鳞片片径的增大而降低，即玻璃鳞片的径厚比越大，涂层的耐水性就越好。所以，玻璃鳞片的厚度需要达到2～5μm（20～40目）范围，面漆选用80～100目才能保证在涂层中有数十层的排列。不同鳞片片径对蒸汽渗透率和沸水吸收率的影响见表7-11。

表 7-11　不同鳞片片径对蒸汽渗透率和沸水吸收率的影响

项目	指标		
玻璃鳞片粒径/目	20	40	80
蒸汽渗透率/[g/(m^2·mmHg·d)]	2.10×10^{-2}	1.75×10^{-2}	1.45×10^{-2}
沸水吸收率/%	0.32	0.30	0.27

注：树脂为低分子量环氧树脂；玻璃鳞片掺量为20%。

如果片径大于20目，鳞片吸附的空气多，混入涂料后带入的空气也多，气泡率增高，直接影响涂层的抗渗透性。而片径低于80目，不利于鳞片在涂层中的平行排列，无序排列的比率增加，气孔率也增加，这两种情况都会影响涂层的抗渗透性。鳞片粒度选用在0.04～3mm，即6～300目。粒度影响主要有3点：一是对黏度的影响，粒度大，填充量增加黏度上升快，造成施工困难；二是粒度大的鳞片易吸附气体而使脱泡困难；三是粒度大对介质渗透的屏蔽效果好，但粒度大于48目则效果不明显，这可能是大鳞片吸附空气形成气泡而抵消了它的屏蔽效果。对涂料而言，一般取黏度小些以便于喷涂施工，用作腻子的料可采用粗粒度的玻璃鳞片。

生产树脂基玻璃鳞片涂料所选用玻璃鳞片的厚度是十分关键的，鳞片越薄，在同样厚度涂层中片数越多，阻挡介质能力越大。

玻璃鳞片的厚度、片径大小及其在涂料中的含量对涂料的用途、施工方法、最终涂层防腐效果等都有着显著的影响。不同防腐等级用的鳞片涂层厚度及鳞片规格见表7-12。

表 7-12　不同防腐等级用的鳞片涂层厚度及鳞片规格

防腐等级	涂层厚度/mm	鳞片粒径/mm	鳞片厚度/μm	鳞片含量/%	施工方法
超重防腐	2	0.63～2	<40	35	抹涂、辊涂
重防腐	1	0.4～0.63	<20	30	刷涂、特种喷涂
一般防腐	0.5	0.2～0.4	<6	20	刷涂、喷涂

玻璃鳞片厚度一般为 $2\sim5\mu m$，小于 $0.5\mu m$ 的，强度过低，大于 $10\mu m$ 的，漂浮性较差，难于平行于基体，而且单位厚度内玻璃鳞片层数较少。随着片径增大涂层的抗渗性能提高，反之则下降。较小片径的玻璃鳞片难于与被防腐基材表面平行，片径太大容易引起涂料黏度的增大，同时其所吸附的气体不易脱泡，引起气泡残留率的增加，难以施工。

玻璃鳞片增强剂约占涂料总重量的 $10\%\sim70\%$。高鳞片含量是用于耐磨的环境，在防腐蚀配方设计中，玻璃鳞片在涂料中的含量一般在 $20\%\sim40\%$ 较好，高于 40% 易产生沉淀结块，涂层气泡率增加，施工困难，耐蚀性反而下降。作胶泥用时，玻璃鳞片的含量允许大于 40%。表 7-13 是 40 目玻璃鳞片，低分子量环氧树脂基料的不同鳞片掺量对吸附、渗透等性能的影响。

表 7-13　不同鳞片掺量对吸附、渗透等性能的影响

鳞片掺量/%	常温水吸附/%	沸水吸水率/%	蒸汽渗透率/[g/($m^2 \cdot mmHg \cdot d$)]	相对密度
0	0.20	0.56	5.64×10^{-2}	1.20
20	0.07	0.30	1.75×10^{-2}	1.25
30	0.05	0.24	1.56×10^{-2}	1.31
40	0.05	0.25	0.90×10^{-2}	1.40

7.3.2　玻璃鳞片涂料的配制

在配方设计中玻璃鳞片用量在 $5\%\sim40\%$，如乙烯基树脂 100（质量份，余同）、鳞片 $10\sim35$；偶联剂 $0.5\sim3$ 即可。环氧型玻璃鳞片防腐涂料一般是：环氧树脂 $40\sim60$；玻璃鳞片 $15\sim25$；触变剂 $1\sim5$；颜填料 $5\sim15$；偶联剂 $0.5\sim3$；T31 $15\sim30$。

玻璃鳞片环氧防腐涂料如下所述。

表 7-14 中的两个配方是环氧型玻璃鳞片防腐涂料的可供参考的配方示意。

表 7-14　环氧型玻璃鳞片防腐涂料的配方示意

配方 1		配方 2	
组分	配比	组分	配比
双酚 A 环氧 E-42	100	双酚 A 环氧 E-42	100
丙酮：二甲苯 1:1	25	煤焦油沥青	20
玻璃鳞片	25	二甲苯	25
钛酸酯 WDE102	0.2	玻璃鳞片	20
滑石粉	20	钛酸酯 WDE102	0.5
有机皂土	2	有机皂土	2
炭黑	0.2	炭黑	5
T31	30	T31	30

该配方以环氧树脂为成膜物，玻璃鳞片作为骨料，炭黑是着色剂，可用多量的钛白代替炭黑改变颜色，有机皂土是增稠剂，滑石粉是粉状填料，采用二甲苯是降低溶剂挥发速度，钛酸酯作偶联剂。配方 1 作为普通厚浆型环氧玻璃鳞片重防腐涂料，配方 2 作为涂料的面层。玻璃鳞片重防涂料是底漆、胶泥、面漆组成一套完整的涂料，底漆直接使用树脂加少量助剂调配而成，面漆填料含量少，含较多的着色剂，以得到表面平整、光洁、颜色均匀的覆盖层。

事实上采用无溶剂环氧才是最根本的方法，以 E-51 低分子量环氧树脂为主成膜物，采

用活性稀释剂苯基缩水甘油醚等替代挥发性溶剂，根据交联度进行选择或复合，以稀释剂加量保持同 E-51 环氧树脂混合后黏度不大于 100s（涂-4 号杯）为基准，采用低黏度的脂肪胺和防腐蚀性能较好的酚醛胺混合匹配，作为固化剂，根据树脂和稀释剂的环氧当量准确配置固化剂的量。

表 7-14 中的配方也可使用乙烯基酯树脂替换环氧树脂，若用于胶泥可以选择黏度高的乙烯基酯树脂，用于涂料时要选择黏度低的乙烯基酯树脂。乙烯基酯树脂玻璃鳞片复合材料最忌讳的事是动辄使用活性稀释剂调节黏度，因为树脂中的交联双键和活性稀释剂的配比是一定的，只能在一个较窄的范围内变动，才能保证固化物具有一个好的质量。

玻璃鳞片涂料是高固体分、高黏度、低溶剂的厚浆型长效防腐蚀涂料，其特点是兼有对涂料性能的要求和结构材料性能的要求，属于产品性能技术要求指标较为全面的耐蚀材料。表 7-15 是玻璃鳞片防腐蚀涂料性能要求示例。

表 7-15　玻璃鳞片防腐蚀涂料性能

测试项目	乙烯基酯涂料	测试项目	乙烯基酯涂料
颜色	黑色	抗拉强度	22
黏度/Pa·s	10～87	抗弯强度	20
密度/(g/cm³)	1.31	抗压强度	≥60
树脂含量/%（质量）	60～65	孔隙率/%	≤1
固体含量/%（质量）	100	线膨胀系数/K⁻¹	1×10^{-5}
固化时间（25℃）/h	表干 6、实干 15	击穿电压/(kV/mm)	18.20
硬度	0.65	体积电阻/Ω·m	4.47E13
磨耗量/mg	11.7	耐硫酸（30%，90d）	无变化
冲击强度/J	2.94	耐盐酸（10%，90d）	无变化
黏结强度/MPa	7.3	渗透率	

7.3.3　玻璃鳞片涂料的制造

（1）原材料的处理

玻璃鳞片在制造中易受污染，另外在潮湿的大气中玻璃鳞片表面易吸附水分，由于这些因素的影响使鳞片表面与树脂间的浸润能力下降，影响鳞片与树脂界面的粘接状态。使用表面处理剂对其进行处理，一是保护玻璃鳞片表面不受侵蚀，二是为了提高玻璃鳞片与树脂的粘接力，使固化后的膜层形成坚实的整体膜，使用的处理剂如同在树脂与玻璃鳞片之间形成了"分子桥"，将两种性质不同的材料牢固地连接在一起，比未经处理的玻璃鳞片配制的涂料性能要高出许多，其抗水渗性和材料强度比较好，表面处理后其抗渗效果及强度均有很大的提高。同样，经表面处理后的玻璃鳞片应用在一些含溶剂的介质中一样有很好的效果。

（2）配制工艺

玻璃鳞片树脂防腐材料主要由分散不连续的玻璃鳞片及黏稠树脂，经专用设备（真空搅拌机）混合而成的胶状复合材料。玻璃鳞片涂料的生产过程见图 7-3。

涂料的制备：把称量好的偶联剂、稀释剂配成稀溶液后，喷洒在一定量的玻璃鳞片上。然后人工混匀烘干（即稀释剂挥发干净）待用。将树脂、稀释剂充分混溶后加入颜料、填料、分散剂、消泡剂等，分散均匀后，送至砂磨机进行研磨，研磨分散至细度达标并送到分散料桶中；高速分散条件下慢慢加入处理过的玻璃鳞片，至分散均匀后加入触变剂、消泡

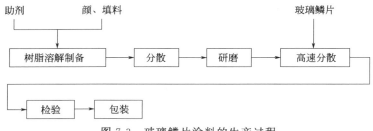

图 7-3　玻璃鳞片涂料的生产过程

剂；分散 0.5h 后制得成品。

（3）配制设备

配制设备需要用真空搅拌机，该机采用立式框架结构，重量轻、占地面积小，它与物料接触部件全部采用不锈钢材料，桶内与物料接触表面经抛光处理，方便清理物料。搅拌轴选用摆线针轮减速机传动，体积小转矩大，使用寿命长。桶盖合上后有一定的压紧力，保证桶盖与桶口面的密封性能，减少了抽真空时间，液压升降时受到电接点表控制，能自动停止。结构简单，操作维修方便，能在抽真空搅拌运转过程中随意添加各种辅助原料，避免空气进入桶内，减少物料搅拌时间和物料中的气泡缺陷，提高产品的强度，增强产品的耐水性的耐磨性，是理想的真空搅拌机械。搅拌前先按配方将树脂填充料等加入桶中，合上桶盖在常压下搅拌一定时间，然后抽真空，保持一段时间真空度，加入配方规定的其他辅助原料，继续搅拌一定时间后即可出料，进行下道成形工序。

7.4　金属鳞片增强耐蚀材料

7.4.1　富锌涂料

富锌涂料是以锌粉为填料的涂料，锌粉有球形锌粉和鳞片状锌粉。鳞片状锌粉可以更有效地相互接触，实现阴极保护，具有球状粉不可比拟的优点；鳞片状锌粉在涂膜中平行交叠排列，呈落叶状平铺于被涂金属表面，外表致密，大大减少了水和腐蚀介质在涂膜中的渗透；鳞片状锌粉有较大的比表面积，通过外表改性后具有较好的漂浮性，涂料中不易沉淀；鳞片状锌粉径厚比大，为 100/1，相互接触易于实现牺牲阳极保护，涂层厚度远小于用球状锌粉的涂料，大略减少锌粉用量的 1/3～1/2；另外，鳞片状锌粉由于其延展性好，大大提高了涂膜的柔韧性，这一点对无机富锌涂料尤为重要。

（1）原料

首先是对片状锌粉的选择，锌与基体铁比较电化学电位更负，若涂层有破损，基体金属暴露，能形成牺牲阳极保护。这需要锌同基体钢铁接触形成腐蚀电池，由于基体金属的面积总是大于锌阳极的面积，要对阴极钢铁进行有效的保护就要求阳极面积越大越好，相对于球形锌粉颗粒，片状锌粉显然能提供更大的阳极表面积和阳极颗粒间的有效连接，因此，片状锌粉的片径越大越好。

其次是锌片的厚度，锌是以牺牲阳极的方式被腐蚀的，太薄的锌片由于化学腐蚀得不均匀性，会产生很多物理的残片，如果这些残片没有与电池连接，这些残余金属锌就没有起到牺牲阳极的作用而浪费了，所以鳞片的厚度与纯粹的屏蔽腐蚀要求越薄越好不一样，阳极性金属锌片要求有一定的厚度。

再次是既然锌是以牺牲阳极的方式起保护的，那么涂料中的锌含量是越多越好，但是要保证树脂所具有的屏蔽作用，复合缺陷还是要求越少越好，因为阳极性锌涂料是保护涂层下的金属面，不是保护整个金属，这是有区别的，所以一般锌片的体积含量不要超过30％，另外辅助10％～20％体积含量的细锌球颗粒以保证任何时候阳极的整体性，在保证不超过颜料临界体积浓度的情况下，锌粉颗粒越多越好，在同样的颗粒锌粉的加入量的情况下，锌粉颗粒越细越好，这样能充分保证阳极的整体性。在涂膜含锌量一定后，增加漆膜厚度就成了一个重要的因素，漆膜越厚，单位面积内锌粉含量就高，保护时间就越长。

最后为了保证锌粉在涂料中的漂浮性，锌粉最好用长链脂肪酸处理，羧基与锌粉表面的氧化锌反应连接，脂肪长链溶解于溶剂中，这对于喷涂施工的涂料尤其重要，如果是刮涂施工则不要求。

目前锌的含铅量被严格重视起来，因为用做车间底漆的富锌底漆，切割焊接时铅蒸发形成铅雾，所以铅的含量是越低越好；同时也会产生大量微细的氧化锌烟雾，人体吸入后会影响人的健康。一种对策是降低漆膜厚度至20μm以减少表面含锌量，另一种对策是富锌漆中用惰性而导电的磷铁填料取代一部分锌粉，以降低锌含量。磷铁粉是一种带有棱角的不规则形状的深灰色粉末，是磷和铁的化合物，常温下具有一定的耐酸、耐碱性，并拥有良好的导电导热性，突出的耐盐雾性和户外暴晒性，锌粉漆中可取代部分锌粉，有利于焊接切割时减少锌雾，改善工作环境。焊接时残渣少，气割时增加速度25％～50％，现已广泛用于汽车、造船、电机等行业。因其价格较廉，又可降低成本，推荐磷粉铁含量在20％～25％。

片状锌粉涂料对树脂的选择也有要求，除了片状增强树脂材料对树脂的普遍要求外，由于牺牲阳极涂料的使用环境不同，树脂的要求也不同。大多数的牺牲阳极性涂料主要使用于户外和中间底漆。用于户外时要求树脂有极好的耐候性，这时选择正硅酸乙酯的水解聚合物等有机硅树脂能保证最好的耐候性，同时对锌粉中的含铅量没有过多的要求；用于保护涂料的底漆时，树脂同面漆相同或相近具有最好的配套性，同时也要求对基材具有最好的黏合性、渗透性，这时选用低分子量的环氧和聚氨酯等。保护底漆不需要锌粉加入太多，因为锌腐蚀后产生过多的氧化锌对涂层的整体性影响太大；如果作为中间底漆，由于还有后续的金属加工，对锌粉中的含铅量要求严格，树脂在受热烧蚀后最好不要留下碳化物，因此直链的不含环状化合物和杂原子的脂肪油类树脂较好，如桐油、亚麻油、脱水蓖麻油等树脂或其衍生树脂；中间底漆的耐蚀性要求可以不那么高，只要在金属加工完成到最后的防腐蚀措施前不发生腐蚀即可，所以锌粉含量不是越高越好，是越少越好，涂膜也是越薄越好，且最好在进行最后的防腐蚀措施时能方便地用脱漆剂脱掉。综合这些要求，植物油类涂料树脂成为首选。

在水性富锌底漆配方中加其他防腐蚀颜料和片状颜料，如云母氧化铁、云母粉等。既可以相应减少鳞片状锌粉的用量，也使之具有复合防腐蚀的效果；含锌片水性防腐蚀涂液既可作面漆也可作底漆，大大增强其防腐性能。

（2）配方

化工厂大量的设备管道都是户外安置，阳极性的无机硅富锌涂料成为首选，表7-16所列为用醇溶性正硅酸乙酯水解树脂配制鳞片型醇溶性无机富锌涂料。该涂料用醇为稀释剂，环境友好；聚乙烯醇缩丁醛和硅酸乙酯树脂组成双组分的树脂，聚乙烯醇缩丁醛所含大量的羟基与硅酸乙酯树脂的硅醇基缩合，交联度高，涂层整体性好；聚乙烯醇缩丁醛分子量大，溶液黏度高，有利于鳞片锌粉的悬浮，长链的分子也能提供漆面足够的韧性。丙二醇甲醚乙酸酯是用于调整溶剂的挥发，为了避免涂层发生湍流漩涡，乙醇可以用部分丁醇替代，但是乙醇能容忍涂料中的水，所以也不能太少，总的来说由于金属片的密度较大，漩涡要带动金属片运动难度大于玻璃鳞片，所以金属鳞片增强的复合材料允许加入适度的溶剂。整个溶剂的用量变化是根据配方中的树脂的施工方法而变化，喷涂时溶剂使用高限，有利于分散填料；刮涂时溶剂使用低限，有利于保证施工黏度。

表7-16　无机富锌涂料的配方

甲组分		乙组分	
原料	质量分数/%	原料	质量分数/%
聚乙烯醇缩丁醛	6～10	蒸馏水	5～8
乙醇	28～46	异丙醇	23～30
丙二醇甲醚乙酸酯	3～8	盐酸5%	3～4
鳞片锌粉	40～60	冰醋酸	1～2
超细锌粉320目	0～10	正硅酸乙酯	52～60

涂料的甲组分配制首先用约 70%～80% 的乙醇将聚乙烯缩丁醛树脂完全溶解成为黏稠液体；同时用丁醇、丙二醇甲醚乙酸酯浸润鳞片锌粉，低速 60～80r/min 下搅拌，真空脱气，如果溶剂不够分散，则润湿即可。然后将超细锌粉加入乙醇将聚乙烯缩丁醛溶液中，在800r/min 的速度下高速分散 40min，再加入润湿的鳞片锌粉高速分散，如果片状锌粉在前期润湿分散得好，则高速分散 5～10min 即可，如果片状锌粉在前期仅基本润湿，则高速分散需要 20～40min。分散时最好真空脱气，特别是配制刮涂用涂料时。

涂料的乙组分聚合是将蒸馏水、异丙醇、盐酸和冰醋酸依次在搅拌下加入三口烧瓶中，升温至 55～60℃，再把正硅酸乙酯在 1h 内缓慢滴加到三口烧瓶中。然后升温到 70～80℃，保温 2h 后逐步降至室温，出料，即制得正硅酸乙酯的水解树脂。在此过程中蒸馏出反应产生的乙醇，这有利于提高聚合速度，冰醋酸和盐酸也可少加很多，避免配漆时的酸和氧化锌的副反应。蒸馏水是控制分子聚合度的，合成低分子量树脂时少加，合成高黏度树脂时多加一点，另外盐酸中的水也要计入总的耗水量。

反应的原理是一个水分子同正硅酸乙酯水解成硅醇键后，同另一个硅醇键缩合放出一个水，随着水的消耗完全，聚合反应停止。反应所用溶剂异丙醇可以少加，溶液中大量的羟基不利于硅醇的缩合，在聚合完成后，蒸出的乙醇和异丙醇返回体系中调稀。这样合成的聚合物稳定性好，贮藏过程中黏度不会有较大的升高。使用时将配制好的鳞片型醇溶性无机富锌涂料的甲组分与乙组分以质量比 1.2∶1 进行均匀混合，即可施工。

（3）应用

鳞片状锌粉可与各种树脂制成富锌底漆，如硅酸乙酯、环氧酯、环氧和聚氨酯等，因此，可以根据不同的用途选择树脂，配制成底漆、外用漆、中间底漆等，以达到不同腐蚀环境所具有的效果。从结构方面考虑，即使配方中锌片用量少于普通锌粉漆量，也不会降低涂料的防腐性能。在水性富锌底漆配方中加其他防腐蚀颜料和片状颜料，如云母氧化铁、云母粉等。既可以相应减少鳞片状锌粉的用量，也可使之具有复合防腐蚀的效果；含锌片水性防腐蚀涂液既可作面漆也可作底漆，大大增强其防腐性能。

钢铁构件的防腐蚀是金属锌的主要用途，涂覆的方式有热镀、电镀、热喷涂、富锌涂料、机械镀等，其中热镀是最主要的方法。富锌涂料主要用于不适宜热镀和电镀的大型构件，如大型户外钢结构（海洋工程、桥梁、管道、高速公路护栏等）以及船舶、集装箱等的涂覆。不同涂装用途对富锌底漆厚度的要求不同，随之对锌粉颗粒大小和形态的要求也不同。

7.4.2　不锈钢鳞片涂料

将不锈钢鳞片状粉末作为颜料掺入耐蚀性、耐候性优秀的树脂中，配制成新型涂料具有三大优点。一是力学性能好，不锈钢鳞片具有金属固有的力学性能好的特点，耐磨性比其他鳞片材料都显著优异，并不易剥落，抗冲击性好，特别适用于经常磨损的重腐蚀场所。不锈钢鳞片的加入，降低了漆膜的内应力，高强度和少内应力的片状增强体使复合材料具有较高的抗拉强度。

二是不锈钢鳞片比玻璃鳞片柔软，厚度薄得多（玻璃鳞片厚度 3～8μm），一般薄至 0.1～0.5μm，长宽比大约为 100 倍，并与漆膜的相容性好，附着力强，在漆膜中易呈多层均匀排列，在漆膜中对外来介质的阻碍作用要比玻璃鳞片强，既能隔断紫外线，又可防止水、氧气及有害气体穿透。同时，由于不锈钢鳞片本身能形成防腐效果很好的钝化膜，此钝化膜在受到机械损伤后能够自行修复。从而有效抑制腐蚀性气体的入侵，充分发挥优秀的耐蚀、耐候性能。

三是具有良好的装饰性能，有其他涂料所不具备的稳定的金属色调，可以根据面漆涂料用途的不同，适当选择不同色泽、不同图案，使得涂膜表现出花样雅致，深浅有度，质感厚实，格调高雅，即是一种高耐蚀和高装饰作用的面漆。

不锈钢鳞片热导率高，比表面大，在漆膜中有利于热量有效地散发，因而也提高了涂料的耐热性。含硅树脂掺和不锈钢鳞片，在高温条件下暴露后耐蚀性、耐冷热骤变优异的涂料。不锈钢鳞片的镜面反射率高，又呈多层结构，避免了日光穿透漆膜，其表面光措平整，防止了灰尘的沾污和积垢，有效地保持了漆膜的完整性，从而提高了涂料的抗老化性。

不锈钢鳞片一般采用球磨生产的鳞片，其形状一般为近似圆形的片，周边开裂不完整。当采用球磨方式时，如选用 320 目的粉球磨加工成的片，其直径＜100μm，片的厚度＜0.5μm；如果选用的是 100 目的不锈钢粉加工形成的鳞片，其直径＜140μm，片的厚度＜0.5μm。

采用轧制的方法加工成的不锈钢鳞片，其片平面形状为长条形的，宽度较低，沿轧制方向有一定的弯曲，所以性能比较差，一般不采用。但是不锈钢金属材料的密度高于树脂很多，分散到胶液中很容易发生沉降，同时施工到基材表面后鳞片也容易沿重力的方向沉积，从而使鳞片在重力方向分布不合理，所以，胶液的黏度越高越好，由此也对装饰性有一定的影响。

（1）配方例

含不锈钢鳞片的环氧树脂涂料，只是将 9％～16％质量分的不锈钢鳞片，以普通方法与不含固化剂的环氧树脂涂料进行混合，施工时再加入固化剂。环氧树脂涂料具有优良的耐久性和耐化学品性，在这种性能优良的涂料中，混入具有难生锈、难传热且反射紫外线等特性的不锈钢鳞片，通过涂覆在铁底材上形成涂料，把铁底材严密地遮蔽起来，从而提高整体的耐久性。

环氧不锈钢鳞片涂料配方见表 7-17。

表 7-17　环氧不锈钢鳞片涂料配方

甲组分		乙组分	
原料	质量份	原料	质量份
环氧树脂 E-44	48	固化剂 T31	14
不锈钢鳞片	34	氧化锌	8
丙酮	5	乙二醇乙醚乙酸酯	5～10
短切玻璃纤维	5	溶剂型触变剂	2

配方中用 E-44 环氧树脂相对玻璃鳞片使用的 E-51 分子量高，能在施工的初期保证有较高的黏度，同样使用丙酮作为溶剂也是为了在调配时尽量降低黏度，施工后，丙酮挥发快，能较快地增加黏度，同时根据施工方法和使用部位的不同，可以用甲乙酮调整挥发性。使用短纤维主要还是提高胶液的触变性能的需要，同时也有利于鳞片的排布，触变剂一般选择使用的高限。氧化锌填料有吸收酸碱性扩散介质的作用，但是一定要用小于 325 目的。乙二醇乙醚乙酸酯溶解性好，如果涂料初期黏度低，可以考虑用丙酮部分替代。

（2）配制方法

不锈钢磷片涂料应采取以下分散步骤：细心加入全部不锈钢磷片，慢慢加入溶剂，让不锈钢磷片浸渍 1~2min，用浆式搅拌器以极低剪切力搅拌约 5min，在分散过程中必须避免高机械力，利用丙酮对水的高的容忍度使鳞片表面的吸附水溶解到溶剂中，使表面被溶剂浸润，有利于下一步的胶液浸润。同时鳞片吸附的空气在溶液中脱出气泡，如果气泡多，可以考虑加入消泡剂。

将温度加热在 30~40℃ 的液体状环氧树脂加入到分散好的不锈钢磷片中混合，如果要产生气泡，最好是不要在搅拌下加入环氧树脂，在加入树脂后再搅拌混合。如果配方中有短纤维，同鳞片同时加入。丙酮的用量考虑的因素主要是分散需要的黏度，黏度太高，气泡不容易脱出；鳞片含水量高，丙酮用量大，如果能用丙酮先洗涤一次鳞片最好，这也是配方中都选择对水容忍度高的溶剂的原因。最后才是考虑施工所需要的黏度，如果是为了分散好导致黏度低，可以配制好后真空回收少量丙酮，这比鳞片预洗涤要麻烦。

乙组分的配制同一般涂料的分散一样，在使用之前甲乙组分混合均匀即可。

这种环氧不锈钢鳞片面漆涂料的配套底漆最好是锌鳞片底漆，配套方案是环氧锌鳞片底漆 80μm 厚，一道；环氧不锈钢鳞片漆 420μm 厚，三道。

漆膜对水及多种腐蚀介质具有优异的抗渗透性，具有优异的防锈性能。漆膜坚韧，具有优异的耐磨性。具有优异的附着力。漆膜机械强度高，具有优良的抗震性和抗裂性。具有良好的耐候性和耐温差性，耐热性比一般的环氧涂料好。

当使用于户外耐候涂料时，以硅酸酯低聚物为成膜物，为了提高漆膜附着力，减少脆性，加入聚乙烯醇缩丁醛树脂作为聚硅酸乙酯的增韧剂，配方原理同 7.4.1 提到的富锌涂料，并加入少量的硅油，以增加漆膜的流平性。

7.4.3　片状铝粉涂料

铝片是阳极性金属，与钢铁形成电池的电位差大，但是铝表面在空气中很快能生成一层氧化铝膜，使其变成阴极性鳞片。只有在酸碱的作用下破坏了氧化膜才会变成阳极性。且铝表面的氧化膜对形成腐蚀电池有一定的绝缘作用，所以一般腐蚀环境只作为阴极填料使用，强腐蚀环境才作为阳极填料看待。所以分析介质对片状铝粉涂覆料的腐蚀时一定要注意这个变化。另外，铝的强度低，不易做成大而薄的片状填料。鉴于此，从防腐蚀的角度片状铝粉的填充同锌粉一样以片间能有效接触为好，必要时使用碳的短纤维作为辅助填料或直接用粒状锌粉，不要采用氧化物填料。

加入片状铝粉组成的耐腐蚀涂料，其最大的特点是铝的密度轻，当作为防腐蚀厚浆涂料时，对溶剂的挥发比其他金属材料敏感，且漂浮型铝片表面含大量脂肪酸分散剂，所以防腐蚀以非浮型铝片为主。装饰才用漂浮型铝片。

片状铝粉涂覆料的树脂选择与铝粉的品种关系大，而漂浮型铝片是漂浮在胶液上部，溶剂的挥发干扰少，反而有控制溶剂挥发速度的作用。非浮型铝粉与玻璃鳞片一样，应该选用无溶剂涂料，因为铝粉会在胶液中沉淀，溶剂形成的漩涡会干扰铝片的排布，当按阳极型金属填料的加入量大时，如果采用溶剂型树脂，片状铝粉会以随机状态部分斜立或垂直于金属表面，这使得屏蔽作用减小，如果树脂的溶剂挥发性复合配合好，溶剂大部挥发后的体系还是胶液，则对铝片的正常排布影响就小，所以溶剂型的高氯化聚乙烯就可以作为胶结树脂。

（1）高氯化聚乙烯涂料配方

本节用高氯化聚乙烯树脂作为片状铝粉涂覆料的树脂选例，主要是高氯化聚乙烯树脂具有优异的防腐性能，对水气、氧气、离子的渗透率极低，约为醇酸树脂的 1/300～1/200，过氯乙烯、氯磺化聚乙烯的 1/2。其耐候性较好，由于不含双键，对光化学反应及氧化降解不敏感，漆膜能经受户外大气、紫外光线、氧及冷热变化作用，漆膜稳定性好。良好的阻燃、防霉性能；聚合体中"氯"含量高，因此具有抑制毒菌生长的性能。此外为单组分涂料，可以微锈施工，干燥迅速，可以在低温下成膜，施工不受季节、温度限制，所以施工性能好；重涂性好，适用于任何钢铁和水泥表面。但是耐热性不好，耐热温度一般不超过 60℃，受热时易分解析出氯化氢气体，性能变坏，故使用温度受到限制。

以高氯化聚乙烯为户外耐候涂料的成膜物时，高氯化聚乙烯树脂 100 份，铝粉 10～12 份，颜填料 0～14 份，消泡剂 0.1～1 份，偶联剂 0～1.5 份，防沉剂 0.3～1 份，稳定剂 0.5～3 份，芳香烃、酯、酮等溶剂 10～20 份。高氯化聚乙烯防腐涂料的配方例见表 7-18。

表 7-18　高氯化聚乙烯防腐涂料的配方

原料	底漆	中间涂层 1	中间涂层 2	面漆
高氯化聚乙烯	15	25	30	30
氯化石蜡	7	10	12	12
环氧树脂	1～2	1		
热塑性丙烯酸树脂	3	5	5	7
磷酸锌		5	0～5	0～5
片状铝粉	15	12	10	8
触变剂	1	1	1	1
混合溶剂	40	25	30	30

高氯化聚乙烯树脂属于热塑性脆性树脂，通常通过添加增塑剂和树脂来改善其物理机械性能。增塑后涂膜柔软，在 -25℃ 都具有良好的弹性，增塑剂通常选用氯化石蜡 42～70 号，配方中是含氯量 42% 和 70% 以 1:1 配比，一般用量为树脂的 40% 左右。增塑剂用量过大会影响漆膜的耐介质性能，其他的包括氯化联苯、邻苯二甲酸二丁酯、邻苯二甲酸二异辛酯、邻苯二甲酸二异壬酯。原则上，聚氯乙烯塑料用增塑剂都可以选择，作为防腐蚀涂覆料的增塑剂要尽量防止迁移，小分子的增塑剂尽量不采用，高分子的聚氯乙烯增塑剂是首选。一般的小分子增塑剂都具有极佳的颜料润湿性和分散性，所以小分子增塑剂也不要忽略。氯化石蜡的增塑效果低于酯类增塑剂，但是其价格最低，所以得到采用。

改性树脂用于调整漆膜外观、光泽、力学性能、老化性能、耐盐雾性能和耐介质性能。环氧树脂不但能够改进高氯化聚乙烯防腐涂料的附着力，还具有稳定有机氯分解的 HCl 的作用，这是环氧基对 HCl 的开环吸收作用；热塑性丙烯酸树脂可以改善漆膜的光泽和硬度，提高耐候性和保光保色性的作用；松香改性失水苹果酸树脂作为改性剂，可以增加漆膜厚度，改善漆膜耐溶剂性。其他改性树脂还有醇酸树脂、酚醛树脂、二甲苯树脂、石油树脂等。改性树脂主要是改进高氯化聚乙烯树脂的不足之处，要求尽量加入少，如相对分子质量1 万以下、玻璃化温度 -60℃ 以下的热塑性丙烯酸树脂还具有增塑剂的作用，随着工业化程度的提高高分子增塑剂将会更多的得到使用。

在配方中针对高氯化聚乙烯树脂分子间有脱 HCl 的倾向，选用环氧大豆油作为贮存稳定剂。这对于氯化聚烯烃来说热稳定是很重要的，各种热稳定剂、抗氧剂、光稳定剂的复合有利于高氯化聚乙烯树脂耐候性的提高。

触变剂可以选用有机膨润土，若想获得极佳的防流挂性能，可以选用脂肪酸酰胺类流变助剂。

常用的溶剂有二甲苯、高沸点芳烃等溶剂、丙二醇乙醚或者乙二醇醚，尤其在南方，一般常年雨水多，空气湿度都比较大，造成被涂工件含水分较重，丙二醇醚等溶剂具亲水性，可在漆膜干燥过程中，溶剂挥发时带走大部分水汽，以提高对涂物件的附着力。

高氯化聚乙烯树脂填料是一种配套要求的涂料，铝片状填料主要作为耐蚀底漆或面漆，底漆使用时选用非浮型铝粉，面漆使用时选用漂浮型铝粉，表 7-18 中的底漆是一种阳极型金属底漆的配方，根据热塑性丙烯酸树脂的玻璃化温度，可以减少氯化石蜡的加入量，增加高氯化聚乙烯树脂的加入量，如果热塑性丙烯酸树脂的羧基含量高，可以减少或不用环氧树脂。中间涂料 1 是铝粉比底漆含量低的涂料，主要是增加漆膜厚度，是阴极型金属漆，他的涂刷次数和厚度决定漆膜厚度，但是，其漆膜的外观较差，中间涂料 2 和面漆是漂浮型铝粉涂料，以提高漆膜外观。配方中用磷酸锌或三聚磷酸铝颗粒填料以提高复合的均匀性，也有耐酸碱介质的作用，如果加入碳或金属短纤维效果更好。面漆可以考虑加入与颗粒填料等量的云母粉、玻璃鳞片补充漂浮型铝粉对屏蔽作用的不足。

（2）应用

这样配制的胶料具有优异的防腐性能，可广泛适用于酸、碱、盐、海水、土壤、化工大气等各种腐蚀环境；单组分包装，施工方便，干燥迅速，可在 -20～40℃ 环境温度下施工。高氯化聚乙烯树脂涂覆料主要应用在桥梁、钢结构架、化工设备、盐场、渔场设备、管道涂料；船舶船体水下外涂料和船舱内部涂料，船舱底漆及轮船全装饰面漆和维护涂料。木结构外层防火阻燃涂料和钢结构外防火阻燃涂料。建筑物外墙装饰涂料，混凝土用的底漆等。集装箱涂料和机场、道路、标志物及路标涂料。属于长效耐蚀的户外、水下、土壤中的涂覆料。

7.5 片状增强耐蚀材料的施工

众所周知，任何耐蚀覆盖层的施工工艺都是基材处理、覆盖操作、后处理三个步骤，片状增强防腐蚀涂覆层也是这样。但是根据片状增强防腐蚀涂覆层的使用条件不同，每一步骤的要求也不同。施工作业是通过施工者用抹子、灰刀等工具按一定厚度要求涂抹到被防护表面，经除泡滚除泡，压实、压光，且使鳞片按一定方向叠压排列后固化成型的，其施工作业类似于建筑抹灰作业。但由于树脂与水泥材料的特性不同，应用目的也不同，故其涂抹作业较之抹灰又提出了更高更难的要求。

7.5.1 树脂玻璃鳞片涂覆层的施工

（1）树脂玻璃鳞片涂覆层

树脂玻璃鳞片施工作业为手工操作，故表面质量、玻璃鳞片排列状态、厚度控制这些决定质量的因素主要依靠施工者的技术水平及施工经验决定。玻璃鳞片防腐层必须完全封闭，所以为防止应力集中及破坏鳞片排列，端面、边接面及拐角处应采取玻璃布增强等补偿措施；施工应配备专用混料设备以最大限度地减少配料气泡的生成；玻璃鳞片树脂防腐蚀施工的环境恶劣，属于易燃有害作业。再加上施工地的复杂情况，故施工的安全防护非常重要。

（2）施工过程

施工工艺流程：施工准备——→喷砂除锈——→涂刷带锈底漆——→表面整平——→检查合格——→局部增强——→玻璃鳞片胶泥施工——→检查修补——→局部增强——→表面整理或面漆——→养护管理——→检查合格——→移交、验收。

① 被涂基材的处理　防腐施工界面粘结强度历来为防腐的重点，基材最好采用喷砂处理，成型后的金属壳体表面及端面应光洁、平整、无焊渣及毛刺等，如有一定要磨平。喷砂后的基材表面粗糙度要在 $40\sim60\mu m$ 之间，按 SIS 标准 S_a 2.5 级以上。表面焊缝应光滑平整，凸出高度不超过 0.5mm，如超出时应用砂轮机打磨至满足要求为止。结构转角应圆滑过渡，内部圆角 $R\geqslant5mm$，外部圆角 $R\geqslant3mm$。

然后迅速用稀胶料涂刷一遍底漆，这一层底漆主要起防锈作用，即是在喷砂到基材表面预处理结束的时间内能起封闭作用即可。否则钢铁非常快地形成氧化膜层，涂覆层就覆盖到氧化铁上而不是钢铁上，不但影响附着力，而且在膜层较厚时也会导致底漆裂隙。所以稀胶料需要足够低的黏度，溶剂量大，涂刷时不用大的力就可以快速进行表面涂覆，特别注意的是不能漏刷。

② 底漆整平　基材封闭涂料表干后用与衬里相同的树脂制得的不含玻璃鳞片的涂料作底漆。采用刷涂或辊涂。底漆厚度须大于基材的粗糙度，以使玻璃鳞片能平贴于基材表面。底漆表干后可以通过表面反光的均匀度检查其对基材的整平能力，不推荐采用高填料含量的底漆概念，因为这是界面层，需要高强度，光泽的需要也限制了填料的加入量。

③ 腻子整平　底漆表干后，基材上如有小的孔洞、凹陷等不平处要用腻子填平。所用的腻子要有足够高的强度，因为玻璃鳞片覆盖层有足够高的强度，与之配套的底部材料也要求具有高强度，才不会被温致和力致应变所破坏。腻子填充通常都比较厚，固化收缩也大，特别对加入了稀释剂的腻子，内部干燥比表面要慢，所以干燥时间比表干时间要长，打磨才会平整不腻砂纸。打磨后由于旁边的底漆会被磨掉，需要尽快用底漆修补。

对于防腐蚀要求高的设备，转角的修圆半径要求更大，深大的孔洞修复困难，这时可以考虑采用钎焊的方法，用选定强度等性能要求的焊料来预整平。

④ 鳞片衬里施涂　衬里的厚度在 $600\sim2000\mu m$ 之间（视工况需要而定），用泥抹子或类似工具完成。如果一次施涂过厚出现上下不均匀时，可分步实施。但要等上一层实干或有一定强度后在进行下一层。每一层刮涂的厚度与鳞片的片径有关，片径大可以一次刮涂厚一点，刮涂是保证鳞片平行于基体面，密实层叠的关键，所以不赞成喷涂玻璃鳞片。

⑤ 面层涂覆　如果需要，可在衬里上面涂覆一层基料与衬里相同的含有小片径玻璃鳞片的涂料或树脂面层。小片径玻璃鳞片涂料主要提高耐磨性和外观，树脂面层是提供装饰性或标识性。玻璃鳞片覆盖层的面漆对耐蚀性提高有限。

（3）施工操作注意事项

① 表面预处理完成后对光泽不均匀的每一个地方都要认真分析，判断是否对覆盖层的

性能有影响。对需要整平、修补的部位，质检员作标记时不要采用粉笔，建议采用易擦掉的水彩笔（非油性）。

② 树脂鳞片胶泥配料时，即使是加入固化剂，搅拌时采用真空搅拌机。玻璃鳞片施工用料在施工作业过程中严禁随意搅动。无意翻动、堆积胶泥等习惯尽可能减少。这些都是减少施工过程带入气泡的要点。

涂覆时将调制好的混合料铲到木质托板上，用抹刀单向均匀地摊铺在基层表面上，托料、上抹依由下到上、由前到后、由左至右循序进行。每层厚度不宜大于 1mm。层间涂抹间隔时间宜为 12h。摊铺时的速度不能太快，主要是尽量赶出底漆表面吸附的空气，不使气泡保存于界面上，手法很关键，有边摊铺，边先在底漆上薄涂稀胶料的方法来提前浸润，以保证施工质量。

涂抹时抹刀应与被涂抹面保持适当角度，且沿尖角的锐角方向按适当的速度推抹，使涂料沿抹子表面逐渐涂覆，使空气在涂抹中不断从界面间推挤出，严禁将胶料堆积于防护表面，然后四面摊开式地摊涂。

③ 涂抹后，在初凝前，应及时滚压至光滑均匀为止。滚压是消除气泡的关键工序，使用专门制作的除泡辊，辊子外包裹一层 2～3mm 厚的羊毛毡，在滚压过程中，辊子表面的羊毛刺受压力作用不断扎入鳞片表层内，形成一个个导孔，同时气泡内空气在滚动压力作用下从导孔溢出，使气泡消除。最后用辊筒蘸取少量稀释剂轻轻滚压涂上的鳞片，调整表面平整度。

在整个施工过程的每一个步骤要注意尽量不带入空气并尽量排除空气，涂料的黏度高，混入的空气很难排除，所以在施工时应设法赶出涂层中的气泡。否则，在涂层中形成气泡，将严重影响涂层的质量。

④ 施工过程的每一个步骤，表面应保持洁净，若有流淌痕迹、滴料或凸起物，都应打磨平整。同一层面涂抹的端部界面连接，不得采用对接方式，应采用斜搓搭接方式，因为端界面形状自由性较大，对接不能保证相互间有效黏合。

⑤ 涂层基本硬化后，测定厚度并检查有无针孔，不合格处要修补。施工后，涂层应至少放置 7d 才能使用。当采用乙烯基酯树脂或不饱和聚酯树脂玻璃鳞片胶泥面层时，应采用相同的树脂胶料封面配套。油罐防腐，涂层厚度为 0.5～1.0mm；化上设备防腐，涂层厚度至少在 2mm 以上。

（4）树脂玻璃鳞片防腐蚀施工质量控制

根据玻璃鳞片的几何尺寸不同，可分别用作涂料、衬里胶泥的填料。与不同树脂制成的涂料、衬里可用于不同要求的腐蚀环境：一般片径在 $10～400\mu m$ 之间用于喷涂的涂料；片径在 $400～1000\mu m$ 之间用于刷涂的涂料；片径大于 $1000\mu m$ 用于制作衬里胶泥和厚涂型涂料。

设计固体含量低，成膜薄的涂层不宜采用玻璃鳞片。在使用玻璃鳞片的同时，一定要辅以其他颜填料，最好是每次刮涂的涂覆料颜色不同，这样可以方便地检查出漏涂部位。

玻璃鳞片涂层施工的质量控制直接影响其防腐蚀性能和使用寿命，涂层的最终检测项目主要有以下几点。

① 外观检查　采用目测法（必要时可采用放大镜），涂层应均匀，无刷纹、流挂、气泡、针眼、微裂纹、杂物等缺陷，也不允许存在泛白或固化不完全。

② 硬度　采用巴柯尔硬度指标，表面硬度至少大于 35，一般要求表面的硬度值不低于材料性能指标提供的 90%。

③ 针孔测试　采用直流电火花检测仪器检查测试涂层的缺陷及不连续点，以不产生击穿火花、无报警为合格。第一道胶泥施工后检测电压为：5000V；第二道胶泥施工后根据不

同厚度的鳞片衬里检测电压为：9000V、12000V、15000V和18000V。

④ 固化测试　用溶剂浸湿干净的布，反复擦拭涂层的表面，看表面是否因溶剂的侵蚀而发黏，此方法可以有效地了解涂层的固化程度。

⑤ 厚度的测试　利用电磁厚度计与标准试块厚度比较，在整个涂层的表面测定，每平方米不少于1个点，总平均厚度应该达到设计要求。每1～2m检测一点，平均厚度达到设计要求。

⑥ 锤击检查　用木锤轻击涂层表面，任意取点测试，不应有空洞声音。

7.5.2　衬里的修补和补强

对漏涂、施工厚度不合格质量缺陷，需填平补齐，滚压合格。对固化不够、漏电点、夹杂物、碰伤等不合格质量缺陷要挖出，再填平补齐，滚压合格。衬里缺陷区打磨坑边缘坡度为15°～20°。衬里缺陷修补示意见图7-4。衬里的补强示意见图7-5。

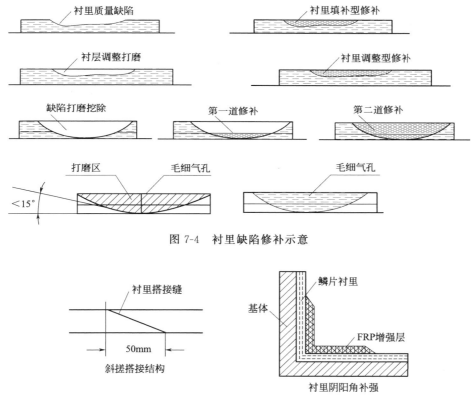

图 7-4　衬里缺陷修补示意

图 7-5　衬里的补强示意

在设备结构的应力集中区，形变敏感区及衬里受力区的鳞片衬里表面要局部用玻璃钢增强，纤维增强用树脂鳞片胶泥用树脂相同。在阴阳角处增强面积为角处各相两侧延伸150mm。

衬里的保养和维护如下。

① 涂层施工后至能使用的这段时间称为保养期，保养期的长短视涂层固化是否完全，一般夏天应放5日以上，冬季应10日以上。

② 若提前使用，则可用加温办法加速其涂层固化过程，可60℃固化4h，在80℃固化2h。

7.5.3　玻璃鳞片乙烯基酯树脂衬里化工应用实例

在化工厂烟道气脱硫工段，其设备腐蚀情况是相当严重的，对此往往要选用合适的防腐材料并采取有效的防腐蚀措施，经过对各种防腐材料的试验结果，目前化工设备业界普遍认为，乙烯基酯树脂-玻璃鳞片防腐衬里是一种最有效的防腐衬里材料。

据有关报道，目前日本所有的烟道气脱硫厂，几乎都采用乙烯基酯树脂-玻璃鳞片衬里。有的工厂已成功地运行了二十多年的时间，但使用效果良好。

乙烯基酯树脂-玻璃鳞片衬里防腐技术，也可应用于化学品油船贮槽的内壁表面。据有关资料报道，目前日本化学品油船贮槽采用该项防腐技术时，在贮槽的内壁表面，也已均采用了这种乙烯基酯树脂-玻璃鳞片衬里，这些油船贮槽的安全服务期限已经超过了 5 年的时间。

在海上建筑防腐蚀方面，乙烯基酯树脂-玻璃鳞片衬里的防腐技术，也已得到了成功的应用。由于潮涨潮落，位于潮水区的一些海上建筑往往总是处于干湿交替的使用环境下，故海上建筑的腐蚀现象相当严重。为此日本建筑部的市政工程研究院与 KozaiClub 学会，共同从离岸试验着手，进行了一项名为"改善海上建筑耐久性技术"的联合研究计划。

该联合小组曾对一些海上建筑进行了勘测，证实乙烯基酯树脂-玻璃鳞片衬里在使用 9 年半时间之后尚未出现过异常的情况，证明这种乙烯基酯树脂-玻璃鳞片衬里防腐技术，对于位于潮水区的海上建筑，其防腐效果是十分理想的。

目前乙烯基酯树脂-玻璃鳞片衬里，在海水输送管、钢槽、钢桩、钢槽衬里、钢桩衬里以及混凝土桥等方面，均已获得了成功的应用，经过实际使用证明，其效果都比较良好。

乙烯基酯树脂-玻璃鳞片衬里，在混凝土建筑领域方面的应用，目前已成功地应用于医药及食品厂的车间地面、墙面、天花板，以及排水沟等。另外，它还可以应用于水泥池或桥梁等各种用途。

经过长时期（5~10 年）的防腐考察证实：乙烯基酯树脂-玻璃鳞片衬里的优越性，还表现在它所需的再涂率或修补率都很低，并且可以节省能源，因此它在防腐蚀方面的应用将越来越为广泛。

7.5.4　阳极型金属涂覆层的施工

阳极型的金属覆盖层要求与基体金属能形成腐蚀电池，所以基材的整平度和粗糙度要求并不高，但是对基材表面的氧化膜要求尽量去除，表面喷砂后立即涂装底漆，防止表面基体重新氧化。底漆也不能是单纯的树脂胶液，应该是金属填充的底漆，以保证腐蚀电池的连接。如果一次底漆后发现需要进行腻子找平，则只能采用金属填料的腻子进行填充找平，以保证腐蚀电流的均匀分布。

阳极型的金属覆盖层要求整个涂层的厚度一致，当涂覆层的厚度不一致时，随着涂覆层的阳极腐蚀，涂层一部分腐蚀介质已经到达基底，而另一部分还有保护作用，导致最不希望不均匀腐蚀方式产生。为了保证阳极金属覆盖涂层的厚度一致，一是施工时胶泥的均匀性必须保证，二是施工次数必须一致，三是每一层的施工厚度尽量一致。同所有鳞片状增强材料一样，在基材的转角处鳞片本身的排列出现断裂，所以转角处必须进行特殊处理，阴角可以简单的填出一个弧度，阳角则需要增厚补强。补强料可以是阳极型金属颗粒填充胶泥或片状填充胶泥。

阳极型金属涂覆层系外防腐技术，是一种电化学保护技术，原则上与被防护设备连接的接管等附件需要进行电绝缘或采取同种防腐蚀方法，即是阴极面积只限于阳极涂覆层以下的部分，其他地方将增大阴极面积，使阳极消耗速度增加，保护效果下降。

阳极型金属涂覆层的施工作业要求同玻璃鳞片的施工要求，只是对残余气泡的要求要更加少，因为气泡处很容易形成新的阳极。一般阳极型金属涂覆层都不作面漆，以利于电化学保护尽快生效。

7.5.5　阴极型金属涂覆层的施工

阴极型金属涂覆层的施工基本相同于玻璃鳞片涂覆层，但是要注意的是金属要比玻璃的密度大，在施工容器中易沉降，单组分时更要注意，施工时要随时保证涂料的均匀性。

耐蚀玻璃钢

玻璃纤维（或玻璃纤维布）与热固性树脂组成的树脂基复合材料称为玻璃纤维增强热固性塑料，俗称玻璃钢。玻璃钢的性能与玻璃纤维及树脂的种类、组成相的比例、相与相之间的结合强度等因素密切相关。

玻璃钢可以作为单独制作设备的结构材料，这充分利用了玻璃纤维的增强效果，也可以作为玻璃钢衬里在金属、混凝土、木材为基体的设备内表面，这充分利用了树脂的耐蚀性。

表 8-1 是玻璃纤维增强不饱和聚酯树脂（UPR）复合材料与其他材料的力学性能对比。玻璃钢的比强度是很高的，在重视构件自身质量的领域有较好的前途。但是抗拉强度并不特别突出，意味作完全没有替代钢铁这种结构材料的可能性，且比模量太低，预示着材料在动载荷条件下易受破坏。

表 8-1　玻璃纤维增强不饱和聚酯树脂复合材料与其他材料的力学性能对比

材料	密度/(g/cm³)	拉伸强度/MPa	比强度/×10³ cm	拉伸弹性模量/GPa	比模量/×10³ cm
手糊 FRP	1.5～1.7	352	2076	19.71	116
层压 FRP	2.0	1040	5200	39	200
碳纤维-环氧树脂	1.6	1050	6600	235	1470
Kevlar-环氧树脂	1.4	1373	9800	780	5600
钢	7.8～8	235～880	1128	204	262
硬铝合金	2.8	460	1634	70	251
钛合金	4.5	850～1666	2100	107	250
杉木	0.5	70.4	1408	9.86	197
楠竹	0.5～0.67	250～1000	14925	17～65	970

纤维复合材料的主要特点是性能的可设计性和产品的易成型性。可以采用不同纤维和基体及不同的组分比得到不同的性能来满足产品使用目的，更可以进行铺层设计得到不同方向的不同性能，获得具有高的比强度和比刚度，达到产品优化目标，既可节省材料又可设计出性能优越的产品。复合材料的成型与产品的制成是同时进行的，由于复合材料的易成型性，可以使产品结构形状任意性。它的成型灵活性有点像铸造工艺，能够比较容易和经济地模制出大型的复杂形状的产品。在产品设计时，能设计成整体的应尽量设计成整体，这可以保证受力纤维的连续性，减少连接点，减少装配工作量，同时有利于保证产品质量和减轻重量。

由于上述特点，它赋予设计者更多的自由度。与传统材料的产品设计区别是要增加纤维和基体材料的选择，要进行铺层设计及成型工艺参数的确定。

玻璃钢基本是脆性的，其断裂伸长只有 2% 左右。实际上其变形到 0.3% 时，就发生树脂-纤维结合的破坏，在变形达到 0.4%～1.5% 时，即发生基体的永久性破坏，已非完整的可承受负荷的材料。因此在玻璃钢材料结构设计时，首先要鉴别强度与变形何者为限定因素。如变形为限定因素时，就要以允许应变为基础来确定其许用应力。

玻璃钢的比强度很高，高于普通钢材，可称"轻质高强"，但其弹性模量低，即使是纤维含量高达 80% 的单向玻璃钢，其纵向弹性模量仅为 0.5MPa，为普通钢材的 1/4 左右。其剪切弹性模量更低，只有纵向弹性模量的 20% 以下，这一弱点也说明了玻璃钢结构的应变较难扩大，因而应变因素往往决定了材料使用的可靠性。

8.1 纤维增强耐蚀复合材料基础

8.1.1 玻璃纤维及织物

玻璃纤维的性能与玻璃大同小异，只是由于成纤过程的拉伸取向作用，玻璃纤维的拉伸强度远大于玻璃，且具有良好的柔软弯曲性，故配合树脂赋予其形状以后可以成为优良之结构用材。玻璃纤维随其直径变小而强度增高。生产玻璃纱线所用玻璃纤维直径为 12～23μm，每束纤维原丝都由数百根甚至上千根单丝组成，然后由原丝加捻或不加捻集束而成纱线。玻纤纱线一般不加捻。

（1）玻璃纤维的理化性能

玻璃纤维的化学组成略微不同于其他玻璃制品的玻璃。目前已经商品化的纤维用的玻璃成分主要是 E 玻璃和 C 玻璃，另外也开发了一些特征纤维，但是用途较少。

E 玻璃亦称无碱玻璃，是一种硼硅酸盐型玻璃（见 2.2 节）。应用最广泛的一种玻璃纤维用玻璃成分，具有良好的电气绝缘性及力学性能，缺点是易被无机酸侵蚀，故不适于用在酸性环境。

C 玻璃亦称中碱玻璃（见 2.2 节），因为其价格低于无碱玻璃纤维而有较强的竞争力，其特点是耐化学性，特别是耐酸性优于无碱玻璃，但电气性能差，机械强度低于无碱玻璃纤维 10%～20%，是用于生产耐腐蚀的玻璃纤维增强产品的用量最大的品种，如用于生产玻璃纤维表面毡、布等，也用于增强沥青屋面材料、过滤织物，包扎织物等的生产。

高强玻璃纤维是一种高强度、高模量的玻璃纤维，它的单纤维抗拉强度为 2800MPa，比无碱玻璃纤维抗拉强度高 25% 左右，弹性模量 86000MPa，比无碱玻璃纤维的强度高。用它们增强的复合材料多用于军工、空间、防弹盔甲及运动器械。但是由于价格昂贵，目前在民用方面还不能得到有效推广。AR 玻璃纤维是一种耐碱玻璃纤维，主要是为了增强水泥而研制的增强纤维。A 玻璃纤维是一种高碱玻璃纤维，是典型的钠硅酸盐玻璃，耐水性很差。

（2）玻璃纤维制品品种

玻璃纤维是通过纺织工艺制造出各种纱和布的，其制造技术与纺织学的描述大同小异，有兴趣的同学可以通过对纺织工艺学的浏览了解基本的原理，也可通过玻璃纤维工艺学类专著进行详细学习，这里只介绍品种以便使用，在防腐蚀工程中使用最多的是方格布、表面毡、无捻粗纱。

① 玻璃纤维纱　无捻粗纱是由原丝或单丝平行集束而成，未加捻。实际上仍然按纺织学的特、支、旦来规定（特、旦即单位长度克数、支即单位克数的长度）。无捻粗纱因其张力均匀可直接用于复合材料成型方法中的缠绕、拉挤工艺，也可织成无捻粗纱编织物。

缠绕用无捻粗纱的号数从 1200～9600 号（tex、g/1000m），缠绕大型管道及贮罐多使用 4800tex 的无捻粗纱；拉挤用无捻粗纱线密度范围为 1100～4400 号，可获得玻璃纤维含量高、单向强度大、断面一致的各种型材；如果将无捻粗纱进一步短切，可以获得玻璃钢喷射成型的喷射用无捻粗纱；SMC 用的无捻粗纱一般为 2400～4800tex；预型体用无捻粗纱的性能要求与喷射无捻粗纱的要求基本相同。

② 玻璃纤维毡　玻璃纤维毡是由连续原丝或短切原丝不定向地通过化学黏结剂或机械作用结合在一起制成的薄片状制品。根据纤维的形态和结合方式的不同，主要有表面毡、短切原丝毡、连续原丝毡、缝编毡、复合毡等类别。成毡所用黏结剂原则上对耐蚀性有所减弱，但是由于其量少，在大多数情况下可以忽略不计。对玻璃纤维毡的质量要求是沿宽度方向面积质量均匀；原丝在毡面中分布均匀，无大孔眼形成，黏结剂分布均匀；具有适中的干毡强度；优良的树脂浸润及浸透性。

表面毡是由定长中碱玻璃玻璃纤维经过分散、沉降，然后用胶黏剂黏结而成的一种薄而实的片材。表面毡的特殊生产工艺决定其具有表面平整纤维分散均匀、手感好、透气性强、树脂浸透速度快等特点。因为毡薄、玻纤直径较细之故，因此伏模性好，适合任何形状复杂的产品和模制品表面，能掩盖布纹，提高表面光洁程度和防渗漏性，良好的透气性能使树脂快速渗透，彻底消除气泡和白渍现象，还可吸收较多树脂形成富树脂层，遮住了玻璃纤维增强材料（如方格布）的纹路，起到表面修饰作用。同时增强层间剪切强度和表面韧性，提高产品的耐腐蚀性和耐候性，是制造高质量玻璃钢模具及制品的必需用品。

表面毡适用于玻璃钢手糊成型、缠绕成型、拉挤型材、连续平板、真空吸附成型等工艺。表 8-2 是玻璃纤维表面毡技术指标。

表 8-2　玻璃纤维表面毡技术指标

项目	单位	型号				
单位面积质量	g/m²	20	30	40	50	60
纵向抗拉强度	N/50mm	≥15	≥20	≥30	≥40	≥50
渗透时间（二层）	S	≤10	≤12	≤18	≤23	≤30
纤维直径	μm	9～13				
含胶量	%	5～10				
含水率	%	≤0.5				
幅宽	mm	50～1270				

玻璃钢表面毡由于其应用上的不同，因此在玻璃钢制品生产中的使用方法也有所不同，常规手糊生产工艺过程是与传统手糊工艺方法一致。用胶衣树脂涂刷在模具或布上后，将表面毡轻轻平整铺放，让树脂逐步浸渍在其中，待渗透后用羊毛辊不断滚动压实，然后再涂胶、铺放、压实一层。如果只做一层表面毡，可以在树脂中添加较细的填料，以降低其收缩率和一层表面毡掩盖不到的布纹。

缠绕型表面毡主要应用在玻璃钢管道、储罐的生产中。以玻璃钢管道生产为例，首先在芯模上涂刷树脂，然后包覆 1～2 层表面毡，包覆的方式有毡卷沿管长方向对模具进行缠绕和毡卷沿管径方向对模具进行缠绕两种。

短切毡是将玻璃原丝（有时也用无捻粗纱）切割成 50mm 长，将其随机但均匀地铺陈在网带上，随后施以乳液黏结剂或撒布上粉末树脂黏结剂经加热固化后黏结成短切毡。短切毡主要用于手糊、连续制板和对模模压和 SMC 工艺中（表 8-3）。

表 8-3 玻璃纤维短切毡技术指标

品种	单位面积质量/(g/m²)	断裂强度/(N/150mm)	渗透速率/s ≤	弯曲强度/MPa	可燃物含量/%
1	250	30	180	123	2～6
2	300	40	180	123	2～6
3	450	60	180	123	2～6
4	600	80	180	123	2～6

短切毡也具有树脂浸透速度快、覆模性好，容易消除气泡；纤维和黏结剂分布均匀，无毛羽疵点等；制品有较高的机械强度，湿态强度保留率高；具有较高的干拉强度，减少生产过程的撕裂现象；积层板表面光滑，透光性好的特点。

连续原丝毡是将连续原丝呈 8 字形铺覆在连续移动的网带上，经粉末黏结剂黏合而成。连续玻璃纤维原丝毡中纤维是连续的，故对复合材料的增强效果较短切毡好。主要用在拉挤法、RTM 法、压袋法及玻璃毡增强热塑料（GMT）等工艺中。

针刺毡是将玻璃纤维粗纱随机铺放在预先放置在传送带上的底材上，然后用带倒钩的针进行针刺，针将短切纤维刺进底材中，而钩针又将一些纤维向上带起形成三维结构，因此针刺毡有绒毛感。底材是玻璃纤维或其他纤维的稀织物。短切纤维针刺主要用途包括用作隔热隔声材料、衬热材料、过滤材料，用在玻璃钢生产中强度较低。而连续原丝针刺毡是将连续玻璃原丝用抛丝装置随机抛在连续网带上，经针板针刺，形成纤维相互勾连的三维结构的毡。这种毡主要用于玻璃纤维增强热塑料可冲压片材生产。

缝合毡是从 50～60cm 长的短切玻璃纤维用缝编机将其缝合成毡，可代替短切毡或连续原丝毡。它们的共同优点是不含黏结剂，避免了生产过程的污染，同时浸透性能好，价格较低。

③ 玻璃纤维布　玻璃纤维布是织造用无捻粗纱采用织布工艺纺织成布。织物的特性由纤维性能、经纬密度、纱线结构和织纹所决定。经纬密度又由纱结构和织纹决定。经纬密度加上纱结构，就决定了织物的物理性质，如重量、厚度和断裂强度等。用不同的织纹方式可以织出平纹、斜纹、缎纹、罗纹和席纹的以玻璃纤维纱线织造的各种玻璃纤维织物。

玻纤方格布是无捻粗纱平纹织物，是手糊玻璃钢重要的增强材料。平纹织物是经纱和纬纱以 90°上下交错编织，每隔一根纱就交织一次（即纱是一上一下的）。这种布的特点是交织点多、质地坚牢、硬挺、表面平整，较为轻薄耐磨性好，透气性好。因此树脂相对易浸润，层间较密，耗用树脂少，但是层间剪切强度低，耐压和疲劳强度差。

方格布的强度主要在织物的经纬方向的密度上。对于要求经向或纬向强度高的场合，也可以织成单向方格布，它可以在经向或纬向布置较多的无捻粗纱。显然布的厚度由纱的号数确定。方格布的外观要求织物均匀，布边平直、布面平整、纱线正交、无污渍、起毛、折痕、皱纹等；整齐地卷绕在牢固的纸芯上；经纬密度、单位面积重量、布幅及卷长均应符合标准规定；不能因为纺织而降低纤维本身迅速、良好的树脂透性和浸润性。

防腐蚀工程常用玻璃纤维平纹布主要规格是 01、02、03、04，这是一个简称，通常是指无捻粗纱的直径，也是布的厚度。纱支密度 10×10～20×20，单位面积重量 80～1500g/m²，卷长 50～100m，宽幅 50～3000mm，白色。常用密度有 200g、400g、600g、800g；宽度 900mm、1000mm、1270mm、1400mm。另外还有平纹玻璃带、单向织物、立体织物；圆盖、锥体、帽、哑铃形织物等异形织物；还可以制成箱、船壳等不对称形状的异形织物；针织布毡或编织布毡。

斜纹布是经线和纬线的交织点在织物表面呈现一定角度的斜纹线的结构形式。构成斜纹的一个组织循环至少要有 3 根经纱和 3 根纬纱。斜纹可以用分数的形式表示。如 1/2 ↗右斜纹，可读成一上二下右斜纹或三枚右斜纹。其中，分子代表一根经线或纬线在一个完全组织内经组织点的数目，分母则表示一根经线或纬线在一个完全组织内纬组织点的数目。分子与分母之和表示一个完全组织的经纬线个数，简称枚数。↗表示纹路右斜向，↖则表示纹路左斜向。斜纹组织的经纬交织比平纹少，故不及平纹织物坚牢，但斜纹织物的手感柔软且光滑，正反面不同，正面是左或右的斜路，反面没斜路。如果是同样的纱支和密度，平纹紧密厚实，斜纹结构相对松软些，光泽好手感柔软。但是很少用于防腐蚀工程。

缎纹布是指经线（或纬线）浮线较长，交织点较少，它们虽形成斜线，但不是连续的，相互间隔距离有规律而均匀。缎纹组织其相邻两根经纱上的单独组织点间距较远，独立且互不连续，并按照一定的顺序排列。一个完全组织中最少有 5 根经纬线数，它也可以用分数表示。如 5/3 纬面缎纹，可读作五枚三飞纬面缎纹，与斜纹组织不同的是，缎纹组织的分子代表一个完全组织的经纬数，分母则代表飞数。缎纹组织的外观与平纹组织和斜纹都不相同，经纬纱的上下交织的次数比斜纹组织物少得多，比平纹组织物更少，在一根纬纱的两个相邻的经组织点之间，纬纱连续浮在几根经纱的上面，有较长的纬纱披覆再在织物表面，因而织物质地柔软，比表面平滑匀整，富有光泽，坚牢度也差，但质地柔软，缎面光滑，光泽好。

纤维增强材料需选用树脂易浸透，耐蚀性、形变性好，气泡易排除、施工方便，价格便宜、胶含量能达 90% 以上的玻璃纤维表面毡，作防渗层的材料；采用形变性好、易浸透树脂、增厚效率高的中碱无捻粗纱玻璃布和短切玻璃纤维毡作结构层的增强材料。虽然中碱布原始强度比无碱布要低，但用其制备的 G 玻璃钢耐酸腐蚀的能力好，强度保留率可达 95% 以上，比无碱布高，经过一段时间介质的浸泡以后，中碱布 G 玻璃钢的强度接近无碱布 G 玻璃钢，随着时间延长，有可能高于无碱布 G 玻璃钢，且成本低。外表层选用平整、厚薄均匀、厚度约 0.25m 的玻璃纤维表面毡作为防老化层的增强材料。

（3）玻璃纤维对玻璃钢的作用

玻璃纤维在玻璃钢中的作用就是增强作用，不要将增量作用作为减少树脂用量的一个依据，虽然事实上有增量作用，但是它很容易被误导到为降低成本而减少树脂用量上去。

另外一个重要的作用就是对应力方向的适应性，纤维可以按照应力方向排布，这是纤维增强材料的最大优势，可以提供复合材料最大的力学性能。纤维排布是制造过程中按设计要求的安排，因此，纤维增强复合材料是可设计材料。

纤维增强复合材料的力学性能按复合原理设计，表 8-4 是玻璃纤维和基体树脂性能对比，表 8-5 是 191 不饱和聚酯用平纹玻璃布增强后的性能。仔细对照分析基体的各项指标和复合材料的各项指标，可以比较深刻地理解其复合原理。这里不再详述。

表 8-4　玻璃纤维和基体树脂性能对比

性能	聚酯树脂	玻璃纤维
相对密度	1.25	2.5
拉伸强度/MPa	60	1500
拉伸摸量/MPa	3000	75000
断裂伸长%	2～8	2
横向收缩/%	0.35	0.18
热膨胀系数/K^{-1}	100×10^{-6}	4.6×10^{-6}

表 8-5　191 不饱和聚酯用平纹玻璃布增强后的性能

性能	191 聚酯	玻璃纤维	玻璃钢	钢
相对密度	1.27～1.28	2.54	1.5～2.0	7.8
拉伸强度/MPa	40	1400～2700	230～360	235
拉伸摸量/MPa	4.3×10^3	66×10^3	$(15～18) \times 10^3$	204

玻纤对复合材料的第三个作用是干扰耐蚀性的作用，一方面玻璃纤维使本来耐某一介质的树脂的耐蚀性下降，因为玻璃纤维不耐这种介质，腐蚀产物的膨胀进一步使界面脱粘，从而整

个复合材料都不耐蚀；另一方面是增强后的材料的高受力情况产生的，当树脂和介质产生应力腐蚀时，组成的复合材料仍然会产生应力腐蚀，纤维的增强作用很低或起到相反的作用。

所以防腐蚀工程对玻璃纤维的要求是：纤维应有适中的弹性模量；纤维应有较高的极限强度；在一股丝束中单根纤维之间的强度要均匀，以免产生增强的不均匀，降低复合材料的强度；纤维的直径应均匀稳定，表面状态良好；在操作加工过程中，表面应有良好的保护，防止纤维被擦伤。

8.1.2　树脂基体

树脂是玻璃钢的重要材料。一般来说玻璃钢中的纤维起着骨架作用，树脂起黏结纤维、固定骨架、传递荷载、均衡荷载和共同承载的作用。

（1）树脂对玻璃钢的作用

树脂对玻璃钢的作用首先纤维增强耐蚀材料的连续相树脂是提供耐蚀性的基础；其次树脂是粘接纤维、基底材料或其他工件的胶黏剂；再次是树脂通过载货传递将应力分散到纤维上。

① 黏结与固定作用　黏结作用是树脂的基本作用。树脂本身可以黏结成为一个整体，加入各种纤维状、粉状、片状填料时，也可把它们黏结为一个整体。树脂的黏结性与它本身的多官能度有关，各种热固性树脂由于都具有多官能度，因而可形成网状结构，在有纤维填料时，纤维便嵌入连续的树脂基体，形成由不连续的纤维相和连续的树脂相结合成的玻璃钢复合材料。由此可见，玻璃钢的成型工艺与树脂的固化工艺密切相关，只有树脂良好的固化，才能充分发挥树脂的黏结作用。

② 传递荷载与均衡荷载作用　单纯纤维有很高的抗拉承载能力，但它不具有承受弯曲荷载作用的能力。当树脂把纤维固结成玻璃钢以后，可以当梁使用。此时固化的树脂把荷载传递给纤维，在传递荷载的同时，树脂还起着均衡荷载的作用，同时在两层纤维之间的树脂层则承受剪切作用。层间剪切应力主要由树脂承受，故玻璃钢的层间剪切强度很低。

在玻璃钢中，玻璃纤维从未达到其理论强度，这主要是由于在拉丝、成捻等成纤过程中，以及在玻璃钢的成型过程中，玻璃纤维表面和玻璃纤维与树脂界面产生缺陷和微裂纹，在外部荷载作用下，微裂纹处出现应力集中现象，使玻璃纤维强度下降以至不能起承载作用。当树脂通过浸渍和扩散而进入缺陷，好像使玻璃纤维表面缺陷"愈合"，从而使缺陷和微裂纹处应力集中减少，使本来不起承载作用的纤维，转变为起承载作用，相当于全部纤维均衡承载，即树脂对纤维有"补强"作用。

树脂传递荷载与均衡荷载同时发生作用，虽纤维起主要承载作用，而树脂的作用也不可忽视，应看作是共同承裁的作用。由于玻璃纤维的加入而组成的复合材料其强度大大高于树脂的强度，这就是玻璃纤维的增强现象。这种补强作用和增强现象，互相弥补了玻璃纤维与树脂的缺陷，互相发挥了长处，使玻璃钢具有较高的承载能力。这也是玻璃钢衬里的主要优点。

③ 功能性作用　玻璃钢的特性由玻璃纤维及树脂的特性决定，我们可以选择不同的树脂和纤维分别满足不同的使用要求。一般说来，玻璃钢的力学性能主要由玻璃纤维来决定，而其他特殊性能如耐腐蚀性、耐热性等主要取决于树脂或其复合性能。如耐腐蚀性主要取决于树脂，但是由于增强后不但提高了力学性能，同时增加了耐蚀层的厚度，所以耐蚀性大大提高；同样的复合使聚合物复合材料可以具有较高比热容、熔解热和气化热的材料，以吸收高温烧蚀时的大量热能；玻璃和树脂的软硬搭配也使复合材料有良好的摩擦性能和良好的减摩特性；此外提高树脂的精选还会具有高度的电绝缘性能；优良的耐冷热性能；特殊的光学、电学、磁学性能等。另外，聚合物复合材料还有很好的加工工艺性能，这也完全是树脂提供的。可见，根据不同需要，合理选用树脂是很重要的。

（2）对树脂的要求

原始状态的热固性合成树脂一般是黏稠的液体，处于可流动状态，此时其内聚强度很小。内聚强度是由分子间作用力决定的，故随着固化交联的进行，分子量加大，流动性减小，内聚强度升高，当固化形成空间网状结构后，树脂强度迅速提高，当交联密度继续增大到很大时，在外力作用下出现脆性断裂，其断裂时的延伸率一般只有1%～3%。玻璃纤维的断裂延伸率随单丝直径的不同而不同。一般的变化规律是：纤维越细，断裂延伸率越大，强度越高，当玻璃纤维直径为 $14.5\mu m$ 时强度最高，玻璃纤维的断裂延伸率可高达5%，而小于这一直径的玻璃纤维所做成的玻璃钢的强度又开始下降。只有当玻璃纤维和树脂的断裂延伸率相近时，才能发挥玻璃纤维强度高的特点，才能使做成的玻璃钢具有最大强度。这要求树脂具有高的内聚强度、高的弹性模量，与玻璃纤维黏附性大，固化时收缩率小，断裂延伸率大；在选用树脂时，必须综合考虑这些因素，并在确定配方固化工艺及成型工艺中加以改善。

① 树脂固化后的要求　根据上述的作用原理，玻璃钢对树脂提出基本要求是：树脂对玻璃纤维应有良好的黏结性，并能保护纤维，使之在复合材料制造过程中不被擦伤。树脂本身应有较高的内聚强度。能渗入各单根纤维间隙，对纤维实现分散黏结保护，防止纤维表面有空隙，制得密实的复合材料。树脂的某些基本性能如延伸率、收缩率等应尽可能与玻璃纤维配合适宜。本身具有一定的塑性变形能力，可以将外加负荷所产生于复合材料中的应力有效地传递到纤维上去。树脂应具有优良的耐化学腐蚀性、耐热性及绝缘性等。与纤维在化学上能长期相容，不产生不利的反应。与纤维在热性能上相容，可以合理地发挥两种材料的效能。

② 树脂固化前的要求　上述要求是对已固化的树脂而言的，然而，已固化的树脂性能必须通过树脂的固化工艺来获得，而树脂的固化过程又与玻璃钢的成型过程分不开。因而，除上述要求外，还要对树脂的工艺性能提出如下要求：未固化的树脂对玻璃纤维有良好的浸润性，在浸渍过程中，树脂容易在玻璃纤维之间渗透和扩散；在浸渍、贴衬或涂刷时有良好的流动性、便于上胶和手糊，同时，应具有恰当的适用期，使树脂胶液的黏度变化和成型工艺两者相互配合好；固化工艺简便。

如根据成型的需要，手糊玻璃钢的基体树脂应满足下列条件要求：在常温常压下固化成型；固化时不生成低分子物；能配成黏度适宜的胶液；便于手工操作；价格便宜；耐腐蚀性能满足设计所涉及的介质和腐蚀环境的要求。

③ 树脂固化应力　通常所用的树脂在固化过程中，随着品种的不同其体积收缩率的大小也不一样，如表8-6所示。

表8-6　几种合成树脂的体积收缩率　　　　　　　　　　　　单位：%

树脂名称	环氧	酚醛	呋喃	聚酯
体积收缩率	1～3	3～5	>7	5～7

树脂固化收缩的原理在第4章已有详述，现在来分析一下在固化过程中树脂收缩率大小对玻璃钢性能的影响。第一种是处于玻璃纤维和胶料之间所承受的力，由于黏附作用，在界面上有很大的黏附力，因而在玻璃纤维钢成型过程中，虽然树脂体积产生收缩，而玻璃纤维的骨架作用通过黏附力抑制其收缩，这样便在固化的树脂中产生内应力。在树脂与玻璃纤维的界面上，会产生剪应力，它也是随树脂收缩率增大而增大。当因收缩在界面上产生的剪应力超过界面相的树脂强度或黏附剪切力时，则在界面上产生裂纹或界面脱粘，从而导致玻璃钢衬里强度下降。

第二种是层状复合材料间的收缩应力。玻璃纤维增强的树脂衬贴到钢铁基体上，在树脂胶凝后，玻璃钢与钢铁的结合面上，树脂固化产生收缩应力的破坏主要发生在这个面上。典型的是玻璃钢的收缩应力集中到这个复合面积上，由于基材的限制作用，在这个黏合面上产生了一个剪切应力，特别是在固化过程中和固化后期，剪切黏结强度还没有达到最大，树脂的收缩应力就容易使界面脱粘而复合失效，所以通常是在钢铁上作一层很薄的底漆来控制界面脱粘。预先涂上的底漆固化后由于涂层薄而强度低，收缩应力本身小，产生的剪切应力不足以使界面脱粘。待树脂固化完成后，剪切黏合强度已经达到最大，此后随着薄涂层的应力松弛，这些应力被释放，或者由于涂层强度低，产生裂纹而使应力松弛。所以，防腐蚀覆盖层的施工都是要作底漆，并且在底漆施工后需要几天的时间来进行腻子整平等表面预处理工作，这一方面是施工精细本身的需要，另一方面也是底漆应力松弛时间的需要。当在底漆上再覆盖较厚的玻璃钢后，基体和玻璃钢层间的剪切强度就不容易使界面脱粘了。

第三种是玻璃钢的收缩应力使玻璃钢本身的应力破坏。当覆盖层和基体的层间黏结的剪切强度足够大，界面脱粘不会发生时。固化收缩应力会使玻璃钢本身承载一个拉应力，这个拉应力超过玻璃钢的许用强度后就可能使玻璃钢产生裂纹来松弛这个应力。从而导致耐蚀覆盖层的失效。

以上这些应力表现形式的存在，对制品的持久强度影响极大，界面的极少量脱粘缺陷或者是覆盖层内部的裂纹缺陷，都是未来耐蚀性下降的主要原因。另外，这些应力的存在，也使得施工完成后需要较长的时间来完成应力时效过程，所以通常的施工养护时间是 7 天。如果时效时间不够，固化残余应力和使用时候的外载荷应力叠加后很容易造成衬里层的破坏。所以在选择树脂时，尽量选用韧性大和收缩率低的。在制定玻璃钢衬里的固化工艺条件时，应合理选用加温速度和时间，使温度变化与胶液固化时收缩应力的松弛过程相适应。特别是在胶液固化各阶段的转化过程中，具有充分的保温时间，使收缩产生的应力松弛到最小的程度。

8.1.3　纤维增强复合材料性能

作为耐蚀复合材料而言，耐蚀性与树脂性能及含量密切相关，还关注其使用温度，而力学性能是材料最重要的性能。纤维增强复合材料基本的力学特性有脆性大、强度离散性大、比强度高、比模量大等特点。用于承力结构的玻璃钢利用的是它的这种优良的力学性能，而耐蚀玻璃钢在制造和使用过程中，也必须考虑力学性能，但是耐蚀玻璃钢设计不会以力学性能的优化设计为主，而是以耐蚀性和力学性能兼顾，以降低单位力学强度、提高受力构件厚度来保证产品的强度需要和耐蚀寿命的需要。温度升高玻璃钢的性能下降；树脂基体的耐热性决定玻璃钢的耐热性；玻璃纤维的加入，提高了玻璃钢的耐热性；玻璃纤维含量越高，耐热性相应提高。

（1）强度的离散性

强度波动 12%～15%（钢材 4%～10%），这种分散性来源于结构的复合性、各组分本身及工艺制造的变异因数的叠加及相互影响。所以玻璃钢的强度设计时安全系数取值大；工艺操作技术及过程的不可重复性是最头疼的问题，每一次的配料误差、施工过程的环境变化、不同的操作技术的工人和操作习惯、各层及各部位纤维的排布误差、施胶量误差、涂施树脂时料液处于适用期中的时间点不同等因素都是导致强度波动的因素。生产管理的一点疏忽，强度波动大于 30% 也是可能的。

强度的离散性还来源于不同的破坏模式，而且同一材料在不同的应力条件和不同的介质环境下，失效有可能按不同的方式进行。例如由于局部的薄弱点、空穴、应力集中引起的应力腐蚀效应，除此之外，界面黏结的性质和强弱、堆积的密集性、纤维的搭接、纤维末端的应力集中、裂缝增长的干扰以及塑性与弹性响应的差别等都可以产生各种形式的失效。

玻璃钢的强度和模量离散性大，其原因如下。①因其结构为多相的复合体，影响因素极为复杂。其弹性特性主要取决于 3 个方面的特性，即玻璃纤维的数量、分布、方向及其本身的性能；树脂的数量、性能及固化程度，玻璃纤维与树脂界面的黏合状态。②在玻璃钢的制造过程中，受影响的因素也很多。如玻璃纤维的直径、丝股数与特性的偏异，树脂性能偏异，加工过程，特别是手工及喷射成型中操作技艺对材料质量的影响等，使各生产企业所生产的同一产品其性能可能有显著差异。

由此而产生材料性能数据的可靠程度问题，不得不采用较大的设计安全系数进行计算。在实际设计工作中如何确定合理的安全系数，既达到安全可靠又不造成材料浪费，也是一个较难确定的问题。

（2）各向异性

各向异性是玻璃钢材料分析和设计的关键问题，玻璃钢强度的各向异性来自受力纤维的排列方向的不同。由于纤维的一维特征，按复合材料原理为了使力学强度得到最大的发挥，单向分布的玻璃纤维含量可以达到 $60\% \sim 90\%$，在受力方向上玻璃纤维体积含量最大，其他方向被忽略，所以各向异性只是玻璃钢的一个谈不上优缺点的力学特征，完全靠设计者的取舍。幸运的是，作为防腐蚀的玻璃钢设备除了考虑力学性能外，耐蚀性能是更被重视的指标，所以在较高树脂含量的要求下，二维同性的表面毡、短切毡等毡布得到大量应用，或单独作为衬里层的增厚形成长效超厚的耐蚀涂料，此时玻璃纤维含量可控制到 $25\% \sim 50\%$；或毡与布交替排布，将玻璃布的玻璃纤维含量 $40\% \sim 65\%$ 降低以提高树脂含量，从而兼顾耐蚀性和力学性能的要求。由此可见仅使用玻璃布制作的玻璃钢耐蚀层只不过是成本和施工方便的简化，同时也降低了耐蚀性能。

（3）脆性

玻璃钢相对钢铁这种通用结构材料是脆性的，钢材断裂伸长大于 18%，玻璃钢只有 2% 多一点，碳钢属于塑性变型破坏，玻璃钢属于脆性变型破坏。而钢铁的强度是玻璃钢的 3 倍左右，弹性模量却是其 $1/80$ 左右，所以韧性很差，属于低模量结构材料，刚性远低于碳钢。在变形 $0.4\% \sim 1.5\%$ 时，即发生基体的永久性破坏。因此从力学性能上玻璃钢较少用于动设备上。

所以，玻璃钢的冲击性能较低，破坏是脆性破坏，破坏前有较大的弹性变形。其冲击性能主要取决于树脂本身的特性，但是纤维排列方向和含量也有影响，缺口敏感性较低。

（4）抗拉性能

玻璃钢的比强度远高于碳钢，在设备质量因素起到决定作用是，玻璃钢的优越性获得极大的重视。玻璃钢拉伸力学性能的特点是：①没有塑性变型，拉伸应力-应变关系是线性的，属于脆性材料，服从虎克定律；②具有 2 个弹性模量，拉伸应力-应变曲线存在拐点。碳钢屈服极限远低于强度极限 $50\% \sim 67\%$，玻璃钢几乎不存在屈服极限。拐点后材料出现界面脱粘、树脂开裂、弱纤维断裂等问题，作为耐蚀材料已经失效；③拉伸强度介于纤维和树脂浇铸体之间；④强度主要取决于纤维含量和纤维排列方向；⑤还取决于成型方法和工艺条件。

（5）抗压性能

玻璃钢的压缩强度是指玻璃钢中的树脂发生脆性破坏，纤维失稳发生屈曲的应力。压缩破坏的形式大多是承载端面"开花"，而其他部分未破坏，去掉破坏端面在实验，强度不会降低，如果增强承载端面，压缩强度明显提高。玻璃钢的压缩力学性能的特点是：①服从虎克定律；②只有 1 个弹性模量，压缩应力-应变曲线不存在拐点；③主要受树脂的力学特性影响；④增加纤维含量可以使压缩强度提高；⑤还取决于成型方法和工艺条件。

（6）剪切性能

玻璃钢的剪切性能的特点如下。①剪切在较低的范围内服从虎克定律。②层间剪切，即是剪切应力引起的剪切应变发生在纤维层间。其强度基本上取决于树脂浇铸体的剪切强度或黏合界面的剪切强度。③断纹剪切，即是剪切负荷垂直于纤维层所在平面，纤维层在载货方向发生剪切破坏。其强度由纤维和树脂联合提供。高于层间剪切强度。④面内剪切，即是负荷沿着各层边缘，剪应变在平行于各层的平面内的承剪，这样纤维层产生较大的歪扭变型，纤维承受拉压应力。

因此，通常玻璃钢的剪切弹性模量低，层间剪切强度低；蠕变性低。属于脆性材料破坏。剪切强度远低于拉伸、压缩强度，只是拉伸的 10%～20%。纤维排列方向对抗剪性能有绝对的影响，因此，防腐蚀设计时应该尽量兼顾纤维的各项同性布置，以兼顾层间剪切、面内剪切、断纹剪切的要求，如防腐蚀工程中可以在两层布间布置一层毡布来提高层间剪切强度，大量使用玻璃纤维含量 10%～30% 的短纤维增强的耐蚀层而不是玻璃布增强的耐蚀层来提高各种剪切强度等。

（7）弯曲性能

玻璃钢的弯曲强度略高于拉伸强度，弯曲弹性模量略低于拉伸模量。玻璃钢的弯曲性能的特点如下。①材料在弯曲状态下存在拉、压、剪应力，通常将弯曲性能作为材料综合性能的表述，用弯曲强度和弯曲弹性模量来表征。②材料可能由上表层压缩破坏、下表层拉伸破坏和中间层的层间剪切破坏。这些破坏除了取决于力学指标外，外还取决于结构几何尺寸。

（8）疲劳及蠕变

玻璃钢承受动载荷和长期载荷的能力远差于碳钢，所以在这样的力学环境中，通常防腐蚀工程中倾向于用碳钢的衬里技术解决耐蚀问题而不是选用整体耐蚀玻璃钢设备。玻璃钢的疲劳性能是玻璃钢的动力强度指标之一，疲劳破坏基本上是界面脱粘破坏。玻璃钢的疲劳性能的特点如下。①疲劳强度低，拉压疲劳强度只有静强度的 15%～35%，弯曲疲劳强度只有静强度的 10%～30%。②树脂的性能和含量对疲劳强度影响最大，树脂含量在 20%～34% 为最佳；树脂与纤维黏合强度直接决定疲劳强度。③可以选择合适的树脂和纤维如 E 型或 S 型玻璃纤维，或选择合适的铺设方案如纤维方向同受力方向按 6° 铺设来改善玻璃钢的耐疲劳性能。

玻璃钢的蠕变性能的特点是：①通常玻璃钢在常温下也能发生蠕变，是其重要的指标；②蠕变变型较大，具备一定的可恢复性；③应力方向与纤维方向的差对蠕变影响最大；④通常 1000h 的蠕变强度是静拉伸强度的 40%～60%；⑤温度对蠕变性能的影响显著；⑥弯曲蠕变变型最大。

8.2　耐蚀玻璃钢结构设计

复合材料的强度受许多因素的影响，这些因素包括各组分的机械不相容性、基体和增强材料的弹性塑性变形行为差异以及它们之间结合键的强度、组分材料的体积分数和外加载荷的方向等。由于这些因素的影响，复合材料的变形行为很复杂，许多问题尚未认识清楚。最简单的情况是纤维沿同一方向排布的复合材料层板（单向板），对于纤维排布方向不同的复合层合板的力学性能，可以根据单向板的性能用层板理论求得。因此，单向板的性能是研究复合层板性能的基础。而且纤维增强耐蚀复合材料并不追求最大应力的条件，只研究纤维与基体黏结牢固，界面完整，它们之间没有相对滑动，纤维和基体不发生塑性变形，并且忽略了纤维和基体泊松比不同引起的附加应力条件。所以处理相对简单。

璃钢结构设计，主要是根据玻璃钢材料的特性，按其所承担的物理与化学上的负荷以及玻璃钢成型工艺的要求而进行的。玻璃钢材料的层集，大多是一层层铺叠而成，且常用的玻璃纤维材料规格品种有限，因而对于不同的成型工艺，如铺层工艺、整体模压工艺等可以找到其共同的规津性。对于材料结构也可以找到一些适用性较宽的设计原则和方法。另外，在产品设计阶段，必须考虑到所用何种材料结构和成型方法；在进行材料结构设计时，又与产品的实际应用不可分割，由此而造成玻璃钢产品设计工作的较突出的难度和复杂性。

8.2.1 设计准则

（1）限定应力准则

对于均匀材料来说，根据一般应力状态下最大拉应力的数值和单向应力状态下发生脆性断裂时最大拉应力等于强度极限，设备受力被限定在极限强度内，可以计算材料力学的原理计算构件的几何尺寸，建立失效判据和设计准则。该准则被表述如下：

$$\sigma_{max} \leqslant [\sigma], [\sigma] = \sigma_B/K \tag{8-1}$$

σ_{max} 是结构在设计方向上的最大允许使用应力，$[\sigma]$ 是最大允许设计应力，σ_B 是试样材料的实测破坏应力，K 是设计选取的安全系数。设计对于短纤维增强、模塑料等加工的零件可以采用这个准则，如果材料失效仅仅只是力学破坏也可以使用这个准则。

对各单层为玻璃纤维增强的正交各向异性材料的层合板，该准则只是在正交两向上进行拉应力限定，同时限定压应力和剪应力，它从形式上看分别相应于各向同性材料的最大拉应力强度准则和正交各单向复合材料层合板的最大应力强度准则，这基本强度极限值根据试验测定，安全系数 K 则根据经验选取，通常取 $K=7\sim10$，高的甚至取到 20。

（2）限定应变准则

当材料在承受应力后必定要产生应变，根据对受力状态下产生应变的限制，从而限定了材料所承受的应力，然后按材料力学的原理计算构件的几何尺寸，建立失效判据和设计准则。对于几何变形复杂的材料和弹性变形不完全按照胡克定律的材料，复合的层集材料（如耐蚀衬里、金属复合板等），一般推荐用限定应变准则设计。该准则被表述如下：

$$\varepsilon_{max} \leqslant [\varepsilon], \gamma_{max} = [\gamma] \tag{8-2}$$

ε_{max} 是结构在使用时受力方向上的最大允许线应变，$[\varepsilon]$ 是设计时规定的最大允许线应变，它是根据实验或理论研究后进行的规定。γ_{max} 则为最大允许剪应变。对各单层为玻璃纤维增强的正交各向异性材料的层合板，该准则只是在正交两向上进行拉应变限定，同时限定压应变和剪应变，它从形式上看分别相应于各向同性材料的拉应变强度准则和正交各单向的各向向异性复合材料层合板的最大应变强度准则。

在玻璃钢设计中，通常 $[\varepsilon]$ 并非通过试验先测出极限应变再除以安全系数而得到的应变值，也非由允许应力根据材料的物理方程计算而得，一般均直接给出了数值，如其值为 $0.05\%\sim0.2\%$。也可以由树脂的固化收缩率和树脂浇铸体的延伸率等因素制定。对于层状复合材料，可以由脆性最大的材料来规定。

（3）玻璃钢的失效

对于耐蚀玻璃钢结构的失效，除了力学破坏外还有介质腐蚀，很多时候还是应力和腐蚀介质共同作用的结果。诸多介质中水的渗透是主要因素。一是化学介质很多是水溶液；二是水的渗透能力相当强。水在玻璃钢中的渗透深度与盐酸溶液的渗透深度相当，而大于硫酸的渗透深度。原因是硫酸根阴离子较大，一般只能沿纤维-树脂界面以毛细作用缓慢渗入，而多数硫酸根离子集中在玻璃钢表面阻滞了渗透的进行。NaCl 溶液的渗透与盐酸溶液的渗透比较也同样说明问题。与 HCl 溶液中氯离子浓度相同的 NaCl 溶液，其渗透深度要比 HCl 溶液小一个数量级。解释是 Na 阳离子容易极化，使有效离子直径增大，大大降低了扩散速度。这些都强调了同介质接触的阻挡层在阻止大离子渗透中的作用。

当设备有一完整阻挡层时，酸和含水介质中容易产生的质子虽然小得足以扩散到阻挡层内去，但由于吸附在玻璃钢表面的溶液大离子的电荷作用，阻碍着质子的扩散。然而，当阻挡层的完整性受到破坏时，不仅是溶液中的大离子得以扩散进去，而且不再受阻碍的质子也大量侵入。质子的侵入、破坏作用更甚，它会引起玻璃纤维分解破坏。介质中的小离子取代玻璃中的碱土金属离子，以致形成较高的微应力，损失强度并导致开裂。

由此可见，玻璃钢耐腐蚀设备除了要正确地选择树脂本体以外，还必须具备 3 个最必要的条件：一是要有一个完整无损的接触介质的表面阻挡层；二是要有相当厚度的防渗层；三是纤维-树脂的黏合界面不受介质的破坏，当在应力作用下，树脂或树脂-玻璃纤维界面会形成银纹，介质扩散到银纹中降低银纹的内聚强度，使其形成裂纹，导致界面脱粘或裂纹长大。虽然这种介质可能不会同树脂形成应力腐蚀对，渗透介质对树脂本身的银纹不会影响。但是对玻璃纤维-树脂界面来说，界面应力由于残余应力的叠加而更大，银纹内聚能的少量损失都仍然会导致失效。

对于第一和第二的腐蚀，我们在设计中可以保证有一个相当厚度的防渗层，然而，要长期保证接触介质的表面阻挡层完整无损却需要仔细地设计。虽然树脂的弹性模量要低于纤维增强后的同种树脂基复合材料 1/4 左右，即在相同应力作用下的应变要大一点；但是其强度却比玻璃钢低 1/8 左右，如果应力过大，树脂也会开裂，所以就要限定树脂的应变在其极限强度以内，也是玻璃钢一般不采用单纯的树脂防渗层而用表面毡的原因，同时还是耐腐蚀玻璃钢设计采用遵循限定应变设计准则的原因。

（4）耐蚀玻璃钢设计准则

目前耐蚀玻璃钢设计都是使用限定应变准则，因为强度条件设计中的安全系数的取值较少有理论或实验上的依据，而限定应变取值是实脸依据；对复合结构来说，强度条件准则是按复合结构内各层次等应力设计，而限定应变准则是按复合结构内各层次等应变设计，从复合材料力学的角度更合理。复合结构内各层次的纤维制品和成型工艺方法都不同，按强度条件设计时应取不同的安全系数和许用应力；而限定应变准则是各层次取相同的许可应变量，这在设计程序上也更为简单。

强度条件设计的材料基本参数是强度特性，而限定应变准则设计所取的基本参数是材料的弹性系数。对玻璃钢来说，强度特性值的离散系数大，而弹性特性值的离散系数小，因而按限定应变准则设计要更准确些，而且，就复合材料力学理论来说，弹性特性的估算要比强度估算准确些。按强度条件设计，不易进行实验核查，而按应变准则设计可进行核查应变的非破坏性检验。这对于压力容器尤为有利。

但是，应变值的选取仍然是非常复杂的问题，从理论上，如果考虑介质的腐蚀，耐蚀玻璃钢的应变值是产生银纹的应变，这是考虑玻璃钢的特有应力腐蚀的情况；如果仅是渗透腐蚀，则只需考虑界面开始脱粘时的应变值。

玻璃钢的力学破坏的过程为在低应力下纤维与树脂界面首先发生"脱粘"破坏，出现须用显微镜方可找到的初始微裂纹，在应力增加到一定水平时接着发生树脂基体开裂破坏，最后是纤维断裂，试样全面破坏。一般说来，无论是疲劳拉伸试验或静拉伸试验，无论有无应力集中，无论是玻璃毡、布或纤维缠绕等不同增强材料，都明显地存在着这三个破坏步骤。只有当树脂基体的断裂延伸率大于增强纤维时 2、3 步的断裂才大体同时发生。

第一步的脱粘破坏一般发生在与载荷方向垂直的横向纤维的界面上，对于脆性树脂基体尤为明显。而纵向纤维的脱粘始终延后于横向纤维，这是由纤维和树脂基体间的界面特性所决定的。归纳短时静拉伸试验的数据，发生脱粘破坏的应力值大体为 30% 的极限强度，对应的最大应变仅在 0.1%～0.2%，这几乎不受残余应力和应力集中的影响，只是疲劳条件下脱粘破坏的应力降低到了 10% 极限强度。而且，随着疲劳次数的增加，玻璃钢发生脱粘破坏的应力水平下降。

这种脱粘产生的微裂纹，在介质作用下就是扩散渗透的有效路径和集液点，因此被认为材料发生初始微裂纹的状态视为材料的耐渗极限状态，即材料材料失效了。而脱粘破坏可以用声发射试验检测、也可以用材料的吸水量的明显增加来表明玻璃钢材料已发生大量微裂

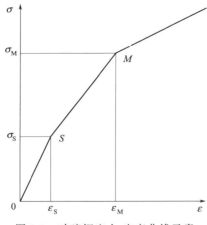

图 8-1　玻璃钢应力-应变曲线示意

纹，当检测设备足够精密时，应力-应变曲线上也有一个微小的拐点。这些参数对应的应变就是限定的应变值。

如图 8-1，用声发射技术确定 S 点，出现 S 点后，横向纤维大量产生界面脱胶；纵向纤维面则基本上保持原状未脱胶，纤维及其间的树脂基本保持原状而未发生新的纤维断裂和树脂开裂现象。S 点所对应的应变 ε_S 就是 $[\varepsilon]$。而当材料接触介质时，$[\varepsilon]$ 被估计得更低，但是只能确定范围，而不是一个具体的值。所以这种情况下采用材料的吸液量的突变来确定 S 点更准确，如果液体是材料将面临的介质，检测也是在设计温度下，所用试样的原料和工艺及操作人员也将与制造的设备相同，所确定的应变结果最佳。

8.2.2　力学性能预测

在设计时需要知道玻璃钢的强度、应变、模量、单层板厚度、含胶量、各向的玻璃纤维含量等参数。这些参数虽然可以根据其所用玻璃纤维与树脂的参数进行计算，但在实际产品设计中往往还不能作为准确的数据依据。这些最好的方法是对预生产的试样进行检测，然后根据检测数据进行设计。由生产单位根据对实际产品或在稳定条件下制作的试样进行大量和长期的实测资料积累而确定。在进行设计工作之前必须首先搞清这些数据的可靠性，需了解生产企业的工艺条件、质量控制水平等因素，作出判断。

对于没有特殊的介质要求、没有完善的检测设备和技术条件及特殊形状的设备时，以理论估算进行设计相对简单，也经过了大量的实践检验，因此以下介绍估算法。由于防腐蚀玻璃钢都是在小应变的条件下使用，所以理论计算忽略了纤维和基体不同泊松收缩所引起的附加应力影响，而且试验也表明，这种忽略所引起的误差很小。

对于单向层板在轴向载荷作用下，连续长纤维增强的复合材料，在受到沿纤维方向的拉应力作用时，整个材料的纵向应变可以近似认为是均匀分布的，即复合材料、纤维和基体具有相同的应变。即 $\varepsilon_L = \varepsilon_f = \varepsilon_m$。下标 L、f、m 分别表示复合材料的纤维方向是纤维纵向时的力学性能、纤维和基体。由于外加载荷由纤维和基体共同承担，则应有：

$$\sigma_L A = \sigma_f A_f + \sigma_m (A - A_f) \tag{8-3}$$

式中，σ 表示应力；A 表示横截面积。由于在此条件下复合材料及构成单元都符合胡克定律 $\sigma = E\varepsilon$，由式(8-3) 得复合材料的纵向弹性模量 E 与纤维和基体的弹性模量 E_f、E_m 的关系为：

$$E_L = E_f V_f + E_m (1 - V_f) \tag{8-4}$$

式中，V_f 为复合材料中纤维的体积分数，上述方程称为混合定律，玻璃纤维在断裂前可近似地看作是线弹性的，但是树脂基体应力应变行为通常表现为非线弹性，断裂前可能发生很大的黏弹性变形，因此在平行于纤维方向的拉伸应力作用下，由式(8-3) 以及 $V_f + V_m = 1$，$V_f = A_f / A$，$V_m = A_m / A$ 得

$$\sigma_L = \sigma_f V_f + \sigma_m (1 - V_f) \tag{8-5}$$

当纤维含量 V_f 超过 0.11 时，纤维有增强效果，纤维含量 V_f 小于 0.11 时，纤维基本上失去增强效果。

当纵向纤维存在断裂时，纵向弹性模量按下列公式计算：

$$E_L = E_f V_f (1 - K_f) + \varphi K_f E_f V_f + E_m (1 - V_f) \tag{8-6}$$

式中，φ 是断裂纤维的有效系数；K_f 为断裂纤维的百分比。

其他的估算方法很多，也形成了一个复合材料力学的新的学科分支，作为复合材料力学性能预测和复合材料设计起到了很大的作用，这里不再详述。

8.2.3 耐蚀玻璃钢的层间设计

材料结构设计中同时确定了对成型工艺的要求。玻璃钢产品的制造和玻璃钢材料结构的成型是同时完成的，因而进行材料结构设计必然要考虑成型工艺的可能性与合理性，设计者必须熟悉掌握成型工艺技术。

（1）耐蚀玻璃钢设备的层间结构

设计耐腐蚀、防渗性 GFRP，合理的铺层结构是关键的环节，一般接触介质的内表层为直接抵御介质腐蚀的耐蚀层，由玻璃纤维表面毡增强耐腐蚀树脂组成。含胶量为 95%，厚度约 0.5mm。次内层由玻璃纤维表面毡增强树脂组成，含胶量为 70%，厚度为 1.5mm，这两层是防止介质渗漏的防渗层。玻璃钢整体设备的层间结构如图 8-2，层间结构数据见表 8-7。

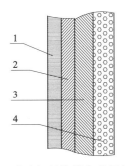

图 8-2 玻璃钢整体设备的层间结构
图注见表 8-7。

表 8-7 玻璃钢整体设备的层间结构数据

	层次	树脂含量/%	厚度/mm
1	内层	70~80	0.5~1.0
2	中间层	50~70	2.0~2.5
3	强度层	30~50	由强度设计决定
4	外层	80~90	1.0~2.0

中间结构层由短纤维玻璃毡和中碱无捻无粗纱玻纤布交替迭层组成，树脂含量为 50%~60%，厚度由设计时单层板的强度和总强度要求而定。其作用是满足强度、刚度和稳定性的要求。铺层中增加短切玻璃纤维毡是为了有利于玻璃布的粘接，从而改善玻璃布刚性不足和剪切强度低的缺点，使玻璃钢设备更具整体性。外表层是为改善玻璃钢的耐老化性能、防大气腐蚀、延长使用寿命而设置的，由玻璃纤维表面毡增强胶衣树脂组成，树脂含量为 80%~90%，厚度约 2mm。

（2）玻璃钢衬里的层间结构

玻璃钢衬里层间结构设计，按技术要求应分为底层、中间层和面层。

① 底层 底层由底漆、底层腻子和底布三者组成，其作用在于黏结玻璃钢层与金属基体表面。根据使用温度要求，可选用不同固化热处理类型的环氧底漆；底布宜选用厚度为 0.1~0.2mm 的中碱或无碱无捻粗纱方格布。底层含胶量控制在 40%~50%，厚度 0.2~0.4mm。

② 中间层 中间层起着面层与底层间的过渡作用，并与面层共同组成耐腐蚀的防渗层。玻璃布宜选用厚度为 0.2~0.4mm 的中碱或无碱无捻粗纱方格布，含胶量应控制在 50%~60%，层厚为 2~2.5mm。

③ 面层 面层由面层布、面层腻子和面漆三者组成，是主要的防腐层。玻璃布宜选用厚度为 0.3~0.5mm 的有碱或无碱无捻粗纱方格布（或玻璃毡）等。面层含胶量应控制在 65%~75%，层厚在 1~1.5nm 之间。

玻璃钢衬里的层间结构如图 8-3。

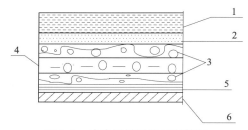

图 8-3　玻璃钢衬里的层间结构

1—介质；2—表面毡耐腐蚀层

0.2~0.5；3—短纤维表面毡；

4—玻璃布；5—底漆；6—设备

各层含胶量的关系：1 层表面毡含胶 90%，2 层短切纤维毡含胶 70%~75%，3 层玻璃布含胶 60%~65%。

8.2.4　玻璃钢强度层计算程序

（1）确定基础性能数据

产品的使用条件对玻璃钢材料的要求是材料结构设计的客观要求，必须充分满足。例如所要求的力学性能、热性能、耐腐蚀性能、电性能、阻燃性、耐气候性、接触食品与否、外观颜色、光滑与平整度等，都要充分考虑。在确定了基础的性能数据以后，即可根据复合材料结构分析与力学计算理论进行设计计算，由此而可得到比较可靠与合理的设计结果。

（2）确定层间结构和增强材料树脂含量

各种玻璃纤维增强结构的玻璃钢材料有不同的玻璃纤维含量范围。如短切玻璃纤维增强，玻璃纤维含量 26%~35%；方格布增强，玻璃纤维含量 45%~55%；短切玻璃纤维方格布交替增强，玻璃纤维含量 35%~45%；加捻布增强，玻璃纤维含量 60%~70%；缠绕或单向布增强，玻璃纤维含量 65%~75%。一般玻璃纤维、树脂品种、玻璃纤维含量确定后，根据基本的几何计算，其相对密度、玻璃纤维、树脂实际用量（kg/m²）、单层板厚度等就确定了。

单层板厚度可以用式(8-7)计算：

$$\delta=\frac{\rho_A[\rho_m+A(\rho_f-\rho_m)]}{\rho_f\rho_m(1-A)}n\times10^3 \tag{8-7}$$

式中，δ 为复合材料厚度，mm；ρ 为密度；ρ_A 为纤维织物的单位面积质量；A 为基体含量，%（质量）；n 为纤维织物的层数。

（3）单层板许用负荷

玻璃钢各单层的厚度可以根据实际生产条件或含胶量和玻璃纤维量进行计算或测定，因而一般材料力学计算中所用的应力与强度概念，在此即可用单位宽度应力与单位宽度许用负荷概念加以取代，进行计算。采用这个概念计算单层复合结构的承荷能力，对于各向异性的复合材料设计工作更为适用与简便。

另外，在玻璃钢结构的力学计算中、在很多介质中，设备的内部构件、外部构件不受介质的影响，所以可以使用限定应力准则设计，另外由于增强材料的形状和用量不同，也需要鉴别强度因素或应变因素何者为限定因素。

强度与弹性模量值已确定以后，即可以得到设计力学计算中所需的基本参数。根据前述玻璃纤维用量和厚度的各参数关系，在各种不同纤维分布结构的复合材料层的拉伸强度与弹性模量值已确定以后，即可以得到设计力学计算中所需的基本参数。判断强度和应变何者为许用负荷的限定因素。其方法如下。

① 分别计算各单层强度限定的允许负荷，单层板由强度限定的单位宽度许用负荷：$\sigma_L=\sigma_0\delta/k$，N/mm。单层板单位宽度拉伸极限承荷能力：$\sigma_0$ 是复合材料的拉伸极限强度的测试值，也可以是按混合定律的计算值，N/mm²；δ 表示复合材料的厚度，mm。

② 确定整体材料的允许应变。如果没有检测值时，一般可考虑成树脂断裂伸长的 1/10 或者按限定应变条件，取 $\varepsilon=0.1\%$~0.2%。对于一般贮存容器或罐体可取 $\varepsilon=0.2\%$。然后按两值中的较小者定为 ε 值。

③ 分别计算各单层应变限定的允许负荷 σ_S。单层板由应变限定的单位玻璃纤维用量、单位宽度许用负荷：$\sigma_S = E[\varepsilon]\delta$。

④ 对比各单层 σ_L 与 σ_S，如果全部各单层板的 $\sigma_S < \sigma_L$，此时表示在设计许用负荷 σ_D 下，复合材料中全部各层应变均不超过整体的允许应变值，强度仍有富余。可分别确定各层在 $[\varepsilon]$ 限定下的允许负荷 $\sigma_D = \sigma_S$。

⑤ 如出现某一层有 $\sigma_L < \sigma_S$ 时，说明该单层应变虽未超过允许范围，强度已达到临界值。此时要对该单层要下调 $[\varepsilon]$ 值到更低，以防止出现某单层超负荷或层间应变差别大而致过大的层间剪切负荷。其步骤如下：计算各 $\sigma_L < \sigma_S$ 的单层在强度限定的负荷临界值下所达到的应变 $\varepsilon_L(\varepsilon_L < \varepsilon)$，然后比较各单层 ε_L，取最小值 ε_{min}。此 ε_{min} 即为适于复合材料全部各单层的应变极限。据此再计算各单层的设计许用负荷。

（4）层叠结构

总和各层许用负荷必须大于外负荷在复合材料整体结构中引起的内力。

$$\sigma_{D1} n_1 + \sigma_{D2} n_2 + \cdots + \sigma_{DX} n_X > \delta\sigma_b$$

n_X：X 层的层数，上述为复合材料结构设计的基本公式。据此可进行多方案结构设计比较。

根据以上结构计算方法分别求出短切纤维毡、无捻方格布、粗纱环向缠绕和螺旋缠绕等不同纤维增强结构的设计单层许用负荷以后，就可由不同纤维结构、不同层数以及不同的复合顺序三个方面的变化，设计出不同的复合材料结构方案进行对比，最后确定最佳方案。

8.3　耐蚀玻璃钢设备设计

FRP 结构设计的特点是材料设计和结构设计同时进行，是因为材料和结构都是在同一工艺过程中形成的。这与传统的金属材料的结构设计差别极大。耐蚀玻璃钢设备设计包括整体玻璃钢耐蚀设备的设计；玻璃钢衬里设备的设计；玻璃钢增强耐蚀设备的设计。其中玻璃钢衬里的设计采用限定应变准则进行设计，因为衬里层也是耐蚀层。而玻璃钢包覆塑料或陶瓷设备，则相当于耐蚀层是塑料或陶瓷，强度层是玻璃钢，所以可以按限定应力进行设计。限定应变的设计意味着纤维的强度没有得到较大的发挥，器壁厚度增大，成本增加。所以玻璃钢衬里才被设计者青睐。本节只讨论整体玻璃钢耐蚀设备的设计。

FRP 虽然具有低值、高强、耐腐蚀等令人注目的优点，加工容易、产品的材料及结构特性可任意改变。但从设计观点看存在一些问题：①由于原材料的多样性，不易得到稳定的、标准的物理性能，且因材料性能分散性较大，所以可靠性较低。②影响因素多，有关性能的设计资料不可能十分完备，设计中靠设计者的经验和揣估的地方多，设计者的责任大。③FRP 是各向异性材料，设计和制造各种产品时，在设计思想、计算方法、设计准则和试验方法等方面，都存在很大困难。所以，没有建立起完整的设计体系，也不易充分理解。

8.3.1　设计标准的选择引用

要想使 FRP 结构在各种复杂状态及要求下既能安全使用又不浪费材料，必须有一套切实可行的设计标准，以供设计人员参照执行。其实从来的设计都必须要有标准进行规定，设计者按照标准规定进行设计即可，这样设计者从法律的角度是合法的。而设计者选择标准也很关键，必须选择有效的标准，一般国标大于行业标准，也大于企业标准，制定时间最近的标准也必须优先采用。这是从法律的角度考察其有效性的结果，但是很多时候企业标准的某些计算指标和方法要优于国标，设计者要学会综合平衡、取舍。

因此如何收集足够的相关标准，读懂标准就是设计者的首要任务，一般选择一个规定得比较全的标准作为设计的主要标准，然后用其他标准的规定补充主要标准没有规定的部分，由于玻璃钢设备构建的多样性，很多构建都没有进行规定，只能采用其他行业的规定进行补充，有时，复合材料的特殊构建设计没有标准参照时，可以参考钢制构件的设计规定，这也是复合材料设计的特殊性。

任何标准都有失效性和范围，随着技术研究的深入和进步，设计标准都要逐步完善修改，所以人们用"技术条件"、"规定"、"规范"、"要求"、"规程"等来描述标准的技术范围和限制。设计时引用的标准越多、理解得越深，设计的准确度就越高，一般不推荐设计时设计者按照自己的理论知识和理解来进行设计，即使由于没有规定，也需要进行试验研究或开论证会通过后才能使用。一个好的设计可以安全、经济地变成现实的设计，是引用标准多、设计者发挥少的设计。但是一个先进的设计一定是应用了很多的经过理论和试验、验证开发出的新技术和新方法。当然先进性与成熟性怎么平衡通常是总设计师考虑的事情。

国外最早的 FRP 贮罐、容器方面的标准是美国商业部 1969 年颁布的产品标准 PS15—69《手糊法成型增强聚酯耐化学腐蚀设备》。其内容包括：力学特性、异管壁厚、管子及附件系列、内压管及法兰系列，敞口立式容器最小壳体厚度系列。该标准采用的设计方法是强度条件准则，影响甚广，但设计方法落后，材料参数落后。1974 年又颁布了 ASTM D3299—74《纤维缠绕玻璃纤维增强聚酯耐化学腐蚀容器》标准。该标准是关于常压敞口、直立、直接放置地面的椭圆形容器，设备最高温度通常为 82℃（180F）。ASTM D3299—74 标准的最大特点是壁厚设计方法扬弃了强度设计方法，而控制应变在 0.1％条件下进行设计。

英国标准 BS 4994—1973《增强塑料容器》是目前较完善的一个标准。这个标准强调的是设计方法，而不是产品条例。设计方法的特点是强度条件准则和限定应变准则并用，一般是按强度准则进行设计，而按限定应变准则进行校核。设计的中心是材料设计，即壁厚求出来时，容器的铺层设计也完成了，材料本身的特性也就确定了。BS 4994—1973 是关于聚酯和环氧树脂的手糊增强贮罐设计、材料、结构、检验和实验规范，内容很全面，适用于带热塑性内衬或不带热塑性内衬两种情况。

国内于 1984 年由化工部设备设计技术中心站编制了化工设计标准《手糊法玻璃钢设备设计技术条件》（CD 130A19—85）。适用于手糊成型的耐化学腐蚀静止 FRP 化工设备（包括钢壳内衬 FRP 设备）。该条件不涉及设计方法，只规定了有关原材料、施工、检验及验收方面的技术要求，在设计、制作 FRP 设备时可参考。目前采用的是 HGT 20696—1999《玻璃钢化工设备设计规定》作为首选标准。

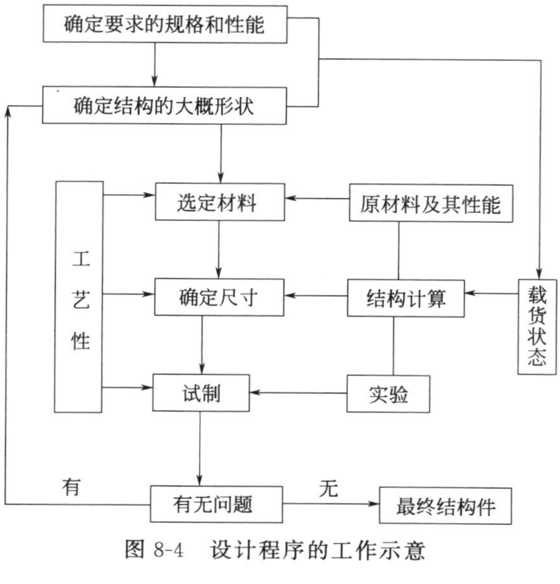

8.3.2　设计程序

图 8-4 是设计程序的工作示意。

通常，将 FRP 产品结构设计全过程归纳为 3 个主要内容：性能或功能设计；结构（强度、刚度）设计；工艺设计。这是 3 个截然不能分开、相互关联的有机整体。性能设计要以产品使用技术条件为主要依据，通过选材、结构设计、工艺设计各阶段的工作，使产品最终符合需要的技术条件，以能发挥 FRP 的特性。结构设计是根据产品所受的载荷、介质、使用环境，结合工艺和性能，设计出不使材料和产品产生破坏或有害变形的结构尺寸，确

图 8-4　设计程序的工作示意

保安全使用，同时要求材料最有效地利用，以降低消耗，减轻成本。工艺设计是针对该产品的特点，性能要求以及数量，选择合理的成型工艺方法，使该产品不仅成型方便、合理、质量稳定可靠，而且成本低廉。

8.3.3　功能设计

玻璃钢设备大部分都是非标设备，设备要求的规格和性能是工艺设计已经注明了的，同时设备的大概形状也在工艺的设备布置草图中被确定，即设备的占地面积，接管方位、高度、管径都必须符合工艺要求，设备的重量也必须限定在工艺的估算范围内，这些指标的确定也是在设备设计工程师的参与下，在工艺设计阶段被估算出的。

一是功能的设计，在化工工艺流程的设计阶段，流程中各设备的功能设计就基本上完成了，同样，玻璃钢设备的功能设计也必须完成，在此过程中根据介质条件进行选材，一般通过成熟的经验和材料腐蚀数据手册进行初选，必要时选材还要进行腐蚀试验。

二是形状的选择，结构物的刚度与材料弹性模量有关，也与结构物的形状有关，通过形状的改变以利于获得较大的刚度是材料力学结构设计的基本措施，同样玻璃钢也不例外。但是复合材料的性能有强烈的方向性，即使形状选择是正确的，在成型时若不控制纤维的方向，也会导致失效，所以形状选择要照顾到设备制造的工艺性，在工艺上纤维的排布与受力一致，拟采用的增强材料品种（毡、布、粗纱）尽量少，玻璃布的剪裁能使纤维满足应力方向的要求。

三是工艺接管的确定，一般来讲接管参数必须满足工艺布管的要求。如果由于玻璃钢设备的特殊性不能满足，一定要与工艺设计的工程师商量，有时设备工程师很难解决的问题，在工艺设计师那里很容易克服。

四是设备结构的确定，设备根据使用的要求，内部会有很多构件，在起始考虑复合材料结构物设计时，应尽可能地将可以合并的结构元件合并成一个零件，例如梁、肋、板结构物，不一定必须先成垫梁、肋、板而后拼装，可以一次成型一个组合件。这样做就减少了连接，减少了拼装工作量，减少了模具，减轻了结构物重量，也提高了产品质易，从而降低了设备、建筑、安装成本。

8.3.4　结构设计

（1）负荷计算

根据外加负荷条件计算玻璃钢结构所承受的应力，如压力或真空负压容器，设计内压力和外压力；介质或液压试验的液体静压力，风载、地震载荷、顶部载荷（雪、人体、顶盖、保温材料）；支座、支脚或连接部件引起的作用力和局部应力；设备运输和安装、吊装承受的载荷。再根据容积、尺寸、介质相对密度、开口、支管及支撑要求，计算容器或贮罐的如环向或轴向内力。这方面有各种不同设备设计方法和标准进行规定，且金属材料设备的载荷计算方法也可以直接引用到复合材料设备中，不需要进行过多的论证。

（2）确定安全系数。

由于玻璃钢性能数据的离散性较大，设计所用安全系数也较大。但盲目加大安全系数将造成材料浪费，故必须根据产品的实际使用及生产条件确定具体的安全系数值。不同产品以及同一产品的不同部位，都可以考虑采取不同的安全系数进行计算。要根据企业和设计部门的实际经验，采取不同的方法加以确定，不应千篇一律地用一个安全系数来计算不同的产品或不同的部位。

安全系数是一个经验性的系数，它包括许多影响因素，而这些因素是强度计算的基本公式中所没有考虑的，推荐的方法是：

$$K = 3k_1k_2k_3k_4k_5$$

式中，3 为与材料极限强度有关的安全系数，2.7～3，一般取 3；k_1 为按应变准则是制造方法影响因素，一般手糊法取 1.6，喷射法取 2.0，机械成型取 1.4；k_2 为长期使用后蠕变因素，由经验或实测确定，一般在 1.2～2.0 范围内取值；k_3 为使用温度影响因素，取决于树脂热变形温度和设计的工作温度，取值在 1～1.25 间，由图 8-5 查得；k_4 为周期性负荷影响因素，可由图 8-6 确定；k_5 为固化过程影响因素，常温固化时取 1.5，固化热处理取 1.1。如固化温度高于设计使用温度 20℃ 以上，树脂热变形温度在 70℃ 以下时，可时取 1.3。

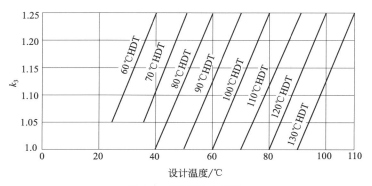

图 8-5　温度影响系数

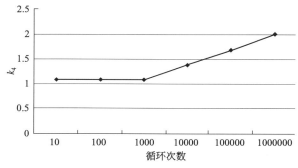

图 8-6　交变载荷影响系数

（3）内压容器壁厚计算

大多数的容器都是由一个筒体加上一个或 2 个封头构成，筒体大多数时候都是选用圆筒，特殊情况选用椭圆形或矩形。封头有平板、圆锥、球形、椭球、蝶型封头等，主要根据工艺和强度需要而定。各种形状的筒体、封头都有相应的计算规定，这里略举几个。

① 内压圆筒壁厚计算

$$\delta = \frac{KPD_i}{2\sigma_b} \tag{8-8}$$

式中，P 为设计压力，MPa；D_i 为内压圆筒的内径，mm；σ_b 为圆筒材料的环向的拉伸强度，MPa；K 为安全系数；δ 为筒壁的计算厚度，mm。

② 内压球壳壁厚厚度设计

$$\delta = \frac{KPD_i}{4\sigma_b} \tag{8-9}$$

式中，P 为设计压力，MPa；D_i 为内压球壳的内径，mm；σ_b 为球壳材料的环向的拉伸强度，MPa；K 为安全系数；δ 为内压球壳壁的计算厚度，mm。这也是球形封头的壁厚计算公式。

③ 内压椭圆型封头壁厚计算

$$\delta = \varphi \frac{KPD_i}{2\sigma_b} \tag{8-10}$$

式中，P 为设计压力，MPa；D_i 为椭圆型封头的内直径，mm；σ_b 为封头材料的环向的拉伸强度，MPa；K 为安全系数；δ 为内压椭圆型封头的计算厚度，mm；φ 为椭圆型封头的形状系数，其值由式（8-11）计算。

$$\varphi = \frac{1}{6}\left[2 + \left(\frac{D_i}{2h_i}\right)^2\right] \tag{8-11}$$

h_i 是封头曲面深度，目前大部分储罐 $\varphi = 1$，即 $D_i = 4h_i$。这样能保证筒体壁厚和封头壁厚相等，对于玻璃钢设备来说，特别重要，它有利于成型加工时的简化。所以玻璃钢设备无重大原因，都选用椭圆封头。

④ 内压蝶型封头　蝶型封头尺寸由半径 R_i 的球面部分和半径 r_i 的球面过渡部分，以及封头曲面深度 h_i 三部分组成，一般 $R_i = 0.9D_i$；$r_i \geqslant 0.1D_i$，且不得小于 3 倍壁厚；

$$\delta = \varphi \frac{KPD_i}{2\sigma_b} \tag{8-12}$$

式中，P 为设计压力，MPa；D_i 为蝶型封头的内直径，mm；σ_b 为封头材料的环向的拉伸强度，MPa；K 为安全系数；δ 为内压蝶型封头的计算厚度，mm；φ 为蝶型封头的形状系数。

$$\varphi = \frac{1}{4}\left(3 + \sqrt{\frac{R_i}{r_i}}\right) \tag{8-13}$$

设备根据刚度要求，需要增加厚度，当计算厚度小于 5mm 时，厚度附加量为 3mm；当计算厚度 5～10mm 时，厚度附加量为 2mm；当计算厚度 10～15mm 时，厚度附加量为 1mm；当计算厚度大于 15mm 时，不需要厚度附加量。计算厚度加厚度附加量即为设备的有效厚度。计算厚度、内外防腐层厚度、厚度附加量之和就为设计厚度，

（4）支座

支座是指用以支承容器或设备的重量，并将设备固定于一定位置的设备部件。此外还要承受操作时的振动与地震载荷，如室外的塔器还要承受风载荷。支座不只是一个强力的受力构件，也会导致设备的被支承部位应力集中，所以，玻璃钢设备需要注意该部位的补强。支座的结构型式主要由容器自身的型式和支座的形状来决定，通常分为立式支座、卧式支座和球形容器支座三类。立式支座又分为悬挂式支座、支承式支座、支承式支脚，支承式支腿、裙式支座等，支座形式如图 8-7；卧式支座分鞍式支座、圈座和支腿式支座等；球形容器支座分支柱式、裙式、半埋式和 V 形支承等。

安装在室外使用的储罐及遭受风载、地震或动载荷的各类平底罐，采用底部锚固方式，采用 25～30mm 厚度的沥青、树脂砂浆铺层，铺层为储罐的基础垫层。锚固形式设计选用螺栓锚固和压紧锚固方式。

卧式玻璃钢设备支座多采用鞍式支座，鞍式支座由钢板制成。鞍座是由垫板、腹板、肋板和底板构成。垫板的作用是改善壳体局部受力情况。通过垫板鞍座接受储罐载荷，钢制鞍座垫板处需衬橡胶板。鞍座的包角 $\theta > 120°$。

支座形式多，这里仅就立式支座进行略述，以帮助理解支固方式，具体的计算需要参考标准执行。

立式挂式支座，当储罐通过建筑物的楼板或者通过具有环状托架或牛腿的结构支承时采用挂式支座。这种支承方式的牛腿部分承受剪应力，除了支承部位应必须加强外，整个剪力区都需要补强，同时为了避免过大的弯曲载荷，应使支承构件与罐壁的距离尽可能小。这种

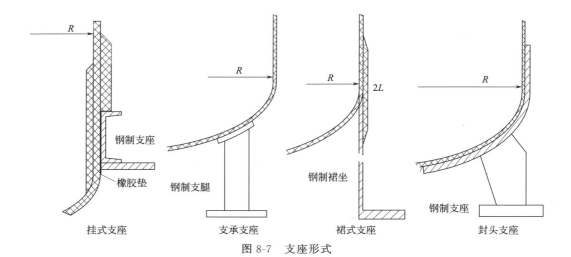

图 8-7　支座形式

支承方式主要用于穿过操作台、面（如楼板）的设备。

支承式支座可采用环状托架或块状托板，但是对玻璃钢设备要求支脚的支承面积应足够大，以保证支座和环托架之间的层板不产生过大的压缩载荷，同时，应校核倾覆力矩及确定相应的地脚螺栓。一般用于安装在台、面上小型设备上。承重增大时接触环状托架的玻璃钢设备部位还要补强，补强面在内、外均可，补强区面积大于托架，需要参考标准计算。

裙式支座大多数时候用于塔形设备的支承，裙式支座需经计算确定其铺层结构，裙式支座与罐体的胶结长度也需由计算确定，裙式支座上开孔需补强，以保证储罐的稳定。

封头支座是设备支承在钢制封头内，可承载较重的玻璃钢设备，这也是最安全的玻璃钢支承方式。它可以采用支承式、挂式等方式支撑固定设备。当风载较大时，设备的近封头上端部位要补强。

（5）连接

复合材料虽然具有直接制成整体结构的特点，但是在实际结构中常常需要各种形式的连接。在连接区往往伴随着应力集中。纤维增强复合材料在增强方向的强度和刚度较大，而层间剪切强度和垂直于纤维增强方向的拉伸强度很弱，这部位的局部破坏概率增大，因此连接设计在复合材料结构设计中是很重要的（图 8-8）。

① 板连接　接头设计既要考虑连接的方式，同时也要考虑被连接材料的特性，接头形式很重要，因为有机胶黏剂的最佳定用效果，直接与接头形式有关。按照连接方式，可分为单面搭接、双面搭接、斜面搭接、对接以及阶梯形搭接等。

单面搭接受剪接头是常用的接头型式，大型耐蚀玻璃钢设备制作最初都是先将筒体分块制作到一定的厚度，这个厚度通常能满足设备内的简单模具支撑所需要的刚度即可，原则上越薄越好，然后各块再单面搭接或对接连接成一个整体的设备雏形，再在上面逐层、整体铺贴玻璃钢直到厚度即可，这时选择单面搭接的最大好处是对分块的玻璃钢尺寸要求比对接低得多，但是要校核黏合面的剪应力，如果搭接的层合板太厚还要补强。

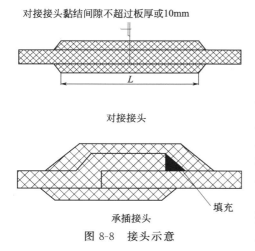

对接接头黏结间隙不超过板厚或10mm

对接接头

填充

承插接头

图 8-8　接头示意

② 筒体连接　对接通常用于玻璃钢储罐的封头与筒体间以及筒体间的连接，封头与筒体间也可采用承插连接，对接黏结简单，施工方便，承插连接有利于提高刚度，降低黏结间隙尺寸；现场组装的大型储罐的封头与筒体间，筒体间的环向连接，或者半圆筒体间的纵向连接，均采用螺栓和法兰连接，螺栓间距一般为 $200\sim250\mathrm{mm}$。

当连接储罐直壳环向部分，或封头与壳体连接采用粘接铺设时，则结构连接接头包覆层的厚度按式(8-14) 计算，连接宽度按式(8-15) 计算。选用的接头包覆层厚度应不小于筒体的计算壁厚，且不小于 5mm。

$$\delta_{\mathrm{B}}=\frac{(P+\gamma g H)D_i}{2000[\sigma]} \tag{8-14}$$
$$L=6.7583HD_i+44.272 \tag{8-15}$$

式中，$[\sigma]$ 连接用玻璃钢的许用应力，MPa，筒体时是玻璃钢材料在设计温度下环向的抗拉强度，按限定应变设计时是应变对应的应力数值，MPa；P 为设计压力，MPa；H 为由液面顶点到接头的距离，cm；D_i 为壳体内径，m；g 为重力加速度，$9.81\mathrm{m/s^2}$；γ 为储液密度，$\mathrm{kg/m^3}$。

层合板接头设计主要是要考虑工艺施工使接头与结构件之间铺层连续，结构与连接件能够一体成形。其次是重要接头考虑附加安全系数 1.15 或较大的安全裕度；装配需要，接头耳片表面应有可供装配磨削的容差层（一般 $1\sim2$ 层玻璃布，供装配磨削加工）。这样既可减少连接的过胶环节，又可实现接头集中载荷顺利扩散的目的，结构连接可靠，连接的强度/重量比高，明显减重。

③ 管道连接　管道连接分法兰连接和粘结连接。粘接方式可分为套管粘接、承插粘接、管箍粘接。套管粘接（图 8-9）的套管通常采用缠绕法制成，其长度可按式(8-16) 进行计算；承插粘接是将管子插入已预制好的承插口，然后通过承口上的钻孔灌入掺有固化剂的树脂，常温或加温固化即完成。管箍粘接与套管粘接相似，管箍通常是模压制品，两侧带有斜面，连接时将管端加工成与管箍相同的斜面，然后粘接。

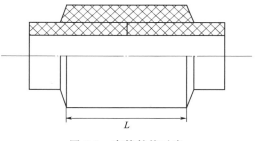

图 8-9　套管粘接示意

包缠对接适用于直管、弯管、三通或异径管之间的固定连接。包缠的厚度不应小于管子的壁厚，包缠长度应满足轴向荷载引起的剪切强度要求，可用式（8-16）计算。

$$L>KPd/2\tau_{\mathrm{B}} \tag{8-16}$$

式中，τ_{B} 为粘接层的剪切强度，一般取 49MPa；d 为管径；P 为管压；K 为安全系数。

④ 法兰连接　法兰连接型式有三种。一是任意式法兰，它的法兰通常采用模压成型，然后再将法兰与玻璃钢管进行粘接，这种法兰承压低，用于小口径低压力管道连接。二是整体法兰，法兰与管子整体成型，要求法兰厚度大于管壁厚度，并在法兰颈部圆滑过渡。三是松套法兰，钢制法兰松套在模压成型的法兰凸缘上，依靠钢制法兰间的紧固压紧玻璃钢的凸缘接触面。玻璃钢管子的生产很难同时将法兰一体成型，所以使用较多的是整体法兰。

模压法兰的法兰颈部的高度大于 4 倍的法兰设计厚度，法兰颈部的厚度在圆角上部至少大于 0.5 倍法兰厚度，颈部应有均匀的锥度，圆角的曲率半径在法兰根部最小应取 10mm以上。其结构尺寸见图8-10。模压法兰与管子粘接长度 L 按式(8-15)、式(8-16) 计算粘接层抗剪强度。

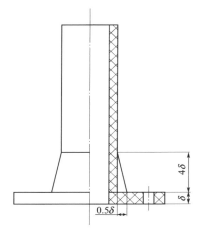

图 8-10　模压法兰结构尺寸

接管管口法兰至罐体的距离应不小于 100mm，且此距离不得小于接管装配时粘接所需的最小长度。铺层厚度 9.5mm 以下剪切粘接长度都取 76mm，大于 9.5mm 则可以用式 (8-17) 计算。

$$h_s = 8.0364\delta - 0.5078 \tag{8-17}$$

式中，h_s 为总粘接长度（$h_o + h_i$），当内铺敷层仅用于防腐蚀层时，总粘接长度必须设置在外部铺敷层上。

（6）补强

由于设计上的要求，如工艺施工、检查维修、设备安装、管道通过等，层合件上开口（开孔）通常是不可避免的、与金属材料不同，复合材料开口（开孔）不仅要切断纤维引起层合件刚度和强度下降，而且孔边应力集中和边缘效应会引发孔边局部提前破坏。因此，层合件开口部位一般要进行补强。

① 开口补强　开口按几何尺寸，大致可分成小开口、开口、大开口三种开口类型。三者受力特点不同，补强要求亦不相同。a. 开口孔直径 20～30mm，孔径/板宽比为 0.2 左右的称为小开口，如管线通过孔、窥视镜检查孔等。一般情况下，小开口不要求补强。b. 开口孔直径 60～120mm，孔径/板宽比为 0.5 左右的开口。开口区应力一般通过含孔板应力分析确定，采用开口补强措施大多可恢复到 60%～70% 的原有强度。c. 开口孔直径 150mm 以上的大开口，开口区应力需要通过大开口参与受力分析确定。开口参与受力区长度应足以满足载荷传递要求。大开口应进行专门的开口参与区补强设计。

开孔补强结构当容器壳体或封头在承受静液压力 P 的某一区域上开孔时，应在以孔为中心的环形区域内补强，补强方式多种多样，有补片补强、下陷口框补强，孔边包边、孔边软化等，应视具体结构要求而定。

开孔处补强圈外径，对于公称直径小于 150mm 的接管，规定为接管外径加上 150mm；对于公称直径大于或等于 150mm 的接管，规定为接管内径的 2 倍以上。补强圈厚度，圆筒形壳体（或碟形封头）上开孔补强圈的厚度由式 (8-18) 确定。

$$\delta_r = \frac{nPD_iK}{2[\sigma]} \tag{8-18}$$

总连接长度 H_S 对于储罐壁厚 δ 的补强总的连接长度 $H_S = 15.625\delta$。DN≤100mm 的接管在管口处需设置支撑板结构补强。

② 加筋板补强　在结构设计中，在垂直于面板方向使用加筋条，以提高面板和整体结构的承载能力，加筋条和面板为整体结构，或者采用胶结或焊接的方式连接在一起。加筋条的形状有"T"形、"I"形、"J"形、口字形、工字形等。复合材料加筋板设计要求与金属加筋板设计要求基本相同，可以引用其标准来设计。

加筋板设计要求在设计载荷下，应变水平不得超过设备的设计许用应变；稳定性要求加筋扳在使用载荷下不得屈曲；加筋条与层合板之间的刚度、泊松比要相匹配，以使固化内应力和固化翘曲变形减至最小，利于整体共固化成形；加筋条与层合板结合处、加筋条端部等细节设计应避免应力集中以防止发生破坏。

因此加筋板设计要点：合理分配层合板和加筋条承载比例；选择合适的加筋条剖面形状，且剖面的弯曲刚度足够，满足刚度要求；层合板与加筋条刚度要匹配（包括泊松比匹配）；调节加筋条间距，满足加筋板总体稳定性要求；工艺可行。

加筋条凸缘厚度与结合处层合板厚度与层合板厚度密切相关，要求在 0.2～0.8 倍层合板厚度之间。加筋条端头处，由于刚度突变，易发生与蒙皮股胶或分层，并且沿加筋条长度方向扩展，引起破坏。解决的措施是加筋条端头处增加止裂紧固件，加筋条的缘条端头过渡区加长等。加筋条与层合板连接处应该圆弧过渡，不能出现尖角，加筋板连接的内腔也要用复合材料填充，不得出现空隙。加筋板抗冲击设计目前主要采用外表层增加一层织物或增加45°层的办法。

8.4 耐蚀玻璃钢设备制造工艺

8.4.1 玻璃钢成型方法

（1）手糊成型工艺

手糊成型又称手工裱糊成型、接触成型，指在涂好脱模剂的模具上，采用手工裱糊作业，即先涂刷一层树脂，再在涂刷面上铺设无捻粗纱方格布、玻璃毡，并使涂刷的树脂浸透铺设的毡布，然后再重复前2步操作到达到制品的设计厚度，然后通过固化和脱模而取得制品。手糊成型是聚合物基复合材料生产中最早使用和最简单的一种工艺方法。

手糊成型的工艺过程是先在模具上涂一层脱模剂，然后将加有固化剂的树脂混合料刷涂在模具上，再在胶层上铺放按制品尺寸和受力要求裁剪的增强材料，用刮刀、毛刷或压辊迫使树脂胶液均匀地浸入织物，并排除气泡。待增强材料被树脂胶液完全浸透之后，再铺下一层。反复上述过程直到所需层数，然后进行固化。待制品固化后脱模，并打磨毛刺飞边，补涂表面缺胶部位，对制品外形进行最后检验。

手糊工艺的最大特色是适于多品种、小批量生产，生产变化较多而又结构复杂的制品，且不受制品尺寸和形状的限制。成型模具简单，投入少。手糊成型操作技术简单，工人经短期培训即可掌握；但是手糊成型操作技术也复杂，工人要精准地掌握并操作一致也很困难。这种成型方法生产效率低，劳动条件差且劳动强度大；制品质量不易控制，性能稳定性差、制品强度较其他方法低。手糊工艺生产需要根据产品的要求合适选用原材料，进行正确的结构设计和工艺设计，同时还要注意对各工序的质量检测、监控，才能保证制品的质量。尽管如此，现在世界各国的聚合物基复合材料成型工艺中手糊工艺仍占相当重的比例。

手糊成型的操作严重依赖作业者技能。①要保证纤维的含量在一个狭窄的范围内，几乎是个不可完成的任务，与涂刷的胶液量的均匀性和流动性关系很大，均匀的涂刷要比涂刷油漆难得多，而且胶液在许用时间范围内黏度也有所变化。②充分脱泡也困难，裱糊的玻璃布如果不能被下面的树脂浸透，上面再涂刷树脂就必定产生气泡，我们肉眼只能看到大的气泡，小的气泡是不容易发现的，而布被下面的树脂浸透完全依靠胶液量的均匀性和流动性。③制品厚度控制，表面看起来是简单地用毡布的层数控制，其实由于布不可能是整体的，铺设中存在大量的搭接，搭接的部位选择不好厚度就不均匀，所以要进行工艺设计，强调布的裁剪，使搭接分布均匀后厚度基本一致，或是集中搭接成为增强部位。④制品固化不均匀，由于每次配料的误差，施工温度、湿度的变化，即使进行了热处理都一定程度的存在。⑤生产卫生条件差、劳动强度大都使操作的精确性变差。

对于化工玻璃钢设备通常都是非标的，单件生产的时候很多，构件也多，需要的连接各种各样，因此常用手糊成型加工。这样可以节约模具的材料用量，设计要求的重点部位也容易重点照顾，组装后整体成型的模具也简单。所以防腐蚀工程的设备大多手糊成型。

（2）缠绕成形

纤维缠绕工艺是将浸渍过树脂的连续纤维，按一定的规律缠绕到芯模上，层叠至所需的厚度固化后脱模，即成制品（图8-11）。该方法的特点是可按产品承受应力情况来设计纤维的缠绕规律，使之充分发挥纤维的抗拉强度，并且容易实现机械化和自动化，产品质量较为

树脂涂层纤维ER
旋转心轴
纤维
树脂溶液池

图 8-11　玻璃钢缠绕成形示意

稳定，若配用不同的树脂基体和纤维的有机复合，则可获得最佳的技术经济效果。纤维缠绕工艺，可成功地应用于制作玻璃钢管道、贮罐、气瓶、风机叶片、撑竿跳高的撑、电线杆、羽毛球拍等的制品。

纤维缠绕成型的优点如下。①能够按产品的受力状况设计缠绕规律，使能充分发挥纤维的强度。②比强度高：一般来讲，纤维缠绕压力容器与同体积、同压力的钢质容器相比，重量可减轻 40％～

60％。③可靠性高：纤维缠绕制品易实现机械化和自动化生产，工艺条件确定后，缠出来的产品质量稳定，精确。④生产效率高：采用机械化或自动化生产，需要操作工人少，缠绕速度快（240m/min），故劳动生产率高。⑤成本低：在同一产品上，可合理配选若干种材料（包括树脂、纤维和内衬），使其再复合，达到最佳的技术经济效果。

缠绕成型的缺点为：①缠绕成型适应性小，不能缠任意结构形式的制品，特别是表面有凹的制品，因为缠绕时，纤维不能紧贴芯模表面而架空；②缠绕成型需要有缠绕机，芯模，固化加热炉，脱模机及熟练的技术工人，需要的投资大，技术要求高，因此，只有大批量生产时才能降低成本，才能获得较好的技术经济效益。

纤维缠绕机是纤维缠绕技术的主要设备，纤维缠绕制品的设计和性能要通过缠绕机来实现。纤维缠绕机是纤维缠绕工艺的主要设备，通常由机身、传动系统和控制系统等几部分组成。辅助设备包括浸胶装置、张力测控系统、纱架、芯模加热器、预浸纱加热器及固化设备等。根据纤维缠绕成型时树脂基体的物理化学状态不同，分为干法缠绕、湿法缠绕和半干法缠绕三种。三种缠绕方法中，以湿法缠绕应用最为普遍；干法缠绕仅用于高性能、高精度的尖端技术领域。

干法缠绕是采用经过预浸胶处理的预浸纱或带，在缠绕机上经加热软化至粘流态后缠绕到芯模上。由于预浸纱（或带）是专业生产，能严格控制树脂含量（精确到 2％以内）和预浸纱质量。因此，干法缠绕能够准确地控制产品质量。干法缠绕工艺的最大特点是生产效率高，缠绕速度可达 100～200m/min，缠绕机清洁，劳动卫生条件好，产品质量高。其缺点是缠绕设备贵，需要增加预浸纱制造设备，故投资较大此外，干法缠绕制品的层间剪切强度较低。

湿法缠绕是将纤维集束（纱式带）浸胶后，在张力控制下直接缠绕到芯模上。湿法缠绕的优点为：①成本比干法缠绕低 40％；②产品气密性好，因为缠绕张力使多余的树脂胶液将气泡挤出，并填满空隙；③纤维排列平行度好；④湿法缠绕时，纤维上的树脂胶液，可减少纤维磨损；⑤生产效率高（达 200m/min）。湿法缠绕的缺点为：①树脂浪费大，操作环境差；②含胶量及成品质量不易控制；③可供湿法缠绕的树脂品种较少。

半干法缠绕是纤维浸胶后，到缠绕至芯模的途中，增加一套烘干设备，将浸胶纱中的溶剂除去，与干法相比，省却了预浸胶工序和设备，可使制品中的气泡含量降低。

（3）喷射成型

喷射成型方法是将树脂体系与短纤维同时喷射到模具上成型复合材料制件的工艺方法。它借助于喷射机上的切割器，将无捻纱切割成短纤维，通过压缩空气输送到喷枪，与树脂混合后喷涂到模具上积层成型（图8-12）。该方法具有效率高、成本低的特点，有逐步取代传统的手糊工艺的趋势。其产品的整体性强，没有搭接缝，且制品的几何尺寸基本上没有受到限制，成型工艺不复杂，材料配方能保持一定的准确性。其不足之处是喷射所造成的污染较大。

在防腐蚀工程中喷射成型常用于玻璃钢衬里中，特别是对大型储槽类的玻璃钢衬里，喷射成型比手糊成型效率高、施工进度快，具有衬里表面平整光滑、衬里层不易泄露的优点。

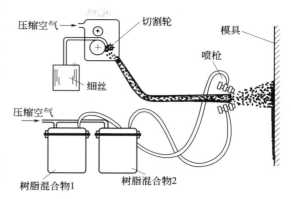

图 8-12　玻璃钢喷射成形示意

8.4.2　模具设计

（1）模具材料

模具是手糊成型的必要工艺装备，它对于保证制品质量和降低成本关系极大。可用于制造手糊用玻璃钢模具的材料种类很多，常用的有木材、石膏、水泥、玻璃钢、石蜡和金属等，可根据产品批量和尺寸形状合理选材。模具要有足够的强度和刚度，在搬运和使用过程中不易变形，以保证制品的型面精度。对加压固化制品的模具更需有足够高的强度和刚度。对加热固化制品的模具要保证在固化温度下不发生变形式翘曲。表 8-8 为不同材料的模具比较。

表 8-8　不同材料的模具比较

模具材料	制造周期	制造工艺	模具重量	使用次数	模具成本	适用范围
木材	短	简单	轻	中	中	小量、结构复杂的中小型件
石膏	短	简单	重	1～5	低	结构简单的大型产品、一次使用的复杂产品
石蜡	短	简单	轻	1	低	复杂的小量产品、溶化脱模，表面不易涂漆
水泥	中	简单	重	中	低	表面粗糙、用于简单产品
玻璃钢	中	一般	中	较多	较高	数量多、表面要求高的结构复杂的中小型产品
泡沫塑料	短	简单	轻	1	较高	不脱模的内心
金属	长	复杂	重	＞100	高	表面光洁、质量要求高的小型大批产品
可溶性盐或低熔点金属	短	较易	中	1	较低	少量脱模困难的小型产品

（2）模具形式

手糊成型制品模具结构形式有单模（阳模、阴模）和对模两类，见图 8-13 所示。制品表面的质量靠模具工作表面的光洁度保证。因此，要根据制品表面质量要求来选择模具结构。对外表面要求光滑的制品可选用阴模成型，但凹陷较深的制品用阴模成型操作不便；内表面要求光滑的制品可选用阳模成型，阳模凸起操作较为方便，制品质量易控制，且操作时

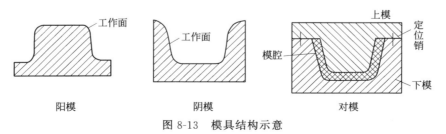

图 8-13　模具结构示意

通风方便，因此手糊成型多使用阳模。对模由阳模和阴模两部分组成，通过定位销来限定上下模具的相对位置，周边带有溢料飞边的陷槽。如果制品的外型、厚度和表面都要求较严，可选用对模；但对模在成型中要开启闭合和搬移，操作强度大。

用木材制造模具应选用变形比较小，无节疤，经过干燥的优质木材，如红松。木模要经过刮腻子，刷底漆，再经两次喷漆，喷漆干燥后用 400 号水砂纸磨平表面。喷漆后可防止树脂向模具内部渗透，同时也防止木材内部的水分挥发而影响制品固化和表面质量。木模的工作面最后用去污蜡擦光，再用汽车上光蜡抛光。经过这样处理的木模可保证制件获得平整光亮的表面质量。用石膏制造模具可掺入部分水泥提高强度，外层用乱麻丝加强，必要时，还可以用木条、钢材等作为石膏模具的加强筋。模具成型后需经低温干燥除去游离水分，再用腻子填充工作面的孔隙，喷漆干燥后再用去污蜡抛光到有光泽方能使用。用石蜡制作模具需在预制的模上翻制。石蜡模可用于成型形状复杂和脱模困难的小型制品和难以从制品脱出的芯模。它属于一次性使用的模具。石蜡的成本低，可回收反复利用。但由于石蜡熔点低、易变形，故制品精度不高。玻璃钢是制作手糊模具的一种较好材料。玻璃钢模具表面要做胶衣层，胶衣层厚度控制在 0.5～1.0mm（胶液用量控制在 500～1000g/m²）。模具表面需用 400 号、600 号和 800 号水砂纸打磨抛光以获得有光泽的工作面。

（3）模具组装

现在一般的玻璃钢设备都是用木模具，水泥模具表面看来简单，但是圆弧很难做标准，这将直接影响力学性能，主要是水泥要收缩，凝固后要填充容易点，要磨削就麻烦了，所以大型产品也通常选用石膏模具。木模具具有尺寸精准好，重量轻的特点，但是除了发泡塑料模具外，其他模具都不可能制造出完全整体成型的玻璃钢设备，都是先做出几块设备的半成品，然后拼装成一个整体，最后在这个整体的半成品上再整体手糊成型。所以半成品的分块方法和厚度的设计就很重要。分块小了，像钢制大型储罐的封头一样分成 10 多块，虽然模具小了，拼装件可以做薄点，但是连接成整体时内支撑就复杂了，因为块状筒体的半成品拼装时内部也需要支撑的，这个支撑主要是保证拼装后的尺寸达到设计要求，特别是不圆度，设备整体成型固化后内部支撑才拆除，所以木质的内支撑是最方便拆除。如果分块大，为了保证拼装时不变形，拼装件就要做厚一点，可这就会使整体成型的厚度下降，连接的补强层厚度增加，不利于发挥玻璃纤维的性能。

另一个问题是目前大多数的倾向是制作拼装块时是用的玻璃钢的内层，即是防渗层，但是作为耐蚀玻璃钢来说，防腐蚀才是最重要的，那么就要用强度层作为拼装块，待设备整体成型后再在内部作耐蚀层的衬里，这从防腐蚀上是合乎逻辑的，但是怎么选择？这直接涉及模具的尺寸设计，所以设计者还需要针对介质、使用场地、工艺条件进行选择。

（4）脱模剂

为防止固化后的制品粘着模具和便于脱模，应预先在模具工作面上涂覆一层脱模剂。凡是与树脂粘接力小的非极性或极性微弱的物质，都可以作为脱模剂。脱模剂应涂刷方便，成膜均匀、光滑、成膜时间短，不腐蚀模具，不与树脂发生反应和与树脂的黏附力小，不影响制品的最后着色，毒性小，易清除，易配制，价格便宜，来源广泛。选择脱模剂时还应考虑到模具材料、模具表面质量和所使用树脂的品种。黏附力较强的一类树脂（如环氧树脂）可以混合使用几种脱模剂。

脱模剂的种类很多，大致可以分为三类。

薄膜类：如玻璃纸、聚酯薄膜、聚乙烯薄膜、聚丙烯薄膜、聚氯乙烯薄膜（只适用于环氧树脂成型）。使用时用油膏将薄膜粘贴在模具表面，粘贴时应铺平，防止薄膜起皱和悬空。由于薄膜变形小，只适用于模具型面不复杂的情况。

油膏类，如石蜡、地板蜡、黄干油、凡士林、汽车蜡、硅脂等。这类脱模剂使用方便，脱模效果好，但易玷污制品表面，并给制品表面涂漆造成困难，一般只适用于室温固化（<80℃）的情况。

溶液类：如聚乙烯醇水溶液、甲基硅油或硅橡胶甲苯溶液（只适用于环氧树脂成型）。聚乙烯醇水溶液是目前手糊玻璃钢中广泛使用的一种脱模剂，可以自行配制，其配方是：聚乙烯醇 5～8 份；水 60～35 份；乙醇 35～60 份。

聚乙烯醇水溶液的配制方法是：将聚乙烯醇缓慢地加入到 25℃ 的水中，同时搅拌。浸泡 2～3h，使聚乙烯醇完全溶胀，然后逐渐加热。加热时见有泡沫产生即应停止加热，待泡沫自行消失后再继续加热，反复三次基本上可清除泡沫。待温度升到 96～100℃ 左右，保温 1h。经过滤后，边搅拌边添加乙醇即可。聚乙烯解脱模剂涂在模具工作面后，必须待其完全干燥才能开始手糊，以免残存的水分对树脂的固化产生不良影响。它的使用温度是 100～150℃。

8.4.3 玻璃钢设备工艺设计

（1）铺层设计

一般来说，为了确保材料的质量能满足要求，在材料结构设计时都规定了铺层方法，需要设计的铺层包括每单层板间的组合设计；整个厚度上的铺层设计；单层板面上的铺层设计，毡布的搭接处的位置设计；构件及其连接的铺层设计。

单层板间的组合设计比较简单，除了防腐蚀层和外表面层外，强度层当采用粗格子布手糊工艺时，必须注意各层布的内外两相邻层要使用短切玻璃纤维毡，不可连续叠铺两层方格布，或是与缠绕层连用。因为粗格子布中纤维密实而硬挺，交织点处纤维更为压实，树脂不易浸透，树脂固化时发生收缩，在玻璃钢结构中容易产生孔隙、气泡和分层等缺陷，特别在树脂用量不足时，更将严重影响玻璃钢的质量，使用短切毡可以大大提高层间剪切强度，这是更主要的理由。

整个厚度上的铺层设计是注意层间结构在厚度方向的对称性，当采用不同的纤维单层叠铺成整体玻璃钢结构时，特别在薄板、薄壳结构设计时，要注意层间结构的对称性。即以板厚的中心线为对称线，使两侧分别对称层合，这样可以防止在动力作用下各层应变不同而致薄板或薄壳的翘曲。

单层板面上的铺层设计严格采用镜对称的铺层方法，使纤维按照受力的方向合理分布。例如，采用方格布手糊时，注意使经纬纱与容器的环向与纵向主轴相平行；采用单向纱或布铺层时，使纤维方向处于应力主轴方向上；螺旋缠绕时 1～2 角往复形成了镜对称铺层等。这种镜对称铺层可使面内应力分布有一定均匀性，从而可使计算简化。

毡布的搭接处的位置设计是在层合板的面上和厚度方向上都要仔细设计，原则上要求搭接处在整个体积中均匀分布。从施工面上来说尽量不要有十字搭接头，在环向和径向不能出现直通的搭接头，不能将多层单层板直接搭接；从厚度方向上本层的搭接头不能直接覆盖在下层的搭接头上，从施工的方便角度是上一层的搭接头紧挨作下一层的搭接头，最后整个面就较平，而从受力的角度跳几个搭接头位置（布的宽度的一半）进行上下层的铺设更合理。

构件及其连接的铺层设计是整个铺层设计中最复杂的，也是最容易被忽视的地方，一般的规范、要求等有时候只是一句"要认真细致地做好玻璃钢件的连接及开口补强设计与操作"，但是设计上每一个这样的构件和补强的地方都要建立一个单独的工艺过程卡和工序卡才能完善设计，至少要设计一个包括每层毡布的剪裁尺寸、铺层顺序、位置、含胶量的工序卡才完备。

原则上玻璃钢的铺层设计是靠工艺过程卡和工序卡来表述设计的，在机械加工领域，工艺过程卡和工序卡已经使用了很多年，相当成熟了。在玻璃钢领域大家还不太熟悉。表 8-9 是工艺过程卡的样本，表 8-10 是工序卡的样本，使用者根据自己的特殊性可作增减。

表 8-9　玻璃钢加工工艺过程卡片

						产品型号	FRP-20		图号		共×页
						产品名称	卧式盐酸储罐		××××		第×页
											件数　3

□□□设备厂　　玻璃钢加工工艺过程卡片

工序号	工序名称	工序内容	车间工段	模具支撑	构件	树脂	玻璃布	表面毡（玻璃毡）
1	成型	模压制作筒体抗渗层弧形板	3-1	1号模具		E44 40	13	20
2	成型	模压制作封头抗渗层弧形板	3-2	2～7号		E44 35	8	14
3	组装	组装抗渗层筒体	3-3	内支撑 1 号	接管、人孔	E44 10	3	5
4	组装	组装抗渗层封头	3-3	内支撑 2 号		E44 8	3	5
5	组装	组装抗渗层筒体封头	3-3	总支撑架	液位计、接管	E44 8	3	5
6	成型	手糊整体制作筒体强度层	4-1			3301/90	100	100
7	成型	手糊整体制作支管强度层	4-1			3301/20	18	18
8	成型	手糊整体制作筒体强度层	4-1			3301/90	100	100
9	成型	手糊整体制作支管强度层	4-1			3301/20	18	18
10	成型	手糊整体制作筒体强度层	4-1			3301/90	100	100
11	成型	手糊表面毡整体表面层	4-2		玻璃管	3301/20	18	18
12	撤模	撤除内支撑模、抗渗层修补	4-2					
13	试压							

树脂规格数量　□□　固化剂　□□□□　玻璃布　□□□□

玻璃钢规格数量　□□　溶剂　□□□□　玻璃布　□□□□

工时／min　准终 □　单件 □

无捻粗纱 □□□　玻璃布 □□　表面毡 □□　玻璃毡 构件 □□□□□

标记	处数	更改文件号	签字	日期	设计 日期	审核 日期	标准化 日期	会签 日期

描图

描校

底图号

装订号

表 8-10　玻璃钢加工工序过程卡片

玻璃钢加工工序卡片	产品型号	FRP-20	零件图号		共　页
□□设备厂	产品名称	卧式盐酸储罐	零件名称	出气管坯	第　页
	车间工段	3-2	工序号	12	工序名称	模具号 1-9
	使用设备		工艺装备		总件数 3	每台件数 1
	支撑材料		脱模剂型号数量 PVA-1799/0.5		设备编号	树脂型号数量 E44/1
	玻璃纤维布规格数量 0.2×20/1		玻璃布规格数量 □□□/1		固化剂配比 1：0.3	工序工时

工步号	工步内容	工艺设备	树脂	玻璃布号	玻璃毡号	模具号
1	模具修整					
2	模具涂脱模剂					
3	手糊成型管体		E44□	1	1	1-9
4	手糊成型法兰		E44□	2-5	2-5	
5	手糊成型接口		E44□	6-7	6-7	
6	重复 3～5 工步 8 次		E44□			
7	修整	法兰卡				

	配料工 李东	裁剪工 李方	铺层工 李红	工长		准终
质量检验						单件

	设计	审核	标准化	会签
描图				
描校	设计日期	审核日期	标准化日期	会签日期
底图号				
装订号				注：

（2）施工工艺

手糊成型湿法 FRP 施工过程见图 8-14。

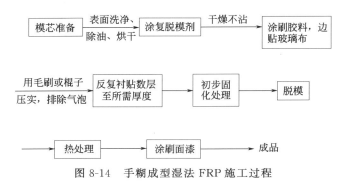

图 8-14　手糊成型湿法 FRP 施工过程

手糊法成型玻璃钢虽对生产条件要求较简单，但也需有合适的工作场地。首先，工作场地要求较清洁、干燥、通风良好，温度尽可能保持在 15℃ 以上，最好在 20～30℃ 范围内，以免因温度太低影响操作及制作质量。树脂及配料应贮存在阴凉通风处，防止阳光照晒引起树脂及辅助材料变质。其次，贮存和裁剪织物或毡的场地要保持干燥，以免潮湿影响制品的固化。固化后修整或切割加工的场所要设置抽风除尘或喷水装置，防止粉尘飞扬影响操作者的健康。手糊成型工作场地的大小，要根据产品大小和日产量决定，场地要求清洁、干燥、通风良好，空气温度应保持在 15～35℃ 之间，后加工整修段，要设有抽风除尘和喷水装置。

树脂胶液配制时，要注意两个问题：①防止胶液中混入气泡，一般加入消泡剂并采用真空搅拌机配料；②配胶量不能过多，每次配量要保证在树脂凝胶前用完；③尽量根据温、湿度的变化微调固化剂的配比；④尽量做到配方准确，很多单位在配料熟练后，为了操作方便都不用计量秤来配料，这是一种不好的习惯；⑤每批原料都要作固化试验才能确定配方，如果同一批原料使用时间隔固化试验时间太久都要重新作固化试验。

铺层时刷树脂一定要均匀，仍然跟涂料涂刷一样，先纵向然后横向反复涂刷，这样才能保证树脂分布均匀，这种反复涂刷如果下面一层的玻璃钢是刚作的就容易起皱，所以都是初凝后才作上一层，事实上铺层都是一层一层地叠加，整个设备铺完一层后，毫无疑问最开始铺贴的部位已经凝胶了。涂胶时如果铺贴毡布的面积小，涂胶面积和形状也按毡布的形状涂刷，大面积的涂刷后再慢慢的铺贴毡布对树脂的浸润性有影响。涂刷的胶量要以铺贴上布后，树脂胶液能从下向上渗透浸润整个毡布，这样才可以避免气泡夹杂。

铺贴毡布时先固定一个边，然后用干净的毛刷从固定边的地方朝对面的边刷动以使毡布粘上，最后用手动压辊沿着布的径向，顺一个方向从中间向两边用力滚动，以排除其中的气泡，使玻璃布贴合紧密，含胶量均匀，关于贴布时是最先固定边还是中心，主要是根据布的形状来选择，目的就是布要铺平，气泡要容易赶出。如果布下出现了气泡，则先将能赶动的气泡赶到一处，然后边赶动边用医用注射针头插入排气或抽气。

铺层过程最重要的是按照工序卡上的布的位置和编号顺序来铺贴玻璃布，这样才能将强度充分发挥，严禁铺层工按照自己操作的方便随意边铺层变裁剪和不按设计的纤维方向铺层，这在接管、开口、封头这些地方是最容易犯的错误，所以也是工序卡的重点，而这些地方如果采用短切毡时是可以剪裁，因此可以充分利用毡布的交替铺层来整平搭接处，但是不能把毡布的铺层方法搞混。

图 8-15 是部分铺贴方式示意，部位 1 是层合板的端头处理技术，一般层合板切割整形后的端头必须要封闭，可以是一层布作底一层短切毡作面的封闭，也可以是 2 层；如果是加筋板端头采用这种铺层方法，这端头接近于 2 倍的筋板厚度，大大提高了刚度。

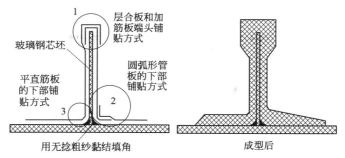

图 8-15　部分铺贴方式示意

部位 2 是圆形接管或异形转角的铺层示意，由于平面的毡布在转角处存在褶皱，所以从平、立面转角后的延伸尺寸都没有达到设计的长、宽度，即是不是用整张布，而是用 2 段布在转角后一段距离开始搭接，使转角及其近距离的位置增厚，玻璃布也不会产生褶皱。这是玻璃钢设备最难处理的部位，一些铺贴工人在这个位置干脆剪一刀使布铺平，如果是将铺贴到平面处的布沿纵向只剪断部分横向纤维，使平面铺层时剪开的布呈放射状铺层，这样的铺层还可，只是平面上的开口补强没有一次性的完成。关键是现场铺贴时有的发现了褶皱，就一剪刀把它剪破，这样就剪断了部分沿受力方向的纤维，这是不可接受的。严格地说，玻璃钢设备的铺贴工是不允许把剪刀带到工位上的，玻璃布的裁剪应该在裁剪工位完成，在设计工序卡时就要完成准确的设计。

部位 3 是平、立面转角呈直线状的铺层方式，这种铺层比较简单，从上到下即可，但是要注意的是与平、立面结合的端部应该作出一个斜面，即是该部位的每一层布呈逐渐放大或收小的裁剪方式，这在工序卡时需要谨记。

图 8-14 中的直角转角处用无捻粗纱填充成一个圆弧过渡，这可以避免毡布铺层时出现孔洞，也避免应力了集中。玻璃钢设备拼装时这样的应力集中部位很多，都需要处理，除了用无捻粗纱外，也可以用短纤增强树脂填充。

典型手糊成形的玻璃钢制品的厚度一般为 2～10mm，有些特殊制品（如大的船体）的厚度可大于 10mm，但玻璃钢铺层时每次糊制厚度应小于 7mm；否则，厚度太厚，固化发热量大，使制品内应力大而引起变形和分层。糊制工作虽然简单，但要求操作者做到快速、准确、含胶量均匀、无气泡及表面平整等全靠工艺制度的严格保证。手糊工具对保证产品质量影响很大，有羊毛辊、猪鬃辊、螺旋辊及电锯、电钻、打磨抛光机等手动工具。

（3）固化脱模修整

糊制完成后一般在常温下固化 24h 后才能脱模，因为从凝胶到硬化一般要 24h，此时固化度达 50％～70％（巴柯尔硬度为 15）。脱模要保证制品不受损伤。脱模方法有如下几种：①顶出脱模，在模具上预埋顶出装置，脱模时转动螺杆，将制品顶出；②压力脱模，模具上留有压缩空气或水入口，脱模时将压缩空气或水（0.2MPa）压入模具和制品之间，同时用木锤和橡胶锤敲打，使制品和模具分离；③大型制品（如船）脱模，可借助千斤顶、吊车和硬木楔等工具；④复杂制品可采用手工脱模方法，即先在模具上糊制二、三层玻璃钢，待其固化后从模具上剥离，然后再放在模具上继续糊制到设计厚度，固化后很容易从脱模。

脱模后制品的强度在一定时间内会随时间的延长而增加，通常在自然环境条件下 1～2 周后才能使制品具有力学强度，此时其固化度达 85％以上（巴柯尔硬度≥35）。提高温度可以可促进固化，使强度达到最高值的时间缩短。因此，为了缩短玻璃钢制品的生产周期，常常在脱模后采取加热的后处理措施，通常对聚酯玻璃钢，80℃加热 3h，对环氧玻璃钢，后固化温度可控制在 150℃ 以内。热固化也有一整套的工艺规程，8.5 节再详述。

加热固化方法很多，中小型制品可在固化炉内加热固化，大型制品可采用模内加热或红外线加热。

修整分两种，一种是尺寸修整，另一种缺陷修补。尺寸修整是成型后的制品，按设计尺寸切去超出多余部分或者是补填不足的地方；缺陷修补包括穿孔修补，气泡、裂缝修补，破孔补强等。修补完后再在外表面涂刷代表设备标识的防腐漆，内表面的搭接处也需要抗渗性质的修补。

玻璃钢设备的制造是一个相对复杂的工艺过程，施工时要严格按照表 8-9 玻璃钢加工工艺过程卡片和表 8-10 玻璃钢加工工序过程卡片来进行。在进行工艺设计时制造工程师的参与是必要的。

8.5 耐蚀玻璃钢衬里技术

衬里是在设备基体与化学介质之间设置一道阻挡层、隔离层，是一种层状复合材料结构。这种阻挡、隔离层除了要经受化学侵蚀外，还要经受物理侵蚀作用，也就是介质的分子对它的扩散、吸收和渗透。用手工涂刷胶液并贴衬玻璃纤维织物形成玻璃钢防腐衬里层，这种衬里层由于玻璃布的增强和储胶，使得比涂料的强度和厚度增加很多，从而有极好的耐蚀性。其主要优点是：施工方便，衬贴技术容易掌握，整体性能好，强度高，使用温度比涂料高，对金属、混凝土等基体黏结力强，适于大面积和复杂形状设备以及非定型设备的成型，成本比整体耐蚀材料低。玻璃钢衬里除上述优点外，不足之处是施工操作环境较差，衬里的质量决定于设计和施工人员的操作技术，因而易出现质量不稳定的缺陷。

8.5.1 玻璃钢衬里设计

前已述及玻璃钢衬里是采用限定应变准则进行设计，但是衬里厚度、树脂选择，纤维选择还是需要精心设计的，玻璃钢衬里在使用过程中会产生温致应力和容器压力产生的变形力。而由于介质扩散渗透的腐蚀这里参考第 3 章，通过考试渗透计算衬里层的厚度。

（1）温致应力

衬里从 T_1 的常温升高到 T_2 的使用温度后，基体材料与衬里材料由于有不同的热涨系数，2 种材料的膨胀量不同，如果衬里是松套到设备基体上的，这衬里不受基体的影响，如果衬里与设备基体良好黏合，则由于膨胀量的不同，即变形量不同，由于基体是按强度远大于衬里强度，所以基体的变形几乎不受衬里的影响，反而是衬里要适应基体的变形，这样衬里就受力了。

由于树脂和钢板的膨胀系数不同，随着温度的急变而产生了热应力，这种热应力对金属基体微不足道，但对于树脂来说，此热应力很大，再加上树脂固化时的残余收缩应力，其总应力很可能超过树脂本身的强度，从而造成破裂。温度越高，交变温差越大，变化速度越快，这种现象就越明显。

假设衬里不发生脱粘，设备基体材料的热胀系数为 α_J，衬里材料的热胀系数为 α_C，则从温度 T_1 到温度 T_2 稳定后原长 L 基体的变形长度为：

$$\Delta L_J = \alpha_J L (T_2 - T_1) \tag{8-19}$$

同样的此时衬里材料也膨胀，假设膨胀是自由的，衬里上的变形长度为：

$$\Delta L_C = \alpha_C L (T_2 - T_1) \tag{8-20}$$

由于衬里是有效的黏合到基体上的，衬里要适应基体的变形，这种由于基体变形引起的应力变形不同于衬里本身的热膨胀，它会导致应力破坏，设基体的热膨胀系数大于衬里材料，则衬里的可导致破坏的应变 ε_C 为：

$$\varepsilon_C = \frac{\Delta L_J - \Delta L_C}{L} = (\alpha_J - \alpha_C)(T_2 - T_1) \tag{8-21}$$

复合材料层板的热膨胀系数和它的许多其他性能一样，可以根据其组分材料性能和层板的铺设结构状况、含胶量等，进行理论计算和设计。但是这个计算非常复杂，一般选树脂和纤维的热膨胀系数大的为好，沿纤维方向的热膨胀系数大，而与纤维方向垂直的方向热膨胀系数几乎小一个数量级，树脂含量大热膨胀系数也大，通常约为 $(2.7 \sim 7.2) \times 10^{-6}$ cm/(cm·℃)，低于碳素结构钢的热膨胀系数 $(1.21 \sim 1.35) \times 10^{-5}$ cm/(cm·℃)，所以衬里承受拉应力，按限定应变准则必须小于 0.1%，而设计的安全系数不考虑蠕变因素和周期性负荷影响因素，如果按照按 8.3 节原理则可取为 $8 \sim 10$，则设计时的允许应变仅为 $0.01\% \sim 0.02\%$。如果 T_1 为 20℃、T_2 为 80℃，根据式（8-21）计算应变为 $(2.94 \sim 5.60) \times 10^{-4}$，即应变 $0.029\% \sim 0.056\%$，这样没有安全系数了，只有在 50℃ 以下使用才是安全的。

但是作为衬里的玻璃钢，一般树脂含量都比较高，按复合原理热膨胀系数较大，手糊成型时浸润性好，最重要的是衬里层不考虑承受外加载荷，它只是将外载荷传递到基体材料上。所以选用安全系数较低，大约在 $3 \sim 4$。所以玻璃钢衬里仍能得到大量的使用，但是树脂的韧性就要降低一点才可。像混凝土热膨胀系数 7×10^{-6}，几乎与玻璃钢接近，所以温致应力的影响就较小。

从温致应力这个角度上讲，玻璃钢衬里设计时，一定要搞清楚衬里材料的热膨胀系数，热膨胀系数大一点为好，最好是经过试验再检测；要严格施工操作使设计者放心，手糊操作安全系数可以取小到 1.3；树脂含量高，材料塑性变形到断裂的应力变化小，与材料极限强度有关的安全系数就可以取小到 2 以下；再有就是严格限制玻璃钢的最高使用温度，将热变形温度 120℃ 的树脂限制使用温度在 80℃，其温致安全系数可以到 1，表 8-11 就是对使用温度的限制。这样总的安全系数降低到了 $3 \sim 4$。使在安全系数下的允许应变达到 $0.025\% \sim 0.033\%$，这样的设计才安全。

表 8-11　玻璃钢推荐使用温度范围　　　　　　　　　　　　　　　　　单位：℃

玻璃钢类型	使用温度	玻璃钢类型	使用温度
不饱和聚酯玻璃钢	≤60	环氧呋喃玻璃钢	≤100
酚醛玻璃钢	≤100	环氧酚醛玻璃钢	≤100
呋喃玻璃钢	≤80	环氧煤沥青玻璃钢	≤60
环氧玻璃钢	≤80		

（2）压力容器衬里

我们知道对于内压圆筒设备部分，环向的应力可以由式（8-22）计算：

$$\sigma = \frac{KPD_i}{2\delta} \tag{8-22}$$

所受的应力 σ 必定引起筒体弹性形变，这个形变值可以通过胡克定律计算，由于衬里直接贴在基体上，所以衬里也会产生形变，假设衬里不脱粘、在压力的作用下无变形，则衬里的压力应变值为：

$$\varepsilon = \frac{KPD_i}{2E\delta} \tag{8-23}$$

如果这个钢铁设备的应变值低于玻璃钢衬里的许用应变值，则衬里是安全的，如果应变值更大，则需要增加钢材厚度来减小应变值，这个计算只是计算了筒体，对设备封头等其他部位也要用这个方法计算或校核。

8.5.2 施工工艺

(1) 玻璃钢的施工工艺流程

图 8-16 是玻璃钢衬里施工的工艺流程示意，大多数的衬里施工都是按照这个顺序进行增减的。

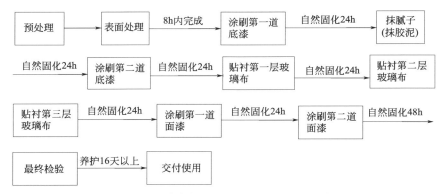

图 8-16　玻璃钢衬里施工的工艺流程示意

(2) 底漆的选择

在玻璃钢衬里设计中我们一直强调界面不产生脱粘，因为界面完整是防止扩散渗透腐蚀的基本要求。界面黏合要牢固，这取决于底漆的性能，因此树脂底漆同基体设备表面黏附力大小及同衬里层的黏合力大小就成为选择树脂底漆的依据。这样玻璃钢衬里通过树脂底漆同设备基体表面黏结起来形成一个统一整体。

在黏结剂黏合力 10 级标准中，环氧树脂与金属的黏结力为 8 级，酚醛树脂为 2 级，呋喃树脂为 1 级（10 级制中的 9~10 级为黏结优良，7~8 级为良好，5~6 级为中等，1~2 级为黏结不良）。所以环氧树脂在几种耐蚀树脂中与金属黏合最好。同时，酚醛树脂和呋喃树脂的常温固化是使用酸性固化剂，它们根本不能做钢铁、混凝土上面的底漆。

而底漆与各种玻璃钢衬里的黏结强度也是碳钢-底漆-玻璃钢完整结构的必要条件，表 8-12 是底漆与各种玻璃钢的黏结强度对比。

表 8-12　底漆与各种玻璃钢的黏结强度对比

玻璃钢种类 底漆种类	环氧 玻璃钢	酚醛 玻璃钢	呋喃 玻璃钢	环氧酚醛 玻璃钢	环氧呋喃 玻璃钢	酚醛呋喃 玻璃钢
环氧底漆	10.72	11.25	10.85	9.15	11.85	5.18
酚醛底漆		3.85				
呋喃底漆			0.7			
环氧酚醛				14.34		
环氧呋喃					9.9	
酚醛呋喃						0.98

由表 8-12 可见，以环氧最优；以环氧为基的环氧-呋喃、环氧-酚醛次之；酚醛-呋喃、酚醛较差，而呋喃最劣。根据树脂同碳素钢的黏结力是纯环氧最好。所以结合碳钢的第一次底漆要求选择纯环氧树脂涂料，第二层底漆根据衬里所用树脂可以考虑复合，这样效果最好。

树脂底漆在衬里中相当于胶黏剂，通过它将衬里和设备基体表面胶结起来，所以，应选择高黏结强度的树脂胶液作为底漆。从热膨胀系数来说金属是 1.2×10^{-5}，水泥为 $(6 \sim 7) \times$

10^{-6}℃，树脂约为（5～6）×10^{-5}℃。从固化时树脂的体积收缩率上环氧树脂收缩率为1％～2％；酚醛树脂为8％～10％，呋喃树脂更大，收缩率小，则固化内应力小，黏结强度高，这些性能是选择底漆的依据。

（3）树脂的施工配合比

① 环氧玻璃钢施工配合比（质量比）　环氧玻璃钢的底、面漆、黏结剂、胶泥的配合比（质量比）见表 8-13。

表 8-13　环氧玻璃钢施工配合比（质量比）

材料名称	底漆	胶泥	黏结剂	面漆
环氧树脂 E-44(6101)	100	100	100	100
丙酮	20～30	25～40	10～15	10～15
邻苯二甲酸二丁酯	15～20	10	10	10
乙醇	适量	—	适量	适量
T31	20～35	20～35	20～35	20～35
瓷粉（120 目以上）	0～20	150～200	5～10	0～10

② 酚醛玻璃钢施工配合比（质量比）　见表 8-14。

表 8-14　酚醛玻璃钢施工配合比（质量比）

原料	打底料	腻子料	衬布料与面层料
环氧树脂 E-44	100	—	—
T31 固化剂	20～30	—	—
丙酮	40～60	—	—
酚醛树脂	—	100	100
乙醇	—	0～15	0～15
苯磺酰氯	—	8～10	8～10
耐酸粉	0～20	120～180	0～15

③ 呋喃玻璃钢施工配合比（质量比）　见表 8-15。

表 8-15　呋喃玻璃钢施工配合比（质量比）

原料	打底料	腻子料	衬布胶料与面层胶料
环氧树脂 E-44	100	—	—
丙酮	40～60	—	—
T31	20～30	—	—
耐酸粉	0～20	100～150	0～20
糠醛树脂	—	100	—
糠酮树脂	—	—	100
苯磺酰氯：硫酸乙酯1∶1	—	10	10

④ 不饱和聚酯玻璃钢施工配合比（质量比）　见表 8-16。

表 8-16　不饱和聚酯玻璃钢施工配合比（质量比）

原料	打底料	腻子料	衬布胶料	面料
双酚 A 型或邻苯型不饱和聚酯树脂	100	100	100	100
50％过氧化环乙酮糊	2～4	2～4	2～4	2～4
环烷酸钴苯乙烯溶液	0.5～4	0.5～4	0.5～4	0.5～4
苯乙烯	0～15	0～10	—	—
石英粉或磁粉	0～15	200～350	0～15	—
苯乙烯石蜡溶液（100∶5）	—	—	—	3～5

环氧玻璃钢（一层底漆、三层布、三层面漆）的衬里施工定额例见表 8-17。

表 8-17　环氧玻璃钢施工定额

项目	每平方米材料用量	项目	每平方米材料用量
环氧树脂/kg	2.215	稀释剂/kg	0.9
乙二胺/kg	0.17	玻璃布/m²	3.5
填料/kg	0.425	人工工日	2.3

8.5.3　衬贴工艺

（1）施工前准备工序

① 衬里施工现场须保持清洁，防止灰砂、雨露和日晒。

② 大型密封设备衬里要有强制通风、起重工具、摇滚等，以便于设备的搬转和托运。

③ 施工用原材料必须经过检验合格后方可使用。

④ 堆备好施工用具，如剪刀、橡皮别板、油灰刀、毛刷、配料容器、磅秤及量杯等。

⑤ 玻璃布准备，玻璃布要正卷放置于干燥处，严防受潮。玻璃布下料应按设备形状与施工部位及贴衬方式剪成需要的长度与形状。剪好的布不准拆选，应用纸管或硬聚氯乙烯管卷好备用，并按部位、层次编号，避免施工时混乱。

剪裁玻璃布时，为了剪得准，按要求长度在布边缘先剪一小口，用剪刀尖挑出一根纱抽出，然后按空格下剪裁料。

（2）胶液的配制

配料称量要准确，液体料可折算成体积计量，量具要分开专用，不准混用，更不准随意改变配方。固化剂称量误差不大于 2%。配料用完后的工具立即用丙酮清洗干净以备再用。

底漆、腻子、胶液、面漆随用随配，每次配制数量以 30min 内用完为宜。环氧类不宜超过 3kg，酚醛、呋喃、聚酯一次不超过 5kg。

配料顺序与第 6 章的相同。

（3）刷底漆及刮腻子

底漆一般采用环氧底漆，也可采用高温型酚醛底漆。刷底漆要涂布均匀，漆膜厚薄要一致，一次涂刷不宜过量，湿膜厚度控制在 0.1～0.2mm 以内，根据布的厚度微调。涂完后表面不应有漏刷、流淌和结瘤等现象。用毛刷刷漆时，每次蘸胶料要少，约漆刷毛长的 1/3～1/2。要勤沾漆，并经常搅动漆液，以防填料沉淀。刷漆一般先由上而下刷一遍再从左自右刷一遍，在漆层交接处和设备转角等不易施工处不要漏刷底胶。

底漆全部刷完后，于室温下自然干燥 24h，才可加热固化处理。热固化处理后，等温度降至室温时可进行刮腻子。

刮腻子时应按凹凸坑的深浅及过渡圆弧的大小，选用韧性大的油灰刀，在欲刮表面上抹少量腻子，用力来回刮抹 3～4 次，然后再添腻子找平。对于锐角、尖角、焊缝表面及其他凹凸不平处尽量一次找平，如一次用腻子量大，则可分次找平，分次固化。腻子刮完后在室温条件下自然固化 24h，固化好以后底表面还应打磨修整，凡有分层龟裂处要铲掉重抹。

（4）贴布操作

① 贴布方法　按贴布面积大小，将胶液涂于设备表面，并用橡皮刮板把胶液赶匀，胶液稠度要大，涂胶要厚些，然后将布覆盖到树脂上，用干净毛刷刷压玻璃布表面，使树脂从

下向上渗透以充分浸润玻璃布，避免产生气泡。涂胶厚度原则上以布的厚度和密度为准，以刚能浸润完全玻璃布为好，涂胶多，干净毛刷会沾上胶液；涂胶少，玻璃布不能完全浸润，下一次在此表面涂胶时易产生气泡。而根据玻璃布浸润的程度也能检查到涂胶的均匀程度。大型设备贴衬时，先将布卷从一头找齐，压紧贴住，而后逐步展开，用力要均匀，布纹不要偏斜，布贴好以后，用毛刷由中间向上下、左右推赶，用力要匀，不要使布皱褶，纤维纵横方向要垂直。

贴布方法有间断法、连续法和分段连续法三种。间断法：每贴一层布后，自然固化或热固化处理，经修整和腻子找平，再贴第二层，依次顺序贴至所需厚度。此法时间长，但质量好。如酚醛、呋喃玻璃钢衬里就采用间断法施工。连续法：一次同时贴衬若干层，每层之间互相重叠错位，贴完后在室温条件下自然固化，本法的施工速度较快。分段连续法：按层间结构分段连续，即每阶段为连续法，分段固化间断法。

② 贴布顺序　贴布顺序依设备形状而定。一般原则是：先里后外，先上后下，先器壁后底部，斜坡处由低至高。在角度交接处，布料不宜展平，可适当剪开适宜展平为限。人孔、法兰及接管的贴衬应与本体贴衬交错进行，以保证衬层完整性。设备内部支架、角铁等附件要尽量一致贴成，形状复杂部位可剪成小块分次衬。大面积贴衬时，按下料顺序依次进行。间断贴衬，布间塔按量不小于 50mm，层与层间要错缝。连续贴衬时，上下布层逐层搭接量为：连续贴四层时搭接量按 3/4、1/2 及 1/4；连续贴三层按 1/3、1/2；贴两层时搭接 1/2。对于首尾不足之处要补足。连续贴衬一次最多不超过四层。

③ 中间处理　间断法每贴完一层，需室温固化至不粘手后进行表面修整，用腻子找平（用量以使厚度不大于 0.1mm 为宜），干燥后再进行下一层贴衬。多层连续法贴衬时，贴完最后一层后用热辊（70～80℃）在布面上滚压一遍，不要漏压，使玻璃布浸透胶液，并赶净层间气泡。

8.5.4　热固化处理

贴衬完工后，必须进行热处理使之充分固化。根据玻璃钢品种及施工条件的不同，可选择几种热固化处理方法。①分段热固化，在每一阶段施工完成后进行中间热固化处理，所需温度比标准要求低些，时间短些，待全部施工完后，再按标堆要求进行最后热出化处理。②一次性热固化处理，在每一阶段施工完成后，经常温或稍通入 40～50℃ 热风干燥，直至全部施工完后，进行作后热处理。③加压热固化，能耐压的密封容器及设备，可将预热至一定温度的压缩空气逐渐通入设备中，慢慢升温升压，压力为 $1.2～1.5kg/cm^2$，温度按标准升温条件进行。热固化处理时，要严格掌握升降温速度。热源可用蒸汽蛇管、热风、电炉或无直接火焰的加热炉、电磁感应圈等。加热一定要均匀，不能局部过热，还要温度升降调节方便。

（1）热处理的目的

玻璃钢衬层热处理的目的是使树脂充分固化，提高衬里层的耐腐蚀性能。一般热处理温度要比使用温度高 20℃。固化后的材脂用丙酮回馏萃取 30min，丙酮萃取液颜色淡黄或无色表示树脂固化完全，丙酮液变深黄或黑色则表示树脂未充分固化。玻璃钢衬里层未充分固化时不能投入使用。

（2）玻璃钢衬里热固化处理条件

玻璃钢成形后要常温养护 24h，才能热固化处理，热固化处理时，要严格掌握升降温速度，升温速度不大于 5℃/h，降温速度不大于 10℃/h。50℃ 以下可随炉冷却或自然冷却。玻璃钢衬层热处理的工艺可见表 8-18。

表 8-18　玻璃钢衬层热处理的工艺

热处理类型		热处理温度(℃)及时间(h)										
低温型	温度	室温~40	40	40~60	60	60~80	80	共计 23				
	时间	1	4	4	4	4	6					
中温型	温度	室温~40	40	40~60	60	60~80	80	80~100	100	共计 33		
	时间	1	4	4	4	4	6	4	6			
高温型	温度	室温~40	40	40~60	60	60~80	80	80~100	100	100~120	120	共计 43
	时间	1	4	4	4	4	6	4	6	4	6	

8.5.5　玻璃钢施工质量控制

（1）玻璃钢衬里的破坏形式

① 渗透破坏　玻璃钢是由树脂胶液与玻璃布组成。树脂胶液中含有溶剂、固化剂及辅助材料，在玻璃钢施工中易挥发，使玻璃钢容易出现针孔、气泡、微裂纹的缺陷，抗渗能力变坏。

② 应力破坏　玻璃钢衬层须加热固化处理，玻璃钢的线膨胀系数比钢的大，固化冷却过程中会产生热应力。即使冷固化，树脂固化时也会引起体积收缩，当玻璃钢衬层与金属表面粘接紧密而受到牵制时，玻璃钢层就产生收缩应力。此外，玻璃钢衬里在应用时，由于介质温度变化，产生温致应力，会使玻璃钢层间开裂。同时，由于开裂、腐蚀介质渗入到基体，产生腐蚀。而由于外载荷的应力作用使层状复合材料产生弹性变形，由于两种材料的应变不同，层状复合后的变形限制，使玻璃钢产生拉应力。

③ 腐蚀破坏　玻璃钢衬里一般耐磨性差，一旦树脂层被磨损后露出玻璃布，渗透性增大。腐蚀促进了浸透，而浸透作用又破坏了纤维与树脂黏合的整体性，使玻璃钢衬层很快破坏。玻璃钢衬里被破坏腐蚀后不单基体受到腐蚀，而且由于磨损衬里的玻璃纤维碎块进入介质中，污染管道，堵塞管路。玻璃钢衬里一般不适用于腐蚀严重的腐蚀环境中。

（2）玻璃钢内衬层的质量检查

玻璃钢衬里层用电火花器检查时，注意衬里层厚度，一般衬里层为 3~7 层时选择 2~3kV，大于 7 层玻璃布厚衬里层选择 3~4kV。电火花检查时，无火花即为合格。局部发生火花为不合格，要涂刷一层面漆进行修补。

（3）施工规范的介绍

例：GB 50212—2002《建筑防腐蚀工程施工及验收规范》——树脂玻璃钢的施工部分。

6.4.1　树脂玻璃钢的施工宜采用手糊法。手糊法分间歇法和连续法。酚醛玻璃钢应采用间歇法施工。

6.4.2　树脂玻璃钢铺衬前的施工，应符合下列规定。

① 封底层：在经过处理的基层表面，应均匀地涂刷封底料，不得有漏涂、流挂等缺陷，自然固化不宜少于 24h。

② 修补层：在基层的凹陷不平处，应采用树脂胶泥料修补填平，自然固化不宜少于24h。酚醛玻璃钢或呋喃玻璃钢可用环氧树脂或乙烯基酯树脂、不饱和聚酯树脂的胶泥料修补刮平基层。

6.4.3　间歇法树脂玻璃钢铺衬层的施工，应符合下列规定。

① 玻璃纤维布应剪边。涤纶布应进行防收缩的前处理。

② 先均匀涂刷一层铺衬胶料，随即衬上一层纤维增强材料，必须贴实，赶净气泡，其上再涂一层胶料，胶料应饱满。

③ 应固化24h，修整表面后，再按上述程序铺衬以下各层，直至达到设计要求的层数或厚度。

④ 每铺衬一层，均应检查前一铺衬层的质量，当有毛刺、脱层和气泡等缺陷时，应进行修补。

⑤ 铺衬时，同层纤维增强材料的搭接宽度不应小于50mm；上下两层纤维增强材料的接缝应错开，错开距离不得小于50mm；阴阳角处应增加1～2层纤维增强材料。

6.4.4　连续法树脂玻璃钢铺衬层的施工，应符合下列规定。

① 平面一次连续铺衬的层数或厚度，不应产生滑移，固化后不应起壳或脱层。

② 立面一次连续铺衬的层数或厚度，不应产生滑垂，固化后不应起壳或脱层。

③ 铺衬时，上下两层纤维增强材料的接缝应错开，错开距离不得小于50mm；阴阳角处应增加1～2层纤维增强材料。

④ 应在前一次连续铺衬层固化后，再进行下一次连续铺衬层的施工。

⑤ 连续铺衬到设计要求的层数或厚度后，应自然固化24h，即可进行封面层施工。

6.4.5　树脂玻璃钢封面层的施工，应均匀涂刷面层胶料。当涂刷两遍以上时，待第一遍固化后，再涂刷下一遍。

6.4.6　当树脂玻璃钢用作树脂稀胶泥、树脂砂浆、水玻璃混凝土的整体面层或块材面层的隔离层时，在铺完最后一层布后，应涂刷一层面层胶料，同时应均匀稀撒一层粒径为0.7～1.2mm的细骨料。

耐蚀塑料设备和衬里

　　耐蚀塑料设备和衬里从原材料上可以是满足各种各样需求的聚合物，从材料学的角度几乎每一种介质条件都可以找到一种或几种材料能耐其腐蚀，但从工程学的角度，复杂的材料品种带来工程上的技术复杂、成本居高不下、质量保证基本是一个无法完成的任务。所以目前经过技术和市场的选择作为塑料耐蚀设备的材料主要是聚氯乙烯板材和结晶聚丙烯板材；作为塑料衬里的材料主要是聚乙烯、无规聚丙烯、聚氯乙烯和氟塑料板材，氟塑料主要用于高腐蚀环境，聚烯烃类材料主要用于一般腐蚀环境。

　　在化工防腐蚀工程中，为了满足设备承受内压的需要，或者由于塑料的强度、刚度明显不能满足设备的要求时，往往采用衬里结构。所谓衬里就是用热塑性塑料板、片料作为金属、水泥等设备基体的内衬，利用塑料的化学稳定性，达到防腐蚀的目的。有些设备如搅拌器、叶轮等外敷防腐蚀层，其形式与衬里类似。涂层结构就是将塑料通过某些涂覆方法制成较薄的覆盖层，在设备的内外起防腐蚀作用。衬里设备和涂层设备的负载都由设备基体承担。化工设备衬里用塑料板材常选用聚氯乙烯、聚四氟乙烯、聚丙烯等材料。硬聚氯乙烯就是不增塑的聚氯乙烯，它主要用来制作管、板、结构零件、塑料门窗框和吹塑包装。

9.1　塑料加工概述

　　塑料加工是将聚合物树脂颗粒转化为塑料制品的各种工艺的总称，又称塑料成型加工，是塑料工业中一个较大的生产部门。作为防腐蚀专业的学生，须要了解塑料加工的知识，这是材料专业的常识。

　　塑料加工从加工方法上同金属材料一样有冷加工和热加工2类，塑料加工工序一般包括配料、成型、机加、接合、修饰和装配等。后四个工序是在塑料已成型为制品或半制品后进行的，又称为塑料二次加工。塑料热加工的基础知识是聚合物的流变性能，即聚合物经过加热后出现粘流态，这时在模具的限制下再施加压力成型，所以温度、压力、模具就成为主要的加工参数。塑料热成型常用的方法有挤出、注射、压延、吹塑等，热固性塑料一般采用模压、传递模塑，也可用注射成型。此外，还有以液态单体或聚合物为原料的浇铸等。

　　塑料加工是随着合成树脂的发展和加工机械的而发展起来的，合成树脂和塑料机械的发展互相促进。不少塑料加工技术，都带有橡胶、金属、玻璃、陶瓷等材料加工技术的原理。

工业化的塑料加工质量除了配方、温度、压力等技术指标外，与设备的技术水平关系很大。而配方和树脂在一段时间内相对固定，而设备的辅助功能和准确控制技术确是可以很快更新和发展的，作为一个从业者，吃透设备往往是最为重要的工作。同时将所学的高分子物理和化学的理论知识和设备结合才能充分领会高分子加工的原理和发展历史、发展方向。

塑料加工历史可追溯到 19 世纪 70 年代，赛璐珞诞生之后，因其易燃，只能用模压法制成块状物，再经机械加工成片材，片材可用热成型法加工。这是最早的塑料加工。浇铸成型是随着酚醛树脂问世而研究成功的，20 世纪初酚醛树脂最早用浇铸法成型。30 年代中期用甲基丙烯酸甲酯的预聚物浇铸成有机玻璃，第二次世界大战期间开发了不饱和聚酯浇铸制品，其后又有环氧树脂浇铸制品，60 年代出现了尼龙单体浇铸；注射成型始于 1872 年的赛璐珞加工，是一个巨大的肌肉注射器的变种，通过一个加热的圆筒注射塑料到模具里，20 世纪 20 年代开发出了柱塞式注塑机用于加工醋酸纤维素和聚苯乙烯；20 世纪 40 年代诞生了现代意义的柱塞式注塑机，它能更精确地控制注射速度和注射量。20 世纪 50 年代诞生了往复螺杆式注射机使得大规模生产塑料件变得容易。

挤出成型始于 1845 年以古塔波胶为包覆层的电线生产技术，使用的挤出机是柱塞式的，操作方式由手动到机械式到液压式不断进步，但仍然是间歇式生产。19 世纪 80 年代开发出了螺杆式挤出机，使得连续生产得以实现。随着螺杆长径比的逐渐提高，热塑性塑料的塑化要求得到满足，加工原料也从橡胶扩大到了塑料，20 世纪 30 年代中期，聚氯乙烯树脂工业化生产得以实现，塑料专用的单螺杆挤出机相应问世，软聚氯乙烯挤出成型研制成功。1938 年双螺杆挤出机也投入生产，使塑炼质量大大提高。20 世纪 60～70 年代，新发展起来了各种增强塑料新成型方法，如缠绕、拉挤、片材模塑成型、反应注射成型、结构泡沫成型、异型材挤出成型、片材固相成型以及共挤出、共注塑等。进入现代，塑料加工向着高效、高速、高精度、节能、大型化或超小、超薄等方向发展，计算机技术进入这一领域，把整个塑料加工技术提高到一个新水平。

9.1.1 挤出成型

挤出成型在塑料加工中又称为挤塑，是指物料通过挤出机料筒和螺杆间的作用，在料筒中边受热塑化，边被螺杆塑炼并向前推送，使物料以流动状态连续通过机头口模而制成各种截面制品或半制品的一种加工方法。在化纤纺丝中也有用挤出机向喷丝头供料，以进行熔体纺丝。在合成树脂生产中，挤出机可作为反应器，连续完成聚合和成型加工，也应用于热塑性塑料配料、造粒等。在橡胶工业中压缩比不同的挤出机可以用来塑炼天然胶。

塑料挤出机的主机是挤塑机，它由挤压系统、传动系统和加热冷却系统组成。料自料斗进入料筒，在螺杆旋转作用下，通过料筒内壁和螺杆表面摩擦剪切作用向前输送到加料段，在此松散固体向前输送同时被压实；在压缩段，螺槽深度变浅，进一步压实，同时在料筒外加热和螺杆与料筒内壁摩擦剪切作用，料温升高开始熔融，压缩段结束；均化段使物料均匀、定温、定量、定压挤出熔体，到机头后成型，经定型得到制品。塑料挤出机组的辅机主要包括放线装置、校直装置、预热装置、冷却装置、牵引装置、计米器、火花试验机、收线装置、切断器、吹干器、印字装置等。

挤出成型的生产效率高，可连续化生产，制造各种连续制品如管材、型材、板材（或片材）、薄膜、电线电缆包覆、橡胶轮胎胎面条、内胎胎筒、密封条等。金属材料的型材是用轧制，塑料是用挤出，通过口模成型成了型材的形状，然后冷却定型，牵引到一定的长度后切断即得，所以成型成本低得多；挤出主要用于薄膜生产中的混料工序，经过挤出机塑炼好的材料进入压延机压延才制造出薄膜；电缆包覆是通过 T 形机头在机头内将塑料熔体包覆到铜芯线上，随着铜芯线的牵引，电线被连续的拉出成卷。

9.1.2　注塑成型

注塑成型是将受热融化的塑料由高压射入封闭模腔，经保压冷却或固化后在模具中成型，然后再开模取出制品。上述工艺反复进行，就可批量周期性生产出制品，该方法适用于形状复杂部件的批量生产。热固性塑料和橡胶的成型也包括同样过程，但料筒温度较热塑性塑料的低，注射压力却较高，模具是加热的，而不是冷却的，物料注射完毕在模具中需经固化或硫化过程，然后趁热脱膜。注塑成型广泛应用于需求量大的塑料零件，目前大多数的小型塑料件都是注塑成型的。

注塑成型的螺杆运动除了旋转外，还要向喷嘴方向运动，这是保证射流的关键，注射压力在注塑成型中所起的作用是克服塑料从料筒流向型腔的流动阻力，给予熔料充模的速率以及对熔料进行压实，在当前的注射机的注射压力都是以柱塞或螺杆顶部对塑料所施的压力（由油路压力换算来的）为准的。塑化压力同挤出一样也是螺杆背压表示，背压是指螺杆反转后退储料时所需要克服的压力。增加塑化压力会加强剪切作用，即会提高熔体的温度，有利于色料的分散和塑料的融化，但会增大逆流和漏流，增加驱动功率，延长了螺杆回缩时间，降低了塑料纤维的长度，因此背压应该低一些，一般不超过注塑压力的 20％。

注塑成型的料筒温度比挤出成型更高，压力也更高，这是注射方式要求的，喷嘴温度略低于料筒最高温度，以使注射能顺利进行，而模具温度主要是影响塑料在模具中的流动充填、表观质量和冷却。在注塑过程将近结束时，螺杆停止旋转，只是向前推进，此时注塑进入保压阶段。保压过程中注塑机的喷嘴不断向型腔补料，以填充由于制件收缩而空出的容积。

在整个注塑成型周期中，以注射时间和冷却时间最重要，它们对制品的质量有决定性的影响。注射时间中的充模时间直接反比于充模速率，生产中充模时间一般约为 3～5s。保压时间就是对型腔内塑料的压力时间，在整个注射时间内所占的比例较大，一般约为 20～120s（特厚制件可高达 5～10min）。在浇口处熔料封冻之前，保压时间的多少，对制品尺寸准确性有影响，若在以后，则无影响，保压时间依赖于料温，模温以及主流道和浇口的大小。冷却时间主要决定于制品的厚度，塑料的热性能和结晶性能，以及模具温等。冷却时间的终点，应以保证制品脱模时不引起注塑件变形为原则，冷却时间性一般约在 30～120s 之间，冷却时间过长没有必要，不仅降低生产效率，对复杂制件还将造成脱模困难，强行脱模时甚至会产生脱模应力。

9.1.3　模压成型

模压成型工艺是复合材料生产中最古老而又富有无限活力的一种成型方法。它是将粉状、粒状或纤维状的预混料或预浸料坯件装入成型温度下的模具型腔中，然后闭模加压，在一定温度、压力下固化成型的方法，所以又称压制成型或压缩成型。模压成型件中由于含大量的增强材料，所以大多数的时候用于制造工程塑料的结构零件和热固性树脂塑料作结构件、连接件、防护件和电气绝缘件等，其零件强度和质量可靠性，是注塑所不能达到的，但是模压成型的生产效率远小于注塑加工。

模压成型原料的损失小，为制品质量的 2％～5％；制品的内应力很低，力学性能较稳定；模腔的磨损很小，模具寿命长。成型设备的造价较低，模具结构较简单，对产量不大的零件有优势；可成型较大型平板状制品；产品尺寸精度高，表面光洁，无需二次修饰；能一次成型结构复杂的制品。但是成型周期较长，效率低，劳动强度高；最后制品的飞边较厚，而去除飞边的工作量大。

模压成型工艺按增强材料可分为很多种模压法。将热固性树脂或分子量超高、流动性差、熔融温度很高的难于注射和挤出成型的热塑性树脂与填料、固化剂、着色剂和脱模剂等混合制粉，加入金属模具内模压的叫模塑粉模压法。团状模塑料（BMC）是一种由不饱和聚酯树脂、短切纤维、填料以及低收缩添加剂等各种添加剂经充分混合而成的团状预浸料，将 BMC 加入金属模具内模压的叫团状模塑料模压法。将预先织成所需形状的两维或三维织物浸渍树脂胶液，然后加入金属模具内模压的叫织物模压法。将预浸过树脂胶液的玻璃纤维布或其他织物，裁剪成模压的形状，然后加入金属模具内模压的叫层压模压法。将片状模塑料（SMC）片材按制品尺寸、形状、厚度等要求裁剪下料，然后将多层片材叠合到金属模具内模压的叫片状塑料模压法。此外还有纤维料模压法、吸附预成型坯模压法、碎布料模压法、毡料模压法等模压成型工艺。

模压成型的工艺流程包括加料、闭模、排气、固化、脱模、模具吹洗、制件后处理几个步骤。加料时必须定量准确，它直接影响制品的密度、尺寸、毛边厚薄、脱模、光泽等。闭模时合模先用快速，待阴、阳模块接触时改为慢速。先快后慢的操作方法有利于缩短非生产时间，防止模具擦伤，避免模槽中原料因合模过快而被空气带出，甚至使嵌件位移，成型杆遭到破坏。待模具闭合即可增大压力对原料加热加压。模压热固性塑料时，常有水分和低分子物放出，为了排除这些低分子物、挥发物及模内空气，在模腔内塑料反应进行至适当时间后，可短时间卸压松模排气。排气操作能缩短固化时间和提高制品的物理力学性能，避免制品内部出现分层和气泡。模压固化时间通常为保压保温时间，一般 30s 至数分钟不等，多数不超过 30min。过长或过短的固化时间对制品的性能都有影响。后处理能使塑料固化更加完全；同时减少或消除制品的内应力，减少制品中的水分及挥发物等，有利于提高制品的电性能及强度。

9.1.4　吹塑成型

吹塑也称中空吹塑，是一种制造中空热塑性制件的方法，热塑性树脂经挤出或注射成型得到的管状塑料型坯，趁热（或加热到软化状态），置于对开模中，闭模后立即在型坯内通入压缩空气，使塑料型坯吹胀而紧贴在模具内壁上，经冷却脱模，即得到各种中空制品。适用于吹塑的塑料有聚乙烯、聚氯乙烯、聚丙烯、聚酯等，所得之中空容器广泛用作工业包装容器。根据型坯制作方法，吹塑可分为挤出吹塑和注射吹塑，新发展起来的有多层吹塑和拉伸吹塑。

广为人知的吹塑成型对象有瓶、桶、罐、箱以及所有包装食品、饮料、化妆品、药品和日用品的容器。大的吹塑容器的体积可达数千升，通常用于化工产品、润滑剂和散装材料的包装上。其他的吹塑制品还有球、波纹管和玩具。汽车燃料箱、轿车减震器、座椅靠背、中心托架以及扶手和头枕覆盖层均是吹塑的。机械和家具制造业的吹塑零件有外壳、门框架、制架、陶罐或到有一个开放面的箱盒。

中空制品的吹塑包括挤出吹塑，注射吹塑等各种方法。挤出吹塑成形过程，管坯直接由挤出机挤出，并垂挂在安装于机头正下方的预先分开的型腔中；当下垂的型坯达到规定的长度后立即合模，并靠模具的切口将管坯切断；从模具分型面的小孔通入压力为 0.21～0.62MPa 的压缩空气，使型坯吹胀紧贴模壁而成型；保压，待制品在型腔中冷却定型后开模取出制品。挤出吹塑主要用于未被支撑的型坯加工，占吹塑制品的 75%。

注射吹塑是用注射成形法先将塑料制成有底型坯，再把型坯移入吹塑模内进行吹塑成形，注射吹塑空气压力为 0.55～1MPa。注射吹塑主要用于由金属型芯支撑的型坯加工，占吹塑制品的 24%。区分挤出吹塑和注塑吹塑（包括注拉吹）的方法是观察制品底部，底部有一个肚脐样的注塑点的是注塑吹塑或注拉吹制品，底部有一条合模线的是挤出吹塑制品。此外，还有拉伸吹塑方法，它是在吹塑前进行一次拉伸，由于拉伸取向，拉伸吹塑压力经常需要高达 4MPa，拉伸吹塑可获得双轴取向的制品，极大地提高制品性能。

9.1.5　压延成型

压延成型是将熔融塑化的混炼胶通过两个以上一系列的相对旋转、水平设置的通过加热的两压辊之间的辊隙，使熔体受到辊筒挤压延展，通过牵引拉伸而成为具有一定规格尺寸和符合质量要求的连续薄片状制品，最后经自然冷却成型的方法。压延成型工艺常用于塑料薄膜或片材的生产。

在橡胶加工过程中，可把胶料压延成一定厚度和宽度的生胶片，或在胶片上压出花纹，供下一步制品成型用，是橡胶加工的主要工艺之一。压延法也用于使织物和钢丝帘线挂胶，使胶片与胶片、胶片与挂胶织物贴合等，是制人造革、地板革、防水卷材等的加工方法。

压延过程中大分子链及针状配合剂在辊筒压延时顺压延方向排列取向，这就导致压延方向的拉伸强力大、伸长率小、收缩大，而横向拉伸强力小、伸长率大、收缩小，这种力学方向性称为胶料的压延效应。提高压延胶料温度、增加可塑度及降低压延速度，均可减小压延效应。

压延工艺流程是首先用挤出机炼胶，塑炼胶经过金属检测器检测，防止夹杂物损坏辊筒表面。然后送往压延机的系列压延辊筒压成一定厚度的薄片，薄片由引离辊承托离开压延机，再经冷却卷取，即得制品。可以在引离辊和冷却辊之间进行压花制造花纹薄膜。影响压延制品质量的因素有辊温、辊速、辊速比、辊隙存料量和辊距等。

9.1.6　滚塑成型

滚塑一种热塑性塑料的中空成型方法，它是先将粉状或糊状或单体物料注入模内，通过对模具的加热和双轴滚动旋转，使物料借自身重力作用均匀地布满模具内腔并且熔融，待熔体均匀分布后冷却、脱模而得中空制品。它包括 PE 等干粉的滚塑成型，PVC 糊树脂的搪塑成型和液体单体聚合成型滚塑三类。滚塑的转速不高，只要能使熔体分布均匀即可，而熔体的熔融黏度通常都很高，产品几乎无内应力，不易发生变形、凹陷等缺点。最初主要用于聚氯乙烯糊塑料生产玩具、皮球、瓶罐等小型制品，近来在大型制品上也有较多应用，所用树脂已有聚酰胺、聚乙烯、改性聚苯乙烯聚碳酸酯等。

滚塑具体步骤可分解为加料、加热、冷却、脱模几个部分。在进行滚塑作业之前，需要将金属阴模放置在一台滚塑机器的转臂上。滚塑机器一般由加热室和转臂组成，有的还带有冷却装置如喷水雾化或冷却风扇。然后，在模具内腔内加入以液体或粉料的形式的树脂，加料时一定要准确计量原料，这是保证制品厚度的关键；然后依靠滚塑成型的转臂带着模具在垂直和水平的两个角度上边旋转边加热模具，炙热的模具融化了附着在上的树脂，随着热量的传递，所有的塑料黏附并烧结于模腔的内表面，这时停止加热，继续旋转直至其每一部分的厚度均保持一致，进入冷却室冷却至出模温度冷却成型，打开模具，将产品从模腔中取出。在整个制作过程中，模具转动的速度，加热和冷却的时间统统要经过严格而精确的控制。

当用糊塑料滚塑制造空心软质制品时称为搪塑，也称为涂凝成型。它是制造汽车仪表板、玩具的一种重要方法。其方法是将糊塑料（塑性溶胶）倾倒入预先加热至一定温度的模具（凹模或阴模）中，接近模腔内壁的糊塑料即会因受热而胶凝，然后将没有胶凝的糊塑料倒出，并将附在模腔内壁上的糊塑料进行热处理（烘熔），再经冷却即可从模具中取得空心制品。搪塑的优点是设备费用低，生产速度高，工艺控制简单，但制品的厚度、质（重）量等的准确性较差。目前常用的搪塑材料是聚氯乙烯糊塑料。

9.1.7　浇铸成型

浇铸是在常压下将液态单体或预聚物注入模具内经聚合固化成型，变成与模具内腔形状相同的制品。现在聚合物溶液、树脂糊分散体和熔体也可用于浇铸成型。浇铸成型一般不施加压力，对设备和模具的强度要求不高，对制品尺寸限制较小，制品中内应力也较低。因此，生产投资较少，可制得性能优良的大型制件，但生产周期较长，成型后须进行机械加工。在传统浇铸基础上，派生出灌注、嵌铸、压力浇铸、旋转浇铸和离心浇铸等方法。灌注经常应用在防腐蚀工程中的局部处理。灌注与浇铸的区别在于浇铸完毕制品即由模具中脱出；而灌注时模具却是制品本身的组成部分。嵌铸是将各种材料的零件置于模具型腔内，与注入的液态物料固化在一起，使之包封于其中，在电子封装中应用最大。压力浇铸是在浇铸时对物料施加一定压力，有利于把黏稠物料注入模具中，并缩短充模时间，主要用于环氧树脂浇铸。旋转浇铸是把物料注入模内后，模具以低速绕单轴或多轴旋转，物料借重力分布于模腔内壁，通过加热、固化而定型。用以制造球形、管状等空心制品。离心浇铸是将定量的液态物料注入绕单轴高速旋转、并可加热的模具中，利用离心力将物料分布到模腔内壁上，经物理或化学作用而固化为管状或空心筒状的制品。

有机玻璃板材是一种重要的浇铸制品，既可单件浇铸，也可连续浇铸。单件浇铸是把甲基丙烯酸甲酯单体或预聚物注入表面光洁度很高的两块平板玻璃所组成的模具中，经过一定程序的加热，单体全部聚合，即可得到制品。连续浇铸是将物料浇在两个平行、连续、无端、高度抛光的不锈钢带之间，单体在运行的载体上完成聚合反应。

我们制作酚醛树脂和环氧树脂的耐蚀样块就是将配制好的酚醛树脂或环氧树脂预聚物注入金属、石膏、石蜡模具中，经固化而成。同样将不饱和聚酯与碎石、色料、引发剂、促进剂等配制成的胶液倒入模具中，固化后得到各种美观的人造大理石制品。照相和电影用胶片是将一定浓度的硝酸纤维素和醋酸纤维素溶液，以一定速度注入并流延在无端金属带上，通过加热脱除溶剂使其固化，然后从载体上剥离而制得薄膜，这属于溶剂浇铸。而大型聚酰胺齿轮、轴承、油箱等制件是将熔融己内酰胺单体浇注入模具中，使其在催化剂作用下完成聚合反应，冷却即得到制品，所得制件强度大、刚性高。

9.1.8　塑料的其他成型方法

除了上述的塑料加工方法外还有很多的塑料加工方法。如流延是制取薄膜的一种方法。流延法制造时是先将液态树脂、树脂溶液或分散体流布在动行的载体（一般为金属带）上，随后用适当方法将其熟化，最后即可从载体上剥取薄膜。流延成型有专门的流延机来形成薄膜。

塑料发泡也是一种塑料加工技术。工业上的制备发泡塑料的方法有：挤出发泡、注塑发泡、模塑发泡、压延发泡、粉末发泡和喷涂发泡等等。塑料的发泡原理根据所用发泡剂的不同可以分为物理发泡法、化学发泡法和机械发泡法三大类。基本上所有的塑料，包括热塑性和热固性的都可以发泡为泡沫塑料。其中，注塑发泡是最重要的成型方法之一。

物理发泡成型原理是先将惰性气体在压力下溶于塑料熔体或糊状物中，再经过减压释放出气体，从而在塑料中形成气孔而发泡；或者使溶入聚合物熔体中的低沸点液体蒸发汽化而发泡；也可在塑料中添加空心球发泡。对物理发泡剂的要求是无毒、无臭、无腐蚀作用、不燃烧、热稳定性好、气态下不发生化学反应、气态时在塑料熔体中的扩散速度低于在空气中的扩散速度。常用的物理发泡剂有空气、氮气、二氧化碳、碳氢化合物、氟里昂等。

化学发泡法是利用化学方法产生气体来使塑料发泡：对加入塑料中的化学发泡剂进行加热使之分解释放出气体而发泡；另外也可以利用各塑料组分之间相互发生化学反应释放出的

气体而发泡。应用比较广泛的有无机发泡剂如碳酸氢钠和碳酸铵，有机发泡剂如偶氮甲酰胺和偶氮二异丁腈。它们受热能释放出诸如氮气、二氧化碳气体等的物质。化学发泡剂要求其分解释放出的气体应为无毒、无腐蚀性、不燃烧、对制品的成型及物理、化学性能无影响，释放气体的速度应能控制，发泡剂在塑料中应具有良好的分散性的物质。采用化学发泡剂进行发泡塑料注塑的工艺基本上与一般的注塑工艺相同。塑料的加热升温、混合、塑化及大部分的发泡膨胀都是在注塑机中完成的。

9.1.9　塑料的二次加工

塑料机械加工同金属和木材等的加工方法原理一样，制造尺寸精确度不如金属材料，优于木材，这主要是与加工时的硬度有关。由于塑料的热导性差、热膨胀系数、弹性模量低，当夹具或刀具加压太大时，易于引起变形，切削时受热易熔化，且易黏附在刀具上。因此，塑料进行机械加工时，所用的刀具及相应的切削速度等都要更慢。常用的机械加工方法有锯、剪、冲、车、刨、钻、磨、抛光、螺纹加工等。此外，塑料也可用激光截断、打孔。塑料的机械抛光比较有前途，这因为塑料比较容易产生塑性流动，由于熔点和使用温度之间的温差较小，表面容易发生变化。

塑料构件的连接方法有焊接、粘接、法兰连接。塑料一般不能进行铆接，这是因为其剪切强度低、熔点低的原因。焊接法是使用焊条的热风焊接，使用热极的热熔焊接，以及高频焊接、摩擦焊接、感应焊接、超声焊接等。粘接法可按所用的胶黏剂，分为熔剂、树脂溶液和热熔胶粘接。黏结是塑料加工中的一个用的得比金属连接要多得多的结合方法，这也是由塑料材料决定的，当胶黏剂选择得当，可以同基材互溶，最后没有黏合界面。但是目前黏结和焊接也还没有发展出比较好的热处理方法，所以连接的强度和耐蚀性能总是不那么放心，所以安全系数取得有点大。

塑材配料是将所用的稳定剂、增塑剂、着色剂、润滑剂、增强剂和填料等各种塑料助剂与聚合物经混合，均匀分散为粉料，又称为干混料。有时粉料还需经塑炼加工成粒料。这种粉料和粒料统称配合料或模塑料。塑炼是一个热加工过程。

9.2　塑料设备设计

塑料是一种各向同性材料，对于各向同性材料的强度设计，钢铁材料的设备设计已经很完善了，塑料设备的设计大多可以借用这些已经成熟的基本理论和方法。但是塑料材料的内聚强度低，导致其与钢制设备很多不同之处，在选择和设计时必须充分认识到这一点，做到安全、稳妥、有针对性。

9.2.1　塑料型材

（1）通用塑料板材

硬聚氯乙烯板是聚氯乙烯树脂中加入稳定剂、润滑剂和填料，经混炼后，用挤出机挤出各种厚度的硬质板材。硬聚氯乙烯板配方见表 9-1。

表 9-1　硬聚氯乙烯板配方

物料	配方 1（质量比）	配方 2（质量比）
聚氯乙烯树脂 XJ（XS）-4.5 型	100	100
三羟基硫酸铅	7	7
硬脂酸钡	2	2

物料		配方1（质量比）	配方2（质量比）
石蜡		0.5	0.5
炭黑母料		0.335	0.29
炭黑母料配比	聚氯乙烯树脂	100	125
	钛白粉	87.5	75
	轻质炭黑	10	12
	硬脂酸钡	2	2

防腐蚀工程中使用的 PVC 板材厚度 3～30mm，宽度 1300mm，其他公称宽度 900mm、1300mm、1500mm 宽度在必须要时才考虑。长度可根据客户需要制作生产，一般大多数是 2000～2440mm。虽然现在板材厚度最厚能做到 65mm，但防腐蚀工程上还用不上。

在板材的生产实际中，板材尺寸限于模具、切割机等设备的误差总是存在尺寸变化，其中厚度的偏差最为重要，对板材厚度偏差的要求见表 9-2。而 R-PVC 板材的长度和宽度误差不允许产生负值，只能是正偏差，偏差范围见表 9-3。板材矩形的直角度偏差采用测量矩形的两条对角线的直线长度差来表示直角度偏差，其规定见表 9-4。

表 9-2 板材厚度偏差值

厚度 d/mm	极限偏差/%
$1 \leqslant d \leqslant 5$	± 13
$5 < d \leqslant 20$	± 10
$20 < d$	± 7

表 9-3 板材的长度和宽度偏差

公称尺寸 L	极限偏差/mm
$L \leqslant 500$	$+3$
$500 < L \leqslant 1000$	$+4$
$1000 < L \leqslant 1500$	$+5$
$1500 < L \leqslant 2000$	$+6$
$2000 < L \leqslant 4000$	$+7$

表 9-4 板材的直角度偏差

公称尺寸（长×宽）	极限偏差/mm
1800×910	7
2000×1000	7
2440×1220	9
3000×1500	11
4000×2500	17

改性聚丙烯板材由于是层压加工板材，厚度偏差都较大。长度大于 1800mm 板材的长度偏差为 +30mm，宽度大于 800mm 板材的宽度偏差为 +15mm，板材的厚度偏差是 3～10mm 厚的为 ±10%，大于 10mm 后大约为 ±6%～±8.3%，厚度越大偏差越小。

聚氯乙烯板材的性能按照 GB 4454《硬聚氯乙烯板材》标准规定执行，聚丙烯按照 GB 12024《改性聚丙烯层压板材》标准规定执行，软聚氯乙烯按照 SG 245《软质聚氯乙烯挤出板材》标准规定执行。

（2）塑料的许用设计强度

塑料设备受结构和材料强度的影响，使用范围受到了限制。计算内容与钢制容器相比，相差较大。塑料比钢的熔点低得多，它的使用温度仅比热变形温度低 20～40℃，还由于大多数塑料都是在玻璃态的固态下使用，所以其在使用温度下也会产生蠕变。所以塑料在使用条件下随着时间，温度及负荷的增加，"蠕变"速度加快，强度减弱，直至破裂。因此，在设计选用应力水平时是降低材料本身的使用负荷，使"蠕变"速度减慢，延长使用时间；当使用负荷不变，降低使用温度也能减慢"蠕变"速度以延长设备使用寿命。

因此，规定长期拉伸强度按短期拉伸强度的一半选取，设计的许用应力按长期拉伸强度除以安全系数而定，短期拉伸强度按式（9-1）计算。

$$\sigma^t = \sigma_{23} - 0.6131(t-23) \tag{9-1}$$

$\sigma_{23} = 49.05 \text{MPa}$，是 23℃时聚氯乙烯板材的拉伸强度。$t$ 是工作温度。则长期拉伸强度 σ_{1t} 为：$\sigma_{1t} = 0.5\sigma^t$。

所以，设计许用应力 $[\sigma_{lt}]$:
$$[\sigma_{lt}] = \frac{\sigma_{lt}}{n} \qquad (9\text{-}2)$$

由于塑料在使用温度范围内的极限强度随温度变化而变化，所以安全系数也与温度有关，使用温度在 $35 \sim 80℃$ 安全系数取值 3，使用温度在，$0 \sim 35℃$ 的取值按式(9-3) 计算。

$$n = 4.0267 - 6 \times 10^{-4} t^2 - 8.4 \times 10^{-3} t \qquad (9\text{-}3)$$

这是目前求算塑料许用应力和安全系数的常用方法，但是这个计算方法中的长期拉伸强度和安全系数的选取都带有很大的主观色彩，是实践的总结。而按蠕变强度进行设计的理论现今未见。在现行标准 HG 20640—97《塑料设备》中是直接给出不同温度下的许用应力，这只不过是将这些计算简化，将结果列出的方法。在工程上，并不是像教科书一样列出众多的公式、原理，而是直接用如表 9-5 的数据表格代替公式和图示，这样可避免计算错误和取舍偏差，减少设计的工作量。如 HG 20640—97《塑料设备》中列出的 2 种塑料的弹性模量，见表 9-6。

表 9-5　国标板材在不同温度下的设计许用应力　　　　单位：MPa

塑料 ＼ 温度/℃	0	5	10	15	23	30	35	40	45	50	60	70	80
R-PVC	7.89	7.51	7.31	7.19	7.01	6.99	6.95	6.44	5.93	5.45	4.39		
PP1	3.95	3.76	3.66	3.60	3.51	3.49	3.48	3.22	2.97	2.73	2.2	1.9	1.5
PP2	3.63	3.46	3.37	3.31	3.23	3.21	3.20	2.96	2.73	2.51	2.02	1.75	1.38

注：PP1 是一级品，PP2 是合格品。

表 9-6　PP/和 PVC 在不同温度下的弹性模量　　　　单位：$\times 10^3$ MPa

塑料	在下列温度(℃)下的弹性模量												
	0	5	10	15	23	30	35	40	45	50	60	70	80
R-PVC	4.13	4.20	3.88	3.73	3.45	3.16	2.93	2.68	2.41	2.12	1.48	—	—
改性 PP	2.01	1.90	1.71	1.61	1.37	1.17	1.05	0.94	0.86	0.78	0.66	0.56	0.48

另一种设计的方法是按照设备的设计使用时间进行计算。当设计一台塑料设备时人们不但要知道该用多厚的板材卷制，还应知道能使用多少时间。那么，在聚氯乙烯塑料强度计算时，如何把塑料的这一特性考虑进去呢？这方面国内外都进行了深入的研究，具体反应在许用应力的确定上。时间对塑料焊接处长期强度的影响经过长期试验和验证得到下述拟合公式。

$$\sigma_h^{30} = h_1 - 26 \lg t \qquad (9\text{-}4)$$

其中 $h_1 = 220 \sim 270$，计算时根据焊接技术水平选取。

$$\sigma_h^{40} = 218 - 28.5 \lg t \qquad (9\text{-}5)$$

$$\sigma_h^{50} = h_2 - 31 \lg t \qquad (9\text{-}6)$$

其中 $h_2 = 185 \sim 200$，计算时根据焊接技术水平选取。

式中 t 是设计使用的时间，单位 h，σ_h^t 是使用温度（℃）时的长期使用强度。按照这三个公式就可以分别计算出许用设计应力。这个计算方法是根据使用时间来设计的，使用起来更加安全、放心。但是，目前还没有在更小的工作温度范围内的经验公式，设计起来还是略显粗糙。

9.2.2　塑料设备结构设计

由于塑料设备长期使用，材料的强度降低较大，因此用塑料材质不适宜制作大型容器，目前规定整体焊接设备的工作容积不大于 $50 m^3$，容积过大，塑料设备的强度和刚度均不容易保证。内衬设备的工作容积不大于$100m^3$，钢制压力容器软聚氯乙烯衬里的工作压力不大于$0.2MPa$，且不得在真空条件下使用。而塑料设备的真空度不小于$0.091MPa$。R-PVC焊接设备的使用温度范围是$-10\sim60℃$；改性PP焊接设备的使用温度范围是$-10\sim80℃$。

内衬软聚氯乙烯设备的使用温度范围是$-10\sim60℃$；整体焊接塑料设备的壁厚不得小于4mm、不大于25mm，从刚性考虑，壁厚过薄，易变形。规定壁厚不大于25mm的原因是25mm以上的厚板热成型很困难，厚板的加热时间长，控制的加热温度范围很窄，目前的加热设备不能满足厚板的要求。厚板大多是层压板，层压板厚度过大在预热成型时易造成材料分层。另外就是强度要求太高，就没必要使用整体塑料设备了，可以考虑玻璃钢增强、钢制容器内衬塑料的方法，这要节约更多的成本，加工也容易。

（1）壁厚计算

内压卧式圆筒壁厚厚度计算基本上与钢制圆筒一样，按式（9-7）计算。

$$\delta = \frac{PD_i}{2\sigma_{Tb}\phi} \tag{9-7}$$

式中，P为设计压力，MPa；D_i为内压圆筒的内径，mm；σ_{Tb}为圆筒材料在设计温度下的许用应力，MPa；ϕ为焊缝系数，热风焊、双面对接焊时取0.5，单面对接焊时取0.4；δ为筒壁的计算厚度，mm。

内压椭圆型封头壁厚计算也基本上与钢制封头一样，按式（9-8）计算。

$$\delta = \frac{KPD_i}{2\sigma_{Tb}\phi} \tag{9-8}$$

δ（mm）是内压椭圆型封头的计算厚度。K是椭圆型封头的形状系数，其值由式（9-9）计算，h_i是封头曲面深度。

$$K = \frac{1}{6}\left[2 + \left(\frac{D_i}{2h_i}\right)^2\right] \tag{9-9}$$

目前大部分储罐$K=1$，即$D_i=4h_i$。这样能保证筒体壁厚和封头壁厚相等，有利于焊接，也有利于成型加工时的简化。

圆形平盖封头厚度计算，按式（9-10）计算。

$$\delta = D_C\sqrt{\frac{K_pP}{\sigma_{Tb}\phi}}（mm） \tag{9-10}$$

D_C是平顶盖的直径；K_p是结构特性系数，当封头盖住筒体采用角焊缝焊死时取值0.44，当平盖与筒体用法兰连接时取值0.25。

（2）壁厚确定

计算壁厚还要加上各种壁厚附加量才能得到设计的最终壁厚量，然后根据这个设计厚度向上根据板材的公称厚度确定需用的板材厚度。壁厚附加量包括设备制造热成型时产生的成型减薄量，板材或管材的壁厚负偏差，材料的腐蚀裕度。

设备制造成型时会产生成型减薄量，由于成型的方法不同，减薄量大小也不同，设计时无法考虑，因此成型减薄量由制造厂确定，这样成型减薄量不包括在设计时的壁厚附加量之内。由于塑料材料耐腐蚀性能较好，腐蚀量很少，一般情况下在设计时可以不考虑腐蚀裕度，但是如果有介质对材料会有一定程度的腐蚀时，还是要考虑腐蚀附加量，用腐蚀附加量解决腐蚀问题比更换耐蚀材料要方便得多。

（3）结构尺寸估算

设备的直径、长度这些结构尺寸在进行壁厚计算时是要预先估算的，有了这些数据才能准确计算出壁厚。估算筒体直径时按许用工作压力P的数据和估算式（9-11）～式（9-14）进行估算。

对聚氯乙烯板材，当 $D_i \leqslant 2.0\text{m}$ 时：

$$P \leqslant \frac{1.3564}{D_i + 13.5642} \text{（MPa）} \tag{9-11}$$

当 $2.0\text{m} \leqslant D_i \leqslant 4.0\text{m}$ 时，有：

$$P \leqslant \frac{0.1743}{D_i} \text{（MPa）} \tag{9-12}$$

对聚丙烯板材，当 $D_i \leqslant 1.0\text{m}$ 时，有：

$$P \leqslant \frac{0.6874}{D_i + 6.8740} \text{（MPa）} \tag{9-13}$$

当 $1.0\text{m} \leqslant D_i \leqslant 4.0\text{m}$ 时，有：

$$P \leqslant \frac{0.0873}{D_i} \text{（MPa）} \tag{9-14}$$

其实，这个估算的理论依据就是筒体壁厚的计算公式的变种，如硬聚氯乙烯圆筒容器，内径范围为 $2.0\text{m} \leqslant D_i \leqslant 4.0\text{m}$；工作压力 $P \leqslant 0.1743/D_i$ MPa。其系数 0.1743 是按筒体最大有效壁厚 23.20mm、最大许用应力为 7.89MPa、设计压力为 1.05 倍工作压力、焊缝系数取 0.5，按这些参数而计算得出的。其他公式中的系数均可按此计算方法确定。反过来，在估算时就可以在工作压力和容积确定的条件下，选择一个筒体内径 D_i 和筒体长度，使筒体直径与长度搭配合理，设备几何外观好看，并且也将筒体厚度限制在了合理的范围内。

（4）焊缝系数的选择

根据壁厚的计算公式发现，焊缝系数对壁厚的影响相当大，与其说的用公式计算选用板材的壁厚，还不如说是在设计焊缝的强度，焊缝系数取得偏高，易出现事故，取得过低，材料浪费较大，结合各方面因素，标准规定的焊缝系数在双面对接焊时取 0.5，单面对接焊时取 0.4。

焊缝系数受焊接设备、焊接技术、焊接环境、焊条质量等因素的影响，目前采用热风焊，即使操作水平再高，从测试焊接质量结果，焊缝系数的平均值也只达 0.8 左右，低者还不到 0.6，国内有 2 年以上工龄的焊工一般其焊接系数可以达到 0.6 以上，所以塑料焊缝要补强。焊缝系数低的原因除了操作技术外，还在于首先热风中的氧对熔接处的材料有氧化作用，随着一层层的焊条叠加，部分地区还会有 2 次的熔化，这影响了焊缝材料的强度；其次是塑料焊条并没有完全熔完，整体的熔接区域比焊缝体积小，焊缝区内的材料是以熔接区为连续相，其中包含呈条状的未熔化的焊条芯部，如果连续相太薄，焊接热应力就会导致开裂，太厚则塑料会出现烧焦，三是焊条是圆形的，焊接时虽然能保证焊道的底部熔接，还可以挤一点浆到侧面，但是这样形成的侧面是凸出的，下一条焊道熔接盖住又焊浆形成的凸出线时，旁边凹下去的线部位就比凸出线部位的熔接效果差。

（5）玻璃钢增强塑料设备设计

塑料设备外缠玻璃钢增强的筒体直径一般不大于 2m，塑料筒体壁厚不大于 10mm，因为塑料筒体主要起到防渗层的作用，当然也是很好的芯模，但是塑料内壁也需要一定的刚度，特别是不圆度的控制，必要时塑料设备的内壁需要木模支撑，这些都要在设计说明书中详细规定。玻璃钢增强层可以认为是强度层，采用限定应力设计。当需要在塑料设备的许用温度更高的温度下使用时，塑料设备的强度计算就可以不计，只计算玻璃钢的强度。如果塑料设备提供了强度，那么就将塑料设备按一个单层板计算，再与玻璃钢的单层板复合。耐蚀设计按塑料的扩散渗透腐蚀计算厚度，再同刚度需求比较取大者。

在设计玻璃钢增强的塑料设备时，聚丙烯板材更受设计者重视，因为它使用温度更高，耐蚀性也更好，但是聚丙烯与玻璃钢的黏合力差，这在设计中要在设计说明书中详细规定。

9.2.3 构件连接设计

（1）板的焊接设计

焊接设计主要是焊缝设计，焊缝设计主要就是设计板-管、板-板、管-管间接头型式及坡口的尺寸。焊缝的结构必须根据设备的用途、板材厚度、设计强度、结构特点、焊接方便程度及经济性来选择。一般分为对接、搭接、T形接和角接等接头。焊缝结构及坡口尺寸是由加工经验数据而定的，按坡口形式确定适用范围，既保证焊接质量，又节省焊接材料及焊接工作量。塑料焊接均采用全焊透结构以提高焊缝强度。

对接单面焊如图 9-1 示意，对接单面焊大多数时候用于板厚≤5mm 和只能在单面进行焊接的对接焊缝隙，如衬里的焊接无法就无法进行双面焊。

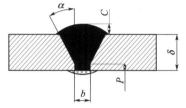

图 9-1　对接单面焊

单面焊开 V 形坡口，坡口的角度、拼接间歇、底部直边、焊缝加强高度都与板材的厚度有关。当板厚在 6～10mm 时，坡口的角度是 35°～40°，拼接间歇 1～3mm，焊缝底部直边 1～2mm。焊缝坡口的角度是为了焊道一层层的堆砌能平整方便，使焊条和焊枪能顺利施焊，所以板越后坡口角度就越大；拼接间歇是为了保证整个焊缝的断面都是被熔接上，因为塑料焊接时形成的熔池的温度低，熔融的塑料不足以同固体塑料形成有效的熔接；焊缝底部直边的要求是因为塑料冷加工开坡口时要加工出底部尖锐的塑料会出现很多崩口，还有就是尖锐的塑料很容易在焊条还没熔融的时候就熔化了。

对接焊缝加强高度 $C=(2.5\pm0.5)$mm；由于焊缝材料的强度低于板材本身，所以采用加大焊缝截面积的方法进行补强，原则上焊缝加强高度随板厚的增加而增加。随焊工的实际焊缝系数的提高而降低，但是由于板厚的范围不是那么的宽、焊条的直径也是 2.5mm，所以通常的焊缝加强高度是 (2.5 ± 0.5)mm。

双面对接焊用于焊接板厚＞5mm 的板，开 X 形焊缝坡口，如图 9-2。这种对接焊抗拉强度比单面对接焊高，这是由于单面补强板破坏了焊件受力形式的对称性，它的截面中心不在拉力作用的中心线上，因而在拉伸过程中实际上还同时存在着弯曲，这一附加的弯曲应力就导致了强度降低；同时双面焊的热应力分布在焊缝截面上是对称的，特别是双面交替层层焊接，热应力分布最好，也不会像单面焊那样产生热应力偏心而产生弯矩。

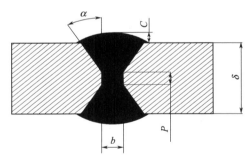

图 9-2　双面对接焊

不论是 X 形或 V 形焊缝，单面补强的结构对于承受拉伸载荷，都不能起到补强的作用，而只起到增强刚性的作用，其焊缝系数与焊缝铲平的差不多，甚至还偏低一些。所以补强的对称性也很重要，单面焊时，可以考虑像图 9-1 中的交叉填充的地方进行补强，但是它的补强高度和补强宽度要低于坡口上部的尺寸，而低多少才能使焊接热应力和外加应力尽量靠近焊接界面中部较难设计。

构件的焊接除了对接外还有 T 形焊接、角接、斜接等连接方式，这些连接方式看起来复杂，但是仍然遵守上面讨论的几个设计原理。即：①焊接时的热应力分布尽量与焊接截面的中心线接近直到重和；②焊缝必须补强，补强方式处理采用焊条补强外，对角接、斜接等这些复杂连接的地方还可以用板材加筋、增厚等方式补强，焊缝补强的基本原则是使使用时的应力分布在焊缝截面上不偏心；③焊缝坡口的冷加工开坡口时要容易控制尺寸，使得最终焊缝均匀一致，因为很多焊缝不会是直线的，有曲线甚至是异形线；④焊缝的设计还要使焊接时的焊道能方便地排布，焊条与焊枪能有有效的施焊空间，所以有时只能考虑单面焊后补强，如角接单面焊缝的焊角高度 $h=0.7\delta$（δ 为较薄件厚度），内角部位加角型加筋板综合补强；⑤焊缝的设计要使焊接前的板材预固定的夹具、工装等辅助工具简单而有效的，能充分保证拼接间歇和构件间的尺寸准确；⑥在工程设计中焊缝设计首先必须按照标准、规范，这是设计者必须遵守的规矩；⑦各向同性的塑料的焊缝设计如果没有标准、规范和成熟的设计，可以参考金属材料的焊缝设计技术和并引入塑料的材料特性来设计。其实塑料设备的设计在没有标准规定的地方都可以按此执行。

（2）管子的连接

管子的连接结构型式目前有十几种，主要有下面四种常用的结构形式。

① 承插式连接结构　这种结构，只需将被连接管的一端在140℃的甘油中加热使之软化，然后在预热到100℃的钢模中进行扩口。连接时用聚氯乙烯胶黏剂涂刷到接口面上插入，胶黏剂干后即黏合连接。这种连接也可以热接，即用专门的管子热熔设备将黏合面热熔后立即插入熔接。黏合强度随温度升高而增加、随时间延长而提高、随间隙减少而增强。这种结构的连接出壁厚增加接近一倍，所以耐压力高；只要按照标准设计插入长度，使插入的结合面上承受的剪应力大于管子本身的拉压强度，其结构强度就相当可靠；施工方便，不担心会遇见特殊的连接件，现场的制作工程量小；由于连接后不可拆卸，现场施工时总是要在一条管线上增加几个可拆卸连接件，以使检查、维修、更换方便。

② 套管式连接　这种结构，管子连接采用对焊，对焊后焊缝铲平，再加上一套管，套管两端再焊在接管上。也可用胶将连接管对粘，然后将套管与连接管再用胶黏合。套管式连接用于大直径的管道连接时可以将套管沿轴向开成2瓣或4瓣，开好焊接坡口，用胶黏合到连接处后再焊接成整体套管，只是焊缝不能布置在顶部和底部，这是其他连接方法不具有的优点。这种结构可靠、施工方便，但不可拆卸，用胶黏合的管子耐压力高。

③ 法兰连接　法兰是化工设备大量使用的一种连接构件，它使用垫片、螺栓将筒体、管道、筒体的分片连接成一个整体，在需要时又能拆卸。法兰连接结构简单、拆卸方便，法兰结构不适宜用在压力较高的管道上。法兰连接用的垫片要布满整个法兰面并平整，不然拧紧螺栓时，易将法兰拧裂。

法兰形状计算略显复杂，而且一般都有标准法兰可供选择，设计时如果不是特别的都按压力等级和管径选择标准法兰，虽然按照许用压力设计，材料消耗要少些，但是这是非标件，其加工费用相当高，最后比标准法兰贵得多。必要时使用非标法兰可按照 HG 20640—97《塑料设备》标准规定的法兰计算方法进行计算。法兰连接的螺栓有选用金属螺栓和塑料螺栓，选金属螺栓简单易得，更换备件几乎可以不考虑库存，但是耐蚀性差，耐蚀设备内都是腐蚀性介质，少有泄漏，螺栓都可能失效；随着高性能的工程塑料价格越来越低，加工技术越来越高，塑料螺栓的应用前景也越来越多，总的来说，能选用塑料螺栓就尽量选用塑料螺栓。

④ 钢环活套法兰连接　该结构是采用钢的活套法兰，密封面较整体法兰连接结构窄，因而密封面受压力也更高，而使用压力更低。

9.2.4　塑料设备工艺设计

（1）筒体的成型设计

塑料圆筒下料简单，成型较容易。一般直径小于1m的圆筒，按一块板的长宽整体下料，用木制阳模成型。直径大于 1m 的圆筒体，采用半圆形木模成型。对 3m 以上圆筒的成型，可用几块弧形板拼焊而成。弧形板的成型可以只用阴模，也可用阴阳模，阴阳模可以使弧形尺寸更准确。采用木模可避免由于热成型件冷却太快，制件两面和内外散热不均造成的翘曲。

筒节由弧形板组对焊制而成时，单个弧形板宽度不小于 300mm。拼接筒节时，应检查每块弧形板尺寸，其内半径 R 的正负偏差不得大于 $0.15\%D_i$，且不大于 3mm。装配筒节时，每相邻两块弧形板的径向偏移量 $b \leqslant 0.1\delta_n$，且不大于 2mm。纵焊缝的对口错边量 b 小于等于 $0.1\delta_n$，且不大于 2mm，δ_n 为板材的名义厚度。每个筒节的长度允许偏差为 ±2mm。

圆筒体组装时以立式组装为宜。每 2~3 个筒节组成一个筒段，再将筒段组成筒体；筒体内置附件（筋板、分布板、加强图等）可在制作筒节时一并焊好，然后组装。筒体组装时，各筒段应自然吻合，不得施加外力强行吻合；两筒节组对时，轴向最大间歇小于 3mm；径向偏移量小于 $0.1\delta_m$，且不大于 2mm，δ_m 为筒节中较薄板厚度；筒节间纵向焊缝应错开，错开间距（弧长）不小于 200mm；筒体组装后应检验直线度，除图纸另有规定外，其允差 $\Delta L \leqslant 2L/1000$，且应小于等于 15mm，其中 L 为筒体总长（mm）。壳体直线度检查是在通过中心线的水平和垂直面，即沿圆周 0°、90°、180°、270°四个部位拉 $\phi 0.5mm$ 的细钢丝测量，测量的位置离筒体纵向焊缝不小于 100mm，当筒体厚度不同时，计算直线度时应减去厚度差。

（2）封头的成型设计

封头直径小于 600mm、壁厚小于 10mm 的封头，一般用阴阳模整体压制成型或阳模加圈法压制成型。虽然压制后飞边较多，但因直径较小，易于修整，缺陷不十分明显。为了便于冷却后脱模，下料时不要留太大的余量，并尽可能切割成圆形或多边形，以免方形坯料四角胀出，包住上模，使脱模困难。PP 板阴阳模之间间隙要比 PVC 成型时大些，否则会损坏模具。如压制直径以 600mm，厚 12mm 的封头时，只能用 11mm 厚的 PP 板。压制封头的曲率半径 R 不能太小，一般大于 10mm 的厚板制件曲率半径 R 应大于 200mm，否则由于伸长率过大会导致制件产生应力发白和开裂。

大直径封头必须用瓣片板和顶圆板分步对接成型制作，由于展开面积近似实际曲面，制作质量易保证。它具有成型模具简单，操作方便，辅助设备少，质量可靠等优点。压制瓣片板也用阴阳模，方法与整体模相似，封头的焊缝布置应符合以下规定：①封头由两块对接板制成时，对接焊缝距封头中心线的距离应小于 $1/4D_i$；②封头由瓣片板和顶圆板对接制成时，焊缝方向只允许是径向和环向的，瓣片板筒的径向焊缝最小距离不小于 100mm；每单块瓣片不得有径向焊缝，顶圆板由整块板制成，顶圆板满足 $d \leqslant 1/4D$，且不小于 300mm；③封头加工偏差必须控制在规定的范围内，如表 9-7 或规范要求。

表 9-7　封头加工偏差　　　　　　　　　　　　　单位：mm

偏差项目	内径 D_i					
	＜800	800~1200	1300~1600	1700~2400	2600~3000	3200~4000
ΔD_i（整体成型封头）	2	3	—	—	—	—
ΔD（瓣片组对封头）	2	3	4	6	7	8
e（最大最小直径之差）	4	6	8	12	15	15
c（表面局部凹凸量）	2	3	3	4	4	4
Δh_1（直边高度允差）	2	2	2	2	2	2
Δh_2（曲面高度允差）	2	3	4	4	4	5
ΔH（封头全高允差）	4	4	5	6	6	7

（3）构件连接

接管法兰的螺栓孔应对称地分布在筒体轴线的两侧，跨中布置。法兰面应垂直于接管或筒体的中心线，其偏差不得超过法兰外径的1%（法兰外径小于100mm时，按100mm计算）且不大于2mm。有特殊要求按图样规定。筒体上的接管应避开筒体焊缝安装，接管外壁与筒体焊缝距离不小于50mm。

焊前的装配一般是先把焊件放在胎夹具中固定好，然后焊接第一层。该层起定位焊的作用。接着就可以在胎夹具中或从胎夹具中把焊件取下来继续焊接。定位焊也可以在辅助人员的协助下而不在胎具中进行。在装配和焊接时，有时采用拉筋起定位和防止变形的作用。

9.3　塑料设备加工工艺

9.3.1　机械加工

借助切削金属和木材等的机械加工方法对塑料进行加工，称为塑料的机械加工。工业用的塑料零件，大多数是用注塑方法制成的，塑料在一次成型后，常需要通过机械加工的方法，对制品进行进一步精细加工才能满足零件的使用要求。其机械加工指钻削、切断、铣削、车削、磨削、黏结和冲切等加工方法，以获得更精确、更复杂的零件；塑料板材、棒料和管材，需要切断、截料方能成为零件；清理塑料坯件的浇口、冒口、飞边、毛刺和注塑时产生的伤疤等，只有用机械加工方法才能达到目的。批量较小时，有时用切削方法代替传统的成型方法加工零件更为经济合理。在尺寸精度要求高、小而深的孔、螺纹等难以一次成型的塑料零件，只有用车削、钻孔、扩孔、磨孔和攻丝等方法加工，方能达到机器零件要求的尺寸精度。

塑料比一般的金属材料容易切削加工，对刀具要求低，切屑量大。主要的缺点是散热性差，弹性大，容易引起加工时零件发热、粘刀、变形与加工面粗糙。要克服以上的缺点，必须注意刀具的前角及后角比加工金属材料要大，刃口要锋利；要有足够的冷却，可进行风冷或水冷；精加工时，工件的夹紧力不宜过大；为得到高表面光洁度，要用高切削速度和小进刀量。

（1）车削

塑料在车床上加工，其切削用量决定于塑料的性质。车削热塑性塑料时，温度不能超过塑料的软化点。高速度下车削，宜用空气冷却。车削一般塑料用的刀具，常用白钢刀；对玻璃纤维增强塑料，最好用硬质合金。车刀前角 $10°\sim25°$，后角 $15°$（包括劈刀、尖头刀、螺纹车刀、割刀等）。精车时的切削速度 $30m/min$，进刀量 $0.05\sim0.1mm/r$，吃刀深度 $0.2\sim0.6mm$。刀具磨损情况比车金属材料时低。刀刃磨损后再继续使用，会使车削表面发热造成制件表面粗糙。

（2）铣削

用加工金属材料的高速钢铣刀，也可铣削塑料。在选择铣刀时，尽量选用前角大、刀齿少的刀具，最好用镶片铣刀。铣削时要冷却，用普通齿轮铣刀或滚刀在铣床上加工齿轮或在滚齿机上加工齿轮时，要有足够的冷却液。

（3）钻孔

用一般加工金属材料的钻头，就可加工塑料零件上的孔。钻头直径在 $15mm$ 以下者，顶角可磨成 $60°\sim90°$，钻头转速为 $500\sim1500r/min$，进给量为 $0.1\sim0.5mm/r$。钻头直径在 $15mm$ 以上，顶角在 $118°$ 左右（即钻金属材料的角度）。在钻削时要冷却，并经常退屑，否则容易引起出屑不好而产生热量，将钻头"咬死"在孔内。

（4）扩孔

常用螺旋槽扩孔钻或铰刀扩孔。用直槽扩孔钻或铰刀扩孔时，要有导向装置。如在钻床上先钻孔，余量至少为 0.15，用直槽铰刀铰孔时，用顶针顶住铰刀尾部的中心孔（即导向），否则铰出的孔会不准确，有的成为多角形孔。

（5）攻螺纹

在塑料件上攻螺纹前，钻底孔可选用钢材攻螺纹的钻头直径，攻螺纹时可直接用二攻（一套二只丝锥）或三攻（一套三只丝锥）来攻螺纹。如连续攻螺纹时，丝锥要进行冷却，或用二只丝锥轮换使用。攻出的螺纹，由于弹性变形，比金属材料攻出的螺纹紧，螺纹的配合很好，但在旋入螺钉时要加一些润滑油。

（6）刨削

刨削塑料基本上与车削情况相仿，但刨刀的后角要小，约为 6°～8°，否则刨削退刀时刀子会跳动。修理机床的塑料覆面，可用宽刃刨刀加工，但刨床的行程要慢，吃刀要小。手工刨削在板材加工上主要是开坡口，目前还没有专门的塑料开口机，手工刨削的工具与木工刨子相同，由于对平整度没有太高的要求，可以短一些，还可以加上角度控制等工艺装备。除了纯手动工具外还大量使用手电刨等小型电动工具，这些工具用到出气开口时速度快，劳动强度低，但后期修整的时候还是用纯手动工具为好。

（7）锯割

塑料的板、棒、管材的锯割，可用弓型锯床，锯割时要冷却。用电动木工圆锯、木工手锯、手工钢锯等都可锯割，但要选用粗齿的锯条。

9.3.2 板材热成型

（1）坯料准备

通常使用的板材为层压板和挤出板。层压板层间黏合力不够，内部存在内应力，厚度偏差较大；挤出板存在板面翘曲，边缘不平，纵、横向强度与收缩率不同等问题。板材质量应选用工厂生产的质量较高的硬聚氯乙烯产品。一般来说，用来制作设备的板材需表面光滑平整，刻痕较轻；没有夹渣及凸凹现象；没有起泡和分层现象；颜色没有明显变化；厚度均匀，厚度允许公差符合标准，板面尺寸要尽量选用大板，以减少拼接焊缝的数量。这是第一次初选。然后是预热挑选。

预热挑选是因为个别板材由于压制工艺不好，内应力过大，加热后才出现裂纹、起泡和分层现象，通过预热选出不合格板材，避免已下料的板材在加热塑化时出现缺陷无法使用、浪费工时的现象发生。板材预热还可以消除生产过程中所产生的内应力，减少热成型时板材的收缩率。板材预热可按照成型时控制的温度和时间进行，如聚氯乙烯在 （130±5）℃保持 35min，保温后缓慢冷却，至少需 40min 冷却至 50℃，然后取出板材。一些直径较小，厚度小于 10mm 的普通设备在板材成型前可以不经过预热过程。

第二次挑选是根据设计要求选择板厚，根据最终的实测将板厚分成几级，卧式筒体的板厚最好相近，封头也最好相近，偏差大的作隔板、筋板等或下一次再成组使用。立式筒体时将厚度正偏差大的板材用于底板和下部壁板，偏差小的板材用于上部壁板。

板材下料前先画线，可用圆盘锯、带锯、手提电钻、车床等加工。板材下料后就成为准备热成型的坯件，板材下料一般按钣金工的下料方法进行，要求板材利用率高，减少焊接缝，尺寸准确，保证质量。下料的展开长度计算如下：

$$展开长度＝计算展开长＋板厚处理量＋收缩量＋加工浴量$$

板材下料要严格按照工序卡的设计来执行，严禁对设计的大板采用拼焊的方法进行拼装。下料时是先下大板和重要部位的坯料，然后用余料作小件。展开长度难于计算的坯料可以放大加工浴量，成型后再冷加工。有缺陷的板材可以避开缺陷处下料，制成构件坯料。

（2）加热软化

塑料板是热的不良导体，加热到高弹态范围即成柔软状态，此时即可在定型模具上成型。这种趁热施加一定外力使其按所需的形状成型，然后经过冷却变硬，得到所需固定形状产品的方法，通称为热成型。

从理论上讲硬聚氯乙烯的高弹态温度范围为 90～165℃，但根据实践经验，最适宜的加热温度为（130±5）℃，这是因为温度低，施加的成型应力会比较大，有小部分变形是弹性变形，成型后就会在板材中残余应力，成型温度高，成型容易，成型后的板材稳定，内应力较小。而温度太高，板材开始塑化变形，更不利于成型。此温度条件下对曲率半径大的部件，加热温度可低一些，半径较小的部件则高一点较好成型。

不同厚度的板材加热至柔软成型所需时间不同，这是跟热导率有关的概念。塑料导热性能极差，加热时板材受热温度一定要均匀，需加热的板材应分层放在支架上，不得叠放，否则中间的板材受热不均，不能按正常时间达到加热的目的，再者受热不均会使板材内应力加大。

加热可在电热烘箱或蒸气烘箱中进行，也可采用油浴加热。用油浴加热槽，油槽用钢板焊成，尺寸按加工板材的尺寸（长×宽）和数量（厚度）设计。为使油浴槽内温度分布均匀，可以采用热油泵循环，这样可以使温度控制在±2℃而不是普通的±5℃，这对于厚板成型很有好处，也可以增大塑料设备的板材厚度限制。油浴加热还由于隔绝了空气，再加上油的浮力，所以板材受氧化和重力变形的影响小。大规模生产塑料设备厂建议使用它，电热烘箱或蒸气烘箱在小规模生产中使用较多，主要是取出方便，干净。

PP 的结晶度高，只有当温度接近熔点，到达结晶熔融温度区（160～170℃）时才软化而具有可塑性。温度过低，分子结晶没有破坏，即使施加很大的外力也得不到理想的形状，而且还会带来过大的内应力；温度过高（＞170℃），分子运动加快，流动性突然增加，无法控制其形状。但成型温度接近于板材压制温度时（165～175℃），会出现分层、起泡、烧焦等现象。因而，成型温度不超过 160℃成型温度过低，则又不易成型。加热 PP 塑料板至软化温度所需的时间，取决于板的厚度和传热介质的热容量，一般甘油浴适用于小型设备的成型，甘油浴温度控制在 160～166℃，3mm 厚的部件只需 30～65s。若将甘油浴加热到170℃，在成型时板材会黏附在模具上。成型大型 PP 设备，宜采用功率密度为 35～50kW/m² 电热烘箱空气加热，加热温度控制在 164～170℃。由于板材的导热性不好，传热有一个过程，如 10mm 厚的板材约需加热 60min，而且在加热时间进行至一半时需将板材翻转再加热。对特厚板材，宜采用较低温度长时间加热的方法，以防 PP 板产生夹生现象。烘箱内温度差不得超过±5℃。

将 PP 板热成型为圆筒体时，热膨胀会导致长、宽和厚度方向的尺寸变大，但逐渐冷却后，尺寸会有较明显的缩短。板材热成型后，其结晶度增加，熔点和刚度提高。因此，如第一次成型未达到标准，要再次成型时，烘烤温度和时间也要相应增加。若需再次卷曲时，其卷曲方向要与第一次卷曲方向相同。由于即的叔碳原子易受热氧化而影响材料性能，应避免反复多次加热。

PVC 塑料板是热的不良导体，持缓慢加热到 130℃左右后，就可在模具内塑造成型，在冷却到 40℃以下即可脱模取得所需要的部件。PVC 板加热成型时间与板材的厚度相关，一般可按 2min/1mm 厚度进行加热计时，加热温度范围控制在 125～135℃，对于厚 25mm 的板材，在温度 130～140℃的油浴槽内，一般加热 25～30min 后即可放入模具内，加热时间不可过长。一般厚板的加热温度可以低一点，加热时间长一点，这样才会使板材的内外温度均匀，当然也可高温加入板材，低温保温，这些都完全依赖加热设备的温度控制能力。现在大多使用低温加人板材，缓慢加热到软化温度的方法，这样也能使内外温度基本一致，但是塑料受热时间长，空气加热时氧化反应程度多。

（3）模具成型

加热软化后的板材取出后于模具上成型。加热后的板材不得承受急剧冷却，否则不仅产生内应力，而且会加大收缩率；更不能冷热不均，以防止局部受冷而翘曲变形。热压成型的模具应选用模面材料的热导率与塑料接近材料，这样可减少塑制部件的内应力，不致因表面冷却太快而使弧板两面散热不均而造成翘曲。通常用散热慢而均匀的木制模具，故一般多采用杉木作模面。此外杉木模面不易变形，可保持塑料部件的几何度的准确性。如果用钢板焊制的模具，则在表面铺上帆布、石棉布、木板等隔热材料，克服钢模散热快的缺点，也能得到质量较理想的弧形板。

塑料设备成型，主要是圆或椭圆的简体成型、圆弧加强圈（直径＞300mm）成型，法兰盘成型以及球型或椭圆封头的成型。下面对圆形简体成型、椭圆形封头成型加以简单介绍。

圆形简体成型直径较小的简体（直径＜800mm），一般采用如图 9-3 所示布卷法圆柱形木模成型。即把帆布的一端沿木模轴向钉在木模上，或把帆布卷在木模上一圈，其余平铺在清洁平面上，然后将已加热变软的坯料放在帆布靠近木模的一端，滚动木模，使聚氯乙烯板卷在木模上，继续滚动木模，把帆布紧紧地裹在硬聚氯乙烯板外，拉紧帆布，待板材冷却至50℃以下，即可取下。模压成型的板要待其自然冷却，不得吹冷风、浇冷水进行骤冷，以免产生局部收缩应力。当板材温度降至 30～50℃时，才能起模取板，过早会使弧板变形。

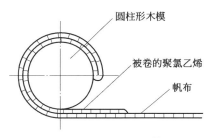

图 9-3　布卷法圆柱形木模成型

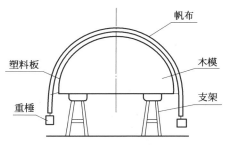

图 9-4　阳模模压法成型

直径为 1000mm 左右的简体，一般采用半圆形木模成型。当使用较厚的聚氯乙烯板加工直径小于 1000mm 的圆筒体时，可采用套模法，即先按简体内径做好一个整体木模，板材按尺寸要求准确下料及包边，并把料板加热变软，取出后迅速将板弯成任意扁圆形，两边对正对齐，在交接处焊上一条焊缝，然后再放进烘箱内加热，待塑料重新达到成形所需温度时，迅速取出，趁热将塑料筒套在木模外，冷却后再将木模打出或将焊缝凿开取出木模。

直径较大的简体，一般由几块弧形板拼焊而成，而弧形板的成型则采用模压法成型，可以只用阳模，见图 9-4 所示，或只用阴模如图 9-5 所示，也可以用阴阳模，见图 9-6 所示。

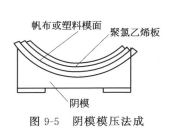

图 9-5　阴模模压法成

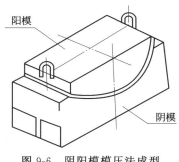

图 9-6　阴阳模模压法成型

阳模是模具中型腔有凸出部分的分模。一般用以成型产品的内表面要求高或凹进部分。阴模是模具中型腔呈凹形的分模。一般用以成型制品的外表面要求高或凸出部分表面。塑料板材阳模成型时外表面是受拉的，实际上对板材厚度有减薄作用，特别是对曲面变化大的构件。而用阴模成型时内表面受压增厚，表面平整度也会下降，所以单独用阴模或阳模成型时一定要注意。

采用阴阳模时，成型板材的厚度一致性和两面的表面也保持较好，对于厚板、成型曲面变化大或多变的板坯、加热温度接近高弹态高线的塑料一定要用阴阳模成型。

9.3.3 焊接

成型好的弧板要进行划线找正和修整，要用样板检查每块板的曲率半径，对合格的板材要刨出焊缝坡口，进行尺寸修整和刨坡口时最好在各种相应曲率半径的弧形钢制胎具上进行。

焊前的装配一般是先把焊件放在胎夹具中固定好，然后焊接第一层。该层起定位焊的作用。接着就可以在胎夹具中或从胎夹具中把焊件取下来继续焊接。定位焊也可以在辅助人员的协助下而不在胎具中进行。在装配和焊接时，有时采用拉筋起定位和防止变形的作用。

（1）焊接方法

塑料的焊接是指利用热塑性塑料受热熔化而使两个塑料件表面在热熔状态下熔结为一体的方法。塑料焊接方法有多种，可以在塑料之间直接焊接，也可用塑料焊条进行焊接。按加热方式不同，塑料焊接方法分为：加热工具焊接、感应焊接，热风焊接、超声波焊接、摩擦焊接及高频焊接等。

① 加热工具焊接　利用加热工具，如热板、热带或烙铁等加热工具对被焊接的两个塑料表面直接加热。直至其表面具有足够的熔融层，而后抽开加热工具，并立即将两个表面压紧，直到熔化部分冷却硬化，使两个塑料彼此连接，这种方法称为加热工具焊接。

加热工具的温度随塑料品种不同而异。如焊接有机玻璃，加热工具的温度为 $320 \sim 350℃$，高密度聚乙烯为 $200 \sim 205℃$，低密度聚乙烯为 $150 \sim 200℃$，软聚氯乙烯为 $160 \sim 180℃$。压向焊缝的压力为 $0.02 \sim 0.08MPa$。压拢时，力求将接合处的气泡排除，以保证焊缝强度。加热时间一般为 $4 \sim 10s$。从加热工具移出到被焊部件接合的停留时间越短越好。停留时间越长，焊接强度就越低。焊接后的焊痕，用机械方法除去。

② 热风焊接　利用焊枪喷出的热气流使塑料焊条熔接在待焊塑料的接口处，并使塑料接合的方法称为热风焊接。这种焊接一般都是手工操作，主要用于聚乙烯、聚丙烯、聚氯乙烯、氯化聚醚、聚甲醛等塑料的焊接。

热风焊接是目前工程上广泛应用的一种焊接方法。焊条的化学成分通常与待焊的塑料相同，也可在主要成分相同的情况下，改变其次要成分。焊条以断面为圆形者居多，近年来用三角焊条焊接软聚氯乙烯板材，效果很好。因其接口处空隙少，只需一次就可完成焊接工作。

③ 感应焊接　将金属嵌件放在塑料焊件的表面，以适当的压力使其暂时结合在一起，随后使其置于交变磁场内，金属嵌件产生感应电动势生热致使塑料熔化而接合，冷却即得到焊接制品，此种焊接方法称为感应焊接。焊接时接合处的压力越高，塑料与金属之间的接合越紧。塑料温度上升快有利于焊接。通常所用的压力为 $0.6 \sim 0.7MPa$，此压力亦起到排除因热降解而产生起泡的作用。感应焊接是一种非常快速和多样化的焊接方法。缺点是焊缝处留有金属品，设备投资大和焊接强度不如其他方法高。

④ 超声波焊接　超声波焊接也是热焊接，其热量是利用超声波激发塑料作高频机械振动取得。当超声波被引向待焊塑料表面时，塑料质点会被超声波激发而作快速振动，从而产

生机械功，随后再转化为热，被焊塑料表面温度上升并被熔化，而非焊接表面处的温度不会上升。超声波通过焊头引入被焊塑料，当焊头停止工作时，塑料立即冷却凝固，从而完成塑料的焊接。

⑤ 摩擦焊接　利用热塑性塑料间摩擦所产生的摩擦热，使其在摩擦面发生熔融，而后加压冷却，就可使其接合，这种方法称摩擦焊接。此法适用于圆柱形的制件，如果制件是非圆柱形的而其待接合的部位是圆柱形或其他简单几何形的，也可以使用此法。

摩擦焊接的过程是，将塑料部件固定在普通车床或钻床的车头上，使其旋转（待焊面边缘转动的线速度约为 $100\sim500m/min$），将另一部件静止地固定在车床的尾部或钻床的底部，给两部件施压，压力一般为 $0.1\sim1MPa$（视塑料刚度和强度的大小而变化），在压力下，两部件发生强烈摩擦，待表面有足够的熔融层后，即停车并在压力下使两部件接合，此时压力也可比摩擦时大，甚至大几倍，冷却后两部件接合成一个整体。此法适用于小零件的焊接。

⑥ 高频焊接　利用高频电流对某些塑料进行加热，使塑料熔化并黏合在一起的方法称为高频焊接。采用这种方法仅限于塑料薄膜和薄板等的焊接。高频焊接时，只须将薄膜或薄板置于高频焊接机的电极之间，随后在压紧的情况下，使电流短时间通过，而后放开电极，即能得到焊接好的制品。电极上下移动和压紧待焊塑料的力，一般都采用机械力或液压力。

高频焊接用于极性分子组成的塑料，诸如聚氯乙烯、聚酰胺、聚偏二氯乙烯、醋酸纤维素等。如在电极上贴一层分子板性较大的材料，也可焊接聚乙烯等非极性分子组成的塑料。采用高频焊接，被焊塑料的厚度受到限制，过薄易产生电击穿，过厚则要增大电位，对设备和生产都是不利的。

（2）热风焊接设备及工具

即使塑料焊接方法多种多样，但是热风焊仍然是最基础和使用最多，用途最广的焊接方法。一下就只讨论热风焊接技术。硬聚氯乙烯塑料的焊接，是以无水、无油的压缩空气，通过电热式焊枪加热变为热压缩空气，并由焊枪的喷嘴喷出，把焊接处和焊条加热至焊接温度，使之黏合在一起的一种方法。

焊接硬聚氯乙烯塑料的设备多数是由空气压缩机、空气过滤器、焊枪、调压变压器及其它附属设备组成，如图 9-7 所示。

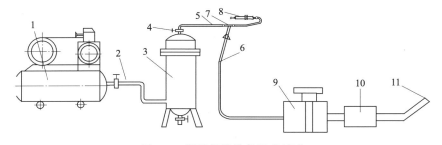

图 9-7　塑料焊接设备组成示意

1—空气压缩机；2—压缩空气；3—空气过滤器；4—压缩气流控制阀；5—过滤后压缩空气；6—二次电缆线；7—三通；8—焊枪；9—调压变压器；10—漏电自动切断器；11—接 220V 伏电源

塑料焊枪就是一个加强、变形的电吹风，有直柄和手枪式两种，前者用在焊接直行方向较便利，后者焊接横行方向较便利。两种焊枪的结构大致相似，由喷嘴、金属外壳、电热丝、瓷圈和手柄等组成。

两种焊枪使用的电压一般都为 $180\sim220V$，电热丝功率为 $415\sim500W$；输入压缩空气压力为 $0.5\sim1kg/cm^2$。风量大小可由压缩空气流控制阀调整。

空气压缩机一般是采用 0.6m³/min 排气量的。一台空气压缩机可以供八支焊枪使用，每支焊枪每分钟消耗气量为 0.075m³。如果需要焊接出高质量的设备，可以用瓶装氮气或二氧化碳等惰性气体来载热。

空气过滤器的作用是清除压缩空气中的水分和油脂，可提高焊缝强度和焊枪内电热丝的使用寿命。

调压变压器（自耦变压器）用于改变焊枪内电热丝的供电电压大小以改变加热功率，从而可以调节焊枪喷嘴喷出的压缩空气温度。每台调压器供一支焊枪使用。焊接开始时先给气体，后给电；停止时可先断电、后关气门。

为保护焊接工人的安全，电路中除必须良好接地、并装置合适的熔断丝外，有的还安装了漏电自动切断器。

（3）热风焊接技术

施焊人员必须掌握焊接技术，操纵熟练，才能正式参加施焊工作。焊接工艺条件如下。①焊接温度：焊枪出口处气温对于 PVC 为 220～240℃，对于 PP 为 270～300℃。②焊枪口至焊件距离 10～12mm。③焊接速度：焊接速度一般控制在 9～15m/h 之间。④气流压力：一般控制在 0.05～0.1MPa 之间。焊缝应高出母材表面 2～3mm。⑤施加压力：沿焊条轴线方向所施加的压力约 500g。⑥焊条延伸率：一根焊条焊接完后延伸率应控制在 15% 以内。⑦载热气质量：热空气不携带油和水，采用氮气或无油润滑的空压机产生的压缩空气能较大的提高焊接的强度系数。

① 焊接温度　以聚氯乙烯热风焊为例，热空气的温度在 230～270℃ 最为适宜，这时焊接速度快而且操作顺利，焊道呈半圆形，其强度也高。温度过高（超过 270℃）容易发生焊条与焊件的焦化现象，材料分解，焊缝强度降低，耐腐蚀性能也降低；温度过低（低于230℃）虽然焊道仍呈圆形，但将得不到最好的黏合强度，焊缝容易被拉断。对于技术熟练的焊工，可以使用较高的温度，以提高焊接速度。现场安装焊接不容易的地方或高空固定焊口，采用较低些的温度。

温度的调整可通过改变压缩空气的流量和调压变压器的电压来实现。温度的大小可通过放在焊枪喷嘴前 5～8mm 处的水银温度计测得。在生产中常用下述方法大致确定焊接温度是否适当，用焊条在一块塑料平面上焊几毫米后，看焊条是否呈黏性物结合在塑料上，冷却后用力把焊条提起，如果它结合的很好，这就说明温度适宜，可以进行焊接。

② 焊条直径和喷嘴孔径　焊条直径和喷嘴孔径一般应根据板厚来选择。焊条直径与喷嘴孔径最好相同，若喷嘴孔径大于焊条直径时，易产生焊件及焊条烧焦的现象；喷嘴孔径过小，加热不够，影响粘接强度。所以，喷嘴孔径与焊条直径相同，是保证焊接质量的重要措施之一。为了使焊条受热均匀，焊条直径亦不宜过大。

R-PVC 的焊条规格有两种：单焊条：2mm，2.5mm，3mm，3.5mm，4mm 等；双焊条：2mm×2mm，2mm×2.5mm，2mm×3mm 等。焊条直径与喷嘴孔径的选择见表 9-8。

表 9-8　焊条直径与喷嘴孔径的选择　　　　　　　　　　　　　　单位：mm

板厚	2～5	5.5～15	16 以上
焊条直径	2	3	3～4
喷嘴孔径	2	3	3～4

焊缝排列要整齐；焊缝底部第一根焊条（根焊条）都应选用 2mm 的单焊条，保证焊接熔融时，焊条能挤过坡口底部所留的 0.5～1mm 的间隙，避免焊不透；在同一焊缝中，不

要采用不同直径的焊条；在焊接 X 形焊缝时，焊条必须在正反两面逐条反复进行焊接，严禁单面焊接完后再焊接另一面。

③ 焊接速度　焊接速度取决于板厚、焊条直径以及热空气温度，一般为 0.1～0.18m/min。当焊条直径为 3mm、板厚 20mm、热空气温度 260℃时，焊接速度为 0.2m/min。焊接速度过慢，将使受热时间延长，因而使焊条及板材发生过热；焊接速度过快，将使焊条来不及被加热到焊接温度。为了提高焊接生产率，在条件允许时，采用双焊条焊接，效果也很好，生产中已广泛应用。

（4）热风焊接操作技术

操作技术的正确与否，对焊缝质量有很大影响。焊接前必须将加工好的焊件，首先除去表面杂质，并用丙酮或二氯乙烷脱脂。点固焊件使之稳定不动，然后进行焊接。在焊接操作中，应着重注意以下几点。

① 焊条的位置及作用力　焊接时，右手拿焊枪，左手拿焊条，并给焊条稍加压力。随着喷嘴渐渐地由左向右进行焊接。焊接过程中，应随时保持焊条与焊缝表面间的正确夹角，如图 9-8。当焊条与焊缝平面在前进方向的夹角大于 100°时，将使焊条在软化状态下拉伸，焊道变细，并在焊道内产生内应力，焊道冷却时会产生小气泡或断裂；如果小于 90°时，焊道在软化状态下因受应力，会使焊道压凸，甚至焊道与焊件未贴合而产生缝隙，也可能由于小于 90°而使焊条靠近焊枪，焊条受热过大，造成焊条一段一段同时软化，使焊缝产生波纹，降低焊缝强度和致密性。所以，焊条与焊缝表面的夹角不适宜，对焊接是不利的。

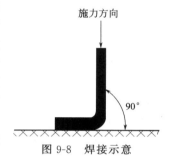

图 9-8　焊接示意

沿焊条轴线方向所施加压力的大小，应使焊条将要弯但还没有弯的情况下为合适（约 0.5kg），直到焊件与焊条被均匀加热后熔接在一起为止。用力要均匀，防止用力时前后左右摆动，以避免产生凸凹现象。

② 焊枪喷嘴位置及运动　喷嘴的正确位置及均匀摆动，对焊件及焊条均匀加热起决定性作用。焊枪喷嘴位于焊条和焊缝之间，距焊条 3～4mm，距焊缝表面 5～6mm，倾斜角度取决于板厚和热空气的温度，一般倾斜角 α 为 30°～45°，角度的大小以使焊条和焊件均匀加热为原则。为了使焊缝和焊条同时均匀受热，焊缝、焊条与焊枪喷嘴应保持在同一平面内，在此平面内焊嘴作均匀上下摆动，摆动速度一般为每秒钟 1～2 次，摆幅在 10mm 左右。

在操作中，要注意必须在焊条前面有一小浆帽，没有小浆帽，说明焊条熔化快，而母材没熔化或温度低。这时应改变焊枪喷嘴角度，多朝向母材加热，如发现烧焦，说明母材温度过高，而焊条熔化的较慢。这时要改变焊枪喷嘴角度，应多朝向焊条加热。

③ 焊缝的开始端和焊条的搭接　为了使焊缝开始端与焊件结合良好，首先加热焊条端部，待软化后切成 45°的斜坡，或将切刀加热后把焊条端部切成 45°斜坡，将焊条垂直插入焊缝开始端，连同焊件一起加热并开始焊接。

在焊接过程中如出现烧焦或凹凸现象，应立即停止，并用切刀切去缺陷后，重新焊接。焊接过程中，缓手时，应稍用力撅一下，再继续焊接。当更换焊条时，同样应将焊道的接焊处及焊条的始端切成 45°斜坡，然后稍微加热搭接处，再继续焊接。焊接工作完成以后，将终端突出的焊道割掉。

④ 防护措施　因为硬聚氯乙烯塑料在焊接加热过程中能分解析出少量氯化氢气体，工作时最好戴上口罩，工作地点空气必须流通，必要时应设置通风设备。为防止触电及焊枪烫伤身体，操作时要戴上手套及穿工作服，调压变压器要接地。

9.3.4　黏合连接

塑料在黏合剂作用下，将两个物体接合在一起的操作称为粘接。用胶黏剂进行粘接是近代装配和修理工程中新兴的并在不断扩大的领域，应用粘接技术有许多优点：选择适用的胶黏剂并正确掌握黏结工艺，任何材料之间的粘接皆可获得极好的粘接强度。用其他方法难以实行的复杂、异形、异性、微型零件之间的连接，也可通过粘接方法而实现。

粘接是通过胶黏剂在整个粘接表面上起作用，不存在局部的高应力区，在受振动时，粘接不会被破坏，表现出很好的耐疲劳强度。接缝（胶缝）可以得到完全密封，能起到耐水、防腐蚀、绝缘等特殊作用，粘接工艺简单，生产效率高，成本低。

塑料粘接的方法常用的有溶剂粘接和胶黏剂粘接。热固性塑料因受热不熔融、溶剂不溶解，不能用热熔法和溶剂法粘接，只能用胶黏剂粘接。塑料借助胶黏剂能够牢固粘接到热固性塑料和金属、陶瓷、玻璃、橡胶以及其他材料上。

（1）溶剂粘接法

非结晶性热塑性塑料可以选用适当的单纯的溶剂，含有该塑料的溶液或含有该塑料的单体的溶液粘接。

选用的溶剂挥发性不宜太大，挥发太快会造成未粘接区产生内应力、裂纹或混浊不清；挥发太慢则粘接时间过长，最好是快慢混合溶剂。快干溶剂有甲乙酮、丙酮、醋酸乙酯、二氯乙烷；中等的有三氯乙烯、过氯乙烯。应从塑料溶解度的大小，选择最适当的混合溶剂，供粘接之用。含塑料的溶液，有利于填没缝隙及凹点，降低固化速度，使溶剂很好地渗入黏合面，以减少粘接点的收缩，避免因收缩而产生应力。

（2）胶黏剂粘接

塑料是最适合于黏合连接的材料，因为大多数的黏剂都是合成树脂材料的，从材料相容的角度它们没有一点排斥；而且每一种塑料都可以有几种黏剂是适用的，有些品种的黏合强度还会高于塑料本身；即使黏剂中有残留的溶剂，这些溶剂扩散到塑料本体中后对黏合面上的高分子互相扩散还有帮助，随着时间的延长也会从基体中扩散出来。但是，塑料黏合在整体塑料设备的制造中还是使用较少，只是起辅助作用。

究其原因，一是对低表面能的塑料黏合技术困难。如聚丙烯因为结构规整、结晶度高、表面能低、溶解度参数小，除了热熔胶黏剂，一般不能直接粘接，故称为难粘塑料，如果经过表面处理，虽然仍然能够黏合，但是表面引入了极性集团，对塑料的耐蚀性能起了实质性的损伤；二是由于胶黏剂太多，每种塑料的胶黏剂选择和黏合工艺混乱，没有形成一个有效的规范或标准；三是对黏合工艺还是没有研究透彻，如黏合部位的热处理、失效处理等后处理很少涉及；四是黏合的工装夹具要比焊接多得多和复杂得多，对非标的塑料设备没有吸引力。

所以，塑料设备制造目前较少用黏合连接，但是对聚氯乙烯整体标准设备来说，还是有很大吸引力的。作为塑料衬里和塑料设备的安装，人们比较喜欢用黏合连接，这将在下面说明。

9.4　通用塑料耐蚀衬里

聚乙烯、聚丙烯、聚氯乙烯统称为通用塑料，这是因为这三种塑料原料来源广，生产规模大，成本低，应用行业广。而作为耐蚀聚合物材料也有很好的防腐蚀性能，所以从性价比的角度在防腐蚀工程中得到了较多的应用，它们作为衬里材料时是以片块状来，使用于压力大于-0.02MPa、小于等于0.6MPa的场合。

9.4.1　硬聚氯乙烯塑料衬里

硬聚氯乙烯本身可以加工成各种防腐蚀设备。可以将硬聚氯乙烯薄板作为衬里层，即制成衬里设备用于防腐。硬聚氯乙烯衬里方法一般有松套衬里、螺栓固定衬里、粘贴衬里三种，现在由于施工不方便已经很少使用硬聚氯乙烯塑料衬里了。但是在一些特殊的地方使用效果还是要比软聚氯乙烯塑料衬里好，这是因为硬聚氯乙烯比软聚氯乙烯的抗扩散渗透性能好得多。

（1）松套衬里

松套衬里是以钢壳为主体，里面套上硬聚氯乙烯板材制成的塑料壳体，衬里和钢壳没有固定，因此钢壳不限制硬聚氯乙烯的胀缩。这种结构常用于尺寸较小的设备，它不能用于有真空的条件，需要单独制作其他材料的翻边，预先成型的板材在施工时在筒体内部的运输和排布也很困难，所以快材小、焊缝多，且在密闭设备中焊接聚氯乙烯对焊工的危害大，要很高的通风要求。硬聚氯乙烯的焊接技术和要求与设备制造相同。

立式可开盖的衬里作硬聚氯乙烯松套衬里比较好施工。只是顶盖法兰和筒体法兰要作成软聚氯乙烯的翻边，翻遍作为法兰垫使用；如果是卧式筒体，只能是封头和筒体用法兰连接，这样设备复杂，法兰处的软聚氯乙烯的耐蚀性略差，就不如全部是软聚氯乙烯的衬里设备了。

松套衬里的施工与其他衬里施工方法相似，施工前应检查钢壳内壁是否符合硬聚氯乙烯塑料板施工要求，如内壁和底部均需平整，不允许有电焊疤等局部凸起，否则需铲平，以保证塑料板衬里贴服于内壁。施工时，先把底部圆角接圆周长度分为若干等分；用模压成型好的料块圆底角形板材，把底部圆角处拼焊衬紧；再把底部当中平板拼焊成圆形设备的整个底部，底部做好后以麻袋或草包做一垫层以防压坏；再把筒身的圆弧板逐块地按环向贴紧筒身，间隙越小越好，使塑料板尽量贴紧钢壳，在间隙过大处可用木棒撑紧，最后进行 V 形焊缝焊接。根据硬聚氯乙烯塑料线膨胀系数比钢材大 5～7 倍这一特性，衬里应考虑补偿装置。

松套衬里的钢铁筒体内壁为了防止钢铁氧化，一般要作防腐蚀涂料，这又有所复杂；松套衬里的设备在使用时如果内部有搅拌，则壳体由于与钢铁筒体的接触不均匀，硬聚氯乙烯受力很不均匀，板材及焊缝损坏较多。由于这些种种原因，所以松套衬里现在已经很少使用了。

（2）螺栓固定衬里

采用螺栓固定衬里是当设备尺寸较大时，衬里层又没有同筒体连接，为防止衬里层（3～4mm 厚）从钢壳上脱落下来，可采用螺栓固定衬里。这种衬里方法对钢壳表面要求不高，只要把焊缝等突出部分磨平即可。衬里施工比较简单，施工进度较快，但由于衬里层和钢壳之间没有紧紧贴服，加上膨胀节本身耐压能力也不高，致使这种结构的设备使用压力仍不高。

螺栓固定衬里（图 9-9）与塞焊法不锈钢衬里的原理一样，螺栓固定点的排布、距离的计算都可以参照执行。只是螺栓固定后的固定点要进行封闭处理，螺栓固定点的封闭就是用聚氯乙烯胶泥黏合封闭或将预制的聚氯乙烯盖帽焊接到衬里板上。这种衬里方法用的混凝土的池子上效果很好，因为混凝土上可以预埋螺栓固定的连接件，固定时衬里板上就不会出现高高的突起，施工也方便得多。同时在金属壳体上由于要焊接螺栓，操作很不方便。

（3）粘贴衬里

粘贴衬里就是用胶黏剂（一般称为胶），把硬聚氯乙烯塑料薄板（2～3mm）粘贴在钢壳内。粘贴硬聚氯乙烯的胶，一般采用聚氨酯。聚氨酯胶是由甲、乙两组分配制而成，可以

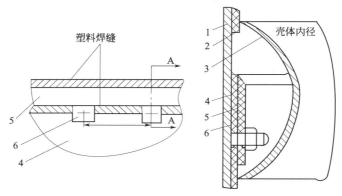

图 9-9　螺栓固定衬里
1—钢壳；2,4—衬里层；3—膨胀节；5—聚氯乙烯扁条；6—压条

"冷贴"，也可以"热贴"。粘贴衬里不仅使衬里层不会从钢壳上脱落，而且使衬里层与钢壳之间的空隙为胶黏剂所填满，因而提高设备的工作压力。在这种衬里中，由于聚氯乙烯和钢的线膨胀系数不同而引起的内应力还是存在的，但这种内应力由于胶黏剂作用而平均分布，不让它集中到某些薄弱环节而造成衬里层破坏。

粘贴硬聚氯乙烯的胶黏剂主要有过氯乙烯胶液及聚氨酯胶液，后者比前者黏结强度高，韧性好，但不耐腐蚀，故还需用焊条将各板接缝处封焊。硬聚氯乙烯制品在粘接前要进行表面处理，以三氯乙烯或丁酮脱脂，用纱布打磨或喷砂。粘接硬聚氯乙烯的胶黏剂示意配方见表 9-9。

表 9-9　粘接硬聚氯乙烯的胶黏剂示意配方

	组分	数量		组分	数量
配方 1	四氢呋喃	100	配方 2	四氢呋喃	77.5
	环己酮	150		聚氯乙稀	12.5
	邻苯二甲酸二辛酯	50		氯化聚乙烯	8.0
	聚氯乙烯	1		三氧化钛	2

粘贴衬里的黏合缝不能焊接，只能靠搭接黏合，板与板的搭接宽度约为 30～50mm，胶黏剂的耐蚀性对整体性能有影响，所以，对介质要仔细分析。

（4）灌浆固定衬里

灌浆固定衬里结合了粘贴衬里和松套衬里的优点，又克服了它们的缺点，所以是硬聚氯乙烯塑料衬里的一种最好的施工方法。灌浆固定衬里是按松套法将板材在设备内部焊接成为一个整体后，在钢制设备的最高点预先开的小孔上抽真空，使衬里层间的空隙变成负压，然后从另外的预先开孔抽入胶黏剂胶泥填满空隙。胶泥固化后就将衬里层与外壳固定在了一起。

灌浆固定衬里的开孔在设备设计时就要确定位置使抽真空不至于被胶黏剂堵塞，加入胶黏剂的孔也要能在整个空隙中均匀分布胶黏剂，必要时可以多开几个孔。灌浆所用的胶黏剂要求黏度低，这样有利于胶黏剂的完全分布和浸润；胶黏剂的溶剂含量尽量少，固含量尽量高，这样固结时才不至于因为溶剂挥发慢而不固结。所以通常选用常温固化的热固性树脂作胶黏剂，但是如果胶黏剂中有溶剂，最好是选固化速度慢的体系或是分成多段进行灌浆固化，多段灌浆的开孔要多一些，也要根据胶液流动性和固化性仔细设计。

9.4.2 软聚氯乙烯塑料衬里

软聚氯乙烯即是增塑的聚氯乙烯,主要是制造薄膜、人造革、塑料鞋底、软片、软管。其燃烧和溶解特性基本上同硬聚氯乙烯。由于含有多量酯类增塑剂,并易迁移不耐久。与硬聚氯乙烯相比,软聚氯乙烯强度低,耐腐蚀性、耐温性也不如它,但具有较好的耐冲击性及良好的弹性,尤其是软聚氯乙烯衬里施工方便、速度快、成本低,因而在防腐中也经常采用。软聚氯乙烯衬里的施工方法主要有松套法、螺栓固定法、内衬钢箍法和粘贴法。

(1)松套法

松套法亦称空铺法,衬里与基体间不加以固定。此种方法施工比较简单,整体性的热膨胀量不受基体限制,一般适用于容积不太大的设备。松套法施工中的板厚一般取 2～4mm,焊接衬里筒体 300mm≤DN≤500mm 时最小板厚 3mm,筒体 550mm≤DN≤1000mm 时最小板厚 4mm,筒体 1100mm≤DN≤2000mm 时最小板厚 5mm。板的长度与宽度不宜太小,以避免接缝过多;板与板的搭接宽度约为 30～40mm,搭接出采用本体熔融加压法焊接。

(2)螺栓固定法

软聚氯乙烯螺栓固定法与硬聚氯乙烯螺栓固定法衬里相似,但软聚氯乙烯衬里的接缝一般采用搭接,因此下料时应当把搭边宽度（40～50mm）计算在内,如减少接缝,保证焊缝质量,软板的长度及宽度应尽可能大,并应尽量将拼焊工作安排在设备外部进行。

软聚氯乙烯塑料板空铺法和压条螺钉固定法的施工,应符合下列规定。①池槽的内表面应平整,无凸瘤、起砂、裂缝、蜂窝麻面等现象。②施工时接缝应采用搭接,搭接宽度宜为 20～25mm。应先铺衬立面,后铺衬底部。③支撑扁钢或压条下料应准确,棱角应打磨掉,焊接接头应磨平,支撑扁钢与池槽内壁应撑紧,压条应用螺钉拧紧,固定牢靠。支撑扁钢或压条外应覆盖软板并焊牢。④用压条螺钉固定时,螺钉应成三角形布置,行距约为 400～500m。

（3）粘贴法

与硬聚氯乙烯粘贴衬里相似。施工时,先将钢壳内壁焊缝凸出处铲平,同时对内壁进行表面喷砂处理,然后在既粗糙又平整、清洁的内壁上涂刷两层或三层胶黏剂,每隔 30min 左右涂刷一次。把事先准备好的厚度为 3mm 的软聚氯乙烯板贴紧于胶黏剂上,稍加用力,在用力的同时,钢壳外部用喷灯加热,以便使软聚氯乙烯板能更好地贴紧于钢壳内壁,而软聚氯乙烯板间接缝,采取较大的斜面接触,斜面接触之间涂有胶黏剂,然后在斜面接触的表面黏合缝上焊上一条软聚氯乙烯塑料焊条,或者用窄条的软聚氯乙烯板,采用本体熔融加压法焊接盖住结合缝。

粘贴所用的胶浆除了聚氨酯和过氯乙烯之外,目前大多采用黏结强度较好的氯丁胶,粘接前用丙酮或丁酮进行表面擦拭。软聚氯乙烯板的粘贴规定如下。①软聚氯乙烯板粘贴前应用酒精或丙酮进行去污脱脂处理,粘贴面应打毛至无反光。②用电火花探测器进行板材测漏检查。③软板表面不应有划伤。④软聚氯乙烯板的粘贴可采用满涂胶黏剂法或局部涂胶黏剂法。⑤采用局部涂胶黏剂法时,应在接头的两侧或场地周边涂刷胶黏剂,软板中间胶黏剂带的间距宜为 500mm,其宽度宜为 100～200mm。⑥粘贴时应在软板和基层面上各涂刷胶黏剂两遍,应纵横交错进行。涂刷应均匀,不应漏涂。第二遍的涂刷应在第一遍胶黏剂干至不粘手时进行,待第二遍胶黏剂干至微粘手时,再进行塑料板的粘贴。⑦粘贴时,应顺次将粘贴面间的气体排净,并应用辊子进行压合,接缝处必须压合紧密,不得出现剥离或翘角等缺陷。⑧当胶黏剂不能满足耐腐蚀要求时,在接缝处应用焊条封焊。⑨粘贴完成后应进行养护,养护时间应按所用胶黏剂的固化时间确定。在固化前不应使用或扰动。

粘接软聚氯乙烯的粘接剂配方见表 9-10。

表 9-10　粘接软聚氯乙烯的粘接剂配方

组分		数量	组分		数量
配方 1	四氢呋喃	50	配方 2	四氢呋喃	40
	环己酮	24		环己酮	40
	二氯乙烷	12		邻苯二甲酸二丁酯	10
	邻苯二甲酸二辛酯	6		聚氯乙烯	20
	聚氯乙烯	6	配方 4	醋酸丁酯	31
配方 3	二氯乙烷	80		丙酮	28
	邻苯二甲酸二丁酯	8～10		甲苯	76
	过氯乙烯	20		过氯乙烯	15
配方 5	甲苯	32	环己酮		8
	醋酸丁酯	15	过氯乙烯		20
	二氯乙烷	15			

9.4.3　聚乙烯、聚丙烯板衬里

聚乙烯、聚丙烯衬里用板材较软，一般与软聚氯乙烯板材的衬贴技术一样，但是，由于它们的低表面能特性，黏合施工非常困难，只有热溶胶才能方便的将其黏合到钢铁基体上，一般都采用螺栓固定或压条固定。如果要用普通胶黏剂黏合，需要对表面进行预处理，使表面引入极性基团。下面是几种聚乙烯、聚丙烯的表面预处理方法。

（1）铬酸腐蚀法

用重铬酸盐、浓硫酸和水配成的溶液将经脱脂处理的聚乙（丙）烯塑料浸泡一定时间，消除表面弱边界层、粗化表面，氧化后引入活性基团（羟基、碳基和羧基），从而改变了表面的结构和性质，增加了湿润性，提高了粘接性。浸蚀后水洗干燥，这种方法处理后粘接效果好，以环氧-聚硫-聚酰胺胶粘接，经 3 年老化粘接强度无甚变化。

（2）过氧化物浸泡法

将经除油粗化处理的聚乙（丙）烯塑料于过硫酸铵（6～10g）和蒸馏水（100ml）的水溶液中浸泡，形成分子交联和缠结的表面层使粘接强度提高。聚乙烯浸泡：30℃、1h，或50℃，40～60min，或 70℃、5～20min；聚丙烯浸泡：70℃，60min 或 90℃，10min，然后水洗干燥即可粘接。该法简便易行，效果好，但是处理液有效期仅约 1h，应当现用现配。

（3）表面涂覆法

用 2％的钛酸丁酯石油醚溶液，涂敷于除油处理后的表面，在潮气中成膜后，加热干燥，进行粘接。

（4）火焰法

此法为用可燃气体的燃烧火焰瞬时（3～5s）高温燃烧表面，发生氧化反应，得到极性表面。为了避免氧化过度，可预先将塑料表面用肥皂擦一下。此法虽然快速简便，但是不易控制，只适用于较厚的制件，并且耐老化性很差，大约一年之后粘接强度下降。

（5）电晕法

利用高频高压产生电晕放电对塑料进行表面处理的方法称为电晕法。通过放电使两极板间氧气电离，产生臭氧，引起塑料表面氧化增加极性，便于粘接。该法适用于聚烯烃薄膜。

（6）等离子体法

等离子体法是一种由离子、电子和中性离子组成的部分电离气体，它以每秒钟几百至几千毫米的气流速度碰撞塑料表面，使其氧化或交联，形成活化表面层，处理效果显著，只是需要专用设备。

（7）蒸气法

用三氯乙烯或甲苯的热蒸气，对聚乙（丙）烯塑料的表面进行处理 15～30s，去掉低分子物，消除弱边界层，促进粘接。

这些方法大多数都很复杂，要么是现场施工不方便，要么是现场污水处理困难，所以限制了聚乙（丙）烯塑料衬里的大规模使用，本来从材料学和经济的角度，聚乙烯衬里可以引用到很多的、目前由玻璃钢衬里进行防腐蚀的静止设备上，但是就是由于施工的困难，限制了聚乙（丙）烯塑料衬里的大规模使用。

9.4.4 衬里钢壳的要求

（1）结构和形状

衬里钢壳的结构和形状应简单，以防止造成衬里施工困难，钢壳内零部件的结构设计应满足衬里施工的要求，便于操作。在贴衬侧应尽量避免有对防腐蚀性能有影响的构件。衬里钢壳的贴衬表面必须平整，贴衬侧的转角处和角焊缝应用圆弧过渡，圆角半径 R 应大于两钢板中较厚板的厚度，且 R 不小于 5mm。

在安装前进行防腐蚀施工的钢壳，其内径≤700mm 时，长度（或高度）应≤1000mm；内径为 800～1200mm 时，长度（或高度）应≤1500mm。若超过此限，可采用分段结构用法兰或其他方式连接，因为这个尺寸是施工操作的人能有效活动的最小尺寸。在安装后进行防腐蚀施工的钢壳，其内径≥800mm 时，钢壳的长度（或高度）不受限制。衬里钢壳应优先设计为法兰连接的可拆结构。对于不可拆的密闭整体结构，一般应至少设置两个人孔。贴衬以后严禁在钢壳上动火施焊或进行其他会损伤衬层的操作。

（2）焊接和焊缝

衬里钢壳的焊接应尽可能采用双面对接全焊透结构，所有焊缝均应采用连续焊。不得采用搭接结构。在 GB 150 规定允许范围内的对口错边部分，对焊后形成的角度在贴衬侧应保持在 135°以上，且应平滑过渡，锥形封头和变径段宜采用带直边结构。这样才使片材衬贴时能连续的过渡下去。

焊缝表面应均匀平整，不得有裂纹、气孔、焊瘤、夹渣、弧坑等缺陷，焊缝及焊疤不得有大于 3mm 的凸凹度（采用铅隔离层时，不得超过 1.5mm）。先拼接后成型的凸形封头拼接焊缝，在成型前应打磨至与母材齐平。衬里钢壳由不同厚度的钢板对接焊时，以贴衬侧的表面平齐为准。对设备外施焊的单面焊缝，在贴衬侧表面应清根、焊缝并磨平焊道。

（3）接管设计

衬里钢壳的接管不宜过多，工艺配管时应考虑一管多用。接管长度应尽量短。各种衬里接管的最小直径和最大长度按照 HGT 2088—2009 执行。衬里钢壳的接管与钢壳内壁处的焊接应采用与设备内壁切齐的焊接结构，且焊缝应圆滑平整。接管宜采用壁厚管。采用非金属衬管结构时，应保证接管内壁与非金属衬管外壁的间隙不小于 4mm。为防止冲刷衬层，对需伸入钢壳内部的接管（如进料管、回流管等）。可以把耐腐蚀管直接插入钢壳内，或者采用可拆式接管结构。伸入钢壳内的长度分别为：接管直接 DN≤65mm，伸入长度 L≤200mm；接管直接 DN＞65mm，伸入长度 L≤300mm。或者在衬里施工时用非金属衬管插入。

筒体间或封头与筒体间的连接为不可拆结构时，衬里钢壳必须设置人孔，以利于衬里施工和安装维修。衬里钢壳所选用的人孔公称直接一般大于等于 DN500，主要是衬里后直径要减少，本来 DN500 的孔人进出时就不大。同样衬里钢壳所选用的手孔衬里后其有效直接

不得小于 $\phi150mm$。选用标准人、手孔时应核算贴衬后所需螺栓长度。

9.4.5　除锈表面预处理

　　钢壳的贴衬表面在除锈前，应对金属表面的油污、油脂以及较厚的锈层进行预处理。金属表面附有较厚的氧化物、硅化物或有机物，可用火焰灼烧然后用钢丝刷或刮刀除去。金属表面附有酸、碱、盐等杂物，可用蒸汽或水冲刷除去，然后把水立即擦干。手工除锈用于较小设备的表面、局部修补的表面、除锈等级要求低的表面。酸洗除锈用于表面形状复杂和不允许产生碰撞的地方。

　　喷砂除锈大量用于钢铁防腐蚀施工的表面除锈上。钢壳贴衬表面的除锈等级可根据不同衬层的要求进行选择，见表 9-11 是除锈等级要求。

表 9-11　除锈等级要求

序号	衬里种类	除锈等级
1	衬胶、搪铅、内壁涂防腐蚀涂料	Sa3
2	衬玻璃钢、各种胶泥的板砖	Sa2 1/2
3	衬铅、防大气腐蚀的涂料	Sa2
4	挂衬软聚氯乙烯板	Sa1

　　表面处理应能达到一个与规定衬层相适应的粗糙度，粗糙度与处理方法和所选用的磨料有关。常用磨料粒径及其所能达到的除锈等级如下。

　　石英砂全部通过 2.8 筛孔，不通过 0.60 筛孔，0.85 筛孔的筛余量不小于 40%，空气压力 0.6MPa，喷嘴直径 6~8mm，喷射角 30°~75°，喷距 80~200mm 时可达到除锈等级 Sa3。

　　硅质河沙或海砂全部通过 2.8 筛孔，不通过 0.60 筛孔，0.85 筛孔的筛余量不小于 40%，空气压力 0.6MPa，喷嘴直径 6~8mm，喷射角 30°~75°，喷距 80~200mm 时可达到除锈等级 Sa2。

　　金刚砂全部通过 2.0 筛孔，不通过 0.60 筛孔，0.85 筛孔的筛余量不小于 40%，空气压力 0.4MPa，喷嘴直径 5mm，喷射角 30°~75°，喷距 80~200mm 时可达到除锈等级 Sa3。

　　激冷铁砂铸钢碎砂全部通过 1.0 筛孔，不通过 0.355 筛孔，0.60 筛孔的筛余量不小于 85%，空气压力 0.5MPa，喷嘴直径 5mm，喷射角 30°~75°，喷距 80~200mm 时可达到除锈等级 Sa2 1/2。

　　激冷铁砂铸钢碎砂全部通过 1.0 筛孔，不通过 0.355 筛孔，0.60 筛孔的筛余量不小于 85%，空气压力 0.5MPa，喷嘴直径 5mm，喷射角 30°~75°，喷距 80~200mm 时可达到除锈等级 Sa2 1/2。

　　钢线粒的线粒直径 1.0，线粒长度等于直径，其偏差不大于直径的 40%，空气压力 0.5MPa，喷嘴直径 5mm，喷射角 30°~75°，喷距 80~200mm 时可达到除锈等级 Sa2 1/2。

　　铁丸或钢丸全部通过 1.4 筛孔，不通过 0.50 筛孔，0.85 筛孔的筛余量不小于 15%，气压力 0.5MPa，喷嘴直径 5mm，喷射角 30°~75°，喷距 80~200mm 时可达到除锈等级 Sa2 1/2。

　　表面除锈处理的钢壳，为防止二次锈蚀或污染，应及时打底漆（底漆的性能应与衬里层相配套），之后方可转入下一道工序或短暂储存。储存场地应干燥，气温必须在露点以上，且应有防雨、防污染措施。打底后的钢壳储存期不宜过长，应以不会因锈蚀、污染而引起脱层为准确定储存时间。

9.5 氟塑料设备衬里

聚四氟乙烯（PTFE）具有优异的耐高温、耐低温、耐化学腐蚀性能，聚四氟乙烯材料摩擦系数小，耐静摩擦，当介质中含有颗粒时，虽然磨损和腐蚀会加剧，但是比起其他塑料还是好很多的。但因其刚性和机械强度较金属差，不能直接作防腐蚀化工设备的结构材料，适宜用作化工防腐设备衬里材料。由于 PTFE 的成型性能十分特殊，直接加工成容积大、形状复杂的化工用釜、槽、塔的内衬十分困难，必须应用焊接技术来实现上述加工。但是随着技术的发展，其他氟塑料采用滚塑的方法也可以做出衬里，或者氟塑料的乳液喷涂后烧结成型也可以做出衬里。另外就是氟塑料带缠绕在模具上后烧结也可以做出衬里。但是对于非标准的化工介质设备，目前还是板材焊接衬里技术用得最多，这是因为制造费用最低、工艺成熟、发生腐蚀的机会少的原因。

氟塑料衬里不适用于带夹套加热的设备和带螺纹连接件；直接火焰加热的设备；受辐射作用的设备；有振动和温度骤变的设备；真空设备；经常搬运的设备。

9.5.1 衬里结构设计

（1）氟塑料板材

氟塑料是高分子材料，其吸收与它接触的气体或液体的量远大于金属和无机非金属材料，温度升高，材料体积膨胀，分子之间空隙增大，这种渗透吸收更加剧烈，只有适当增加厚度才能减少渗透，因此要用一定厚度的板材来作衬里以弥补这一缺陷。为保证衬里的使用效果，国外一般采用 2～3mm 以上的板材。国内经合理选材与严格的检测，采用 1.5～2mm 的板材，就可以满足使用要求。为保证使用效果，因此，规定板厚不小于 2mm。另外，氟塑料密度越大渗透系数越小，它们之间有线性关系。国内目前一般认为衬里用板材密度不宜小于 $2.16g/cm^3$。因此，目前大多是聚四氟乙烯衬里材料，其他氟塑料作为焊材或黏合材料使用。用于衬里的氟塑料板材应按国家专业标准选用板材性能应符合表 9-12 的规定。

表 9-12　衬里板材性能

项目	指标			
氟塑料名称	聚四氟乙烯	聚全氟乙丙烯	聚偏氟乙烯	乙烯和四氟乙烯共聚物
密度/(g/cm³)	2.14～2.2	2.12～2.17	1.76～1.78	1.70～1.86
拉伸强度/MPa	27～35	20～25	39～59	40～50
伸长率/%	≥200	≥250	80～250	≥400

氟塑料的衬里有两个标准 GB/T 26501—2011《氟塑料衬里压力容器通用技术条件》以钢制压力容器作外壳的内衬氟塑料的压力容器，压力容器包括塔、釜、容器、槽、罐等，其设计压力 p 的范围：$0.1MPa \leqslant p \leqslant 2.5MPa$。压力容器的衬里最小厚度要求板材焊接时筒体 $300mm \leqslant DN \leqslant 1000mm$ 时最小板厚 3mm，筒体 $1100mm \leqslant DN \leqslant 3000mm$ 时最小板厚 4mm，翻遍部分是壁厚的 80% 以上。HG/T 20678—2000 衬里钢壳设计技术规定氟塑料的焊接衬里筒体 $300mm \leqslant DN \leqslant 500mm$ 时最小板厚 2.5mm，筒体 $550mm \leqslant DN \leqslant 1000mm$ 时最小板厚 3mm，筒体 $1100mm \leqslant DN \leqslant 2000mm$ 时最小板厚 3.5mm。使用时标准的范围重叠时以国标为准。标准的引用都是国标大于行标大于企标。这是从法律角度的选择，但是很多时候企标的指标相对还高些，这也只能作参考。

聚四氟乙烯材料可用到 250℃，但作为衬里材料，要受到诸如介质、温度、压力以及设备结构和加工技术等各种因素的影响，因此设计时选择最高使用温度不大于180℃。

（2）衬里结构

聚四氟乙烯用作衬里材料，由于其加工性能特殊，聚四氟乙烯衬里设备的衬里层是利用法兰面的螺栓力压紧，当温度、压力变化频繁、幅度大时内衬层处于疲劳状态，还是会使衬里层容易拉托损坏。并不是就解决了这个问题，当然比起其他塑料还是好很多的。

衬里设备的壳体必须有足够的刚性，增加钢壳刚性的加筋条应安排在非衬里侧。壳体设备不得采用铆接结构，内部结构，形状应尽量简单，不能有影响衬里施工的构件；受衬面应平整光滑，所有的转角部位应呈圆弧过渡，圆弧半径$R \geq 3mm$，衬里层的转角翻边处是衬里设备的薄弱部位，热成型时板材要减薄。与衬里设备连接的所有零部件，应设计成平面法兰连接结构。若衬里设备内需要有内件（如花板、支撑圈等）时，则内件必须设计成可衬结构（如法兰连接结构或法兰夹持结构），或用耐腐蚀的材料制成。与设备衬里部位相连的接管宜采用凸缘法兰结构，见图9-10所示；衬里设备的人孔、手孔、接管等端部不得突出于受衬面，见图9-10所示。为了保证翻边处的质量，转角处的半径不得小于3mm。

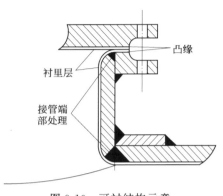

图 9-10 可衬结构示意

（图中标注：凸缘、衬里层、接管端部处理）

聚四氟乙烯的线胀系数比金属大10倍左右且受焊接机具的限制。因此，要求封头与筒体、筒体与筒体之间用法兰连接形式。衬里设备壳体上，每节应轴向对称均布2~4个直径为$\phi 2 \sim 3mm$的排气检漏孔。大平面顶盖的固定可用顶盖开孔接管法兰翻边，利用螺栓力压紧或用螺钉固定。

衬里设备内部的加热管、喷淋管等应在衬里施工后安装，其外表与衬里面距离不小于100mm。当加热管通过接管进入设备，加热管壁温度不超过100℃时，可适当缩小上述距离。但最小间距不得小于25mm。直接通过蒸汽加热时，不得使蒸汽直接冲刷衬里层。

对需衬里的锥形封头，由于锥形封头的小端成型工艺与大端直径尺寸有关，主要是考虑板材在热成型时不至于厚度变化太大而影响耐蚀性。因此：$D \leq 500mm$ 时 $d \geq 100mm$；$500mm < D \leq 1000mm$ 时 $d \geq 200mm$；$1000mm < D \leq 1500mm$ 时 $d \geq 300mm$；$D > 500mm$ 时 $d \geq 400mm$。这一些封闭的零部件（如搅拌器等）可用热塑成型的氟塑料（如聚全氟乙丙烯）或缠绕法作辅助方法制成。

9.5.2 氟塑料衬里工艺

氟塑料衬里的施工包括模具制造、板材选择、板材下料、板材成型、焊接、翻遍、质量检测几个主要步骤。板材选择时要求聚四氟乙烯板材的颜色为树脂本色，表面应光滑，不允许有裂纹、气泡、分层，不允许有影响使用的机械损伤、板面刀痕等缺陷。不夹带金属杂质。用作PTFE衬里的板材，厚度一般为1.5~3.0mm。对焊件质量检测一般采用目测、针孔探知仪检测和静水压检测3种方法。

（1）氟塑料的成型

生产反应釜、贮槽、蒸馏塔等防腐蚀设备衬里，制造封头、封底、定型、翻边都需要采用热拉伸技术。热压拉伸是将平面PTFE板材加热、施压，抽真空后使之成为曲面或弧形面。根据工件大小或者组装焊接成型，或者整体成型。热压拉伸在拉伸烧结炉中进行，炉子的温度控制范围小于等于420℃；电加热的加热电功率根据炉子的大小确定；最大升温速度要达到155℃/h，热风循环量要保证炉子内温度梯度尽量低。伸烧结炉还用于大型设备黏结固化衬里的定型和大面积衬里板的整形等。对于接管、小型件的局部加热翻边还可以用熔盐浴加热，盐浴温度控制更准，但要认真清洗。

氟塑料的成型就是在加热条件下施加压力的成型。但是，由于氟塑料的难于热软化，所以是在压力条件下的变形和热条件下的定型的综合作用。加热方法不限于热空气和盐浴，加压方法主要依靠工装和夹具，比较简单。

(2) 氟塑料的焊接

PTFE 的焊接有两种方法，热压焊接和热风焊条焊接。聚四氟乙烯（F₄）为不熔融聚合物，直至加热到其分解温度也不会转变为粘流态。属于难焊材料。

热压焊接是将两块分子量高、热稳定性好的薄片，在特制的模具中加热到一定的温度（一般在327℃以上），在一定压力下，把两块薄片表面结合在一起，热压焊接后具有较高的剪切强度和一定的剥离力。热压焊接是依靠界面间分子的相互扩散进行的焊接。长时间的焊接过程要求焊接件表面有良好的接触和尽可能高的加热温度。

热风焊接主要用于现场施工，超大面积的平面以及曲面的拼焊。是用 PFA（可熔性 PTFE）制得焊条，然后用热风对焊条和 PTFE 板材同时加热，并施加一定的压力，使两件 PTFE 通过熔融的 PFA 焊条而连接在一起。此法用于制备不能一次加工的形状复杂制品。PFA 焊带宽度 2～40mm、PFA 焊条直径 1～8mm，焊接速度 3～12mm/s，焊接温度是距焊枪喷嘴 10mm 处的热风温度 200～250℃。焊接时基材的加热温度略高于焊材温度，待板材颜色变暗、焊材熔融时即可施加 0.05～0.7MPa 的压力使焊材与板材熔结。

在热风焊接 PTFE 塑料时，由于板材的厚薄不同，工件加工面的大小不同，故焊接时所需要的风量和温度也不同，而温度是焊接操作的关键参数，对焊接加工质量影响很大。在塑料焊枪中加装数字式温度控制指示装置，使焊枪喷口喷出的气体温度高低直接以数字直读方式显示出来，能及时反应焊枪出口气体的温度，从而根据板材的厚度及工件加工面的大小，调节合适的风量和最佳操作温度，加工成高质量的焊接产品。

(3) 热压焊接

采用热压（热接触）焊接工艺可焊接所有已知氟塑料薄膜。热压焊是采用聚四氟乙烯车削板，厚度一般为 1～3mm，宽度小于 1500mm，为使焊接表面结合得更好应作表面粗化处理，以提高焊缝强度，粗化化处理后用丙酮、无水酒精清洗，为保证焊接表面的紧密接触，常在焊接面涂上焊料，使表面贴合，焊料由氟碳油和未烧结的聚四氟乙烯粉末组成。由于氟碳油的黏度高，焊料制备和焊材表面涂布时必须在 66～70℃下进行。为了使用方便，可把焊料做成薄膜状。

但使用焊料会使工艺复杂化和增加危害性，因为焊料和基材在结构和性能上不可避免存在着差别。因此最好不用焊料，只依靠材料的高弹性变形使焊接表面有效地接触。这受施加的压力、焊接面的密合度和材料厚度的影响。当焊接大厚材时，为了必要的紧密接触，要用铣床等机加工方法加工焊接表面以达到尺寸误差要求。

焊接时用加热器沿着焊缝的全长一次焊成或一段接一段焊接。一次焊接段的长度取决于加热器和夹持器的长度，与材料的厚度和焊缝宽无关。分段焊接的重复焊接段不应小于 20mm。圆筒焊接时可根据圆筒直径制作圆缝夹具和接管夹具和缺陷修补焊机。

加热器是电加热，要求在加热时压力平面不变形，保证紧贴焊接材料的上下面两平面绝对平行，传递热量是通过导热衬垫，它随着 F₄ 的膨胀与氟塑料接触，并产生必需的焊接压力。夹持器是套在加热器外的夹具，它固定加热面外的塑料板，使其不因为焊缝塑料的热膨胀而移动，以保持焊缝的压力。焊接时的初始压力为 0.25～0.3MPa，焊接温度 370～390℃，在焊接温度下保持 5～10min（到氟油完全挥发为止），最好在不去压的情况下冷却到 100℃ 以下。

在焊接区加热时因为 F_4 具有很高的线胀和体胀系数，当温度在焊接温度 390℃时体积增加 60%，体积膨胀在受限制的焊接面上产生很大的压力，在聚合物结晶的熔点范围内发生压力的最大增长，当接近焊接温度时压力增长变慢，热致压力的增加与材料厚度提高成正比，并随着焊缝面积的增加而降低。通常它比初始的外加压力高得多，所以夹持器应能承受较大的应力。PTFE 就是靠高温下的高压力产生分子间的熔合。

由于焊接时的压力大多由热致产生，故焊接段的温度应严格根据材料厚度控制。焊接温度为 340～380℃，最好控制在 380～390℃；热焊接时间为 10～15min；板材厚 2～10mm 的初始焊接压力为 0.6～0.8MPa，厚 10～20mm 的为 1.5～1.8MPa；夹持器的夹持压力对厚 3～10mm 为 1MPa，厚 10～20mm 为 2MPa。焊缝宽度为 10～25mm。2～3mm 板可用搭接焊，3～10mm 板采用带小斜角的对接焊，无斜面的对接较差。在焊接 10～20mm 板时采用 45°～60°斜面角的对接焊。焊接板材时最好采用两面接触加热，为使焊接段的温度保持稳定，使用带导热衬垫的加热器以保证传热面的结合均匀，并能直接在导热衬垫中测量加热、焊接和冷却温度以利于控制。加热器的外部也需要增加绝热。

圆管焊接时对直径 50mm 以下、壁厚 2.5～5mm 的 F_4 管可用单面接触加热焊接，单面接触加热焊的另一面一般是刚性的衬贴面。圆筒形加热器安置于环形焊缝一面，借助刚性衬管用夹具将焊管固定，使焊缝处的初始压力为 0.6～1MPa；将焊缝段加热到焊接温度 390℃，在此温度保持 10min，冷却到 330℃；从 330℃冷却到常温时才能将夹具放松。导热内衬和氟塑料套管间的缝隙可根据管和套管壁厚变动。焊缝结构可以用斜面对接，但最好是套管焊接。

（4）焊接衬里工艺

聚四氟乙烯防腐衬里工艺流程完全是依靠外壳设备的形状来设计。原则上一是要保证制造出的衬里内壳能放入外壳中，二是设计尽量多的双面焊以保证连接强度，三是尽量减少焊缝的数量。

对 PTFE 衬里，封头、封底等曲面采用热拉伸工艺成型成各种弧形板，然后是弧形板的组装焊接成为封头、封底。筒体是先热成型后再热压组装焊接。筒体与封头搭接焊时最好先热压成型扩孔一个筒体的直径，以利于组装后的热压焊。

筒体与封头组装焊接好后，整体松套衬入外壳中，再进行支管与封头、筒体的连接。筒体与支管的焊接要先对薄支管翻边，然后才是筒体面与支管翻边的热压焊。筒体内衬在外壳的法兰面上要热压成型翻边作为密封面。设备顶盖也按上述操作制造，最后法兰连接成内衬设备。这样完成的聚四氟乙烯衬里是一个松套衬里，在小型、物料静止的设备上使用。大型设备时就要使用紧衬法衬里技术。

9.5.3 氟塑料灌浆衬里

紧衬法是使聚四氟乙烯板材与基体材料结合到一起。最简单的是黏合法，是使聚四氟乙烯板材表面经活化处理或采用聚四氟乙烯板材表面复合其他材料后，活性表面采用粘接剂与基体黏合而成。因此，粘接剂必须与聚四氟乙烯具有相同的耐温性和较好的粘接强度（一般认为粘接的剪应力 $\geq 3.5N/mm^2$，宽度剥离强度 $\geq 5N/mm$）。尤其是要在最高使用温度下或温度变化（温差较大）频繁时仍能保持粘接性能，但是黏合衬里的施工难度高，很难做好。

另一种方法是采用灌浆衬里，灌浆衬里施工时要在衬里层放入外壳前先对结合面进行活化处理，同时基体面也要作底漆。然后是内壳松套衬入，支管连接，法兰翻边，最后将所有法兰处压紧密封后按 9.4.1（1）的灌浆施工方法固定。

聚四氟乙烯因结构规整、易于结晶、表面能低、极性小，也是难粘塑料。直接粘接效果不太理想，为了获得较高的粘接强度，必须对氟塑料进行特殊的表面处理。下面就是几种聚四氟乙烯表面处理的方法，通常都用萘钠法。

（1）萘钠法

这是国内外普遍应用的效果较好的方法，也可简称为去氟法，就是破坏表面几微米厚度上的 C—F 键，用活性官能团（—OH、$\diagdown$CO 等）及 Cl、H 等原子取代 F 原子，产生活性较大的表面层，变为高能表面使其具有可粘性，因而用一般的胶黏剂可进行粘接。

萘与钠在四氢呋喃中反应，形成萘钠配合物，在醚类极性溶剂中稳定，而在非极性溶剂中不稳定。

萘钠溶液的配方为：萘 128g；金属钠 23g；四氢呋喃 1000mL。

具体的制备方法如下。

在 2L 的三口反应瓶中，加入精萘 128g，再加入干燥除去过氧化物的四氢呋喃（试剂级的，可直接用）1000mL，以汞封搅拌溶解，然后分多次慢慢加入金属纳细粒 23g（钠从煤油中取出，放在滤纸上，用剪刀剪成小块，不能与水接触，也不要与人手接触，以防燃烧爆炸，操作时须特别小心）。在 0～5℃通入干燥的氮气，以 200～300r/min 的速度。一直搅拌到全部溶解为止，大约 2～4h 即可制成蓝紫色的萘-钠-四氢呋喃溶液。

整个反应从理论上要求是比较严格的。谨防潮气、氧气、二氧化碳的影响，需要在惰性气体保护下进行，条件要求高，不太易实施。实践表明，在通常的条件下，室温 10～20℃，湿度不大于 70%，也是可以制备萘钠溶液的，但仪器必须绝对干燥，要避免水分，注意安全。

配制好的萘-钠-四氢呋喃溶液可装入磨口瓶中，并用蜡封口，尽可能与空气隔绝，冷藏贮存，有效期为 3～6 个月，在用之前处理液还要进行搅拌，聚四氟乙烯塑料以砂布打磨，用丙酮擦拭。在室温下板材浸泡 1～5mim，薄膜浸泡 0.5～1min，表面变为暗褐色或黑色（这是由于处理液夺去了氟原子引起表面碳化之故），取出后在丙酮或乙醇中清洗，再用水洗净，晾干或于 40～65℃干燥。处理后的塑料避光保存，2～3 个月粘接性能基本不变。萘钠处理液可一直使用到浆状为止，用过的废处理液切勿直接倒入水中，须先在工业酒精中反应 1h 以上。

（2）氨钠法

氨钠法就是将 6g 金属钠与 1000mL 液态氨在隔绝空气的条件下配成蓝色的氨-钠溶液。聚四氟乙烯塑料粗化脱脂后，在氮气保护下浸入上述溶液中 1～5s，取出后用大量冷水冲洗，干燥后呈暗褐色。经氨钠处理液处理的氟塑料表面有 NH 基存在。

（3）联苯钠法

联苯钠法就是用联苯-钠-二氧六环溶液处理，配制与萘钠法相同，其配方为：联苯 154g；金属钠 23g；二氧六环 1000g。溶液配制时间约 6～8h，聚四氟乙烯塑料在室温下处理 1.5～2h，在 50～60℃为 1h。

10 耐蚀橡胶和砖板衬里

橡胶衬里是一种厚度为 1～3mm、有较大塑性变形能力和耐蚀性的黏贴衬里。由于是在黏流态下硫化，衬里的黏结缝能有较好的愈合，是完整性很好的层状复合材料；橡胶的介质渗透率相对塑料很低，在提高了耐蚀性的同时，施工时衬里容易鼓泡，所以橡胶衬里工艺是衬里施工中对基材表面预处理要求最高，施工技术水平要求很高的工艺。

砖板衬里是厚度大于 10mm 的预先成型的陶瓷、铸石、泡沫玻璃、石墨、预制水玻璃或树脂砖板通过砌筑的方式衬贴到基材上的覆盖防腐蚀方式。在防腐蚀工程中利用硅酸盐的耐酸、耐氧化、耐高温性能应用到与金属、塑料、橡胶衬里不同的领域，而且，由于无机材料的隔热性能，砖板衬里还被用到降低基材的使用温度的高温场合。

10.1 耐蚀橡胶

橡胶是高分子材料的一大类，是一种线型结构的、分子量很大的、玻璃化转变温度很低的、完全无定型的、有一定交联度的聚合物。橡胶的最大特点是弹性变形性能好，在无外力作用下，分子链呈细团状，在外力作用下细团状分子链在交联点的限制下被拉直，撤除外力后分子链又由于键角和交联点的反作用力回复为细团状，因此这个形变为弹性形变。

橡胶有天然橡胶和合成橡胶。橡胶原料被制成块状生胶团、乳胶液、液体橡胶和粉末橡胶的形态。乳胶液为橡胶的胶体状水分散体，是橡胶树的汁液或乳液合成产品；液体橡胶为橡胶的低聚物，未硫化前是黏稠的液体；粉末橡胶是将乳胶加工成粉末，以利配料和加工制作。还有依靠分子中均匀分布的氢键、微晶来发挥交联作用的热塑性橡胶。

天然橡胶是目前用量最大的橡胶，广泛用于制造轮胎、胶管、胶带、电缆及密封橡胶制品。在防腐蚀领域，橡胶作为衬里材料有很好的耐蚀性能和使用性能，但是由于硫化条件和施工现场技术的落后，目前的使用量有限。

10.1.1 天然橡胶

（1）天然橡胶概述

天然橡胶是从三叶橡胶树皮割胶时流出的树汁（即胶乳）经凝固、干燥、炼制后得到的天然高分子材料。天然橡胶为不饱和异戊二烯为链节高分子化合物，简称 NR，结构式如右。

$$\left[\begin{array}{c}CH_2-C=CH-CH_2\\ \quad\quad\; |\\ \quad\quad CH_3\end{array}\right]_n$$

三叶橡胶中顺式含量占 97％以上，主要是由顺-1,4-聚异戊二烯构成，还约有 2％的以 3,4-聚合方式存在于大分子链中。异戊二烯链节的基本排布次序是 30～40 个顺式链节的二甲基烯两端基带 2～3 个反式链节，以及一些带端羟基的顺式或反式链节的长链段。分子链上还有少量的醛基、环氧基；适度交联后的橡胶受外力作用是会发生大的变形，在应力小时后特殊的顺-反式结构又使分子链收缩，具有迅速复原的能力。三叶橡胶分子量的范围较宽，相对分子质量在 3 万～3000 万之间，三叶橡胶分子量分布一般为双峰。

由橡胶树收集的乳浆是乳化液，其中还含有少量蛋白质、皂质、脂肪质、酮类及少量的矿物质。乳浆经过滤、稀释、凝胶、洗涤、去水，最后在烟熏室中熏干，所得到的产品称为烟片胶。过滤是除去割胶时的木屑，凝胶是加入电解质使其凝聚，洗涤是除去蛋白质等杂质，烟熏的目的是为了使胶片干燥并注入防氧化及防腐的物质。防腐蚀衬里用的胶板主要成分为 1～3 号烟片。

如将胶浆用亚硫酸钠处理后再进行凝胶，或由新鲜胶乳经分级凝固，并洗去易变质的蛋白质及其他杂质，经滚压机滚压成表面呈皱纹状的生胶片，所得的产品称绉片胶，白绉片质优色浅，绝缘性能较好，橡胶烃含量高达 90％～94％。绉片胶用于制造医疗卫生用品，透明、白色和鲜色的橡胶制品。

生橡胶遇热后即变黏，强度很低，遇有机溶剂后，即溶解成一种黏胶状的溶液或凝胶，所以生橡胶必须经过硫黄硫化后才有实用价值。硫化是线型分子通过硫原子或硫黄原子团的架桥而彼此连接起来，形成三维网状结构。随着交联点的增加，链段的自由活动能力下降，可塑性和伸长率下降、强度、弹性和硬度上升，压缩永久变形和溶胀度下降。

除巴西三叶橡胶树产的橡胶外，还有印度榕、夹竹桃、杜仲、银菊、橡胶草都可以产橡胶。但它们的产量都不如三叶橡胶树，性能上也有不同的特色。

（2）天然橡胶性能

天然橡胶由于其在较长的软链段后有一个交联点，且交联点间的顺式软链段又均匀分布较少的反式链段微晶，所以有很好的耐磨性和很高的弹性；破坏时也是所有的被拉直的链段受力，所以扯断、抗冲强度和伸长率高；由于链段柔软，常温时在玻璃化温度以下，空隙体积极小，所以有高度的气密性；由于硫化剂是硫黄，因此与基材结合力强；所用填料都是炭黑、白炭黑类轻质颜料，所以重量轻。但由于硫黄和残留双键的作用在空气中易老化，遇热易变黏。天然橡胶的化学稳定性能较好，可耐一般非氧化性强酸、有机酸、碱溶液和耐植物油，特别是在盐酸的作用下，表层橡胶被氯化，提高了耐蚀性能，也降低了柔韧性。但是在强氧化性酸和芳香族化合物中不稳定，在矿物油或汽油中易膨胀和溶解。

天然橡胶根据交联度的不同有软质天然橡胶、半硬质橡胶和硬质橡胶三种。软质胶衬里除了某些强氧化剂之外，对绝大多数无机化学剂都具有优良的阻抗性，并且具有杰出的耐磨性。在温度变化的情况下，橡胶衬里可随着金属基材一起膨胀和收缩。半硬质橡胶（含硫量 12％～20％）衬里及硬质天然橡胶（含硫量 20％～30％）衬里比软质天然橡胶具有更好的耐热性及耐化学性，被广泛地应用在耐有机酸和无机酸以及氯气的场合中。

作为防腐蚀的橡胶衬里，目前大多是天然橡胶。其耐腐蚀性能见表 10-1。

表 10-1　天然橡胶的耐腐蚀性能

介质名称	浓度/%	温度/℃	耐腐蚀性能	介质名称	浓度/%	温度/℃	耐腐蚀性能
盐酸	30	<80	耐	硼酸		90	耐
硫酸	50	<80	耐	氯酸		65	尚耐
硝酸	20	20	尚耐	铬酸			不耐
硝酸	35		不耐	一氯醋酸	20	40	耐
醋酸	25	65	耐	氯水	饱和	65	耐
冰醋酸	30	40	耐	丙醇	任何	65	耐
冰甲酸		90	耐	丁醇	任何	65	耐
苯酚	50	65	耐	四氯化碳			不耐
湿氯气	任何	80	耐	二硫化碳			不耐
湿二硫化碳	任何	65	耐	苯			不耐
硝酸钾			不耐	杂酚油			不耐
高锰酸钾			不耐	甘油	任何	90	耐
氯化铜	任何	65	耐				

10.1.2　天然橡胶的加工

（1）胶板配方

常用的胶板有天然橡胶、天然橡胶与丁苯橡胶混炼的未硫化橡胶板，丁基橡胶板为预硫化橡胶板，氯丁橡胶板为自硫化橡胶板。衬里施工用的胶板，是由橡胶、硫黄和其他配合剂混合而成的，称为生胶板，常用的其他配合剂有硫化促进剂、硫化促进助剂、增强剂、软化剂、填充剂、防老剂和增黏剂等。表 10-2 是几种胶板的配方示例。

表 10-2　几种胶板的配方示例

配合料	硬胶板	半硬胶板	软胶板	胶浆板	作用
天然橡胶	100	100	100	100	主料
硫黄	43	30	4	39	硫化剂
促进剂 D	1	1.2	3.5		硫化促进剂
氧化镁	2	6	3		活化剂
氧化锌			5		
氧化铅				5	
硬质炭黑			15		补强剂
喷雾炭黑	5				
滑石粉	70	75	40		填料
重晶石粉			50	40	
碳酸钙				59	
氧化铁红				20	
松焦油	1				软化剂
沥青		10	4		
白蜡			2.5		
古马隆树脂			2		软化、增黏
松香				0.5	增黏剂

胶浆板是黏结天然橡胶板的胶黏剂。使用时将胶板切成 10～40mm 的碎块，然后根据要求加溶剂汽油配成 1：8～1：10 的汽油胶浆。

（2）配方原理

天然橡胶的硫化剂是硫黄，在一定温度下硫黄同橡胶产生化学反应，形成交联的体型网状结构的稳定体。反应式简单写成：

$$(C_5H_8)_n + nS \longrightarrow (C_5H_8S)_n \tag{10-1}$$

硫化促进剂是为缩短硫化的时间、降低硫化温度的助剂，橡胶配方中须加入硫化促进剂，才使得硫化时不致过硫化和硫化不足同时存在。对于双层不同种类的橡胶板联合衬里，为平衡二者的硫化时间，与硬胶板联合使用的软胶板不宜引入促进剂，因为软质胶中硫含量少，硫化时间本来比硬质胶为短。常用的硫化促进剂都是复杂的有机化合物，如促进剂 DM（二硫化二苯并噻唑）、促进剂 TMTD（二硫化四甲基秋兰姆）等。

硫化促进助剂能使促进剂能更好地发挥作用，氧化锌在羧酸作用下形成锌皂，提高了氧化物在胶料中的溶解度，并与促进剂形成一种配合物，使促进剂更加活泼，催化活化硫黄；可溶性 Zn^{2+} 盐，它与含硫的橡胶促进剂侧挂基团的螯合，使弱键处于稳定状态，改变了硫黄键的裂解位置，结果使橡胶硫化生成了较短的交联键、并增加了新的交联键，提高了交联密度。有氧化镁、氧化锌、氧化铅和碳酸镁等，这些添加剂也有增强作用（在氯丁橡胶中则是硫化剂），还有吸酸作用，在硫化或产品使用过程中，多硫键断裂，产生的硫化氢会加速橡胶的裂解。但氧化锌的存在与硫氢基团反应，形成新的交联键，使断裂的橡胶大分子重新缝合，形成稳定的硫化网络，提高了硫化胶的耐热性。

增强剂有陶土和炭黑。炭黑比陶土性能好得多。炭黑颗粒是以链珠状存在的，炭黑表面的活性基也能与橡胶在硫化时发生交联反应，所以分散在橡胶中能增加弹性、耐磨性和抗拉强度等。炭黑对橡胶抗老化性也有不好的作用。常用的填充剂有碳酸盐和滑石粉，它们起增量作用。干燥的滑石粉可吸附橡胶中的水分，减少硫化时的起泡现象，同时也起一定的增强作用。当用硫酸钡作填充剂时，可提高其耐酸性能。

软化剂（如凡士林、石蜡）和增塑剂（如松节油、硬脂酸）的作用是改善橡胶的塑性。软胶板和半硬胶板中加入防老剂，可以延长胶板贮存或成品使用时间，避免过早产生硬化、龟裂成发黏现象，常用的防老剂是氨类化合物。

一个完整的硫化体系主要由硫化剂、活化剂、促进剂组成，见表 10-3。硬质胶的硫化是以大量硫黄作硫化剂，还要求用胍类、秋兰姆类和次磺酰胺类含硫有机化合物促进剂，以提高硬质胶的结合硫黄量，改进耐热性和耐溶剂性。促进剂用量为 3～4 份。使用次磺酰胺类促进剂，胶料的加工稳定性好，利于加工和存放。硬质胶胶料的重要填充剂是陶土、滑石粉、白垩、石墨和硬质胶粉。为便于加工，改善配合剂分散，提高粘着性，胶料中都要添加增塑剂。

表 10-3 硫化体系组成

项目	指标	项目	指标
生橡胶	100	氧化锌	2.0～10
硫化剂	0.5～4.0	脂肪酸	1～4
促进剂	0.5～2.0		

（3）加工工艺

天然橡胶的加工包括塑炼、混炼、压延、压出、硫化几个工艺过程，橡胶厂的橡胶制品就是完整的完成了这几个工艺步骤。

塑炼：天然橡胶的平均相对分子质量很高，大多数的分子都是 100 万以上。生胶的弹性很高，难于加工。必须降低分子量到可以使其变形的程度，塑炼是通过机械力降解和热、氧化断链来降低分子量的方法，塑炼还使分子量分布均匀化，也使部分凝胶破坏，由此获得必要的加工塑性。一般地讲，除了低黏、恒黏天然橡胶之外的大部分天然橡胶均需塑炼，天然橡胶比合成橡胶容易塑炼，但也容易产生过炼。橡胶的塑炼通常用2辊炼胶机进行，分为开炼机和密炼机两类。

混炼：橡胶的混炼过程就是将硫化剂、填充剂、补强剂、促进剂、防老剂、防焦剂等各种配合剂均匀地分散在橡胶中的过程，由于橡胶黏度大很难浸润不能溶解于胶中的配合剂，但是混炼分散好的固体也难于再次团聚。混炼时的加料是改性树脂先加，然后加软化剂，然后加入填充剂和炭黑（炭黑母炼胶），硫黄一般在最后加入。混炼也用开炼机、密炼机和螺杆炼胶机。

压延：压延是将混炼胶通过压延机压制出所需要尺寸的板材。天然橡胶塑性大、收缩小，压延及压出工艺较简单。在防腐蚀工程所用胶板就是这一步的产品，由于所有的配合剂都加入了橡胶中，生胶板的储存稳定时间短、温度储存低，一般都是需要施工前订购，在供应商规定的时间内用完。其规格尺寸是：厚度1.5～5mm，以0.5mm为一级的增加，偏差1.5mm±0.2mm、5mm±0.5mm；宽度：800mm、1000mm、1200mm；长度不限。

衬里用胶板通常外观呈黑色或黄褐色，表面平整光滑、无节瘤、无裂纹、无打折，厚度均匀；胶板内不允许有0.5mm以上的夹杂物，每平方米内深度和长度不超过胶板厚度偏差的杂质不超过5处。不允许有2mm²以上的气泡存在，长端直径小于3mm的气泡不应超过5处。水纹允许有不超过厚度偏差的轻微痕迹，弯曲90°检查应无裂纹。使用胶板时要仔细检查，有气泡处要刺破修补，以防硫化时鼓泡。

胶板存放期一般不超过6个月，以防因存放期过长而产生自硫化，使衬里后可能引起龟裂和脱层。胶扳的存放条件是：温度5～30℃；湿度50％～80％；距热源＞2m；通风良好；不受热源、光照影响以防老化；在用胶板不准接触汽油、煤油、有机溶剂及酸、碱等介质，确保胶板质量。

胶板存放时还应注意以下几个事项：①木箱包装时，胶板应以细布或塑料布作垫布卷在木辊上，以防自相黏结和受压变形。每卷胶板重量略50kg；②每批出厂的胶板应附有产品说明书，注明制造厂、产品名称、批号、数量、硫化条件及试验结果；③开箱后用作衬里的胶板应放在支架上，不准堆放，以防受压变形。

硫化：是通过加热使橡胶交联的过程。是橡胶衬里防腐蚀施工的重点，生胶板施工时按工艺要求，贴衬于设备表面后再升温硫化，使橡胶变成结构稳定的防护层。天然橡胶硫化方法有蒸汽升压硫化、常压热水硫化胶板、自然硫化。

10.1.3 天然橡胶的硫化

硫化反应是一个多元组分参与的复杂的化学反应过程，它包含橡胶分子与硫化剂及其他配合剂之间发生的一系列化学反应。在形成网状结构时伴随着发生各种副反应。其中，橡胶与硫黄的反应占主导地位，它是形成空间网络的基本反应。硫化反应方程如式(10-2)、式(10-3)。

$$\left[CH_2-\underset{\underset{CH_3}{|}}{C}=CH-CH_2\right]_n + S_x \longrightarrow \left[CH_2-\underset{\underset{CH_3}{|}}{C}=CH-\underset{\underset{S_xH}{|}}{CH}\right]_n + \left[CH_2-\underset{\underset{CH_3}{|}}{C}=CH-CH_2\right]_n \longrightarrow \left[\begin{array}{c}\underset{\underset{CH_3}{}}{CH_2-C=CH-CH}\\[4pt]\underset{\underset{|}{S_x}}{|}\\[2pt]CH_2-\underset{\underset{CH_3}{|}}{C}=CH-\underset{\underset{S_x}{|}}{CH}\end{array}\right]_n + H_2S$$

$$(10\text{-}2)$$

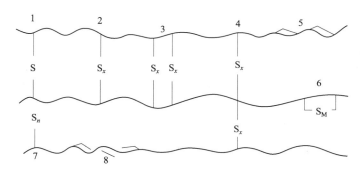

$$(10\text{-}3)$$

橡胶与硫黄反应的机理非常复杂，除了橡胶与硫黄反应形成交联键外，还有许多副反应，例如环化反应和主链改性反应等。硫黄硫化的天然橡胶可能产生的结构见图10-1的示意。1位是单硫交联键，这是橡胶硫化最好的交联键；2是多硫交联键（$x=2\sim6$），当硫黄分散不均和加入量大时可能出现；3位是连位交联键（$x=1\sim6$），这种键加强了交联点；4位是双交联键，这种键很不好，它限制了橡胶的链运动，使弹性下降；5位是硫化过程产生的共轭二烯键；8位是共轭三烯，它是一种残留键，在硫黄很少时才出现；6位是分子内硫环化物，它限制了链段的应力伸缩；7位是侧挂基团，它降低了橡胶的耐蚀性；其实硫化的复杂过程远多于图10-1的示意结构。

图 10-1　硫黄磺化天然橡胶的结构示意

一般说来，硫化过程可分为图10-2的三个阶段。

第一阶段为诱导阶段，在这个阶段中，先是硫黄、促进剂、活化剂的相互作用，使氧化锌在胶料中溶解度增加，活化促进剂，使促进剂与硫黄之间反应生成一种活性更大的中间产物，然后引发橡胶分子链，产生可交联的橡胶大分子自由基（或离子）。第二阶段为交联反应，即可交联的自由基（或离子）与橡胶分子链产生反应，生成交联键。第三阶段为网络形成阶段，此阶段的前期，交联反应已趋完成。初始形成的交联键发生短化、重排和裂解反应，最后网络趋于稳定，获得网络相对稳定的硫化胶。

10.1.4　合成橡胶

（1）氯丁橡胶 CR
氯丁橡胶是由单体氯丁二烯在水介质中借

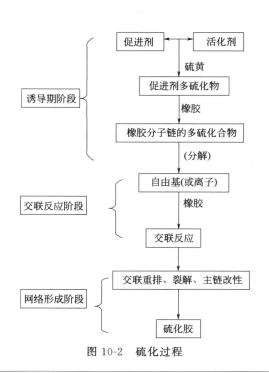

图 10-2　硫化过程

松香作乳化剂进行乳液聚合而得的胶乳，结构式如右。

氯丁橡胶很多物理性能与天然橡胶相似，结构中的氯原子使密度较大，耐寒性差，在低温时易结晶、硬化、所以贮存稳定性差。但耐热，一般使用温度范围为－50～150℃；耐臭氧、耐阳光，有特别好的耐候性能；耐火焰及耐油性都优越于天然橡胶，弹性、耐磨性也更好；具有良好的压缩变形，不怕激烈的扭曲；耐具抗动物油及植物油的特性，不会因中性化学物、脂肪、油脂、多种油品、溶剂影响物性，耐硅酯系润滑油，但不耐磷酸酯系液压油，不怕制冷剂，耐稀酸。

$$-CH_2-CH=CH-CH_2-$$
$$|$$
$$Cl$$

氯原子也使黏结力也很高，氯原子还使氯丁橡胶不能使用于强酸、硝基烃、酯类、氯仿及酮类的化学物之中，耐 R_{12} 制冷剂的密封件，家电用品上的橡胶零件或密封件。

（2）丁基橡胶

丁基橡胶为异丁烯与异丁烯用量的 1.5％～4.5％ 的少量异戊二烯聚合而成。链节结构如右。丁基橡胶与聚异丁烯的结构有很多共同点，丁基橡胶还是用硫黄硫化，它比天然橡胶和丁苯等合成橡胶的不饱和性低得多，所以丁基橡胶经过硫化后，耐热性和耐氧化性酸的腐蚀性能高。因甲基的立体障碍分子的运动比其他聚合物

$$\begin{array}{cccc} & CH_3 & & CH_3 \\ & | & & | \\ -CH_2-C-CH_2-CH=CH-CH_2- \\ & | & & | \\ & CH_3 & & CH_3 \end{array}$$

少，故气体透过性较少，大部分一般气体不渗透；无极性和环状基团，故对热、日光、臭氧抵抗性大，电器绝缘性佳，对极性溶剂抵抗大，可暴露于动植物油或是可气化的化学物中。但是不能与石油溶剂，焦煤油和芳烃同时使用。工业领域中大量用于橡胶轮胎的内胎、皮包、窗框密封橡胶、蒸汽软管、耐热输送带等。

（3）丁腈橡胶 NBR

丁腈橡胶是由丁二烯和丙烯腈单体以一定比例聚合而成的。链节结构如右。大分子中丙烯腈含量范围 18％～50％，相当于腈基改性的天然橡胶。丙烯腈含量越高，对轻质油、重质石油、高压油、碳氢燃料油的抵抗性越好，所以用于制作燃油箱、润滑油箱以及

$$-CH_2-CH=CH-CH_2-CH_2-CH-$$
$$|$$
$$CN$$

液压油、汽油、水、硅油等流体介质中使用的耐油涂料、橡胶零件、密封零件，可说是目前用途最广、成本最低的橡胶密封件，为目前油封及 O 形密封圈最常用的橡胶，但低温性能则变差，也不适合用于极性溶剂如酮类、臭氧、硝基烃、氯仿之中。

（4）丁苯橡胶 SBR

是由 1,3-丁二烯和苯乙烯以 75：25（质量）配比共聚合而成的。丁苯橡胶链节结构如右。丁二烯与苯乙炳质量配比不同，所得的产品结构也不相同。与天然橡胶比较，苯环带来更好的耐磨性及耐老化性，但机械强度则较弱。丁苯软胶的耐酸性能与天然橡胶

$$-CH_2-CH=CH-CH_2-CH_2-CH-$$

类似，但不耐盐酸腐蚀。这是由于表面不能形成氯化物的保护膜。相对密度 0.92～0.94；抗拉强度不小于 $280kg/cm^2$；相对伸长＞700％；永久变形＜15％，高硬度时具较差的压缩性；弹性 35％～40％。不能使用于强酸、臭氧、油类、油酯和脂肪及大部分的碳氢化合物之中。是低成本的非抗油性材质，广泛用于轮胎业、鞋业、布业及输送带行业等。在防腐蚀行业中基本不用。

（5）氯磺化聚乙烯橡胶 CSM

氯磺化聚乙烯是以聚乙烯为原料经氯化、氯磺化反应而制得的具有饱和化学结构的含氯和磺酰氯基的弹性体材料。其外观呈白色或乳白色片状或粒状固体，平均相对分子质量 30000～120000，相对密度 1.07～1.28，氯含量 25％～45％，硫含量 0.8％～1.7％，溶解度参数 $\delta=8.9$。氯磺化聚乙烯结构如右。

由于分子结构中含有氯磺酰活性基团，故表现出高活性，能与硫化剂交联，所以具有较好耐热性、磨蚀性；其结构中 90～100 个碳原子中有一个氯磺酸基，链段分子量大，无定型化程度高，故而使固化后氯磺化聚乙烯具备柔和、富有弹性及优异的力学性能，还耐低温，脆性温度−40℃以下。抗气候急剧变化能力也强；氯磺化聚乙烯结构饱和，故耐大气老化性、耐光氧化、耐氧化剂及臭氧性强；大量的似氯乙烯链节，具有优异的优异的耐酸、耐碱、耐盐等化学腐蚀性。因含氯较多而有耐油脂侵蚀、防霉和阻燃性能，且能溶于芳香烃及卤代烃中，但在酮、酯、醚中仅溶胀而不溶解，不溶于脂肪烃和醇，耐溶剂性相对较好；因而除用作金属的防蚀涂料外，还适用于水泥、橡胶、塑料、织物的表面保护涂料。

$$-C_3H_6-\overset{\displaystyle Cl}{\overset{|}{CH}}-C_2H_4\underset{14}{]}\overset{\displaystyle SO_2Cl}{\overset{|}{CH}}-$$

氯磺化聚乙烯涂料是一个很好的化工大气环境的建筑、设备外涂料，可以常温固化，固化体系见表 10-4。其中可使用的金属氧化物如氧化铅、氧化镁、氧化锰、氧化锌等；有机羧酸有氢化松香酸、乙二酸、邻苯二甲酸，有机酸在固化体系中的作用是与金属氧化物反应生成水以开始反应；含硫橡胶促进剂，如乙烯硫脲、二硫化苯并噻唑及天然橡胶的一些促进剂。

表 10-4　CSM 室温固化体系

项目	配比
氯磺化聚乙烯橡胶	100
金属氧化物	20～40
有机酸	3～5
含硫橡胶促进剂	1～4

氯磺化聚乙烯通过氯磺酰基进行交联反应，由于氯磺酰基活性较高可以水解成磺酸和氯化氢，磺酸酸性高，可以同多价金属氧化物反应交联，氯化氢也被金属氧化物吸收生成氯化物。反应式如下：

$$2R\text{-}SO_2Cl+H_2O \longrightarrow 2HCl+2R\text{-}SO_2OH$$
$$2R\text{-}SO_2OH+MgO \longrightarrow H_2O+R\text{-}SO_2OMgOSO_2\text{-}R$$
$$2HCl+MgO \longrightarrow H_2O+MgCl_2$$

硫化过程实质上磺酸侧基与金属氧化物的微粒的表面交联，金属氧化物微粒既有硫化网络的功能，又有物理交联点（补强性填充剂）的功能。

配方实例：

表 10-5　氯磺化聚乙烯灰色磁漆

甲组分	质量/%	乙组分	质量/%
氯磺化聚乙烯 H-20	44.5	氧化铅	15.5
二甲苯	38	金红石钛白	13
石油溶剂	14.3	炭黑	0.2
丁醇	3.2	沉淀硫酸钡	16.3
		巯基咪唑	1
		双甲苯胍	2
		氢化松香	4
		二甲苯	48

表 10-5 配方中使用的金属氧化物是氧化铅，是由于它吸酸后生成的氯化铅不溶于水，不会降低涂料的耐蚀性。ZnO 吸酸后生成氯化锌，在氯的聚合物中氯化锌能加速聚合物脱氯化氢的分解反应，所以 ZnO 作交联剂要注意。钛白与炭黑配色出灰色颜料，炭黑还是补强剂，沉淀硫酸钡是增量剂，它还提高硫化胶的耐热与耐磨性能。

氢化松香提供羧酸，但是加入量不能太多，虽然加入量多对颜、填料的分散有好处，有增黏效果，也能降低成本，但是它使耐蚀性急剧下降，正如此使用户对氯磺化聚乙烯涂料的耐蚀性产生了质疑，导致高氯化聚乙烯的盛行。

当需要优秀的阻燃效果时，可加入 40% 含氯的氯化石蜡在 CSM 中，它除了阻燃外，还能提高拉伸强度和提高耐热老化后伸长率的保持率，低温性能也较好。氯磺化聚乙烯橡胶在生产、贮藏及使用过程中可能发生降解，需加入硬酯酸盐、有机锡、氧化镁等稳定剂来防止，氧化镁因在体系中的多功能性而较好。在湿热高温暴晒环境需要添加防老剂。防老剂NBC是最有效的稳定剂，并且还有活化促进剂的作用，但是对加工和储存稳定性有害。增黏剂一般使用低分子量的古马隆树脂。

10.2 橡胶耐蚀衬里设计

橡胶衬里是指在金属或其他基体上衬贴橡胶材料，形成连续、封闭性隔离层。以防护介质对基体的侵蚀、磨蚀等物化损伤，所以也称为"衬胶"。橡胶衬里具有良好的耐腐蚀和耐磨性能；高抗冲和高度的气体阻隔性；与基体结合力强、重量轻的优点。衬里施工时生橡胶板（未硫化橡胶板）按工艺要求，贴于设备表面后再加热硫化，使橡胶变成结构稳定的防护层。

橡胶衬里设备是根据所接触的腐蚀介质的性质，浓度、温度、压力及物料磨损情况等来选用，并据此确定胶板的种类、衬里层数、使用条件和胶浆片。

橡胶衬里使用压力一般为 $0\sim0.6kg/cm^2$ 或真空度 $400mmHg$，真空度最大不允许超过 $700mmHg$，不然会出现局部脱落现象。使用温度：硬橡胶一般为 $0\sim85℃$，真空条件下不高于 $65℃$；半硬胶板和软腔板的使用温度为 $-25\sim75℃$。

10.2.1 橡胶衬里品种

（1）天然橡胶衬里

天然橡胶衬里包括硬胶、半硬胶和软质胶板衬里。由于天然橡胶硫化胶贴合粘着牢固，收缩率低，对酸、碱、盐比较稳定，应用较广。

硬胶俗称胶木胶，在室温下为黑色坚硬物质，价格相对较低。硫黄用量 $30\sim50$ 份，邵氏 D 硬度达 $70\sim85$，所以硬质胶配方中的生胶分子结构中所有的双键或绝大部分双键都与硫黄发生了交联反应，且由于无机材料的硫黄占了几乎一半，使硬胶除了有橡胶的理化性能外还有无机材料硫黄的化学性能。由于高度的化学交联，具有极高化学饱和度，使硬质胶衬里具备高度化学稳定性，在多数情况下，稳定性大大超过同种胶的软质胶衬里。硬质胶衬里的透气性低，可用来防止腐蚀性气体和易挥发物对设备的侵蚀。经充分硫化的硬质胶在脂肪烃和环烷烃内实际上不溶胀，对水和酸、碱、盐溶液都是稳定的，低的吸水性能、高的拉伸强度、抗折强度及优良的电绝缘性能，可以进行机械加工。硬质胶还具有高度的耐天候性，其衬里与金属的粘接强度很高，所以硬质胶至今仍是化工设备较可靠的防护材料。

硬质橡胶坚硬而有韧性，玻璃化温度在摄氏零度以上，几乎不能拉伸，但是断裂伸长率也有 3% 以上，相对大多数的塑料还是更软。因此，硬质胶不能用来保护在振动、冲击、温度的骤然升降下使用的设备，也不能用于温度波动范围大或在 $0℃$ 以下使用的设备，硬质胶有一定的热塑性，一般在 $70℃$ 以上就会明显变软，其热膨胀率比钢要大 $3\sim5$ 倍，所以在温度不超过 $65℃$ 的条件下黏合十分牢固的硬胶，在 $65℃$ 以上与金属的粘接强度就会降低，温度过高会因粘接强度明显下降而导致衬里脱落。

软质胶邵氏 A 硬度为 $45\sim85$ 度，软质天然橡胶衬里除了某些强氧化剂之外，对绝大多数无机化学剂都具有优良的阻抗性，使用温度范围为 $-25\sim75℃$，但这都是不如硬胶、半硬胶。能承受机械的或硬颗粒物料（矿浆、泥浆和悬浮体）的磨损，具有杰出的耐磨性。在温度变化的情况下，橡胶衬里可随着金属基材一起膨胀和收缩。能适应热冲击，能承受外力作用下的设备变形，能抗冲击和震动。

软质胶有高弹、耐磨、延伸率大、柔韧抗曲挠和吸收震动等特性。由于软质胶的耐腐蚀性能一般，故常被用作硬质衬里的缓冲层；也常用来防护稀的酸、碱、盐和具有磨性的矿浆（砂子、碎石和泥土）对设备的侵蚀。

半硬质橡胶（含硫量12%～20%）邵氏D硬度为40～70度的橡胶衬里。半硬胶的耐腐蚀性能不如硬质胶，但比软质胶强。半硬胶的韧性、抗冲击、耐形变、耐寒性能比硬质胶稍强。半硬胶可在经受较大温度变化（−5～70℃）、机械振动不太剧烈、介质侵蚀不十分苛刻的环境中使用。

（2）合成橡胶

合成橡胶与天然橡胶比较，除了每种合成橡胶所特有的性能外，还有就是硫化相对容易得多，甚至有不需硫化的品种。这就是合成橡胶能使用在防腐蚀工程中的原因。因为防腐蚀工程的质量很大一部分依赖于施工质量。

氯丁橡胶在某些物理性能上与天然橡胶相似，但在耐热、耐臭氧、耐阳光、耐火焰及耐油性都优越于天然橡胶，是防腐衬里用软质胶。氯丁橡胶不用硫黄硫化，而是用氧化锌、氧化镁等金属氧化物硫化，配方内不含硫黄，因此非常容易加工，具有自动硫化的特点，所以在没有条件进行硫化的场所设计成的橡胶衬里首选的是氯丁橡胶。当然由于易早期硫化，也使贮存运输困难。

氯丁橡胶相对密度1.25～1.35，抗拉强度＞270kg/cm^2；相对伸长＞900%；永久变形＜15%，软质胶，抗震动，抗热冲击，耐酸、碱、油脂和非极性溶剂的性能好，适合用来制作各种直接接触大气、阳光、臭氧的零件，防腐蚀工程上用于常温自然硫化的衬里上，制成的衬里抗老化性能良好。

丁基橡胶是防腐衬里用软质胶，温度可达93℃。并且具有极优的气密性，主要使用在耐臭氧，阳光及老化的场合。丁基橡胶衬里具有优良的耐酸及强碱性能，对化学品具有优异的稳定性，耐氧化性大大优于天然橡胶，强度较高，耐磨性、耐臭氧性和耐天候性好，对蒸汽稳定性高，透气率极低，耐热性可达140℃，在100℃氧化介质中（50%过硫酸铵、30%三氧化铬、10%硝酸等）仍是稳定的。

丁基橡胶相对密度0.915；抗拉强度180～220kg/cm^2；相对伸长650%～800%；永久变形30%～45%，弹性8%～12%；一般使用温度范围为−54～110℃，丁基橡胶衬里用于保护管道和烟道，防止130～150℃腐蚀性气体对金属的侵蚀。在温度急剧变化或非常寒冷的气候中，丁基橡胶不受影响。可使用于过磷酸和次氯酸钠中。

丁基橡胶黏合性和自黏性差、与金属黏合性不好、与不饱和橡胶相容性差、不能并用，实践中可用普通天然胶浆黏结，按缝处可用热空气焊接。硫化可在100℃空气中或沸水中进行，硫化相对天然橡胶方便得多，储运稳定性也好得多，所以用于大型敞口容器的橡胶衬里，但是施工性能没有氯化丁基橡胶好。

丁腈橡胶具有较高的耐热性能，可以在130～150℃下使用，但是在高温下耐腐蚀性能下降，所以一般使用温度范围为−25～100℃；相对密度0.96；抗拉强度240～300kg/cm^2；具良好的压缩性，抗磨性；相对伸长550%～650%；永久变形20%～30%；邵氏硬度71～75。丁腈橡胶板可用异氰酸酯胶浆或丁腈橡胶同酚醛热固性树脂的混合物或氯化橡胶同氯丁橡胶的复合胶浆进行黏结。

乙丙橡胶是以乙烯和丙烯单体共聚而成；乙丙橡胶分子主链上的乙烯和丙烯单体呈无规则排列，失去了聚乙烯或聚丙烯结构的规整性，从而成为弹性体。乙丙橡胶也不需要硫化，而且耐蒸汽及含氧性溶剂，例如丙酮、甲乙酮及酸乙酯。乙丙橡胶的热稳定性好，在100℃下对稀铬酸、50%硫酸、磷酸、氟硅酸以及任何碱液都呈很高的稳定性，且对腐蚀性矿浆耐磨性很高。乙丙橡胶衬里可用来保护化肥厂的大型设备。为了提高乙丙橡胶的黏着性，可并用部分氯丁橡胶或氯化丁基橡胶拼合改性。

顺丁胶全名为顺式 1,4-聚丁二烯橡胶，由丁二烯聚合制得的结构规整的合成橡胶。与天然橡胶相比，硫化后的顺丁橡胶的耐寒性、耐磨性和弹性特别优异，动负荷下发热少，耐老化性尚好，在防腐蚀中较少使用。

丁苯橡胶、丁二烯橡胶、丁腈橡胶、氯丁橡胶以及异戊二烯橡胶等都可制成硬质橡胶，无硫硬质橡胶是立体规则的分子晶网结构。其介电性、耐热性、化学稳定性等均优于含硫硬质橡胶。

（3）橡胶衬里选材

对于防腐蚀选材，主要以各种橡胶衬里的防腐蚀性能来选择，必要时按专门的腐蚀数据手册。然后再结合耐温性等其他性能要求要求进行初选，如表 10-6 所列出的部分性能及选择时用户的特殊要求。

表 10-6　各种橡胶衬里防腐蚀性能比较

性能	天然胶	丁苯胶	氯丁胶	丁基胶	丁腈胶	顺丁胶	乙丙胶
耐磨性	优	优	优	良	优	优	良
耐热老化性	可	可	可	良	可	可	优
耐油性	可	劣	良	优	优	可	可
耐溶剂性	劣	劣	可	可	良	劣	可
耐酸性	良	良	优	优	优	良	优
耐碱性	良	良	优	优	良	良	优
耐水性	优	优	良	优	优	优	优
耐候性	可	可	优	优	可	可	优
耐光性	可	可	优	优	可	可	优
耐臭氧性	劣	劣	良	优	劣	劣	优
电绝缘性	优	优	良	优	劣	优	优
与金属黏合性	优	优	优	可	优	良	可
耐温性/℃	−58～120	−3～120	−3～130	−5～150	−4～130	−70～120	−6～150

从表 10-6 可见，单纯从性能上氯丁橡胶是很好的橡胶衬里材料，乙丙橡胶需要改善黏合性能后才能很好使用，而丁基橡胶也是防腐蚀工程很好的材料。这些合成橡胶施工也比较方便。而天然橡胶仍在大量采用的原因是价廉，且供应方便，而专门改性的防腐蚀乙丙橡胶本身用量小，生产厂家的开发动力小。

10.2.2　橡胶衬里结构设计

（1）衬里层间结构设计

橡胶衬里设备一般采用两层衬里，通常底层为硬胶板或半硬胶板，面层为软胶板或半硬胶板，亦可采用两层半硬胶板。一般管道用于气体介质或腐蚀、磨损不严重的液体介质时可衬一层 3mm 胶板。三层衬里除在特殊情况下使用外，一般很少采用。

软胶板弹性好，抗变形能力大，适用于温度变化大和有冲击振动的场合，在 65℃ 以下可耐任何浓度的 NaOH，氨水和中性盐溶液以及 50% 的硫酸；软胶板一般多用于开口硫化的大型设备和在有磨损与温变场合时用作两层衬里的面层胶板，很少单独使用。半硬胶板具有良好的耐寒性、抗冲击性和耐腐蚀性，在 65℃ 以下可耐任何浓度的盐酸、NaOH、氨水以及 50% 的硫酸；半硬胶板多用于温度变化不大又无严重磨损的场合，用于风机叶轮、搅拌轴、离心机转鼓作衬层，在腐蚀严重又有磨损的场合以及在室外安装的抗低温冷冻场合，宜采用两层半硬胶板作衬里。硬胶板化学稳定性高，耐热性好，抗老化及抗气体渗透能力良好，与金属基体黏结力强，在 65℃ 以下可耐任何浓度的盐酸、NaOH、氨水、中性盐溶液、以及 60% 以下的硫酸，40% 以下的氢氟酸（室温）和 10% 以下的次氯酸钠。硬胶板即可单独使用，又可用作复合衬里的底层。

单层硬质胶衬里传统采用高温和加压硫化。技术上较成熟，施工也简单。常温下它的脆性很大，弹性极差，扯断伸长率很小，硬质胶在无润滑的条件下其耐磨性远不如软质胶。近年来，研制和开发了低温常压硫化技术，质量也有保证，使其应用于现场施工和一些较大的设备成为可能。

高性能胶黏剂的出现使软质胶与钢黏结良好，便产生了单层软质胶衬里。衬里软胶板与罐体黏结良好，且弹性好，模量小，扯断伸长率大。可以承受很大的变形，能吸收一定的冲击和振动能量。当罐体受到应力作用引起变形时，它具有与金属罐体协调的变形能力而不致损坏。单层软质胶结构耐介质渗透和扩散性能不如相应的硬质胶，温度高时，这方面性能相应会更差一些。硬质胶和金属的良好粘接性，由于结构中含硬质胶，耐高低温性能受到限制。

内外层软质胶弹性和伸长好，可有效地缓冲来自壳体内部或外部的作用力。外层软质胶耐磨性好，中间层硬质胶作为耐介质的可靠屏障。该结构能适用于复杂因素包括温差大，各种应力、冲击、振动、脉动等单独或交互作用的情况，以及适用于有耐磨性要求的条件。

预硫化复合衬里用胶板为双层结构。防腐层一般由饱和型橡胶（丁基、乙丙等）制成厚度为 1~3.5mm；黏合层一般为通用型橡胶（氯丁、丁苯、顺丁等）制成厚度约为 0.5mm。此类衬里比普通预硫化衬里易粘接。不同的橡胶衬里硫化方法，均指采用不同的橡胶品种和牌号。如×××蒸汽升压硫化（未硫化胶板）；×××常压热水硫化胶板；×××预硫化胶板；×××自然硫化胶板。

（2）衬里形状结构设计

由于在衬胶时胶板很容易变形，所以衬胶的形状结构设计总的来说要求并不高。但是对于基材表面形状变化大的地方，胶板在面上尺寸的变形也难于控制，由此产生厚度上的减薄较大，所以这些地方一般不用整块胶板衬贴。

平面或弧面上胶板的粘接结构有对接和搭接两种形式。图 10-3 所示为接口的黏结结构。除了转动设备要求沿圆周不能突出胶片而采用对接外；一般均用坡口搭接。如果是多层衬里，则以对接为好，尽量不要搭接。接缝仍然不能是十字缝，多层时需要错缝。

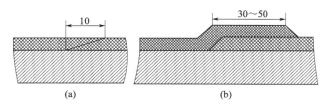

图 10-3　接口的黏结结构

物料进出口接管的衬层结构，其胶缝应顺着介质流动方向搭接。如图 10-4，仔细观察搭接方向。转动设备的胶片搭接方向应与转动方向一致，避免接缝受冲击或摩擦作用而产生

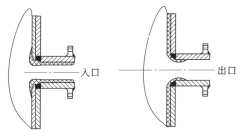
图 10-4　物料进出口衬胶的结构

脱胶现象。

10.2.3　按硫化工艺设计

未硫化胶板是目前橡胶衬里的常用胶板，主要有天然橡胶、丁基橡胶、氯丁橡胶胶板等。目前，衬里胶板除了常用的未硫化胶板外，还使用预硫化胶板，自硫化胶板和非硫化胶板。预硫化胶板是在衬胶前已由制造厂预先硫化好的胶板，只是将其黏贴在设备上即可；自硫化胶板是橡胶中已加有室温硫化剂，衬贴后就可室温自行硫化的胶板；非硫化胶板是指其分子中没有不饱和双键，因而是一种不需要硫化的胶板，如乙丙橡胶、分子量在 15 万～20 万的聚异丁烯橡胶等。预硫化胶板、自硫化胶板和非硫化胶板都采用自然硫化胶黏剂粘贴于设备基体上，衬里后不需要加热硫化，因此，它们适用于没有热硫化设备的中、小工厂以及在无法进行热硫化的大型设备内制作橡胶衬里。

（1）冷硫化法

冷硫化法也称室温硫化，衬胶后在室温下静置数天，便可投入使用，目前采用的有预硫化橡胶衬里和自然硫化橡胶衬里。所谓的预硫化是指预先将胶板硫化，然后将预先硫化好的橡胶板用胶黏剂粘在设备上形成的衬里。预硫化衬里多以丁基、乙丙等饱和型橡胶为主材料制成。此类衬里弹性好、延伸率大、耐磨、耐曲挠，能适应温度（－40～80℃）的急剧变化。预硫化衬里还具有施工简单、贮运方便、耐介质范围广、使用寿命长、维修更新容易等优点，特别适用于大型设备衬胶。预硫化衬里的缺点是粘接强度不如热法衬胶和自然硫化衬胶。

自然硫化是将未硫化胶板用胶黏剂粘在设备上，经室温条件下放置 1～3 个月在常温下自行硫化形成的衬里。此种胶板在混炼时加入了能促进在常温下硫化的硫化剂和促进剂，自然硫化衬里也是一种软质衬里，多以氯丁、溴化丁基和丁腈等橡胶制成。自然硫化衬里具有预硫化衬里的全部特性，其粘接性能比预硫化胶好得多，但需在较低温度下贮运，贴衬后要放置较长时间方能投产，使人略感美中不足。

冷硫化法可以解决大型设备现场防腐衬里的烦恼，传统的橡胶衬里常受到硫化罐容积和工艺的限制，特别是硬橡胶衬里的动态性能差，容器的热胀冷缩或者容器受到碰撞变形时，易发生衬里裂缝、破碎和掉落造成腐蚀损坏，预硫化丁基复合橡胶衬里从根本上可解决这一问题，并适合衬胶设备局部损坏或腐蚀的抢修，可以在设备现场以最短的时间实施修复作业，无需拆设备，修复后的设备完好如初，省时、省力、安全可靠。

（2）常压硫化法

常压硫化衬胶可分为常压蒸汽衬胶和热水硫化衬胶。常压蒸汽衬胶是设备通入常压蒸汽升温至 90～95℃，经 20～36h 使衬里硫化。常压硫化是在设备内通蒸汽不升压的情况下进行。低压和常压硫化法主要用于大型有盖衬胶设备本体自行硫化。低压硫化的蒸汽压力一般在 0.015～0.025MPa，设备应该是受压容器或能承受足够的受压程度。

热水硫化法多用于大型或常压设备衬胶硫化，其硫化温度在 70～100℃。可现场施工，只需在设备内放入工业用水，设置适当形式的蒸汽，使温度保持在 95～100℃，加热 20～36h 可安全硫化达到理想的物理性能和化学性能。适用于各种钢结够设备防腐衬里。

（3）高压硫化法

在蒸汽压力达 0.3～0.5MPa，温度 135～155℃条件下硫化的衬里。高压硫化衬胶的蒸汽压力使得工件必须能安全承受。所以一般是在硫化罐中放入工件，通蒸汽升压高压硫化，当压力容器衬胶后，壳体设计压力大于 0.3MPa 时，可通入蒸汽升压硫化。高压硫化衬胶的质量最好，因为衬里在压力下其中的少量空隙受热后的膨胀量有限，衬里层致密度高，也不容易产生气泡。

在选择橡胶衬里之前，要掌握充足的资料，在定购或使用的衬里的时候，要首先考虑具体的使用要求，因此，获得尽可能详细的资料是非常重要的。这些资料包括：①化学溶液的种类和浓度；②可能混入的化学品对原化学剂所产生影响及变色作用；③使用的最高及最低温度，平均温度，加热周期及加热方法；④磨损，湿或干磨损，粒子的大小、速度、冲击距离。如果经验证明某局部地区总是有过分的磨损，在该区应增加衬里的厚度；⑤压力，内部工作压力或真空度，大小与周期。

衬里橡胶板硫化后力学性能见表 10-7。

表 10-7　衬里橡胶板硫化后力学性能

项目		加热硫化			自然硫化		预硫化	
		硬胶	半硬胶	软胶	丁基	氯丁	丁基	氯丁
硬度（邵尔 D）		70～85	40～70	20	—	—	—	—
拉伸强度/MPa	≥	10	10	9	5	8	6	8
扯断伸长率/%	≥	3	30	350	350	350	350	350
扯断永久变形/%	≤	—	—	40	40	40	30	30
横向抗折断强度/MPa	≥	65						
冲击强度/(J/m^3×10^3)	≥	200	200					
黏合强度(钢、拉伸法)/MPa	≥	6.0	6.0					
黏合强度(钢、单板法)/(kN/m)	≥	—	—		6.0	6.0	2.8	2.8

10.2.4　衬胶设备的要求

（1）设备的形状

因为橡胶衬里的胶黏层很薄，硫化时又是在压力条件下的热固化，基底的一点空隙气体就会在加热下气化膨胀，所以对设备表面的凹凸部位比其他衬里要求更高，金属壳体的内表面要求平整光滑，不得有沙眼、裂纹、挫痕造成的凸起，衬里前最好用干棉纱或手全面检查表面的毛刺、焊瘤等细小缺陷；设备原则上不应采用铆接、螺栓、螺纹连接结构，因这容易带入空隙，如有特殊需要，则必须用埋头螺钉，填胶后螺接；凡是棱角部位，均应呈圆弧过渡，阴角圆弧半径 R 不小于 5mm，阳角圆弧半径 R 不小于 3mm；橡胶衬里设备壳体结构设计力求简单，任何被衬部位必须保证衬胶施工时手或工具能顺利进行操作；橡胶衬里设备金属壳体加强部位，应设计在不衬胶的一侧。

橡胶衬里设备壳体直径小于或等于 700mm 的设备，其高度（或长度）不大于 700mm。当高度（或长度）超过 700mm 时，应分节采用法兰连接结构。衬里设备设计时，应为衬里厚度留出余量。大型贮罐的罐壁，包边角钢和顶盖的连接焊缝要圆滑过渡，贮罐的罐壁和罐底的连接过渡圆弧 R>10mm。铸铁设备表面应光滑、致密，无熔渣、型砂、夹渣、缩孔、结疤、裂纹、气泡、毛刺等缺陷。

（2）焊缝

焊接工艺应避免衬里侧形成气孔，不应采用非连接焊、搭接焊。焊缝表面应光滑，焊缝高度应不大于 3mm，所有焊缝处都应打磨成一极缓的坡度或圆角，所以钢制设备设计时的焊缝补强不要考虑，同时筒体强度要能满足硫化时的压力要求。焊缝不应有咬边、裂纹、表面孔洞、焊瘤、未焊透等缺陷，在打磨时要用细砂轮磨平焊瘤，特别要注意离焊缝远的平面上飞溅的焊瘤。焊缝不得用树脂腻子，应用低熔点的钎焊和铜焊补焊，一定要采用中温以上的钎焊。与橡胶衬里设备金属壳体焊接的所有零、部件，必须在衬胶施工前焊接完毕，衬胶后不允许再进行焊接；衬里设备的所有加工及试验应在衬里施工前进行。

（3）接管

橡胶衬里设备的人孔、手孔、接管结构如氟塑料衬里一样不得突出设备内表面，应与设备表面齐平，转角圆弧半径 R 大于 3mm；接管需伸进设备内部时，如伸进部分较短（不影响设备内衬胶施工操作），则其接管可直接焊在壳体上，进料管伸出长度 h 当直径 $\phi \leqslant 65mm$ 时，$h \leqslant 200mm$；当 $\phi > 65mm$ 时，$h \leqslant 300mm$。伸进部分较长（影响设备内衬胶施工进行）或需可拆结构时，接管应设计成由法兰与壳体上接管连接的结构；所有管道、顶盖、塔节的可拆连接都应采用法兰连接，不能设计成螺纹连接；衬里设备壳体不具有可拆的封头结构时，必须设置人孔，人孔的大小及数量应根据设备容积的大小而定，约 500~600mm，密闭容器至少应设置两个人孔，以利于通风良好，保证施工安全。

衬里管子直径应不小于 25mm，管径小于 450mm 时，应采用无缝钢管。弯管弯头的弯曲半径应不小于公称直径 3.5 倍。弯曲角度应不小于 90°，且只允许在一个平面内。配管应便于施工，支管、接管应尽量短。管端可设计成焊接法兰或活套法兰。

（4）内部零件

橡胶衬里设备内的零部件（喷淋管、分配盘、多孔板等），尽可能设计成法兰连接结构、法兰夹持结构，以便于维修和更换。这些零部件的材料选用不需要衬橡胶的防腐蚀材料。设备不能采用外部直接加热，设备内喷淋管和加热装置距衬里面应不小于 100mm，喷淋管和导管引入的介质不能直接冲刷衬里面。加热管通过接管进入设备时，只要通过接管的管子温度不超过 80℃，上述间距可适当缩小，但在任何情况下此间距不应小于 25mm。直接通入蒸汽加热时，不得使蒸汽直接冲击衬胶层表面。

多孔板、离心机转鼓之类的零部件衬橡胶时，金属板上的孔径需增大。增大量为衬胶层总厚度的 2 倍。法兰口上不要密封水线，以免缝隙中残留空气造成衬层鼓泡现象。

10.3　橡胶衬里施工工艺

10.3.1　衬胶工艺

衬胶工艺主要包括以下几个部分：①表面处理；②胶浆的配制和胶板剪裁；③涂胶浆；④贴衬胶板；⑤中间检查；⑥硫化；⑦缺陷修补；⑧成品验收。其工艺流程见图 10-5。

（1）胶浆配制与存放

配制时先将胶片表面杂物除去，然后切割成碎片或剪成碎片，按配比在容器中加入溶剂汽油，浸泡搅拌至溶化。目前大多数施工单位采用搅拌机配制。胶浆配比为胶片∶溶剂汽油＝1∶（6~10）（质量）。

目前规定的胶浆片存放时间为 3 个月，长期存放不用的胶浆片可产生自硫化反应，自硫化的胶浆片不易用溶剂汽油溶解，胶片中氧化铁成分可析出，胶浆粘性减少或消失使贴衬无法进行。

一般胶浆片溶解在汽油溶剂中，保存期可达一年以上，各项质量指标变化不大，但贮存时注意温度变化不可过大，因为胶片中硫黄成分在汽油中溶解度随温度降低而降低，所以当室温下降后，硫黄可以从溶剂中析出，析出的硫黄结成较大的颗粒沉集在溶剂底部，会影响胶浆的质量。

金属设备喷砂后 8h 内应刷第一遍胶浆，对于粗糙的铸铁表面和用注入法给设备或管道

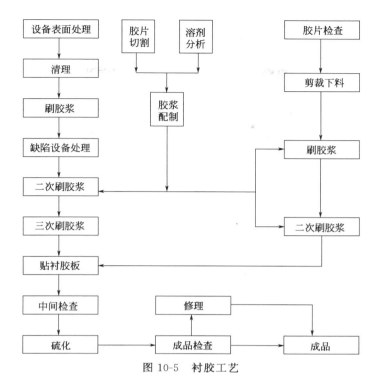

图 10-5　衬胶工艺

表面涂浆时，采用 1∶10 左右较稀的胶浆。用毛刷涂刷时采用 1∶8 左右胶浆效果良好。

　　配制胶浆时要求在良好的通风条件下进行。汽油和配制的胶浆必须存放在专用仓库中，容器要密封。汽油是易燃易爆一级危险品，闪点小于 28℃ 在空气中爆炸上限为 7.6％，下限为 1.4％，汽油蒸气有毒，吸入后可引起人体中毒，空气中最大允许含量为 0.3mg/L，当空气中汽油含量超过 5～6mg/L 时，就可以使人剧烈中毒。在 1～2mg/L 浓度下长期工作可产生神精系统慢性病症。

　　(2) 胶板剪裁

　　橡胶衬里表面主要形式有平面弧面、锥面和球面（曲面）。剪裁前检查胶板质量，将气泡等缺陷处用针刺破，严重处作出标记，下料时避开缺陷处，除去表面的杂物，留出胶板搭接缝的余量。如余量留的不够，贴衬时禁止用拉伸胶板的方法搭按，应再下一块料。下料既要减少设备的接缝又要考虑到胶板的充分利用，以节约原材料。下料要在专用的工作台上进行，画线剪裁过程要保证胶板的清洁与干燥。下料后胶板边缘用钢刀或电工刀割出坡口。按缝的宽度即坡口的宽度为 10mm 左右，搭接时，搭接长度，或对接时补强长度均以 30～50mm 为宜。

　　(3) 涂刷胶浆

　　用手工涂刷法设备表面涂刷要 3 遍，胶板表面涂 2～3 遍，设备用注入法涂胶浆时，用 1∶6～1∶8 胶浆时由于胶膜较厚，涂 2 次即可。

　　每涂刷一次都应待胶液干燥后再涂下一道。干燥时间长短同溶剂的性能，室温高低及相对湿度有关。阴雨天空气潮湿，相对湿度在 95％～100％，空气中水蒸气分压较大，使溶剂挥发减缓，涂刷后就要放置较长时间，直到胶膜不粘手后，再涂刷一道胶浆。局部胶浆涂刷过厚要处理，否则表面溶剂挥发后结膜，内部溶剂未挥发，使局部残存溶剂，贴封胶板后，硫化时引起局部起泡。室温超过 35℃，要用较稀的胶浆（1∶8 以上）防止胶膜表面溶剂挥发过快。密闭设备刷胶后必须有排风设施，置换罐内空气，以缩短干燥时间，当空气不流通时溶剂挥发太慢。

胶浆干燥时间一定要根据施工现场实际条件加以控制，总的原则是以每层胶浆微有些粘手，但不起丝为原则。胶浆未干透，往往会造成衬胶层的起泡。胶浆过干，会失去胶浆的黏性。胶浆干燥时间参考表10-8。

表10-8　胶浆干燥时间　　　　　　　　　　　　单位：h

涂面　　时间	干燥时间					
	汽油为溶剂			三氯乙烯为溶剂		
	第一遍	第二遍	第三遍	第一遍	第二遍	第三遍
橡胶表面	0.5～2	0.5～2		0.25～0.5	0.25～0.5	
金属表面	0.5～2	0.5～2	1.5～6	0.25～0.5	0.25～0.5	0.5～1

（4）贴衬胶板

刷完胶浆的设备和胶板并经室温干燥后进行贴衬工艺。贴衬时要使胶板和设备表面紧密粘合并驱尽胶板与设备表面间的残存空气。为达到这一目的，可选用不同的贴衬方法。设备贴衬目前大致有四种方法，其中热烙法和热贴法以及冷贴滚压法使用较普遍，而这三种方法之中热烙法适用范围最广，是衬胶操作的基础。

① 热烙法　热烙法是用加热的烙铁在贴衬胶板的表面依次沿一定方向将胶表面与金属表面压实，并将残存气泡赶出。烙铁表面温度应在150～180℃，烙铁温度过低，操作无法顺利进行。烙铁温度在100℃以上并不会引起胶板各成分分解。硫化时温度达到143℃还需保持3h。所以烙胶时，烙铁与胶板瞬时接触，烙铁的温度在150～180℃不会影响胶板的质量，至于烙胶皮和有棱的复杂表面时要使用温度略低一些的烙铁为好，要避免因使用温度过高的烙铁烙胶产生白烟或引起设备内部胶浆着火而伤人的事故。

烙铁加热用电砂浴时，温度易控制，效果好安全，控制砂浴温度在350℃左右，加热数分钟就可达到要求温度范围。如果用电烙铁则要设置放置的工具。

将贴衬胶板移向设备表面时，应用清洁的垫布垫好，尺寸较大的胶板要先卷好，再送入设备内。在垂直面方向胶板应从上往下铺，胶板边铺边取出垫布，铺放时为防止将胶板拉长，不得施加太大的力，要自然铺放。平面、锥面、弧面等展开铺放时不允许胶板受任何拉力。因下料不准，搭接或对接处尺寸不够时，要补一块胶板，不得用拉长胶板的方法拼凑。

用烙铁烙胶时，烙铁要有规则的向一个方向移动，移动距离200～300mm左右，每次烙胶宽度要重合1/3左右，以防残存空气，逐渐将空气向四周赶。立面贴胶板由上往下进行。平面贴胶板由中部开始向四围赶开，交接缝处要用力压实。法兰处要烙至法兰边线。烙完胶板要检查一次，漏烙处要及时处理，残存气泡用针刺后并补烙，将针孔堵塞。

不管用什么方法贴胶，热烙都是必须的操作手段，特别是在局部复杂的部位。

② 热贴法　热贴法是将刷完胶浆的胶板置于加热平台上加热到50～60℃，胶板受热后变软，迅速用垫布卷好送入设备中，对好位置边铺放边将垫布抽出，因受热的胶板质软，极易与金属表面黏合，然后用布卷或纱球用力依次擦胶板排出气体。边线与转角处可先用压轮压实，然后用布卷擦抹。这种方法适用于贴衬面积较大的平面和弧面。具有速度快效率高的特点。

③ 压轮滚压法　压轮滚压法可采用冷贴，但是热贴的效果更好，热帖的温度也可以低一些。施工时用直径35mm、宽5～10mm的手柄压轮，依次将贴衬好的胶板滚压，将残余空气自中部向四周赶出，移动距离100～200mm，移动时往返运动，每次压廷部位要互相重合1/3左右，由于压轮上有印纹或棱，所以该压部位在胶板上留有印痕，末压到的部位极易

用肉眼随时发现，这种方法的优点是操作工具简单环境好，在密封设备中衬里安全，减少传递烙铁辅助劳力。以上三种方法应根据设备结构和形状选择。

（5）施工注意事项

① 基材表面整平时用刷过胶浆的胶条填贴设备焊缝处缺陷、凹凸不平处，然后用烙铁（100℃左右）烙至要求的坡度或烙平，这一工序一般在刷完第一遍胶浆后进行，处理平整后再刷第二、三通胶浆。

② 在涂刷第三次胶浆后，用 4～5 根合股棉线（直径约 1～2mm），沿设备缺陷、焊缝处排列，线头从法兰附近处引出，然后衬贴胶板，残存在缺陷处的气体在硫化时沿棉线排出，根据缺陷不同形状进行，像单面焊接的焊缝处用一股棉线引出，表面凸出过高的焊缝在凸出两侧各引一股棉线，凹凸不平的铸铁设备表面可铺线网。挂线排气法具有简便、效果好、简化对设备结构和表面要求的优点。

③ 贴衬形状复杂的零件和设备表面时，当不易用烙铁触及衬胶表面各部位如三面交界处，气泡排出不净时，可用真空泵连接针头，刺破胶板残存气泡处，将空气抽出，然后用烙铁烙实。加热时产生的鼓泡部位用粗针头穿过胶片插到缺陷部位，然后用真空来将残余气抽出，然后压实将该处烙平，这种方法只局限于较小的部位和局部缺陷处理。

④ 橡胶衬里不同于衬玻璃钢，它是用大块胶板刷浆后进行衬贴。为了避免胶板黏附在金属上或胶板相互粘接。一般在胶板上先垫一层不易黏附的垫布（如塑料膜或黄蜡绸等）。然而将胶板卷起来送入设备进行衬贴。

10.3.2　硫化

硫化的方式有间接硫化、直接硫化和敞口硫化三种。间接硫化是将衬好胶的设备送入硫化罐内，通蒸汽进行硫化，这种方法的硫化质量最高，但设备尺寸受硫化罐的容积限制；直接硫化是在大型密闭容器、反应器等设备内，直接通入蒸汽进行硫化。由于设备的接管部位可能受热不均影响硫化质量，所以需采取保温措施，敞口硫化则是注水于设备内，然后用蒸汽蛇管加热使之沸腾，敞口硫化的质量不易保证，故一般只用于不能求受压力的大型设备，或丁基橡胶衬里。

（1）硫化工艺

硫化是整个衬里过程的关键工序，硫化程度是否完全取决于硫化温度和时间，硫化是一个化学反应，反应开始时是吸热反应，后期逐步转为放热反比。软橡胶由于含硫量小，硫化过程比较平缓，反应不剧烈。硬橡胶含硫高，反应后期的放热量大，而橡胶导热性又差，尤其胶层较厚时，易集中热量，如果集聚的热量使温度超过 180℃，分解的硫化氢体就会使胶层产生气孔，甚至焦化或爆裂。所以衬里施工的硫化温度一般控制在 140～150℃，对于厚度比较大的衬层如旋塞、泵壳等往往采取分段硫化，也即在不同的温度段硫化一定时间，然后再逐段冷却。硫化的时间亦即硫化终点，通常根据测定橡胶的硬度和强度来确定，因为橡胶的硬度和强度随硫化时间的增长而增加，当达到最大时（正硫化点），再延长时间，硬度不仅不会再增加，反而会增大脆性，甚至衬层开裂和脱层。所以不同配方的胶片、不同厚度的衬层，需通过实验确定硫化终点值。

硫化时的正硫化点一般是据橡胶物理力学性能确定，以实验测得的硬度、抗拉强度达到最大值的时间为准，用饱和蒸汽硫化时一般的胶板制造商有责任提供。正硫化点首先受胶板的成分的影响，在胶板含有促进剂和促进助剂（如氧化镁和氧化铝等）的多少很大地决定硫化时间；目前硬胶半硬胶一般在 $3kg/cm^2$ 饱和蒸汽压力下硫化 3h 左右。其次胶板的厚度影响也大，但是防腐蚀工程一般衬里厚度小于 10mm，反应热影响不大。

各种胶板的间接硫化条件可参考表 10-9 数据，然后再根据衬里厚度、设备大小进行调整。

表 10-9　各种胶板的间接硫化条件

操作程序	硬、半硬橡胶		软橡胶		硬软联合衬里	
	蒸汽压力/MPa	时间/min	蒸汽压力/MPa	时间/min	蒸汽压力/MPa	时间/min
升压	0～0.15	30	0～0.1	20	0～0.1	20
保持	0.15	30			0.1	10
升压	0.15～0.24	20	0.1～0.25	20	0.1～0.2	10
保持	0.24	20	0.25	150	0.2	10
升压	0.24～0.3	20			0.2～0.28	20
保持	0.3	180～240			0.28	180
降压	0.3～0.24	30	0.25～0	40	0.28～0.15	20
保持					0.15	10
降压	0.24～0	30			0.15～0	30
合计		360～420		230		310

容器橡胶衬里的施工方法常采用热水直接硫化，热水或常压蒸气硫化衬胶时首先将被衬里的容器（设备）表面进行喷砂除锈、除尘脱脂，然后在容器内表面及裁好的胶材表面分别涂覆两道黏结剂，随之将胶材贴附，赶出气泡，压贴密实，其间可采取冷滚热熔相结合的贴胶方法进行操作。并一边贴附一边进行中间质量检查。胶材贴附完毕后热硫化。常压硫化的橡胶衬里要求在常压、热载体温度为（97±2）℃时，约经 20h 后，衬里橡胶达到硫化完全，具有使用价值。硫化橡胶与基体的黏结力应大于 5.88MPa。直接硫化时可参考表 10-10 数据，然后再根据衬里厚度，设备大小和蒸汽压力进行调整。

表 10-10　热水直接硫化工艺条件（衬层厚＜6mm）

蒸汽压力 /MPa	升压		保持压力		降压	
	压力/MPa	时间/min	压力/MPa	时间	压力/MPa	时间/min
0.3	0～0.3	60	0.3	＞4h	0.3～0	30～60
0.2	0～0.2	60	0.2	15～18h	0.2～0	30～60
0.12～0.15		60	0.12～0.15	30～35h		30～60
0.03(3mm 衬层)			0.03	6 天		
0.02	0～0.02	480	0.02	10～11 天	0.02～0	480

大型容器（设备）衬里用的胶料是专用配方设计的，所选用的胶料、硫化促进剂在较低的温度下［如（97±2）℃］具有较大的活化能，以便在常压和不超过 100℃ 的情况下能加快胶料硫化反应的步伐，再经一段保温后胶料就能达到完全硫化的程度，具有使用价值。

（2）冷衬自然硫化

所谓冷衬自然硫化就是在常温下把胶体贴在基体上，在自然状态放量一定时间，让其在自然气温下硫化。其特点如下：①因为所用的胶板是自然硫化型的，所以硫化时不需要加热，在自然气温就可以硫化，在无热源的地方易于施工；②最适合于现场施工，对于大型设备衬里，其优越性更为突出，这种不用蒸气源的自然硫化型最为经济性；③因为使用未硫化胶板，不管罐体形状如何复杂，都易于粘衬，而且黏结牢固、可靠，易于压实，所以施工操作容易。

① 主要材料的特点　胶板是采用自然硫化型的氯丁橡胶，它是一种软质胶板，耐腐蚀性强，耐磨性好，具有一定的耐温性和防老化性能。它是以氯丁橡胶为主体，填加硫化剂、补强剂、充填剂、吸湿剂、软化剂、防老化剂及润滑剂等材料，经混炼后使用压出机一次压出，不易卷进气泡、质地密实，表面平整光滑。

粘接剂是专用的氯丁橡胶胶黏剂，作用是把底涂料与橡胶板牢固地粘接起来。初期粘接力可达 1.05MPa，硫化后粘接力更强，保持时间长，它的硫化与胶板的硫化是同步进行的，容易刷涂，刷涂后稳定性能好。10℃以下可贮存 6 个月；30℃以下可贮存 4 个月。50℃以下可贮存 1 个月。

未硫化胶板柔软，压合后粘接强度高。对于胶板本身缺陷和施工产生的缺陷，可采用修理加强，用末硫化胶板修理稳定可靠，可与原衬胶同步硫化，氯丁橡胶硫化条件见表 10-11。

表 10-11　氯丁橡胶硫化条件

温度/℃	时间	硫化方式
20	7～9 周	自然硫化
30	4～6 周	自然硫化
50	8～12d	自然硫化
90	18～20h	强制硫化

② 施工要点

a. 冷衬自然硫化法施工，要求环境温度在 15℃以上，湿度不超过 85%。如果温度在 15℃以下，可采用送热风和增设暖气管道等方法提高罐内温度；阴雨天罐外空气湿度大，应将管孔、人孔全部封闭严，并用热风机将干燥空气送入，也可采用手提热风机和碘钨灯局部加热贴衬压合。

b. 金属表面处理采用喷砂法，压缩空气压力 0.65～0.7MPa。选用石英砂粒度 2～3mm，陶瓷喷砂嘴直径 9mm 效果最好。喷砂要求彻底除净金属表面的油脂、氧化皮、锈蚀产物等一切杂物，呈现均一的金属本色，并有一定的粗糙度。

c. 专用底涂料是为了保护已处理合格的金属不再生锈，要根据空气湿度来确定涂刷时间。罐内湿度不超过 85% 时，喷砂后 4h 内涂刷完；罐内湿度超过 85% 时，喷砂后 2h 内涂刷完，湿度在 90% 以上时，要连续涂刷两遍底涂料。衬胶前最后一遍粘接剂的涂刷应在衬胶前 1～1.5h 内刷完，干燥后立即粘胶。

d. 刷底涂料和粘接剂时应像涂料那样横、竖方向各刷一次。用量及次数应严格按产品说明书标准执行。

e. 冷藏胶板要提前取出，进行自然解冻，不要考虑加热，如气温高于 20℃可提前 1 天取出，放于房间内自然解冻，如低于 15℃可提前 2～3d 取出解冻。

f. 胶板下料时，必须在加热台上预热，预热板温度控制在 60℃左右，预热时间不得超过 30min。下料间要注意排风，严格控制甲苯含量（爆炸极限为 1.4%～6.7%），要经常使用甲苯检测管取样，控制甲苯含量在安全范围内。

g. 氯丁橡胶板经预热后会产生收缩，所以预热 15min 之后，当其收缩稳定，方可划线切割，胶板收缩量为 2cm/m（3mm 厚）；4mm 厚的收缩量为 0.8cm/m；5mm 厚的收缩量为 0.75cm/m。下料切割使用电热切胶刀，也可手工切割，电热切割刀的温度一般控制在 170～210℃之间。

h. 贴胶时胶板压合采用手压辊进行，一般压辊直径 20～34mm，压花面深度约 3mm，压合时用力要平稳、均匀，一定要压严、压实，把气泡赶出来。

i. 施工过程中，罐内要安装机械排风、安全照明等设施，施工人员要配戴防尘、防毒面具，每次涂料作业时间不得超过30min。

③ 检测　严格的检测制度，科学的检测手段是保证施工质量的前提。首先要进行胶板、底涂料、黏结剂的抽样，送试验研究机构进行物理性能，化学性能的检测。施工时还要对胶板的几何尺寸、厚度和缺陷进行逐项检查；施工过程中要进行外观、底涂料和粘接剂的黏度、胶板厚度和针孔的检查；顶、壁、底各部位施工完成后，还要再分别进行一次外观、厚度和针孔的检查；硫化后要对同步完成的试板进行硬度、初粘强度、最终粘接强度的检查。

10.3.3　管道橡胶衬里

管道橡胶衬里的工艺流程分为制管、生产橡胶薄膜、生产黏结剂及进行橡胶衬里等几个工序。

（1）管体处理

管内面基体处理一般采用喷砂的方法，以除掉金属表面的锈垢，并形成粗糙的表面，喷射气压为0.59~0.69MPa。

（2）涂覆胶黏剂

管内而经过喷砂处理后，应马上清除表面的灰尘和异物，并涂覆胶黏剂。所使用的黏结剂及涂覆次数，根据橡胶材质而有所不同，一般涂覆3~5次。

（3）橡胶管成形挤压

衬里所用的橡胶膜，是根据防腐设计，按一定的配方制成的，根据管内径尺寸，把已制好的胶膜裁成长度比管长尺寸稍大，宽度与管内壁周长相当的狭长条，然后沿其长度方向搭接，用挤压机挤压搭接缝，使之成型为比钢管内径稍小一些的橡胶管。成形后的橡胶管外侧包有一层防止与基体上涂覆的黏结剂黏附的布，布的一端束着绳索，将其拉入钢管内后取掉布。在贴附橡胶管时，与基体的黏结剂之间必须密合，不得进入空气。为了贴附严密，可采用加压空气或使用比钢管内径略大的橡胶质膨胀拉塞贴附橡胶，贴附完橡胶管后，再用橡胶膜涂衬法兰。

（4）硫化

钢管橡胶衬里一般把贴附完橡胶膜的管子放入硫化罐内间接硫化，采用压力为0.29MPa、温度为140℃左右的饱和蒸气加热1~3h。经过硫化后，橡胶能与金属产生黏结力。另外，硫化也可以提高橡胶衬层的物理和化学性能，这样才能发挥出防腐衬里的作用。经过衬里的钢管需要进行检查合格后方为成品。

10.3.4　衬里层起泡的控制

（1）起泡原因

硫化过程中衬里层起泡的原因主要是衬里层金属表面残存空气、残存液体，操作条件的变化而引起的。

残存空气引起衬里层鼓泡有两种原因，一是设备缺陷处存在空泡，焊缝没焊透有气体存在，焊接时留下的不易发现的气孔；再是烙胶贴衬胶板时残存空气未被赶净使局部存有气体。硫化时因温度引起的气体膨胀，其体积增加1.4倍左右。

残存液体如系局部胶浆涂刷过厚溶剂未完全挥发或胶板表面局部有水分存在时，在硫化过程会受热挥发而形成较大的气炮。因液体气化时每摩尔重量最大可生成22.4L的气体。以水为例如胶板局部残存一滴水时（体积为0.05mL，重量为0.05g）气化后体积可达到120mL，就可使胶板鼓起较大的气泡。残存液体是造成大面积起泡脱层的主要原因。

压力变化的影响，目前采用直接蒸汽分段升压的方法，操作时如果不熟练或控制不严，经常调节蒸气阀门，如控制温度超过升温曲线要求，就需关气降温，降温过程蒸气冷凝就会使罐内压力突然降低，如果形成负压就会增加气体膨胀，原来缺陷不严重的部分，也将迅速起泡。当压力降到 $0.1kg/cm^2$ 时，残存气体体积将增大 10 倍，就会使胶板大面积起泡与脱胶。

（2）控制措施

从起泡原因分析表明，除必须遵守操作规程排除残余空气，注意胶浆质量，防止局部残存溶剂或带入外界水分外，还应从改变操作条件入手。采用恒压硫化则可提高衬里质量，减少或消除起泡事故。

中间检查目的是在硫化前发现操作中出现的缺陷，以便及时处理，对保证衬胶质量是非常重要的。因为硫化前胶板具有可塑性，缺陷部位极易修复，检查按以下要求进行。①检查各节点部位衬胶层是否附和图纸或规定的要求。②检查有无漏烙，漏压的部位。③检查接缝处有无压贴不紧或粘贴不牢的部位，在缺陷处做好标记。④用功率不少于 25W 高频火花检验器检查接缝处和经修补的胶板是否不严或有微孔存在，并记下漏电的部位。⑤检查要求互相配合的衬件，各部位尺寸是否留有足够的加工余量。

检查后发现的缺陷要及时修补，残存气泡处要用针刺破，抽出空气，然后用烙铁压实并用胶条将针孔堵塞。按缝处压贴不严要用烙铁压实，如系漏刷胶浆或因有杂物影响粘贴时，要清除杂物补涂胶浆再用烙铁压实。胶板如系质量不好，有漏电部位时，要用胶条修补，凡用胶条修补时，肢条表面要涂胶浆然后贴补后再用温度 90～100℃的烙铁压实。

10.4 耐蚀砖板衬里设计

10.4.1 砖板衬里概述

所谓砖板衬里，就是在金属或混凝土等为基体的设备内壁，用胶泥衬砌耐腐蚀砖板等块状材料将腐蚀介质与基体设备隔离，从而起到防腐作用。

砖板衬里在我国防腐工程中应用较早，在设备防腐中占有重要的地位。例如浓硝酸贮槽、合成盐酸贮罐及酸性苯贮罐等，大多采用砖板衬里进行防腐。硅质板衬里主要用于强腐蚀介质、氧化性、高温、高压及磨蚀等条件下的设备防腐。

砖板衬里具有应用广泛，选用不同材质的砖板和不同种胶泥可防止多种腐蚀介质（如硫酸、盐酸、次氯酸、硝酸、氢氟酸、碱性介质、有机介质等）的腐蚀的优点；可用在高温设备中，如二氯乙烷反应器温度为 380～420℃，选用水玻璃浸渍石墨板和水玻璃胶泥贴衬；可用在较高压力下，如某糠醛二次水解罐内介质有 5%～10% 稀硫酸，在 $13kg/cm^2$ 直接蒸汽压力下，安全使用 5 年以上；在选用不透性石墨板时还可用于要求导热的设备中作衬里；砖板衬里用原材料价廉易得；施工工艺简单，方法成熟，容易掌握；衬里的使用寿命长，一台砖板衬砌质量良好的设备在正常情况下可使用十至数十年，如某台合成盐酸贮罐容量 50t，已使用十四年，目前仍继续使用。

砖板衬里除具有上述优点以外，亦存在不足。整体性差，衬里由多条胶接缝将多块砖板连成一体，局部施工不良或使用不当即可造成设备腐蚀穿孔；施工劳动强度大，砖板衬里施工大部分为手工操作，工期较长因而劳动强度大；不能承受冲击振动，砖板材料大多属于脆性材料，在外力冲击下衬里较易破裂；不便运输吊装，砖板衬里的衬层厚，衬里后增重较多，因而不便搬动，同时由于变形量小，运输吊装时外壳变形就会脱粘；易龟裂粉化，常用的砖板衬里材料耐温性差，尤其是耐温剧变性差，往往因使用中温度剧变而发生龟裂或粉化。

10.4.2 砖板选材

（1）耐腐蚀砖板的性能与规格

以无机材料为主的耐腐蚀砖板有天然石材、瓷砖与瓷板、铸石砖板和不透性石墨等，近年来某种特殊的砖板材料（如玻璃、刚玉、碳化硅等）亦有新的发展。

天然石材种类很多，用于防腐的石材主要有花岗岩和安山岩等。它们具有良好的耐酸性能。天然石材目前多为手工加工，可根据设备特点定制各种异型石材砖板，这有利于减少接缝和施工难度。

瓷砖与瓷板是陶瓷产品中的瓷器，技术指标见表10-12，其化学组成与性能同瓷器一样，只是形状是板砖状。瓷砖与瓷板的制成品可分为标堆砖，端部异型砖和耐酸瓷板等，其规格（长×宽×厚）尺寸及价格各异，见表10-13，在衬里施工中可根据实际情况选用。瓷砖与瓷板在衬里中应用最普通。

表 10-12　陶瓷砖技术指标

项目	单位	指标	项目	单位	指标
体积密度	kg/cm³	2.3～2.6	热膨胀系数(1000℃)	1/℃	$3.2×10^{-6}$
气孔率	%	1～6	莫氏硬度	级	7
抗压强度	MPa	≥200	吸水率(质量百分比)	%	0.4～0.3
抗拉强度	MPa	8.5～15	耐酸度	%	98.8
弹性模量	MPa	2138	耐碱度	%	85
抗弯强度	MPa	≥150	磨损度	g/cm²	0.06
热导率	J/Mh℃×10³	9.5～12.5	长度误差	%	±1
热稳定性	350～20℃范围内	二次不裂	弯曲误差	%	<0.5

表 10-13　耐酸砖的规格型号　　　　　　　　单位：mm

名称	形状	长	宽	厚	小头
标准耐酸砖	长方体	230	113	65,40,30	—
标准耐酸板	矩形板	150	150、75	30、20、15	
		180	110、90	20	
		200	200	20、15	
		230	113	20	
		300	300	20、15	
异形耐酸砖	楔形	230	113	65	55、45、35

铸石砖板主要有辉绿岩铸石砖板和玄武岩铸石砖板，以辉绿岩铸石砖板使用居多，制品有板、砖、管等。铸石砖板具有耐大部分化学介质腐蚀的优良性能，除氢氟酸、热磷酸、熔融碱外，在硫酸、硝酸、盐酸等酸性介质中极稳定，稀碱溶液中，温度在90～100℃范围内非常稳定。

铸石砖板的黏结性能比瓷质砖板稍差，耐温度急变范围较小，一般骤然降低温度的温差不允许超过80℃。铸石砖板规格（长×宽×厚）及铸石管规格（内径、外径、壁厚、长度）亦都不同，可根据实际具体选择使用。

铸石板主要规格见表10-14。

表 10-14　铸石板主要规格

序号	标准板/mm	重量/(kg/块)	序号	标准板/mm	重量/(kg/块)
1	200×200×25	3	6	200×250×30	4.5
2	200×200×30	3.6	7	200×250×35	5.25
3	200×200×35	4.2	8	300×400×35	12.6
4	200×300×30	5.4	9	300×400×40	14.4
5	200×300×35	6.28			

不透性石墨砖板加工方法有浸渍、压制浇注等方法，以浸渍石墨砖板衬砌设备为多。不透性石墨砖板的耐腐蚀性能主要取决于浸渍剂或压制时所用粘结剂和石墨本身，当两者皆耐腐蚀时才可使用。例如，虽然浸渍剂水玻璃耐浓硝酸和湿空气，但石墨材质不耐这两种介质，故水玻璃浸渍石墨板在浓硝酸和湿空气中不耐腐蚀。又如，尽管石墨材料耐碱，但浸渍剂酚醛树脂不耐碱，故酚醛浸渍的石墨板在碱性介质中不耐腐蚀。

浸渍石墨板导热性优良，耐温差急变性能好，且易于机械加工，但它的机械强度低，价格也比较贵。

各种板材的性能比较见表 10-15。

表 10-15　各种板材的性能比较

介质＼材料	耐酸陶瓷	辉绿岩铸石	浸渍石墨		
			酚醛	呋喃	水玻璃
强氧化性酸	耐	耐	不耐	不耐	不耐
非氧化性酸	耐	耐	耐	耐	耐
氢氟酸	不耐	不耐	耐	耐	不耐
碱性溶液	尚可用	一般	不耐	耐	不耐
耐磨性能	一般	好	较好	较好	较好
黏结结合力	好	较差	好	好	好
导热性	差	差	好	好	好
耐温急变性	差	差	一般	一般	一般
耐温性能	较好	较好	<150℃	<180℃	好
使用范围/℃	0～400	0～250	0～150	0～180	−30～420

（2）胶泥选择

砌筑砖板的胶泥仍然是水玻璃类、热固性树脂类的胶泥，这在前几章都有论述，这里不再赘述。

10.4.3　砖板衬里结构设计

从结构上，砖板衬里可分为单一衬里和复合衬里。单一衬里是指整个衬里由砖板和胶泥材料所组成的衬里，又具体可分为单层和双层衬里结构；复合衬里是指底层及面层由不同种材料所组成的衬里结构。

单层衬里结构是在基体设备表面只衬一层砖板、用于气体腐蚀介质或腐蚀性不太强的设备。双层衬里结构是在基体设备表面衬砌两层砖板，层与层之间错缝排列。双层衬里底层与面层可采用同一种砖板和胶泥，也可采用不同品种的砖板和不同品种的胶泥。从而起到提高抗渗、抗蚀能力或降低成本的作用。双层衬里可用于腐蚀较强、条件较苛刻的环境中，也可用于压力较大、温度较高、渗透性较强的工质条件。

复合衬里结构是在设备基体和砖板之间设有耐腐蚀和不透性隔离层，隔离层有非金属的橡胶、玻璃钢、铅等。复合衬里结构主要用于渗透性大、腐蚀性强的正压操作设备介质中，以防止介质由砖板胶结缝隙渗到基体材料表面而造成设备腐蚀穿孔。特别是用普通配方的水玻璃胶泥衬砌的工作在强渗透介质环境中的设备更应采用。复合衬里结构在选用隔离层时，应考虑隔离层材质对介质具有良好的耐腐蚀性能；隔离层与砖板的黏结性能良好；介质温度经砖板传到隔离层表面时，温度不应超过允许的温度范围。

总的说来，无论是单一衬里，还是复合衬里，衬里层一般选用两层，衬里层不仅同层要错缝排列，层与层砖板也要错缝排列，以使衬里层没有直通的胶泥缝。从综合防腐效果看，采用复合衬里比单一衬里为优，如热稀硫酸腐蚀性很强，能腐蚀多数合金钢及有机材料，但采用复合硅质胶泥砖板衬里，可以起到良好的防腐和隔离介质的作用。

10.4.4　隔热作用的厚度设计

砖板衬里设备中各层温度同衬里厚度关系大，为了降低隔离层温度，通常采用的措施是降低外壳的壁温；提高砖板层的厚度，表 10-16 显示耐蚀砖的厚度同隔热温度的关系。

表 10-16　隔离层厚度-温度关系　　　　　　　　　　　　　单位：℃

介质温度	隔离层温度		
	100mm 衬层	200mm 衬层	300mm 衬层
100	65	50	40
120	80	60	55
135	90	70	60
150	100	80	70

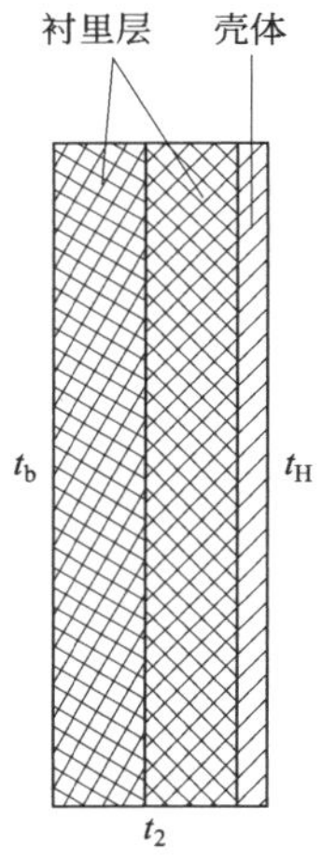

（1）传热计算

砖板衬里设备内热介质通过衬里层的温度分布如图 10-6 所示。当热量在物体内部以热传导的方式传递时，遇到的热阻称为导热热阻。热阻是反映阻止热量 W 传递的能力的综合参量，是热量在热流路径上遇到的阻力，反映介质或介质间的传热能力的大小。

对于热流经过的截面积不变的衬里层中某一层的热阻 R_i 由式（10-4）和式（10-5）计算：

对矩形设备　　　　$$R_i = \frac{\delta_i}{1000\lambda_i}$$　　　　　（10-4）

对圆筒形设备　　　$$R_i = \frac{1}{2\lambda_i}\ln\frac{d_{i+1}}{d_i}$$　　　（10-5）

式中，λ_i 为衬里层 i 层材料的热导率，W/(m·℃)；d_i 为衬里层中 i 层内直径，mm；δ_i 为衬里层中 i 层的厚度，mm；常用耐腐蚀衬里材料的热导率 λ 一般铸石板按 0.98W/(m·℃) 选取，耐酸瓷砖按 1.1~1.3W/(m·℃) 选取，不透性石墨板按 116~128W/(m·℃)

图 10-6　衬里层示意

选取，玻璃钢按 0.15W/(m·℃) 选取，钢铁按 52~58W/(m·℃) 选取。

当热量流过两个相接触的固体的交界面时，界面本身对热流呈现出明显的热阻，称为接触热阻。产生接触热阻的主要原因是，任何外表上看来接触良好的两物体，直接接触的实际面积只是交界面的一部分，其余部分都是缝隙。热量依靠缝隙内气体的热传导和热辐射进行传递，而它们的传热能力远不及一般的固体材料。接触热阻使热流流过交界面时，沿热流方向温度 T 发生突然下降。而在防腐蚀砖板衬里中各层的粘合是完全浸润后的结合，所以接触热阻可以忽略。

在对流换热过程中，固体壁面与流体之间的热阻称为对流换热热阻，在设备内部的介质和砖板的传热就是用对流换热热阻来计算。设备外壁向空气的传热热阻。注意当设备附近还有一个物体时，如果两个物体都是黑体或灰体，两个温度不同的物体相互辐射换热，这时的热阻称为辐射热阻。辐射热阻通常被忽略，因为设备最外层通常不是黑体或灰体，是不锈钢或铝的保温层的护套。这样衬里设备内侧表面的吸热热阻 R_B 由式(10-6) 和式(10-7) 计算：

对矩形设备
$$R_B = \frac{1}{\alpha_B} \tag{10-6}$$

对圆筒形设备
$$R_B = \frac{1000}{\alpha_B d_B} \tag{10-7}$$

衬里设备外侧表面的放热热阻 R_H 由式(10-8) 和式(10-9) 计算：

对矩形设备
$$R_H = \frac{1}{\alpha_H} \tag{10-8}$$

对圆筒形设备
$$R_H = \frac{1000}{\alpha_H d_H} \tag{10-9}$$

式中，α_B 为衬里设备内侧介质对衬里内表面的传热系数，$W/(m^2 \cdot ℃)$；α_H 为衬里设备外侧壳体对环境空气的传热系数，$W/(m^2 \cdot ℃)$；d_B 为衬里设备内直径，mm；d_H 为衬里设备外直径，mm。

设备外壳体对环境空气的对流传热系数 α_H 如果设备是在室内则在 $5.8 \sim 11.6 W/(m^2 \cdot ℃)$ 之间选取；如果设备是在室外则是在 $11.6 \sim 23.3 W/(m^2 \cdot ℃)$ 之间选取，取值是根据自然对流的情况、设备附近的其他设备影响、是否存在强制流动等进行取值。衬里设备内的介质对衬里层内表面的传热系数 α_B 按照介质的相态选取，设备内介质是气体时在 $5.8 \sim 35.0 W/(m^2 \cdot ℃)$ 之间选取，设备内介质是水时在 $116.3 \sim 1160 W/(m^2 \cdot ℃)$ 之间选取，设备内介质是有机液冷凝蒸气时在 $580 \sim 2325 W/(m^2 \cdot ℃)$ 之间选取。

总热阻 R_0 表示热量从结构一侧空间传至另一侧空间所受到的总阻力。由各层的传导热阻和对流热阻加和而得：

$$R_0 = R_B + R_H + \sum_{i=1}^{n} R_i \tag{10-10}$$

这样衬里层内某层表面的温度 (℃) 就可按式(10-11) 计算：

$$t_i = t_B - \frac{t_B - t_H}{R_0}(R_B + R_1 + R_2 + \cdots + R_{i-2}) \tag{10-11}$$

式中，t_B 为衬里设备内侧的介质温度；t_H 为衬里设备外侧的环境空气温度；t_i 是衬里层中 i 层表面温度。通过以上算式可以确定砖板层的厚度，隔离层的表面温度以隔离层材料的最高使用温度为准。

(2) 衬里传热计算实例

已知一个钢壳厚度为 6mm 的矩形衬里设备，内衬一层 10mm 玻璃钢隔离层，一层 18mm 铸石板和一层 113mm 厚耐酸瓷砖。介质温度为 100℃，室温为 20℃。以此例为题计算各温度。

① 各层热阻计算

耐酸瓷砖热阻：$R_1 = \frac{\delta}{\lambda} = \frac{0.113}{1.2} = 0.0942 \; [(m^2 \cdot ℃)/W]$

辉绿岩铸石板热阻：$R_2 = \frac{\delta}{\lambda} = \frac{0.018}{0.98} = 0.0184 \; [(m^2 \cdot ℃)/W]$

玻璃钢层热阻：$R_3 = \frac{\delta}{\lambda} = \frac{0.01}{0.15} = 0.067 \; [(m^2 \cdot ℃)/W]$

钢壳热阻：$R_4 = \dfrac{\delta}{\lambda} = \dfrac{0.06}{55} = 1.09 \times 10^{-4}$ $[(m^2 \cdot ℃)/W]$

钢壳对室内空气的给热热阻：$R_H = \dfrac{1}{\alpha_H} = \dfrac{1}{8} = 0.125$ $[(m^2 \cdot ℃)/W]$

衬里内侧表面的吸热热阻：$R_B = \dfrac{1}{\alpha_B} = \dfrac{1}{290} = 3.45 \times 10^{-3}$ $[(m^2 \cdot ℃)/W]$

总热阻：

$$R_0 = R_1 + R_2 + R_3 + R_4 + R_H + R_B = (9.42 + 1.84 + 6.7) \times 10^{-2} + 1.09 \times 10^{-4} + 0.125 + 3.45 \times 10^{-3}$$
$$R_0 = 0.308 \ (m^2 \cdot ℃)/W$$

② 各层表面温度计算

耐酸瓷砖表面温度：$t_1 = t_B - \dfrac{t_B - t_H}{R_0} R_B = 100 - \dfrac{100 - 20}{0.308} \times 3.45 \times 10^{-3} = 99.1$ （℃）

辉绿岩铸石板表面温度：$t_2 = t_B - \dfrac{t_B - t_H}{R_0}(R_B + R_1)$
$$= 100 - \dfrac{100 - 20}{0.308} \times (3.45 \times 10^{-3} + 0.0942) = 74.6 \ （℃）$$

玻璃钢层表面温度：$t_3 = t_B - \dfrac{t_B - t_H}{R_0}(R_B + R_1 + R_2)$
$$= 100 - \dfrac{100 - 20}{0.308} \times (3.45 \times 10^{-3} + 0.0942 + 0.0184) = 69.9 \ （℃）$$

钢壳内表面温度：$t_4 = t_B - \dfrac{t_B - t_H}{R_0}(R_B + R_1 + R_2 + R_3)$
$$= 100 - \dfrac{100 - 20}{0.308} \times (3.45 \times 10^{-3} + 0.0942 + 0.0184 + 0.067)$$
$$= 52.6 \ （℃）$$

钢壳外表面温度：$t_5 = t_B - \dfrac{t_B - t_H}{R_0}(R_B + R_1 + R_2 + R_3 + R_4)$
$$= 100 - \dfrac{100 - 20}{0.308} \times (3.45 \times 10^{-3} + 0.0942 + 0.0184 + 0.067 + 1.09 \times 10^{-4})$$
$$= 52.5 \ （℃）$$

10.4.5 限定应变设计钢壳

高温、高压、多种强腐蚀介质是现代化学反应工程中经常涉及的反应条件，也是现代化工合成先进的表示。但是这些反应条件要工业化就取决于反应器的设计制造，通常选材很重要，为了解决这个问题人们开发了很多品种的耐蚀合金和耐热合金，但是由于介质的多样性，这些合金的用量始终不能满足工业化的要求，人们只能使用这种昂贵的、订做的材料，有时还不能满足要求。砖板由于耐温高，有无机材料耐氧化还原性、耐介质腐蚀、耐酸性高的特点。这些都是金属材料所缺乏的。GB 150《压力容器》规定碳钢最高使用温度为450℃；20 号碳素钢在 6.3MPa 下最高使用温度为 200℃，4.8MPa 下最高使用温度为355℃。所以即使是高温、高压，钢制压力容器都难以满足。如果以砖板作为耐蚀和耐温隔热衬里、钢制压力容器作为耐压的外壳设计高温、高压、强腐蚀反应器，这就可以以通常使用的材料解决特种合金都难以解决的问题。

限定应变是限定砖板层的应变，使其不产生裂纹，砖板层的应变是由胶泥和砖板组合构成。砌筑的胶泥在基层上是一层连续层，在砖缝上是断续的，是由挤缝的胶泥和砖板交替铺陈的一个整体。

在外载荷作用下，砖板衬里的应变受到它结合的基体材料的限制，这样控制根本无法控制的砖板衬里层的应变就变成了控制钢铁壳体的应变了。即是砖板衬里的限定应变准则设计是限定在外载荷的条件下钢铁外壳的应变不得大于这个外载荷环境中的砖板应变许可值。砖板的最大应变由在高温下的热膨胀和压力载荷下的拉应变之和构成；钢铁壳体发生的环向应变也是由钢壳在被砖板热阻后的温度下的热膨胀和压力下的拉伸应变构成。这样，减小钢铁外壳基体的应变，即是降低钢铁的温度、增加钢铁外壳的壁厚、许用强度就可以降低钢壳的应变值。而增加衬里层的热涨值和增加衬里的许用强度就可增加衬里层的许用应变值，从而避免过度增加钢壳壁厚。但是钢制设备的外壳厚度增加，质量增大。本来砖板衬里对设备的质量增加就大，这就使得设备的支座设计更困难。

10.5　砖板衬里施工工艺

10.5.1　砖板衬砌

（1）砖板衬里施工工艺

在根据砖板及胶泥的耐腐蚀性能、物理机械性能选定原材料并正确地进行衬里结构设计之后，合理选择施工工艺和认真施工是保证砖板衬里设备取得良好防腐蚀效果的关键。砖板衬里施工工艺顺序如图 10-7。

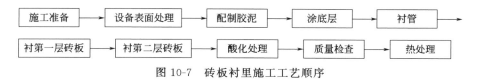

图 10-7　砖板衬里施工工艺顺序

（2）施工准备

熟悉图纸、规范，进行技术交底，做好设备的交接；材料准备；工器具准备，常用的工具有切割机、搅拌器、磨光机、手推车、胶泥盘、绳索、胶管、铁铲、钢抹、刮板、橡皮锤、钢丝刷、毛刷、油灰刀、水平尺、靠尺、线绳、线坠、小桶、量杯、台秤、油布、通风照明器材等。

（3）设备表面处理

设备表面处理包括基材的表面预处理和隔离层的施工，这些根据隔离层的材料按照玻璃钢、橡胶等的衬里技术来执行。

（4）施工

定位放线及预排版是一个很重要的工作，是根据槽底尺寸先弹上中心十字线，然后进行定位放线，根据放线进行预排版、画线、切割和编号。严禁按照建筑行业的最后一块砖板量尺寸再切割补填的方式，这样就可以有效地使施工者控制板间间隙和分级选择板的尺寸。

配制胶泥是按照第 6 章的要求进行。涂底层是衬砌碳砖前，在底板上先抹一层 $\delta = 3mm$ 胶泥整体面层，以保护隔离层不被砌筑时的掉落砖板砸坏和避免胶泥结合层出现瞎缝，底层常温固化后才可衬管。衬管时伸入设备的管端与设备内表面平齐，最多不得超出 1mm。

砌筑顺序是由低往高，先底后壁，阴角处立面压住平面，阳角处平面盖住立面。衬砌时将配制好的胶泥均匀地刮在砖板的三个面上（即背面、端面、侧面），然后用力挤压（橡皮锤击）密实，使灰缝和结合层胶泥饱满，挤出多余胶泥随时铲除。面层要砌筑平整、垂直，行与行、层与层之间的缝要错开。设备的底、壁部衬砖全部采用挤浆揉挤法，依照挂线逐行、逐层、逐块砌筑。

10.5.2 砖板衬砌结构

（1）主体设备衬里砖板的排列结构

主体设备形状不同，其衬里面亦不同，如衬里面有平面、圆弧面和圆锥面等。这样一来，衬里砖板的结构排列形式也就不一致。但是，无论哪种衬里，层与层之间或同层内每圈板之间必须错缝排列，不得有重缝，亦即衬里结构中没有直通到基体设备表面的胶合缝，腐蚀介质从衬里表面渗透到基体设备就要通过较长的路径，受到阻力较大，从而有利于防止腐蚀介质的渗透。

在圆形贮罐的砖板排列结构中，立衬时采用环形排列，筒体的周向缝（横缝）为连续缝，轴向缝（纵缝）相互错开；卧衬时采用交错排列，筒体的轴向缝为连续缝，周向缝相互错开。双层衬里砖板排列方式见图10-8。

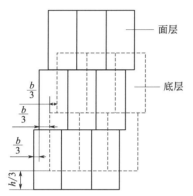

图10-8 双层衬里砖板排列方式

如果因为砖板自身误差或胶合缝误差，衬砌到某一位置时可能出现重缝，则应用再加工切割的整体砖饭保证错缝至一定距离。一般错缝最小不少于砖板宽度的1/4，且不得少于15mm。衬砌方位一律以管口处为起点，每圈砖只能有一个起点，起点和终点要错开一定位置，每圈合拢的扣头砖应错开五块砖，扣头砖宽不小于原砖宽的1/2。

底壁交界处与棱角处采用专门加工的整体异型砖板；砖板应将粗面朝里；同层砖板厚度亦应相同（塔类设备除外）。

（2）主体设备与连接件连接

主体设备与顶盖连接主要采用法兰连接，连接部位衬里结构如图10-9。

图10-9（a）所示结构是衬里层略低于法兰口，胶泥涂至法兰水线部位找平，密封时用垫片。该结构是采用复合衬里或在大法兰上加铅、玻璃钢翻边等局部隔离层时常用的一种结构，具有密封效果好，腐蚀介质被衬里层、隔离层与密封垫隔离，设备防腐性能良好的特点。

图10-9（b）所示结构是衬里后略低于法兰口，胶泥涂至法兰水线以上并找平，端面的封口胶泥抹成斜三角形，该结构防止介质从法兰四周渗入造成腐蚀，因而也具有良好的密封和防腐蚀效果，应用较为普遍。

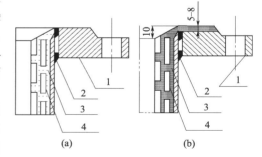

图10-9 设备与法兰连接部位衬里结构
1—法兰；2—壳体；3—胶泥；4—砖板

（3）接管连接

当设备接管 $D<300mm$ 可用耐腐蚀材料套管（如辉绿岩管、瓷管、玻璃钢管等）保护；而当接管 $D>300mm$ 时，宜采用单层或双层板条防腐。设备接管法兰处结构如图10-10。

图10-10（a）所示结构为衬管低于法兰水线 $3\sim5mm$ ，在法兰盘上涂胶泥 $3\sim5mm$ 厚抹平，抹平时，先以手抹平，待胶泥假硬化时以瓷砖抹平。

图10-10（b）所示结构为衬管略低于法兰口，然后用胶泥抹成斜坡，复合衬里设备或在管口处局部衬有底层如铅、橡胶、玻璃钢及其他材料均可采用这种结构。

图10-10（c）所示结构为镶环法兰结构，这种结构可在衬管周围涂上较厚的胶泥保护层，适合于受压设备接管。

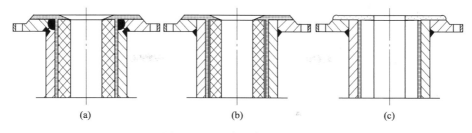

图 10-10　设备接管法兰结构

（4）主体分段连接（塔节）

塔节之间采用法兰连接，有可拆卸连接和固定连接两种形式。可拆卸连接是常用的连接方法，适于设备分段砌完，经固化后，组装时采用垫片密封，拆卸时不破坏衬里层，连接结构基本同于设备法兰连接部位衬里结构。固定连接一般要求塔节衬后 $D > 700mm$，以便于操作人员施工，固定连接有砖板封口和胶泥封口两种结构如图 10-11 所示。图 10-11（a）所示密封效果较好，但施工及检修麻烦，采用分段法和连续法施工；图 10-11（b）所示施工及检修方便，但施工要求较严，采用分段法施工。

（5）砖板形状选择

从衬砌质量考虑，砖板材料的外形，应按衬里设备的规格、形状设计弧形，楔形或平面砖板。在圆弧面上，用特制的弧形砖板衬砌，有利于砖板与设备外壳的紧密吻合，保证砖板与器壁紧贴，接缝均匀一致，使衬里层形成良好的拱形结构。不仅砖板与器壁的连接强度提高。而且衬层整体强度和衬层对热应力的忍受能力比普通砖板衬砌时提高。所以腐蚀介质渗透性强，操作压力高的受压容器器壁衬砌时应尽量采用这种结构。但是，弧形板需按设备圆筒的直径设计弧形面，因此弧形板通用性

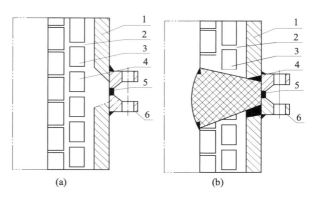

图 10-11　塔节固定连接结构
1—壳体；2—胶泥；3—砖板；4—封口砖板
（胶泥）；5—垫片；6—法兰

小，保管较复杂，价格高，所以对于圆筒形设备，用得最多的仍是标形砖板。

在圆弧面上衬砌标形砖板时，板与壁不能紧密地重合在一起，这时应根据设备直径不同，正确选择砖板宽度，使施工后衬里层为近似圆弧的表面，形成一定的拱形结构，这样不仅胶接缝中胶泥饱满，而且衬里层整体性较好，具有较高的强度。缩小瓷板宽度（即用窄面瓷板），在其他条件完全相同的情况下，衬里层中的拉应力也将随着降低，使用窄的瓷板，从受力状态来看，要比使用宽的瓷板为好。但瓷板越窄，相应胶泥缝就越多，偶然破坏的概率也随之增加。施工中，在能保证质量，防止偶然破坏的情况下，从原理上来说，尽量采用窄瓷板较为合适。一股直径小于 1m 的设备，应选用宽度 50～70mm 的板材。正确的选择砖板宽度的方法是砖板宽度作为弦线，筒体作为弧线，弦线与弧线的距离在结合层厚度要求的正负误差之内即可。

衬砌塔类设备时，一般将标准砖和异形砖配合使用，以保证有一定的弧度及胶合缝均匀一致。采用特制的异型镶砖，可以大大提高衬里层的静稳定性，因此体积很大的设备，选用异型镶砖可以减少衬里层厚度。波纹形板黏结面积比平板增加 2 倍以上，使板间和板与基体

材料的黏合力提高了很多，并使介质渗透到基体的机会大为减少，从而提高衬里的质量。

衬里是选用砖还是选用板。依据衬里设备尺寸，操作温度变化来选择。一般设备工艺尺寸不大，操作温度不高或温差变化不大时，可用板材衬里，若设备工艺尺寸大，操作温度高或温差变化较大，则用砖衬里，因为砖衬里的稳固性和耐温度变化的性能都比板好。

10.5.3　砖板衬砌操作

（1）水玻璃胶泥铺砌块材的施工

施工前应将块材和基层表面清理干净，并将快材的按尺寸分级归类。施工时，块材的结合层厚度和灰缝宽度，应符合表 10-17 的规定。

表 10-17　水玻璃胶泥、水玻璃砂浆铺砌块材的结合层厚度和灰缝宽度　　单位：mm

块材种类		水玻璃结合层厚度		水玻璃灰缝宽度	
		胶泥	砂浆	胶泥	砂浆
耐酸砖、耐酸耐温砖	厚度≤30	3～5	—	2～3	—
	厚度>30	—	5～7（最大粒径1.25）	—	4～6（最大粒径1.25）
天然石材	厚度≤30	—	5～7（最大粒径1.25）	—	—
	厚度>30	—	10～15（最大粒径2.5）	—	10～12（最大粒2.5）
钾水玻璃混凝土预制块		—	10～12（最大粒径2.5）	—	10～12（最大粒2.5）

铺砌耐酸砖、耐酸耐温砖和厚度不大于 30mm 的天然石材时，宜采用揉挤法；铺砌厚度大于 30mm 的天然石材和钾水玻璃混凝土预制块时，宜采用座浆灌缝法。当在立面铺砌块材时，为防止变形，在水玻璃胶泥或水玻璃砂浆终凝前，一次铺砌的高度应以不变形为限，待凝固后再继续施工。当平面铺砌块材时，应防止滑动。施工时胶泥的用量每一定的面积都有一个规定的范围，在这个范围中严格每次的配料量以控制衬里层的质量。水玻璃施工的钢铁工具最好在上涂上防腐蚀层；配料和装料的容器要有严格的装料、清洁、再装料的顺序和操作方法。

（2）树脂胶泥铺砌块材

在水泥砂浆、混凝土或金属基层上用树脂胶泥、树脂砂浆铺砌块材时，基层的表面应均匀涂刷封底料。待固化后再进行块材的铺砌。当基层上有玻璃钢隔离层时，宜涂刷一遍与衬砌用树脂相同的胶料，然后进行块材的铺砌。耐酸砖和厚度小于 30mm 的石材的铺砌，宜采用树脂胶泥揉挤法施工；平面上铺砌厚度大于 30mm 的石材，宜采用树脂砂浆座浆、树脂胶泥灌缝法施工；立面上铺砌厚度大于 30mm 的石材，宜采用树脂胶泥或砂浆砌筑定位，其结合层应采用树脂胶泥灌缝法施工。块材结合层厚度、灰缝宽度和灌缝或勾缝的尺寸，均应符合表 10-18 的规定。

表 10-18　树脂胶泥、树脂砂浆铺砌块材的结合层厚度和灰缝宽度　　单位：mm

材料种类		铺砌		灌缝		勾缝	
		结合层厚度	灰度宽度	缝宽	缝深	缝宽	缝深
耐酸砖、耐酸耐温砖	厚度≤30	4～6	2～3	—	—	6～8	10～15
	厚度>30	4～6	2～4	—	—	6～8	15～20
天然石材	厚度≤30	6～8	3～6	8～12	15～20	8～12	15～20
	厚度>30	10～15	6～12	8～15	满灌		

结合层和灰缝的胶泥或砂浆应饱满密实，块材不得滑移。立面块材的连续铺砌高度，应与树脂胶泥的固化时间相适应，砌体不得变形。当铺砌块材时，应在胶泥或砂浆初凝前，将缝填满压实，灰缝的表面应平整光滑。

块材的灌缝与勾缝应在铺砌块材用的胶泥、砂浆固化后进行。灌缝或勾缝前，灰缝应清洁、干燥。灌缝时，宜分次进行，缝应密实，表面应平整光滑。勾缝时，缝应填满压实，灰缝的表面应平整光滑。灌缝与勾缝的砖板衬里结合层厚度、灰缝宽度及勾缝尺寸见表10-19、表10-20。

表 10-19　块材的灌缝的结合层厚度和灰缝宽度　　　　　　　　　单位：mm

操作方式	胶泥种类	板材		砖板	
		板间缝隙	结合层厚度	砖间缝隙	结合层厚度
挤缝	水玻璃胶泥	1～2	4～5	2～3	7～8
	树脂胶泥	1～1.5	3～4	2～3	6～7
勾缝	水玻璃胶泥	8～10预留	4～5	8～10预留	7～8

表 10-20　块材的勾缝的结合层厚度和灰缝宽度　　　　　　　　　单位：mm

块材种类	结合层厚度		灰缝尺寸	
	水玻璃胶泥	水玻璃沙浆	水玻璃胶泥	水玻璃沙浆
板型耐酸瓷砖缸砖,铸石板	5～7	6～8	3～5	4～6
板型耐酸瓷砖耐酸陶板	5～7	6～8	2～3	4～6
花岗岩板	—	10～15	—	8～12

10.5.4　衬里质量控制

（1）施工环境

基层要求和隔离层经验收合格后，清除干净，保持清洁干燥。防腐施工环境温度以15～30℃为宜，相对湿度不大于80％，应根据气温变化适当调整固化剂的用量，温度过低、湿度过大，应采用去湿机来调整施工现场的温湿度。防腐工程施工怕水、怕晒，必须采取遮阳挡雨措施。

（2）施工及质量检查

块材使用前应经挑选，并应洗净，干燥后备用。配制胶泥、胶料严格按比例执行，在规定的使用时间内用完，初凝了的胶泥禁止使用。块材的结合层及灰缝应饱满密实，黏结牢固，不得有疏松、裂缝和起鼓现象。灰缝的表面应平整，结合层和灰缝的尺寸应符合规定。采用树脂胶泥灌缝或勾缝的块材面层，铺砌时，应随时刮除缝内多余的胶泥或砂浆；勾缝前，应将灰缝清理干净。

块材铺砌前，宜先试排；铺砌时，铺砌顺序应由低往高，先地坑、地沟，后地面、踢脚板或墙裙。阴角处立面块材应压住平面块材，阳角处平面块材应盖住立面块材，块材铺砌不应出现十字通缝，多层块材不得出现重叠缝。

块材面层的平整度和坡度应符合要求，块材的面层应平整，采用2m直尺检查，其允许空隙不应大于下列数值：耐酸砖、耐酸耐温砖的面层：4mm；机械切割天然石材的面层（厚度≤30mm）：4mm；人工加工或机械刨光天然石材的面层（厚度>30mm）：6mm。

块材面层相邻块材之间的高差，不应大于下列数值：耐酸砖、耐酸耐温砖的面层：1mm；机械切割天然石材的面层（厚度≤30mm）：2mm；人工加工或机械刨光天然石材的面层（厚度＞30mm）：3mm。坡度应符合规定。做泼水试验时，水应能顺利排除。

砖板衬里一般都很厚，衬砌时结合层厚度控制很重要，再加上砖板本身的厚度误差，在衬砌时要认真按照设计尺寸用自制的测量器械不断地测弧度、平直度，最后要求衬里的尺寸偏差达到允许值，表10-21是目前规定的允许偏差值的范围。

表 10-21　砖板衬里设备允许偏差范围　　　　　　　　单位：mm

偏差类别		允许偏差			
		铸石板	耐酸瓷砖	耐酸陶板	不透性石墨板
衬里厚度		±5	±5	±3	±3
衬里与设备的中心线位移		±5	±5	±3	±3
衬里净空尺寸	长度	±15	±15	±10	±10
	宽度	±10	±10	±10	±10
	直径	±15	±15	±10	±10
表面垂直度	每米	±3	±3	±2	±2
	总高	±15	±15	±10	±10
表面凹凸度		±4	±4	±4	±3
相邻砖板错边量		±1.5	±1.5	±1	±1

（3）使用与保养

当砖板衬里设备施工完毕并交付使用后，合理贮存、搬运、安装、使用及保养是砖板衬里设备取得良好的耐腐蚀效果、延长使用寿命的保证。从前面的讨论中我们知道，构成耐腐蚀衬里的砖板及固化了的胶泥皆为非均质脆性材料，冲击振动、反复负载、急冷急热均会引起材料的破裂，而胶合缝纵横交错，多达数千条，只要有个别部位发生裂纹，往往会造成整体结构的破坏。因此，在安装及使用砖板衬里设备中，必须严格遵守有关规定，对衬里设备进行良好的管理、维护与保养，以保证设备的良好防腐效果，延长其使用寿命。

① 安装前　未安装就位的砖板衬里设备应存好在合适地方，防止受到冲击，环境温度的变化范围不宜很大，不得与水蒸气以及腐蚀介质接触，以防止受到侵蚀。严格避免焊接、切割滚动及局部冲刷，更不可用铁器敲打撞击壳体或衬里。

② 安装时　衬里设备的接管法兰口不得作为起吊、牵拉的着力点，不允许使用撬棍等使衬层局部受力的方法找正安装位置。吊装运输时必须平稳，免受震动，必要时安装适当加固体。安装配管时，不得使配管接口受弯扭等应力作用，以免损坏衬管和法兰胶泥层。安装时严防工具等铁器落入设备中。衬里设备的法兰垫宜选用优质柔性垫，组装时应顺序按相对位置把紧螺丝，保证受力均匀，以防法兰处胶泥涂层损坏。

③ 安装后　经伴运吊装就位的衬里设备应重新检查一次，确认其质量合格无损后方可正式投入使用。由于砖板衬里的砖板、胶泥都是相对于一定的工艺条件选定的，所以要求操作人员懂得设备结构、防腐措施、工艺条件，严格按生产工艺条件进行操作，做到不超压、不超温、不随意改变介质种类和浓度。衬里设备不得急冷急热，在清洗设备时，也不得吹送直接蒸汽。当用直接蒸汽加热设备中的溶液时，应避免蒸汽流经常吹向衬里同一地方，以防衬里局部胶合缝处损坏。

耐腐蚀砖板衬里设备在腐蚀介质中运行使用一段时间后，如果出现局部损坏或腐蚀，造成设备渗漏，这时需要停止检查是否有空音，灰缝是否完整，砖面磨损程度、裂纹及脱落情况，检查砖缝是否漏水。一经发现设备有不同程度的损坏，立即检修和修复。

10.6 耐蚀无机材料设备

10.6.1 陶瓷设备

（1）陶瓷设备概述

陶瓷材料具有优异的化学稳定性，除氢氟酸、硅氟酸及高浓度碱外，几乎对所有浓度的无机酸和盐类以及有机介质具有优异的耐蚀性能。且由于制造时的黏结-烧结工艺使得可以完成金属热成型不能制造的形状，零部件也在制造时连接上，所以安装简便，造价低。但由于传统陶瓷抗拉强度低，脆性较大，耐温度骤变性能差而容易破坏，故在化工领域中的应用受到了限制。只能用于塔填料、大型设备的板砖衬里、小型硫酸贮罐等对强度要求不高的场合。随着各种结构陶瓷和功能陶瓷材料的问世，使陶瓷材料的抗拉性能不断提高，大大降低了陶瓷材料脆性破坏的概率，开拓了在化工领域中的应用范围。

由于耐酸陶瓷的制造原料（黏土）具有很好的可塑性，可以制成 2000L 以下的设备。也可用石膏模型浇注成型，因此可以用来制造形状复杂的陶瓷泵、鼓风机、球阀、旋塞。烧结炉的大小决定了陶瓷设备的几何尺寸，所以陶瓷塔的使用地方多，因塔体是分成多段制造，大多数的烧结炉都适用，成本低。

（2）设备结构

陶瓷设备的结构应尽量减少陶瓷材料受弯曲应力和拉应力的作用，可以用提高压应力的结构。所以，要避免过大的横梁或悬臂梁，也不能使坯件凸出部件有过大的负荷，避免用常规支脚形式来支承设备本身重量，应尽量采用底部载荷。

设备坯体由于工艺上的要求需要接管口时，应尽可能使各接管在陶瓷设备的表面均匀分布，不宜集中，避免局部负荷加重，在烧结时易产生变形或在使用时应力集中而断裂。坯体壁厚尺寸力求均匀一致，避免局部材料堆积，致使坯件在干燥及烧成时收缩不一，产生应力而造成开裂。内压圆筒容器壁厚 δ 可按下式计算。

$$\delta = \frac{kPD_N}{2[\sigma_B]}$$

式中，$[\sigma_B]$ 为陶瓷的最大抗拉强度；P 是内压力；D_N 是公称直径；k 是安全系数。在决定安全系数时，应考虑设备的使用条件，在静止状态下操作，一般采用安全系数为 1.8～2，而动设备，例如泵、鼓风机叶轮时，安全系数应不小于 3。陶瓷设备的强度与温度很有关系，故一般受压容器，而且在较高温度操作下，其安全系数应大于 3。但是目前还没有一个权威的标准给予规定。由于陶瓷材料是各向同性材料，都是引用金属材料的设计方法，再考虑其高脆性和高耐压、低抗拉和抗弯的特点来设计。

陶瓷设备的壁厚，还要根据烧结工艺要求在烧结时不变形，所以取按强度理论计算的壁厚和工艺要求壁厚的最大值。制造上工艺要求的壁厚可按经验公式进行计算：

$$\delta = K\sqrt{D_N}$$

式中，K 为制造工艺的壁厚系数，当 $D_N \leqslant 500mm$ 时，$K = 0.8～1$；当 $D_N \geqslant 500mm$ 时，$K = 1～1.2$。

设备内外不允许有尖锐的转角，圆角的半径大于 0.3δ。开口端处应有一个凸缘，以避免干燥过程表面水分蒸发大，以及烧成后冷却速度快所引起的拉应力而导致变形开裂等。其凸缘尺寸 L 应该等于容器壁的厚度 δ，凸缘的高度 H 应为壁厚 δ 的 1.8～2 倍。

闭口容器的塔盖不能设计成平板形的，平板结构在干燥和烧成时易塌陷变形，呈现凹凸不平或断裂，应设计成一定的圆弧形。这样能使在干燥、烧成过程中易自由收缩，从而使应力减少或完全消除。如果必须制造平板结构，则推荐采用图 10-12 的形状。陶瓷筛板主要用于大型真空过滤器陶瓷滤板或塔器的筛板。由于在真空条件下操作，应充分考虑使滤板承受抗压力。

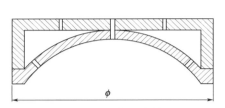

图 10-12 筛板结构

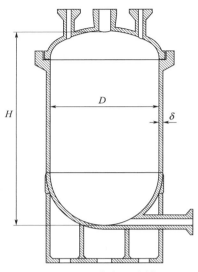

图 10-13 陶瓷反应罐

陶瓷设备的底部为半圆形或圆弧形时，可设计成如图 10-13 的底圈结构。图 10-13 是陶瓷反应罐的结构示意，该图表示了陶瓷设备采用的几种特征结构和连接方式，由于联接处法兰面烧结后平整度下降，所以填料密封效果略差，陶瓷设备耐压低；管口的连接采用陶瓷管专用的活套法兰，而管道大多采用承插式连接。罐盖和罐体的连接是承插式，密封面或者黏合，或者用密封圈压接。从制造方便的角度是罐体插入罐盖中，但是从耐压角度则反之。放料口不像通常的从下部垂直放出，而是水平放出，主要是陶瓷材料的拉应力低。由于陶瓷的抗压强度高，设备都是一个整体底圈底座，一般不采用悬挂、牛腿支座。表 10-22 是陶瓷反应罐的特征尺寸。

表 10-22　陶瓷反应罐的特征尺寸　　　　　　　　　　　　单位：mm

尺寸	公称容积/L								
	50	100	200	300	400	500	600	800	1000
D	360	450	550	650	650	800	800	850	1000
H	630	780	800	960	1050	1140	1250	1450	1500
δ	20	25	25	25	30	30	30	30	30

（3）增强陶瓷设备

陶瓷设备易碎，抗拉强度低，但是陶瓷耐氧化和耐温、绝热、耐酸性都好。所以在陶瓷设备外壳附加增强层可以达到提高使用性能的目的，目前的增强方法主要是玻璃钢增强和用钢铁外壳的铠装增强两种。

用玻璃钢来增强化工陶瓷设备，可以使设备的耐压等级提高，改善连接方式，同时还能提高设备的保温性能，降低能耗，改善操作条件。玻璃钢增强层不考虑耐蚀性，但是设计玻璃钢增强层要采用限定应变准则进行设计，玻璃钢限定的应变值是陶瓷在设计压力下允许的最大应变，不是玻璃钢本身的应变，这一点很重要，否则陶瓷在压力下开裂。陶瓷层的厚度设计也不需要使用强度准则，只是使用烧结时不变形所需要的最小厚度或是按绝热设计外表

　　　　　　　　　防腐蚀工程

面温度，以控制在玻璃钢的允许使用温度以下所需要的厚度。

用玻璃钢来增强陶瓷，还能很好地解决陶瓷部件的连接困难，如图 10-14 玻璃钢可以增强陶瓷力学性能和从尺寸上加大连接法兰，改变连接面的受力，使陶瓷设备用卡子或扣件的紧固方式改变为螺栓连接方式。使联接的耐压强度提高，从而提高陶瓷设备的使用压力。

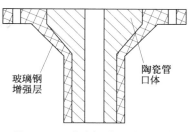

图 10-14　玻璃钢增强法兰示意

玻璃钢增强层的制作大多采用手糊法，所用树脂基体根据陶瓷设备的使用条件确定，主要是陶瓷外表面的温度。陶瓷设备经玻璃钢补强后，强度大大提高，使用寿命成倍延长，碰撞破碎不再出现，抗震性也大大提高。

整体陶瓷恺装塔是塔设备内径小于 1200mm 的化工塔，设备内径大于 1200mm 后一般就采用砖板衬里工艺了。恺装塔是在制作陶瓷塔技术的基础上，在泥坯成型阶段时根据塔径大小，在各接触平面（密封面）增加了 3～10mm 高度的机械加工余量，经过 1280℃高温烧结成型后，根据塔体形状，同期制作所需的钢铁外壳。恺装时，先加工一端陶瓷塔体平面作为浇注时的平面基础，陶瓷塔体放入铁外壳后校正同轴度和垂直度，然后在陶瓷塔体与铁壳之间注满耐酸胶泥，使之粘成一体，待干燥后用树脂封口，最后把另一端陶瓷塔体平面磨削平整。每节塔之间及塔体与外部管路均采用钢制法兰连接，由螺栓紧固。

恺装塔的抗风弯矩性能大大提高，达到了钢制塔的性能；抗震动性也基本达到钢塔性能，各种附件安装容易，连接强度提高，增强效果好。但是胶泥的填充施工难度较大，施工技术要求高。整体陶瓷恺装塔的力学设计也相同于玻璃钢增强的陶瓷设备。即是限定钢壳的应变值是陶瓷在设计压力和温度下的许用应变。

10.6.2　玻璃设备

玻璃材料的化学稳定性高、透明、耐磨、且能抵抗热效应，所制造的设备具有除氢氟酸、高浓磷酸、高温强碱外，能耐大多数无机酸、有机酸及有机溶剂等介质的腐蚀，对设备中反应情况有较高的直观性，并且壁表面光滑洁净和不易污染介质的优点。玻璃具有光化学性质，利用玻璃对于紫外线的透光度可使诸如氯磺化和氯化反应能在紫外线（UV）区随着材料的透光率得以完成。

但是低的抗拉强度使其只能用于常压或微正压（负压）情况，操作时由于热应力的敏感性使升降温速度受到限制，难于满足工艺要求，所以化工玻璃设备的用途受限，一般用于各种玻璃分馏塔、吸收塔、反应釜、离心泵、低压热水锅炉、热交换器、管道管件等。大型玻璃设备可以用离心浇铸的方法制造。

化工玻璃特别适合泡罩塔，泡罩的制造较其他材料容易很多。塔身可以吹制成型和压制成型，吹制成型的器壁较薄，略 5mm，但高低面不一致，且接榫要另外拉上去，容易漏气，温度急变时引起炸裂。压制成型系将熔融的玻璃注入模具内加压而成，故规格一致，厚薄均匀，接榫可以一次压成。缺点在于器壁厚为 10mm，厚的器壁将影响对急变温度的耐受能力。

玻璃换热器也是化工玻璃设备的一个主要产品，金属热交换器在使用时，易在传热表面上形成垢或生成腐蚀性产物的膜，大大地影响传热效率。玻璃很少有这样的情况，即使在水冷式的冷凝器中，由于冷却水的硬度可能会产生垢层，但这垢层看得见，而且也容易用弱酸处理去除。如玻璃与铜的导热之比为 1∶330，但以这两种材料构成的同一类型的两个换热器，运行时总传热系数的比将降为 1∶3，所以玻璃换热器效果很好。特别是在流体膜阻力与玻璃壁热阻力相当或大时，就更没有必要因为玻璃相对低的热导率而排斥它作为传热元件来使用。

如图 10-15 的玻璃换热器因管程壳程的密封只是靠套环填充密封，故不能承受压力及高压差。其次换热管使用温度不能过高，也不能用于温度急变场合。第三是气、液流速不能过大，防止引起振动，损坏玻璃管和连接密封件。第四是和外界连接处应考虑防振及补偿措施，防止外界振动传到换热器引起损坏。

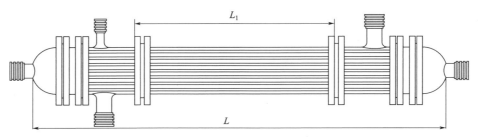

图 10-15 玻璃换热器结构示意

玻璃列管冷凝器允许工作温度 $-50 \sim 200\,^\circ\!\text{C}$；允许最大温差 $120\,^\circ\!\text{C}$。 壳程允许的工作压力 0.4MPa（$3 \sim 4\text{m}^2$）；0.1MPa（$5 \sim 10\text{m}^2$）；0.1MPa（$5 \sim 10\text{m}^2$）。选型时根据换热面积选择，再结合最大允许长度确定换热器总长。表 10-23 是玻璃列管式换热器的主要指标，选型时还要注意接管尺寸。

表 10-23 玻璃列管式换热器主要指标

冷却面积/m²	外径/mm	内管数/支	总长 L/mm	中间管长 L_1/mm
3	$\phi180$	55	2100	800
4			2200	900
5	$\phi230$	85	2200	900
6			2400	1100
10			3500	2000
12	$\phi300$	151	2600	550
16			3100	1050
20			3600	1550
25			4100	2050

10.6.3 搪瓷设备

搪瓷设备具有瓷釉的表面特性和钢铁材料的强度特性的双重优点。过去由于烧结时的原料和工艺是由陶瓷的釉料技术发展而来，故称为搪瓷。现在已经形成了专门的搪瓷料技术，而从烧结的完全熔融的角度称为搪玻璃。但是搪玻璃层没有专门的澄清步骤，覆盖层也有一些气泡；其流动熔点也与玻璃还有一些差距，且釉层有微晶特性。所以不管称呼为搪瓷、搪玻璃、搪釉都只有商业意义。由于搪玻璃设备的双重优点现在已经发展成为化工设备中的一个大类，它在低压和常压领域占据了很大的份额。可以用搪瓷技术制造非震动反应器、储存容器、蒸馏精馏塔器、冷凝器、管道、管件等。大多数的化工设备都制备出搪瓷设备，只有少量的烧结工艺不能满足的和高压设备不能做出。

搪玻璃设备对于各种浓度的无机酸、有机酸、有机溶剂及弱碱等介质均有极强的抗腐性。但对于强碱、氢氟酸及含氟离子介质以及温度大于180℃，浓度大于30％的磷酸等不适用。耐冷110℃温急变冲击、热120℃温急变冲击。

广泛适用于化工、医药、染料、农药、有机合成、石油、食品制造和国防工业等工业生产和科学研究中的反应、蒸发、浓缩、合成、聚合、皂化、磺化、氯化、硝化等。

（1）搪瓷设备的结构

由于这类设备是在加工完成的钢铁基体上涂釉烧结成型，搪烧过程是一个多次加热及冷却的过程，搪烧加热温度很高，一般在930～960℃，此时材料的刚度急剧下降，因焊缝冷却收缩及设备支点受力，容易引起搪烧设备变形。产品在冷却过程中，由于产品结构、焊缝分布不同，各部位收缩不一致，隐藏下了许多内应力。烧结时在高温下钢材在加工残余应力和本身重力的作用下有所变形，所以几何形状过渡比较大，也不能在形状变化的过渡区出现焊缝。这也导致很难加工出高压条件下使用的密封面，很难用于高压设备；搪瓷层的厚度一般在0.8～2.0mm之间，由于是异种材料的有效结合，热膨胀系数有一定的差异，在设备热胀冷缩时陶瓷要承受较大的应力，容易炸瓷，特别是在几何形状变化的地方瓷层还要承受弯曲应力，所以其过渡区很大，以尽量减少弯曲应力；由于烧结时候的温度高时间要尽量短，所以钢铁基体的厚度对升、降温的影响大，特别是厚度不均匀的影响，所以通常的基体设计到热容相近最好，即各处厚度一致。

鉴于此，搪瓷设备就有很多独特的结构。大体有以下几种。

① 在搪玻璃设备制造过程中，搪玻璃设备的搪瓷侧不应存在非连续性结构，设备的形状应尽量简单，所有转角部位应该圆滑过渡，圆弧半径不小于10mm，以防这些地方上的瓷爆瓷或露底。因为在转角处的搪瓷层承受的是弯曲应力，是将拉应力放大的弯曲应力，所以转角的圆弧尽量大，当然瓷层薄也能使承受的弯曲应力增大。

设备的顶盖和底部应为拱形，而不是平板，因为板状底盖在烧结时会变形，少量的变形都会使边缘变形被放大，从而使密封面间隙大，密封压力低。同样的法兰、人孔盖也要注意。

② 所有的设备上的接管法兰使用高颈法兰，法兰面是翻边结构。它使法兰面与法兰颈的连接有一个很好的过渡，也使得连接焊缝在颈部远离法兰面的地方，避免了焊缝在过渡区，法兰变形小，但是由于是似悬臂梁结构，烧结时有所下沉，法兰面难于平整，即使机械加工时使悬臂不平整略朝上来补偿热下沉，也很难控制补偿量和估计下沉量；管口法兰面、高颈法兰面边缘的搪玻璃层不能有片块剥落和裂纹。

罐身和罐盖高颈法兰的外径最大值与最小值的差应小于0.1％DN，且差值越小越好。差值大，说明变形大，罐身与罐盖组装时法兰密封面错位就大，垫片密封不住。仔细观察组装好的整机设备，如果卡子出现明显的向外或向内倾斜，说明法兰圆度变形大。人孔法兰的变形主要表现为法兰面的不平整，法兰不平整度越小越好，超过2mm为不合格。

③ 设备上的开口尽量少，开口都是采用顶孔翻边的热加工方法，搪玻璃金属基体的开口只能使用顶孔翻边的形式，因为开口的部位不能有焊缝，顶孔翻边后的壁厚必须大于设计厚度，顶孔翻边后与高颈法兰对接焊接，这样使焊缝在法兰颈的中部。这种对接结构非常有利于搪玻璃层质量。管口应全部为平接口，方便配管和维修；搪玻璃设备应尽量少设计管口。管口部位结构复杂，易引起瓷面爆落。如视镜应尽量设计在人孔盖或手孔上，一旦损坏，人孔盖的更换费用很低。

④ 搪瓷面上的焊缝越少越好，焊接处不宜在转角或开口上，这些地方在烧结时更容易发生变形和爆瓷，因此焊缝应在转角弧度与直边连接的直边侧的地方。因焊缝总是有质量缺陷的，如未焊透、未熔合、裂纹、气孔、夹渣及焊接应力等。肉眼不易发现的气孔和夹渣在烧结时放出少量气泡夹杂在熔融玻璃中，在焊缝区成带状分布，降低了瓷层性能；由于焊缝

区域内部焊接缺陷的存在造成的焊缝区晶相组织结构不连续引发的局部应力突变也是焊缝区域容易爆瓷的主要诱因。所以，所有搪玻璃焊缝要求100%无损检测，对所有检测到的焊接缺陷进行返修。搪玻璃面的焊缝应无明显的凸起，凸起部位的搪玻璃层是承受放大的弯曲应力，在热应力的作用下容易损坏。

⑤ 搪玻璃层厚度应在0.8～2.0mm之间，瓷层厚度越均匀越好；搪玻璃层越厚，其承受温度急变的性能就降低，温差急变导致搪玻璃层爆瓷的概率就增大。管口与封头，人孔与封头，高颈法兰与筒体对焊部位的钢板应无明显的厚度差。由于厚度差别大，设备在烧成时薄厚部位在升温和降温时温度差别很大，冷却后搪玻璃层会残存很大的温差应力，在外力作用下，应力释放而破坏搪玻璃层。另外温度的高、低差异会引起烧结速度的不一致，温度低的区域还没有完成整个烧结过程，还没有形成较为理想的微观结构时设备已经出炉了，导致微观结构的差异，薄厚区域搪玻璃层的物理性能差异大。

⑥ 搪烧变形主要是材料的高温刚度下降。烧成次数越少，设备由于搪烧引起的变形相对也就越小；工件出炉后及时用专用工艺装备整形，整形后的工件温度在640℃以上，搪玻璃层尚未硬化，在自身重力下还会向原形状进行一定的恢复。这样能最大程度减小法兰的椭圆度和平面度。

⑦ 搪瓷设备的法兰联接最好采用卡子或开口法兰，尽量不用螺栓联接。因为在螺孔处上瓷不易，同时螺孔处搪瓷由于穿螺栓时摩擦，容易损坏。但是随着搪瓷设备的压力等级的提高，也需要采用螺栓连接，螺栓连接时法兰面的压紧密封部分搪瓷，螺孔部分不搪瓷。对经常需要拆装的进、出料管口，应在进、出管口上增加一个搪玻璃的短管，短管一端和搪玻璃设备管口连接（这一端很少拆卸），另一端和管道连接，这样可避免经常拆装管道损坏设备管口。

⑧ 在操作温度高而加料温度较低的设备中，加料管应插入设备中一段距离，使物料直接加入液相中，防止物料沿釜盖壁流下，由于设备温度和物料温度的温差过大使搪瓷局部崩裂。对于像有夹套加热的蒸汽外加入口处应有挡板，这样可使蒸汽流不致道接净在里面涂有一搪瓷的壁上，产生局部过热而炸瓷。在做保温层时，内部受热的外表面都不能遗漏，由于保温层使搪玻璃面温差大也会爆瓷。

（2）钢铁设备刚度

由于搪玻璃设备是经几次在930℃左右的高温下保持30～50min烧制而成，在该高温下低碳钢或普通低合金钢的刚度极低，极易发生变形，事实上，搪玻璃设备在制造加工过程中的变形主要就是在此时发生的。搪瓷设备变形后其椭圆度加大，按照设计压力设计的设备的耐压能力降低，设计失败。为了避免变形搪瓷设备的厚度一般不小于4～6mm，对于较小的变形可以在工件出炉冷却过程中作适当的矫正而保证形状公差，对于较大的变形则用工艺装备矫正。所以搪玻璃设备不仅要考虑设备在正常工作条件下的强度和刚度，还应考虑在搪烧过程中的高温刚度，且在大多数情况下，后者为控制因素。为了保证在搪烧炉内不发生过大的热变形，则必须提高设备基体的高温刚度，在其材料已定的情况下，只能以增加壁厚的方式来提高其高温刚度，这就意味着在同等设计参数下，搪玻璃设备壁厚需要远远大于普通钢制压力容器壁厚。

从搪玻璃设备的强度设计的角度钢铁设备也不是按限定应力准则进行设计，而是按限定应变准则进行设计。因为设备在压力的作用下，钢铁基体和搪瓷层都要产生一个应变，由于玻璃层是脆性材料，应变小，当钢铁外壳的应变大于玻璃层时，瓷层炸裂，所以钢制外壳的应变应该小于瓷层的最大应变。这就是搪瓷设备的壁厚设计的限定应变准则。特别要注意的是此限定应变值是陶瓷的安全应变值，这样使得钢制壳体的厚度增大很多，将烧结的刚度要求厚度和搪瓷复合材料力学要求厚度比较后选大者即是搪瓷设备的外壳厚度。

对于外压容器，由于瓷层的抗压强度很高，就只需要按烧结刚度要求即可。对于用于温变产生热应力崩坏的设备，需要计算热胀冷缩量，确定热应力树脂，根据限定的搪瓷应力值确定破坏条件，即能耐受的热冲击条件，从而选择瓷层壁厚，钢壳壁厚。

（3）质量要求

验收时对搪玻璃设备的质量要求是：①干净的搪玻璃表面越光亮越好，如果光亮如镜为优；②表面应致密无微小气孔，无釉瘤、鼓泡、无擦不掉的杂质和明显的色泽不均；③瓷层表面，特别是人孔、上接环部位、下接环部位、底部封头对焊缝部位和下液口部位的瓷面最好无线状的条纹；④设备的备件和挡板齐全，无缺漏，减速机、机封、搅拌的质量达到要求；⑤搪玻璃面不应有明显的凹坑，凹坑越多，说明所用的钢板的表面质量差，这种钢板不适宜用于搪玻璃设备；⑥搪玻璃层表面不得有明显的划痕。进入设备的人员要换软底鞋，或不能穿鞋，严禁随声带入硬质物件。这是因为，搪玻璃层的表面是最致密、强度最高的，一旦表面遭到严重划伤，就形成薄弱环节，容易遭到应力的破坏。

安装质量对设备的质量保障的作用很大，安装搬运时只允许罐耳受力，不允许滚动及用撬杠，避免震动、碰撞，严禁接管、管箍、卡子等易损部件受力。吊装时必须在规定部位挂网丝绳。不能与任何物体相碰，稳吊轻放。法兰连接在拧紧法兰的卡子螺栓时，应按沿对角线成对地逐渐拧紧、用力要均匀，不应一次完全拧紧，避免因受力不匀而造成搪玻璃层破裂而影响使用寿命。卡子安装前应先检查卡子是否完整，数量是否符合规定，安装时要保证卡子距离均等，松紧适度确保运转安全及密封可靠。

搅拌器的安装必须遵照三水平二居中一垂直的原则。三水平即：罐身水平；减速机水平；机械密封水平。二居中是：搅拌轴在机械密封的中心；搅拌轴尽量在搅拌孔中心。一垂直即搅拌轴和机械密封的静环的端面垂直。安装时先将搅拌器放入罐内，然后将罐盖吊至预定位置，同时将密封件套入搅拌轴，再将搅拌器提升与减速机输出轴连接，锁紧防松装置。调整搅拌轴与密封件的同轴度及垂直度，达到技术规定的要求后使搅拌轴缓慢转动，当运转灵活，无异常现象时，才准再试开启电动机按钮，直至运转正常。

衬垫必须根据介质的类别、浓度、温度进行选择，衬垫本身的性质和使用方法，应适用于工艺要求，衬垫有石棉橡胶、橡胶、聚四氟乙烯等可供选择。严禁在搪玻璃罐外壁表面施焊。在夹套上焊接接管、罐耳、罐座时，一律使用电焊、并采取冷却措施，绝对不准使用气焊。在搪玻璃层临近空间部位施焊时，应将搪玻璃表面、罐口、管口盖严，避免电焊渣飞溅，损坏搪玻璃面。

（4）使用与维护

搪玻璃的使用方法对设备寿命的关系也很大。首先是设备冷热变化产生的热应力的控制，多次的频繁的温度冷、热急变是造成搪玻璃层爆瓷的主要原因。加入的介质温度与搪玻璃反应罐温度差大也不是良好的使用习惯。在给夹套内通入高温蒸汽或冰冷介质加热或冷却时，应先少量加入，等设备温度升高或降低到一定温度时，再大量通入，避免夹套内温度急变而引起爆瓷。严禁热冷介质直接冲击搪玻璃层及其金属基体反面，温度的急冷急热最易导致搪玻璃层爆瓷。

固体物料最好溶解后再加入反应罐内，以避免固体物料磨损和撞击搪玻璃层。搅拌固体物料或黏稠度很高的物料时，启动搅拌时应多几次点动后启动。避免一次启动搅拌锚翼转动阻力过大而导致搪玻璃层爆裂。

搪玻璃设备的任何非搪玻璃金属面应防止接触腐蚀，酸腐蚀的氢会向钢板中渗透、扩散并聚集在搪玻璃层和钢板的界面上，引起爆瓷。所以法兰密封面泄漏、设备外表面污染，夹套内进酸都要立即处理。

尽量对管口增加保护圈，不要怕麻烦，对于强腐蚀或高温介质的加入管口，为了防止管口搪玻璃层遇高温介质而爆瓷，最好用四氟乙烯塑料加工一个保护套，套装在管口内壁。对于大规格的搪玻璃设备，人孔一定要配套人孔保护圈。在检测、维修人员进出设备时、仪器、工具递进递出时，不小心就会损坏人孔，造成人孔搪玻璃面严重划伤或破坏。

严禁用锤子敲击搪玻璃设备。夹套放汽孔除了水压试验用外，还放出设备运行一段时间后顶部聚积的不凝性气体，提高夹套的换热性能，减少不凝性气体中游离氢向金属基体中渗透、扩散、聚积导致的瓷层爆裂。

搪玻璃设备的修复技术有树脂修补法，无机胶泥修补法和热喷涂塑料修补法。树脂修补法简单易行，但是由于有机材质抗老化性差、热膨胀系数与釜体相差甚远，很难保证长时间使用。再有胶粘剂的耐蚀性要适用于设备的腐蚀介质也导致选材的复杂性。

水玻璃胶泥修补也简单易行，但是不能耐较稀的溶液、易裂缝以及修补面积小才效果好，面积大则难于施工。水玻璃胶结材料修补可以采用高模数的水玻璃，修补完后可以进行热处理来提高质量。如果加入硅凝胶水溶液复配修补效果要好一点。同时固化剂也可以考虑复配，毕竟修补胶泥用量少，胶泥的成本已经不是主要的因素，质量才是最重要的。

热喷涂塑料修补法是将耐腐蚀塑料如聚苯硫醚等制成能喷涂的粉末，用专用氧乙炔火焰塑料喷枪喷涂在爆瓷部位，边喷涂边将已喷上去的塑料熔融，而后淬火。它不足的是喷涂层与基材结合强度低；塑料耐腐蚀性能有限；喷涂过程中的升温与喷涂结束的喷涂层淬火对搪烧质量差的反应釜可能不适用。

10.6.4　石墨设备

（1）不透性石墨设备简述

压型不透性石墨是用石墨粉以树脂作黏结剂加压加热固化成型的碳素材料。它可以通过模具制成各种形状的工件，由于树脂填充了粉体间的空隙，所以具有不透性。但是这样的黏结材料的强度有限，如果将此材料在1000℃碳化，然后在2000～2500℃石墨化后则强度提高很多，只是由于碳化和石墨化使空隙度提高不具有不透性，如果再用树脂浸渍，则具有不透性。这样做出来的工件虽然性能好，但成本很高，如果将石墨制成规则的块状，然后将块状石墨加工成工件或工件所需要的拼块，浸渍成不透性石墨后用胶黏剂黏合成设备，则既具有良好的不透性又具有较高的强度和经济性。目前的不透性石墨设备都是采用这种方法制造。制作过程包括筒体拼接及处理、管子挤压、花板浸渍及加工、粗装调试等过程。

目前的石墨方锭为400mm×400mm×2000mm，使用时一般截开为尺寸不超过100mm的方块，因为板块太厚在下一步的浸渍过程中不能被浸透，这个最大尺寸与浸渍的树脂黏度、固含量，浸渍压力、温度、初期真空度，浸渍次数都有关系，工厂中可以截开为厚度较薄，长宽较大的块，浸渍后通过机加工使黏合面的尺寸误差小，然后2～3层板叠加到设计厚度，这样黏合成的设备的多层接头比单层接头强度高得多，筒体可以用机加工的方法加工成弧形拼块，然后多层拼合而成，但是为制作方便，能采用方形的地方都尽量采用方形以降低制作难度，所以不透性石墨设备很难制成压力容器，但是制成负压容器反而效果很好。

不透性石墨管目前大多是石墨与树脂挤压成型，但是这样的管子热导率略低，强度也不高，如果将挤压管石墨化后再浸渍则能满足高压、高强度的要求，但是，目前并没有这样做，只是简单的通过增大换热面积来解决导热系数低的问题。而不能解决压力问题。

（2）不透性石墨设备制造

不透性石墨设备及其元件的加工制造工艺，随设备的结构不同而异。不透性石墨一般采用金属切削工具或木工工具就能进行车、刨、铣、钻、锯、磨等加工。由于石墨本身的强度较差、性脆，一般采用两次浸渍和两次加工的方法，以提高其强度，保证加工精度。同时，石墨材料及其任何元件和制品，在搬运过程中要做到轻搬轻放。在机械加工过程中，需要夹紧时，用力要均匀，避免局部受力过大。在机械加工和装配过程中，严禁用金属锤敲打，在必须敲打的场合，应采用包有橡皮的木槌敲打。制造石墨设备的关键是选材和拼接（包括若干元件的粘接），控制好了原材料的质量和拼接的质量，就为保证制成品的质量打下良好的基础。

当前制作不透性石墨设备主要材料以人造石墨（如电极石墨）为主。不要误把碳素材料当作石墨材料。因为碳素材料和石墨材料的热导率相差十几倍。碳素材料性硬，极不易加工。所以，选择制作换热设备的材料时应严格把关。

人造石墨在制造过程中，由于高温焙烧而逸出挥发物，以致形成很多细微的孔隙，有时石墨电极材料在焙烧过程中还会产生纵、横方向的裂纹，有裂纹的材料不能选用，特别是有纵向裂纹的材料更是不能选用，横向有裂纹的材料要在下料时避开裂纹，选取有用部分。

石墨材料孔隙率过大时不宜采用，因孔隙率过大势必在浸渍时树脂浸入量太大，这样制作出来的不透性材料的热导率就小，在换热设备中用作传热元件是不妥当的。要根据不同的石墨设备或不同的零部件的要求，选用不同品种和规格的石墨材料。

当零件的最大尺寸超过石墨毛坯的最大尺寸时，石墨件需要进行拼接。在石墨件拼接时，需要注意在拼接时，粘接面不得有灰尘、油污、残余树脂等杂物，粘接的表面要进行机加工以保证黏合面的尺寸精度，粘接面要进行仔细的精加工，甚至磨光，使两粘接面充分接触，而粘接剂匀且薄，从而获得良好的拼接效果，使拼接缝与母体的强度基本相同。黏合面也要除尘处理，粘接缝要严密，粘接剂要满缝。在拼接时要尽量采用阶梯形拼接，当多层拼接时，拼接缝要交叉，避免有通天缝。

单层平板的连接，有对接、阶梯形搭接和榫槽连接三种。其中，阶梯形搭接效果较好，使用最普遍，对接只用于不受压的场合。榫槽连接加工较麻烦，仅用于要求较高的零件。石墨板黏合后用夹具夹紧，待固化后再拆去夹具。在夹紧时要注意对接面不要移动、错位。

多层平板粘接主要用于大规格换热器的管板、封头和折流板等石墨件。多层拼接的相邻两层的接缝应相互错开，不得有通天缝。拼接的方法和拼接的工艺对机械强度都有很大的影响。板与板的垂直粘接有两种方法，一般采用阶梯形搭接，常压设备或介质渗透性不强的场合也可采用平接。

筒体拼接包括环向粘接和轴向粘接。石墨筒体较大时，须采用多块弧形板环向拼接成筒体。板之间的接缝，一般采用平接，要求较高的场合，可采用榫槽连接。成批生产时，可采用由六块梯形断面的石墨板拼接并用专用工具固定，粘接质量高，节省石墨材料。单件生产时，一般采用四块石墨板拼成正方形断面后，加工成筒体，制作简便，辅助工具少，但石墨材料用量较大。轴向粘接限于石墨材料的长度，对于较大的石墨筒体，如采用粘接结构，一般是先制成较短的筒节，然后是数段短节互相粘接成一长筒体，环向接缝宜采用凹凸面或锥面连接结构，一般多采用凹凸面连接。

接管与筒体粘接，当筒体壁厚较薄时，为保证足够的粘接面积，可在筒体的内外表面加补强圈，以增加其强度与刚度。结构加工方便，用于压力较低的设备。接管与封头或平盖板的粘接采用螺纹粘接，安装时在螺纹上抹上粘接剂，将接管拧于封头或平板上。这种连接方法加工较为麻烦，只用于要求较高的设备上。

管子与管件（如外接头、弯头、三通、四通等）的粘接，在使用压力较低时，可用锥面粘接，结构较为简单，加工方便。用于要求较高的场合，则采用阶梯形的粘接或带螺纹的粘接。

（3）不透性石墨设备的使用

由于不透性石墨耐腐性高；导热性好（导热系数仅次于银铜铝，比碳钢大 2.5 倍，比不锈钢大 6 倍）；热膨胀率小，所以能耐温度的急变；硬度低，机械加工容易；强度随温度的变化不大，且具有其他材料没有的热强性；单位体积质量低，相对密度 1.9 以下，所制设备轻，对支撑和基础的要求低。所以在化工设备中是一种很难替代的特种耐蚀设备，主要用于有耐热、导热、耐蚀要求的工艺要求上。不透性石墨也像其他无机材料一样抗压强度远高于抗拉及抗弯强度，且不耐氧化性腐蚀。

不透性石墨作为换热器是一种很好的材料，有列管式、块孔式和喷淋式等型式。也是盐酸合成炉、盐酸吸收塔、氯化氢尾气处理塔；硫酸稀释罐、磷酸浓缩器的优选材料；还用于合成塑料、农药、金属电精炼和电镀等行业的凝缩、加热、冷却、蒸发等操作单元中。

不透性石墨在使用和维护上须注意：不宜急速变化内部的压力，凡加压或减压时应援慢地进行，以防破坏；不宜急速变化冷却剂的压力；冷却面结垢后不宜用机械除垢，要用酸洗方法清除，在必须用刷时，以用毛刷刷除为妥。

石墨换热器生产中的新技术最突出的一个就是采用碳纤维增强石墨块材、管材和板材，可以大大提高材料的耐冲击性和抗裂性，特别能耐黏稠、含固体颗粒介质的冲刷。其次，为确保石墨换热器在高温下使用还采用了气相热分解法来生产不透性石墨，即用含碳量较高的烃基和含拨基的气体，在高温下喷射到石墨制件上，使其在石墨孔隙中沉积，并在表面上分解生产碳膜，从而堵塞石墨孔隙而达到不透性，也可采用聚四氟乙烯为浸渍剂，聚四氟乙烯浸渍的石墨材料能耐各种化学介质的腐蚀。

最简单有效的是将不透性的石墨设备构件再次碳化、石墨化、浸渍后的二次不透性的石墨设备，其强度、导热性都会得到很大的提高，只是成本增加较大，对于产量较大的标准设备较为适合。

参 考 文 献

[1] 王增品，姜安玺编．腐蚀与防护工程．北京：高等教育出版社，1991.

[2] 沈春林主编．防腐蚀工程．北京：中国建筑工业出版社，2003.

[3] 秦国治，袁士宵主编．防腐蚀工程．北京：中国石化出版社，2013.

[4] 左景伊，左禹主编．腐蚀数据与选材手册．北京：化学工业出版社，1995.

[5] 涂湘湘主编．实用防腐蚀工程施工手册．北京：化学工业出版社，2000.

[6] 张志宇，段林峰主编．化工腐蚀与防护．北京：化学工业出版社，2005.

[7] 刘道新主编．材料的腐蚀与防护．西安：西北工业大学出版社，2006.

[8] 李丰春主编．防腐蚀工．北京：化学工业出版社，2004.

[9] 天华化工机械及自动化研究设计院主编．腐蚀与防护手册．第 2 版．第 3 卷：耐蚀非金属材料及防腐施工．北京：化学工业出版社，2008.

[10] 金晓鸿主编．防腐蚀涂装工程手册．北京：化学工业出版社，2008.

[11] 张大厚主编．防腐蚀复合材料及其应用．北京：化学工业出版社，2006.

[12] 刘雄亚，黄志雄主编．热固性树脂复合材料及其应用．北京：化学工业出版社，2007.

[13] 瞿义勇主编．《建筑防腐蚀工程施工便携手册》；北京：机械工业出版社，2008.

[14] 《工业建筑防腐蚀设计规范》国家标准管理组主编．建筑防腐蚀材料设计与施工手册．北京：化学工业出版社，1996.

[15] 黄发荣，焦杨声主编．酚醛树脂及其应用．北京：化学工业出版社，2003.

[16] 江建安主编．氟树脂及其应用．北京：化学工业出版社，2004.

[17] 陈平，王德中主编．环氧树脂及其应用．北京：化学工业出版社，2004.

[18] 沈开猷主编．不饱和聚酯树脂及其应用．北京：化学工业出版社，2003.

[19] 李绍雄，刘益军主编．聚氨酯树脂及其应用．北京：化学工业出版社，2002.

[20] 周曦亚主编．复合材料．北京：化学工业出版社，2005.

[21] 郝元恺，肖加余主编．高性能复合材料学．北京：化学工业出版社，2004.

[22] 张大厚主编．防腐蚀复合材料及其应用．北京：化学工业出版社，2006.

[23] 吴培熙，沈健主编．特种性能树脂基复合材料．北京：化学工业出版社，2003.

[24] 张鹏，王兆华主编．丙烯酸树脂防腐蚀涂料及应用．北京：化学工业出版社，2003.

[25] 刘娅莉，徐龙贵主编．聚氨酯树脂防腐蚀涂料及应用．北京：化学工业出版社，2006.

[26] 庞启财主编．防腐蚀涂料涂装和质量控制．北京：化学工业出版社，2003.

[27] 涂料工艺编委会．涂料工艺．（第 4 版）．北京：化学工业出版社，2010.

[28] 邓建国主编．粉体材料．成都：电子科技大学出版社，2007.

[29] 曾正明主编．非金属材料的铸石及其制品．北京：机械工业出版社，2009.

[30] 张锐主编．陶瓷工艺学．北京：化学工业出版社，2007.

[31] [美] 麦考利（McCauley，R. A.）著．陶瓷腐蚀．程金树译．北京：冶金工业出版社，2003.

[32] 李宏，汤李缨，何峰主编．微晶玻璃．北京：化学工业出版社，2006.

[33] 赵彦钊主编．玻璃工艺学．北京：化学工业出版社，2006.

[34] 邵规贤，苟文彬，闻瑞昌等编著．搪瓷学．北京：轻工业出版社，1983.

[35] 张秀梅主编．涂料工业用原材料技术标准手册．北京：化学工业出版社，2004.

[36] 袁继祖主编．非金属矿物填料与加工技术．北京：化学工业出版社，2007.

[37] 程斌主编．填料手册．第 2 版．北京：中国石化出版社，2003.

[38] 杨国华主编．炭素材料．第 2 版．北京：中国物资出版社，1999.

[39] 白玉章．石英玻璃的生产．北京：中国建工出版社，1985.

[40] [苏] К·Д·涅克拉索夫，А·П·达拉索娃．耐热耐腐蚀水玻璃混凝土．北京：中国工业出版社，1965.

[41] 邓舜扬编著．海洋防污与防腐蚀．北京：海洋出版社，1987.

[42] 张明慧等编．化工腐蚀与防护技术．成都：成都科技大学出版社，1988.

[43] 戚炼石编著．化工建筑防腐蚀．哈尔滨：黑龙江人民出版社，1974.

[44] [苏] К·Д·涅克拉索夫，А·П·达拉索娃．耐热耐腐蚀水玻璃混凝土．北京：中国工业出版社，1965.

[45] 夏炳仁．全国高等学校教材　船舶及海洋工程结构物的腐蚀与防护．大连：大连海运学院出版社，1993.

[46] 白玉章．石英玻璃的生产．北京：中国建工出版社，1985.

[47] 秦国治，袁士霄．石油化工厂设备检修手册．第四分册．防腐蚀工程．北京：中国石化出版社，1996.

[48] 张九渊等编著．实用防腐蚀技术．杭州：浙江大学出版社，1993.

[49] 翟海潮．粘接与表面粘涂技术．第2版．北京：化学工业出版社，1997.

[50] 柯伟主编．中国腐蚀调查报告．北京：化学工业出版社，2003.

[51] 翟海潮．粘接与表面粘涂技术．第2版．北京：化学工艺出版社，1997.

[52] 《油气田腐蚀与防护技术手册》编委会．油气田腐蚀与防护技术手册．上册．北京：石油工业出版社，1999.

[53] GB 25025—2010、HG 2432—2001《搪玻璃设备技术条件》.

[54] GB 50046—1995、GB 50046—2008《工业建筑防腐蚀设计规范》.

[55] GB/T 21432—2008《石墨压力容器》.

[56] HG 2370—1992、HG-T 2370—2005《石墨制化工设备技术条件》.

[57] HG-T 20676—1990《砖板衬里化工设备》.

[58] GB 2018241.1—2001《橡胶衬里 第1部分设备防腐衬里》；GB 18241.4—2006《橡胶衬里 第4部分：烟气脱硫衬里》.

[59] HG-T 20677—1990《橡胶衬里化工设备》.

[60] HG/T 20677—2013《橡胶衬里化工设备设计规范》，HG/T 2451—1993《设备防腐橡胶衬里》.

[61] HG 2180—1991《磷酸贮罐衬里用自然硫化橡胶板》.

[62] CECS 116—2000《钾水玻璃防腐蚀工程技术规程》.

[63] HG-T 2640—1994，HGT 2640—2004《玻璃鳞片衬里施工技术条件》.

[64] HG-T 3797—2005《玻璃鳞片衬里胶泥》.

[65] CEC S01—2004《呋喃树脂防腐蚀工程技术规程》.

[66] GB 50212—2002《建筑防腐蚀工程施工及验收规范》.

[67] CECS 73—1995《二甲苯型不饱和聚酯树脂防腐蚀工程技术规程》.

[68] GB/T 50590—2010《乙烯基酯树脂防腐蚀工程技术规范》.

[69] CECS 18—2000《聚合物水泥砂浆防腐蚀工程技术规范》.

[70] CECS 133—2002《包覆不饱和聚酯树脂复合材料的钢结构防护工程技术规程》.

[71] CECS 01—2004《呋喃树脂防腐蚀工程技术规程》.

[72] SY/T 0326—2002《钢制储罐内衬环氧玻璃钢技术标准》.

[73] HG-T 20679—1990《化工设备管道外防腐设计规定》.

[74] GB 50224—2010《建筑防腐蚀工程施工质量验收规范》.

[75] SHT 3022—2011《石油化工设备和管道涂料防腐蚀设计规范》.

[76] HG 20536—1993《聚四氟乙烯衬里设备》.

[77] SY-T4091—1995《滩海石油工程防腐技术规范》.

[78] SY-T 0326—2002《钢制储罐内衬环氧玻璃钢技术标准》.

[79] HG/T 20678—2000《衬里钢壳设计技术规定》.

[80] CD 130A19—1985《手糊法玻璃钢设计技术条件》.

[81] YSJ 411—1989《防腐蚀工程施工操作规程》.

[82] HG/T 20519.3—1992《防腐设计说明》（工艺、管道、隔热、隔声及防腐设计说明）.

[83] HB 7671—2000《飞机结构防腐设计要求》.

[84] J 502—2004《建筑给水、排水及采暖管道设备防腐工程施工工艺标准》.

[85] HGJ 229—1991《工业设备、管道防腐蚀工程施工及验收规范》.

[86] HG/T 20666—1999《化工企业腐蚀环境电力设计规程》.

[87] HG/T 20587—1996《化工建筑涂装设计规定》.

[88] HG/T 20696—1999《玻璃钢化工设备设计规定》.

[89] HG 20640—1997《塑料设备》.

[90] HG/T 4077—2009《防腐蚀涂层涂装技术规范》.

[91] HG/T 3915—2006《氟塑料衬里反应釜》.

[92] HG/T 4088-4093—2009《塑料衬里设备》.

[93] GB 8923—88《涂装前钢材表面锈蚀等级和除锈等级》.

[94] 李晓刚，高瑾，张三平．高分子材料自然环境老化规律与机理．北京：科学出版社，2011.

[95] 范正明．不透性石墨制化工设备特性及使用要点．中国化工装备，2001.

[96] 杨俊森，邢建宁，王钧．浅谈玻璃材料在化工设备上的应用．山西化工，1995，02.

[97]　周宜. 化工陶瓷的成型工艺. 江苏陶瓷, 1997, 2.

[98]　周宜, 冯家迪. 耐酸耐温化工陶瓷砖. 腐蚀科学与防护技术, 1999, 04.

[99]　冯家迪, 周宜. 化工陶瓷铠装塔的试制. 江苏陶瓷, 1998, 03.

[100]　李守甫. 耐酸陶瓷制化工设备的性能及设计要点. 化学世界, 1966, 06.

[101]　周宜. 提高化工陶瓷塔质量的主要因素综述. 江苏陶瓷, 1995, 4.

[102]　周杰. 石墨制化工设备国内生产现状. 全面腐蚀控制, 2010, 02.

[103]　宋广澄, 林定浩. 我国化工石墨设备生产技术状况和进展综述. 全面腐蚀控制, 2007, 01.

[104]　孙慕瑾, 吴怡盛, 赵威力. 玻璃纤维/环氧复合材料固化过程研究固化行为、三 T 状态图及固化动力学分析. 复合材料学报, 1984, 01.

[105]　王文治, 陈朝莹. 不饱和聚酯树脂固化过程及结构变化. 热固性树脂, 1999, 03.

[106]　王庆, 王庭慰, 魏无际. 不饱和聚酯树脂固化特性的研究. 化学反应工程与工艺, 2005, 06.

[107]　孙慕瑾, 赵威力, 吴怡盛. 用三 T 状态图研究环氧复合材料固化过程. 玻璃钢/复合材料, 1984, 04.

[108]　何平笙. 热固性树脂的3T固化状态图. 粘合剂, 1987, 01.

[109]　刘胜声. 防腐蚀颜料的发展趋势. 合成材料老化与应用, 1993, 01.

[110]　朱立群. 陶瓷材料的腐蚀. 兵器材料科学与工程, 1995, 4.

[111]　顾少轩, 赵修建, 胡军. 陶瓷的腐蚀行为和腐蚀机理研究进展. 材料导报, 2002, 06.

[112]　王保林, 韩杰才. 热冲击作用下基底/涂层结构的应力分析及结构优化. 复合材料学报, 1999, 02.

[113]　丁梧秀, 冯夏庭. 渗透环境下化学腐蚀裂隙岩石破坏过程的 CT 试验研究. 岩石力学与工程学报, 2008, 09.

[114]　陈四利, 冯夏庭, 李邵军. 岩石单轴抗压强度与破裂特征的化学腐蚀效应. 岩石力学与工程学报, 2003, 04.

[115]　戴宝刚, 黄世峰. 玻璃耐酸侵蚀的研究. 山东建材学院学报, 1996, 03.

[116]　黄正中. 玻璃腐蚀与离子交换原理. 光学技术, 1980, 03.

[117]　张秉坚, 陈劲松. 石材的腐蚀机理和破坏因素. 石材, 1999, 11.

[118]　袁斌, 刘贵昌, 陈野. 材料微生物腐蚀的研究概况. 材料保护, 2005, 04.

[119]　顾少轩, 赵修建, 胡军. 陶瓷的腐蚀行为和腐蚀机理研究进展. 材料导报, 2002, 6.

[120]　徐松林, 席道瑛, 唐志平. 岩石热冲击研究初探. 岩石力学与工程学报, 2007, 01.

[121]　杨逊. 可控扩散的聚合物氧化. 合成材料老化与应用, 1990, 01.

[122]　徐僖. 聚合物的溶渗性、混容性和耐环境浸蚀性. 工程塑料应用, 1980, 01.

[123]　胡吉明, 张鉴清, 谢德明, 曹楚南. 水在有机涂层中的传输 I Fick 扩散过程. 中国腐蚀与防护学报, 2002, 05.

[124]　胡吉明, 张鉴清, 谢德明, 曹楚南. 水在有机涂层中的传输 II 复杂的实际传输过程. 中国腐蚀与防护学报, 2002, 06.

[125]　陈立庄, 高延敏, 缪文桦. 水在有机涂层中的传输行为. 腐蚀科学与防护技术, 2005, 03.

[126]　朱明华, 蒋丽. 高分子材料的降解及腐蚀机理. 国外医学（生物医学工程分册）, 1996, 06.

[127]　王梅. 聚合物（医用）腐蚀和降解机理. 国外医学. 生物医学工程分册, 1997, 03.

[128]　任圣平, 张立. 高分子材料老化机理初探. 信息记录材料, 2004, 04.

[129]　刘景军, 李效玉. 高分子材料的环境行为与老化机理研究进展. 高分子通报, 2005, 6.

[130]　许承威. 溶解度参数讲座（1-6）. 杭州化工, 1983.01-1984.03.

[131]　赵振河. 高聚物的溶度参数概念及其溶剂的精确选配方法. 精细石油化工, 2003, 02.

[132]　唐福培, 丁盘. 在化学介质作用下高分子材料的老化（1-4）. 合成材料老化与应用, 1997, 01-04.

[133]　谢建雄. 颗粒增强复合材料集料级配及其力学性能研究. 武汉理工大学, 2006.

[134]　崔礼生, 李肇基. 玻璃微珠的提取与应用. 中国粉体工业, 2007, 01.

[135]　吴留仁, 戴健吾. 颗粒填充高分子复合材料的力学性能. 固体火箭技术, 1990, 3.

[136]　宋厚春. 高聚物流变学的原理、发展及应用. 合成技术及应用, 2004, 12.

[137]　陈淳, 苏玉堂. 热固性树脂的化学流变性. 玻璃钢/复合材料, 2005, 04.

[138]　张环, 刘敏江. 填充聚合物的流变行为的探讨. 塑料科技, 2001, 02.

[139]　林安, 张三平, 杨丽霞. 玻璃鳞片含量对环氧类重防蚀涂层抗蚀性能的影响. 材料保护, 2002, 12.

[140]　刘婷婷, 张培萍, 吴永功. 层状硅酸盐矿物填料在聚合物中的应用及发展. 世界地质, 2001, 04.

[141]　邓三毛, 叶红齐, 苏周. 片状氧化物粉体的合成与性能. 化工新型材料, 2004, 07.

[142]　徐秀林. 水热合成对水合氧化铝及氧化铝性能的影响. 大连交通大学, 2007.

[143]　刘显谋. 中压衬里设备设计. 中氮肥, 1987, 01.

[144]　杜娟娟. 硼硅酸盐泡沫玻璃制备工艺及性能的研究. 天津大学, 2007.

[145] 乔冠军，金志浩．微晶玻璃的发展——组成、性能及应用．硅酸盐通报，1994，4.

[146] 王玮．铬辉铸石化学组成的特点及其对工艺的影响．玻璃，1984，02.

[147] 刘备醒．水玻璃耐酸水泥的硬化机理探讨．三明职业大学学报，1998，S4.

[148] 邱学婷，肖磊，石晓波．新型水玻璃耐水固化剂-磷酸硅．无机盐工业，1990，6.

[149] 袁爱群，黄平．聚合磷酸铝水玻璃固化剂及应用．四川化工与腐蚀控制，1999，3.

[150] 疏秀林，施庆珊，冯静，欧阳友生，陈仪本．高分子材料微生物腐蚀的研究概况．腐蚀与防护，2008，8.